Holzmann/Meyer/Schumpich
Technische Mechanik Kinematik und Kinetik

Conrad Eller

Holzmann/Meyer/Schumpich Technische Mechanik Kinematik und Kinetik

12., überarbeitete und erweiterte Auflage

Mit 321 Abbildungen, 138 Beispielen und 179 Aufgaben

Unter Mitarbeit von Prof. Dr.-Ing. Hans-Joachim Dreyer

Springer Vieweg

Conrad Eller
Hochschule Niederrhein
Krefeld, Deutschland

ISBN 978-3-658-12123-5 ISBN 978-3-658-12124-2 (eBook)
DOI 10.1007/978-3-658-12124-2

Die Deutsche Nationalbibliothek verzeichnet diese Publikation in der Deutschen Nationalbibliografie; detaillierte bibliografische Daten sind im Internet über http://dnb.d-nb.de abrufbar.

Springer Vieweg

Lektorat: Thomas Zipsner

Gedruckt auf säurefreiem und chlorfrei gebleichtem Papier.

Springer Fachmedien Wiesbaden ist Teil der Fachverlagsgruppe Springer Science+Business Media (www.springer.com)

Vorwort

Der vorliegende Teil 2 des dreibändigen Lehrbuches „Technische Mechanik" behandelt die Kinematik und Kinetik. Das Buch richtet sich an Studierende der Ingenieurwissenschaften sowie an den in der Berufspraxis stehenden Ingenieur. Großer Wert wurde auf eine klar strukturierte und verständliche Darstellung des Lehrstoffes gelegt. Anschaulichen Herleitungen galt dabei der Vorzug gegenüber rein theoretischen Ableitungen.

Die Kinematik und Kinetik bilden die Grundlage für die Behandlung zeitvarianter Problemstellungen der Mechanik. Die Kinematik ist die Lehre von den Bewegungen, wobei die während des Bewegungsvorgangs wirkenden Kräfte nicht berücksichtigt werden. In der Kinetik hingegen werden die durch die einwirkenden Kräfte verursachten Bewegungsänderungen verfolgt.

Im vorliegenden Band werden zunächst die Grundgleichungen der Kinematik des Massenpunktes und des starren Körpers entwickelt. Ergänzt werden diese Betrachtungen durch die kinematischen Beziehungen zur Beschreibung der Relativbewegung. Ein zentrales Problem der Kinetik ist das Aufstellen der Bewegungsgleichungen. Dem Anfänger bereitet die zweckmäßige Wahl eines Koordinatensystems und die damit verbundene Festlegung der Vorzeichen in den Bewegungsgleichungen vielfach Schwierigkeiten. Ausgehend vom 2. *Newton*schen Grundgesetz bzw. dem daraus abgeleiteten Prinzip von *d'Alembert* werden die einzelnen Schritte erläutert, die zum Aufstellen der Bewegungsgleichungen führen. Zahlreiche Problemstellungen der Kinetik lassen sich vorteilhaft mit Hilfe der Erhaltungssätze (Energiesatz, Impulserhaltungssatz, Impulsmomenterhaltungssatz) lösen. Die genannten Sätze werden ausführlich hergeleitet und ihre Anwendung in der Kinetik anhand von aussagekräftigen Beispielen dokumentiert. Eine besondere Bedeutung in der Ingenieurpraxis besitzen die mechanischen Schwingungen, die im letzten Kapitel behandelt werden. Nach der Einführung in die freien und erzwungenen Schwingungen von einfachen Feder-Masse-Systemen werden die Untersuchungen auf Koppelschwinger erweitert. Hieran anschließend werden die Torsions- und Biegeschwingungen von Wellen behandelt, und der für den Ingenieur wichtige Begriff der *biegekritischen Drehzahl* wird erklärt.

Das didaktische Konzept des vorliegenden Buches besteht darin, dass jeweils nach einer verständlichen Einführung in die theoretischen Grundlagen der Lehrstoff anhand von aussagekräftigen Beispielen erklärt und vertieft wird. Die zahlreichen Übungsbeispiele am Ende jedes Abschnittes bieten die Möglichkeit, den erlernten Stoff im Selbststudium zu vertiefen.

Hamburg/Krefeld, im Juli 2005

Hans-Joachim Dreyer

Conrad Eller

Vorwort zur 12. Auflage

Im Rahmen der Bearbeitung zur vorliegenden 12. Auflage des Bandes *Kinematik und Kinetik* wurde die in der 10. und 11. Auflage bereits begonnene Überarbeitung der Bilder auf den Anhang ausgedehnt. Damit liegen nun sämtliche Abbildungen des Buches als Computergrafiken vor.

Zum Abschnitt 2.4 des Buches waren bisher keine Übungsaufgaben vorhanden. Um hier das Angebot zum Selbststudium zu erweitern, wurden am Ende des genannten Abschnittes entsprechende Beispielaufgaben ergänzt.

Die mechanischen Schwingungen spielen in der Ingenieurpraxis eine zentrale Rolle. Um auch hier die Möglichkeit zu eröffnen, dieses Themengebiet im Selbststudium weiter zu vertiefen, wurden am Ende des Abschnittes 7.6 zusätzliche Übungsaufgaben eingefügt.

Die Lösungen zu den neu erstellten Aufgaben sind im Anhang des Werkes zu finden.

Sämtliche Abschnitte des Buches wurden sorgfältig durchgesehen und die dabei entdeckten Fehler korrigiert. Das Verzeichnis zur weiterführenden Literatur am Ende des Buches wurde aktualisiert. Außerdem wurden im Stichwortverzeichnis geringfügige Korrekturen vorgenommen.

Wir danken allen Benutzern des Buches, von denen wir Hinweise und Vorschläge zur Verbesserung erhielten. Für weitere Anregungen zur Weiterentwicklung des Buches sind wir stets dankbar. Ein besonderer Dank gilt auch dem Springer Vieweg Verlag für die gewährte Unterstützung und insbesondere Herrn Thomas Zipsner vom Lektorat Maschinenbau für die angenehme Zusammenarbeit.

Hamburg/Krefeld, im Januar 2016

Hans-Joachim Dreyer

Conrad Eller

Inhalt

Formelzeichen (Auswahl)

A	Fläche
A, B, C	Integrationskonstanten
a	Beschleunigung
$\vec{a}$	Beschleunigungsvektor
$\vec{a}_{abs}$	absolute Beschleunigung
$\vec{a}_B, \vec{a}_C, \ldots$	Beschleunigung der Punkte $B, C, \ldots$
$\vec{a}_{CB}$	Rotationsbeschleunigung des Punktes C bezüglich B
$\vec{a}_{Cor}$	Coriolisbeschleunigung
$\vec{a}_F$	Führungsbeschleunigung
a_n	Normal- oder Zentripetalbeschleunigung
a_r	Radialbeschleunigung
$\vec{a}_{rel}$	Relativbeschleunigung
$\vec{a}_S$	Schwerpunktbeschleunigung
a_t	Tangential- oder Bahnbeschleunigung
a_x, a_y, a_z	skalare Komponenten des Beschleunigungsvektors
a_φ	Umfangsbeschleunigung
c	Federkonstante
c_d	Drehfederkonstante
c_g	Ersatzfederkonstante
c_W	Widerstandsbeiwert
d	Durchmesser
E	Energie, Elastizitätsmodul
E_k	kinetische Energie
E_p	potenzielle Energie
E_{pf}	potenzielle Energie der Feder
E_{ph}	potenzielle Energie der Lage
$\vec{e}_r, \vec{e}_\varphi, \vec{e}_z$	Einsvektoren des Zylinderkoordinatensystems
$\vec{e}_t, \vec{e}_n, \vec{e}_b$	Einsvektoren des natürlichen Koordinatensystems, Tangenten-, Normalen- und Binormalen-Einsvektor
$\vec{e}_x, \vec{e}_y, \vec{e}_z$	Einsvektoren des kartesischen Koordinatensystems
$F, \vec{F}$	Kraft, Kraftvektor
F_A	Auftriebskraft
F_F	Fliehkraft
$F_G, \vec{F}_G$	Gewichtskraft
F_h, F_r	Haft-, Gleitreibungskraft
F_q	Querkraft
$F_R, \vec{F}_R$	resultierende Kraft
F_S	Seilkraft
F_t, F_n	Bahn- und Normalkomponente der Kraft
F_W	Widerstandskraft
F_x, F_y, F_z	skalare Komponenten der Kraft
f_{st}	statische Auslenkung einer Feder
G	Gleitmodul
g	Fallbeschleunigung
H	Heizwert
h	Höhe
I	axiales Flächenmoment 2. Grades
I_p	polares Flächenmoment 2. Grades
I_x, I_y, I_z	Flächenmoment bezüglich der x-, y- und z-Achse
i	Trägheitsradius
i	Übersetzungsverhältnis
J	Massenträgheitsmoment
J_{red}	reduziertes Massenträgheitsmoment
J_S	Massenträgheitsmoment bezogen auf den Schwerpunkt
J_x, J_y, J_z / J_ξ, J_η, J_ζ	Massenträgheitsmoment bezüglich der x-, y- und z-Achse bzw. der ξ-, η- und ζ-Achse
J_{xy}, J_{yz}, J_{zx}	Zentrifugalmoment im x-, y-, z-Bezugssystem
$J_{\xi\eta}, J_{\eta\zeta}, J_{\zeta\xi}$	Zentrifugalmoment im ξ-, η- und ζ-Bezugssystem
j	imaginäre Einheit (s. DIN 1302)
k	Dämpfungskonstante
$\vec{L}$	Impulsmoment
$\vec{L}_0, \vec{L}_S$	Impulsmoment bezüglich eines festen Punktes 0 und bezüglich des Schwerpunktes
l	Länge
l_{red}	reduzierte Pendellänge
$M, \vec{M}$	Drehmoment, Drehmomentvektor
M_K	Kreiselmoment
M_x, M_y, M_z	Komponenten des Drehmomentvektors
m	Masse

m_a	Beschleunigungsmaßstabsfaktor
m_L	Längenmaßstabsfaktor
m_{red}	reduzierte Masse
m_v	Geschwindigkeitsmaßstabsfaktor
m_η	Maßstabsfaktor für die Durchbiegung
$n = 1/T$	Drehzahl, Frequenz, Schwingungszahl
P	Leistung
P_e, P_i	effektive und indizierte Leistung
P_n, P_v, P_z	Nutz-, Verlust- und zugeführte Leistung
p, $\vec{p}$	Impuls, Impulsvektor
p_x, p_y, p_z	skalare Komponenten des Impulsvektors
$\vec{q}$	Ortsvektor von bewegtem Bezugspunkt aus
R	Erdradius
$\vec{r}$	Ortsvektor
r	Radius
r_S	Schwerpunktabstand
S_a, S_v, S_l ...	Strecke, durch die eine Beschleunigung, eine Geschwindigkeit, eine Länge usw. in der Zeichnung dargestellt ist
s	Ortskoordinate
T	Schwingungsdauer
t	Zeit
u	Geschwindigkeit, Treibstrahlgeschwindigkeit
v, $\vec{v}$	Geschwindigkeit, Geschwindigkeitsvektor
v_A	Geschwindigkeit am Anfang des ersten Stoßabschnitts
$\vec{v}_{abs}$	absolute Geschwindigkeit
$\vec{v}_B$, $\vec{v}_C$ ...	Geschwindigkeit der Punkte $B, C, \ldots$
$\vec{v}_{CB}$	Rotationsgeschwindigkeit des Punktes C bezüglich B
$\vec{v}_F$, $\vec{v}_{rel}$	Führungs- und Relativgeschwindigkeit
v_P, v_E, v_W	Geschwindigkeit nach dem plastischen, elastischen und wirklichen Stoß
v_r, v_φ	Radial- und Umfangsgeschwindigkeit
v_S, $\vec{v}_S$	stationäre Sinkgeschwindigkeit, Schwerpunktgeschwindigkeit
v_x, v_y, v_z	skalare Komponenten des Geschwindigkeitsvektors
W	Arbeit
W_N	Arbeit der Kräfte ohne Potenzial
W_n, W_v	Nutz- und Verlustarbeit
W_z	zugeführte Arbeit
w	Durchbiegung, Auslenkung eines Balkens
x, y, z	Koordinaten
$\alpha = \ddot{\varphi}$	Winkelbeschleunigung
$\alpha, \beta, \gamma, \delta, \varepsilon$	Winkel
$\alpha = 1/c$	Einflusszahl
δ	Abklingkonstante
η	Wirkungsgrad
η_m, η_{th}	mechanischer, thermischer Wirkungsgrad
$\vartheta = \delta / \omega_0$	Dämpfungsgrad
Λ	logarithmisches Dekrement
λ	Schubstangenverhältnis
μ	Gleitreibungszahl
μ_0	Haftzahl
μ_r	Roll- bzw. Fahrwiderstandszahl
μ_z	Zapfenreibungszahl
ξ, η, ζ	Koordinaten
ρ	Krümmungsradius
ρ	Dichte
ρ_{Fl}, ρ_K, ρ_L	Dichte von Flüssigkeit, Körper, Luft
σ	Normalspannung
τ	Integrationsvariable
φ	Drehwinkel, Nullphasenwinkel
ψ	Winkel, Neigungswinkel der Biegelinie
$\omega = \dot{\varphi}$	Winkelgeschwindigkeit, auch kritische
ω_0	konstante Winkelgeschwindigkeit, Kennkreisfrequenz
ω_d	Eigenkreisfrequenz
ω_r	Resonanzfrequenz

1 Kinematik des Punktes

Die Statik befasst sich mit Körpern im Ruhezustand. Ändert sich die Lage eines Körpers mit der Zeit, so sagt man, er bewegt sich. Es ist Aufgabe der Kinematik, die Bewegung eines Körpers oder die eines Systems von Körpern (kurz eines mechanischen Systems) *möglichst einfach und vollständig* zu beschreiben. Die Kinematik gibt keinen Aufschluss über die Ursache der Bewegung, sie ist eine reine Bewegungsgeometrie.

Verschiedene Punkte eines Körpers oder Teile eines mechanischen Systems können zur gleichen Zeit ganz verschiedene Bewegungen ausführen. Man denke an die Bewegung eines Fahrzeugs auf der Straße. Aus einiger Entfernung betrachtet, scheinen alle Teile dieselbe Bewegung zu vollziehen. In Wirklichkeit bewegt sich aber der Punkt eines Rades gegenüber der Straße ganz anders als ein Punkt der Karosserie. Zur vollständigen Beschreibung der Bewegung eines Körpers oder eines mechanischen Systems gehört die Angabe der Bewegung *aller* seiner Punkte.

Die Bewegung eines Körpers oder die eines mechanischen Systems kann sehr kompliziert sein. Bei vielen technischen Fragestellungen ist es jedoch häufig ausreichend, die Bewegung eines Systempunktes anzugeben. Interessiert man sich z. B. nur für die Bewegung des Fahrzeugs als Ganzes gegenüber der Straße, so genügt es, die Bewegung eines Karosseriepunktes oder die seines Schwerpunktes zu beschreiben.

Die Bewegung eines Punktes bildet also die Grundlage für die Beschreibung der Bewegung von Körpern. Deshalb wenden wir uns zunächst der Kinematik des Punktes zu.

1.1 Eindimensionale Kinematik, Bewegung eines Punktes auf gegebener Bahn

1.1.1 Bogenlänge, Bahngeschwindigkeit, Bahnbeschleunigung

Ein Punkt, der sich bewegt, nimmt im Laufe der Zeit verschiedene Lagen ein. Die Gesamtheit aller Orte, die der Punkt nacheinander einnimmt, nennt man seine *Bahnkurve* oder kurz seine *Bahn*. Bahnkurven werden oft in einfacher Weise sichtbar. Man denke etwa an den Kondensstreifen eines Düsenflugzeuges, an die Linie, die die Spitze eines bewegten Bleistiftes auf einem Blatt Papier hinterlässt oder an die Spuren eines Fahrzeugs im Schnee.

In vielen technischen Fällen ist die Bahn eines Punktes von vornherein gegeben, man spricht von *geführter Bewegung* (z. B. Schienenfahrzeuge, Schlitten von Werkzeugmaschinen u. a. m.). Ist die Bahnkurve bekannt, so kann die Lage des Punktes durch eine einzige Koordinate, z. B. durch die von einem festen Punkt 0 aus gemessene Bogenlänge s festgelegt werden (**Bild 1.1**), und der Bewegungsablauf ist vollständig beschrieben, wenn diese in Abhängigkeit von der Zeit bekannt ist.

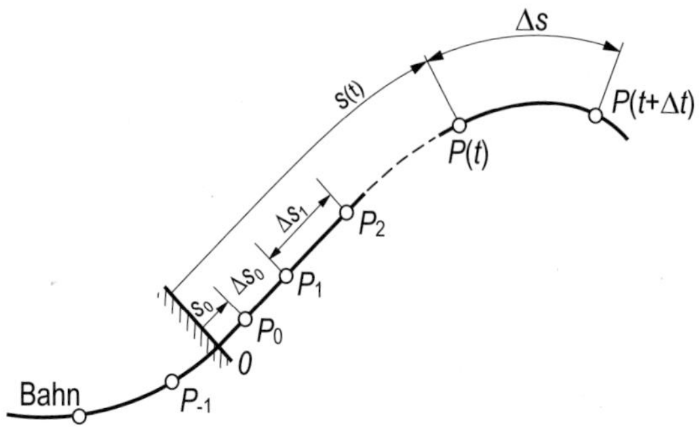

Bild 1.1:
Bahn eines Punktes

Da für die Zählung der Bogenlänge s ein Richtungssinn angenommen wird, kann sie als Koordinate positive und negative Werte annehmen. So ist die Ortskoordinate s des Punktes P_1 in **Bild 1.1** positiv und die des Punktes P_{-1} negativ. Man beachte: Die Ortskoordinate s gibt den von einem Punkt *zurückgelegten* Weg nur dann direkt an, wenn die Bewegung an der Stelle $s = 0$ beginnt und dann ständig im Sinne wachsender Bogenlänge (in positiver Koordinatenrichtung) erfolgt.

In **Bild 1.1** ist die Bahn eines Punktes P gezeichnet. Die Bahn allein gibt keinen Aufschluss über den zeitlichen Ablauf der Bewegung. Kennzeichnet man jedoch die Stellen, an denen sich der Punkt P nach Verstreichen gleicher Zeitabschnitte Δt befindet, nacheinander mit P_0, P_1, P_2 usw., so erhält man durch die Wegstrecken Δs_0, Δs_1, Δs_2 usw. zwischen je zwei Punkten einen Eindruck vom zeitlichen Verlauf der Bewegung. So ist die Bewegung in **Bild 1.1** von P_0 aus zunächst langsam und wird dann schneller, da der Punkt mit wachsender Zeit in gleichen Zeitabschnitten Δt größere Wegstrecken zurücklegt.

Bahngeschwindigkeit Legt man nun die Orte $P(t)$ und $P(t + \Delta t)$, an denen sich der Punkt zu der Zeit t und der späteren Zeit $(t + \Delta t)$ befindet, durch die Ortskoordinaten $s(t)$ und $s(t + \Delta t)$ fest, so ist der Differenzenquotient

$$v_{\mathrm{m}} = \frac{s(t+\Delta t) - s(t)}{(t+\Delta t) - t} = \frac{\Delta s}{\Delta t} \tag{1.1}$$

ein Maß für die Schnelligkeit der Bewegung zwischen den betrachteten Orten. Er ist um so größer (bzw. kleiner), je schneller (bzw. langsamer) sich der Punkt von $P(t)$ nach $P(t + \Delta t)$ bewegt. Der Quotient ist unabhängig von der Gestalt der Bahn und wird als *mittlere Bahngeschwindigkeit* bezeichnet.

Die mittlere Bahngeschwindigkeit v_{m} ist der Quotient aus Wegdifferenz und zugehöriger Zeitdifferenz.

Durch die mittlere Bahngeschwindigkeit ist die Bewegung zwischen den betrachteten Orten nicht genau beschrieben. Je näher man aber den Punkt $P(t + \Delta t)$ bei $P(t)$ wählt, eine desto genauere Aussage gibt die mittlere Geschwindigkeit nach Gl. (1.1) über die Schnelligkeit der Bewegung des Punktes beim Passieren des Ortes $P(t)$. Man definiert daher die *Bahngeschwindigkeit* in einem Punkt der Bahn durch den Grenzwert

$$v = \lim_{\Delta t \to 0} \frac{\Delta s}{\Delta t} = \frac{\mathrm{d}s}{\mathrm{d}t} = \dot{s}\ ^{1)} \tag{1.2}$$

Die Bahngeschwindigkeit ist die Ableitung der Bogenlänge, der Ortskoordinate s nach der Zeit.

Die Geschwindigkeit wird z. B. in den Einheiten m/s, m/min oder km/h angegeben. In der Gl. (1.2) ist $\Delta t > 0$. Daher ist die Bahngeschwindigkeit v positiv, wenn $\Delta s > 0$ ist, wenn sich also der Punkt in positiver Koordinatenrichtung bewegt. Die Geschwindigkeit ist negativ, wenn sich der Punkt in negativer Koordinatenrichtung bewegt.

Bahnbeschleunigung Bezeichnet man die Bahngeschwindigkeit zu den Zeiten t und $t + \Delta t$ mit $v\,(t)$ und $v\,(t + \Delta t)$, so wird durch den Differenzenquotienten

$$a_{\mathrm{tm}} = \frac{v\,(t+\Delta t) - v(t)}{(t+\Delta t) - t} = \frac{\Delta v}{\Delta t} \tag{1.3}$$

die mittlere Bahnbeschleunigung definiert.

Die mittlere Bahnbeschleunigung ist der Quotient aus Geschwindigkeitsdifferenz und zugehöriger Zeitdifferenz.

Durch den Grenzwert des Differenzenquotienten in Gl. (1.3) für $\Delta t \to 0$ ist die Bahnbeschleunigung in einem Punkt der Bahn definiert

$$a_{\mathrm{t}} = \lim_{\Delta t \to 0} \frac{\Delta v}{\Delta t} = \frac{\mathrm{d}v}{\mathrm{d}t} = \dot{v} \tag{1.4}$$

Berücksichtigt man Gl. (1.2), so kann auch geschrieben werden

$$a_{\mathrm{t}} = \frac{\mathrm{d}v}{\mathrm{d}t} = \frac{\mathrm{d}}{\mathrm{d}t}\left(\frac{\mathrm{d}s}{\mathrm{d}t}\right) = \frac{\mathrm{d}^2 s}{\mathrm{d}t^2} = \ddot{s} \tag{1.5}$$

Die Bahnbeschleunigung a_{t} ist die erste Ableitung der Bahngeschwindigkeit v oder die zweite Ableitung der Ortskoordinate s nach der Zeit[2)].

Die Beschleunigung wird z. B. in den Einheiten m/s^2 oder cm/s^2 angegeben. In der Gl. (1.3) ist $\Delta t > 0$. Daher ist die Bahnbeschleunigung a_{t} positiv, wenn $\Delta v > 0$ ist, wenn also die Geschwindigkeit mit der Zeit wächst. Die Beschleunigung ist negativ, wenn $\Delta v < 0$ ist. Man

---

1) Ableitungen nach der Zeit werden in der Mechanik durch einen Punkt über dem Formelzeichen der abzuleitenden Größe gekennzeichnet.

2) In Abschn. 1.2.4 werden wir den Begriff der *Normalbeschleunigung* kennen lernen. Im Unterschied dazu wird das Formelzeichen a_{t} für die Bahnbeschleunigung, die man auch Tangentialbeschleunigung nennt, mit dem Index t versehen. Wo keine Verwechslungen möglich sind, wie z. B. in diesem Abschn. 1.1, wollen wir den Index t im Allgemeinen fortlassen.

spricht auch von einer *verzögerten* Bewegung, wenn der Betrag der Geschwindigkeit mit der Zeit abnimmt. Bahnbeschleunigung und Bahngeschwindigkeit haben in diesem Fall entgegengesetztes Vorzeichen.

Ist die Bahnbeschleunigung $a_t \equiv 0$, so wird die Bahn mit konstanter Bahngeschwindigkeit durchlaufen. Eine solche Bewegung nennt man *gleichförmig* (s. Abschn. 1.1.3).

1.1.2 Kinematische Diagramme

Einen anschaulichen Eindruck von der Bewegung eines Punktes gewinnt man, wenn man die Ortskoordinate s (die Bogenlänge), die Bahngeschwindigkeit v und die Bahnbeschleunigung a_t über der Zeit aufträgt. Diese Diagramme werden als *Ort-Zeit-*[1], *Geschwindigkeit-Zeit-* und *Beschleunigung-Zeit-Diagramm* bezeichnet (kurz s, t-, v, t- und a, t -Diagramm). In **Bild 1.2** sind diese Diagramme für eine allgemeine Bewegung dargestellt. Vereinfachend ist neben der Ortskoordinate eine geradlinige Bahn angenommen.

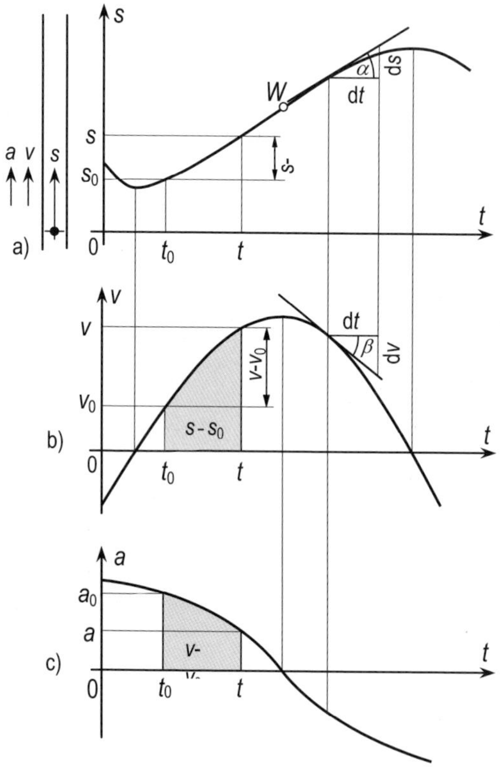

Bild 1.2:
a) s, t-,
b) v, t- und
c) a, t-Diagramm
der ungleichförmigen Bewegung

[1] Das Ort-Zeit-Diagramm wird häufig auch als Weg-Zeit-Diagramm bezeichnet. Dies kann zu Missverständnissen führen, da die Koordinate s nicht den Weg, sondern den Ort des Punktes angibt. Bewegt sich z. B. ein Punkt auf der gleichen Bahn hin und her, so kann der zurückgelegte Weg beliebig groß werden, während sich sein Ort nur zwischen zwei Grenzen s_1 und s_2 ändert.

Den Diagrammen in **Bild 1.2** entnimmt man: Zur Zeit t_0 ist der Ort des Punktes auf seiner Bahn durch die Koordinate s_0 angegeben. Mit wachsender Zeit ($t > t_0$) bewegt sich der Punkt zunächst in Richtung der positiv angenommenen Ortskoordinate, wobei seine Geschwindigkeit anfänglich zunimmt (in gleichen Zeitintervallen werden immer größere Wegstrecken zurückgelegt). Da der Differenzialquotient $\mathrm{d}s/\mathrm{d}t$ der Steigung der Tangente an die Ort-Zeit-Kurve proportional ist (**Bild 1.2a**)

$$\tan\alpha \sim \frac{\mathrm{d}s}{\mathrm{d}t} = v \tag{1.6}$$

ist diese ein Maß für die Bahngeschwindigkeit des Punktes. Je größer also die Steigung der Ort-Zeit-Linie, desto größer die Bahngeschwindigkeit. Die größte Steigung wird im Wendepunkt (W) der s, t -Kurve erreicht, daher hat der Punkt an dieser Stelle seine größte Geschwindigkeit (Maximum der v, t-Kurve). Nach Überschreiten des Wendepunktes nimmt die Bahngeschwindigkeit ab und wird Null, wenn die Steigung der s, t-Kurve Null wird (hier Maximum der s, t-Kurve, Umkehrlage der Bewegung). Anschließend bewegt sich der Punkt rückwärts, also entgegen der positiven Ortskoordinatenrichtung, seine Geschwindigkeit ist negativ (**Bild 1.2b**).

Die Steigung der Tangente an die Geschwindigkeit-Zeit-Kurve ist der Bahnbeschleunigung proportional

$$\tan\beta \sim \frac{\mathrm{d}v}{\mathrm{d}t} = a_\mathrm{t} \tag{1.7}$$

Daher ist die Bahnbeschleunigung um so größer, je größer die Steigung der v, t-Kurve ist. Im vorliegenden Fall beginnt die v, t-Kurve mit großer Steigung (große Bahnbeschleunigung), die Steigung nimmt ab und wird Null im Maximum der v, t-Kurve ($a_\mathrm{t} = 0$). Bis zu diesem Zeitpunkt wächst die Geschwindigkeit (Bahngeschwindigkeit und Bahnbeschleunigung haben gleiches Vorzeichen). Anschließend nimmt die Geschwindigkeit ab, die Steigung der v, t-Kurve und damit die Bahnbeschleunigung sind negativ. Bis zum Schnittpunkt der v, t-Kurve mit der t-Achse (Maximum der s, t-Kurve) haben Bahngeschwindigkeit und Bahnbeschleunigung verschiedene Vorzeichen (verzögerte Bewegung). Von da an nimmt der Betrag der Bahngeschwindigkeit wieder zu (beschleunigte Bewegung in Richtung der negativen Ortskoordinate).

Da die Bahnbeschleunigung als Ableitung der Bahngeschwindigkeit nach der Zeit definiert ist, erhält man umgekehrt die Bahngeschwindigkeit als Zeitintegral der Bahnbeschleunigung. Berücksichtigt man bei der Integration die *Anfangsbedingung*, nach der zur Zeit $t = t_0$ der Punkt die Bahngeschwindigkeit $v = v_0$ hat, so gilt

$$v = v_0 + \int_{t_0}^{t} a_\mathrm{t}\,\mathrm{d}\tau \qquad (\tau \text{ Integrationsvariable}) \tag{1.8}$$

Da man das bestimmte Integral als Fläche unter einer Kurve deuten kann, ist die Geschwindigkeitsdifferenz ($v - v_0$) der Fläche unter der Beschleunigung-Zeit-Kurve zwischen den Zeitmarken t_0 und t proportional (**Bild 1.2c**).

Entsprechend erhält man aus dem Geschwindigkeit-Zeit-Gesetz $v(t) = \mathrm{d}s/\mathrm{d}t$ durch Integration über die Zeit das Ort-Zeit-Gesetz. Berücksichtigt man dabei die *Anfangsbedingung*, nach der sich der Punkt zur Zeit $t = t_0$ an dem durch die Koordinate $s = s_0$ festgelegten Ort befindet, so gilt

$$s = s_0 + \int_{t_0}^{t} v \, d\tau \tag{1.9}$$

Das bestimmte Integral auf der rechten Seite ist der Fläche unter der v, t-Kurve proportional. Diese Fläche ist also ein Maß für die Wegdifferenz $(s - s_0)$ (**Bild 1.2b**).

In der Technik sind außer den erwähnten Funktionen $s(t)$, $v(t)$ und $a_t(t)$ manchmal auch das *Geschwindigkeit-Ort-Gesetz* $v(s)$, das *Beschleunigung-Ort-Gesetz* $a_t(s)$ und das *Beschleunigung-Geschwindigkeit-Gesetz* $a_t(v)$ von Interesse. Deren Graphen werden ebenfalls als *kinematische Diagramme* bezeichnet, wir werden sie an geeigneter Stelle einführen.

1.1.3 Gleichförmige Bewegung

Die Bewegung eines Punktes nennt man gleichförmig, wenn die Bahnbeschleunigung

$$\boldsymbol{a_t \equiv 0} \tag{1.10}$$

ist.

Dann ist nach Gl. (1.4) bzw. (1.8) die Bahngeschwindigkeit konstant

$$\boldsymbol{v = v_0 = \text{const}} \tag{1.11}$$

Das *Ort-Zeit-Gesetz* erhält man unter Berücksichtigung der Anfangsbedingung aus Gl. (1.9). Befindet sich der Punkt zur Zeit $t = t_0$ an dem durch die Ortskoordinate $s = s_0$ festgelegten Ort, so gilt

$$\boldsymbol{s = s_0 + v_0(t - t_0)} \tag{1.12}$$

Die *Ort-Zeit-Kurve* der gleichförmigen Bewegung ist eine Gerade (**Bild 1.3a**). Ihre Steigung ist der Geschwindigkeit proportional

$$\tan \alpha \sim \frac{\Delta s}{\Delta t} = v_0$$

Die *Geschwindigkeit-Zeit-Kurve* $v(t) = v_0$ ist eine Parallele zur Zeitachse (**Bild 1.3b**). Die Rechteckfläche unter der v, t-Kurve ist dem Wegzuwachs $(s - s_0) = v_0(t - t_0)$ proportional. Man gewinnt den Wegzuwachs aus dem v, t-Diagramm, wenn man die Rechteckhöhe (Ordinate) in Geschwindigkeitseinheiten und die Rechteckbreite (Abszissendifferenz) in Zeiteinheiten abliest und miteinander multipliziert.

In vielen Fällen ist es günstig, das Koordinatensystem so zu legen, dass sich der Punkt zu Beginn der Zeitzählung im Koordinatenursprung befindet. Dann folgen aus Gl. (1.12) mit $t_0 = 0$ und $s_0 = 0$ die einfachen Beziehungen

$$\boldsymbol{v_0 = \frac{s}{t} \qquad s = v_0 t} \tag{1.13}$$

Die Ort-Zeit-Linie geht in diesem Fall durch den Koordinatenursprung (**Bild 1.4**).

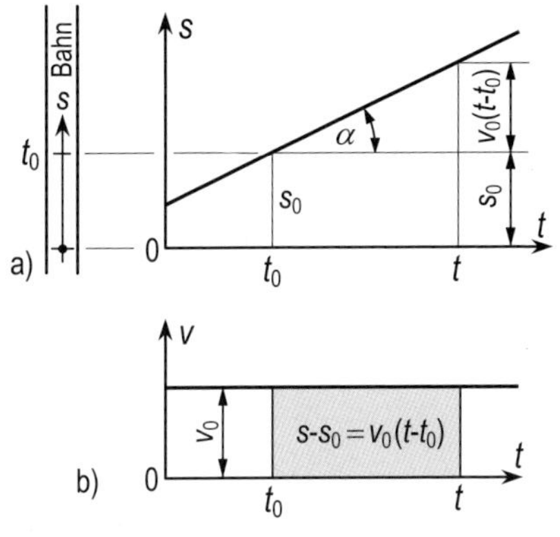

Bild 1.3: a) s, t- und b) v, t -Diagramm der gleichförmigen Bewegung

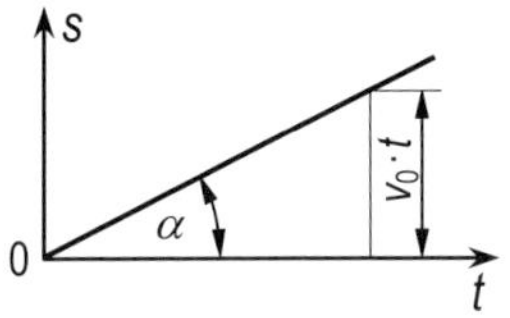

Bild 1.4: s, t-Diagramm für $t_0 = 0$ und $s_0 = 0$

Obwohl die gleichförmige Bewegung nur ein Sonderfall der Bewegung eines Punktes ist, spielt sie doch in der Technik eine nicht unbedeutende Rolle. Viele technische Vorgänge lassen sich, wie auch die folgenden Beispiele zeigen, mit ausreichender Genauigkeit als gleichförmige Bewegung beschreiben.

Beispiel 1.1: Ein Pkw-Fahrer will die Anzeige seines *Tachometers* überprüfen. Zwischen den Kilometersteinen 103,0 und 104,5 km zeigt der Tachometer die konstante Geschwindigkeit 90 km/h an, er legt die Strecke in 62 s zurück. Wie groß ist der Fehler in der Anzeige?

Mit $s_0 = 103{,}0$ km, $s = 104{,}5$ km, $t_0 = 0$ und $t = 62$ s folgt aus Gl. (1.12)

$$v_0 = \frac{s - s_0}{t - t_0} = \frac{(104{,}5 - 103{,}0)\ \mathrm{km}}{62\ \mathrm{s}} = \frac{1500\ \mathrm{m}}{62\ \mathrm{s}} = 24{,}2\frac{\mathrm{m}}{\mathrm{s}}$$

und mit der häufig gebrauchten Umrechnung, die man sich zweckmäßig einprägt

$$1\frac{\mathrm{km}}{\mathrm{h}} = \frac{1000\ \mathrm{m}}{3600\ \mathrm{s}} = \frac{1}{3{,}6}\ \frac{\mathrm{m}}{\mathrm{s}} \qquad \text{bzw.} \qquad 1\frac{\mathrm{m}}{\mathrm{s}} = 3{,}6\ \frac{\mathrm{km}}{\mathrm{h}} \tag{1.14}$$

ist $\quad v_0 = 24{,}2 \cdot 3{,}6\frac{\mathrm{km}}{\mathrm{h}} = 87{,}1\ \mathrm{km/h}$

Der Fehler in der Anzeige beträgt also (90 – 87,1) km/h = 2,9 km/h. Bezogen auf den Istwert der Geschwindigkeit ist dann der relative Fehler

$$\frac{2{,}9\ \mathrm{km/h}}{87{,}1\ \mathrm{km/h}} = 3{,}3\ \%$$

Beispiel 1.2: *Grafischer Fahrplan.* Eine Regionalbahn (*RB*) fährt von Station *A* über *B* und *C* nach *D*; Entfernung $\overline{AB}$ = 12 km, $\overline{BC}$ = 24 km, $\overline{CD}$ = 18 km. Zwischen zwei Stationen wird die Bewegung als gleichförmig angesehen, die Geschwindigkeit beträgt v_R = 72 km/h. In *B* und *C* hat der Zug je 10 min Aufenthalt. Während seines Aufenthaltes auf Station *C* soll der Zug einen von *A* nach *D* durchfahrenden Intercity-Express (*ICE*) (Geschwindigkeit v_I = 108 km/h) vorbeilassen. Wann muss der *ICE* frühestens bzw. spätestens in *A* abfahren, und wie viel Minuten trifft er mindestens vor der *RB* in *D* ein?

Die Aufgabe ist übersichtlich in einem *s*, *t*-Diagramm darstellbar. Für den Weg wählt man zweckmäßig die Einheit km, für die Zeit min. In diesen Einheiten ist die Geschwindigkeit der beiden Züge

RB	v_R = 72 km/h = 72 km/60 min	= 1,2 km/min = 12 km/10 min
ICE	v_I = 108 km/h	= 1,8 km/min = 18 km/10 min

Das Ort-Zeit-Diagramm der *RB* ist in **Bild 1.5a** dargestellt. Die Abfahrtszeit des *ICE* findet man wie folgt: Die *s*, *t*-Linie des *ICE* muss die der *RB* zwischen den Punkten III und IV schneiden (Aufenthalt der *RB* auf Station *C*). Ihre Steigung ist der Geschwindigkeit proportional. Die Fahrzeit von *A* bis *C* beträgt

$$\Delta t = \frac{\Delta s}{v_I} = \frac{36\text{ km}}{1{,}8\text{ km/min}} = 20\text{ min}$$

Der *ICE* darf also höchstens (40 – 20) min = 20 min (Punkt I) und muss spätestens (50 – 20) min = 30 min (Punkt II) nach Abfahrt der *RB* in *A* abfahren. Verfolgt man die *s*, *t*-Linie des *ICE* durch den Punkt II, dann kommt dieser mindestens 5 min vor der *RB* in *D* an.

In **Bild 1.5b** ist das *v*, *t* -Diagramm angegeben. Die Fläche unter der *v*, *t* -Linie entspricht dem zurückgelegten Weg. Die grau schattierte Rechteckfläche hat in Geschwindigkeitseinheiten die Höhe 1,2 km/min, die Länge der Grundlinie ist in Zeiteinheiten 10 min und das Produkt beträgt (1,2 km/min) · (10 min) = 12 km = Entfernung $\overline{AB}$.

Für die *v*, *t* -Linie des *ICE* wurde die Abfahrtzeit hier mit 25 min gewählt.

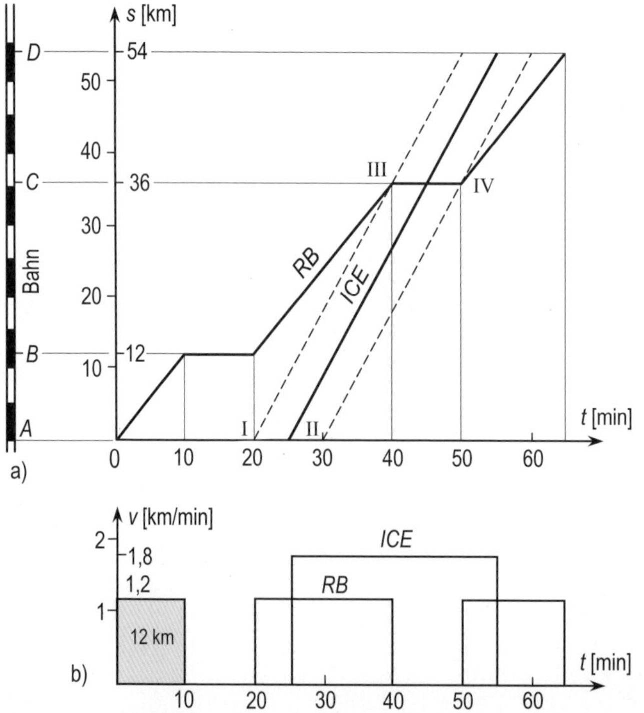

Bild 1.5: Fahrdiagramme

1.1.4 Gleichförmig beschleunigte Bewegung

Man nennt eine Bewegung gleichförmig beschleunigt, wenn die Bahnbeschleunigung

$$\boldsymbol{a_t = a_0 = \mathrm{const}} \tag{1.15}$$

ist.

Legt man die Anfangsbedingungen der Bewegung so fest, dass der Punkt zur Zeit $t = t_0$ die Geschwindigkeit $v = v_0$ hat und sich an dem durch die Koordinate $s = s_0$ festgelegten Ort befindet, so folgt entsprechend Gl. (1.8) durch Integration das *Geschwindigkeit-Zeit-Gesetz*

$$\boldsymbol{v = v_0 + a_0\,(t - t_0)} \tag{1.16}$$

Setzt man diese Beziehung in Gl. (1.9) ein, so erhält man durch eine weitere Integration mit der obigen Anfangsbedingung das *Ort-Zeit-Gesetz*

$$\boldsymbol{s = s_0 + v_0(t - t_0) + a_0 \frac{(t - t_0)^2}{2}} \tag{1.17}$$

Die *Beschleunigung-Zeit-Kurve* der gleichförmig beschleunigten Bewegung ist eine Parallele zur Zeitachse (**Bild 1.6c**). Das Produkt $a_0(t - t_0)$ in Gl. (1.16) ist der Rechteckfläche unter dieser Kurve zwischen den Zeiten t und t_0 proportional, sie ist also ein Maß für die Geschwindigkeitsdifferenz $(v - v_0)$.

Die *Geschwindigkeit-Zeit-Kurve* ist eine Gerade (**Bild 1.6b**). Ihre Steigung ist nach Gl. (1.7) ein Maß für die Bahnbeschleunigung a_0. Entsprechend Gl. (1.9) ist die Trapezfläche unter der v, t-Kurve der Wegdifferenz zwischen den Zeitmarken t und t_0 proportional

$$s - s_0 = \frac{v - v_0}{2}(t - t_0) \tag{1.18}$$

Wird in diese Beziehung v aus Gl. (1.16) eingesetzt, so erhält man wieder das Ort-Zeit-Gesetz der Gl. (1.17).

Die *Ort-Zeit-Kurve* ist eine Parabel. In **Bild 1.6a** ist sie auch für negative t-Werte gezeichnet, damit man sieht, dass der Scheitel der Parabel (Minimum der Funktion $s\,(t)$) dort liegt, wo die Geschwindigkeit (Ableitung der Funktion $s\,(t)$) gleich Null wird.

In manchen Fällen interessiert die Geschwindigkeit als Funktion des Ortes. Diese Abhängigkeit gewinnt man, indem man aus Gl. (1.16) und Gl. (1.18) die Zeit eliminiert. Mit

$$t - t_0 = \frac{v - v_0}{a_0} \tag{1.19}$$

aus Gl. (1.16) folgt aus Gl. (1.18)

$$s - s_0 = \frac{v_0 + v}{2} \cdot \frac{v - v_0}{a_0} = \frac{1}{2a_0}(v^2 - v_0^2)$$

$$a_0(s - s_0) = \frac{1}{2}(v^2 - v_0^2) \tag{1.20}$$

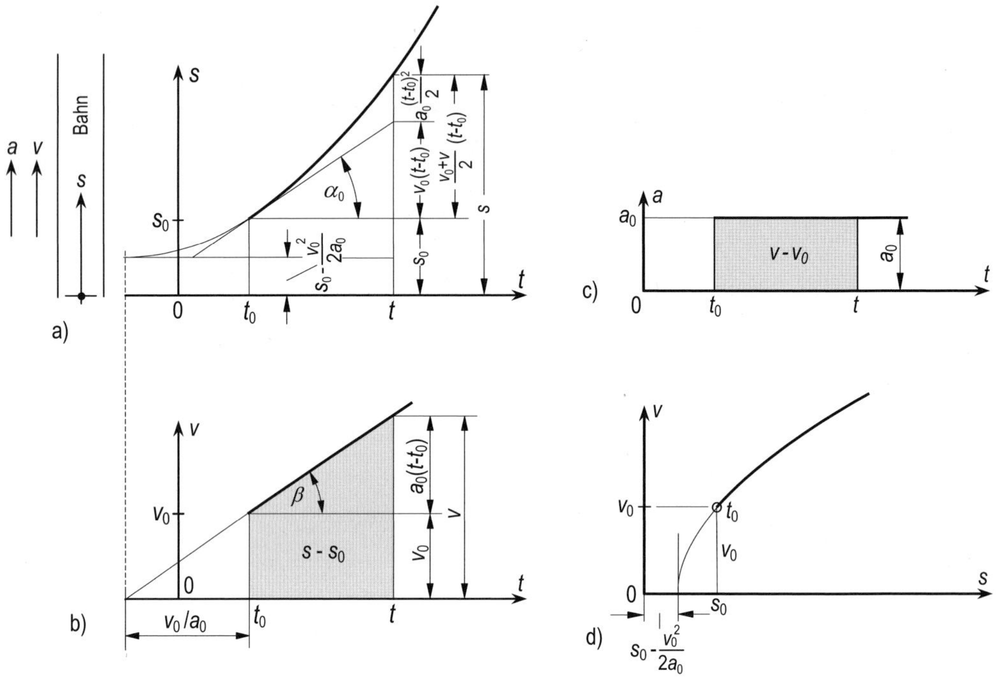

Bild 1.6: a) s, t-, b) v, t-, c) a, t- und d) v, s-Diagramm der gleichförmig beschleunigten Bewegung

Die Auflösung dieser Beziehung nach v ergibt

$$v = \sqrt{(v_0^2 - 2a_0 s_0) + 2a_0 s} \tag{1.21}$$

Die v, s-Kurve ist eine Parabel, deren Achse mit der s-Koordinatenachse zusammenfällt und deren Scheitel ($v = 0$) an der Stelle

$$s_s = \left(s_0 - \frac{v_0^2}{2\,a_0} \right)$$

liegt (**Bild 1.6d**).

In einem häufig vorkommenden Sonderfall beginnt man die Zeitzählung mit $t_0 = 0$ im Koordinatenursprung ($s_0 = 0$). Erfolgt die Bewegung zugleich aus der Ruhelage mit $v_0 = 0$, so werden vorstehende Gleichungen wesentlich einfacher.

Aus Gl. (1.16) erhält man $\boldsymbol{v = a_0\, t}$ (1.22)

aus Gl. (1.17) $\boldsymbol{s = \frac{1}{2} a_0\, t^2}$ (1.23)

aus Gl. (1.21) $\boldsymbol{v = \sqrt{2\, a_0\, s}}$ (1.24)

Die zugehörigen Funktionskurven zeigt **Bild 1.7**.

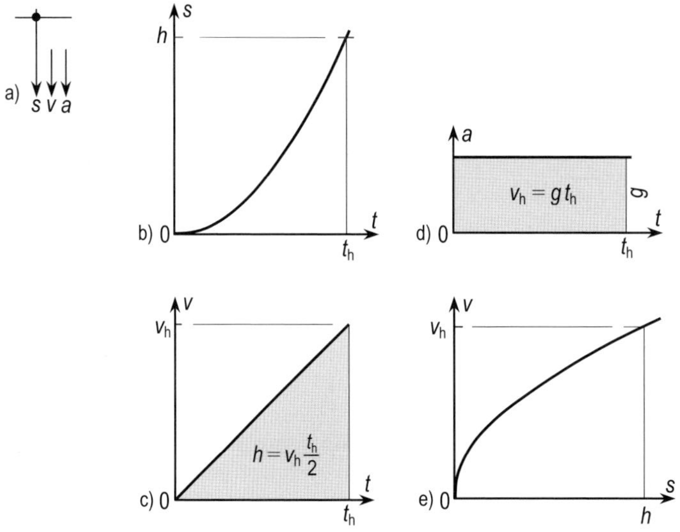

Bild 1.7 a) Koordinatensystem, b) s, t-, c) v, t-, d) a, t- und e) v, s-Diagramm beim freien Fall ($t_0 = 0$, $s_0 = 0$ und $v_0 = 0$)

Ein wichtiges Beispiel einer gleichförmig beschleunigten Bewegung ist der *freie Fall.* Wie zuerst von *Galilei* (1564 bis 1642) erkannt, führt ein frei fallender Körper in Erdnähe eine gleichförmig beschleunigte Bewegung aus, wenn der Luftwiderstand gegenüber dem Gewicht des Körpers vernachlässigbar klein ist. Diese Bewegung bezeichnet man als *freien Fall.* Die Größe der auf den Erdmittelpunkt gerichteten Beschleunigung, der *Fallbeschleunigung* (s. auch S. 61), beträgt

$$g = 9{,}81 \text{ m/s}^2 \qquad (1.25)$$

Beispiel 1.3: *Freier Fall.* Eine Stahlkugel fällt aus h = 100 m Höhe senkrecht zur Erde. Unter Vernachlässigung des Luftwiderstandes sind gesucht a) die Fallgeschwindigkeit v und der Fallweg s nach 1, 2, 3 und 4 s; b) die Endgeschwindigkeit v_h und die Fallzeit t_h; c) die Diagramme der Funktionen $a(t)$, $v(t)$, $s(t)$ und $v(s)$.
Zur Lösung der Aufgabe führt man zweckmäßig eine Koordinate s von der Anfangslage aus senkrecht nach unten positiv ein. Geschwindigkeit und Beschleunigung sind in gleicher Koordinatenrichtung positiv zu zählen (**Bild 1.7a**). Da die Bewegung aus der Ruhelage erfolgt, ist zur Zeit $t = t_0 = 0$ auch $v = v_0 = 0$.

a) Für die Fallgeschwindigkeit v und den Fallweg s gelten Gl. (1.22) und Gl. (1.23)

$$v = a_0 t = g\,t \quad \text{und} \quad s = \frac{a_0\,t^2}{2} = \frac{g\,t^2}{2}$$

und für die Zeiten t = 1, 2, 3 und 4 s ergeben sich die Werte

t	in s	1	2	3	4
v	in m/s	9,81	19,62	29,43	39,24
s	in m	4,91	19,62	44,15	78,48

b) Die Endgeschwindigkeit v_h erhält man aus Gl. (1.24)

$$v_h = \sqrt{2\,a_0\,h} = \sqrt{2\,g\,h} = \sqrt{2 \cdot 9{,}81\ \mathrm{m/s^2} \cdot 100\ \mathrm{m}} = 44{,}3\ \mathrm{m/s}$$

und die Fallzeit t_h aus Gl. (1.22)

$$t_h = \frac{v_h}{g} = \frac{44{,}3\ \mathrm{m/s}}{9{,}81\ \mathrm{m/s^2}} = 4{,}52\ \mathrm{s}$$

c) Die a,t-Linie ist eine Parallele zur Zeitachse (**Bild 1.7d**) und die v,t-Linie eine Gerade durch den Ursprung 0 (**Bild 1.7c**). Die s,t-Kurve ergibt eine Parabel mit dem Scheitel im Koordinatenanfangspunkt (**Bild 1.7b**). Die v, s-Kurve gewinnt man aus Gl. (1.24), sie ist eine zur positiven s-Achse hin geöffnete Parabel (**Bild 1.7e**).

Beispiel 1.4: *Senkrechter Wurf aufwärts.* Die Stahlkugel in Beispiel 1.3 wird mit der Anfangsgeschwindigkeit $v_0 = 15$ m/s senkrecht nach oben geworfen.
Die Koordinate s wird man in diesem Fall zweckmäßig von der Anfangslage aus senkrecht nach oben positiv einführen (**Bild 1.8a**). Da die Beschleunigung der Koordinate s entgegengesetzt gerichtet ist, wird

$$a_0 = -g$$

und mit

$$t_0 = 0 \qquad \text{und} \qquad s_0 = 0$$

nach Gl. (1.16)

$$v = v_0 - g\,t$$

nach Gl. (1.17)

$$s = v_0\,t - \frac{g\,t^2}{2}$$

nach Gl. (1.21)

$$v = \sqrt{v_0^2 - 2\,g\,s}$$

Die Kugel erreicht den Gipfelpunkt, wenn die Geschwindigkeit $v = 0$ wird. Aus der letzten Gleichung folgt dann die Wurfhöhe $s = h$

$$h = \frac{v_0^2}{2\,g} = \frac{15^2\,(\mathrm{m/s})^2}{2 \cdot 9{,}81\ \mathrm{m/s^2}} = 11{,}5\ \mathrm{m}$$

Entsprechend erhält man mit $v = 0$ und $t_0 = 0$ aus Gl. (1.16) die Steigzeit $t = t_s$

$$t_s = \frac{v_0}{g} = \frac{15\ \mathrm{m/s}}{9{,}81\ \mathrm{m/s^2}} = 1{,}53\ \mathrm{s}$$

Von der Gipfelhöhe fällt die Kugel frei herab und erreicht für $s = 0$ wieder die Ausgangslage. Damit folgt aus Gl. (1.17) die Wurfzeit $t = t_w$

$$0 = v_0\,t_w - g\,\frac{t_w^2}{2} \qquad \text{oder} \qquad t_w = \frac{2\,v_0}{g} = 2\,t_s = 3{,}06\ \mathrm{s}$$

Die Lösung $t_w = 0$ ist der Wurfbeginn. Die Wurfzeit t_w ist also gleich der doppelten Steigzeit t_s oder: Steigzeit gleich Fallzeit. Die Diagramme der Funktionen $s(t)$, $v(t)$, $a(t)$ und $v(s)$ zeigt **Bild 1.8**.

Bewegungsaufgaben löst man zweckmäßig, indem man sich zunächst eine Skizze von dem Verlauf der Funktionen $a(t)$, $v(t)$ und $s(t)$ macht. In vielen Fällen, besonders bei der gleichförmigen und der gleichförmig beschleunigten Bewegung, genügt eine nicht maßstäbliche Darstellung des v, t-Diagramms, denn aus diesem lassen sich alle vier kinematischen Größen

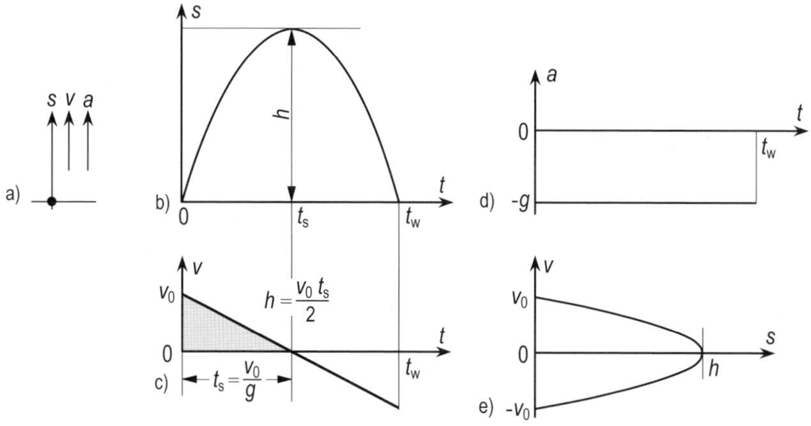

Bild 1.8: a) Koordinatensystem, b) s, t-, c) v, t-, d) a, t- und e) v, s-Diagramm beim senkrechten Wurf

s, v, a und t ablesen: Bahngeschwindigkeit v und Zeit t werden durch Strecken (Abszisse und Ordinate), Bahnbeschleunigung a durch die Steigung und Wegdifferenz Δs durch die Fläche unter der v, t-Kurve dargestellt. Man gewinnt dadurch einen anschaulichen Eindruck vom Bewegungsablauf. Die folgenden Beispiele mögen dies erläutern.

Beispiel 1.5: Ein Fahrzeug bremst auf ebener Straße mit konstanter Bremsverzögerung. Der Bremsweg beträgt $s_B = 50$ m. a) Man skizziere den Verlauf der Funktionen $a(t)$, $v(t)$ und $s(t)$. b) Welche Geschwindigkeit v_0 hatte das Fahrzeug bei Bremsbeginn, wenn der Betrag der Bremsverzögerung mit $a_0 = 4$ m/s^2 angenommen wird? c) Wie groß ist dann die Bremszeit t_B?

a) Zuerst wird das a, t-Diagramm gezeichnet (**Bild 1.9c**). Die v, t-Kurve ist eine Gerade mit negativer Steigung (verzögerte Bewegung), die zur Zeit $t = 0$ mit v_0 beginnt und die Zeitachse bei $t = t_B$ schneidet ($v_B = 0$) (**Bild 1.9b**). Die s, t-Kurve ist als Integralkurve der v, t-Linie eine Parabel. Sie hat ihren Scheitel bei $t = t_B$ ($v_B = 0$). Die Anfangssteigung tan α_0 ist v_0 proportional (**Bild 1.9a**).

b) Der Fläche unter der a, t-Linie entnimmt man die Geschwindigkeitsdifferenz

$$v_B - v_0 = -a_0\, t_B$$

da $v_B = 0$, ist $v_0 = a_0\, t_B$ oder $t_B = v_0 / a_0$.

Entsprechend erhält man die Wegdifferenz $(s_B - s_0)$ aus der Dreieckfläche unter der v, *t-Linie*

$$s_B - s_0 = \frac{v_0\, t_B}{2} = \frac{v_0^2}{2\, a_0}$$

Da die Wegzählung mit Bremsbeginn anfängt, ist $s_0 = 0$ und

$$v_0 = \sqrt{2\, a_0\, s_B} = \sqrt{2 \cdot 4\,\text{m/s}^2 \cdot 50\ \text{m}} = 20\ \text{m/s} = 72\ \text{km/h}$$

Die Anfangstangente der s, t-Kurve kann aus der vorstehenden Beziehung

$$s_B = \frac{v_0\, t_B}{2} \qquad \text{oder} \qquad \tan\alpha_0 \sim v_0 = \frac{s_B}{t_B/2}$$

konstruiert werden, wie in **Bild 1.9a** angedeutet.

c) Die Bremszeit beträgt

$$t_B = \frac{v_0}{a_0} = \frac{20\ \text{m/s}}{4\ \text{m/s}^2} = 5\ \text{s}$$

Die gesuchten Werte ergeben sich auch direkt aus den Gleichungen (1.16) und (1.17) bei Berücksichtigung der gegebenen Anfangs- und Endbedingungen.

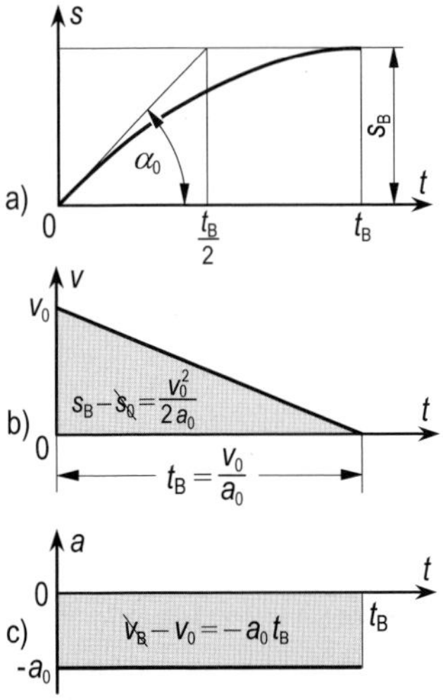

Bild 1.9:
a) s, t-, b) v, t- und c) a, t-Diagramm der gleichförmig verzögerten Bewegung

Beispiel 1.6: Ein Fahrzeug erhöht in $t_1 = 8$ s seine Geschwindigkeit von $v_0 = 90$ km/h auf $v_1 = 108$ km/h, dabei ist die Beschleunigung $a_0 =$ const. a) Wie groß ist die Beschleunigung a_0? b) Welchen Weg s_1 legt das Fahrzeug in dieser Zeit zurück?

a) In **Bild 1.10** ist das v, t-Diagramm gezeichnet. Die Steigung $\tan\beta$ ist proportional der Beschleunigung, daraus folgt

$$a_0 = \frac{v_1 - v_0}{t_1} = \frac{(108 - 90)\cdot(1/3{,}6)\ \text{m/s}}{8\ \text{s}} = \frac{5\ \text{m/s}}{8\ \text{s}} = 0{,}625\ \text{m/s}^2$$

b) Aus der Trapezfläche unter der v, t-Linie erhält man den Weg s_1. Mit $s_0 = 0$ wird

$$s_1 = \frac{v_0 + v_1}{2}\, t_1 = \frac{(108 + 90)\cdot(1/3{,}6)\ \text{m/s}}{2} \cdot 8\ \text{s} = 220\ \text{m}$$

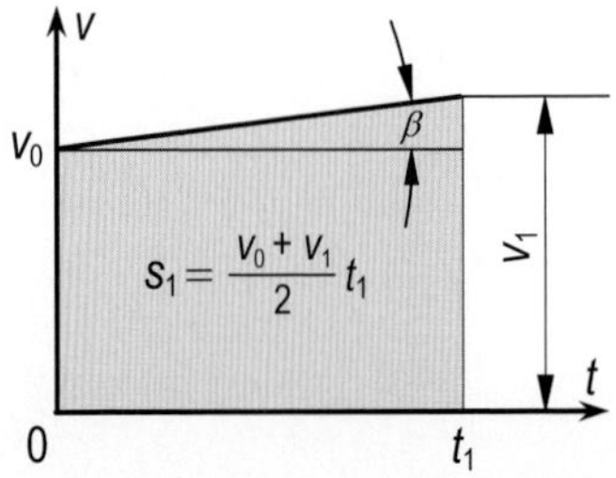

Bild 1.10:
v, t-Diagramm

Beispiel 1.7: Ein Förderkorb (**Bild 1.11**) erreicht beim Anfahren mit konstanter Beschleunigung a_1 nach $t_1 = 8$ s seine volle Geschwindigkeit $v_2 = 12$ m/s, die er beibehält, bis er auf dem letzten Teil der Gesamtstrecke $s_3 = 480$ m auf einem Wege $(s_3 - s_2) = 12$ m mit konstanter Bremsverzögerung a_3 bis zum Stillstand abgebremst wird.

Man skizziere für die drei Bewegungsabschnitte den Verlauf der Funktionen $a(t)$, $v(t)$ und $s(t)$ und berechne die Anfahrbeschleunigung a_1, den Anfahrweg s_1, die Bremszeit $(t_3 - t_2)$, die Bremsverzögerung a_3, den Weg $(s_2 - s_1)$ und die Fahrzeit $(t_2 - t_1)$ im zweiten Bewegungsabschnitt sowie die Gesamtzeit t_3.

Die Funktionen $a(t)$, $v(t)$ und $s(t)$ sind nicht maßstäblich in **Bild 1.11** skizziert. Im ersten Bewegungsabschnitt ist die Beschleunigung konstant und wird nach $t_1 = 8$ s Null. Im zweiten Bewegungsabschnitt ist die Bewegung gleichförmig und im dritten Bewegungsabschnitt ist die Beschleunigung negativ, die Bewegung ist gleichförmig verzögert (**Bild 1.11d**). Dementsprechend steigt die Geschwindigkeit-Zeit-Linie (**Bild 1.11c**) zunächst linear an, verläuft dann waagerecht und fällt schließlich linear auf Null ab. Die s, t-Kurve (**Bild 1.11b**) setzt sich aus der Parabel der gleichförmig beschleunigten Bewegung und der Geraden der gleichförmigen Bewegung zusammen. Der Übergang erfolgt ohne Knick! (Da die Geschwindigkeit einen stetigen Verlauf hat, ist auch $v = \mathrm{d}s/\mathrm{d}t$, d. h. die Steigung der Tangente an die s, t-Kurve stetig.) Die Gerade ist wiederum Tangente an die Parabel der gleichförmig verzögerten Bewegung im letzten Bewegungsabschnitt.

Der Steigung der v, t-Kurve im ersten Bewegungsabschnitt entnimmt man die Anfahrbeschleunigung a_1

$$a_1 = \frac{v_2}{t_1} = \frac{12\ \text{m/s}}{8\ \text{s}} = 1{,}5\ \text{m/s}^2$$

und der Fläche unter dieser Kurve den Anfahrweg s_1

$$s_1 = \frac{v_2\, t_1}{2} = \frac{12\ \text{m/s} \cdot 8\ \text{s}}{2} = 48\ \text{m}$$

Die Fläche unter der v, t-Linie im dritten Bewegungsabschnitt ist dem Bremsweg $(s_3 - s_2) = 72$ m proportional, daraus erhält man die Bremszeit $(t_3 - t_2)$

$$t_3 - t_2 = \frac{2\,(s_3 - s_2)}{v_2} = \frac{2 \cdot 72\ \text{m}}{12\ \text{m/s}} = 12\ \text{s}$$

Die Steigung der v, t-Linie ist in diesem Bereich negativ, man erhält also die Bremsverzögerung a_3

$$a_3 = -\frac{v_2}{t_3 - t_2} = -\frac{12\ \text{m/s}}{12\ \text{s}} = -1\ \text{m/s}^2$$

Aus dem Gesamtweg $s_3 = 480$ m folgt durch Subtrahieren der Teilweg $(s_2 - s_1)$ für den zweiten Bewegungsabschnitt $(s_2 - s_1) = s_3 - s_1 - (s_3 - s_2) = (480 - 48 - 72)$ m $= 360$ m.
Da die Fläche unter der v, t-Linie in diesem Bereich wieder dem Weg $(s_2 - s_1)$ proportional ist, folgt die Zeit für die gleichförmige Bewegung

$$(t_2 - t_1) = \frac{s_2 - s_1}{v_2} = \frac{360\ \text{m}}{12\ \text{m/s}} = 30\ \text{s}$$

Schließlich ist die Fahrzeit t_3 die Summe der Teilzeiten

$$t_3 = t_1 + (t_2 - t_1) + (t_3 - t_2) = (8 + 30 + 12)\ \text{s} = 50\ \text{s}$$

Man beachte, dass für die Rechnung nur das v, t-Diagramm benutzt wurde.

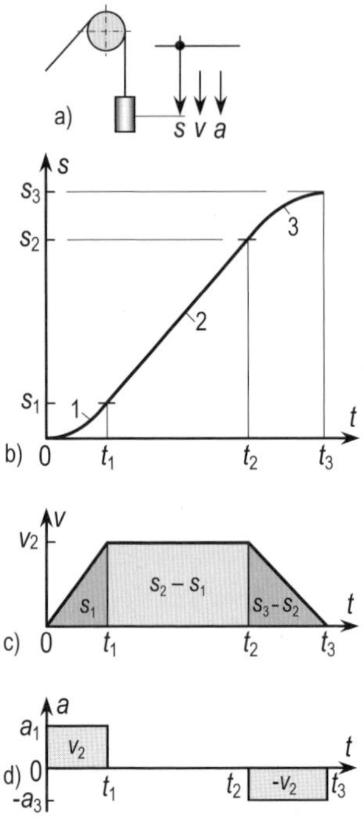

Bild 1.11:
Diagramme zum Beispiel 1.7

1.1.5 Ungleichförmige Bewegung

Bei einer allgemein ungleichförmigen Bewegung, die also weder gleichförmig noch gleichförmig beschleunigt ist, gelten die Beziehungen Gl. (1.2) und Gl. (1.5) sowie Gl. (1.8) und Gl. (1.9). Ist eines der Gesetze $s(t)$, $v(t)$ oder $a(t)$ bekannt, so können die anderen Gesetze mit Hilfe der angegebenen Gleichungen ermittelt werden. Die nachfolgenden Beispiele zeigen, wie man dabei vorgehen kann.

Beispiel 1.8: Ein Fahrzeug erreicht beim Anfahren aus der Ruhelage in $t_1 = 10$ s die Geschwindigkeit $v_1 = 54$ km/h, dabei sinkt die Beschleunigung linear mit der Zeit von einem Anfangswert a_0 auf Null ab. Man ermittle die Funktionen $a(t)$, $v(t)$ und $s(t)$ und zeichne ihre Diagramme. Für die gegebenen Zahlenwerte bestimme man die Anfangsbeschleunigung a_0 und den Weg s_1, den das Fahrzeug in 10 s zurücklegt.
Die Beschleunigung-Zeit-Kurve $a(t)$ ist nach Aufgabenstellung eine Gerade, die die Ordinatenachse bei $a = a_0$ und die Abszissenachse bei $t = t_1$ schneidet (**Bild 1.12c**). Mit Hilfe der Achsenabschnittsgleichung der Geraden erhält man

$$\frac{a}{a_0} + \frac{t}{t_1} = 1 \qquad \text{oder} \qquad a = \frac{\mathrm{d}v}{\mathrm{d}t} = a_0\left(1 - \frac{t}{t_1}\right)$$

Durch ein- bzw. zweimaliges Integrieren gewinnt man nach Gl. (1.8) und Gl. (1.9) aus $a(t)$ die Funktionen $v(t)$ und $s(t)$. Dabei sind die Anfangsbedingungen zu beachten, nach denen das Fahrzeug zur Zeit $t = 0$ die Geschwindigkeit $v_0 = 0$ hat und sich am Orte $s_0 = 0$ befindet

$$v = a_0 \int_0^t \left(1 - \frac{\tau}{t_1}\right) \mathrm{d}\tau = a_0 \left(t - \frac{t^2}{2\,t_1}\right) = \frac{\mathrm{d}s}{\mathrm{d}t}$$

$$s = a_0 \int_0^t \left(\tau - \frac{\tau^2}{2\,t_1}\right) \mathrm{d}\tau = a_0 \left(\frac{t^2}{2} - \frac{t^3}{6\,t_1}\right)$$

Für $t = t_1$ wird

$$v_1 = \frac{a_0\, t_1}{2} \qquad \text{und} \qquad s_1 = a_0 \frac{t_1^2}{3} = \frac{2}{3} v_1\, t_1$$

und mit obigen Zahlenwerten folgt

$$a_0 = \frac{2\,v_1}{t_1} = \frac{2 \cdot (54/3{,}6)\ \mathrm{m/s}}{10\ \mathrm{s}} = 3\ \mathrm{m/s^2}$$

$$s_1 = \frac{2}{3} v_1 t_1 = \frac{2}{3} 15\ \mathrm{m/s} \cdot 10\ \mathrm{s} = 100\ \mathrm{m}$$

Die Diagramme der Funktionen $a(t)$, $v(t)$ und $s(t)$ sind in **Bild 1.12** angegeben. Die v, t-Kurve ist als Integralkurve der linear verlaufenden Beschleunigung eine Parabel. Ihr Scheitel liegt dort, wo $\mathrm{d}v/\mathrm{d}t = a = 0$ wird, also bei $t = t_1$. Die s, t -Kurve ist als Integralkurve der v, t -Kurve eine kubische Parabel. Anmerkung: Die oben stehenden Formeln hätte man auch aus den Flächen unter der a, t- und v, t-Kurve ablesen können. Für Erstere erhält man $v_1 = (a_0\, t_1)/2$. Beachtet man, dass eine Parabel eine Rechteckfläche (hier das Rechteck mit der Höhe v_1 und der Grundlinie t_1) vom Scheitel her im Verhältnis 1 : 2 teilt, so entnimmt man der Fläche unter der v, t-Kurve (**Bild 1.12b**)

$$s_1 = \frac{2}{3} v_1\, t_1$$

Beispiel 1.9: Welche Endgeschwindigkeit erreicht das Fahrzeug in Beispiel 1.8, wenn der Abfall der Beschleunigung auf Null in $t_1 = 10$ s nach **Bild 1.13c** vom Anfangswert $a_0 = 3\ \mathrm{m/s^2}$ kosinusförmig angenommen wird? Welchen Weg legt das Fahrzeug in dieser Zeit zurück? Man ermittle die Funktionen $a\,(t)$, $v\,(t)$, $s\,(t)$ und $a\,(s)$ und skizziere ihren Verlauf.
Die Beschleunigung-Zeit-Funktion ist durch die Aufgabenstellung gegeben:

$$a = A \cos\,(B\,t)$$

Die Konstanten A und B bestimmen wir wie folgt: Da für $t = 0$ die Beschleunigung $a = a_0$ ist, folgt $A = a_0$. Der Kosinus wird Null für $B\,t_1 = \pi/2$. Damit wird $B = \pi/(2\,t_1)$, und man erhält

$$a = a(t) = \frac{\mathrm{d}v}{\mathrm{d}t} = a_0 \cos\frac{\pi\,t}{2\,t_1} \tag{1.26}$$

Nach einmaligem Integrieren gewinnt man unter Berücksichtigung der Anfangsbedingung $v(0) = 0$

$$v = \int_0^t a(\tau)\,\mathrm{d}\tau = a_0 \int_0^t \cos\frac{\pi\,\tau}{2\,t_1}\,\mathrm{d}\tau = a_0 \frac{2\,t_1}{\pi} \sin\frac{\pi\,t}{2\,t_1}$$

und nach nochmaligem Integrieren folgt mit der Anfangsbedingung $s(0) = s_0 = 0$ die Funktion $s(t)$

$$s = \int_0^t v(\tau)\,\mathrm{d}\tau = a_0 \frac{2\,t_1}{\pi} \int_0^t \sin\frac{\pi\,\tau}{2\,t_1}\,\mathrm{d}\tau = -a_0 \frac{4\,t_1^2}{\pi^2} \cos\frac{\pi\,\tau}{2\,t_1}\bigg|_0^t = a_0 \frac{4\,t_1^2}{\pi^2}\left(1 - \cos\frac{\pi\,t}{2\,t_1}\right)$$

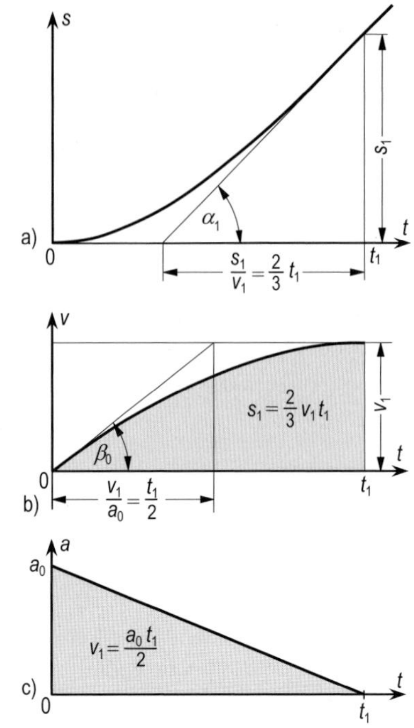

Bild 1.12: Diagramme zum Beispiel 1.8, linear verlaufende Beschleunigung

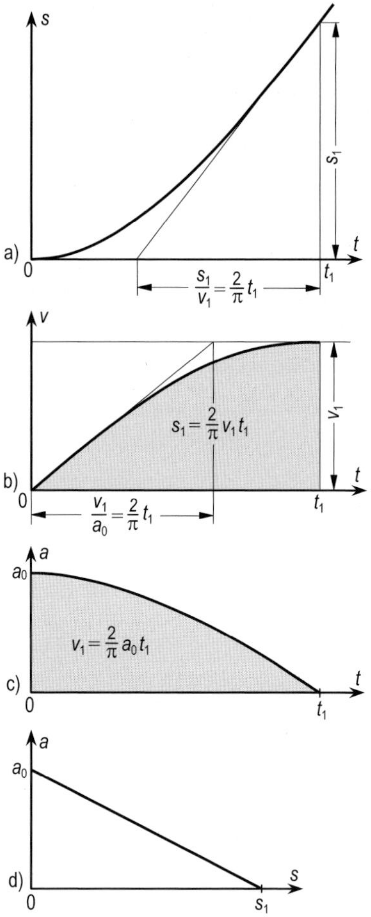

Bild 1.13: Diagramme zum Beispiel 1.9, kosinusförmige Beschleunigung

Setzt man Gl. (1.26) in vorstehende Beziehung ein, so folgt mit $a = \ddot{s}$ die lineare Beschleunigung-Weg-Funktion

$$\ddot{s} + \left(\frac{\pi}{2\,t_1}\right)^2 s = a_0 \tag{1.27}$$

Für $t = t_1 = 10$ s wird mit $a_0 = 3$ m/s^2 die Endgeschwindigkeit

$$v_1 = a_0 \frac{2\,t_1}{\pi} = \frac{3\text{ m}}{\text{s}^2} \cdot \frac{2 \cdot 10\text{ s}}{\pi} = 19{,}1\text{ m/s} = 68{,}8\text{ km/h}$$

und der Weg

$$s_1 = a_0 \frac{4\,t_1^2}{\pi^2} = \frac{3\text{ m}}{\text{s}^2} \cdot \frac{4 \cdot 10^2\text{ s}^2}{\pi^2} = 121{,}6\text{ m}$$

Die Funktionen $a(t)$, $v(t)$, $s(t)$ und $a(s)$ sind in **Bild 1.13** dargestellt.

Beispiel 1.10: Bei einem Steuerungsvorgang soll ein federbelasteter Stößel durch eine Schiebkurve (Länge $l = 8$ cm) so auf die Höhe $h = 2$ cm gehoben werden, dass seine Beschleunigung zu Beginn und Ende der Bewegung keine Sprünge aufweist. Die Schiebkurve wird mit der konstanten Geschwindigkeit $u =$ 16 cm/s bewegt (**Bild 1.14**). Die Beschleunigung wird als Funktion der relativen Koordinate x vorgegeben

$$a = a_{\mathrm{m}} \sin\left(2\pi \frac{x}{l}\right)$$

Man bestimme a) die Funktionen $a(t)$, $v(t)$, $s(t)$ und die Gleichung der Hubkurve $s(x)$, b) den Ort x_{v} und die Größe $v_{\max}$ der maximalen Stößelgeschwindigkeit, c) den Ort x_{a} und die Größe $a_{\max}$ der maximalen Stößelbeschleunigung. d) Um wie viel erhöhen sich die maximale Stößelgeschwindigkeit $v_{\max}$ und die maximale Stößelbeschleunigung $a_{\max}$, wenn die Geschwindigkeit u verdoppelt wird?

a) Die Koordinate x legt die Spitze des Stößels relativ auf der Schiebkurve fest. Da die Schiebkurve gleichförmig bewegt wird, ist $x = u\,t$. Damit erhält man die Funktion $a(t)$.

$$a(t) = a_{\mathrm{m}} \sin 2\pi \frac{u\,t}{l} \tag{1.28}$$

Durch einmalige Integration wird daraus

$$v(t) = -a_{\mathrm{m}} \cdot \frac{l}{2\pi u} \cos 2\pi \frac{u\,t}{l} + C$$

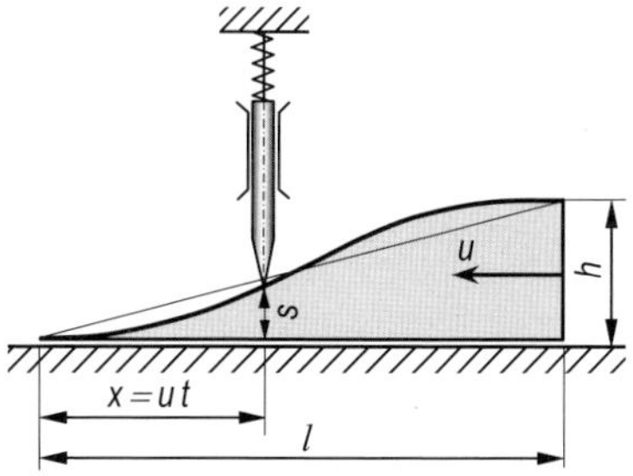

Bild 1.14: Schiebkurve

Die Integrationskonstante C ist aus der Anfangsbedingung zu bestimmen. Da der Stößel zu Beginn der Bewegung in Ruhe ist, folgt mit $v(0) = 0$

$$0 = -a_{\mathrm{m}} \cdot \frac{l}{2\pi u} + C \qquad \text{oder} \qquad C = \frac{a_{\mathrm{m}} l}{2\pi u}$$

Damit ergibt sich die Funktion $v(t)$

$$v(t) = \frac{a_{\mathrm{m}} l}{2\pi u}\left(1 - \cos 2\pi \frac{u\,t}{l}\right) \tag{1.29}$$

Nach nochmaliger Integration findet man daraus die Funktion $s(t)$

$$s(t) = \frac{a_{\mathrm{m}} l}{2\pi u}\left(t - \frac{l}{2\pi u} \sin 2\pi \frac{u\,t}{l}\right)$$

Hier verschwindet die Integrationskonstante, da mit $t = 0$ die Stößelbewegung bei $s = 0$ beginnt. Setzt man in dieser Gleichung $t = x/u$, so erhält man die Hubkurve

$$s(x) = \frac{a_{\mathrm{m}} l^2}{2\pi u^2}\left(\frac{x}{l} - \frac{1}{2\pi} \sin 2\pi \frac{x}{l}\right)$$

Für $x = l$ hat der Stößel die Hubhöhe $s = h$. Setzt man dies in vorstehende Gleichung ein, so ist

$$s(l) = h = \frac{a_m l^2}{2\,\pi\, u^2} \tag{1.30}$$

Die Hubkurve genügt damit der Gleichung

$$s(x) = h\left(\frac{x}{l} - \frac{1}{2\,\pi}\sin 2\pi\frac{x}{l}\right) \tag{1.31}$$

Die Hubkurve besteht aus der Geraden $h\,x/l$, der sich die Sinusfunktion überlagert (**Bild 1.14**).

b) Der Stößel erfährt seine größte Geschwindigkeit, wenn in Gl. (1.29) $\cos(2\pi\, u\, t\,/\,l) = -1$ wird, wenn also $2\pi\, u\, t\,/\,l = \pi$ oder $u\,t = x_v = l/2$ ist. Mit diesem Wert erhält man aus Gl. (1.29) die maximale Stößelgeschwindigkeit, die mit Gl. (1.30) vereinfacht geschrieben werden kann.

$$v_{max} = \frac{a_m l}{\pi u} = 2\frac{h}{l}u = 2\frac{2\text{ cm}}{8\text{ cm}}16\text{ cm/s} = 8\text{ cm/s}$$

c) Nach Gl. (1.28) wird die maximale Beschleunigung für $2\pi\, u\, t\,/\,l = \pi/2$ erreicht, also bei $u\,t = x_a = l/4$. Sie beträgt mit Gl. (1.30)

$$a_{max} = a_m = 2\,\pi\, h\left(\frac{u}{l}\right)^2 = 2\,\pi\, 2\text{ cm}\left(\frac{16\text{ cm/s}}{8\text{ cm}}\right)^2 = 50{,}3\text{ cm/s}^2$$

d) Wird die Geschwindigkeit u verdoppelt, so verdoppelt sich die Stößelgeschwindigkeit, und die Stößelbeschleunigung erreicht den vierfachen Wert, wie aus vorstehenden Gleichungen zu erkennen ist.

1.1.6 Aufgaben zu Abschnitt 1.1

1. Ein Kraftwagen fährt mit der Geschwindigkeit $v_1 = 60$ km/h von A nach B (Entfernung 80 km). Um wie viel später muss ein zweiter Wagen ($v_2 = 40$ km/h) in C abfahren, wenn er gleichzeitig in B eintreffen soll? (Entfernung $CB = 30$ km). Der Vorgang ist im s, t-Diagramm darzustellen.

2. Ein Fahrzeug fährt von A in Richtung B mit der Geschwindigkeit $v_1 = 60$ km/h. Gleichzeitig fährt ein anderes Fahrzeug von B in Richtung A mit $v_2 = 20$ km/h. a) Wann und b) wo treffen sich die Fahrzeuge, wenn die Entfernung AB =120 km beträgt?

3. Ein Pkw (Länge 5 m) hat die Geschwindigkeit $v_1 = 108$ km/h. Ein nachfolgender Pkw (Länge 5 m) überholt mit $v_2 = 126$ km/h. Wie groß sind der Überholweg s_2 und die dafür benötigte Zeit t, wenn das Überholmanöver 30 m hinter dem ersten Fahrzeug beginnt und 50 m vor ihm beendet ist? Man skizziere die Funktion $s(t)$ und zeichne parallel zur s-Achse ein Bild von der Stellung der Fahrzeuge vor und nach dem Überholen.

4. An einer Straße stehen hintereinander 4 Verkehrsampeln, die voneinander die Abstände 250, 500 und 750 m haben. Um den Verkehr flüssig zu halten, ist die Schaltung der Ampeln miteinander gekoppelt, und zwar so, dass ein Fahrzeug, das mit 50 km/h fährt und die 1. Ampel gerade bei Beginn der Grünphase passiert, auch die nächsten in dem Augenblick erreicht, in dem diese gerade auf Grün schalten. Der Einfachheit halber sei angenommen, dass alle Ampeln 35 s grün und 25 s rot anzeigen (die gelbe Phase sei in rot eingeschlossen).

a) In welcher zeitlichen Reihenfolge müssen die Ampeln geschaltet werden? b) Man stelle den Vorgang in einem s, t-Diagramm dar. c) Kann ein Fahrzeug, das mit 100 km/h fährt, die 4 Verkehrsampeln ungehindert passieren? d) Ist bei der Geschwindigkeit 45 km/h ungehinderter Gegenverkehr möglich?

5. Wie groß sind die Bremswege s_B und die Bremszeiten t_B eines Fahrzeugs, wenn der Betrag der konstanten Bremsverzögerung $a_0 = 2$ bzw. $5\ \text{m/s}^2$ beträgt und es von der Geschwindigkeit $v_0 = 50$, 100 oder 200 km/h zum Stehen gebracht wird? (Reaktionszeiten sollen unberücksichtigt bleiben.)

6. Um wie viel vergrößern sich die Bremswege und die Bremszeiten in Aufgabe 5, wenn der Betrag der Bremsverzögerung a) linear und b) sinusförmig nach der Gleichung $|a(t)| = a_1 \sin(B\,t)$ mit der Zeit von Null auf den Wert $a_1 = 5\ \text{m/s}^2$ ansteigt? (Hinweis: $B\,t_B = \pi/2$)

7. Auf ebener Straße fährt ein Fahrzeug mit der Geschwindigkeit $v_1 = 90$ km/h, ihm folgt ein zweites mit $v_2 = 144$ km/h. Von der Zeit $t = 0$ an bremst das erste Fahrzeug mit $a_1 = 4\ \text{m/s}^2$ bis zum Stillstand ab. Gleichzeitig bremst das nachfolgende Fahrzeug mit der konstanten Bremsverzögerung a_2, so dass es unmittelbar hinter dem ersten Fahrzeug zum Stehen kommt (Reaktionszeiten seien vernachlässigt). Bei Bremsbeginn beträgt der Abstand der Fahrzeuge $s_0 = 100$ m.

a) Nach welchen Wegen s_1 bzw. s_2 und nach welchen Zeiten t_1 bzw. t_2 stehen die Fahrzeuge?

b) Wie groß ist die Bremsverzögerung a_2? c) Man zeichne die Diagramme der Funktionen $v(t)$ und $s(t)$.

8. Ein Schlepper fährt auf ebener Straße mit der konstanten Geschwindigkeit $v_1 = 18$ km/h. Ein nachfolgendes Auto ($v_2 = 108$ km/h) ist durch die Verkehrssituation zum Bremsen gezwungen. Welche konstante Bremsverzögerung a_2 ist mindestens erforderlich, wenn die Fahrzeuge bei Bremsbeginn $s_0 = 100$ m Abstand voneinander haben und keine Berührung erfolgen soll? Nach welcher Zeit t_2 und welchem Weg s_2 erreicht das Auto den Schlepper? Den Vorgang stelle man in den Diagrammen $v(t)$ und $s(t)$ dar.

9. Zwei Kraftwagen (je 5 m Länge) fahren auf ebener Straße mit der Geschwindigkeit $v_1 = v_2 = 90$ km/h im Abstand 30 m voneinander. Zur Zeit $t = 0$ setzt der nachfolgende Wagen mit gleichförmig beschleunigter Bewegung ($a_2 = 0{,}5\ \text{m/s}^2$) zum Überholen an. Nach dem Überholen ist der Abstand der beiden Wagen 50 m. a) Man skizziere den Zustand der beiden Fahrzeuge vor und nach dem Überholen auf der Straße. b) Wie lange dauert das Überholen? c) Welche Wege haben die beiden Wagen während des Überholmanövers zurückgelegt? d) Welche Geschwindigkeit v_{2e} hat das zweite Fahrzeug nach dem Überholen? e) Man stelle den Vorgang in einem v, t-Diagramm dar.

10. Ein Pkw erreicht aus dem Stand in $t_1 = 17$ s die Geschwindigkeit $v_1 = 100$ km/h. a) Wie groß ist seine mittlere Beschleunigung? b) Welchen Weg legt das Fahrzeug während dieser Zeit zurück, wenn die Beschleunigung konstant angenommen wird?

11. Ein Punkt bewegt sich aus der Ruhelage auf gerader Bahn. Das Beschleunigung-Zeit-Gesetz lautet

$$a(t) = a_0\left(1 - \frac{t^2}{t_1^2}\right)$$

mit $t_1 = 10$ s. Wie groß sind a) die Anfangsbeschleunigung a_0 und b) die Geschwindigkeit v_1 zur Zeit t_1, wenn der Punkt in dieser Zeit die Strecke $s_1 = 125$ m zurücklegt? Man vergleiche die Ergebnisse mit denen in den Beispielen 1.8 und 1.9.

12. Ein Bus erreicht im Anfahren mit der konstanten Beschleunigung a_1 in $t_1 = 10$ s seine Fahrgeschwindigkeit $v_1 = 45$ km/h. Da die nächste Haltestelle nur $s_2 = 100$ m entfernt ist, muss der Fahrer, unmittelbar nachdem die Geschwindigkeit v_1 erreicht ist, die Bremsen betätigen, um sein Fahrzeug mit der konstanten Bremsverzögerung a_2 zum Stehen zu bringen. Man bestimme für die beiden Bewegungsabschnitte a) die Beschleunigung a_1, b) den Anfahrweg s_1, c) den Bremsweg $(s_2 - s_1)$, d) die Bremsverzögerung a_2, e) die Bremszeit $(t_2 - t_1)$, f) die Fahrzeit t_2. Man stelle den Bewegungsvorgang in den Diagrammen $a(t)$, $v(t)$ und $s(t)$ dar.

13. Man zeige, dass sich die Fahrzeit t_3 des Förderkorbes in Beispiel 1.7, S. 15 aus der folgenden Gleichung bestimmen lässt

$$t_3 = \frac{s_3}{v_2} + \frac{v_2}{2}\left(\frac{1}{a_1} + \frac{1}{a_3}\right)$$

wenn s_3 der Gesamtweg, v_2 die höchste Fahrgeschwindigkeit, a_1 die Anfahrbeschleunigung und a_3 der Betrag der Bremsverzögerung ist.

14. Zwei Kugeln fallen im freien Fall nacheinander mit dem Zeitunterschied $t_0 = 1$ s von einem Turm. Wie ändert sich der Abstand Δy zwischen den beiden Kugeln mit der Zeit, wenn der Luftwiderstand vernachlässigt wird. Hinweis: Man zähle die Zeit t vom Fallbeginn der zweiten Kugel an.

15. Eine Last m_Q soll nach **Bild 1.15** von einem Fahrzeug gehoben werden. Bei Hubbeginn (**Bild 1.15**) ist der Abstand der Rollenmitten voneinander $h = 10$ m. Die Rollenradien seien vernachlässigbar klein gegenüber h. Das nicht dehnbare Seil ist so bemessen, dass für $x = 0$ die Last m_Q gerade den Boden berührt, die Seillänge ist also $L = 3\,h$. Man bestimme a) die Funktionen $s\,(t)$ und $v\,(t)$, wenn s die Koordinate des Mittelpunktes der unteren Rolle ist und das Fahrzeug mit der konstanten Geschwindigkeit $u = 0{,}5$ m/s anfährt, b) die Zeit t_1, um die Last m_Q um $s_1 = 8$ m zu heben, c) die Geschwindigkeit v_1 der Last am Orte s_1. Der Punkt A bleibe bei der Bewegung des Fahrzeugs auf der Höhe $s = 0$.

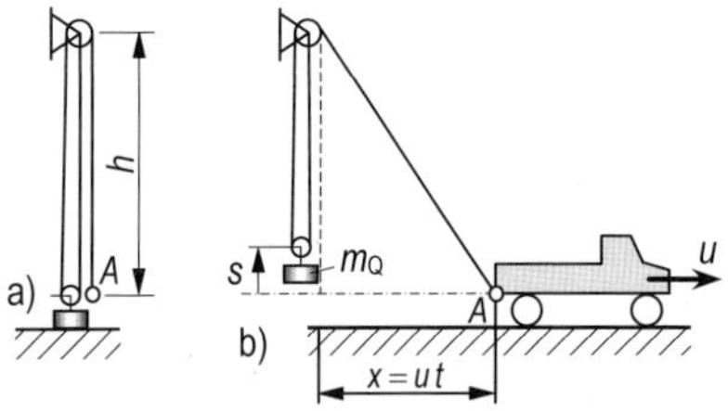

Bild 1.15: Heben einer Last

16. Ein federbelasteter Stößel wird nach **Bild 1.16** durch eine Schiebkurve (Hubhöhe $h = 2$ cm, Länge $l = 8$ cm) gesteuert. Die Hubkurve genügt der Gleichung

$$s = \frac{h}{2}\left(1 - \cos 2\,\pi \frac{x}{l}\right)$$

Die Schiebkurve wird mit der konstanten Geschwindigkeit $u = 16$ cm/s bewegt. Man bestimme für die Hubbewegung des Stößels a) die Funktionen $s(t)$, $v(t)$ und $a(t)$, b) den Ort x_v und die Größe der maximalen Stößelgeschwindigkeit v_{max}, c) den Ort x_a und die Größe der maximalen Stößelbeschleunigung a_{max}.

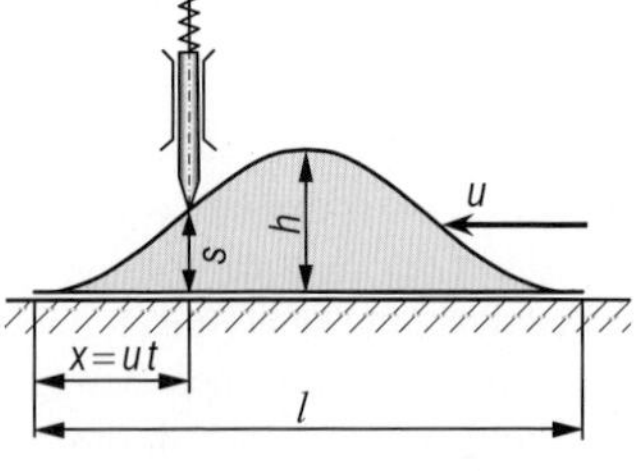

Bild 1.16: Schiebkurve

1.2 Allgemeine Bewegung eines Punktes

1.2.1 Ortsvektor, Bahnkurve

In den vorangegangenen Abschnitten haben wir die Bahn eines Punktes als gegeben angesehen und zur Beschreibung seiner Bewegung die Bahn selbst als Bezugskörper gewählt. Dabei haben wir uns für die Gestalt der Bahn nicht weiter interessiert. Nun können Bahnkurven, von verschiedenen Bezugskörpern aus betrachtet, sehr unterschiedlich aussehen. So beschreibt beispielsweise der Punkt am Umfang eines rollenden Rades, von der Achse des Rades aus gesehen, einen Kreis. Einem erdfesten Beobachter erscheint die Bahn des gleichen Punktes als Zykloide. Die Wahl und Angabe des Bezugskörpers ist daher von großer Bedeutung.

Die Bestimmung der Lage eines Punktes kann nur relativ zu einem Bezugskörper erfolgen. Als Bezugskörper wählen wir im Allgemeinen unsere Erde und denken uns mit ihr ein *rechtshändiges kartesisches Koordinatensystem* verbunden (**Bild 1.17**). In diesem ist die Lage eines Punktes P durch Angabe seiner drei Koordinaten x, y und z festgelegt. Diese werden zu einem Ortsvektor $\vec{r}$ zusammengefasst. Der Ortsvektor wird durch einen Pfeil vom Koordinatenursprung 0 zum Punkte P veranschaulicht. Die Bewegung des Punktes ist beschrieben, wenn seine Koordinaten in Abhängigkeit von der Zeit angegeben werden können, wenn also der zeitlich veränderliche Ortsvektor bekannt ist

$$\vec{r}\,(t) = \begin{Bmatrix} x\,(t) \\ y\,(t) \\ z\,(t) \end{Bmatrix} \tag{1.32}$$

Die Gesamtheit aller Orte, die der Punkt nacheinander einnimmt, ist seine *Bahn*, sie wird von der Spitze des Ortsvektors beschrieben. Die zeitlich veränderlichen Komponenten des Ortsvektors kann man als die Projektion der Bewegung auf die Koordinatenachsen auffassen und die Gleichungen

$$x = x(t) \qquad y = y(t) \qquad z = z(t) \tag{1.33}$$

geben die Bahnkurve in Parameterdarstellung mit der Zeit t als Parameter an.

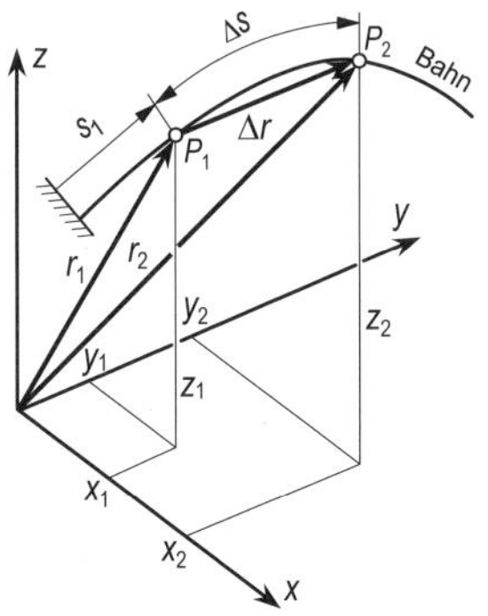

Bild 1.17:
Bahnkurve und Sehnenvektor

1.2.2 Geschwindigkeitsvektor

Bisher haben wir die Bahngeschwindigkeit als *skalare Größe* eingeführt. Diese Definition reicht vollständig aus für die Beschreibung der Bewegung auf gegebener Bahn, da die Bewegungsrichtung durch die Bahn festgelegt ist und der Richtungssinn der Bewegung durch das Vorzeichen der Geschwindigkeit angegeben wird. Man denke z. B. an die Bewegung eines Fahrzeugs auf der Straße, der Fahrer braucht keinen Kompass, um sein Ziel zu erreichen. Dem Kapitän eines Schiffes, das bei bedecktem Himmel auf hoher See fährt, nützt es z. B. wenig, nur den Betrag der Geschwindigkeit zu kennen, die Angabe der Bewegungsrichtung ist von größerer Bedeutung. Ein Tachometer ist demnach kein eigentlicher Geschwindigkeitsmesser, er misst nur den Betrag der Geschwindigkeit, nicht aber die Richtung. Tachometer und Kompass zusammen bilden erst einen vollständigen Geschwindigkeitsmesser.

Wir wollen jetzt den Begriff der Geschwindigkeit verallgemeinern und sie als *gerichtete Größe* einführen. Dazu betrachten wir die allgemeine Bewegung eines Punktes. Seine Lage ist im Raum zu den Zeiten t_1 und t_2 durch die Ortsvektoren

$$\vec{r}_1 = \begin{Bmatrix} x_1 \\ y_1 \\ z_1 \end{Bmatrix} \quad \text{und} \quad \vec{r}_2 = \begin{Bmatrix} x_2 \\ y_2 \\ z_2 \end{Bmatrix} \tag{1.34}$$

festgelegt. Der Differenzvektor

$$\Delta\vec{r} = \vec{r}_2 - \vec{r}_1 = \begin{Bmatrix} x_2 - x_1 \\ y_2 - y_1 \\ z_2 - z_1 \end{Bmatrix} = \begin{Bmatrix} \Delta x \\ \Delta y \\ \Delta z \end{Bmatrix}. \tag{1.35}$$

ist *Sehnenvektor* der Bahn (**Bild 1.17**). Er zeigt von P_1 nach P_2 und gibt damit grob die Bewegungsrichtung an. Zwischen den Orten P_1 und P_2 nähert der Differenzvektor die im Allgemeinen gekrümmte Bahn durch eine Gerade an. Teilt man $\Delta\vec{r}$ durch das zugehörige Zeitintervall $\Delta t = t_2 - t_1$, so wird der Quotient

$$\vec{v}_\text{m} = \frac{\Delta\vec{r}}{\Delta t} = \frac{\vec{r}_2 - \vec{r}_1}{t_2 - t_1} = \begin{Bmatrix} \dfrac{x_2 - x_1}{t_2 - t_1} \\ \dfrac{y_2 - y_1}{t_2 - t_1} \\ \dfrac{z_2 - z_1}{t_2 - t_1} \end{Bmatrix} = \begin{Bmatrix} \dfrac{\Delta x}{\Delta t} \\ \dfrac{\Delta y}{\Delta t} \\ \dfrac{\Delta z}{\Delta t} \end{Bmatrix} \tag{1.36}$$

als Vektor der *mittleren Geschwindigkeit* bezeichnet. Der Vektor der mittleren Geschwindigkeit gibt durch seinen Betrag und seine Richtung eine geradlinige gleichförmige Ersatzbewegung zwischen den Orten P_1 und P_2 an. Je näher man nun den Ort P_2 bei P_1 wählt, desto genauer gibt der Vektor der mittleren Geschwindigkeit die Bewegungsrichtung und den Betrag der Geschwindigkeit am Orte P_1 an. Man definiert daher den Grenzwert

$$\vec{v} = \lim_{P_2 \to P_1} \vec{v}_m = \lim_{\Delta t \to 0} \frac{\Delta \vec{r}}{\Delta t} = \frac{\mathrm{d}\vec{r}}{\mathrm{d}t} = \begin{Bmatrix} \lim\limits_{\Delta t \to 0} \dfrac{\Delta x}{\Delta t} \\ \lim\limits_{\Delta t \to 0} \dfrac{\Delta y}{\Delta t} \\ \lim\limits_{\Delta t \to 0} \dfrac{\Delta z}{\Delta t} \end{Bmatrix} = \begin{Bmatrix} \dfrac{\mathrm{d}x}{\mathrm{d}t} \\ \dfrac{\mathrm{d}y}{\mathrm{d}t} \\ \dfrac{\mathrm{d}z}{\mathrm{d}t} \end{Bmatrix} = \begin{Bmatrix} \dot{x} \\ \dot{y} \\ \dot{z} \end{Bmatrix} \tag{1.37}$$

als *Geschwindigkeitsvektor* in einem Bahnpunkt.

Durch Gl. (1.37) ist der Geschwindigkeitsvektor als Ableitung des Ortsvektors nach der Zeit definiert. Nun kann der Ortsvektor auch als Funktion der Bogenlänge s aufgefasst werden, wobei die Bogenlänge eine Funktion der Zeit ist, also

$$\vec{r} = \vec{r}\,[s(t)] \tag{1.38}$$

Durch Differenziation dieser Gleichung nach der Zeit unter Berücksichtigung der Kettenregel der Differenzialrechnung erhält man

$$\frac{\mathrm{d}\vec{r}}{\mathrm{d}t} = \vec{v} = \frac{\mathrm{d}\vec{r}}{\mathrm{d}s}\,\frac{\mathrm{d}s}{\mathrm{d}t} \tag{1.39}$$

Der Ausdruck $\mathrm{d}s/\mathrm{d}t$ ist die uns bereits bekannte Bahngeschwindigkeit v (s. Abschn. 1.1.1). Zur Deutung des Faktors $\mathrm{d}\vec{r}/\mathrm{d}s$ in Gl. (1.39) führen wir folgende Überlegung durch:

Der Sehnenvektor $\Delta\vec{r}$ und damit auch der Differenzenquotient $\Delta\vec{r}/\Delta s$ geben die Richtung der Bahntangente um so genauer an, je näher der Punkt P_2 bei dem Punkt P_1 liegt (**Bild 1.17**). Durch das Zusammenrücken der Punkte $P_2 \to P_1$ wird der relative Unterschied zwischen dem Betrag des Sehnenvektors $\Delta\vec{r}$ und dem Betrag der Bogenlänge Δs immer geringer. Der Grenzwert des Differenzenquotienten $\Delta\vec{r}/\Delta s$ für $P_2 \to P_1$ hat daher die Richtung der Bahntangente und den Betrag

$$\lim_{P_2 \to P_1} \left| \frac{\Delta\vec{r}}{\Delta s} \right| = \left| \frac{\mathrm{d}\vec{r}}{\mathrm{d}s} \right| = 1 \tag{1.40}$$

Demnach ist der Ausdruck $\mathrm{d}\vec{r}/\mathrm{d}s$ in Gl. (1.39) ein Einsvektor, der die Richtung der Bahntangente hat und in Richtung wachsender Bogenlänge weist. Er wird als *Tangenteneinsvektor* $\vec{e}_\mathrm{t}$ bezeichnet. Mit diesem wird der Geschwindigkeitsvektor in Gl. (1.39) als Produkt aus dem Tangenteneinsvektor $\vec{e}_\mathrm{t} = \mathrm{d}\vec{r}/\mathrm{d}s$ und der Bahngeschwindigkeit v dargestellt.

$$\vec{v} = \frac{\mathrm{d}\vec{r}}{\mathrm{d}t} = \vec{e}_\mathrm{t}\, v \qquad \text{mit} \qquad \vec{e}_\mathrm{t} = \frac{\mathrm{d}\vec{r}}{\mathrm{d}s} \tag{1.41}$$

Zusammenfassend gilt:

> Der Geschwindigkeitsvektor ist die Ableitung des Ortsvektors nach der Zeit. Er liegt tangential zur Bahn. Sein Betrag ist gleich dem Betrag der Bahngeschwindigkeit.

Aus Gl. (1.37) folgt allgemein die Regel für die Differenziation eines Vektors:

> Ein Vektor wird differenziert, indem seine Komponenten differenziert werden.

Der Differenzialquotient $\mathrm{d}x/\mathrm{d}t$ ist die x-Komponente des Geschwindigkeitsvektors, er kann als die Projektion des Geschwindigkeitsvektors auf die x-Achse aufgefasst werden und wird auch *Koordinatengeschwindigkeit* v_x genannt. Mit dieser und den entsprechenden Größen v_z und v_y ist

$$\vec{v} = \frac{\mathrm{d}\vec{r}}{\mathrm{d}t} = \begin{Bmatrix} \dfrac{\mathrm{d}x}{\mathrm{d}t} \\ \dfrac{\mathrm{d}y}{\mathrm{d}t} \\ \dfrac{\mathrm{d}z}{\mathrm{d}t} \end{Bmatrix} = \begin{Bmatrix} v_x \\ v_y \\ v_z \end{Bmatrix} = \vec{e}_t\, v \tag{1.42}$$

Der Betrag des Geschwindigkeitsvektors kann auch aus seinen Komponenten bestimmt werden. Nach dem Satz des Pythagoras erhält man

$$v = |\vec{v}| = \sqrt{v_x^2 + v_y^2 + v_z^2} = \left|\frac{\mathrm{d}s}{\mathrm{d}t}\right| \tag{1.43}$$

Aus Gl. (1.42) erkennt man: Geschwindigkeiten können wie Kräfte in Komponenten zerlegt und aus diesen zusammengesetzt werden. Eine Tatsache, die aus dem täglichen Leben bekannt ist. Setzt sich nämlich eine Bewegung aus mehreren Teilbewegungen zusammen, so findet man die resultierende Geschwindigkeit als geometrische Summe der Teilgeschwindigkeiten. Dies zeigen die nachfolgenden Beispiele.

Beispiel 1.11: Die Laufkatze eines Portalkranes fährt mit der Geschwindigkeit $v_y = 1{,}5$ m/s, das Portal selbst mit $v_x = 1$ m/s. Wie groß ist die absolute Geschwindigkeit des Kranhakens, wenn dieser gleichzeitig mit der Geschwindigkeit $v_z = 0{,}4$ m/s gehoben wird ?
Nach Gl. (1.43) ist

$$|\vec{v}| = \sqrt{v_x^2 + v_y^2 + v_z^2} = \sqrt{1^2 + 1{,}5^2 + 0{,}4^2}\ \text{m/s} = 1{,}85\ \text{m/s}$$

Beispiel 1.12: Die Strömungsgeschwindigkeit eines Flusses beträgt $v_F = 1{,}5$ m/s, auf ihm bewegt sich ein Bootsfahrer relativ zum Wasser mit der Geschwindigkeit $v_{rel} = 2$ m/s. Die Breite des Flusses ist $b = \overline{AC} = 150$ m, die Entfernung $\overline{CB} = c = 50$ m (**Bild 1.18**). a) Welchen Vorhaltewinkel α muss der Bootsfahrer einhalten, wenn er das gegenüberliegende Ufer an der Stelle B erreichen will? b) Wie groß ist seine absolute Geschwindigkeit v_{abs} über Grund? c) Nach welcher Zeit t_{AB} kommt er an der Stelle B an?

a) Die absolute Geschwindigkeit ist die geometrische Summe der beiden Teilgeschwindigkeiten

$$\vec{v}_{abs} = \vec{v}_F + \vec{v}_{rel} \tag{1.44}$$

Mit den Bezeichnungen des **Bildes 1.18** ist

$$\tan\beta = \frac{b}{c} = \frac{150\ \text{m}}{50\ \text{m}} = 3 \quad \text{und} \quad \beta = 71{,}6^\circ$$

Nach dem Sinussatz erhält man aus dem Geschwindigkeitseck

$$\sin\alpha = \frac{v_F}{v_{rel}}\sin\beta = \frac{1{,}5\ \text{m/s}}{2{,}0\ \text{m/s}}\,0{,}949 = 0{,}711$$

Der Vorhaltewinkel ist also $\alpha = 45{,}3^\circ$.

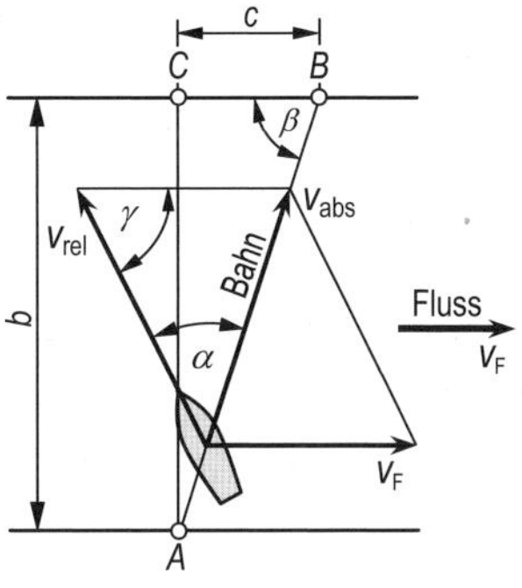

Bild 1.18:
Geometrische Addition von Geschwindigkeiten, Boot auf Fluss

b) Nach dem Sinussatz folgt mit $\gamma = 180° - (\alpha + \beta) = 63{,}1°$

$$v_{abs} = v_F \frac{\sin\gamma}{\sin\alpha} = 1{,}5\,\frac{m}{s} \cdot \frac{0{,}892}{0{,}711} = 1{,}88 \text{ m/s}$$

c) Die Entfernung $\overline{AB}$ ist

$$\overline{AB} = \sqrt{b^2 + c^2} = \sqrt{(150^2 + 50^2)\,m^2} = 158 \text{ m}$$

Damit erhält man aus Gl. (1.13) die Zeit

$$t_{AB} = \frac{\overline{AB}}{v_{abs}} = \frac{158 \text{ m}}{1{,}88 \text{ m/s}} = 84 \text{ s}$$

1.2.3 Beschleunigungsvektor

Bei einer Bewegung auf gekrümmter Bahn ändert der Geschwindigkeitsvektor nicht nur ständig seine Richtung, sondern im Allgemeinen auch seinen Betrag. Zu zwei Zeiten t_1 und t_2 hat ein Punkt die Geschwindigkeiten $\vec{v}_1$ und $\vec{v}_2$, dann ist die Änderung des Geschwindigkeitsvektors beim Übergang aus der Lage P_1 in die benachbarte Lage P_2 $\Delta\vec{v} = \vec{v}_2 - \vec{v}_1$ (in **Bild 1.19** für eine ebene Bewegung dargestellt). Teilt man $\Delta\vec{v}$ durch das zugehörige Zeitintervall

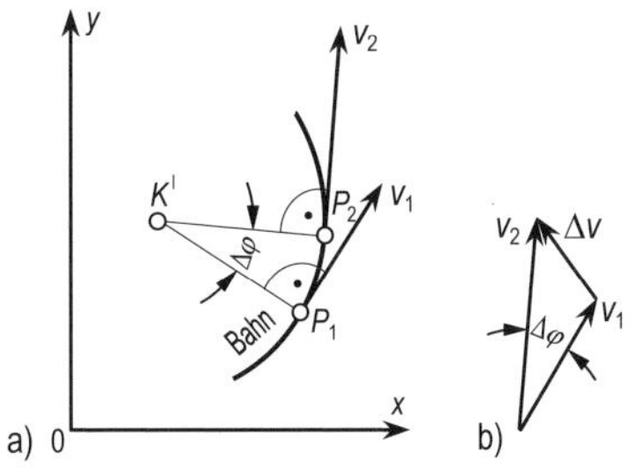

Bild 1.19:
Richtungs- und Betragsänderung des Geschwindigkeitsvektors auf gekrümmter Bahn

$\Delta t = t_2 - t_1$, so ist der Grenzwert dieses Differenzenquotienten als *Beschleunigungsvektor* definiert

$$\vec{a} = \lim_{t_2 \to t_1} \frac{\vec{v}_2 - \vec{v}_1}{t_2 - t_1} = \lim_{\Delta t \to 0} \frac{\Delta\vec{v}}{\Delta t} = \frac{d\vec{v}}{dt} = \dot{\vec{v}} \tag{1.45}$$

Allein von der Kinematik her wäre es nicht notwendig, einen Beschleunigungsvektor zu definieren, da die Bewegung eines Punktes durch Angabe der Bahn und der Geschwindigkeit an jedem Punkt der Bahn ausreichend beschrieben ist. In der Kinetik werden aber Kraft- und Beschleunigungsvektor miteinander verknüpft, und im Hinblick darauf wollen wir den Begriff des Beschleunigungsvektors bereits in der Kinematik einführen.

Berücksichtigt man in Gl. (1.45) die Gl. (1.42), so kann man schreiben

$$\vec{a} = \frac{\mathrm{d}\vec{v}}{\mathrm{d}t} = \frac{\mathrm{d}}{\mathrm{d}t}\left(\frac{\mathrm{d}\vec{r}}{\mathrm{d}t}\right) = \frac{\mathrm{d}^2\vec{r}}{\mathrm{d}t^2} = \ddot{\vec{r}} \tag{1.46}$$

und

$$\vec{a} = \begin{Bmatrix} \frac{\mathrm{d}}{\mathrm{d}t}\left[\frac{\mathrm{d}x}{\mathrm{d}t}\right] \\ \frac{\mathrm{d}}{\mathrm{d}t}\left[\frac{\mathrm{d}y}{\mathrm{d}t}\right] \\ \frac{\mathrm{d}}{\mathrm{d}t}\left[\frac{\mathrm{d}z}{\mathrm{d}t}\right] \end{Bmatrix} = \begin{Bmatrix} \frac{\mathrm{d}^2x}{\mathrm{d}t^2} \\ \frac{\mathrm{d}^2y}{\mathrm{d}t^2} \\ \frac{\mathrm{d}^2z}{\mathrm{d}t^2} \end{Bmatrix} = \begin{Bmatrix} \ddot{x} \\ \ddot{y} \\ \ddot{z} \end{Bmatrix} = \begin{Bmatrix} \dot{v}_x \\ \dot{v}_y \\ \dot{v}_z \end{Bmatrix} = \begin{Bmatrix} a_x \\ a_y \\ a_z \end{Bmatrix} \tag{1.47}$$

Der Beschleunigungsvektor ist die erste Ableitung des Geschwindigkeitsvektors bzw. die zweite Ableitung des Ortsvektors nach der Zeit.

Aufgrund dieser Definition erhält man umgekehrt aus dem Beschleunigungsvektor durch einmaliges Integrieren den Geschwindigkeitsvektor und durch nochmaliges Integrieren den Ortsvektor. Dabei sind die Integrationskonstanten aus den Anfangs- oder Randbedingungen zu bestimmen (vgl. Beispiel 1.14, S. 31). Der Betrag des Beschleunigungsvektors ist

$$a = |\,\vec{a}\,| = \sqrt{a_x^2 + a_y^2 + a_z^2} \tag{1.48}$$

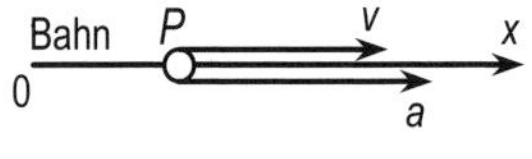

Bild 1.20: Geschwindigkeits- und Beschleunigungsvektor bei geradliniger Bewegung

Ist die Bahn eine Gerade, so spricht man von einer geradlinigen Bewegung. Zweckmäßig lässt man hier die x-Achse mit der Bahn zusammenfallen (**Bild 1.20**). Dann ist nur die x-Komponente des Ortsvektors von Null verschieden und es gilt

$$\vec{r} = \begin{Bmatrix} x \\ 0 \\ 0 \end{Bmatrix} \qquad \vec{v} = \dot{\vec{r}} = \begin{Bmatrix} \dot{x} \\ 0 \\ 0 \end{Bmatrix} \qquad \vec{a} = \ddot{\vec{r}} = \begin{Bmatrix} \ddot{x} \\ 0 \\ 0 \end{Bmatrix} \tag{1.49}$$

Bei der geradlinigen Bewegung fallen also auch Geschwindigkeits- und Beschleunigungsvektor mit der Bahn bzw. mit der x-Achse zusammen (**Bild 1.20**).

Während der Geschwindigkeitsvektor stets mit der Tangente an die Bahnkurve zusammenfällt, trifft dies für den Beschleunigungsvektor im Allgemeinen nicht zu. Man beachte dies bei den Beispielen.

Beispiel 1.13: *Schiefer Wurf.* Ein Stein wird mit der Anfangsgeschwindigkeit v_0 unter einem Winkel α gegenüber der Horizontale geworfen (**Bild 1.21**). Unter Vernachlässigung des Luftwiderstandes bestimme man a) den Beschleunigungs-, Geschwindigkeits- und Ortsvektor in Abhängigkeit von der Zeit, b) die Steigzeit t_s, c) die Steighöhe h, d) die Flugzeit t_w und die Fallzeit t_h, e) die Wurfweite x_w in Abhängigkeit vom Winkel α und f) die Gleichung der Bahnkurve in kartesischen Koordinaten.

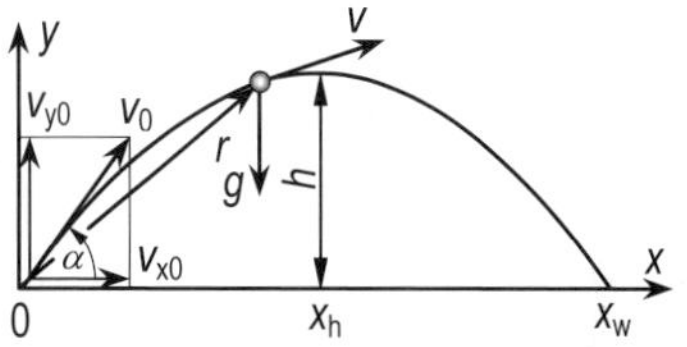

Bild 1.21:
Wurfparabel bei schiefem Wurf

a) Im Schwerefeld der Erde erfahren alle Körper auf der Erdoberfläche die zum Erdmittelpunkt gerichtete Fallbeschleunigung $g = 9{,}81\ \text{m/s}^2$. Legt man die x-Achse parallel zur Erdoberfläche und die y-Achse vertikal nach oben (**Bild 1.21**), so hat der Beschleunigungsvektor nur eine Komponente in Richtung der negativen y-Achse. (Die z-Komponente wird bei ebener Bewegung im Allgemeinen nicht mitgeschrieben.)

$$\vec{a} = \begin{Bmatrix} 0 \\ -g \end{Bmatrix} \tag{1.50}$$

Durch ihn ist das Beschleunigung-Zeit-Gesetz für alle sich nur unter dem Einfluss der Erdanziehung im Schwerefeld bewegenden Körper gegeben. Den Geschwindigkeitsvektor erhält man, indem man den Beschleunigungsvektor Gl. (1.50) über die Zeit integriert [1)]

$$\vec{v}(t) = \begin{Bmatrix} v_x \\ v_y \end{Bmatrix} = \begin{Bmatrix} C_{1x} \\ -g\,t + C_{1y} \end{Bmatrix} \tag{1.51}$$

Die Integrationskonstanten C_{1x} und C_{1y} bestimmen wir aus der *Anfangsbedingung*. Zur Zeit $t = 0$ ist der Geschwindigkeitsvektor bekannt

$$v(0) = \begin{Bmatrix} v_{x0} \\ v_{y0} \end{Bmatrix} = \begin{Bmatrix} v_0 \cos\alpha \\ v_0 \sin\alpha \end{Bmatrix} \tag{1.52}$$

Setzt man in Gl. (1.51) $t = 0$, so folgt durch Gleichsetzen mit Gl. (1.52)

$$C_{1x} = v_0 \cos\alpha = v_{x0} \qquad C_{1y} = v_0 \sin\alpha = v_{y0}$$

Damit ist der Geschwindigkeitsvektor für die betrachtete Bewegung festgelegt

$$\vec{v}(t) = \begin{Bmatrix} v_x(t) \\ v_y(t) \end{Bmatrix} = \begin{Bmatrix} v_0 \cos\alpha \\ v_0 \sin\alpha - g\,t \end{Bmatrix} \tag{1.53}$$

---

1) Man integriert einen Vektor, indem man seine Komponenten integriert.

Den Ortsvektor als Funktion der Zeit erhält man durch Integration des Geschwindigkeitsvektors

$$\vec{r}\,(t) = \begin{Bmatrix} (v_0 \cos\alpha)\, t + C_{2x} \\ (v_0 \sin\alpha)\, t - g\dfrac{t^2}{2} + C_{2y} \end{Bmatrix} \tag{1.54}$$

Die Integrationskonstanten C_{2x} und C_{2y} werden wieder aus der *Anfangsbedingung* bestimmt. Zur Zeit $t = 0$ befindet sich der Stein im Koordinatenursprung, d. h., sein Ortsvektor ist

$$\vec{r}(0) = \begin{Bmatrix} 0 \\ 0 \end{Bmatrix}$$

Setzt man in Gl. (1.54) $t = 0$, so folgt

$$C_{2x} = 0 \qquad C_{2y} = 0$$

Damit ist auch der Ortsvektor als Funktion der Zeit bestimmt

$$\vec{r}\,(t) = \begin{Bmatrix} x(t) \\ y(t) \end{Bmatrix} = \begin{Bmatrix} (v_0 \cos\alpha)\, t \\ (v_0 \sin\alpha)\, t - g\dfrac{t^2}{2} \end{Bmatrix} \tag{1.55}$$

b) Der Stein erreicht seine größte Höhe, wenn die y-Komponente des Geschwindigkeitsvektors Null wird ($v_y = 0$), daraus folgt die Steigzeit t_s

$$v_y = 0 = v_{y0} - g\, t_s$$

$$t_s = \frac{v_{y0}}{g} = \frac{v_0 \sin\alpha}{g} \tag{1.56}$$

c) Für $t = t_s$ erhält man aus der y-Komponente des Ortsvektors die Steighöhe h

$$y(t_s) = h = \frac{v_0^2 \sin^2\alpha}{g} - g\frac{v_0^2 \sin^2\alpha}{2\, g^2} = \frac{v_0^2 \sin^2\alpha}{2\, g} = \frac{v_{y0}^2}{2\, g} \tag{1.57}$$

Die Steighöhe ist also nur von der Anfangsgeschwindigkeit in y-Richtung abhängig.

d) Wird y wieder Null, so hat der Stein die Ausgangshöhe erreicht. Aus der Bedingung $y = 0$ folgt die Flugzeit t_w

$$y = 0 = (v_0 \sin\alpha)\, t_w - \frac{g\, t_w^2}{2} = t_w \left(v_0 \sin\alpha - \frac{g\, t_w}{2} \right)$$

$$t_w = \frac{2\, v_0 \sin\alpha}{g} = 2\, t_s \tag{1.58}$$

Die zweite Lösung der quadratischen Gleichung $t_w = 0$ ist der Wurfbeginn ($y = 0$). Die Flugzeit t_w ist gleich der doppelten Steigzeit t_s, und es ist wie beim senkrechten Wurf die Steigzeit t_s gleich der Fallzeit t_h.

e) Die Wurfweite x_w gewinnt man durch Einsetzen von t_w in die x-Komponente des Ortsvektors

$$x_w = (v_0 \cos\alpha)\, t_w = \frac{v_0^2}{g}(2 \cos\alpha \sin\alpha) = \frac{v_0^2}{g} \sin 2\alpha \tag{1.59}$$

Da $\sin 2\,\alpha = \sin 2\,(\pi/2 - \alpha)$ ist, wird die gleiche Wurfweite für die Abwurfwinkel α_1 und $\alpha_2 = (\pi/2 - \alpha_1)$ erreicht.

Bei gegebener Anfangsgeschwindigkeit v_0 wird die Wurfweite am größten für $\sin 2\alpha = 1$, d. h. für $\alpha = 45°$

$$x_{\text{w max}} = \frac{v_0^2}{g} \qquad (\text{für } \alpha = 45°) \tag{1.60}$$

f) Durch die Komponenten des Ortsvektors $\vec{r}$ ist die Bahnkurve in Parameterdarstellung gegeben (t-Parameter)

$$x = (v_0 \cos\alpha)\, t \qquad y = (v_0 \sin\alpha)\, t - g\,\frac{t^2}{2}$$

Die Darstellung der Bahnkurve im x, y-Koordinatensystem erhält man durch Elimination des Parameters t aus diesen Gleichungen. Mit $t = x/(v_0 \cos\alpha)$ aus der ersten Gleichung folgt aus der zweiten Gleichung

$$y = v_0 \sin\alpha \frac{x}{v_0 \cos\alpha} - \frac{g}{2}\,\frac{x^2}{v_0^2 \cos^2\alpha}$$

oder

$$y = x\tan\alpha - \frac{g\,x^2}{2\,v_0^2 \cos^2\alpha} \quad \text{bzw.} \quad y = x\tan\alpha - \frac{g\,x^2}{2\,v_0^2}(1 + \tan^2\alpha) \tag{1.61}$$

Dies ist die Gleichung einer Parabel, die als *Wurfparabel* bezeichnet wird. Ihr Scheitel hat die Koordinaten $x_h = x_w/2$ und $y_h = h$ (**Bild 1.21**). Auch aus Gl. (1.61) lässt sich die Wurfweite x_w ermitteln, indem man in ihr $y = 0$ setzt und den zugehörigen x-Wert berechnet.

Beispiel 1.14: *Horizontaler Wurf.* In einer Sortiervorrichtung verlässt eine Kugel ihre Bahn in A ($x_A = 0$, $y_A = 0{,}8$ m) horizontal und soll in B ($x_B = 1{,}2$ m, $y_B = 0$) ein Auffangblech tangential treffen (**Bild 1.22**). a) Wie groß muss v_0 sein? b) Unter welchem Winkel α_B muss das Blech eingestellt sein?

a) In dem gewählten Koordinatensystem (**Bild 1.21**) genügt der Beschleunigungsvektor Gl. (1.50) und der Geschwindigkeitsvektor Gl. (1.53), wenn darin $\alpha = 0$ gesetzt wird

$$\vec{a}(0) = \begin{Bmatrix} 0 \\ -g \end{Bmatrix} \qquad \vec{v} = \begin{Bmatrix} v_0 \\ -g\,t \end{Bmatrix} = \begin{Bmatrix} v_x \\ v_y \end{Bmatrix}$$

Da die Bewegung im Punkt A beginnt, ist der Ortsvektor zur Zeit $t = 0$ mit dem Ortsvektor des Punktes A identisch

$$\vec{r}(0) = \vec{r}_A = \begin{Bmatrix} x_A \\ y_A \end{Bmatrix} = \begin{Bmatrix} 0 \\ 0{,}8\ \text{m} \end{Bmatrix}$$

und für den zeitabhängigen Ortsvektor, den man durch Integration aus dem Geschwindigkeitsvektor erhält, gilt

$$\vec{r}(t) = \vec{r}_A + \int_0^t \vec{v}\,\mathrm{d}\tau = \begin{Bmatrix} x_A + v_0\,t \\ y_A - \dfrac{g\,t^2}{2} \end{Bmatrix} = \begin{Bmatrix} x \\ y \end{Bmatrix}$$

Zur Zeit $t = t_B$ ist $\vec{r}(t_B) = \vec{r}_B$

$$\vec{r}_B = \begin{Bmatrix} x_A + v_0\,t_B \\ y_A - \dfrac{g\,t_B^2}{2} \end{Bmatrix} = \begin{Bmatrix} x_B \\ y_B \end{Bmatrix}$$

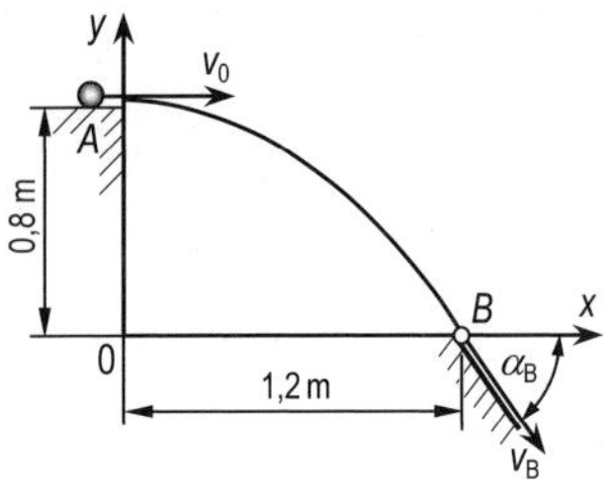

Bild 1.22: Wurfparabel

Diese Vektorgleichung ergibt die zwei skalaren Gleichungen

$$x_A + v_0\, t_B = x_B = 1{,}2\ \text{m} \qquad y_A - \frac{g\, t_B^2}{2} = y_B = 0$$

Aus der zweiten folgt die Fallzeit

$$t_B = \sqrt{\frac{2\, y_A}{g}} = \sqrt{\frac{2 \cdot 0{,}8\ \text{m}}{9{,}81\ \text{m/s}^2}} = 0{,}404\ \text{s}$$

Mit $x_A = 0$ erhält man aus der ersten Gleichung die notwendige Anfangsgeschwindigkeit

$$v_0 = \frac{x_B}{t_B} = \frac{1{,}2\ \text{m}}{0{,}404\ \text{s}} = 2{,}97\ \text{m/s}$$

b) Die Einstellung des Bleches ergibt sich aus der Richtung des Geschwindigkeitsvektors im Punkt *B* (**Bild 1.22**)

$$\tan \alpha_B = \frac{v_{yB}}{v_{xB}} = -\frac{g\, t_B}{v_0} = -\frac{9{,}81\ \text{m/s}^2 \cdot 0{,}404\ \text{s}}{2{,}97\ \text{m/s}} = -1{,}334 \qquad \alpha_B = -53{,}1^\circ$$

1.2.4 Bahn- und Normalbeschleunigung

Leitet man Gl. (1.41) unter Anwendung der Produktregel der Differenzialrechnung nach der Zeit ab, so erhält man den Beschleunigungsvektor in der Form

$$\vec{a} = \frac{\mathrm{d}\vec{v}}{\mathrm{d}t} = \frac{\mathrm{d}}{\mathrm{d}t}(\vec{e}_t v) = \frac{\mathrm{d}\vec{e}_t}{\mathrm{d}t} v + \vec{e}_t \frac{\mathrm{d}v}{\mathrm{d}t} \tag{1.62}$$

Der Beschleunigungsvektor wird so in zwei Komponenten zerlegt. Die letzte Komponente hat die Richtung des Tangenteneinsvektors $\vec{e}_t$ und ist die aus Gl. (1.5) bekannte *Bahn-* oder *Tangentialbeschleunigung*

$$\vec{a}_t = \vec{e}_t \frac{\mathrm{d}v}{\mathrm{d}t} = \vec{e}_t\, a_t \tag{1.63}$$

Die Bahnbeschleunigung ist auf die Betragsänderung des Geschwindigkeitsvektors zurückzuführen.

Die andere Komponente in Gl. (1.62) rührt offenbar von der Richtungsänderung des Geschwindigkeitsvektors her; denn bewegt sich der Punkt geradlinig, so behält der Tangenteneinsvektor $\vec{e}_t$ seine Richtung bei und es ist $\mathrm{d}\vec{e}_t/\mathrm{d}t = \vec{0}$. Wir wollen diese Komponente näher untersuchen. Zunächst formen wir sie mit Hilfe der Kettenregel um, indem wir den Einsvektor

$\vec{e}_t$ auch als Funktion der Bogenlänge s auffassen, $\vec{e}_t = \vec{e}_t[s(t)]$ und berücksichtigen, dass $\mathrm{d}s/\mathrm{d}t = v$ die Bahngeschwindigkeit ist

$$\frac{\mathrm{d}\vec{e}_t}{\mathrm{d}t} v = \frac{\mathrm{d}\vec{e}_t}{\mathrm{d}s}\frac{\mathrm{d}s}{\mathrm{d}t} v = \frac{\mathrm{d}\vec{e}_t}{\mathrm{d}s} v^2 \tag{1.64}$$

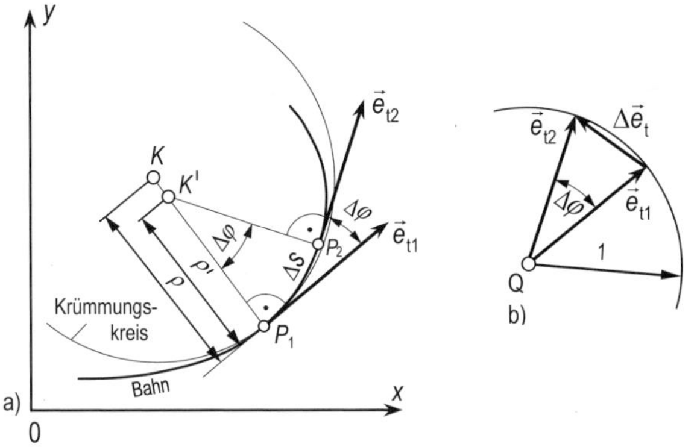

Bild 1.23:
Tangenteneinsvektoren in zwei Bahnpunkten

Zur Deutung des Vektors $\mathrm{d}\vec{e}_t/\mathrm{d}s$ in Gl. (1.64) betrachten wir das **Bild 1.23**. In **Bild 1.23a** sind für zwei benachbarte Bahnpunkte P_1 und P_2 die zugehörigen Tangenteneinsvektoren und Bahnnormalen eingezeichnet. Letztere schneiden sich im Punkt K'. Bezeichnet man den Abstand des Punktes P_1 vom Punkt K' mit ρ', so gilt, wenn man näherungsweise das Bogenstück zwischen den Punkten P_1 und P_2 als einen Kreisbogen ansieht

$$\Delta s \approx \rho' \Delta\varphi \tag{1.65}$$

In **Bild 1.23b** sind die Tangenteneinsvektoren für die Bahnpunkte P_1 und P_2 herausgezeichnet und der Differenzvektor $\Delta\vec{e}_t = \vec{e}_{t2} - \vec{e}_{t1}$ gebildet. Die Spitzen der Einsvektoren liegen auf einem Einheitskreis (Radius = 1) um Q. Wie wir in Abschn. 1.2.2 festgestellt haben, ist der Grenzwert des Quotienten aus der Sehne und der zugehörigen Bogenlänge gleich Eins (s. Gl. (1.40)). Für den Betrag des Differenzvektors kann daher näherungsweise gesetzt werden

$$|\Delta\vec{e}_t| \approx 1 \cdot \Delta\varphi \tag{1.66}$$

Damit folgt aus Gl. (1.65)

$$\left|\frac{\Delta\vec{e}_t}{\Delta s}\right| \approx \frac{1}{\rho'} \tag{1.67}$$

Lässt man nun den Punkt P_2 gegen den Punkt P_1 rücken, so stimmt die Richtung des Differenzvektors $\Delta\vec{e}_t$ und damit die des Differenzenquotienten $\Delta\vec{e}_t/\Delta s$ immer mehr mit der Richtung der Bahnnormale im Punkt P_1 überein, und der Punkt K' nähert sich einem Grenzpunkt K auf der Bahnnormale im Punkt P_1. Bezeichnet man den Abstand $\overline{P_1K}$ mit ρ, so folgt aus Gl. (1.67) durch diesen Grenzübergang

$$\lim_{P_2 \to P_1}\left|\frac{\Delta\vec{e}_t}{\Delta s}\right| = \left|\frac{\mathrm{d}\vec{e}_t}{\mathrm{d}s}\right| = \frac{1}{\rho} \tag{1.68}$$

Dabei hat der Grenzvektor $\mathrm{d}\vec{e}_t/\mathrm{d}s$ die Richtung der Bahnnormale im Punkt P_1 und ist (angetragen in P_1) auf den Punkt K hin gerichtet.

Man bezeichnet den Punkt K als *Krümmungsmittelpunkt* der Bahnkurve im Punkt P_1, den Abstand des Krümmungsmittelpunktes von dem Punkt P_1 als *Krümmungsradius* ρ und den Kreis um K mit dem Radius ρ als *Krümmungskreis* oder *Schmiegkreis*. Der Krümmungskreis nähert die Bahnkurve in der Umgebung des Punktes P_1 „am besten" von allen möglichen Kreisen an.

Führt man nun einen Einsvektor $\vec{e}_n$ ein, der mit der Bahnnormale im Punkt P_1 zusammenfällt und auf den Krümmungsmittelpunkt K hin gerichtet ist (**Bild 1.24a**), so erhält man für die Komponente des Beschleunigungsvektors in Gl. (1.64) unter Berücksichtigung von Gl. (1.68) die Darstellung

$$\vec{a}_n = \vec{e}_n \frac{v^2}{\rho} \tag{1.69}$$

Man bezeichnet diese Komponente des Beschleunigungsvektors als *Normal-* oder *Zentripetalbeschleunigung*.

Zusammenfassend erhalten wir den Beschleunigungsvektor in der Form

$$\vec{a} = \vec{a}_t + \vec{a}_n = \vec{e}_t \frac{dv}{dt} + \vec{e}_n \frac{v^2}{\rho} \tag{1.70}$$

mit den skalaren Komponenten für die *Tangentialbeschleunigung*

$$a_t = \frac{dv}{dt} \tag{1.71}$$

und die *Normalbeschleunigung*

$$a_n = \frac{v^2}{\rho} \tag{1.72}$$

Da die beiden Komponenten aufeinander senkrecht stehen, kann der Betrag des Beschleunigungsvektors aus

$$a = |\vec{a}| = \sqrt{a_t^2 + a_n^2} \tag{1.73}$$

berechnet werden. Die Vektoren $\vec{e}_t$ und $\vec{e}_n$ sind Einsvektoren des sog. *natürlichen Koordinatensystems* (es ist der Bahnkurve „angepasst").

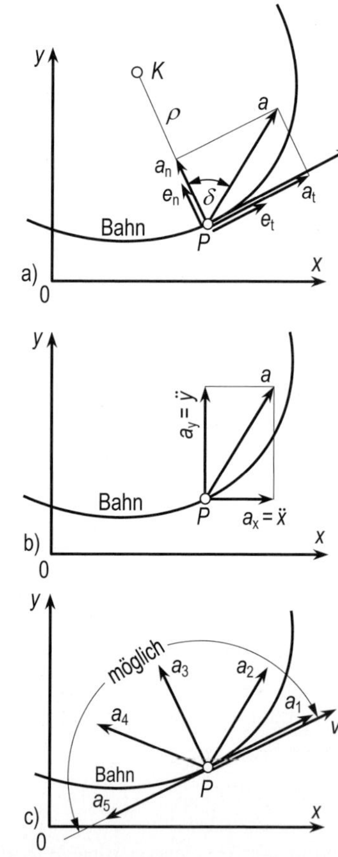

Bild 1.24: Beschleunigungsvektor
a) in natürlichen Koordinaten
b) in kartesischen Koordinaten
c) mögliche Lagen bezüglich der Bahn

Da die Größe v^2/ρ nur positive Werte annehmen kann, ist der Vektor der Normalbeschleunigung stets auf den Krümmungsmittelpunkt K gerichtet. Daher kann der Beschleunigungsvektor bezüglich der Bahnkurve nur die in **Bild 1.24c** angegebenen Lagen annehmen. Die Vektoren $\vec{a}_1$ und $\vec{a}_5$ haben die Richtung der Bahntangente, die Normalbeschleunigung ist Null. Das ist nach Gl. (1.72) auf gekrümmter Bahn nur möglich, wenn die Bahngeschwindigkeit v augenblicklich Null wird, wenn sich also der Punkt in einer Umkehrlage seiner Bewegung befindet (z. B. Totpunktlagen hin- und hergehender Maschinenteile). Die Vektoren $\vec{a}_2$ und $\vec{a}_4$ gehören zu beschleunigter bzw. verzögerter Bewegung. Schließlich ist für $\vec{a}_3$ die Tangentialbeschleunigung Null ($\mathrm{d}v/\mathrm{d}t = 0$), die Bahn wird also augenblicklich mit konstanter Bahngeschwindigkeit durchlaufen.

Abschließend ist in **Bild 1.24** derselbe Beschleunigungsvektor in natürlichen (**Bild 1.24a**) und kartesischen Koordinaten (**Bild 1.24b**) zerlegt.

Die Beziehungen in Gl. (1.70) bis (1.73) gelten auch für räumliche Bewegung, denn auch für Punkte einer Raumkurve als Bahn lassen sich Normaleneinsvektoren $\vec{e}_n$, die auf den zugehörigen Tangenteneinsvektoren senkrecht stehen und jeweils auf den zugehörigen Krümmungsmittelpunkt gerichtet sind, eindeutig definieren. Man führt noch den sog. *Binormaleneinsvektor* $\vec{e}_b$ ein, der auf den Vektoren $\vec{e}_t$ und $\vec{e}_n$ senkrecht steht und diese zu einem räumlichen rechtwinkligen Rechtssystem, dem sog. *begleitenden Dreibein*, ergänzt (**Bild 1.25**). Dabei definieren die Vektoren $\vec{e}_t$ und $\vec{e}_n$ die sog. *Schmiegeebene* (an diese „schmiegt“ sich die Raumkurve an), in der der Krümmungsmittelpunkt liegt, die Vektoren $\vec{e}_n$ und $\vec{e}_b$ die sog. *Normalebene* (diese wird von der Raumkurve senkrecht durchstoßen) und die Vektoren $\vec{e}_t$ und $\vec{e}_b$ die sog. Streckebene, auch *rektifizierende* Ebene genannt (in diese kann die Raumkurve abgewickelt, verstreckt werden).

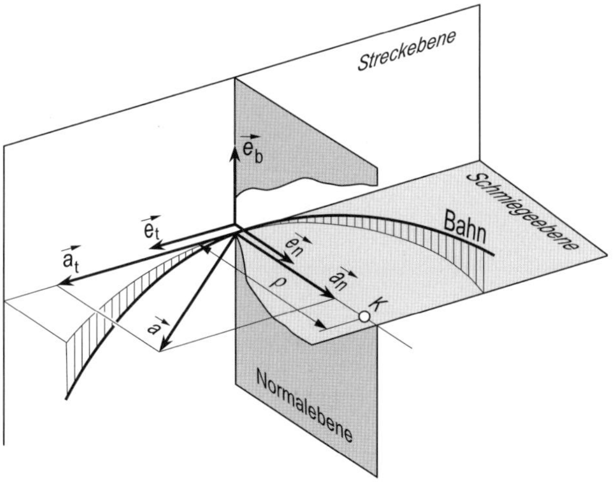

Bild 1.25:
Räumliche Bewegung eines Punktes, begleitendes Dreibein $\vec{e}_t$, $\vec{e}_n$ und $\vec{e}_b$

Beispiel 1.15: Ein Fahrzeug durchfährt eine Kurve mit der konstanten Geschwindigkeit $v = 120$ km/h, der kleinste Krümmungsradius der Kurve beträgt $\rho = 200$ m. Welche größte Normalbeschleunigung erfährt das Fahrzeug?

Nach Gl. (1.72) ist

$$a_n = \frac{v^2}{\rho} = \frac{(120/3{,}6)^2\,\mathrm{m^2/s^2}}{200\,\mathrm{m}} = 5{,}56\ \mathrm{m/s^2}$$

Beispiel 1.16: Eine Stahlkugel wird mit der Anfangsgeschwindigkeit $v_0 = 30$ m/s unter dem Winkel $\alpha = 60°$ gegenüber der Horizontalen hochgeschleudert (**Bild 1.26**). a) An welchem Ort ihrer Bahn befindet sich die Kugel nach $t_1 = 2$ s? Wie groß sind an diesem Ort b) Richtung und Betrag des Geschwindigkeits- und Beschleunigungsvektors, c) Tangential- und Normalbeschleunigung, d) Krümmungsradius ρ_1 der Bahn? e) Wie groß ist der Krümmungsradius ρ_h am höchsten Punkt der Bahn?

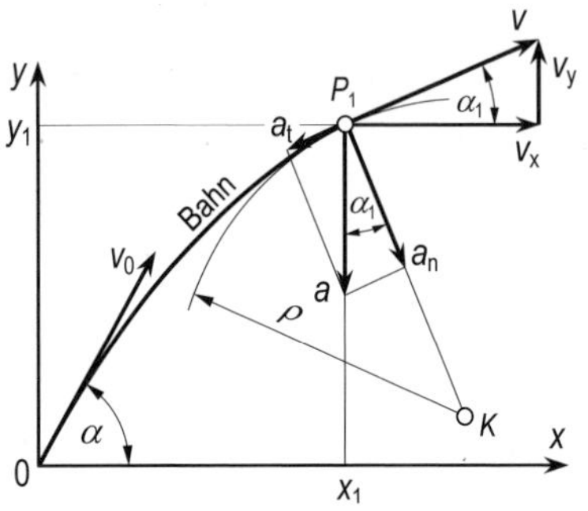

Bild 1.26:
Normal- und Tangentialbeschleunigung und Krümmungsradius der Bahn beim schiefen Wurf

a) Beschleunigungs-, Geschwindigkeits- und Ortsvektor genügen Gl. (1.50), (1.53) und (1.55). Mit den gegebenen Zahlenwerten ist

$$\vec{a} = \begin{Bmatrix} 0 \\ -g \end{Bmatrix} = \begin{Bmatrix} 0 \\ -9{,}81\ \text{m/s}^2 \end{Bmatrix} \tag{1.74}$$

$$\vec{v} = \begin{Bmatrix} v_0 \cos\alpha \\ v_0 \sin\alpha - g\,t \end{Bmatrix} = \begin{Bmatrix} 15\ \text{m/s} \\ 26{,}0\ \text{m/s} - (9{,}81\ \text{m/s}^2)\,t \end{Bmatrix}$$

$$\vec{r} = \begin{Bmatrix} (v_0 \cos\alpha)\,t \\ (v_0 \sin\alpha)\,t - g\dfrac{t^2}{2} \end{Bmatrix} = \begin{Bmatrix} (15\ \text{m/s})\,t \\ (26{,}0\ \text{m/s})\,t - 9{,}81\dfrac{\text{m}}{\text{s}^2}\cdot\dfrac{t^2}{2} \end{Bmatrix}$$

Nach $t_1 = 2$ s gibt der Ortsvektor $\vec{r}_1$ den Ort der Kugel an

$$\vec{r}_1 = \begin{Bmatrix} (15\ \text{m/s})\ 2\ \text{s} \\ (26{,}0\ \text{m/s})\ 2\ \text{s} - 9{,}81\ \text{m/s}^2 \cdot \dfrac{(2\ \text{s})^2}{2} \end{Bmatrix} = \begin{Bmatrix} 30\ \text{m} \\ 32{,}4\ \text{m} \end{Bmatrix}$$

b) Der Geschwindigkeitsvektor ist

$$\vec{v}_1 = \begin{Bmatrix} 15\ \text{m/s} \\ 26{,}0\ \text{m/s} - (9{,}81\ \text{m/s}^2)\cdot 2\ \text{s} \end{Bmatrix} = \begin{Bmatrix} 15\ \text{m/s} \\ 6{,}38\ \text{m/s} \end{Bmatrix}$$

Seine Richtung gegenüber der Horizontalen ist (**Bild 1.26**)

$$\tan\alpha_1 = \frac{v_y}{v_x} = \frac{6{,}38\ \text{m/s}}{15\ \text{m/s}} = 0{,}425 \qquad \alpha_1 = 23{,}0°$$

Er hat den Betrag

$$v_1 = \sqrt{v_x^2 + v_y^2} = \sqrt{15^2 + 6{,}38^2}\ \text{m/s} = 16{,}3\ \text{m/s}$$

Der Beschleunigungsvektor weist nach Gl. (1.74) stets in die negative y-Richtung und hat den Betrag $g = 9{,}81$ m/s^2.

c) Die Tangentialbeschleunigung ist die Projektion des Beschleunigungsvektors auf den Geschwindigkeitsvektor .

Bild 1.26 entnimmt man

$$a_t = -a \sin \alpha_1 = (-9{,}81 \text{ m/s}^2)\ 0{,}391 = -3{,}84 \text{ m/s}^2$$

Das negative Vorzeichen gibt an, dass die Tangentialbeschleunigung der Geschwindigkeit entgegengerichtet ist. Die Bewegung ist daher zur Zeit t_1 verzögert. Die Normalbeschleunigung beträgt

$$a_n = a \cos \alpha_1 = (9{,}81 \text{ m/s}^2)\ 0{,}920 = 9{,}03 \text{ m/s}^2$$

d) Aus Gl. (1.72) erhält man den Krümmungsradius der Bahn

$$\rho_1 = \frac{v_1^2}{a_n} = \frac{(16{,}3 \text{ m/s})^2}{9{,}03 \text{ m/s}^2} = 29{,}4 \text{ m}$$

e) Im höchsten Punkt der Bahn ist $v_y = 0$ und $v = v_x = 15$ m/s. Weiterhin ist $a_n = g = 9{,}81$ m/s^2. Damit wird

$$\rho_h = \frac{v_x^2}{g} = \frac{(15 \text{ m/s})^2}{9{,}81 \text{ m/s}^2} = 22{,}9 \text{ m}$$

1.2.5 Aufgaben zu Abschnitt 1.2

1. Ein Sportflugzeug fliegt von A nach B (**Bild 1.27**). Die Geschwindigkeit des Flugzeuges ist in ruhender Luft v_{rel} = 150 km/h. Es weht ein Nordwestwind mit v_F = 15 m/s. a) Welchen Kurs muss der Pilot einhalten, damit er B erreicht? b) Wie groß ist seine absolute Geschwindigkeit v_{abs} über Grund? c) Nach welcher Zeit t_{AB} trifft er in B ein?

Bild 1.27:
Flugzeug bei Seitenwind

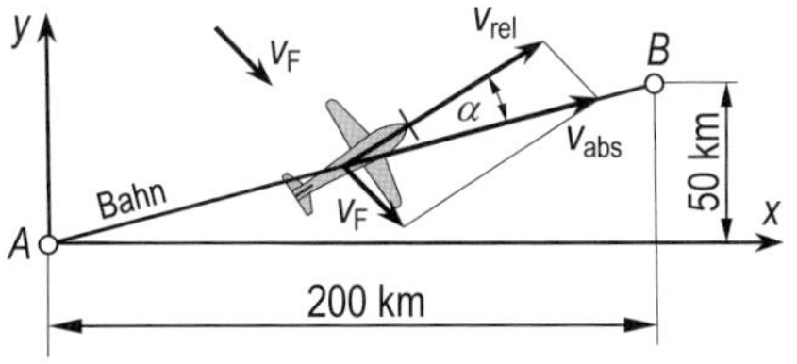

2. Ein schräg geworfener Stein soll ein 30 m entferntes Ziel auf gleicher Höhe treffen, er hat die Anfangsgeschwindigkeit v_0 = 20 m/s. a) Unter welchen Abwurfwinkeln α_1 und α_2 kann er das Ziel erreichen? Man zeige, dass $\alpha_2 = 90° - \alpha_1$ ist. b) Wie groß sind die Wurfzeiten t_1 und t_2? Der Luftwiderstand sei vernachlässigt.

3. Ein Ball soll den Punkt B mit den Koordinaten x_B = 15 m und y_B = 10 m treffen (**Bild 1.28**). a) Unter welchen Abwurfwinkeln α_1 und α_2 kann er das Ziel mit v_0 = 25 m/s erreichen? b) Wie groß sind die Auftreffwinkel α_{B1} und α_{B2}? c) Wie groß ist die Auftreffgeschwindigkeit? d) Wie groß sind die Wurfzeiten t_1 und t_2? e) Man zeichne die beiden Wurfparabeln.

4. Ein Speerwerfer erreicht mit dem Abwurfwinkel $\alpha = 45°$ die Wurfweite $x_{w\,max}$ = 80 m. Wie groß ist die Anfangsgeschwindigkeit v_0 des Speeres? Luftwiderstand sei vernachlässigt.

5. Eine Kugel wird von einer Höhe h = 50 m unter dem Winkel $\alpha = 30°$ gegen die Horizontale mit der Anfangsgeschwindigkeit v_0 = 25 m/s schräg nach oben geschleudert und trifft den festen Boden im Punkt B. Man bestimme a) die Wurfzeit t_B, b) die Wurfweite x_B, c) die Aufprallgeschwindigkeit v_B und d) den Auftreffwinkel α_B.

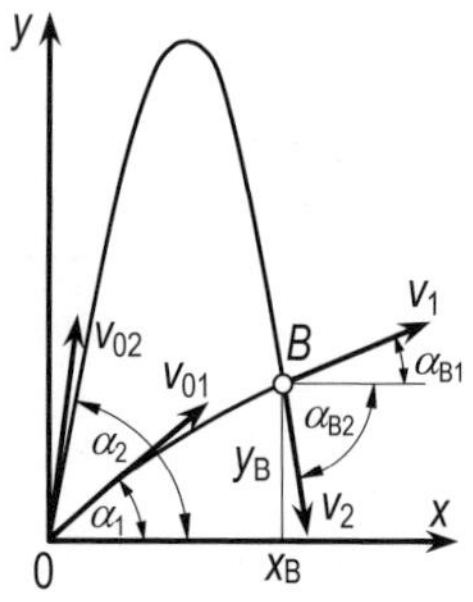

Bild 1.28: Wurfparabeln

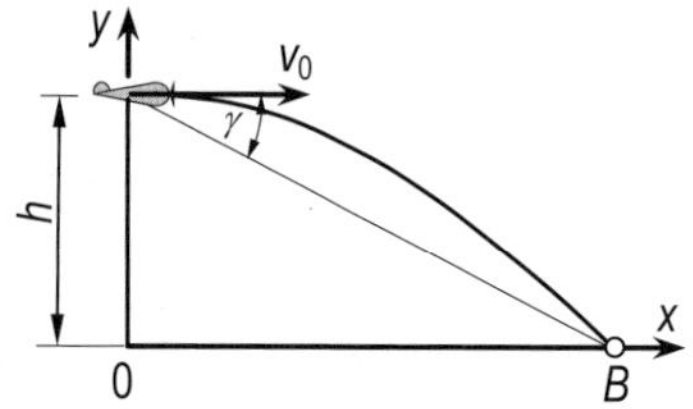

Bild 1.29: Abwurfwinkel γ

6. Ein Flugzeug fliegt horizontal mit der konstanten Geschwindigkeit v_0 = 120 km/h und wirft aus h = 40 m Höhe einen Postsack ab (**Bild 1.29**). a) Unter welchem Winkel γ erscheint dem Piloten die Abwurfstelle B in dem Augenblick, in dem er den Postsack abwerfen muss, damit dieser in B auftrifft? b) Wie groß ist die Auftreffgeschwindigkeit v_B? Luftwiderstand sei vernachlässigt.

1.3 Bewegung auf kreisförmiger Bahn

1.3.1 Winkelgeschwindigkeit, Winkelbeschleunigung

Ein technisch wichtiger Sonderfall der Bewegung eines Punktes ist die Kreisbewegung. Dabei kann man den Ort des Punktes auf der Kreisbahn (Radius r) statt durch die Ortskoordinate s (die Bogenlänge) auch durch den *Drehwinkel* φ festlegen. Die Koordinate φ wird von der positiven x-Achse aus im mathematisch positiven Sinne gezählt (**Bild 1.30a**). Wird auch die Bogenlänge vom Schnittpunkt des Kreises mit der positiven x-Achse gemessen (**Bild 1.30a**), so besteht zwischen der Bogenlänge und dem Drehwinkel die Beziehung

$$s(t) = r\,\varphi(t) \tag{1.75}$$

Mit r = const erhält man aus Gl. (1.2) die Bahngeschwindigkeit des Punktes

$$v(t) = \dot{s}(t) = r\,\dot{\varphi}(t) \tag{1.76}$$

mit Gl. (1.5) seine Bahn- oder Tangentialbeschleunigung

$$a_t(t) = \ddot{s}(t) = r\,\ddot{\varphi}(t) \tag{1.77}$$

und nach Gl. (1.72) mit dem Krümmungsradius $\rho = r$ die Normal- oder Zentripetalbeschleunigung

$$a_n(t) = \frac{v^2(t)}{r} \tag{1.78}$$

Die erste Ableitung des Drehwinkels φ nach der Zeit bezeichnet man als *Winkelgeschwindigkeit* und die zweite Ableitung nach der Zeit als *Winkelbeschleunigung*. Damit gelten die Definitionen:

Die Winkelgeschwindigkeit ist die Ableitung des Drehwinkels nach der Zeit

$$\omega = \frac{\mathrm{d}\varphi}{\mathrm{d}t} = \dot{\varphi} \tag{1.79}$$

Die Winkelgeschwindigkeit wird häufig in der Einheit 1/s oder 1/min angegeben[1)].

Die Winkelbeschleunigung ist die erste Ableitung der Winkelgeschwindigkeit bzw. die zweite Ableitung des Drehwinkels nach der Zeit

$$\alpha = \dot{\omega} = \frac{\mathrm{d}\omega}{\mathrm{d}t} = \frac{\mathrm{d}^2\varphi}{\mathrm{d}t^2} = \ddot{\varphi} \tag{1.80}$$

Die Winkelbeschleunigung wird meistens in der Einheit $1/\mathrm{s}^2$ angegeben. Mit den eingeführten Symbolen für die Winkelgeschwindigkeit und die Winkelbeschleunigung lassen sich Gl. (1.76) bis (1.78) in der Form schreiben:

Bahngeschwindigkeit	$v = r\,\dot{\varphi} = r\,\omega$	(1.81)
Bahn- oder Tangentialbeschleunigung	$a_\mathrm{t} = r\,\ddot{\varphi} = r\,\dot{\omega} = r\,\alpha$	(1.82)
Normal- oder Zentripetalbeschleunigung	$a_\mathrm{n} = r\,\omega^2 = v\,\omega = v^2/r$	(1.83)

Die Einführung der Begriffe Winkelgeschwindigkeit und Winkelbeschleunigung erweist sich nicht nur zur Beschreibung der Kreisbewegung eines Punktes, sondern auch zur Charakterisierung von Bewegungszuständen als zweckmäßig. So ist der Bewegungszustand einer rotierenden Scheibe durch die Angabe der Winkelgeschwindigkeit und der Winkelbeschleunigung vollkommen beschrieben, denn alle Punkte der Scheibe haben in einem betrachteten Zeitpunkt dieselbe Winkelgeschwindigkeit und dieselbe Winkelbeschleunigung.

1.3.2 Beschreibung der Kreisbewegung in kartesischen Koordinaten

Wir legen den Punkt P auf der Kreisbahn durch seinen Ortsvektor $\vec{r}$ fest (**Bild 1.30**)

$$\vec{r} = \begin{Bmatrix} x \\ y \end{Bmatrix} = \begin{Bmatrix} r\cos\varphi \\ r\sin\varphi \end{Bmatrix} \tag{1.84}$$

Den Geschwindigkeitsvektor erhält man definitionsgemäß durch Differenziation des Ortsvektors nach der Zeit

$$\vec{v} = \dot{\vec{r}} = \begin{Bmatrix} \dot{x} \\ \dot{y} \end{Bmatrix} = \begin{Bmatrix} -r\,\dot{\varphi}\sin\varphi \\ r\,\dot{\varphi}\cos\varphi \end{Bmatrix} = r\,\dot{\varphi}\begin{Bmatrix} -\sin\varphi \\ \cos\varphi \end{Bmatrix} \tag{1.85}$$

---

1) In DIN 1301 wird als Maßeinheit für die Winkelgeschwindigkeit rad/s vorgeschlagen. Diese Einheit hat sich in der Technik nicht durchgesetzt. In diesem Buch wird daher die Maßeinheit 1/s benutzt.

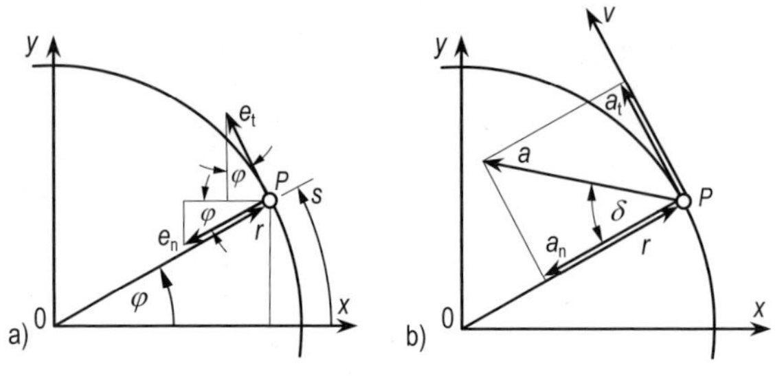

Bild 1.30: Kreisbewegung
a) Einsvektoren $\vec{e}_t$ und $\vec{e}_n$
b) Beschleunigungsvektor

Der Vektor

$$\vec{e}_t = \begin{Bmatrix} -\sin\varphi \\ \cos\varphi \end{Bmatrix} \tag{1.86}$$

in Gl. (1.85) hat die Richtung der Tangente an die Kreisbahn und den Betrag

$$|\,\vec{e}_t\,| = \sqrt{\sin^2\varphi + \cos^2\varphi} = 1$$

Er ist der *Tangenteneinsvektor* (s. Abschn. 1.2.4). Berücksichtigt man, dass nach Gl. (1.81) $r\,\dot{\varphi} = v$ die Bahngeschwindigkeit ist, so kann der Geschwindigkeitsvektor in der Form dargestellt werden

$$\vec{v} = v\,\vec{e}_t \tag{1.87}$$

Den Beschleunigungsvektor erhält man durch Differenziation des Geschwindigkeitsvektors Gl. (1.85). Unter Berücksichtigung der Produktregel der Differenzialrechnung ergibt sich

$$\vec{a} = \dot{\vec{v}} = \begin{Bmatrix} \ddot{x} \\ \ddot{y} \end{Bmatrix} = \begin{Bmatrix} -r\,\ddot{\varphi}\sin\varphi - r\,\dot{\varphi}^2\cos\varphi \\ r\,\ddot{\varphi}\cos\varphi - r\,\dot{\varphi}^2\sin\varphi \end{Bmatrix} \tag{1.88}$$

Der Beschleunigungsvektor kann als Summe zweier Vektoren geschrieben werden

$$\vec{a} = r\,\ddot{\varphi}\begin{Bmatrix} -\sin\varphi \\ \cos\varphi \end{Bmatrix} + r\,\dot{\varphi}^2\begin{Bmatrix} -\cos\varphi \\ -\sin\varphi \end{Bmatrix} \tag{1.89}$$

Der Vektor im ersten Summanden dieser Gleichung ist wieder der Tangenteneinsvektor $\vec{e}_t = (-\sin\varphi, \cos\varphi)$. Der Vektor

$$\vec{e}_n = \begin{Bmatrix} -\cos\varphi \\ -\sin\varphi \end{Bmatrix} \tag{1.90}$$

im zweiten Summanden ist ebenfalls ein Einsvektor, denn es ist $|\,\vec{e}_n\,| = \sqrt{\cos^2\varphi + \sin^2\varphi} = 1$. Er weist auf den Mittelpunkt der Kreisbahn und ist der *Normaleneinsvektor*. Unter Berücksichtigung von Gl. (1.82) und (1.83) kann der Beschleunigungsvektor in der Form dargestellt werden (**Bild 1.30**)

$$\vec{a} = a_t\,\vec{e}_t + a_n\,\vec{e}_n \tag{1.91}$$

mit $a_t = r\,\ddot{\varphi} = r\,\alpha \qquad a_n = r\,\dot{\varphi}^2 = r\,\omega^2$ (1.92)

Die Darstellung des Beschleunigungsvektors durch seine tangentiale und normale Komponente bezeichnet man als Darstellung in *natürlichen* Koordinaten. Das natürliche Koordinatensystem ist durch die Einsvektoren $\vec{e}_t$ und $\vec{e}_n$ festgelegt (**Bild 1.30a**).

Da die Komponenten aufeinander senkrecht stehen, findet man den Betrag des Beschleunigungsvektors aus

$$a = |\vec{a}| = \sqrt{a_t^2 + a_n^2} = \sqrt{(r\,\alpha)^2 + (r\,\omega^2)^2} = r\sqrt{\alpha^2 + \omega^4} \tag{1.93}$$

Der Betrag des Beschleunigungsvektors ist also dem Radius proportional.

Geschwindigkeits- und Beschleunigungsvektor werden bei der Kreisbewegung häufig durch ein Vektorprodukt ausgedrückt. Dazu ordnet man der Winkelgeschwindigkeit einen Vektor zu. Dieser ist so definiert, dass er im Sinne einer Rechtsschraube auf der Ebene des Kreises senkrecht steht (**Bild 1.31a**). Mit seiner Hilfe kann der Geschwindigkeitsvektor durch ein Vektorprodukt ausgedrückt werden

$$\vec{\omega} \times \vec{r} = \vec{v} = \frac{\mathrm{d}\,\vec{r}}{\mathrm{d}\,t} \tag{1.94}$$

Bild 1.31:
Definition des Winkelgeschwindigkeitsvektors

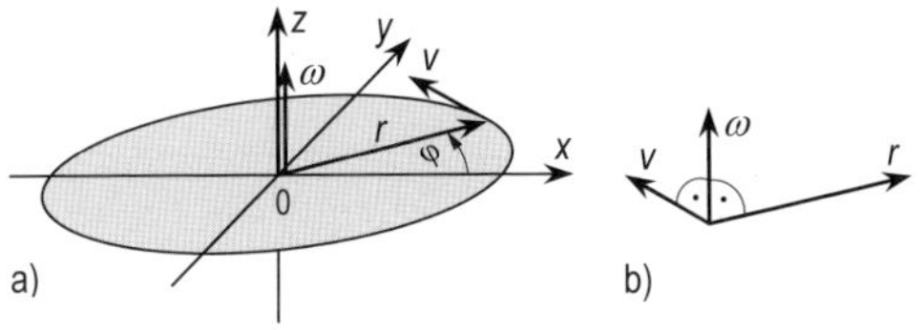

Darin ist $\vec{r}$ der Ortsvektor. Nach der Definition des Vektorproduktes bilden die Vektoren der Gl. (1.94) in der angegebenen Reihenfolge ein Rechtssystem. Der von $\vec{\omega}$ und $\vec{r}$ eingeschlossene Winkel ist 90°, damit ist der Betrag des Vektorproduktes

$$|\vec{\omega} \times \vec{r}| = \omega r \sin(\vec{\omega}, \vec{r}) = \omega r \cdot 1 = v$$

Durch Gl. (1.94) werden also Richtung und Betrag des Geschwindigkeitsvektors richtig angegeben. Durch Differenzieren erhält man aus Gl. (1.94) den Beschleunigungsvektor

$$\vec{a} = \dot{\vec{\omega}} \times \vec{r} + \vec{\omega} \times \dot{\vec{r}} \tag{1.95}$$

Darin ist $\dot{\vec{\omega}} = \vec{\alpha}$ der Vektor der Winkelbeschleunigung, dieser steht ebenfalls im Sinne einer Rechtsschraube auf der Ebene des Kreises senkrecht, denn für wachsendes ω ist der Vektor $\mathrm{d}\,\vec{\omega}$ mit dem Vektor $\vec{\omega}$ gleichgerichtet. Der Vektor $\dot{\vec{r}}$ ist die erste Ableitung des Ortsvektors nach der Zeit, also der Geschwindigkeitsvektor $\vec{v}$. Damit wird aus Gl. (1.95)

$$\vec{a} = \vec{\alpha} \times \vec{r} + \vec{\omega} \times \vec{v} = \vec{a}_t + \vec{a}_n \tag{1.96}$$

Darin ist $\vec{\alpha} \times \vec{r} = \vec{a}_t$ (1.97)

der Vektor der Tangentialbeschleunigung und

$$\vec{\omega} \times \vec{v} = \vec{a}_n \tag{1.98}$$

der Vektor der Normalbeschleunigung. Die Vektoren in Gl. (1.97) und (1.98) bilden in der angegebenen Reihenfolge ein Rechtssystem. Da sowohl $\vec{\alpha}$ und $\vec{r}$ als auch $\vec{\omega}$ und $\vec{v}$ aufeinander senkrecht stehen, stimmen die Beträge von a_t und a_n mit denen in Gl. (1.82) und (1.83) überein.

1.3.3 Gleichförmige Kreisbewegung

Man nennt die Bewegung eines Punktes auf einer Kreisbahn gleichförmig, wenn die Winkelbeschleunigung α zu jedem Zeitpunkt Null ist. Das Winkelbeschleunigung-Zeit-Gesetz heißt also

$$\boldsymbol{\alpha = 0} \tag{1.99}$$

Die Winkelbeschleunigung ist nach Gl. (1.80) als Ableitung der Winkelgeschwindigkeit nach der Zeit definiert. Daher ist die Winkelgeschwindigkeit bei gleichförmiger Kreisbewegung konstant, und das Winkelgeschwindigkeit-Zeit-Gesetz lautet

$$\boldsymbol{\omega = \omega_0 = \mathrm{const}} \tag{1.100}$$

Das Drehwinkel-Zeit-Gesetz gewinnt man aus Gl. (1.79) durch Integration. Legt man die Anfangsbedingung so fest, dass sich der Punkt zur Zeit $t = t_0$ an dem durch den Drehwinkel $\varphi = \varphi_0$ festgelegten Ort befindet, so erhält man

$$\varphi = \varphi_0 + \int_{t_0}^{t} \omega_0 \, \mathrm{d}\tau \tag{1.101}$$

$$\boldsymbol{\varphi = \varphi_0 + \omega_0 (t - t_0)} \tag{1.102}$$

Die Diagramme der Funktionen $\varphi(t)$ und $\omega(t)$ entsprechen denen in **Bild 1.3**, wenn man dort s durch φ und v durch ω ersetzt.

Nach Gl. (1.81) bis (1.83) folgt für die Bahngeschwindigkeit sowie für die Bahn- und Normalbeschleunigung bei der gleichförmigen Kreisbewegung

$$\boldsymbol{v = r\,\omega_0 = \mathrm{const} \qquad a_t = 0 \qquad a_n = r\,\omega_0^2 = \mathrm{const}} \qquad (1.103), (1.104), (1.105)$$

Da die Bahnbeschleunigung $a_t = 0$ ist, ist der Beschleunigungsvektor stets auf den Mittelpunkt der Kreisbahn gerichtet. Man beachte, dass auch bei *gleichförmiger* Kreisbewegung die Beschleunigung von Null verschieden ist.

Durch Umformen der Beziehung in Gl. (1.102) erhält man

$$\omega_0 = \frac{\varphi - \varphi_0}{t - t_0} \tag{1.106}$$

Daraus folgt:

> Die Winkelgeschwindigkeit bei gleichförmiger Kreisbewegung ist der Quotient aus der Drehwinkeldifferenz und der zugehörigen Zeitdifferenz.

Für den Sonderfall $t_0 = 0$ und $\varphi_0 = 0$ erhält man

$$\boldsymbol{\omega_0 = \frac{\varphi}{t} \qquad \varphi = \omega_0 t} \tag{1.107}$$

Mit einem Umlauf wird der Winkel $\varphi = 2\pi$ überstrichen. Nennt man die dafür erforderliche Zeit die *Umlaufzeit T*, so folgt aus Gl. (1.107)

$$2\pi = \omega_0 T \qquad \text{oder} \qquad T = \frac{2\pi}{\omega_0} \tag{1.108}$$

Die konstante Winkelgeschwindigkeit ω_0 wird auch als *Kreisfrequenz* bezeichnet. Den Kehrwert der Umlaufzeit T nennt man die *Drehzahl* oder die *Frequenz*

$$\boldsymbol{n = \frac{1}{T} = \frac{\omega_0}{2\pi}} \tag{1.109}$$

Sie wird meistens in der Einheit s^{-1} oder min^{-1} angegeben. Aus Gl. (1.109) folgt die Beziehung

$$\boldsymbol{\omega_0 = \frac{2\pi}{T} = 2\pi\, n} \tag{1.110}$$

Beispiel 1.17: Der Läufer einer Dampfturbine hat die Drehzahl $n = 3000\ min^{-1}$. a) Wie viel Umdrehungen macht er in jeder Sekunde, wie groß sind Umlaufzeit T und Winkelgeschwindigkeit ω_0? b) Welche Umfangsgeschwindigkeit und Beschleunigung erfährt ein Punkt am Läufer, wenn sein Abstand von der Drehachse $r = 0{,}8$ m ist?

a) Die sekundliche Drehzahl ist $n = 3000/60\ s = 50\ s^{-1}$. Die Umlaufzeit T beträgt nach Gl. (1.109)

$$T = \frac{1}{n} = \frac{1}{50\ s^{-1}} = 0{,}02\ s$$

und die Winkelgeschwindigkeit nach Gl. (1.110)

$$\omega_0 = 2\pi\, n = 2\pi \cdot 50\ s^{-1} = 314\ s^{-1}$$

b) Aus Gl. (1.103) erhält man mit den gegebenen Werten

$$v = r\,\omega_0 = 0{,}8\ m \cdot 314\ s^{-1} = 251\ m/s$$

Wegen der gleichförmigen Drehung tritt nur eine Normalbeschleunigung auf und nach Gl. (1.105) ist

$$a_n = r\,\omega_0^2 = 0{,}8\ m \cdot 314^2\ s^{-2} = 7{,}90 \cdot 10^4\ m/s^2$$

Man beachte, dass die Normalbeschleunigung die 8000-fache Fallbeschleunigung erreicht!

Beispiel 1.18: Zwei Wellen I und II mit festem Abstand sollen über eine Zwischenwelle mit veränderlicher Achslage (Wechselräderschere) miteinander verbunden werden (**Bild 1.32**). Die Drehzahl der Antriebswelle I ist $n_I = 1400\ min^{-1}$. Die Zähnezahlen der einzelnen Räder sind $z_1 = 20$, $z_2 = 65$, $z_3 = 25$ und $z_4 = 70$. Welche Drehzahl hat die Welle III?
Die Bewegungsübertragung erfolgt bei Zahnradgetrieben so, dass die Teilkreise (Durchmesser d_{01}, d_{02} usw.) aufeinander abrollen, ohne zu gleiten. Ihr Umfang ist gleich dem Produkt aus Zähnezahl z und Teilung t

$$\pi\, d_{01} = z_1\, t \qquad \pi\, d_{02} = z_2\, t \qquad \text{usw.} \tag{1.111}$$

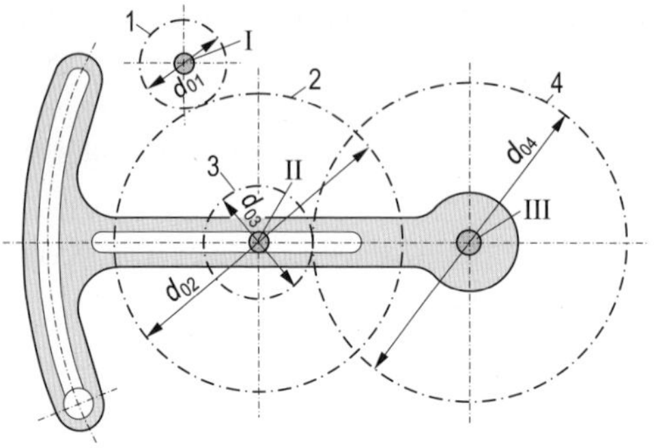

Bild 1.32: Wechselräderschere

Im Wälzpunkt haben je zwei Räder die gleiche Umfangsgeschwindigkeit. Daraus folgt für die Räder 1 und 2

$$v_1 = \frac{d_{01}}{2}\omega_{\mathrm{I}} = v_2 = \frac{d_{02}}{2}\omega_{\mathrm{II}}$$

und unter Berücksichtigung von Gl. (1.111) und (1.110) ist

$$\frac{d_{02}}{d_{01}} = \frac{z_2}{z_1} = \frac{\omega_{\mathrm{I}}}{\omega_{\mathrm{II}}} = \frac{n_{\mathrm{I}}}{n_{\mathrm{II}}} = i_{12} \tag{1.112}$$

Das Drehzahlverhältnis $n_{\mathrm{I}} / n_{\mathrm{II}}$ wird als Übersetzung i bezeichnet. Zwischen den Rädern 3 und 4 besteht eine entsprechende Beziehung

$$\frac{d_{04}}{d_{03}} = \frac{z_4}{z_3} = \frac{\omega_{\mathrm{II}}}{\omega_{\mathrm{III}}} = \frac{n_{\mathrm{II}}}{n_{\mathrm{III}}} = i_{34}$$

Löst man nach n_{III} auf, so ist

$$n_{\mathrm{III}} = \frac{n_{\mathrm{II}}}{i_{34}} = \frac{n_{\mathrm{I}}}{i_{12}\, i_{34}} = \frac{z_1}{z_2} \cdot \frac{z_3}{z_4} \cdot n_{\mathrm{I}} \qquad n_{\mathrm{III}} = \frac{20 \cdot 25}{65 \cdot 70} 1400\ \mathrm{min}^{-1} = 154\ \mathrm{min}^{-1}$$

Gl. (1.112) gilt sinngemäß auch für andere Übertragungsmittel, wie Ketten-, Seil- und Riementrieb, wenn man den Schlupf vernachlässigt.

1.3.4 Gleichförmig beschleunigte Kreisbewegung

Man nennt die Kreisbewegung eines Punktes gleichförmig beschleunigt, wenn die Winkelbeschleunigung konstant ist. Dann lautet das Winkelbeschleunigung-Zeit-Gesetz

$$\boldsymbol{\alpha = \alpha_0 = \mathrm{const}} \tag{1.113}$$

Ist zur Zeit t_0 die Winkelgeschwindigkeit ω_0 und der Ort des Punktes durch den Drehwinkel φ_0 festgelegt, so folgt mit diesen Anfangsbedingungen aus Gl. (1.80) durch Integration das Winkelgeschwindigkeit-Zeit-Gesetz

$$\omega = \omega_0 + \int_{t_0}^{t} \alpha_0 \, \mathrm{d}\tau \tag{1.114}$$

$$\boldsymbol{\omega = \omega_0 + \alpha_0 (t - t_0)} \tag{1.115}$$

Mit diesem gewinnt man nach Gl. (1.79) durch nochmalige Integration das Drehwinkel-Zeit-Gesetz

$$\varphi = \varphi_0 + \int_{t_0}^{t} [\omega_0 + \alpha_0(\tau - t_0)]\,\mathrm{d}\tau$$

$$\boldsymbol{\varphi = \varphi_0 + \omega_0(t - t_0) + \alpha_0 \frac{(t - t_0)^2}{2}} \qquad (1.116)$$

Die Diagramme der Funktionen $\alpha(t)$, $\omega(t)$ und $\varphi(t)$ der gleichförmig beschleunigten Kreisbewegung entsprechen denen der gleichförmig beschleunigten Bewegung (**Bild 1.6**).

Durch Elimination der Zeit t gewinnt man aus Gl. (1.115) und Gl. (1.116) die Abhängigkeit der Winkelgeschwindigkeit ω vom Drehwinkel φ

$$\boldsymbol{\omega = \sqrt{(\omega_0^2 - 2\,\alpha_0\varphi_0) + 2\,\alpha_0\varphi}} \qquad (1.117)$$

Diese Beziehung entspricht Gl. (1.21).

Für den Sonderfall $t_0 = 0$, $\varphi_0 = 0$ und $\omega_0 = 0$ (Bewegung aus der Ruhe) folgt aus Gl. (1.115), Gl. (1.116) und Gl. (1.117)

$$\boldsymbol{\omega = \alpha_0 t \qquad \varphi = \alpha_0 \frac{t^2}{2} = \frac{\omega t}{2} \qquad \omega = \sqrt{2\,\alpha_0\varphi}} \qquad (1.118), (1.119), (1.120)$$

Beispiel 1.19: Ein Motor läuft mit konstanter Winkelbeschleunigung an und erreicht in $t_1 = 2$ s die Enddrehzahl $n_1 = 1450\ \text{min}^{-1}$, die er dann beibehält. a) Wie groß ist die Winkelbeschleunigung α_0? b) Nach wie viel Umdrehungen N_1 hat der Motor die Enddrehzahl n_1 erreicht? c) Man skizziere den Verlauf der Funktionen $\alpha(t)$, $\omega(t)$, $\varphi(t)$ und $\omega(\varphi)$. d) Man bestimme die Tangential- und Normalbeschleunigung eines Punktes ($r = 0{,}25$ m) am Läufer des Motors nach 0; 0,5; 1 und 2 s. Welche Richtung und welchen Betrag hat der Beschleunigungsvektor nach 0,5 s?

a) Nach $t_1 = 2$ s ist die konstante Winkelgeschwindigkeit ω_1 erreicht, diese erhält man aus Gl. (1.110)

$$\omega_1 = 2\pi\, n_1 = 2\pi \cdot 1450 \frac{1}{\text{min}} = 2\pi \cdot 1450 \frac{1}{60\ \text{s}} = 152\ \text{s}^{-1}$$

Damit folgt aus Gl. (1.118) die Winkelbeschleunigung

$$\alpha_0 = \frac{\omega_1}{t_1} = \frac{152\ \text{s}^{-1}}{2\ \text{s}} = 76\ \text{s}^{-2}$$

b) Aus Gl. (1.119) gewinnt man den in $t_1 = 2$ s überstrichenen Drehwinkel φ_1 (im Bogenmaß!)

$$\varphi_1 = \alpha_0 \frac{t^2}{2} = 76\ \text{s}^{-2} \cdot \frac{4\ \text{s}^2}{2} = 152$$

Teilt man durch den Winkel 2π für einen Umlauf, so erhält man die Zahl der Umdrehungen

$$N_1 = \frac{\varphi_1}{2\pi} = \frac{152}{2\pi} = 24{,}2$$

c) Die Diagramme der Funktionen $\alpha(t)$, $\omega(t)$, $\varphi(t)$ und $\omega(\varphi)$ stimmen mit denen in **Bild 1.7** überein, wenn man darin a durch α, v durch ω und s durch φ ersetzt.

d) Da der Motor mit konstanter Winkelbeschleunigung anläuft, ändert sich die Winkelgeschwindigkeit nach Gl. (1.118)

$$\omega = \alpha_0 t = 76\ \text{s}^{-2} \cdot t$$

Die Tangentialbeschleunigung ist bis zum Erreichen der Enddrehzahl $n_1 = 1450\ \text{min}^{-1}$ konstant und beträgt nach Gl. (1.82)

$$a_t = r\,\alpha_0 = 0{,}25\ \text{m} \cdot 76\ \text{s}^{-2} = 19\ \text{m/s}^2$$

Die Normalbeschleunigung erhält man aus Gl. (1.83)

$$a_n = r\,\omega^2 = r\,\alpha_0^2\,t^2$$

und für die genannten Zeiten ist

t in s	0	0,5	1	2
a_n in m/s²	0	361	1444	5776

Der Beschleunigungsvektor schließt mit dem Radius den Winkel δ ein (**Bild 1.30**). Für $t = 0{,}5$ s ist

$$\tan\delta = \frac{a_t}{a_n} = \frac{19\ \text{m/s}^2}{361\ \text{m/s}^2} = 0{,}0526 \qquad \text{d. h.} \qquad \delta = 3{,}01^\circ$$

Der Betrag des Beschleunigungsvektors ist nach Gl. (1.93)

$$a = \sqrt{a_t^2 + a_n^2} = \sqrt{19^2 + 361^2}\ \text{m/s}^2 = 361\ \text{m/s}^2$$

Das Beispiel zeigt, dass bei technischen Kreisbewegungen die Tangentialbeschleunigung gegenüber der Normalbeschleunigung fast immer vernachlässigbar klein ist.

1.3.5 Anwendungen der Kreisbewegung

Die folgenden Beispiele geben einige Anwendungen zur Kreisbewegung. Sie sollen neben ihrer technischen Bedeutung auch zeigen, wie man bei der Behandlung solcher Aufgaben verfährt.

Beispiel 1.20: *Schubkurbelgetriebe.* Das Schubkurbelgetriebe dient zur Umwandlung einer umlaufenden Bewegung in eine hin- und hergehende geradlinige Bewegung und umgekehrt. Es findet Anwendung in Kolbenpumpen und Verdichtern, in Brennkraftmaschinen, Pressen u.a.m. Wir interessieren uns zunächst für die hin- und hergehende Bewegung des Punktes C der Mitte des Kolbenbolzens (**Bild 1.33a**). Dabei sei vorausgesetzt, dass die Kurbelzapfengeschwindigkeit $v_B = r\,\omega$ konstant ist, die Kurbel sich also gleichförmig dreht. (In praktischen Fällen ist das nur mit einer Schwungmasse oder mit einem Schwungrad zu erreichen.) Der Punkt C bewegt sich zwischen dem oberen Totpunkt OT und dem unteren Totpunkt UT hin und her. Seine Lage ist eindeutig durch die von OT her eingeführte Ortskoordinate s festgelegt (**Bild 1.33a**), die ihrerseits vom Kurbelwinkel φ abhängig ist. Nach **Bild 1.33a** gewinnt man die Ortskoordinate s aus der Differenz der Strecken $\overline{OT\,A} = l + r$ und den Projektionen der Pleuelstangenlänge l und der Kurbellänge r auf die Bewegungsrichtung des Kolbens

$$s = (l + r) - (l\cos\beta + r\cos\varphi) = r(1 - \cos\varphi) + l(1 - \cos\beta) \tag{1.121}$$

Der Winkel β ist ebenfalls von φ abhängig. Im Dreieck ABC ist nach dem Sinussatz

$$\sin\beta = \frac{r}{l}\sin\varphi = \lambda\sin\varphi \tag{1.122}$$

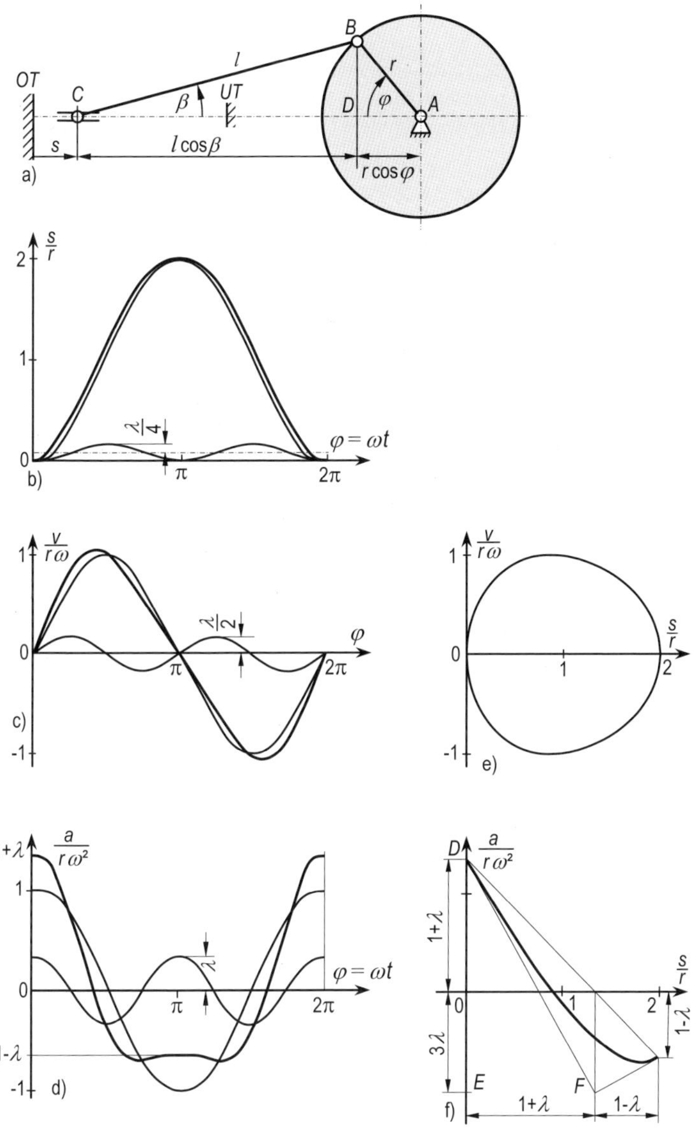

Bild 1.33:
a) Schubkurbelgetriebe
b) *s*, *t*-,
c) *v*, *t*-,
d) *a*, *t*-,
e) *v*, *s*- und
f) *a*, *s*-Diagramm
für $\lambda = 1/3$

Die Größe $r/l = \lambda$ nennt man das *Schubstangenverhältnis*. Es ist

$$\cos\beta = \sqrt{1-\sin^2\beta} = \sqrt{1-\lambda^2\sin^2\varphi}$$

Damit wird der Kolbenweg

$$s = r\,(1-\cos\varphi) + l\,(1-\sqrt{1-\lambda^2\sin^2\varphi}\,) \qquad (1.123)$$

Bei üblichen Schubkurbelgetrieben ist im Allgemeinen $\lambda < 1/3$, d. h. $\lambda^2\ \sin^2\lambda \ll 1$. Es empfiehlt sich daher, die Wurzel in eine Potenzreihe zu entwickeln

$$\sqrt{1-\lambda^2 \sin^2\varphi} = 1 - \frac{1}{2}\lambda^2 \sin^2\varphi - \frac{1}{8}\lambda^4 \sin^4\varphi - \frac{1}{16}\lambda^6 \sin^6\varphi - \ldots$$

Nimmt man die obere Grenze $\lambda = 1/3$, dann wird für $\sin\varphi = 1$ das 2. Glied der Reihe 1/18 und das 3. Glied 1/648. Die Reihe kann also ohne große Fehler nach dem 2. Glied abgebrochen werden. Mit

$$\sin^2\varphi = \frac{1}{2}(1-\cos 2\varphi)$$

erhält man aus Gl. (1.123) die Näherungsgleichung für den Kolbenweg

$$s = r(1-\cos\varphi) + \frac{l}{2}\lambda^2 \sin^2\varphi = r\left(1-\cos\varphi + \frac{\lambda}{2}\sin^2\varphi\right)$$

$$= r\left[(1-\cos\varphi) + \frac{\lambda}{4}(1-\cos 2\varphi)\right]$$

Wegen der angenommenen gleichförmigen Drehung ist $\varphi = \omega t$, also

$$s = r\left[(1-\cos\omega t) + \frac{\lambda}{4}(1-\cos 2\omega t)\right] \tag{1.124}$$

Die Ableitung der Ortskoordinate nach der Zeit ergibt die *Kolbengeschwindigkeit*

$$v = r\,\omega\left(\sin\omega t + \frac{\lambda}{2}\sin 2\omega t\right) \tag{1.125}$$

Darin ist $r\,\omega = v_B$ die Kurbelzapfengeschwindigkeit. Die *Kolbenbeschleunigung* folgt durch nochmaliges Differenzieren aus Gl. (1.125)

$$a = r\,\omega^2(\cos\omega t + \lambda\cos 2\omega t) \tag{1.126}$$

Das Produkt $r\,\omega^2 = a_B$ ist die Normalbeschleunigung des Kurbelzapfens.
Die Funktionskurven $s(t)$, $v(t)$ und $a(t)$ gewinnt man durch Überlagerung der in **Bild 1.33** dargestellten Sinus- bzw. Kosinusfunktionen mit der einfachen und doppelten Winkelgeschwindigkeit. Ortskoordinate, Geschwindigkeit und Beschleunigung trägt man zweckmäßig in einheitenloser Form über dem Kurbelwinkel $\varphi = \omega t$ auf. In **Bild 1.33** ist $\lambda = 1/3$ gewählt, dann wird

$$\frac{s}{r} = (1-\cos\varphi) + \frac{1}{12}(1-\cos 2\varphi)$$

$$\frac{v}{r\,\omega} = \sin\varphi + \frac{1}{6}\sin 2\varphi \qquad \frac{a}{r\,\omega^2} = \cos\varphi + \frac{1}{3}\cos 2\varphi$$

In der nachfolgenden Tabelle sind einige Funktionswerte zusammengestellt.

$\varphi = \omega t$	0°	30°	60°	90°	120°	150°	180°
s/r	0	0,176	0,625	1,167	1,625	1,908	2,000
$v/(r\,\omega)$	0	0,644	1,010	1,000	0,722	0,356	0
$a/(r\,\omega^2)$	1,333	1,033	0,333	– 0,333	– 0,667	0,699	– 0,667

Die größte Kolbengeschwindigkeit tritt auf, wenn ihre zeitliche Ableitung, die Beschleunigung, verschwindet. Aus Gl. (1.126) folgt mit der Beziehung $\cos 2\varphi = 2\cos^2\varphi - 1$ die Bestimmungsgleichung

$$\frac{a}{r\,\omega^2} = 0 = \cos\varphi_m + \lambda\cos 2\varphi_m = \cos\varphi_m + \lambda(2\cos^2\varphi_m - 1)$$

oder $\cos^2\varphi_m + \frac{1}{2\lambda}\cos\varphi_m = \frac{1}{2}$ mit der Lösung $\cos\varphi_m = \frac{\sqrt{1+8\lambda^2}-1}{4\lambda}$

Für $\lambda = 1/3$ ist $\cos\varphi_m = \frac{3}{4}(\sqrt{1+8/9}-1) = 0{,}281$ und $\varphi_m = 73{,}7^\circ$.

Der Kurbelwinkel, bei dem die größte Kolbengeschwindigkeit auftritt, ist etwas größer als derjenige, für den Kurbel r und Pleuelstange l einen rechten Winkel einschließen. In diesem Fall entnimmt man dem **Bild 1.33a** die Beziehung

$$\tan\varphi_r = \frac{l}{r} = \frac{1}{\lambda}$$

Für $\lambda = 1/3$ wird $\tan\varphi_r = 3$ und $\varphi_r = 71{,}5^\circ < \varphi_m$. Mit abnehmendem Schubstangenverhältnis wird der Unterschied zwischen φ_m und φ_r noch geringer. Man begeht also keinen großen Fehler, wenn man die maximale Kolbengeschwindigkeit für die Stellung angibt, bei der Kurbel und Pleuelstange einen rechten Winkel bilden. Wie in Beispiel 3.6, S. 136, gezeigt wird, ist dann

$$v = r\,\omega\,\sqrt{1+\lambda^2} \approx v_{max}$$

und für $\lambda = 1/3$ wird $v = 1{,}054\, r\,\omega \approx v_{max}$.

Bei der Untersuchung von Schubkurbeln interessiert häufig auch die Abhängigkeit der Geschwindigkeit und Beschleunigung vom Kolbenort. Diese Funktionen sind bereits punktweise durch die Tabelle auf S. 48 gegeben und in **Bild 1.33e** und **f** dargestellt. Die Beschleunigung-Ort-Kurve kann näherungsweise mit Hilfe der in **Bild 1.33f** angedeuteten Konstruktion wiedergegeben werden (hier ohne Beweis).

Beispiel 1.21: Eine Stange mit der Länge l gleitet an der Stelle C durch eine drehbar gelagerte Hülse (**Bild 1.34a**, Konchoidenlenker). Das eine Ende der Stange A wird mit konstanter Geschwindigkeit u längs einer Schiene geführt, die den Abstand c vom Punkt C hat. In **Bild 1.34b** sind mehrere Lagen der Stange $\overline{A_{-1}B_{-1}}$, $\overline{A_0B_0}$, $\overline{A_1B_1}$, ... gezeichnet, die sie in den äquidistanten Zeitabständen $\Delta t = 0{,}1$ s nacheinander einnimmt. Die Verbindung der Punkte B_{-1}, B_0, B_1, ... durch eine glatte Kurve ergibt die Bahnkurve des Punktes B (Konchoide, Muschellinie).
Für den Punkt B des Konchoidenlenkers bestimme man a) den Orts-, Geschwindigkeits- und Beschleunigungsvektor und gebe b) die Vektoren zahlenmäßig für die Lage 2 zur Zeit $t = 0{,}2$ s an. c) Wie groß sind in der Lage 2 die Normalbeschleunigung a_n und der Krümmungsradius ρ der Bahn? ($l = 12$ cm, $c = 4$ cm, $u = 10$ cm/s)?

a) Die Komponenten des Ortsvektors liest man aus **Bild 1.34a** ab

$$\vec{r}_B = \begin{Bmatrix} x_B \\ y_B \end{Bmatrix} = \begin{Bmatrix} l\cos\varphi \\ l\sin\varphi - u\,t \end{Bmatrix} \quad \text{mit} \quad \varphi = \arctan(u\,t/c)$$

Die Bahnkurve ist eine Konchoide. Durch Differenziation des Ortsvektors nach der Zeit erhält man den Geschwindigkeitsvektor und durch Differenziation des Geschwindigkeitsvektors den Beschleunigungsvektor

$$\vec{v}_B = \dot{\vec{r}}_B = \begin{Bmatrix} -(l\sin\varphi)\,\dot\varphi \\ (l\cos\varphi)\,\dot\varphi - u \end{Bmatrix} \tag{1.127}$$

$$\vec{a}_B = \ddot{\vec{r}}_B = \begin{Bmatrix} -(l\cos\varphi)\,\dot\varphi^2 - (l\sin\varphi)\,\ddot\varphi \\ -(l\sin\varphi)\,\dot\varphi^2 + (l\cos\varphi)\,\ddot\varphi \end{Bmatrix} \tag{1.128}$$

mit $\dot\varphi = \frac{c\,u}{c^2+(u\,t)^2}$ und $\ddot\varphi = -\frac{2\,c\,u^3\,t}{(c^2+u^2\,t^2)^2}$ (1.129), (1.130)

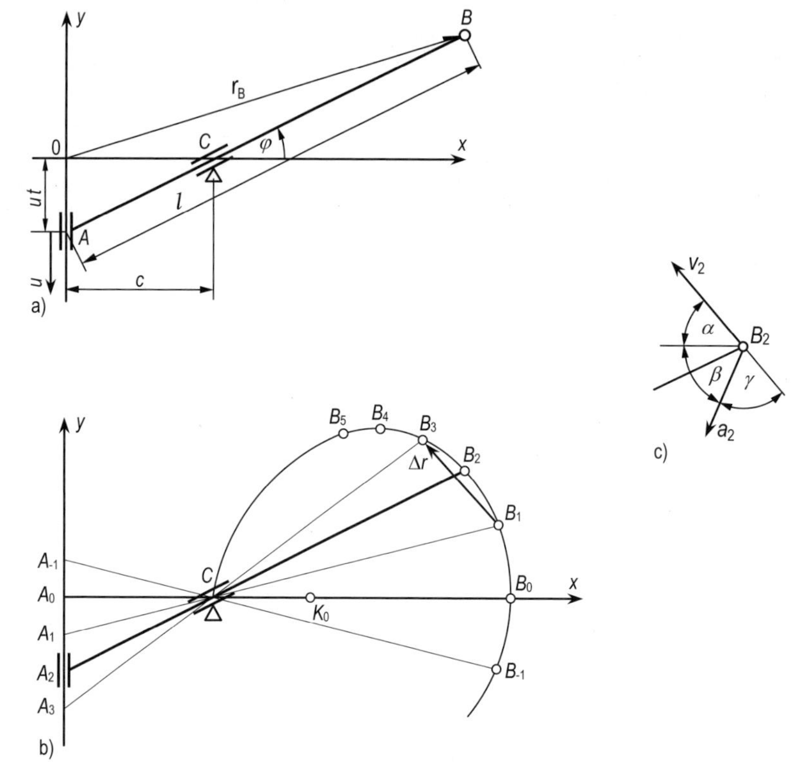

Bild 1.34: a) Getriebe b) Bahnkurve des Punktes B
c) Geschwindigkeits- und Beschleunigungsvektor im Punkt B_2

b) Mit den gegebenen Werten berechnet man für die Lage 2 des Punktes B ($t = 0{,}2$ s)

$$\vec{v}_{B2} = \begin{Bmatrix} -10{,}7 \\ 11{,}5 \end{Bmatrix} \frac{\text{cm}}{\text{s}} \qquad |\vec{v}_{B2}| = \sqrt{10{,}7^2 + 11{,}5^2}\,\frac{\text{cm}}{\text{s}} = 15{,}7\,\frac{\text{cm}}{\text{s}}$$

$$\vec{a}_{B2} = \begin{Bmatrix} -21{,}5 \\ -64{,}4 \end{Bmatrix} \frac{\text{cm}}{\text{s}^2} \qquad |\vec{a}_{B2}| = 67{,}9 \text{ cm/s}^2$$

c) Mit den Bezeichnungen des **Bildes 1.34c** ist

$$\tan\alpha = |v_y/v_x| = 11{,}5/10{,}7 = 1{,}07 \qquad \alpha = 46{,}9^\circ$$

$$\tan\beta = |a_y/a_x| = 64{,}4/21{,}5 = 3{,}00 \qquad \beta = 71{,}6^\circ$$

$$\gamma = 180^\circ - (\alpha + \beta) = 61{,}5^\circ$$

$$a_n = a_{B2}\sin\gamma = (67{,}9 \text{ cm/s}^2)\,0{,}879 = 59{,}7 \text{ cm/s}^2$$

$$\rho = v^2/a_n = (15{,}7 \text{ cm/s})^2/(59{,}7 \text{ cm/s}^2) = 4{,}13 \text{ cm}$$

Beispiel 1.22: *Angenäherte Geradführung.* Bei anzeigenden oder schreibenden Messgeräten ist häufig die Aufgabe gestellt, eine drehende Bewegung in eine angenäherte geradlinige Bewegung umzuwandeln. Dies erreicht man z. B. mit Hilfe des Konchoidenlenkers in vorstehendem Beispiel, wenn man den Punkt A in **Bild 1.34** freigibt (also die Führung entfernt) und dafür den Punkt B mit Hilfe einer Kurbel auf dem

Scheitelkrümmungskreis der Konchoide führt. Da der Krümmungskreis die Bahn der Konchoide in weiten Grenzen gut annähert, beschreibt der Punkt A des Lenkers bei dieser „Bewegungsumkehr" in der Nähe der Lage A_0 eine angenähert geradlinige Bewegung. Den Mittelpunkt K_0 des Scheitelkrümmungskreises in der Lage 0 (der wegen der Symmetrie auf der x-Achse liegen muss) erhält man leicht aus den Gleichungen in Beispiel 1.21. Für $t = 0$ und $\varphi = 0$ folgt zunächst aus Gl. (1.129), (1.130)

$$\dot{\varphi} = u / c \qquad \text{und} \qquad \ddot{\varphi} = 0$$

und damit aus Gl. (1.127), (1.128)

$$\vec{v}_{B0} = [0, (l\,\dot{\varphi} - u)] \qquad \vec{a}_{B0} = [-l\,\dot{\varphi}^2, 0] = \vec{a}_n$$

Mit $a_n = v^2/\rho$ und $u/\dot{\varphi} = c$ gewinnt man den Radius des Scheitelkrümmungskreises, dessen Mittelpunkt K_0 auf der x-Achse liegt (**Bild 1.34b**)

$$\rho_{B0} = \frac{v_{B0}^2}{a_n} = \frac{(l\,\dot{\varphi} - u)^2}{l\,\dot{\varphi}^2} = \frac{l^2\,\dot{\varphi}^2}{l\,\dot{\varphi}^2}\left(1 - \frac{u}{l\,\dot{\varphi}}\right)^2 = l\left(1 - \frac{c}{l}\right)^2$$

Mit den Zahlenwerten in Beispiel 1.21 ist $c/l = 1/3$ und $\rho_B = (4/9)\, l = 5{,}33$ cm.
Eine gute angenäherte Geradführung für den Punkt A ergibt sich auch für $c/l = 0{,}5$. Dann ist $\rho_{B0} = 0{,}25\, l$. Man überzeuge sich von der Güte der Geradführung durch punktweise Konstruktion der Bahnkurve des Punktes A oder Anfertigen eines einfachen Pappmodells.

Beispiel 1.23: Ein Punkt B am Umfang eines Rades mit dem Radius r, das auf ebener Straße abrollt, ohne zu gleiten, beschreibt eine Zykloide (**Bild 1.35**). Die Geschwindigkeit des Mittelpunktes v_M sei konstant. Man bestimme die Geschwindigkeit und Beschleunigung des Punktes B in Abhängigkeit vom Drehwinkel φ.
Dem **Bild 1.35** entnimmt man die Komponenten des Ortsvektors $\vec{r}_B$. Die erste und zweite Ableitung dieses Vektors nach der Zeit ergeben den Geschwindigkeits- und den Beschleunigungsvektor.

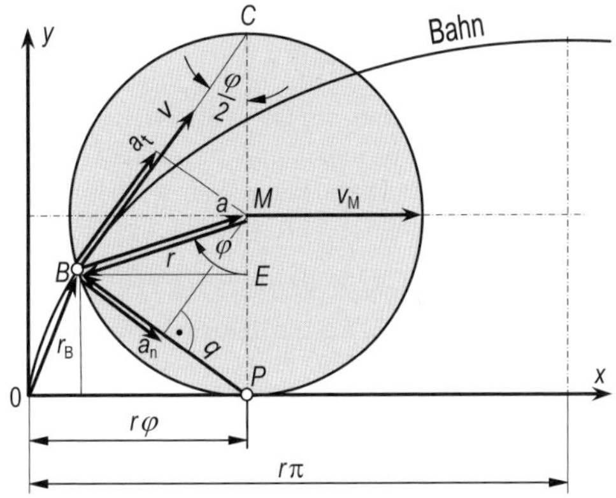

Bild 1.35: Bewegung eines Punktes auf zykloidischer Bahn

Dabei ist zu beachten, dass wegen v_M = const auch die Winkelgeschwindigkeit ω des Rades konstant ist

$$\vec{r}_B = \begin{Bmatrix} x \\ y \end{Bmatrix} = \begin{Bmatrix} r\,(\varphi - \sin\varphi) \\ r\,(1 - \cos\varphi) \end{Bmatrix} \tag{1.131}$$

$$\vec{v} = \begin{Bmatrix} v_x \\ v_y \end{Bmatrix} = \begin{Bmatrix} \dot{x} \\ \dot{y} \end{Bmatrix} = \begin{Bmatrix} r\,\omega\,(1 - \cos\varphi) \\ r\,\omega \sin\varphi \end{Bmatrix} = r\,\omega \begin{Bmatrix} 1 - \cos\varphi \\ \sin\varphi \end{Bmatrix} \tag{1.132}$$

$$\vec{a} = \begin{Bmatrix} a_x \\ a_y \end{Bmatrix} = \begin{Bmatrix} \ddot{x} \\ \ddot{y} \end{Bmatrix} = \begin{Bmatrix} r\,\omega^2 \sin\varphi \\ r\,\omega^2 \cos\varphi \end{Bmatrix} = r\,\omega^2 \begin{Bmatrix} \sin\varphi \\ \cos\varphi \end{Bmatrix} \tag{1.133}$$

Der Einsvektor in der letzten geschweiften Klammer hat eine dem Vektor $\vec{r} = \overrightarrow{MB}$ entgegengesetzte Richtung. Alle Punkte auf der Peripherie des Rades haben also die auf den Mittelpunkt M gerichtete Beschleunigung $a = |\vec{a}| = r\,\omega^2$.
Der Geschwindigkeitsvektor hat den Betrag

$$v = \sqrt{v_x^2 + v_y^2} = r\,\omega\,\sqrt{(1 - 2\cos\varphi + \cos^2\varphi) + \sin^2\varphi}$$
$$= r\omega\,\sqrt{2\,(1 - \cos\varphi)} = 2\,r\omega \cdot \sin(\varphi/2) \qquad (1.134)$$

In der tiefsten Stellung ($\varphi = 0$) ist also $v = 0$ und der Größtwert $v = 2\,r\,\omega$ wird im höchsten Punkt C der Bahn ($\varphi = \pi$) erreicht.
Dem Dreieck BPC (**Bild 1.35**) entnimmt man

$$q = 2\,r\sin(\varphi/2) \qquad (1.135)$$

Damit ist $v = \omega\,q$ (1.136)

Die Geschwindigkeit des Punktes B ist also dem Abstand vom Punkt P proportional.

Der Vektor $\vec{q} = \overrightarrow{PB}$ hat die Komponenten

$$\vec{q} = \begin{Bmatrix} -\overline{EB} \\ \overline{EP} \end{Bmatrix} = r \begin{Bmatrix} -\sin\varphi \\ 1 - \cos\varphi \end{Bmatrix} \qquad (1.137)$$

Ein Vergleich der x- und y-Komponenten der Vektoren in den geschweiften Klammern von Gl. (1.132) und Gl. (1.137) zeigt, dass die Vektoren $\vec{q}$ und $\vec{v}$ aufeinander senkrecht stehen, denn ihr skalares Produkt ist Null. Die Richtung des Vektors $\vec{v}$ geht daher immer durch den Punkt C (*Thaleskreis*).
Man überlege sich, dass nach dem Vorstehenden der Geschwindigkeitsvektor des Punktes B durch das Vektorprodukt

$$\vec{\omega} \times \vec{q} = \vec{v} \qquad (1.138)$$

angegeben werden kann, wenn $\vec{\omega}$ der Winkelgeschwindigkeitsvektor des Rades ist (**Bild 1.31**). Für den Geschwindigkeitszustand verhält sich das Rad also so, als ob es sich augenblicklich um den Punkt P dreht, dieser wird als Momentanpol bezeichnet (vgl. Abschn. 3.2.1).
Die Bahnkurve kann leicht gezeichnet werden, wenn der Krümmungsradius in jedem Punkt der Bahn bekannt ist. Da $\vec{q}$ auf $\vec{v}$ senkrecht steht, ist $\overline{PB}$ Bahnnormale, und dem **Bild 1.35** entnimmt man

$$a_n = a\sin(\varphi/2) = r\,\omega^2\sin(\varphi/2)$$

Damit folgt aus Gl. (1.72) unter Berücksichtigung von Gl. (1.138)

$$\rho = \frac{v^2}{a_n} = \frac{[2\,r\,\omega\sin(\varphi/2)]^2}{r\,\omega^2\sin(\varphi/2)} = 4\,r\sin(\varphi/2) = 2\,q \qquad (1.139)$$

Der Krümmungsmittelpunkt liegt also auf der um q über P hinaus verlängerten Bahnnormale $\overline{BP}$.

1.3.6 Aufgaben zu Abschnitt 1.3

1. Eine Schwungscheibe erreicht beim Anfahren mit konstanter Winkelbeschleunigung α_1 in der Zeit t_1 die volle Drehzahl $n = 1800\ \text{min}^{-1}$ nach $N_1 = 15$ Umdrehungen. Die Drehzahl n bleibt für $(t_2 - t_1) = 10$ s konstant, anschließend wird die Scheibe mit der konstanten Winkelverzögerung $\alpha_3 = 62{,}8\ \text{s}^{-2}$ in der Zeit $(t_3 - t_2)$ bis zum Stillstand abgebremst. a) Man skizziere den Verlauf der Funktion $\omega(t)$. b) Wie groß sind α_1, t_1, $(t_3 - t_2)$ und die Dauer t_3 des Vorgangs? c) Wie viele Umdrehungen macht die Scheibe in den drei Bewegungsabschnitten?

2. Beim Anlaufen eines Motors wurde die Winkelbeschleunigung-Zeit-Kurve gemessen, sie wird näherungsweise durch die Gleichung

$$\alpha = \alpha_0 \cos\left(\frac{\pi}{2}\,\frac{t}{t_1}\right)$$

angegeben. Die volle Drehzahl $n = 2950\ \text{min}^{-1}$ wird nach $t_1 = 3$ s erreicht. Wie groß ist α_0, und nach wie viel Umdrehungen N wird die Enddrehzahl n erreicht?

3. Die Trommel einer Wäscheschleuder hat den Durchmesser $d = 180$ mm. Welche Geschwindigkeit und Beschleunigung erfährt ein Punkt am Umfang der Trommel bei der Drehzahl $n = 1450\ \text{min}^{-1}$? Wie groß ist der Quotient aus dieser Beschleunigung und der Fallbeschleunigung?

4. Der Spindelmotor einer Drehmaschine läuft mit $n_\text{I} = 1450\ \text{min}^{-1}$. Wie groß muss die Drehzahl n_II der Hauptspindel sein, wenn ein Werkstück von $d = 200$ mm mit der Schnittgeschwindigkeit $v = 90$ m/min gedreht werden soll ? Wie groß ist die Gesamtübersetzung i ?

5. Welche Bahngeschwindigkeit v hat die Erde bei ihrer Bewegung um die Sonne, wenn die Bahn näherungsweise als Kreis mit dem Radius $r = 1{,}5 \cdot 10^8$ km angesehen wird?

6. Wie groß ist die Winkelgeschwindigkeit ω_E der Erde bei ihrer Drehung um die eigene Achse? Welche Umfangsgeschwindigkeit v hat ein Punkt am Äquator, welche ein Punkt unter 52° nördlicher Breite? (Erdradius $R = 6371$ km)

7. Eine schnelllaufende kurzhubige Brennkraftmaschine hat den Kurbelradius $r = 3$ cm, die Länge der Schubstange ist $l = 10{,}5$ cm. Man berechne für die Drehzahl $n = 5000\ \text{min}^{-1}$ a) die Geschwindigkeit v_B der Kurbelzapfenmitte, b) die Umlaufzeit T, c) die mittlere Kolbengeschwindigkeit v_m (Hinweis: Kolbenweg ist $2\,r$), d) die maximale Kolbengeschwindigkeit v_max und e) die maximale Kolbenbeschleunigung a_max.

8. Eine Kreisscheibe mit dem Radius r ist um das Maß e im Punkt A exzentrisch gelagert (Exzenterscheibe) und läuft gleichförmig um. Sie treibt einen federbelasteten Stößel an, dessen Bewegungsrichtung durch den Drehpunkt A geht **(Bild 1.36a)**. Man zeige, dass der Bewegungsablauf des Stößels mit dem eines Schubkurbelgetriebes identisch ist.

9. Wie ändert sich der Bewegungsablauf des Stößels in Aufgabe 8, wenn die Exzenterscheibe den Stößel über eine Rolle mit dem Radius ρ antreibt (**Bild 1.36b**)?

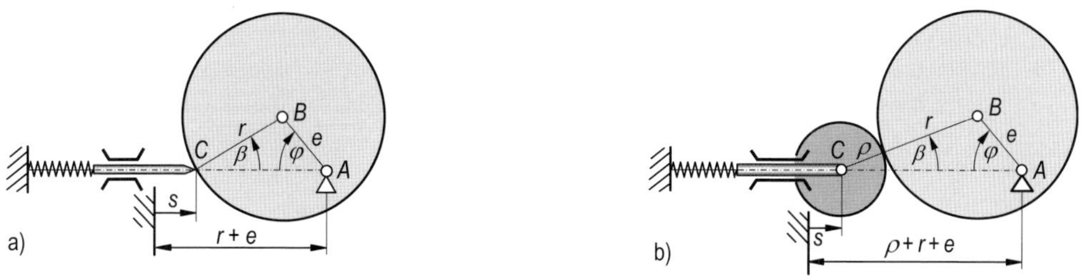

Bild 1.36: Exzenterscheiben mit Ersatzgetriebe
a) punktförmige Berührung
b) Stößel mit Rolle
c) Plattenstößel

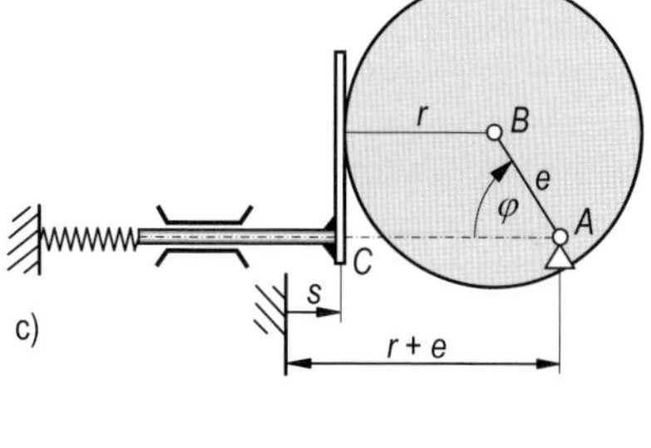

10. Man zeige, dass die Bewegung des Stößels in Aufgabe 9 für $\rho \to \infty$ sinusförmig wird (Plattenstößel) (**Bild 1.36c**).

11. Man zeige, dass die hin- und hergehende Bewegung des Punktes C am Schubkurbelgetriebe (Beispiel 1.20) sinusförmig wird, wenn $r = l$ ist.

12. Ein Steuernocken dreht sich gleichförmig mit der Drehzahl $n = 3000 \text{ min}^{-1}$ und treibt einen federbelasteten Stößel an, dessen Bewegungsrichtung durch den Drehpunkt A geht (**Bild 1.37**). Die Hubkurve $s(\varphi)$ genügt der Gleichung

$$s(\varphi) = \frac{h}{2}(1 - \cos 2\varphi)$$

Die Hubhöhe ist $h = 1$ cm. Man bestimme a) die Stößelgeschwindigkeit v_C als Funktion des Drehwinkels φ, b) die Stößelbeschleunigung a_C als Funktion des Drehwinkels φ, c) die maximale Stößelgeschwindigkeit $v_{C\max}$, d) die maximale Stößelbeschleunigung $a_{C\max}$ und setze diese ins Verhältnis zur Fallbeschleunigung g.

13. Für die Kreuzschubkurbel (**Bild 1.38**) untersuche man bei gleichförmigem Antrieb (ω_A = const) die hin- und hergehende Bewegung des Punktes C. Man bestimme die Funktionen $s(t)$, $v(t)$, $a(t)$, $v(s)$, $a(s)$ und $a(v)$ und zeichne ihre Diagramme.

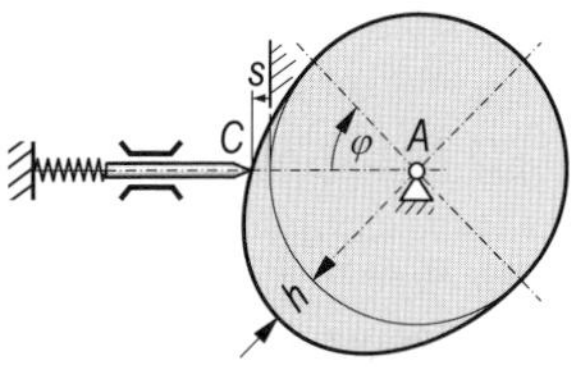

Bild 1.37: Nocken mit Stößel zur Aufgabe 12

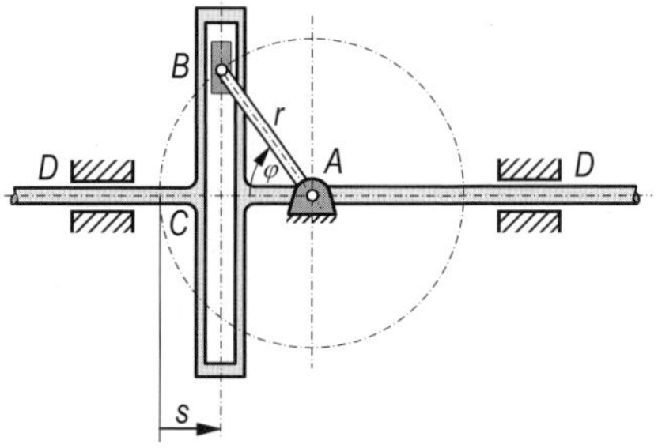

Bild 1.38: Kreuzschubkurbel

14. Eine Zahnstange $\overline{PC}$ wird so auf einem feststehenden Zahnrad abgerollt, dass sich der Fahrstrahl $\vec{r}$ zum Punkt P gleichförmig dreht (in **Bild 1.39** sind nur der Teilkreis und die Profilmittellinie $\overline{PC}$ gezeichnet). Die Bewegung beginnt im Punkt A. Der Endpunkt C beschreibt eine Evolvente. Für den Punkt C bestimme man a) $\vec{r}_C$, $\vec{v}_C$ und $\vec{a}_C$ und gebe die Komponentendarstellung dieser Vektoren in dem Koordinatensystem mit den Einsvektoren $\vec{e}_r$ und $\vec{e}_\varphi$ an, b) den Krümmungsradius ρ der Bahn.

15. Ein Schubkurbelgetriebe wird in A gleichförmig angetrieben (**Bild 1.40**). Für den Schwerpunkt S seiner Pleuelstange bestimme man in Abhängigkeit vom Drehwinkel φ a) den Ortsvektor $\vec{r}_s$, b) die Gleichung der Bahnkurve des Schwerpunktes, falls $r = l$, c) für $r = l$ den Geschwindigkeitsvektor $\vec{v}_s$ und den Beschleunigungsvektor $\vec{a}_s$ sowie d) die maximale Geschwindigkeit $v_{\max}$ und die maximale Beschleunigung $a_{\max}$.

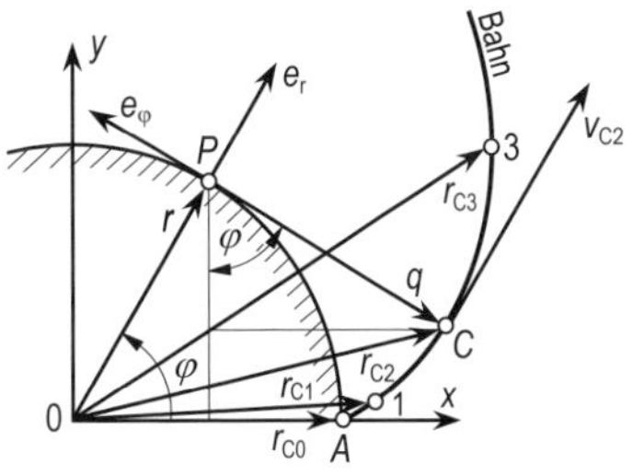

Bild 1.39: Abrollen einer Zahnstange auf einem Zahnrad

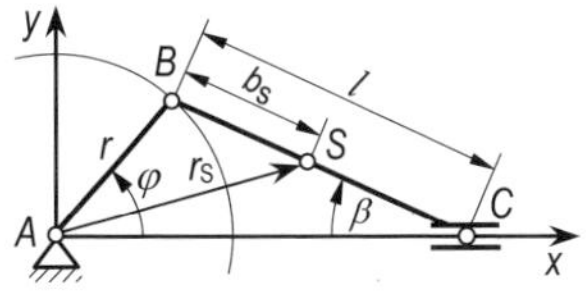

Bild 1.40: Ortsvektor $\vec{r}_S$ zum Schwerpunkt der Pleuelstange

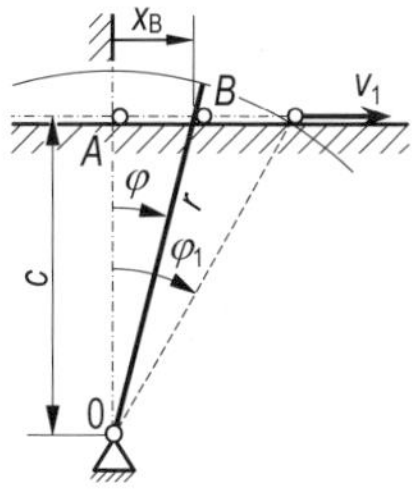

Bild 1.41

16. Ein an einem Ende im Punkt *0* drehbar gelagerter Stab dreht sich gleichförmig mit $n = 60\ \text{min}^{-1}$, seine Länge ist $r = 30$ cm (**Bild 1.41**). Im Punkt A ($c = \overline{0A} = 26$ cm) erfasst er nach jeder Umdrehung eine kleine zylindrische Walze B, die senkrecht zur Zeichenebene vor den Stab geschoben wird und transportiert sie parallel zur x-Achse. Der Stab ist so bemessen, dass er die Walze bei $\varphi_1 = 30°$ freigibt. Sie bewegt sich dann infolge der ihr erteilten Geschwindigkeit v_1 fort. Man bestimme a) die Geschwindigkeit v_1, b) die Beschleunigung a_1, die die Walze unmittelbar vor dem Freigeben erfährt.

1.4 Beschreibung der ebenen Bewegung eines Punktes in Polarkoordinaten

Im Falle einer ebenen Bewegung ist die Lage eines Punktes P eindeutig durch Angabe der Koordinaten x und y festgelegt (**Bild 1.42a**). Führt man ein ebenes r, φ-Polarkoordinatensystem ein, dessen Ursprung mit dem Ursprung des x, y-Systems zusammenfällt und bei dem der Winkel φ von der positiven x-Achse im mathematisch positiven Sinn gezählt wird, so ist die Lage des Punktes auch eindeutig durch die Koordinaten r und φ angegeben (**Bild 1.42a**).

Zur Beschreibung der Bewegung in diesem Polarkoordinatensystem führt man zweckmäßig zwei zueinander senkrechte Einsvektoren $\vec{e}_r$ und $\vec{e}_\varphi$ so ein, dass $\vec{e}_r$ immer die Richtung des Fahrstrahls r vom Ursprung 0 zum Punkt P und $\vec{e}_\varphi$ im positiven Drehsinn der Koordinate φ auf $\vec{e}_r$ senkrecht steht. Die Zerlegung der Einsvektoren in Komponenten im x, y-System ergibt (**Bild 1.42a**)

$$\vec{e}_r = \begin{Bmatrix} \cos\varphi \\ \sin\varphi \end{Bmatrix} \qquad \vec{e}_\varphi = \begin{Bmatrix} -\sin\varphi \\ \cos\varphi \end{Bmatrix} \tag{1.140}$$

Für ihre Ableitung nach der Zeit erhält man unter Beachtung der Kettenregel

$$\dot{\vec{e}}_r = \dot{\varphi} \begin{Bmatrix} -\sin\varphi \\ \cos\varphi \end{Bmatrix} = \dot{\varphi}\, \vec{e}_\varphi \qquad \dot{\vec{e}}_\varphi = \dot{\varphi} \begin{Bmatrix} -\cos\varphi \\ -\sin\varphi \end{Bmatrix} = -\dot{\varphi}\, \vec{e}_r \tag{1.141}$$

Dabei ist $\dot{\varphi} = \omega$ die Winkelgeschwindigkeit mit der sich der Fahrstrahl r um den Ursprung dreht.

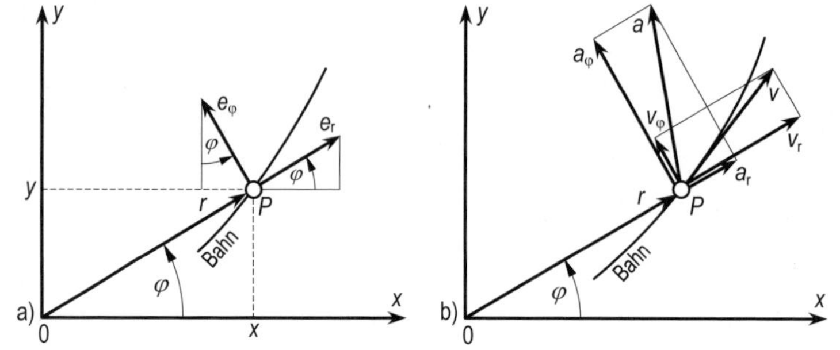

Bild 1.42: Beschreibung der Bewegung eines Punktes in Polarkoordinaten
a) Koordinaten r und φ, Einsvektoren $\vec{e}_r$ und $\vec{e}_\varphi$
b) Geschwindigkeits- und Beschleunigungsvektor in Polarkoordinaten

Mit der eingeführten Bezeichnung lautet der Ortsvektor im Polarkoordinatensystem

$$\vec{r} = r\,\vec{e}_r \tag{1.142}$$

Durch Differenziation des Ortsvektors nach der Zeit erhält man für den Geschwindigkeitsvektor (**Bild 1.42b**)

$$\vec{v} = \dot{\vec{r}} = \dot{r}\,\vec{e}_r + r\,\dot{\vec{e}}_r = \dot{r}\,\vec{e}_r + r\,\dot{\varphi}\,\vec{e}_\varphi = \vec{v}_r + \vec{v}_\varphi \tag{1.143}$$

Seine skalaren Komponenten sind:

Radialgeschwindigkeit	$v_r = \dot{r}$	(1.144)
Umfangsgeschwindigkeit	$v_\varphi = r\,\dot{\varphi} = r\,\omega$	(1.145)

Schließlich gewinnt man durch Ableiten des Geschwindigkeitsvektors Gl. (1.143) nach der Zeit die Darstellung des Beschleunigungsvektors in Polarkoordinaten

$$\vec{a} = \dot{\vec{v}} = (\ddot{r}\,\vec{e}_r + \dot{r}\,\dot{\vec{e}}_r) + (\dot{r}\,\dot{\varphi}\,\vec{e}_\varphi + r\,\ddot{\varphi}\,\vec{e}_\varphi + r\,\dot{\varphi}\,\dot{\vec{e}}_\varphi)$$

Dabei ist $\ddot{\varphi} = \alpha$ die Winkelbeschleunigung des Fahrstrahls, und mit Gl. (1.141) folgt (**Bild 1.42b**)

$$\vec{a} = (\ddot{r} - r\,\dot{\varphi}^2)\,\vec{e}_r + (r\,\ddot{\varphi} + 2\,\dot{r}\,\dot{\varphi})\,\vec{e}_\varphi = \vec{a}_r + \vec{a}_\varphi \tag{1.146}$$

Die beiden Komponenten sind (**Bild 1.42b**)

Radialbeschleunigung	$a_r = \ddot{r} - r\,\dot{\varphi}^2$	(1.147)
Umfangsbeschleunigung	$a_\varphi = r\,\ddot{\varphi} + 2\,\dot{r}\,\dot{\varphi}$	(1.148)

Im Sonderfall einer ungleichförmigen Kreisbewegung ist die Länge des Fahrstrahls r konstant (d. h. $\dot{r} = 0$, $\ddot{r} = 0$), und aus Gl. (1.146) folgt in Übereinstimmung mit Gl. (1.91), (1.92)

$$\vec{a} = -r\,\dot{\varphi}^2\,\vec{e}_\mathrm{r} + r\,\ddot{\varphi}\,\vec{e}_\varphi$$

Dabei ist zu beachten, dass in diesem Sonderfall $\vec{e}_\mathrm{r} = -\vec{e}_\mathrm{n}$ und $\vec{e}_\varphi = \vec{e}_\mathrm{t}$ ist. Im allgemeinen Fall von Gl. (1.146) setzt sich die Radialbeschleunigung aus zwei Anteilen zusammen. Die Beschleunigung $\ddot{r}$ rührt daher, dass der Fahrstrahl r seine Länge ändert. Der Ausdruck $r\dot{\varphi}^2 = r\omega^2$ ist die durch Gl. (1.83) bekannte Zentripetalbeschleunigung. Das negative Vorzeichen gibt an, dass diese Komponente dem Vektor $\vec{e}_\mathrm{r}$ entgegen, also auf den Ursprung 0 hin gerichtet ist.

Ebenso lassen sich die beiden Anteile der Umfangsbeschleunigung deuten. Der Anteil $r\ddot{\varphi} = r\alpha$ ist uns von der Betrachtung der Kreisbewegung her (r = const) bekannt (s. Gl. (1.82)) und war dort die Tangentialbeschleunigung. Der Anteil $2\,\dot{r}\dot{\varphi}$ ist die sog. *Coriolisbeschleunigung* (s. Abschn. 3.3.2).

Bei einer räumlichen Bewegung ist es manchmal zweckmäßig, ein sog. *Zylinderkoordinatensystem* zu verwenden (**Bild 1.43**). Dieses ergibt sich durch Erweiterung der ebenen Polarkoordinaten um eine z-Koordinate. Bezeichnet man den Einsvektor in Richtung der z-Achse mit $\vec{e}_\mathrm{z}$, so nehmen der Orts-, Geschwindigkeits- und Beschleunigungsvektor die Form an

$$\left.\begin{array}{ll} \text{Ortsvektor} & \vec{q} = r\,\vec{e}_\mathrm{r} + z\,\vec{e}_\mathrm{z} \\ \text{Geschwindigkeitsvektor} & \vec{v} = \dot{r}\,\vec{e}_\mathrm{r} + r\dot{\varphi}\,\vec{e}_\varphi + \dot{z}\,\vec{e}_\mathrm{z} \\ \text{Beschleunigungsvektor} & \vec{a} = (\ddot{r} - r\dot{\varphi}^2)\,\vec{e}_\mathrm{r} + (r\ddot{\varphi} + 2\,\dot{r}\,\dot{\varphi})\,\vec{e}_\varphi + \ddot{z}\,\vec{e}_\mathrm{z} \end{array}\right\} \quad (1.149)$$

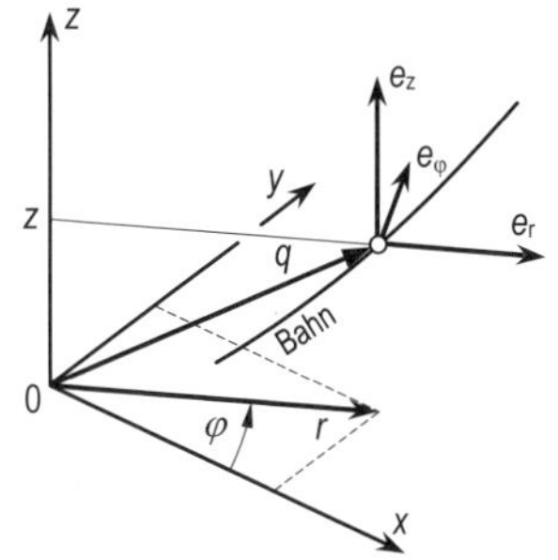

Bild 1.43: Zylinderkoordinaten r, φ und z

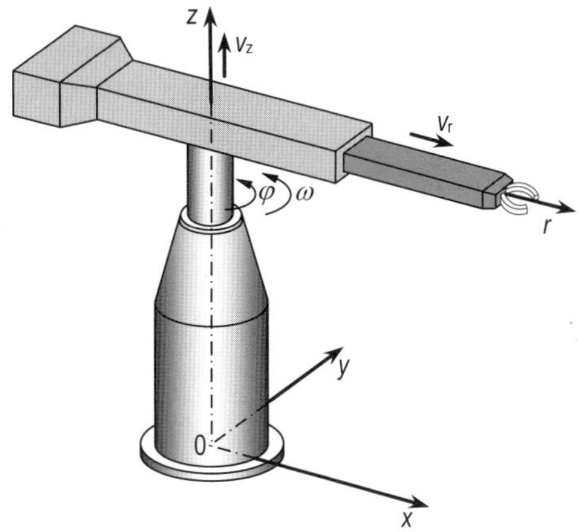

Bild 1.44: Industrieroboter mit 3 Achsen

Beispiel 1.24: Ein Industrieroboter mit 3 Achsen[1] ist als Säulenhubgerät ausgebildet (**Bild 1.44**) und wird in den linearen (translatorischen[2]) Achsen r und z sowie in der Drehachse φ gleichförmig angetrieben. Die Säule wird in z-Richtung mit der konstanten Geschwindigkeit v_{z0} ausgefahren, wobei sie mit der

[1] Erläuterung: Achsen sind geführte, unabhängig voneinander angetriebene Glieder eines Industrieroboters.
[2] Translation s. S. 129 ff.

Winkelgeschwindigkeit ω_0 gedreht wird. Gleichzeitig wird der Schlitten mit der Greiferzange mit der Geschwindigkeit v_{r0} radial nach außen gefahren. Wie bewegt sich der Greifer, wenn er sich zur Zeit $t = 0$ an dem durch die Koordinaten $r = r_0$, $z = z_0$ und $\varphi = 0$ bestimmten Ort befindet?
Man bestimme in Abhängigkeit von der Zeit a) die Koordinaten r, φ und z für den Ortsvektor des Greifers, b) die Komponenten v_r, v_φ und v_z des Geschwindigkeitsvektors und c) die Komponenten a_r, a_φ und a_z des Beschleunigungsvektors.

a) Mit der gegebenen Anfangsbedingung erhält man durch Integration aus Gl. (1.144), (1.101) bzw. (1.149)

$$r = r_0 + v_{r0}\, t \qquad \varphi = \omega_0\, t \qquad z = z_0 + v_{z0}\, t$$

b) Nach Gl. (1.149) folgt damit für die Komponenten des Geschwindigkeitsvektors

$$v_r = v_{r0} \qquad v_\varphi = r\,\dot{\varphi} = (r_0 + v_{r0}\, t)\,\omega_0 \qquad \dot{z} = v_{z0}$$

c) und nach Gl. (1.147), (1.148) für die Komponenten des Beschleunigungsvektors

$$a_r = -\,r\,\dot{\varphi}^{\,2} = -\,(r_0 + v_{r0}\, t)\,\omega_0^2 \qquad a_\varphi = 2\,\dot{r}\,\dot{\varphi} = 2\,v_{r0}\,\omega_0 \qquad a_z = 0$$

(vgl. auch Beispiel 1.9, S. 17).

2 Kinetik des Massenpunktes

Als Aufgabe der *Kinematik* haben wir herausgestellt, eine Bewegung möglichst einfach und vollständig zu beschreiben. In der Kinematik wird *nicht* untersucht, welche Ursachen für die Änderung des Bewegungszustandes eines Körpers verantwortlich sind und nach welchen Gesetzen eine Bewegung erfolgt.

Die Ursachen für die Bewegungsänderung eines Körpers nennen wir Kräfte.

Die Aufgabe der *Kinetik* ist nun, den Zusammenhang zwischen den auf einen Körper wirkenden Kräften und der unter dem Einfluss dieser Kräfte ablaufenden Bewegung zu ermitteln. Diese Aufgabe hat *Newton* (1643 bis 1727) durch das von ihm angegebene *Grundgesetz* gelöst, indem er den Kraftbegriff mit dem kinematischen Begriff Beschleunigung verknüpfte. Dic Kinetik wird durch das *Newton*sche Grundgesetz und die anderen *Newton*schen Axiome beherrscht.

2.1 Das Newtonsche Grundgesetz

2.1.1 Das Grundgesetz und die Axiome der Kinetik

Durch das erste *Newton*sche Axiom – das *Trägheitsaxiom* (s. Band *Statik*, Abschn. 2.2.1) – wird der Begriff *Kraft* eingeführt. Das *Trägheitsaxiom* lautet:

Jeder Körper verharrt im Zustand der Ruhe oder der gleichförmigen geradlinigen Bewegung, solange er nicht durch Kräfte gezwungen wird, diesen Zustand zu ändern.

Bei geradliniger gleichförmiger Bewegung ist der Geschwindigkeitsvektor $\vec{v}$ konstant. Ändert sich der Geschwindigkeitsvektor bei einer Bewegung, d. h., wird der Körper beschleunigt ($\vec{a} \neq \vec{0}$), so wird nach dem Trägheitsaxiom die Ursache für die Beschleunigung als Kraft bezeichnet. Das Trägheitsaxiom sagt jedoch nichts darüber aus, wie man Kräfte miteinander vergleichen, d. h. messen kann. Dies geschieht in dem zweiten *Newton*schen Axiom, dem *Newton*schen Grundgesetz.

Wir erläutern das *Newton*sche Grundgesetz an Hand eines Experimentes. Auf einen leicht beweglichen Wagen (Schienenführung, Kugellager) wird ein Körper K_I gelegt (**Bild 2.1**). Der Wagen wird durch ein über eine Rolle führendes Seil mit einem zweiten Körper Q_1 verbunden.

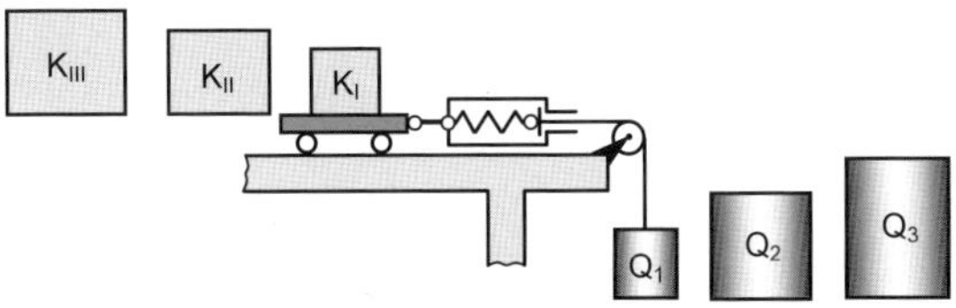

Bild 2.1:
Versuche zum *Newton*schen Grundgesetz

Überlässt man dieses Körpersystem sich selbst, so kommt der Wagen in Bewegung. Durch Messen stellt man fest, dass seine Beschleunigung a_{I1} konstant ist. Nach dem Trägheitsaxiom ist die Ursache für die Beschleunigung eine Kraft. Die Ursache für die Beschleunigung des Wagens ist offenbar der angehängte Körper Q_1. Also übt der Körper Q_1 auf den Wagen eine Kraft aus, die wir mit F_1 bezeichnen wollen. Wir wiederholen den Versuch, indem wir auf den Wagen verschiedene Körper legen und an das Seil verschiedene Körper hängen.

1. Versuchsreihe Wir hängen an das Seil nacheinander die Körper Q_1, Q_2, Q_3,... Dabei stellen wir fest, dass jedesmal die Beschleunigung des Wagens, also auch die auf den Wagen wirkende Kraft, eine andere ist, wie die Verlängerung der Feder zeigt. Wir setzen fest:

Festsetzung 1. Die Kraft soll der durch sie hervorgerufenen Beschleunigung des Wagens proportional sein

$$F \sim a \tag{2.1}$$

Erteilt z. B. der Körper Q_2 dem Wagen mit dem Körper K_I eine dreimal so große Beschleunigung wie der Körper Q_1, so soll nach dieser Festsetzung die Kraft F_2, die der Körper Q_2 auf den Wagen ausübt, das Dreifache der Kraft F_1 betragen. Die Beziehung Gl. (2.1) können wir auch in der Form einer Gleichung schreiben

$$a = c_1 F \qquad c_1 \text{ Proportionalitätskonstante} \tag{2.2}$$

Aufgrund der vorstehenden Festsetzung können wir Kräfte miteinander vergleichen, wenn sie auf denselben Körper wirken.

2. Versuchsreihe Wir legen auf den Wagen verschiedene Körper K_I, K_{II}, K_{III}, ... und wählen für die Beschleunigung solche Körper Q_i, dass die Verlängerung der Feder zwischen Wagen und Seil während des Beschleunigungsvorgangs jedesmal dieselbe ist (**Bild 2.1**). Die Beschleunigung des Wagens ist also bei jedem Versuch wiederum eine andere. Da die Verlängerung der Feder gleich bleibt, folgern wir, dass bei jedem Versuch auf den Wagen dieselbe Kraft ausgeübt wird. Dieser Versuch zeigt: Verschiedene Körper erfahren durch die Wirkung derselben Kraft verschiedene Beschleunigungen.

Die Eigenschaften der Körper, durch gleiche Kräfte verschieden beschleunigt zu werden, wird als *träge Masse m* bezeichnet.

Wir setzen fest, dass Körper, die durch die Wirkung derselben Kraft eine kleinere Beschleunigung erfahren, eine größere träge Masse besitzen oder genauer:

Festsetzung 2. Die trägen Massen der Körper sind den Beschleunigungen, die diese Körper durch dieselbe Kraft erfahren, umgekehrt proportional

$$m \sim \frac{1}{a} \tag{2.3}$$

Auch diese Festsetzung können wir in Form einer Gleichung schreiben

$$m = c_2 \frac{1}{a} \qquad \text{oder} \qquad a = \frac{c_2}{m} \qquad c_2 \text{ Proportionalitätskonstante} \tag{2.4}$$

Die Beziehungen Gl. (2.1) und (2.3) sagen aus, dass die Beschleunigung eines Körpers der auf ihn wirkenden Kraft proportional und seiner trägen Masse umgekehrt proportional ist. Sie können zu *einer* Beziehung

$$a = c\frac{F}{m} \qquad c \text{ Proportionalitätskonstante} \tag{2.5}$$

zusammengefasst werden. Setzt man in Gl. (2.5) die Konstante $c = 1$ und definiert die Kraft als vektorielle Größe, die die Richtung der Beschleunigung hat, so folgt aus Gl. (2.5) das

*Newton*sche Grundgesetz

$$\vec{F} = m\,\vec{a} \tag{2.6}$$

Die an einem Körper angreifende Kraft und die durch sie hervorgerufene Beschleunigung sind gleichgerichtet und einander proportional.

Das *Newton*sche Grundgesetz wird auch als *dynamisches Grundgesetz* bezeichnet. Die in Gl. (2.6) als Proportionalitätskonstante auftretende träge Masse m ist, wie die Versuche zeigen, von der Gestalt, der Temperatur, dem Aggregatzustand usw. des Körpers unabhängig. Sie ist eine Größe, die geeignet ist, die „Stoffmenge" zu messen.

Durch das *Newton*sche Grundgesetz werden zugleich zwei Größen – *Kraft* und *träge Masse* – eingeführt und durch die kinematische Größe *Beschleunigung* miteinander verknüpft. Die Einheiten für Kraft und träge Masse können daher nicht unabhängig voneinander festgelegt werden.

Im *Internationalen Maßsystem* wählt man als dritte Grundgröße der Mechanik neben *Länge* und *Zeit* die *träge Masse*. Ihre Einheit nennt man das *Kilogramm* (kg).

Ein Kilogramm ist die träge Masse eines in Paris aufbewahrten Normalkörpers aus Platin-Iridium, das Urkilogramm.

Die Kraft ist damit im Internationalen Maßsystem eine abgeleitete Größe. Ihre Einheit ist das *Newton* (N).

Nach dem Grundgesetz folgt mit $F = m\,a$

$$1\,\text{N} = 1\,\text{kg} \cdot 1\,\text{m/s}^2 = 1\frac{\text{kgm}}{\text{s}^2} \tag{2.7}$$

Ein N ist die Kraft, die der Masse 1 kg die Beschleunigung 1 m/s^2 erteilt.

Vielfache dieser Einheit sind: 1000 N = 1 kN (Kilonewton), 10^6 N = 1 MN (Meganewton).

Lässt man einen Körper aus der Ruhelage frei fallen, so bewegt er sich beschleunigt in Richtung auf die Erdoberfläche. Wie Versuche zeigen, erfahren dabei alle Körper in Erdnähe am gleichen Ort (im luftleeren Raum) dieselbe Beschleunigung, die *Normalfallbeschleunigung* $g = 9{,}80665\ \text{m/s}^2 \approx 9{,}81\ \text{m/s}^2$ (am Äquator ist $g = 9{,}781\ \text{m/s}^2$ und an den Polen $9{,}831\ \text{m/s}^2$).

Wir schließen daraus, dass die Erde auf die Körper eine Anziehungskraft ausübt, diese wird als *Gravitations-* oder *Gewichtskraft* bezeichnet. Da verschiedene Körper beim freien Fall die gleiche Beschleunigung erfahren, schließen wir:

Die Gewichtskraft F_G ist der trägen Masse m der Körper proportional. Der Vektor der Gewichtskraft ist mit dem Vektor der Fallbeschleunigung gleichgerichtet.

$$\boldsymbol{F_G = m\,g} \quad \text{und} \quad \boldsymbol{\vec{F}_G = m\,\vec{g}} \tag{2.8}$$

Mit $g = 9{,}81\ \mathrm{m/s^2}$ können aus Gl. (2.8) mit für technische Belange ausreichender Genauigkeit bei bekannter Gewichtskraft die Masse und bei bekannter träger Masse die Gewichtskraft der Körper berechnet werden.

Massenpunkt Führt ein Körper eine reine Parallelverschiebung aus (wie z. B. der Wagen in **Bild 2.1**), so haben alle seine Punkte die gleiche Geschwindigkeit und Beschleunigung. Zur Beschreibung der Bewegung des Körpers genügt es dann, die Bewegung eines seiner Punkte anzugeben. Die Untersuchung der Bewegung des Körpers kann in einem solchen Fall durch die Untersuchung der Bewegung eines geometrischen Punktes ersetzt werden, an dem man sich die Kraft angreifend denkt und dem die gesamte träge Masse m des Körpers zugeordnet wird.

Das idealisierte Gebilde (Modellvorstellung) aus dem geometrischen Punkt mit der zugeordneten trägen Masse bezeichnet man als Massenpunkt.

Bei allgemeiner Bewegung eines starren Körpers haben alle seine Punkte verschiedene Geschwindigkeiten und Beschleunigungen. Wie später gezeigt wird (Abschn. 5), kann jedoch die Bewegung eines starren Körpers durch die seines *Schwerpunktes* und eine Drehung um eine durch den Schwerpunkt gehende Achse beschrieben werden. Interessiert man sich nur für die Bewegung des Schwerpunktes, so kann die Untersuchung dieser Bewegung dadurch erfolgen, dass man dem Schwerpunkt die gesamte träge Masse des Körpers zuordnet und die Bewegung des so erhaltenen Massenpunktes untersucht. Ein Fahrzeug auf der Straße oder ein Flugzeug in der Luft kann man z. B. als Massenpunkt ansehen, sofern ihre Drehungen nicht interessieren. In diesem Abschnitt wollen wir uns ausschließlich mit solchen Problemen befassen, bei denen die Idealisierung des Körpers als Massenpunkt zulässig ist.

Die Axiome der Statik (s. Band *Statik*, Abschn. 2.2) behalten auch in der Kinetik ihre Gültigkeit. Neben dem schon erwähnten *Trägheitsaxiom* sind dies das *Reaktionsaxiom* (actio = reactio), das *Parallelogrammaxiom* und, sofern die Kräfte an einem *starren* Körper angreifen, das *Verschiebungsaxiom*. Das Axiomensystem der Statik wird somit in der Kinetik nur durch das *Newton*sche Grundgesetz erweitert.

Greifen an einem Massenpunkt mehrere Kräfte $\vec{F}_1$, $\vec{F}_2$, $\vec{F}_3$, ..., $\vec{F}_n$ an, so können diese nach dem Parallelogrammaxiom zu einer Resultierenden $\vec{F}_R$ zusammengefasst werden (Vektoraddition)

$$\boldsymbol{\vec{F}_R = \sum \vec{F}_i \quad (i = 1, 2, 3, \ldots, n)} \tag{2.9}$$

Bild 2.2: Mehrere Kräfte und ihre Resultierende am Massenpunkt

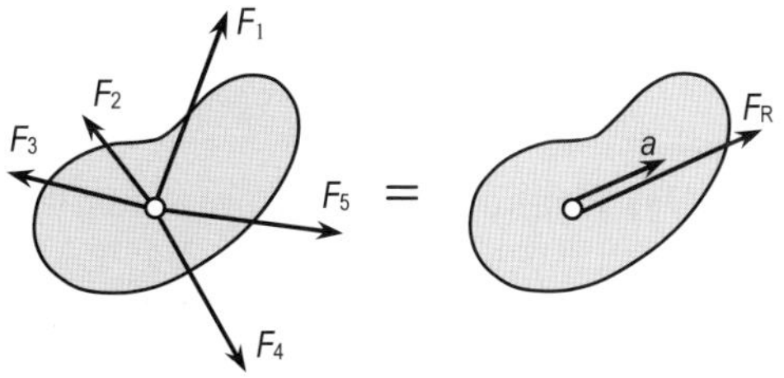

Das *Newton*sche Grundgesetz kann also auch in der Form geschrieben werden

$$\sum \vec{F}_i = m\,\vec{a} \tag{2.10}$$

Die Beschleunigung eines Massenpunktes ist der Resultierenden der an ihm angreifenden Kräfte proportional und ihr gleichgerichtet. Die Proportionalitätskonstante ist die träge Masse *m*.

Bei der Behandlung eines Problems ist es zweckmäßig, die Kräfte in *äußere* und *innere* zu unterteilen.

Äußere Kräfte sind solche, die von außen her auf ein mechanisches System einwirken, also alle Kräfte, die man beim Freimachen des Systems feststellt. Diese werden von Körpern ausgeübt, die nicht zu dem abgegrenzten mechanischen System gehören. Die Kräftesumme auf der linken Seite von Gl. (2.10) ist gleich der Resultierenden der *äußeren Kräfte*.

Innere Kräfte wirken innerhalb eines Systems zwischen den Teilen des Systems, sie haben keine Wirkung nach außen. Sie haben also keinen Einfluss auf den Bewegungsablauf des ganzen Systems.

Bei Zerlegung des Systems in Teilsysteme müssen sie jedoch an den Trennstellen an jedem der beiden Schnittufer in entgegengesetzter Richtung und mit gleichem Betrag angesetzt werden. Die inneren Kräfte des Gesamtsystems werden so zu äußeren Kräften der freigemachten Teilsysteme.

Die Unterteilung der Kräfte in äußere und innere ist davon abhängig, wie man ein mechanisches System abgrenzt, und daher relativ. Man denke an die Kraft in der Kupplung zwischen Motorwagen und Anhänger eines Lastzuges. Betrachtet man den ganzen Lastzug, ist die Kraft eine innere. Durch einen gedachten Schnitt kann sie zu einer äußeren gemacht werden und hat dann sehr wohl einen Einfluss auf die Bewegung des Motorwagens für sich oder seines Anhängers.

Wie wir später sehen werden (s. Abschn. 5.4), hat das Grundgesetz nicht in allen Bezugssystemen Gültigkeit.

Systeme, in denen das Grundgesetz gilt, nennt man *Inertialsysteme*[1].

[1] Inertia = Trägheit (lat.)

Für die in der Technik betrachteten Bewegungen von Fahrzeugen und Maschinen kann die Erde im Allgemeinen als Inertialsystem angesehen werden.

2.1.2 Das Grundgesetz in Komponentenform

Sind zu jedem Zeitpunkt alle auf einen Massenpunkt einwirkenden Kräfte z. B. als Funktion der Zeit oder des Ortes bekannt, so kann sein Bewegungsablauf unter Berücksichtigung gewisser Bedingungen (z. B. Anfangsort und Anfangsgeschwindigkeit) mit Hilfe des Grundgesetzes vorausberechnet werden. Gl. (2.10) wird daher auch als *Bewegungsgleichung* bezeichnet.

Für zahlenmäßige Berechnungen sind Koordinatensysteme erforderlich. Wir denken uns mit der Erde ein kartesisches x, y, z-Koordinatensystem verbunden und in ihm den Kraft- und Beschleunigungsvektor in Komponenten zerlegt. Unter Berücksichtigung von Gl. (1.47) gilt dann

$$\vec{F}_{\mathrm{R}} = \sum \vec{F}_{\mathrm{i}} = \begin{Bmatrix} \sum F_{\mathrm{ix}} \\ \sum F_{\mathrm{iy}} \\ \sum F_{\mathrm{iz}} \end{Bmatrix} = \begin{Bmatrix} m\,\ddot{x} \\ m\,\ddot{y} \\ m\,\ddot{z} \end{Bmatrix} = m\,\vec{a} \tag{2.11}$$

Dieser einen Vektorgleichung entsprechen die drei skalaren Gleichungen

$$\sum F_{\mathrm{ix}} = m\,\ddot{x} \qquad \sum F_{\mathrm{iy}} = m\,\ddot{y} \qquad \sum F_{\mathrm{iz}} = m\,\ddot{z} \tag{2.12}$$

In dieser Gleichung ist z. B. $\Sigma F_{\mathrm{ix}} = F_{\mathrm{x}}$ die Summe der x-Komponenten aller am Massenpunkt angreifenden äußeren Kräfte. Sie ist gleich dem Produkt aus der Masse m und der x-Komponente des Beschleunigungsvektors $a_{\mathrm{x}} = \ddot{x}$ (**Bild 2.3a**).

Dementsprechend kann man den Kraft- und den Beschleunigungsvektor auch in natürlichen Koordinaten in Komponenten zerlegen. Mit Gl. (1.71), (1.72) erhält man (**Bild 2.3b**)

$$F_{\mathrm{t}} = \sum F_{\mathrm{it}} = m\,\ddot{s} = m\,a_{\mathrm{t}} \qquad F_{\mathrm{n}} = \sum F_{\mathrm{in}} = m\frac{v^2}{\rho} = m\,a_{\mathrm{n}} \tag{2.13}$$

Bei einer Zerlegung in ebenen Polarkoordinaten gewinnt man mit Gl. (1.147), (1.148) (**Bild 2.3c**)

$$F_{\mathrm{r}} = \sum F_{\mathrm{ir}} = m\,(\ddot{r} - r\,\dot{\varphi}^2) \qquad F_{\varphi} = \sum F_{\mathrm{i\varphi}} = m\,(r\,\ddot{\varphi} + 2\,\dot{r}\,\dot{\varphi}) \tag{2.14}$$

Für den Sonderfall der ungleichförmigen Kreisbewegung folgt aus Gl. (2.13) oder (2.14) mit $\rho = r = \mathrm{const}$ und $\dot{\varphi} = \omega$, $\ddot{\varphi} = \alpha$ (s. auch Gl. (1.82), (1.83))

$$F_{\mathrm{t}} = \sum F_{\mathrm{it}} = m\,r\,\alpha = m\,a_{\mathrm{t}} = F_{\varphi} \qquad F_{\mathrm{n}} = \sum F_{\mathrm{in}} = m\,r\,\omega^2 = m\,a_{\mathrm{n}} = -F_{\mathrm{r}} \tag{2.15}$$

Bei einer Bewegung auf gekrümmter Bahn ist F_{n} immer von Null verschieden (falls $v \neq 0$), denn nach Gl. (2.13) ist $F_{\mathrm{n}} \sim 1/\rho$. Falls $F_{\mathrm{n}} = 0$ ist, bewegt sich der Massenpunkt geradlinig. Die Bewegung auf der Bahn wird durch die tangentiale Komponente der Kraft bestimmt. Dabei kann das Kraftgesetz der tangentialen Komponente F_t auf verschiedene Weise gegeben sein, danach richtet sich der Lösungsweg. Wir wollen folgende Fälle hervorheben:

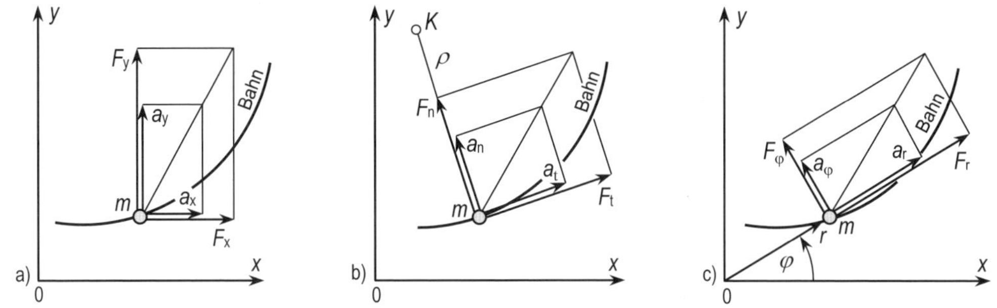

Bild 2.3: Zerlegung von Kraft- und Beschleunigungsvektor
a) in kartesischen Koordinaten b) in natürlichen Koordinaten c) in Polarkoordinaten

1. Die Bahnkomponente F_t der auf einen Massenpunkt einwirkenden Kraft ist *konstant* (freier Fall in Erdnähe bei Vernachlässigung des Luftwiderstandes), s. Abschn. 2.1.4.

2. Die Kraft ist als Funktion des Ortes gegeben (Federgesetze), s. Abschn. 2.1.6.

3. Die Kraft ist als Funktion der *Geschwindigkeit* gegeben (Bewegung eines Fahrzeuges in Luft oder Wasser); s. Abschn. 2.3.

4. Die Kraft ist als Funktion der *Zeit* gegeben (der Treibsatz einer Rakete brennt nach einer bestimmten Zeitfunktion ab), s. Abschn. 2.4.

Die Lösung einer Bewegungsgleichung kann sehr aufwendig sein, wenn die Abhängigkeit der Kraft von Ort, Zeit und Geschwindigkeit gleichzeitig auftritt.

2.1.3 Bemerkungen zum Lösen von Aufgaben der Kinetik

In der Kinetik kommen meistens zwei Arten von Aufgaben vor: Entweder ist bei bekanntem Kraftgesetz nach dem Bewegungsablauf gefragt (freier Fall, Wurf) oder bei vorgeschriebenem Bewegungsablauf nach den Kräften (Zentripetalkraft bei der Kreisbewegung). Im ersten Fall empfiehlt sich folgender Lösungsweg (s. auch Band *Statik*, Abschn. 2.3.3):

1. Abgrenzen Es wird festgelegt, welcher Teil eines mechanischen Systems betrachtet werden soll.

2. Einführen eines geeigneten Koordinatensystems

3. Freimachen d. h., man befreit den betrachteten Körper oder den Teil eines mechanischen Systems durch gedachte Schnitte von seinen Bindungen zu anderen Körpern, die auf den betrachteten Kräfte ausüben. Die vorher in den Bindungen übertragenen inneren Kräfte lässt man als *äußere Kräfte* auf den betrachteten Körper einwirken. Man beachte, dass z. B. durch das Freimachen von der Erde auch die Bindung zur Erde gelöst wird. In diesem Fall treten Gewichtskräfte als äußere Kräfte auf.

4. Aufstellen der Bewegungsgleichungen Dabei ist bei *Vorzeichenfestlegung* zu beachten: Kraft-, Geschwindigkeits- und Beschleunigungskomponenten sind positiv, wenn die zugehörigen Vektoren in Richtung positiver Koordinatenachsen weisen.

Ist bei vorgeschriebenem Bewegungsablauf nach den Kräften gefragt, so wird man nach Einführen des Koordinatensystems zuerst den kinematischen Teil der Aufgabe erledigen, also z. B. aus dem gegebenen Bewegungsablauf die Beschleunigung ermitteln (vgl. Beispiel 2.2). Der Richtung nach unbekannte Kräfte nimmt man zweckmäßig positiv, d. h. in Richtung positiver Koordinaten an. War die Annahme der Richtung falsch, erscheinen die Kräfte im Ergebnis mit negativem Vorzeichen.

2.1.4 Bewegung bei konstanter Bahnkomponente der Kraft

Ist die Bahnkomponente der resultierenden äußeren Kraft konstant, so ist nach Gl. (2.13) auch die Tangentialbeschleunigung $a_t = a_0 = \text{const}$, d. h., der Massenpunkt bewegt sich gleichförmig beschleunigt.

Bezeichnet man die konstante Bahnkomponente der resultierenden äußeren Kraft mit F_0, dann lautet die Bewegungsgleichung in Bewegungsrichtung

$$m\,a_0 = m\frac{\mathrm{d}v}{\mathrm{d}t} = F_0 \qquad \text{oder} \qquad \frac{\mathrm{d}v}{\mathrm{d}t} = \frac{F_0}{m} = a_0$$

Sind zur Zeit $t_0 = 0$ die Geschwindigkeit v_0 und der Ort s_0, so erhält man nach ein- bzw. zweimaliger Integration

$$v - v_0 = \frac{F_0}{m}t = a_0\,t \qquad \text{oder} \qquad v = v_0 + \frac{F_0}{m}t$$

$$s - s_0 = v_0\,t + \frac{F_0}{m}\,\frac{t^2}{2} \qquad \text{oder} \qquad s = s_0 + v_0\,t + \frac{F_0}{m}\,\frac{t^2}{2}$$

Beispiel 2.1: *Freier Fall.* Auf den Körper (**Bild 2.4**) wirkt senkrecht nach unten die Gewichtskraft F_G. Man stelle die Bewegungsgleichung auf.

Da die Ortskoordinate nach unten positiv eingeführt wurde, ist neben Geschwindigkeit und Beschleunigung auch die Kraft in dieser Richtung positiv zu zählen. Damit lautet die Bewegungsgleichung

$$m\,a_0 = F_G \qquad \text{oder} \qquad a_0 = \frac{F_G}{m} = g$$

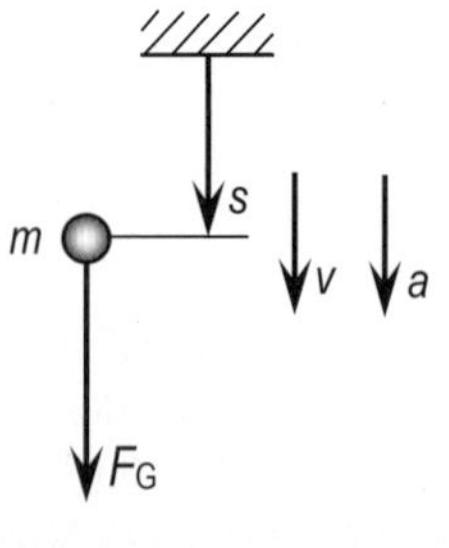

Bild 2.4: Körper im Schwerefeld

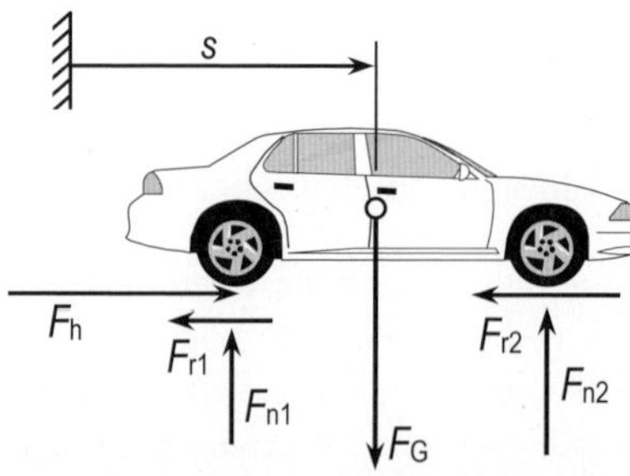

Bild 2.5: Kräfte am anfahrenden Fahrzeug

Erfolgt die Bewegung aus der Ruhelage ($v_0 = 0$, $s_0 = 0$), so erhält man durch Integration wieder die Gleichungen im Beispiel 1.3, S. 11. Man beachte, dass hier bei bekanntem Kraftgesetz nach dem Bewegungsablauf gefragt ist.

Beispiel 2.2: Ein Fahrzeug mit der Masse m = 1200 kg soll auf ebener Straße in t_1 = 6 s gleichförmig beschleunigt die Geschwindigkeit v_1 = 54 km/h erreichen. Wie groß ist seine Beschleunigung a_0, und welche Antriebskraft ist an den Hinterrädern erforderlich, wenn die Fahrwiderstandszahl μ_r = 0,015 ist und der Luftwiderstand vernachlässigt wird?

Hier ist bei vorgeschriebenem Bewegungsablauf nach den Kräften gefragt. Die Beschleunigung kann allein mit Hilfe der Kinematik ermittelt werden.

Wir wollen an diesem Beispiel den in Abschn. 2.1.3 angegebenen Lösungsweg erläutern [1)].

1. *Abgrenzen:* Betrachtet wird das Fahrzeug als Ganzes.

2. Die positive *Koordinatenrichtung* wählt man zweckmäßig in Bewegungsrichtung (**Bild 2.5**). Aus Gl. (1.22) erhält man nun die Beschleunigung

$$a_0 = \frac{v_1}{t_1} = \frac{(54/3{,}6)\ \mathrm{m/s}}{6\ \mathrm{s}} = 2{,}5\ \frac{\mathrm{m}}{\mathrm{s}^2}$$

3. In **Bild 2.5** ist das freigemachte Fahrzeug gezeichnet. Die Haftkraft ist die äußere Antriebskraft F_h, die das Fahrzeug beschleunigt. Die Rollreibungskraft F_r wirkt der Bewegungsrichtung entgegen.

4. Die Bewegungsgleichung lautet also

$$m\, a_0 = F_h - F_r \qquad \text{mit} \qquad F_r = F_{r1} + F_{r2} = \mu_r\,(F_{n1} + F_{n2}) = \mu_r \cdot F_G = \mu_r\, m\, g$$

Aus dieser Gleichung erhält man die Antriebskraft

$$F_h = m\, a_0 + \mu_r\, m\, g = m\,(a_0 + \mu_r\, g) = 1200\ \mathrm{kg}\ (2{,}5\ \mathrm{m/s^2} + 0{,}015 \cdot 9{,}81\ \mathrm{m/s^2}) = 3177\ \mathrm{N}$$

Beispiel 2.3: Eine Kiste gleitet aus der Ruhelage heraus eine schiefe Ebene mit dem Neigungswinkel α herab. Man bestimme den Bewegungsablauf, wenn a) die Bewegung reibungsfrei und b) mit Reibung erfolgt (Gleitreibungskoeffizient μ).

a) In **Bild 2.6a** und **b** sind die positiv angenommene *Ortskoordinate s* und die am *freigemachten Körper* angreifenden Kräfte eingetragen. Für die Bewegungsrichtung erhält man die Bewegungsgleichung

$$m\, a_0 = F_G \sin\alpha = m\, g \sin\alpha \qquad \text{oder} \qquad a_0 = g \sin\alpha \tag{2.16}$$

Nach ein- bzw. zweimaliger Integration folgt mit den Aufgangsbedingungen $v_0 = 0$ und $s_0 = 0$

$$v = g \sin\alpha \cdot t \qquad \text{und} \qquad s = g \sin\alpha \cdot \frac{t^2}{2} \tag{2.17}$$

Der Bewegungsablauf ist also von der Größe der Masse m unabhängig.

---

1) Man beachte die 4 Schritte des Lösungsweges auch bei den folgenden Beispielen. Wegen der gedrängten Darstellung ist es nicht möglich, in jedem Beispiel die 4 Schritte besonders herauszustellen. Durch Kursivdruck wird aber im Allgemeinen auf die einzelnen Schritte hingewiesen.

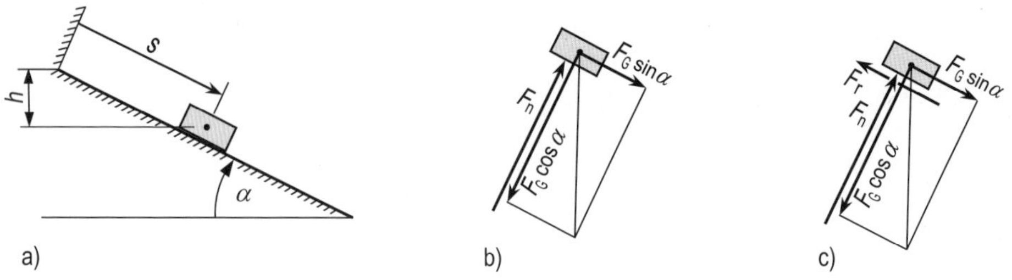

Bild 2.6: a) Kiste auf schiefer Ebene b) Kiste freigemacht, ohne Reibung c) mit Reibung

Aus den beiden letzten Gleichungen gewinnt man durch Elimination der Zeit t das Geschwindigkeit-Ort-Gesetz

$$s = \left(\frac{g \sin \alpha}{2}\right)\left(\frac{v}{g \sin \alpha}\right)^2 = \frac{v^2}{2\,g} \cdot \frac{1}{\sin \alpha}$$

Berücksichtigt man, dass $s \sin \alpha = h$ die Höhendifferenz ist, so folgt

$$s \sin \alpha = \frac{v^2}{2\,g} = h \qquad \text{oder} \qquad v = \sqrt{2\,g\,h} \tag{2.18}$$

Der Massenpunkt erreicht also unabhängig vom Neigungswinkel α nach einem Höhenverlust h die gleiche Geschwindigkeit v, die er auch erfährt, wenn er die Höhe h frei durchfällt (vgl. Beispiel 1.3, S. 11, und Abschn. 2.2.3). Allerdings ist hier die Richtung der Gleitgeschwindigkeit parallel zur schiefen Ebene, während sie beim freien Fall senkrecht nach unten weist. Die Zeit $t = v/g \sin \alpha$ zum Erreichen der Geschwindigkeit v nimmt mit wachsender Neigung ab.

b) Aus der Gleichgewichtsbedingung der Kräfte senkrecht zur Bahn folgt die Normalkraft $F_n = F_G \cos \alpha$. Mit dieser ist die Gleitreibungskraft nach dem *Coulomb*schen Gesetz

$$F_r = \mu\,F_n \tag{2.19}$$

Sie ist der Geschwindigkeitsrichtung entgegengerichtet (**Bild 2.6c**). Die Bewegungsgleichung lautet jetzt

$$m\,a_0 = F_G \sin \alpha - F_r = F_G \sin \alpha - \mu\,F_G \cos \alpha = m\,g\,(\sin \alpha - \mu \cos \alpha)$$

$$a_0 = g\,(\sin \alpha - \mu \cos \alpha) = g \cos \alpha\,(\tan \alpha - \mu) \tag{2.20}$$

Nach dieser Gleichung ist der Bewegungsablauf auch bei Berücksichtigung der Reibung unabhängig von der Größe der Masse m. Die Kiste kann sich nur aus der Ruhelage in Bewegung setzen ($a_0 > 0$), falls

$$\tan \alpha > \mu_0 \tag{2.21}$$

Auf Landstraßen wird die Steigung $\tan \alpha$ gewöhnlich in % angegeben. Da für $\alpha < 10°$ näherungsweise $\cos \alpha = 1$ gesetzt werden kann, gilt dann mit ausreichender Genauigkeit

$$a_0 \approx g\,(\tan \alpha - \mu) \tag{2.22}$$

Beispiel 2.4: An einer Seilrolle hängen zwei Körper mit den Massen $m_1 = 200$ kg und $m_2 = 175$ kg, die sich aus der Ruhelage in Bewegung setzen (**Bild 2.7**). Die Masse der Rolle und des Seiles sei klein gegen die Massen m_1 und m_2 und werde vernachlässigt, das Seil ist biegeweich und nicht dehnbar. Unter Vernachlässigung der Reibung berechne man a) die Beschleunigung a_0 der beiden Körper, b) die Seilkraft F_s, c) die Lagerkraft F_A und d) die Zeit t_1, in der die Masse m_1 den Fallweg $s_1 = 10$ m zurücklegt.

a) Das Grundgesetz gilt für einen einzelnen Massenpunkt. Als solche dürfen die beiden einzeln betrachteten Körper aufgefasst werden. Durch gedachte Schnitte trennt man die Körper vom Seil und stellt alle auf sie einwirkenden Kräfte fest (**Bild 2.7**). Da $F_{G1} > F_{G2}$, wählt man zweckmäßig die *Ortskoordinate* s_1 nach unten und s_2 nach oben positiv, d. h. in Richtung der zu erwartenden Bewegung. Die *Bewegungsgleichungen* für die beiden *freigemachten Körper* lauten dann

$$m_1 a_1 = F_{G1} - F_{s1} \qquad m_2 a_2 = -F_{G2} + F_{s2}$$

Da die Reibung vernachlässigt und die Rolle als masselos angesehen wird, folgt aus dem Gleichgewicht der Momente der Kräfte an der Rolle um ihren Mittelpunkt: $F_{s1}\, r = F_{s2}\, r$, d. h., $F_{s1} = F_{s2} = F_s$. Weiterhin sind die Wege der beiden Massenpunkte gleich, $s_1 = s_2$, weil das Seil keine Verlängerung erfährt. Daraus ergibt sich $\ddot{s}_1 = a_1 = \ddot{s}_2 = a_2 = a_0$. Setzt man dies in die Bewegungsgleichungen ein, so erhält man durch Addition der beiden Gleichungen

$$(m_1 + m_2)\, a_0 = F_{G1} - F_{G2} = g\,(m_1 - m_2)$$

$$a_0 = \frac{m_1 - m_2}{m_1 + m_2}\, g = \frac{(200 - 175)\ \text{kg}}{(200 + 175)\ \text{kg}}\, 9{,}81\ \text{m/s}^2 = 0{,}654\ \frac{\text{m}}{\text{s}^2}$$

b) Setzt man a_0 z. B. in die erste der Bewegungsgleichungen ein, so ist die Seilkraft

$$F_s = F_{G1} - m_1 a_0 = m_1\,(g - a_0) = 200\ \text{kg}\,(9{,}81 - 0{,}654)\ \text{m/s}^2 = 1831\ \text{N}$$

c) Die Auflagerkraft F_A gewinnt man aus dem Gleichgewicht der Kräfte an der Rolle (**Bild 2.7**)

$$F_A = 2\, F_s = 3662\ \text{N}$$

d) Die Zeit t_1 folgt aus Gl. (1.23)

$$t_1 = \sqrt{\frac{2\, s_1}{a_0}} = \sqrt{\frac{2 \cdot 10\ \text{m}}{0{,}654\ \text{m/s}^2}} = 5{,}53\ \text{s}$$

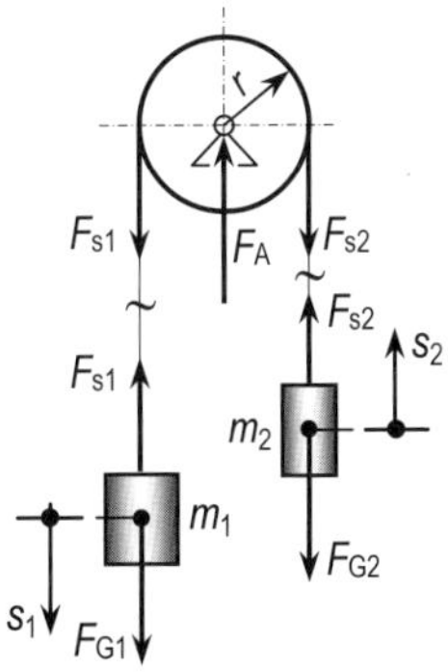

Bild 2.7:
Zwei Körper an einer Seilrolle

2.1.5 Prinzip von d'Alembert

Die Bewegungsgleichung für einen Massenpunkt Gl. (2.10) kann man in der Form schreiben

$$\sum \vec{F}_i + m\,(-\vec{a}) = \vec{0} \qquad (2.23)$$

Diese Gleichung ist in ihrem Aufbau von der gleichen Art wie die Gleichgewichtsbedingungen der Statik; man könnte sie *kinetische Gleichgewichtsbedingung* nennen. Die Größe $m\,(-\vec{a})$ hat die Einheit einer Kraft, sie wird als *Trägheits-* oder *Massenkraft* bezeichnet. Somit sagt Gl. (2.23) aus:

Die Summe der äußeren Kräfte $\Sigma \vec{F}_i$ hält der Trägheitskraft $m\,(-\vec{a})$ am Massenpunkt das Gleichgewicht. Oder: Die Summe aller am Massenpunkt angreifenden Kräfte (einschließlich der Trägheitskraft) ist Null.

Diese Aussage wird als *d'Alembert*sches Prinzip[1)] bezeichnet. Mit Hilfe dieses Prinzips kann jedes kinetische Problem formal auf ein statisches zurückgeführt werden.

Man würde die Arbeit *d'Alemberts* gering achten, wollte man sie nur in einer Umstellung des *Newton*schen Grundgesetzes sehen. Die Tragweite seiner Überlegungen ist erst bei der Untersuchung der Bewegung von Massenpunkthaufen und Körpern zu erkennen, vgl. [12]. Für den einzelnen Massenpunkt erscheint das Prinzip in der Tat nur als andere Schreibweise und Deutung des Grundgesetzes.

Entsprechend Gl. (2.12), (2.13) und (2.14) kann man das *d'Alembert*sche Prinzip in Komponentenform schreiben. In kartesischen Koordinaten erhält man die drei skalaren Gleichungen

$$\sum F_{ix} + m\,(-\ddot{x}) = 0 \qquad \sum F_{iy} + m\,(-\ddot{y}) = 0 \qquad \sum F_{iz} + m\,(-\ddot{z}) = 0 \tag{2.24}$$

in natürlichen Koordinaten ist

$$\sum F_{it} + m\,(-a_t) = 0 \qquad \sum F_{in} + m\,(-a_n) = 0 \tag{2.25}$$

und in ebenen Polarkoordinaten

$$\sum F_{ir} + m\,(-\ddot{r} + r\,\dot{\varphi}^2) = 0 \qquad \sum F_{i\varphi} + m\,(-r\,\ddot{\varphi} - 2\,\dot{r}\,\dot{\varphi}) = 0 \tag{2.26}$$

Die Trägheitskraft $\vec{F}_F = m\,(-\vec{a}_n)$ in Gl. (2.25) wird auch als *Flieh-* oder *Zentrifugalkraft* bezeichnet (fugere = fliehen). Sie hat eine der Normalbeschleunigung $\vec{a}_n$ entgegengesetzte Richtung, ist also vom Krümmungsmittelpunkt weggerichtet. Die *Zentripetal-* oder *Normalkraft* $\vec{F}_n = \Sigma \vec{F}_{in}$ (petere = streben nach) ist mit der Fliehkraft im Gleichgewicht (**Bild 2.11**). Die Kraft $\vec{F}_n$ ist $\vec{F}_F$ entgegengesetzt gleich. Für ihren Betrag gilt

$$F_n = F_F = m\,a_n = \frac{m\,v^2}{\rho} \tag{2.27}$$

Im Fall der Kreisbewegung ist dann (s. auch Beispiel 2.8, S. 73)

$$F_n = F_F = \frac{m\,v^2}{r} = m\,r\,\omega^2 \tag{2.28}$$

Bei der praktischen Anwendung des *d'Alembert*schen Prinzips empfiehlt sich folgendes Vorgehen (s. auch Abschn. 2.1.3):

---

1) *d'Alembert* (1717 bis 1783)

1. Abgrenzen d. h. Festlegen, welcher Teil eines Systems betrachtet werden soll.

2. Geeignetes Koordinatensystem einführen.

3. Freimachen d. h. Lösen des betrachteten Teils von seinen Bindungen und Einführen aller Kräfte. Die in den Bindungen übertragenen Kräfte werden damit zu äußeren Kräften, die auf das betrachtete System einwirken. Die *Trägheitskräfte* werden den positiven Beschleunigungen, also den Koordinatenrichtungen entgegen angenommen. Dann darf an die Trägheitskräfte nur noch der *Betrag* geschrieben werden, weil durch den Pfeil schon die Richtung, also das negative Vorzeichen, berücksichtigt ist. War die Annahme falsch, erscheinen die Trägheitskräfte im Ergebnis mit negativem Vorzeichen.

4. Aufstellen der Gleichgewichtsbedingungen wie in der Statik Dabei sind die Trägheitskräfte wie äußere Kräfte zu behandeln. Häufig kann mit Vorteil die Momentegleichgewichtsbedingung statt der Kräftegleichgewichtsbedingung benutzt werden (vgl. Beispiel 2.6).[1]

Beispiel 2.5: Man löse die Aufgabe in Beispiel 2.2, S. 67, mit Hilfe des *d'Alembert*schen Prinzips[1]. In **Bild 2.5** ist bereits eine *Koordinate* eingeführt und das Fahrzeug freigemacht. Die Trägheitskraft mit dem Betrag $m\,a_0$ ist der positiven Ortskoordinate entgegen anzunehmen, da die Beschleunigung positiv in Richtung der positiven Ortskoordinate gezählt wird (**Bild 2.8**). Dann verlangt die Gleichgewichtsbedingung der Kräfte in Bewegungsrichtung mit $F_r = F_{r1} + F_{r2}$

$$F_h - F_r - m\,a_0 = 0$$

Die weitere Lösung verläuft wie in Beispiel 2.2.

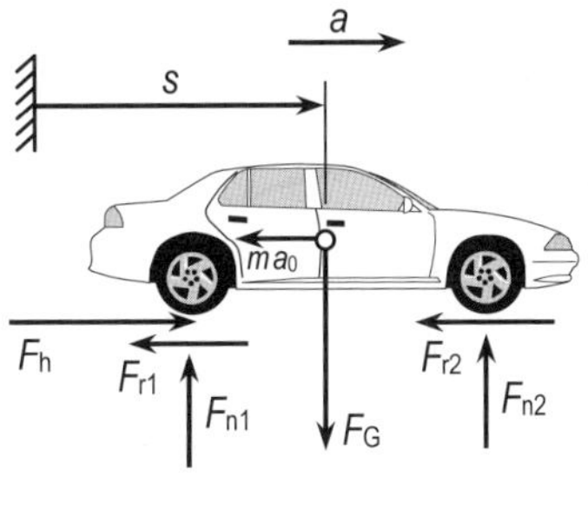

Bild 2.8:
Äußere Kräfte und Trägheitskraft am Fahrzeug

Beispiel 2.6: Man löse die Aufgabe in Beispiel 2.4, S. 68, mit Hilfe des *d'Alembert*schen Prinzips. Betrachtet wird das ganze System. Die Koordinaten und die äußeren Kräfte übernimmt man aus **Bild 2.7**. In **Bild 2.9** sind neben den äußeren Kräften auch die *Trägheitskräfte* entgegen den Koordinatenrichtungen eingetragen. Da das ganze *System* betrachtet wird, sind die Seilkräfte innere Kräfte. Sie haben keinen Einfluss auf das Gleichgewicht des ganzen Systems. Beachtet man, dass $a_1 = a_2 = a_0$ ist, so verlangt das Gleichgewicht der Momente um den Mittelpunkt der Rolle

$$\sum M_i = 0 = (F_{G1} - m_1 a_0)\, r - (F_{G2} + m_2 a_0)\, r$$

oder

$$a_0\,(m_1 + m_2) = F_{G1} - F_{G2}$$

[1] Vgl. Fußnote S. 67.

Die weitere Lösung verläuft wie im Beispiel 2.4. Ihr gegenüber hat man zur Bestimmung der Beschleunigung nur eine Bewegungsgleichung zu lösen. Die Seilkraft erhält man aus dem Gleichgewicht an einem der beiden freigemachten Massenpunkte zu

$$F_s = F_{G2} + m_2\, a_0 = F_{G1} - m_1\, a_0 = m_1\,(g - a_0)$$

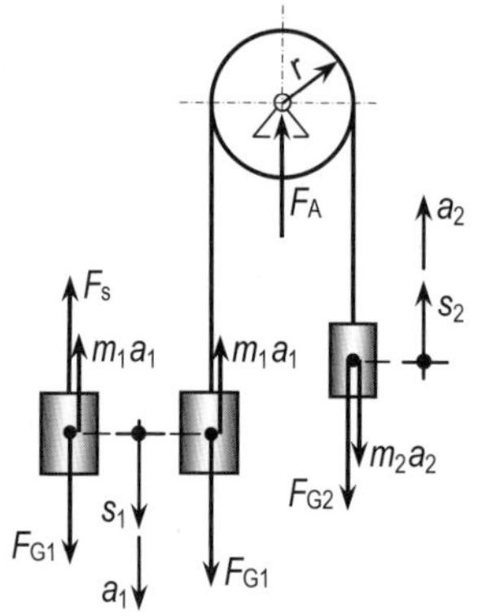

Bild 2.9: System wie in **Bild 2.7**, jedoch mit Trägheitskräften

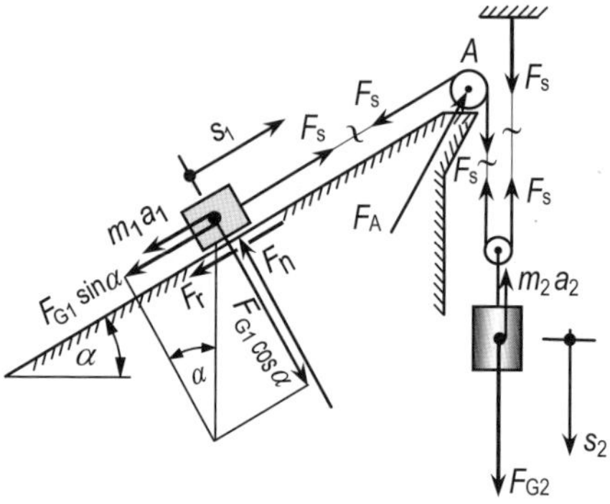

Bild 2.10 Kräfte am System

Beispiel 2.7: Für das System in **Bild 2.10** bestimme man mit Hilfe des *d'Alembert*schen Prinzips a) die Bewegungsgleichung, b) die Seilkraft F_s, c) die Lagerreaktion in A, d) die Geschwindigkeit v_1 und e) den Weg s_1 der Masse m_1 nach $t_1 = 5$ s ($m_1 = 120$ kg, $m_2 = 200$ kg, $\alpha = 30°$, $\mu = 0{,}3$). Die Rollen werden als masselos angesehen, die Reibung in ihren Zapfen sei vernachlässigt.

a) Betrachtet werden die beiden Körper mit den Massen m_1 und m_2, die man als Massenpunkte auffassen darf. In **Bild 2.10** sind die positiven *Koordinatenrichtungen* und die an den beiden *freigemachten* Massen angreifenden äußeren Kräfte sowie die *Trägheitskräfte* eingetragen. Da die Reibung in den Zapfen der Rollen vernachlässigt wird und diese als masselos angesehen werden, ist die Seilkraft an allen Stellen des Seiles gleich groß. Bewegt sich m_1 um s_1 aufwärts, dann legt m_2 den Weg $s_2 = s_1/2$ zurück. Daraus folgt $a_2 = a_1/2$. Die Gleitreibungskraft $F_r = \mu\, F_n$ an m_1 ist der Normalkraft $F_n = F_{G1}\cos\alpha$ proportional. Aus dem Gleichgewicht der Kräfte in Bewegungsrichtung ergibt sich für die beiden Massenpunkte

$$F_s = F_{G1}\sin\alpha + F_r + m_1\, a_1 = F_{G1}\sin\alpha + \mu\, F_{G1}\cos\alpha + m_1\, a_1$$

$$2\, F_s = F_{G2} - m_2\, a_2$$

Daraus folgt

$$F_s = m_1\, g\,(\sin\alpha + \mu\cos\alpha) + m_1\, a_1 = \frac{m_2\, g - m_2\, a_1/2}{2}$$

$$a_1 = \frac{m_2/2 - m_1(\sin\alpha + \mu\cos\alpha)}{m_1 + m_2/4}\, g$$

$$a_1 = \frac{100\text{ kg} - 120\text{ kg}\,(0{,}5 + 0{,}3\cdot 0{,}866)}{(100 + 50)\text{ kg}}\, g = 0{,}052\, g = 0{,}510\,\frac{\text{m}}{\text{s}^2}$$

$$a_2 = a_1/2 = 0{,}255\text{ m/s}^2$$

b) Die Seilkraft gewinnt man aus einer dieser Gleichungen

$$F_s = \frac{F_{G2} - m_2\, a_2}{2} = \frac{m_2}{2}(g - a_2) = 100 \text{ kg } (9{,}81 - 0{,}255) \text{ m/s}^2 = 956 \text{ N}$$

c) Das Gleichgewicht der Kräfte an der Festrolle erfordert für die horizontale bzw. vertikale Richtung

$$F_{Ax} = F_s \cos\alpha = 956 \text{ N} \cdot 0{,}866 = 828 \text{ N}$$

$$F_{Ay} = F_s \sin\alpha + F_s = F_s(1 + \sin\alpha) = 956 \text{ N} \cdot 1{,}5 = 1434 \text{ N}$$

$$F_A = \sqrt{F_{Ax}^2 + F_{Ay}^2} = 1656 \text{ N}$$

d) Die Bewegung ist gleichförmig beschleunigt, und aus Gl. (1.22) folgt die Geschwindigkeit nach $t_1 = 5$ s

$$v_1 = a_1\, t_1 = (0{,}510 \text{ m/s}^2) \cdot 5 \text{ s} = 2{,}55 \text{ m/s}$$

e) In dieser Zeit legt m_1 nach Gl. (1.23) den Weg s_1 zurück

$$s_1 = \frac{a_1}{2} t_1^2 = \frac{0{,}510 \text{ m/s}^2}{2} \cdot 25 \text{ s}^2 = 6{,}38 \text{ m}$$

Beispiel 2.8: Welche Fliehkraft erzeugt die Schaufel am Läufer der Dampfturbine des Beispiels 1.17, S. 43, wenn sie die Masse $m = 2$ kg hat und ihr mittlerer Abstand von der Drehachse $r = 0{,}8$ m beträgt ($n = 3000 \text{ min}^{-1}$)?

In **Bild 2.11** ist die freigemachte Schaufel dargestellt. Die Normalbeschleunigung $\vec{a}_n$ zeigt auf den Drehpunkt 0. Die Trägheitskraft $m(-\vec{a}_n)$ ist die Fliehkraft, sie ist $\vec{a}_n$ entgegen radial nach außen gerichtet. Dieser hält die *Zentripetalkraft* F_n (= Normalkraft) das *Gleichgewicht*, und nach Gl. (2.28) ist

$$F_n = m\, a_n = m\, r\, \omega^2 \qquad (2.29)$$

Für $n = 3000 \text{ min}^{-1}$ ($\omega = 314 \text{ s}^{-1}$) erhält man

$$F_n = 2 \text{ kg} \cdot 0{,}8 \text{ m} \cdot 314^2 \text{ s}^{-2} = 158 \text{ kN}$$

Da die Turbine gleichförmig umläuft, ist die Tangentialkraft $F_t = 0$.

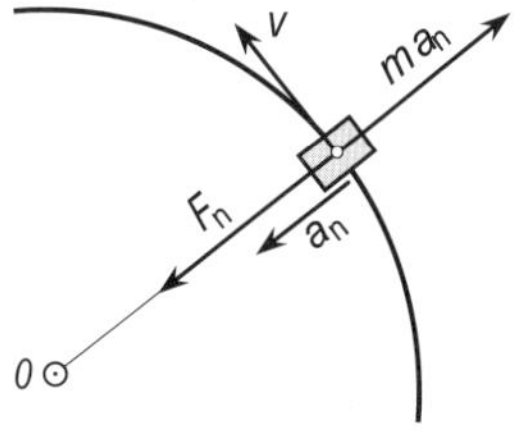

Bild 2.11:
Flieh- und Zentripetalkraft an einer Turbinenschaufel

Beispiel 2.9: Ein Fahrzeug durchfährt eine um 20 % überhöhte Kurve mit dem Krümmungsradius $r = 200$ m (**Bild 2.12**). Bei welcher Geschwindigkeit v wird das Fahrzeug aus der Kurve getragen, wenn die Haftzahl $\mu_0 = 0{,}7$ beträgt?

In **Bild 2.12** ist das Fahrzeug freigemacht. Die an ihm angreifenden Kräfte sind eingetragen. Am Fahrzeug halten sich die Gewichtskraft F_G, die Fliehkraft $F_F = m\, v^2/r$, die Normalkraft $F_n = F_{n1} + F_{n2}$ und die Haftkraft $F_h = F_{h1} + F_{h2}$ das Gleichgewicht. Das Fahrzeug beginnt zu rutschen, wenn die Wirkungslinie der Resultierenden $\vec{F}_R = \vec{F}_G + \vec{F}_F$ außerhalb des Reibungskegels (s. Band *Statik*, Abschn. 10.2) liegt.

Liegt F_R im Grenzfall gerade auf dem Mantel des Reibungskegels ($\tan \rho_0 = \mu_0$), so entnimmt man dem **Bild 2.12b** die Beziehung

$$\tan(\alpha + \rho_0) = \frac{F_F}{F_G} = \frac{m v^2 / r}{m g} = \frac{v^2}{r g} \tag{2.30}$$

Mit $\rho_0 = \arctan \mu_0 = 35{,}0°$ und $\alpha = \arctan 0{,}2 = 11{,}3°$ ist $\tan(\alpha + \rho_0) = \tan 46{,}3° = 1{,}05$. Man erhält die Grenzgeschwindigkeit

$$v = \sqrt{\tan(\alpha + \rho_0)\, r\, g} = \sqrt{1{,}05 \cdot 200\ \text{m} \cdot 9{,}81\ \text{m/s}^2} = 45{,}4\ \text{m/s} = 163\ \text{km/h}$$

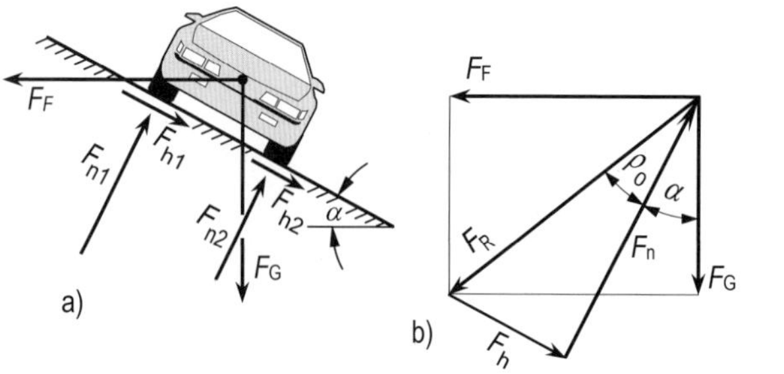

Bild 2.12:
a) Fahrzeug in überhöhter Kurve
b) Kräfteplan

2.1.6 Bahnkomponente der Kraft abhängig vom Ort, freie Schwingungen

Wir betrachten einen Wagen, der sich unter der Wirkung einer Federkraft reibungsfrei auf einer horizontalen Ebene bewegt. In **Bild 2.13b** ist der Wagen in seiner Ruhelage gezeichnet, die Feder ist entspannt (**Bild 2.13a**). Von dieser Lage aus zählen wir die Koordinate x. Nimmt man eine Feder mit linearem Kraftgesetz an, dann ist die Federkraft F der Auslenkung x proportional

$$F = c\, x \tag{2.31}$$

Darin ist c die *Federkonstante*; sie kann experimentell als Quotient aus der Federkraft und dem Federweg bestimmt werden, $c = F/x$.

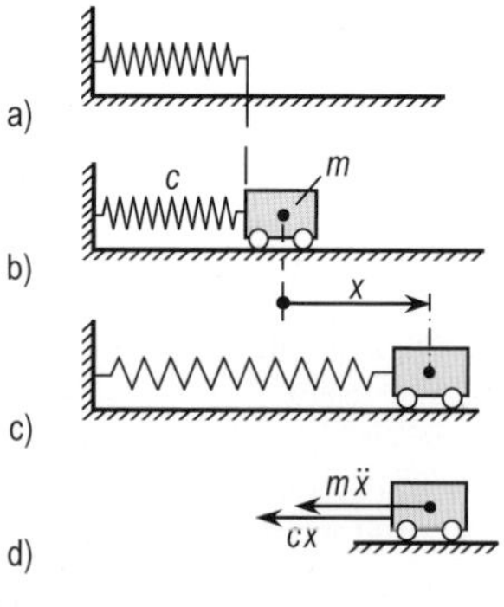

Bild 2.13: Feder-Masse-System
a) Feder entspannt
b) Ruhelage des Wagens
c) Wagen in ausgelenkter Lage
d) Kräfte am freigemachten Wagen

In **Bild 2.13c** ist der Wagen in einer ausgelenkten Lage dargestellt, und in **Bild 2.13d** sind die an ihm in Richtung der Bahn angreifenden Kräfte eingetragen. Die Federkraft F ist auf die

Ruhelage hin gerichtet. Die Trägheitskraft hat man der positiven Beschleunigung, also der positiven Koordinatenrichtung entgegen anzunehmen. Nach dem *d'Alembert*schen Prinzip verlangt das Gleichgewicht der Kräfte in x-Richtung

$$m\,\ddot{x} + c\,x = 0 \qquad \text{oder} \qquad m\,\ddot{x} = -c\,x \tag{2.32}$$

Aus der letzten Gleichung erkennt man, dass bei positiver Auslenkung eine negative Beschleunigung auftritt und umgekehrt. Der Massenpunkt wird also immer auf seine Ruhelage hin beschleunigt durch eine Kraft, die der Auslenkung proportional ist. Zur Vereinfachung teilen wir Gl. (2.32) auf beiden Seiten durch die Masse m und setzen

$$\frac{c}{m} = \omega_0^2 \tag{2.33}$$

$$\ddot{x} + \omega_0^2 x = 0 \qquad \text{oder} \qquad \ddot{x} = -\omega_0^2 x \tag{2.34}$$

Diese Gleichung besagt, dass die zweite Ableitung der Lösungsfunktion $x(t)$ nach der Zeit der Funktion $x(t)$ proportional ist. Der Proportionalitätsfaktor ist $-\omega_0^2$. Funktionen, die diese Eigenschaften haben, sind (vgl. auch Beispiel 1.9, S. 17)

$$\cos\omega_0 t \qquad \text{und} \qquad \sin\omega_0 t$$

Multipliziert man diese beiden Funktionen mit den willkürlichen Konstanten A und B und addiert sie, so ist auch die Funktion

$$x = A\cos\omega_0 t + B\sin\omega_0 t \tag{2.35}$$

für beliebige Werte der Konstanten A und B Lösung von Gl. (2.34). Wir prüfen dies, indem wir Gl. (2.35) zweimal differenzieren

$$\dot{x} = -A\,\omega_0 \sin\omega_0 t + B\,\omega_0 \cos\omega_0 t \tag{2.36}$$

$$\ddot{x} = -A\,\omega_0^2 \cos\omega_0 t - B\,\omega_0^2 \sin\omega_0 t = -\omega_0^2\,(A\cos\omega_0 t + B\sin\omega_0 t) \tag{2.37}$$

Ersetzt man den Klammerausdruck der letzten Gleichung nach Gl. (2.37) durch x, so folgt Gl. (2.34). Diese wird als *Differenzialgleichung der freien ungedämpften Schwingungen* bezeichnet.

In der Theorie der Differenzialgleichungen zeigt man, dass es keine Lösungen von Gl. (2.34) gibt, die nicht in der Gestalt von Gl. (2.35) geschrieben werden könnten. Daher heißt Gl. (2.35) die *allgemeine* Lösung der Differenzialgleichung (2.34).

Durch entsprechende Wahl der Konstanten A und B, die man als Integrationskonstanten bezeichnet, kann die allgemeine Lösung verschiedenen Anfangsbedingungen angepasst werden. Nimmt man z. B. an, dass der Massenpunkt vor Beginn der Bewegung um x_0 ausgelenkt und dann losgelassen wird, so sind die Anfangsbedingungen:

$$\text{zur Zeit } t = 0 \quad \text{ist} \quad x = x_0 \quad \text{und} \quad \dot{x} = v = 0 \tag{2.38}$$

Mit diesen Bedingungen folgt aus Gl. (2.35) $x_0 = A \cdot 1 + B \cdot 0$, d. h. $A = x_0$, und aus Gl. (2.36) $0 = -A\,\omega_0 \cdot 0 + B\,\omega_0 \cdot 1$ d. h. $B = 0$. Mit diesen Werten für die Integrationskonstanten A und B lautet die spezielle Lösung, die den Anfangsbedingungen Gl. (2.38) genügt

$$x = x_0 \cos \omega_0 t \tag{2.39}$$

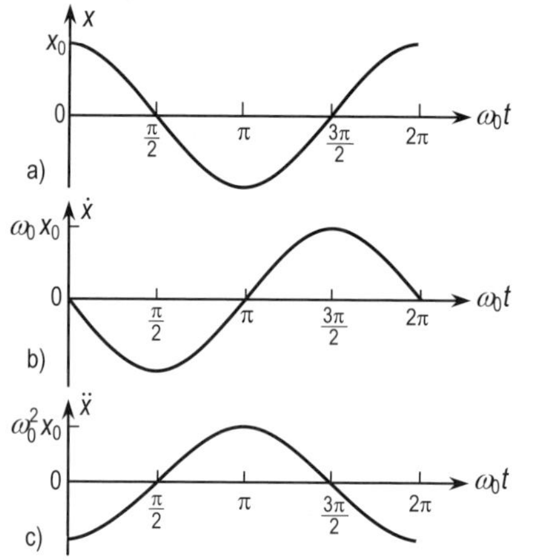

Bild 2.14:
a) Ort-,
b) Geschwindigkeit-,
c) Beschleunigung-Zeit-Diagramm einer schwingenden Bewegung (für $t = 0$ ist $x = x_0$ und $\dot{x} = 0$)

Für die Geschwindigkeit $\dot{x}$ bzw. Beschleunigung $\ddot{x}$ folgt aus Gl. (2.39) durch Differenzieren

$$\dot{x} = -\,\omega_0\, x_0 \sin \omega_0 t \tag{2.40}$$

$$\ddot{x} = -\,\omega_0^2\, x_0 \cos \omega_0 t \tag{2.41}$$

Das Ort-Zeit-, Geschwindigkeit-Zeit- und Beschleunigung-Zeit-Diagramm dieser Bewegung zeigt **Bild 2.14**. (Als Abszisse ist statt der Zeit die einheitenlose Größe $\omega_0 t$ gewählt.) Der Massenpunkt vollführt eine *harmonische* Bewegung. Seine größte Verschiebung beträgt $x_m = x_0$, sie wird als *Amplitude* der *Schwingung* bezeichnet. Die maximale Geschwindigkeit ist $v_m = \omega_0 x_0$ und die maximale Beschleunigung $a_m = \omega_0^2 x_0$. Nach einer vollen Schwingung erreicht der Massenpunkt wieder seine Ausgangslage. Die dafür erforderliche Zeit nennt man die *Schwingungsdauer T*. Das Argument der Funktion cos $\omega_0 t$ ist in der Zeit T um 2π gewachsen, und es gilt

$$\omega_0 t = 2\pi \qquad \text{oder} \qquad T = \frac{2\pi}{\omega_0} \tag{2.42}$$

Unter Berücksichtigung von Gl. (2.33) ist

$$T = 2\pi / \omega_0 = 2\pi \sqrt{\frac{m}{c}} \tag{2.43}$$

Der Faktor ω_0 heißt die *Kreisfrequenz* der Schwingung. Sie wird im Allgemeinen in der Einheit 1/s angegeben. Der Reziprokwert der Schwingungsdauer T ist die *Frequenz*

$$\boldsymbol{n = \frac{1}{T} = \frac{\omega_0}{2\pi}} \tag{2.44}$$

Sie gibt die Anzahl der Schwingungen in der Zeiteinheit an und wird meist in Hertz (Hz)[1] gemessen. Es ist 1 Hz = 1 Schwingung/s.

Aus Gl. (2.43) erkennt man, dass die Schwingungsdauer nur von der Masse m und der Federkonstante c abhängig ist. Sie wird klein, wenn die Masse klein und die Federkonstante groß ist, während eine große Masse und eine kleine Federkonstante (weiche Feder) eine große Schwingungsdauer ergeben.

Den allgemeinsten Fall der Bewegung erhält man, wenn man den Massenpunkt zu Beginn der Bewegung auslenkt und ihm dann durch Anstoß die Geschwindigkeit v_0 erteilt. Die Anfangsbedingungen lauten dann

$$\text{zur Zeit} \quad t = 0 \quad \text{ist} \quad x = x_0 \quad \text{und} \quad \dot{x} = v_0 \tag{2.45}$$

und aus Gl. (2.35) bzw. Gl. (2.36) erhält man $A = x_0$ und $B = v_0/\omega_0$. Die Ort-Zeit-Funktion genügt dann der Gleichung

$$\boldsymbol{x = x_0 \cos \omega_0 t + \frac{v_0}{\omega_0} \sin \omega_0 t} \tag{2.46}$$

Schreibt man dafür

$$x = C \sin (\omega_0 t + \varphi)$$

und entwickelt nach dem Additionstheorem, so folgt

$$x = (C \sin \varphi) \cos \omega_0 t + (C \cos \varphi) \sin \omega_0 t$$

Durch Koeffizientenvergleich mit Gl. (2.46) gewinnt man die beiden Gleichungen

$$C \sin \varphi = x_0 \qquad C \cos \varphi = v_0/\omega_0 \tag{2.47}$$

Durch Quadrieren und Addieren der linken und rechten Seiten dieser Gleichungen erhält man wegen $\sin^2\varphi + \cos^2\varphi = 1$ die Amplitude der Schwingung

$$x_m = C = \sqrt{x_0^2 + \left(\frac{v_0}{\omega_0}\right)^2} \tag{2.48}$$

Den *Nullphasenwinkel* φ erhält man aus dem Quotienten $C \sin \varphi / C \cos \varphi$

$$\tan \varphi = \frac{x_0\,\omega_0}{v_0} \qquad \text{oder} \qquad \varphi = \arctan \frac{x_0\,\omega_0}{v_0} \tag{2.49}$$

Die allgemeine Lösung der Differenzialgleichung (2.34) kann damit in den Formen geschrieben werden

$$\boldsymbol{x = x_0 \cos \omega_0 t + \frac{v_0}{\omega_0} \sin \omega_0 t = \sqrt{x_0^2 + \left(\frac{v_0}{\omega_0}\right)^2} \sin (\omega_0 t + \varphi)} \tag{2.50}$$

---

[1] *Heinrich Hertz* (1857 bis 1894)

Die Ort-Zeit-Linie ist um den Nullphasenwinkel φ gegenüber der Sinuslinie $x = B \sin \omega_0 t$ voreilend (sie ist auf der Zeitachse nach links verschoben) (**Bild 2.15**).

Bei einfachen Schwingungsproblemen interessiert oft nur die Frequenz der *freien* Schwingungen. Das sind solche, die z. B. nach einem einmaligen Anstoß auftreten, wenn der schwingende Körper sich selbst überlassen bleibt. Ihre Kreisfrequenz ω_0 kann aber bereits aus der Gl. (2.34) entnommen werden. Ein Schwingungsproblem ist daher häufig als gelöst zu betrachten, wenn es gelungen ist, die Bewegungsgleichung auf die Normalform der Gl. (2.34) zurückzuführen.

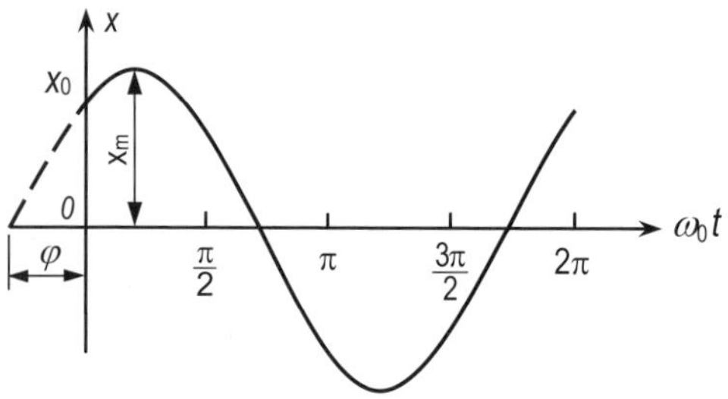

Bild 2.15:
Ort-Zeit-Diagramm für beliebige Anfangsbedingungen (für $t = 0$ ist $x = x_0$ und $\dot{x} = v_0$)

Beispiel 2.10: Ein Körper mit der Masse m am Ende einer Feder (Federkonstante c) vollführt vertikale Schwingungen im Schwerefeld der Erde (**Bild 2.16**). Gesucht ist die Kreisfrequenz der Schwingung.

Unter der Wirkung der Gewichtskraft allein verlängert sich die Feder um f_{st}. In dieser Lage ist die Federkraft $c\,f_{st}$ mit der Gewichtskraft F_G im Gleichgewicht (**Bild 2.16b**).

$$c\,f_{st} = F_G = m\,g \tag{2.51}$$

Die *Koordinate* der Verschiebung y zählt man bei Schwingungsproblemen zweckmäßig von der statischen Ruhelage des Massenpunktes aus (**Bild 2.16a**). In **Bild 2.16c** ist der Körper um y ausgelenkt und in **Bild 2.16d** freigemacht. Die Feder ist um $(y + f_{st})$ gespannt. Das Gleichgewicht der Kräfte verlangt

$$m\,\ddot{y} + c\,(y + f_{st}) - F_G = m\,\ddot{y} + c\,y + (c\,f_{st} - F_G) = 0$$

Wegen Gl. (2.51) verschwindet der letzte Klammerausdruck, also ist

$$m\,\ddot{y} + c\,y = 0 \qquad \text{oder} \qquad \ddot{y} + \left(\frac{c}{m}\right) y = 0 \tag{2.52}$$

Daraus folgt

$$\omega_0^2 = c\,/\,m$$

Der Körper schwingt also im Schwerefeld mit der gleichen Frequenz, wie in einer horizontalen Ebene. Wählt man die Anfangsbedingungen nach Gl. (2.38), so ist

$$y = y_0 \cos \omega_0 t$$

Die Schwingung erfolgt mit der Amplitude $y_m = y_0$ um die statische Ruhelage als Gleichgewichtslage (**Bild 2.16e**). Die Schwerkraft bewirkt lediglich eine Verschiebung der statischen Ruhelage um f_{st}, sie hat keinen Einfluss auf die Frequenz der Schwingungen.
Aus Gl. (2.51) folgt $c/m = g/f_{st}$. Setzt man dies in Gl. (2.43) ein, so erhält man die Schwingungsdauer

$$T = \frac{2\pi}{\omega_0} = 2\pi\sqrt{\frac{m}{c}} = 2\pi\sqrt{\frac{f_{st}}{g}} \tag{2.53}$$

Die statische Durchsenkung eines Feder-Masse-Systems kann vielfach experimentell bestimmt werden. Damit gewinnt man aus der letzten Gleichung in einfacher Weise die Schwingungsdauer.

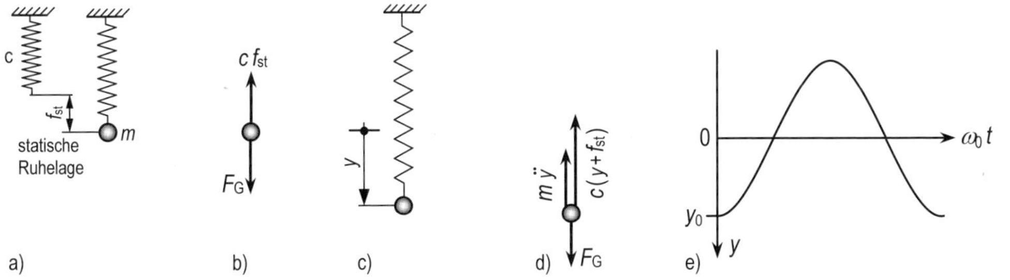

Bild 2.16: Feder-Masse-System im Schwerkraftfeld
a) Feder entspannt b) statische Ruhelage c) ausgelenkte Lage d) Massenpunkt freigemacht
e) Ort-Zeit-Kurve

Beispiel 2.11: *Mathematisches Pendel.* Ein Körper mit der Masse m hängt an einem masselosen Faden und schwingt in einer Ebene im Schwerefeld. Man bestimme die Kreisfrequenz ω_0 und die Schwingungsdauer T bei Beschränkung auf kleine Schwingungen.

Da sich der Massenpunkt auf einer Kreisbahn bewegt, beschreibt man die Bewegung zweckmäßig in *Polarkoordinaten.* Die Lage des Massenpunktes ist in jedem Augenblick durch den von der statischen Ruhelage aus gezählten Winkel φ festgelegt. In **Bild 2.17b** ist der Massenpunkt *freigemacht.* Neben der Gewichtskraft F_G und der Normalkraft F_n (Fadenkraft) greifen an ihm die tangentiale Trägheitskraft $m\,l\,\alpha = m\,l\,\ddot{\varphi}$ und die Fliehkraft $m\,l\,\omega^2 = m\,l\,\dot{\varphi}^2$ an. Die Erste ist der Koordinate φ und die Zweite der Normalenrichtung entgegen (also radial nach außen) anzunehmen, d. h. entgegen der positiven Tangential- und Normalbeschleunigung. Für den Bewegungsablauf interessiert nur das *Gleichgewicht* der Kräfte in tangentialer Richtung

$$m\,l\,\ddot{\varphi} + F_G \sin\varphi = 0 \tag{2.54}$$

Teilt man die einzelnen Glieder dieser Gleichung durch $m\,l$, so folgt mit $F_G = m\,g$

$$\ddot{\varphi} + \frac{g}{l}\sin\varphi = 0 \tag{2.55}$$

Dies ist eine nichtlineare Differenzialgleichung, auf deren Lösung wir hier verzichten[1]. Beschränkt man sich auf kleine Auslenkungen φ, so kann man mit ausreichender Genauigkeit sin φ durch das Bogenmaß des Winkels φ ersetzen (man spricht vom *Linearisieren* der Bewegungsgleichung) und erhält

$$\ddot{\varphi} + \left(\frac{g}{l}\right)\varphi = 0 \tag{2.56}$$

Diese Gleichung stimmt mit der Normalform der Schwingungsdifferenzialgleichung (2.34) überein, wenn man

$$\omega_0^2 = \frac{g}{l} \tag{2.57}$$

setzt. Mit Gl. (2.42) erhält man die Schwingungsdauer für kleine Schwingungen

$$T = \frac{2\,\pi}{\omega_0} = 2\,\pi\sqrt{\frac{l}{g}} \tag{2.58}$$

[1] Ihre Lösung führt auf elliptische Integrale.

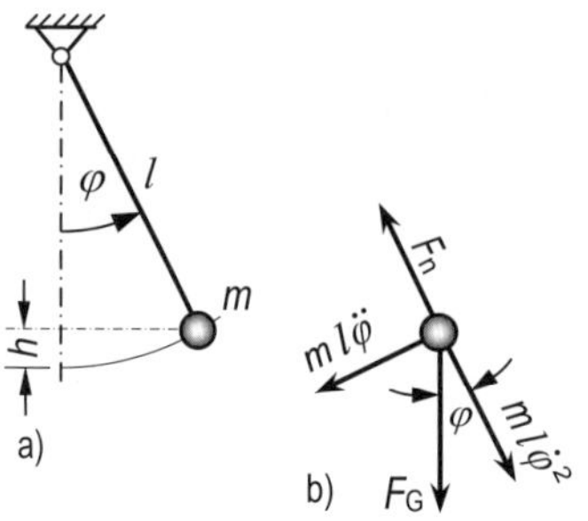

Bild 2.17:
a) Mathematisches Pendel
b) Kräfte am Massenpunkt

Die Schwingungsdauer ist also nur von der Fallbeschleunigung g und der Fadenlänge l abhängig, sie nimmt mit wachsender Fadenlänge zu.

Ist die Schwingungsdauer eines mathematischen Pendels durch Messen bekannt, so kann mit Hilfe von Gl. (2.58) die Fallbeschleunigung bestimmt werden.

Beispiel 2.12: Auf zwei gleiche Walzen, die sich im Abstand $2\,l$ mit der konstanten Winkelgeschwindigkeit ω gegenläufig drehen, wird ein dünner Balken mit der Masse m gelegt (**Bild 2.18**). Man stelle die Bewegungsgleichung des Balkens auf und diskutiere sie.

In **Bild 2.18b** ist der Balken freigemacht. Die Schwerpunktkoordinate x des Balkens ist von der Mitte zwischen den Walzen aus gezählt. Infolge der Gewichtskraft F_{G} üben die Walzen auf den Balken die Auflagerkräfte

$$F_{\mathrm{n1}} = \frac{F_G}{2\,l}(l - x) \quad \text{und} \quad F_{\mathrm{n2}} = \frac{F_G}{2\,l}(l + x)$$

aus. Die Gleitreibungskräfte sind daher

$$F_{\mathrm{r1}} = \mu\, F_{\mathrm{n1}} \quad \text{und} \quad F_{\mathrm{r2}} = \mu\, F_{\mathrm{n2}}$$

wobei μ die Gleitreibungszahl ist. Die Reibungskräfte sind der relativen Verschiebung in 1 und 2 entgegen gerichtet. In **Bild 2.18b** sind alle am Balken angreifenden äußeren Kräfte und die Trägheitskraft $m\,\ddot{x}$ (entgegen x) eingetragen. Die *Gleichgewichtsbedingung* der Kräfte in Bewegungsrichtung erfordert

$$m\,\ddot{x} = F_{\mathrm{r1}} - F_{\mathrm{r2}} = \mu\,(F_{\mathrm{n1}} - F_{\mathrm{n2}}) = -\mu\frac{F_{\mathrm{G}}}{2\,l}2\,x = -\mu\frac{m\,g}{l}x \qquad \ddot{x} + \left(\frac{\mu\,g}{l}\right)x = 0$$

Die letzte Gleichung ist die Normalform der Schwingungsdifferenzialgleichung. Der Balken vollführt also eine harmonische Bewegung mit der Kreisfrequenz ω_0 und der Schwingungsdauer T, wobei

$$\omega_0 = \sqrt{\frac{\mu\,g}{l}} \qquad T = 2\pi\sqrt{\frac{l}{\mu\,g}} \tag{2.59}$$

ist. Bei bekannter Schwingungsdauer kann mit Hilfe der letzten Gleichung der Gleitreibungskoeffizient μ zwischen Balken und Walze bestimmt werden.

Damit in jeder Lage x Gleiten zwischen Balken und Walze stattfindet, muss die Umfangsgeschwindigkeit $r\,\omega$ der Walze größer als die maximale Geschwindigkeit $\dot{x}_{\mathrm{m}}$ des Balkens sein

$$r\,\omega > \dot{x}_{\mathrm{m}} \tag{2.60}$$

Bezeichnet man die Amplitude der Schwingungen mit x_m, so gewinnt man aus Gl. (2.50) durch Differenzieren und Berücksichtigung der Gl. (2.48) $\dot{x}_m = x_m\,\omega_0$. Damit folgt aus Gl. (2.60)

$$\omega > \frac{x_m}{r}\omega_0 = \frac{x_m}{r}\sqrt{\frac{\mu g}{l}}$$

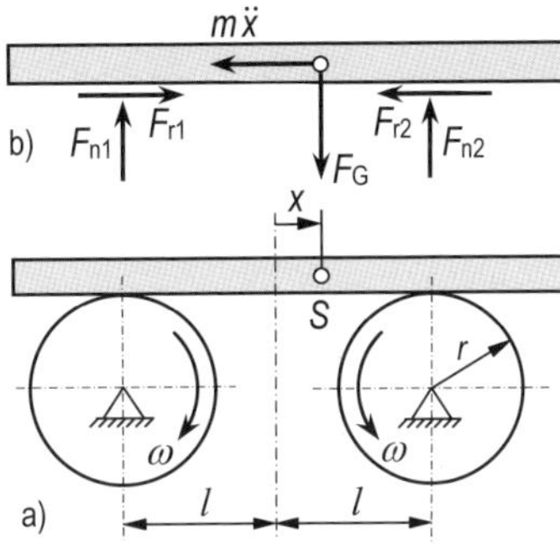

Bild 2.18:
a) Brett auf sich gegenläufig drehenden Walzen
b) Brett freigemacht

2.1.7 Aufgaben zu Abschnitt 2.1

1. Die Masse eines Zuges beträgt ohne Lokomotive $m = 4 \cdot 10^5$ kg. Beim Anfahren erreicht er gleichförmig beschleunigt auf ebener Bahn nach einer Strecke von $s_1 = 900$ m die Geschwindigkeit $v_1 = 54$ km/h, die Fahrwiderstandszahl ist $\mu_r = 0{,}005$. Wie groß ist die in der Kupplung der Lokomotive übertragene Kraft F, wenn der Luftwiderstand vernachlässigt wird?

2. a) Wie groß ist die Zugkraft F am Umfang der Treibräder der Lokomotive in der vorstehenden Aufgabe, wenn die Masse der Lok $m_L = 1{,}2 \cdot 10^5$ kg ist und der Zug die Geschwindigkeit $v_1 = 54$ km/h unter gleichen Bedingungen bei 1 % Steigung erreicht? b) Wie groß muss die Haftzahl μ_0 mindestens sein, damit die Treibräder nicht durchrutschen? (Ann.: Treibräderbelastung $m_L\,g$).

3. Welche Zugkraft F_s wirkt in dem Seil des Förderkorbes ($m = 5 \cdot 10^3$ kg) von Beispiel 1.7, S. 15, in den drei Bewegungsabschnitten? (Reibung wird vernachlässigt.)

4. Man bestimme die Beschleunigung a_1 und die Seilkraft F_s des Systems in **Bild 2.19** für $m_1 = 220$ kg und $m_2 = 400$ kg. Die Reibung in den Rollen und die Rollenmassen seien vernachlässigt.

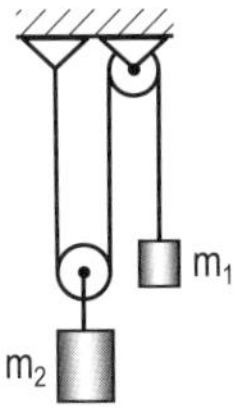

Bild 2.19: System zu Aufgabe 4

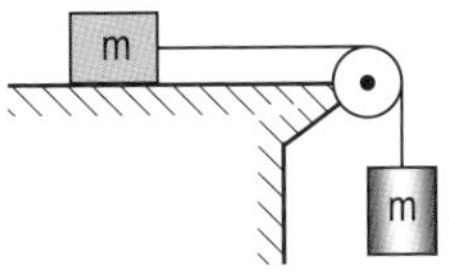

Bild 2.20: System zu Aufgabe 5

5. Welche Beschleunigung erfahren die beiden Körper in **Bild 2.20**, wenn die Masse der Rolle und die Zapfenreibung vernachlässigt werden ($\mu = 0{,}3$ zwischen Masse und Bahn)?

6. Wie groß muss die Masse m_2 in **Bild 2.21** sein, wenn der Wagen in $t_1 = 30$ s den Weg $s_1 = 9$ m aus der Ruhelage zurücklegt ($m_1 = 2 \cdot 10^3$ kg, $\mu_r = 0{,}03$)? Die Masse der Rollen und die Reibung in den Zapfen sei vernachlässigt ($\alpha = 30°$).

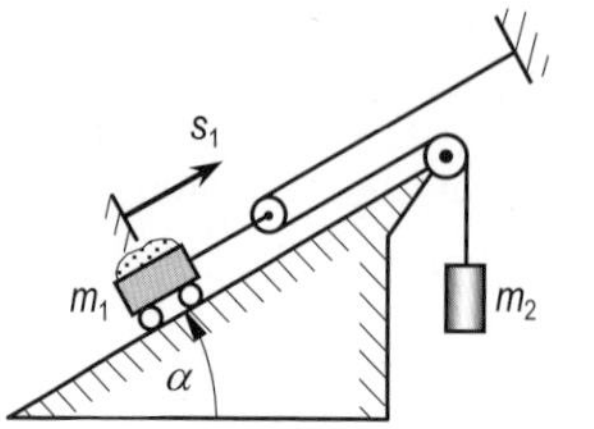

Bild 2.21: System zu Aufgabe 6

7. Welche Massenkraft F tritt am Kolbenbolzen in Aufgabe 7, S. 53, im unteren bzw. oberen Totpunkt auf, wenn der Kolben die Masse m = 0,25 kg hat?

8. Ein Fahrzeug durchfährt eine Kurve (Krümmungsradius ρ = 200 m) mit v = 120 km/h (vgl. Beispiel 2.9, S. 73). Welche Überhöhung (tan α) muss die Kurve haben, wenn die Resultierende F_R aus der Fliehkraft F_F und der Gewichtskraft F_G senkrecht zur Fahrbahn liegen soll (**Bild 2.12**)?

9. Bei welcher Drehzahl n vermögen die Fliehgewichte des Fliehkraftreglers (m = 1 kg) in **Bild 2.22** die Muffe (m_0 = 10 kg) aus der gezeichneten Lage (α = 30°, l = 20 cm) anzuheben? Das Eigengewicht der Stangen und Reibung werden vernachlässigt.

10. Ein Pkw fährt mit konstanter Geschwindigkeit v_0 über eine Bergkuppe. Die Bergkuppe hat in der Vertikale den Krümmungsradius ρ = 100 m (**Bild 2.23**). Bei welcher Geschwindigkeit v_0 hebt das Fahrzeug im Punkt A von der Bahn ab?

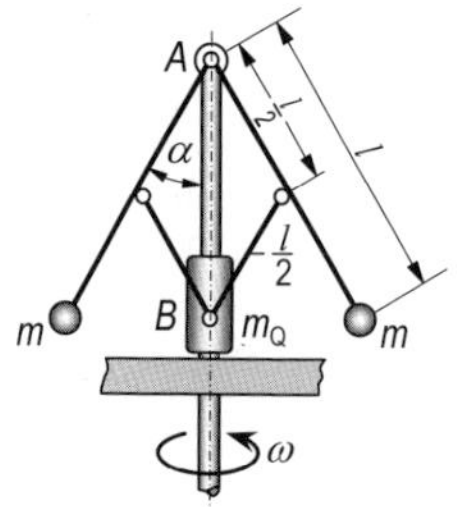

Bild 2.22: System eines Fliehkraftreglers

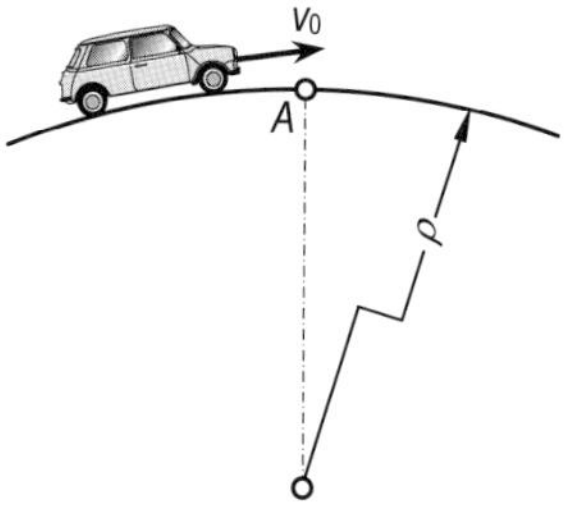

Bild 2.23: Fahrzeug fährt über eine Bergkuppe

11. Bei welcher Grenzbeschleunigung a_m beginnt die Ladung des Lkw im **Bild 2.24** zu rutschen, wenn die Haftzahl μ_0 = 0,25 beträgt?

12. An einer vertikal gelagerten Welle ist über einen Stab der Länge l = 30 cm (mit vernachlässigbar kleiner Masse) eine Masse m gelenkig angeschlossen (**Bild 2.25**). a) Bei welcher Drehzahl n bildet der Stab mit der Achse der Welle den Winkel α = 30°? b) Von welcher Winkelgeschwindigkeit ω_0 an ist überhaupt eine Auslenkung des Stabes möglich?

Bild 2.24: Last auf Lkw

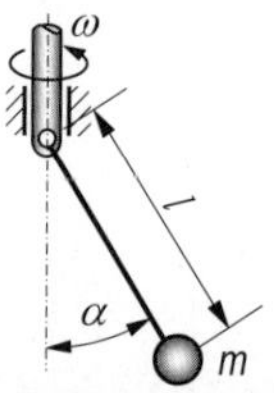

Bild 2.25: Fliehkraftpendel an sich drehender Welle

13. Man berechne die Fadenlänge für ein mathematisches Sekundenpendel. Erläuterung: Ein Sekundenpendel hat die Schwingungsdauer $T = 2$ s.

14. Ein Güterwagen $m = 12 \cdot 10^3$ kg fährt mit der Geschwindigkeit v_0 gegen einen ungefederten Prellbock. Die Federkonstante einer seiner Pufferfedern beträgt $c = 20$ kN/cm. a) Wie groß ist die Stoßdauer t_s, wenn elastische Verformung der Feder vorausgesetzt wird? Unter Stoßdauer t_s wird die Zeit verstanden, in der sich Wagen und Prellbock berühren. b) Ist die Stoßdauer bei elastischer Verformung der Feder von der Geschwindigkeit v_0 abhängig? Reibung sei vernachlässigt. c) Wie groß sind der maximale Federweg x_m, die maximale Federkraft F_m und d) die maximale Bremsverzögerung a_m, falls $v_0 = 1$ m/s ist?

Anleitung: Man beachte, dass der Wagen eine schwingende Bewegung ausführt.

15. Man stelle die Bewegungsgleichungen der Feder-Masse-Systeme in **Bild 2.26** auf und bestimme die Kreisfrequenz der kleinen Schwingungen. Die Masse der Rollen und Reibung werden vernachlässigt.

16. Welche Kraft F_B wirkt im Gleitlager B der Kreuzschubkurbel des **Bildes 1.38**, wenn diese gleichförmig mit der Drehzahl $n_A = 1440$ min^{-1} angetrieben wird? Die Masse der hin- und hergehenden Teile ist $m = 4$ kg und der Kurbelradius $r = 10$ cm. Reibung in den Lagern sei vernachlässigt (**Bild 5.68**).

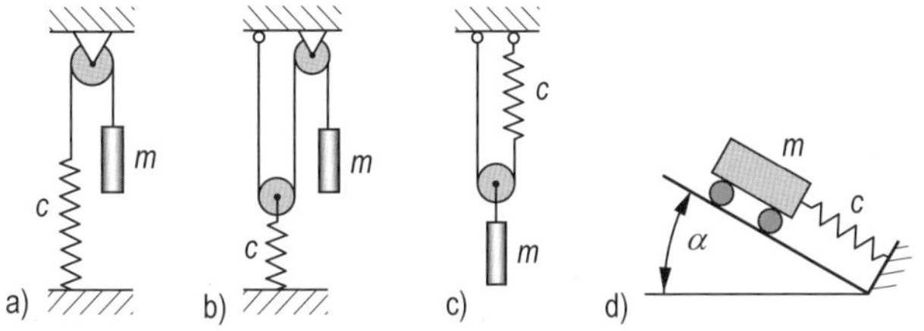

Bild 2.26: Feder-Masse-Systeme

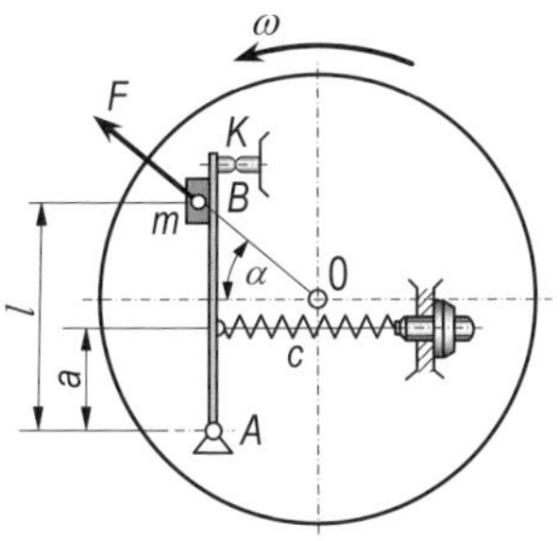

Bild 2.27: Zweipunkt-Fliehkraft-Drehzahlregler

17. **Bild 2.27** zeigt das Schema eines Fliehkraft-Drehzahlreglers, wie er zum Konstanthalten der Drehzahl an kleineren E-Motoren verwandt wird. Bei Überschreiten der Solldrehzahl n_K öffnet der Kontakt K und schaltet den Motor aus und bei Unterschreiten von n_K wieder ein. Um welchen Betrag f_K muss die Feder (Federkonstante $c = 1$ N/cm) vorgespannt sein, wenn die Solldrehzahl $n_K = 1200$ min^{-1} beträgt? ($a = 7$ mm, $l = 15$ mm, $r = \overline{OB} = 10$ mm, $\alpha = 40°$, $m = 2$ g). Die Masse des Kontaktarmes $\overline{AB}$ und die Wirkung der Schwerkraft werden vernachlässigt.

18. Bei welcher Bahngeschwindigkeit v kann sich ein Satellit in der Höhe $h = 800$ km auf einer Kreisbahn um die Erde bewegen? Erläuterung: Die Fallbeschleunigung g ändert sich mit dem Abstand r vom Erdmittelpunkt nach der Gleichung

$$g = g_0 \left(\frac{R}{r} \right)^2 \tag{2.61}$$

Darin sind der Erdradius $R = 6371$ km und $g_0 = 9{,}81$ m/s² die Fallbeschleunigung in Erdnähe.

19. In welcher Höhe h oberhalb der Erdoberfläche kann ein Satellit relativ zur Erde in Ruhe sein? (Vgl. Erläuterung zu Aufgabe 18.)

2.2 Arbeit, Energie, Leistung

Probleme der Mechanik können allein mit Hilfe der *Newton*schen Axiome gelöst werden. Jedoch zeigt es sich, dass durch Einführung der Begriffe *Arbeit*, *Energie* und *Leistung* viele Probleme einfacher und übersichtlicher dargestellt werden können. Diese Begriffe spielen in der Anwendung eine große Rolle, z. B. auch beim Größenvergleich von Maschinen und Anlagen.

2.2.1 Arbeit einer Kraft

Arbeit einer konstanten Kraft auf gerader Bahn. Wir betrachten den Wagen in **Bild 2.28a**, der sich infolge der konstanten Kraft $\vec{F}$ geradlinig bewegt[1]. Die Kraft greift im Punkte P des Wagens an, und zwischen zwei Lagen 0 und 1 erfährt der Kraftangriffspunkt die Verschiebung $\overline{P_0P_1} = \Delta s$. Der Kraftvektor schließt mit der Verschiebungsrichtung den Winkel α ein. Dann definiert man:

Die Arbeit W der Kraft $\vec{F}$ ist das Produkt aus der Kraftkomponente $F \cos \alpha$ in Verschiebungsrichtung und dem Weg Δs, den der Kraftangriffspunkt bei der Verschiebung zurücklegt.

$$\boldsymbol{W = F \,\Delta s \cos \alpha} \tag{2.62}$$

Weist der Kraftvektor in einem Sonderfall in Richtung der Verschiebung ($\alpha = 0$, $\cos \alpha = 1$), so ist die Arbeit $W = F\,\Delta s$. Steht er senkrecht auf der Verschiebungsrichtung ($\alpha = \pi/2$, $\cos \alpha = 0$), so ist die Arbeit $W = 0$. Die Kraft $\vec{F}$ ist in diesem Fall nicht in der Lage, den Wagen in Richtung seiner Bahn zu bewegen.

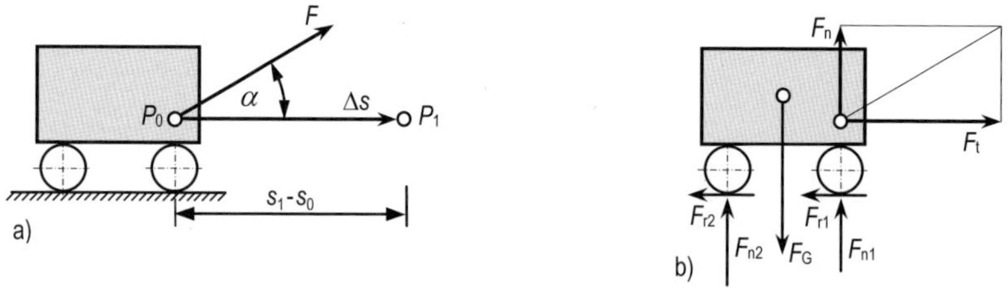

Bild 2.28: a) Kraft $\vec{F}$ an einem Wagen b) Wagen freigemacht

[1] An dem Wagen greifen während der Bewegung auch andere Kräfte an. Hier interessieren wir uns nur für die Kraft $\vec{F}$.

Die Kraft $\vec{F}$ kann in Komponenten in Richtung und senkrecht zur Richtung der Verschiebung zerlegt werden

$$\vec{F} = \begin{Bmatrix} F_t \\ F_n \end{Bmatrix} = \begin{Bmatrix} F \cos \alpha \\ F \sin \alpha \end{Bmatrix}$$

Mit $F_t = F \cos \alpha$ erhält man dann für Gl. (2.62)

$$W = F_t \, \Delta s \tag{2.63}$$

Es verrichtet also *nur* die Kraftkomponente F_t in Richtung der Verschiebung eine Arbeit.

Die Verschiebung des Kraftangriffspunktes von P_0 nach P_1 kann durch den *Verschiebungsvektor* $\Delta \vec{s}$ angegeben werden (**Bild 2.28a**). Man bezeichnet die Operation in Gl. (2.62), nach der dem Kraftvektor $\vec{F}$ und dem Verschiebungsvektor $\Delta \vec{s}$ die skalare Größe W (die Arbeit) zugeordnet wird, als *skalares oder inneres Produkt* (s. Band *Statik*, Abschn. 1.4.3 und *Brauch, W.*; *Dreyer, H.-J.*; *Haacke, W.*: Mathematik für Ingenieure, 11. Aufl., Wiesbaden 2006) und schreibt

$$W = \vec{F} \cdot \Delta \vec{s} = F \, \Delta s \cos \alpha = F_t \, \Delta s \tag{2.64}$$

Die Arbeit kann in verschiedenen Einheiten angegeben werden. In der Mechanik wird das Newtonmeter (Nm) verwandt. Das Newtonmeter gestattet eine leichte Umrechnung auf andere Maßeinheiten; denn ein Newtonmeter ist gleich einem Joule (J) und dies gleich einer Wattsekunde (Ws)

$$1 \text{ Nm} = 1 \text{ J} = 1 \text{ Ws} \tag{2.65}$$

Trägt man die Bahnkomponente F_t über der Ortskoordinate s auf, so ist die Arbeit $W = F_t \, \Delta s = F_t(s_1 - s_0)$, die die Kraft bei der Verschiebung des Angriffspunktes von der Stelle s_0 zu der Stelle s_1 verrichtet, der Rechteckfläche unter der *Kraft-Ort-Kurve* proportional (**Bild 2.29**). Die Arbeit ist positiv, wenn die Bahnkomponente der Kraft mit der Verschiebung gleichgerichtet ist. Wirkt F_t der Verschiebungsrichtung entgegen, so ist die Arbeit negativ (für $\frac{\pi}{2} < \alpha < \frac{3}{2}\pi$ ist $\cos \alpha < 0$).

Bild 2.29:
Kraft-Ort-Diagramm bei konstanter Bahnkomponente der Kraft

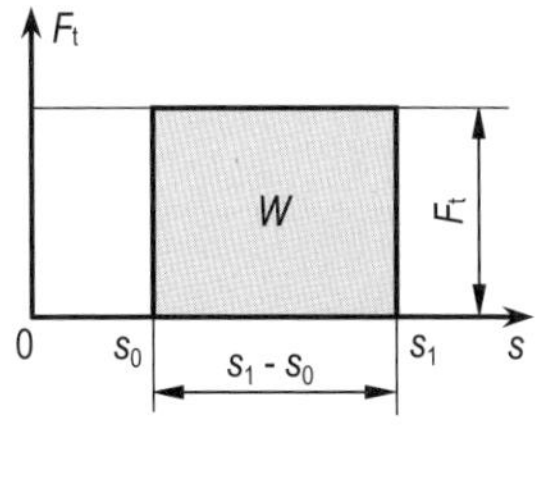

Beispiel 2.13: An dem Wagen (**Bild 2.28**) mit der Masse $m = 50$ kg greift unter dem Winkel $\alpha = 30°$ die Kraft $\vec{F}$ an. a) Wie groß ist F, wenn sich der Wagen gleichförmig bewegt und der Koeffizient der rollenden Reibung $\mu_r = 0{,}03$ beträgt? b) Welche Arbeit verrichtet die Kraft $\vec{F}$ auf dem Weg $\Delta s = 10$ m?

a) Wegen der gleichförmigen Bewegung treten keine Trägheitskräfte auf, und das Gleichgewicht der Kräfte in Bewegungsrichtung (**Bild 2.28b**) bzw. senkrecht dazu verlangt mit

$$(F_{r1} + F_{r2}) = F_r \quad \text{und} \quad (F_{n1} + F_{n2}) = F_n$$

$$F_t = F \cos \alpha = F_r = \mu_r F_n \quad \text{und} \quad F_n = F_G - F \sin \alpha$$

Aus diesen Gleichungen folgt

$$F \cos \alpha = \mu_r (F_G - F \sin \alpha)$$

$$F = \frac{\mu_r\, m\, g}{\cos \alpha + \mu_r \sin \alpha} = \frac{0{,}03 \cdot 50\ \text{kg} \cdot 9{,}81\ \text{m/s}^2}{0{,}866 + 0{,}03 \cdot 0{,}5} = 16{,}7\ \text{N}$$

b) Nach Gl. (2.62) ist die Arbeit der konstanten Kraft F

$$W = F \cos \alpha\, \Delta s = 16{,}7\ \text{N} \cdot 0{,}866 \cdot 10\ \text{m} = 144{,}6\ \text{Nm}$$

Allgemeine Definition der Arbeit. Im Allgemeinen ist die Kraft veränderlich, während sich ihr Angriffspunkt längs einer Raumkurve verschiebt. Ersetzt man die Bahnkurve, die durch den Ortsvektor $\vec{r}\,(s)$ beschrieben wird, stückweise durch ihre Sehnen, d. h. durch Geradenabschnitte (**Bild 2.30**), so ist die Arbeit der Kraft längs eines Teilabschnittes der Bahn nach Gl. (2.64) näherungsweise gleich

$$\Delta W_i = \vec{F}\,(s_i) \cdot \Delta \vec{r}_i = F\,(s_i) \cdot \Delta s_i \cos\,[\alpha\,(s_i)] = F_t\,(s_i)\, \Delta s_i \tag{2.66}$$

mit $|\Delta \vec{r}_i| = \Delta s_i$ (s. Abschn. 1.2.2). Die Arbeit der Kraft $\vec{F}$ längs des Bahnabschnittes vom Punkt P_0 mit der Ortskoordinate s_0 bis zum Punkt P_1 mit der Ortskoordinate s_1 wird nun durch den Grenzwert der Summe $\Sigma\ \Delta W_i$ für $|\Delta \vec{r}_i| = \Delta s_i \rightarrow 0$ definiert, d. h. durch ein Integral, für das man unter Berücksichtigung der Gl. (2.62) schreibt

$$\boldsymbol{W = \int_{P_0}^{P_1} \vec{F}(s) \cdot \mathrm{d}\,\vec{r}} \tag{2.67}$$

oder

$$\boldsymbol{W = \int_{s_0}^{s_1} F_t(s)\, \mathrm{d}s} \tag{2.68}$$

Diese Gleichung besagt:

Die Arbeit ist das Wegintegral über die Bahnkomponente der Kraft.

Das bestimmte Integral in Gl. (2.68) ist der Fläche unter der Kraft-Verschiebungskurve zwischen s_0 und s_1 proportional (**Bild 2.31**) und kann aus dieser z. B. durch numerische Integration gewonnen werden (s. Beispiel 2.14).

Das Integral in Gl. (2.67) wird als Linienintegral bezeichnet. Bei der Darstellung im kartesischen x, y, z-Koordinatensystem ist

$$\vec{F} = \begin{Bmatrix} F_x \\ F_y \\ F_z \end{Bmatrix} \qquad \mathrm{d}\,\vec{r} = \begin{Bmatrix} \mathrm{d}x \\ \mathrm{d}y \\ \mathrm{d}z \end{Bmatrix}$$

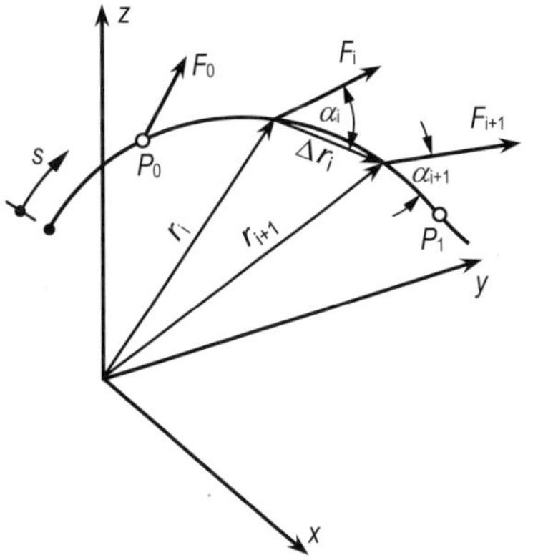

Bild 2.30: Kraft auf beliebiger Bahn

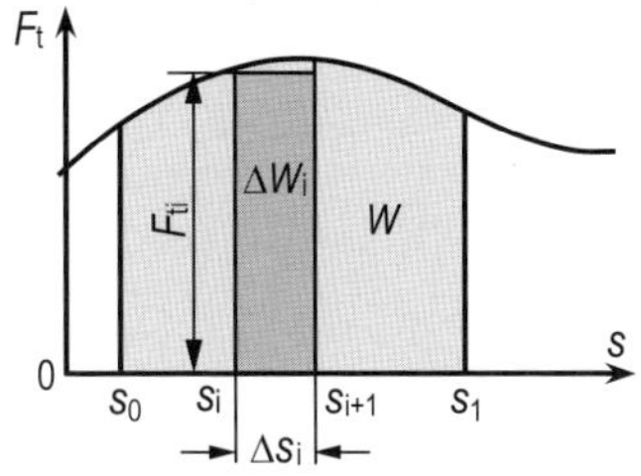

Bild 2.31: Kraft-Ort-Kurve bei allgemeiner Bewegung

Mit Hilfe der Regel für das Bilden des skalaren Produktes (s. Band *Statik*, Abschn. 1.4.3 und *Brauch, W.; Dreyer, H.-J.; Haacke, W.*: Mathematik für Ingenieure. 11. Aufl., Wiesbaden 2006) erhält man für das Linienintegral in Gl. (2.67)

$$W = \int_{P_0}^{P_1} F_x \, dx + \int_{P_0}^{P_1} F_y \, dy + \int_{P_0}^{P_1} F_z \, dz \qquad (2.69)$$

Beispiel 2.14: In **Bild 2.32** ist das Indikatordiagramm eines Viertakt-Otto-Motors dargestellt (vgl. Aufgabe 7, S. 53). Die Takte Ansaugen und Ausschieben sind unterdrückt. Aufgetragen ist der indizierte Druck p_i in Abhängigkeit vom Kolbenweg s. Der untere Teil der geschlossenen Kurve gilt für den Kompressions-, der obere für den Arbeitstakt. Man bestimme die Arbeit W der Gaskräfte bei einem Hin- und Hergang des Kolbens, wenn der Kolbendurchmesser d = 80 mm beträgt. Multipliziert man den indizierten Druck p_i mit der Kolbenfläche A_K, so erhält man die auf den Kolben wirkende Gaskraft F. Damit wird aus dem Indikatordiagramm das Kraft-Ort-Diagramm (bei entsprechender Maßstabswahl sind die Diagramme identisch), und aus der Fläche zwischen der Kurve und der Abszissenachse erhält man die verrichtete Arbeit. Während der Kompressionsphase ist die Arbeit negativ, die Gaskraft wirkt der Verschiebung entgegen. Die Fläche unter der Kurve 1 (**Bild 2.32**) ist daher von der Fläche unter der Kurve 2 (Expansion) abzuziehen, so dass nur die Fläche A in der geschlossenen Kurve der während eines Hin- und Hergangs nach außen abgeführten Arbeit entspricht. Diese ermittelt man auf numerischem Wege zu $A = 2{,}4\ \text{cm}_z^2$. Der Druck ist mit dem Maßstabsfaktor $m_p = 10\ \text{bar/cm}_z$, der Kolbenweg mit $m_s = 2\ \text{cm/cm}_z$ dargestellt. Der Maßstabsfaktor der Kraft m_F ergibt sich aus m_p durch Multiplizieren mit der Kolbenfläche

$$A_K = (\pi\, d^2)/4 = 50{,}27\ \text{cm}^2$$

$$m_F = A_K\, m_p = 50{,}27\ \text{cm}^2 \cdot 10\ \frac{\text{bar}}{\text{cm}_z} = 5027\ \frac{\text{N}}{\text{cm}_z}$$

Damit erhält man die auf einem Hin- und Herweg verrichtete Arbeit

$$W = m_F\, m_s\, A = 5027\ \frac{\text{N}}{\text{cm}_z} \cdot 2\frac{\text{cm}}{\text{cm}_z} \cdot 2{,}4\ \text{cm}^2 = 24\,130\ \text{Ncm} = 241{,}3\ \text{Nm}$$

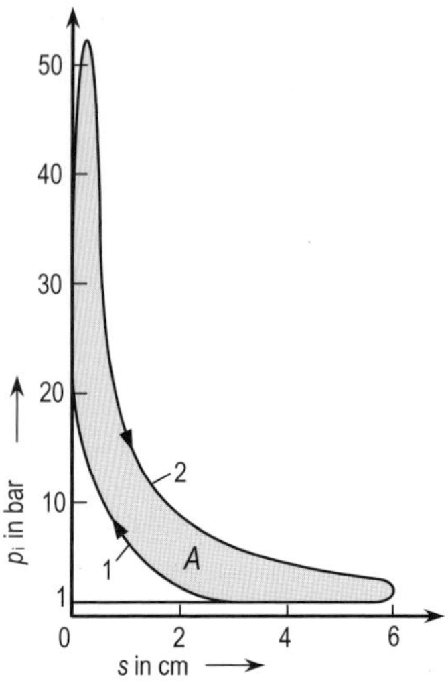

Bild 2.32: Indikatordiagramm eines Otto-Motors

$$m_p = 10\,\frac{\text{bar}}{\text{cm}_z} \qquad m_s = 2\,\frac{\text{cm}}{\text{cm}_z}$$

Reibungsarbeit ist die Arbeit zur Überwindung der Reibungskraft. Um einen Körper in horizontaler Ebene gleichförmig zu bewegen, ist eine Kraft F erforderlich, die der Reibungskraft F_r während der Verschiebung das Gleichgewicht hält. Aus der Gleichgewichtsbedingung in Bewegungsrichtung folgt $F = F_r = \mu F_n$ (**Bild 2.33**). Die Arbeit der Kraft F längs des Wegabschnittes $(s_1 - s_0)$ wird Reibungsarbeit genannt. Sie beträgt nach Gl. (2.62) mit $\alpha = 0$

$$\boldsymbol{W_F = F\,(s_1 - s_0) = F_r\,(s_1 - s_0) = \mu\,F_n\,(s_1 - s_0)} \tag{2.70}$$

Man beachte: Die Reibungsarbeit ist die Arbeit der Kraft F und nicht die der Reibungskraft F_r. Die Arbeit W_r der Reibungskraft F_r ist bei der Verschiebung negativ, da Kraft- und Verschiebungsrichtung einander entgegengerichtet sind ($\alpha = \pi$). Sie ist nur betragsmäßig gleich W_F

$$W_r = -\,\mu\,F_n\,(s_1 - s_0) = -\,W_F$$

Tritt bei einer Bewegung ein Roll- bzw. Fahrwiderstand auf, so ist in Gl. (2.70) μ durch μ_r zu ersetzen.

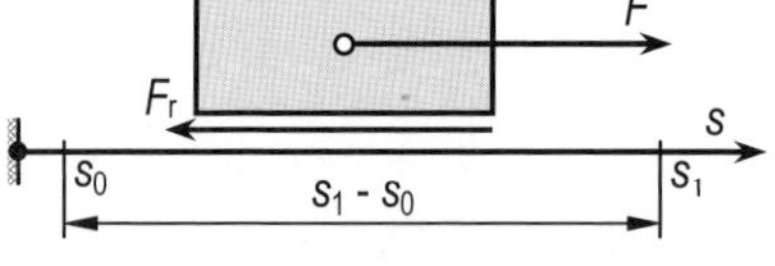

Bild 2.33: Reibungsarbeit an einem Körper

Hubarbeit ist die Arbeit zur Überwindung der Gewichtskraft. Wird ein Körper mit der Masse m senkrecht mit konstanter Geschwindigkeit gehoben (**Bild 2.34a**), so wirkt auf ihn während dieser Bewegung eine Kraft F senkrecht nach oben, die der Gewichtskraft das Gleichgewicht hält: $F = F_G$. Die Arbeit der Kraft F ist die *Hubarbeit*

$$W_F = F\,(z_1 - z_0) = F_G(z_1 - z_0) = m\,g\,h \tag{2.71}$$

Die Gewichtskraft F_G verrichtet bei der gleichen Verschiebung die negative Arbeit $W_G = -F_G\, h = -W_F$

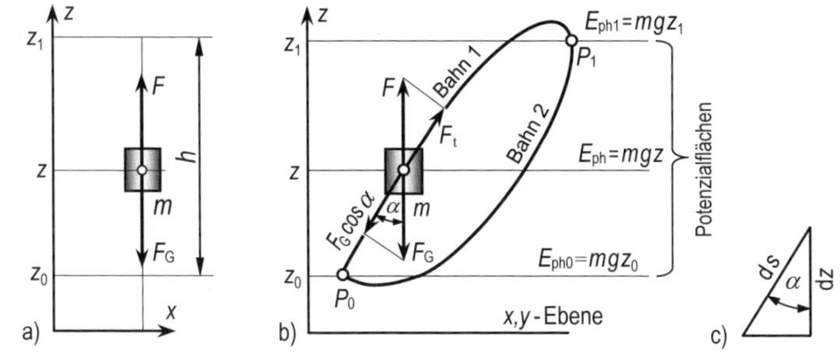

Bild 2.34: Anheben eines Körpers
a) auf senkrechter, b) auf beliebiger Bahn, c) Höhenzuwachs dz

Beispiel 2.15: Ein Kran hebt einen Körper der Masse m = 1500 kg mit konstanter Geschwindigkeit von der Höhe z_0 = 3 m auf die Höhe z_1 = 12 m. Welche Arbeit verrichtet die Seilkraft F_s (**Bild 2.35**)?
Wegen der gleichförmigen Bewegung ist die Seilkraft F_s gleich der Gewichtskraft $F_G = m\, g$, sie verrichtet nach Gl. (2.71) die Arbeit

$$W = F_s\,(z_1 - z_0) = m\,g\,(z_1 - z_0) = 1\,500\ \text{kg} \cdot 9{,}81\,\frac{\text{m}}{\text{s}^2}(12\ \text{m} - 3\ \text{m}) = 132{,}4\ \text{kNm}$$

Wird der Körper auf beliebiger Bahn mit der konstanten Bahngeschwindigkeit v gehoben, so ist während der Bewegung die Bahnkomponente der Kraft $\vec{F}$ mit der Bahnkomponente der Gewichtskraft $\vec{F}_G$ im Gleichgewicht, $F_t = F_G \cos\alpha$ (**Bild 2.34b**).

Nach Gl. (2.68) beträgt die von der Kraft $\vec{F}$ verrichtete Arbeit

$$W_F = \int_{s_0}^{s_1} F_t\, \mathrm{d}s = \int_{s_0}^{s_1} F_G \cos\alpha\, \mathrm{d}s$$

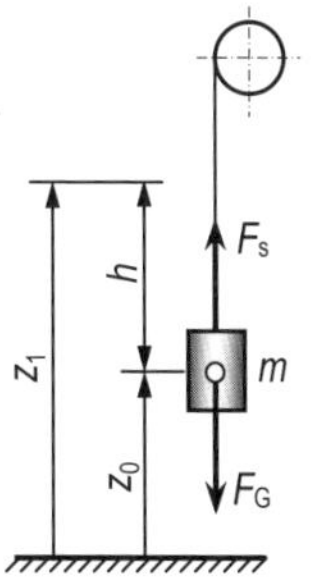

Bild 2.35: Last am Kran

Mit dem Höhenzuwachs ds cos α = dz (**Bild 2.34c**) erhält man

$$\boldsymbol{W_F = \int_{z_0}^{z_1} F_G\, \mathrm{d}z = F_G\,(z_1 - z_0) = m\,g\,h} \qquad (2.72)$$

Daraus folgt:

Die Hubarbeit ist unabhängig von der Bahnform und gleich dem Produkt aus der Gewichtskraft $F_G = m\,g$ und dem Höhenunterschied h.

Beispiel 2.16: Ein Lkw mit der Masse m = 3000 kg fährt mit konstanter Geschwindigkeit einen Berg hinauf. Unter Vernachlässigung der rollenden Reibung und des Luftwiderstandes bestimme man die Arbeit der Zugkraft F_t, wenn das Fahrzeug den Höhenunterschied h = 100 m überwindet. Nach **Bild 2.36** ist die Zugkraft $F_t = F_G \cos\alpha = F_G \sin\beta$ (β = Steigungswinkel der Bahn). Diese verrichtet nach Gl. (2.72) die Arbeit

$$W = F_G\, h = 3000 \text{ kg} \cdot 9{,}81 \text{ m/s}^2 \cdot 100 \text{ m} = 2{,}94 \cdot 10^6 \text{ Nm}$$

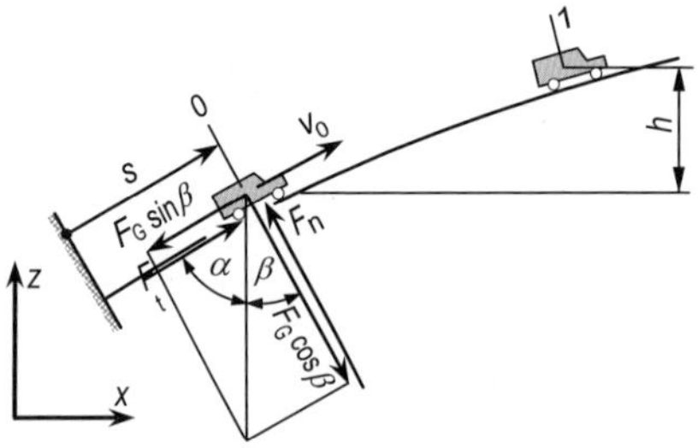

Bild 2.36: Fahrzeug bei Bergfahrt

Federspannarbeit ist die Arbeit zur Überwindung der Federkraft F_f. Wird eine Feder gespannt, so ist von außen eine Kraft F aufzubringen, die in jedem Augenblick mit der Federkraft F_f im Gleichgewicht ist: $F = F_f$ (**Bild 2.37a**). Bei linearem Kraftgesetz ist nach Gl. (2.31)

$$F_f = c\, s$$

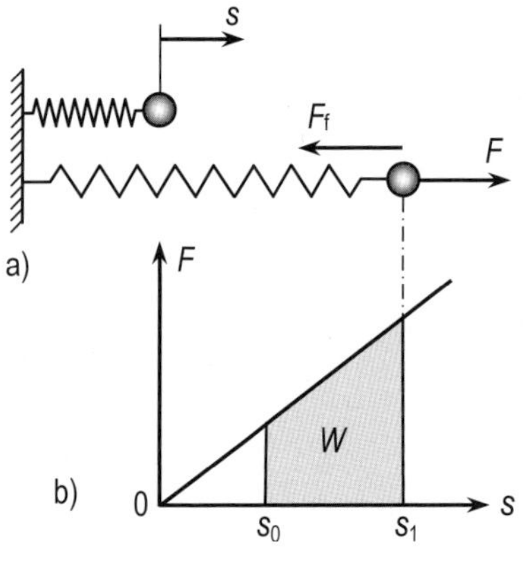

Bild 2.37:
a) Spannen einer Feder
b) Kraft-Verschiebungs-Kurve der Feder

Verschiebt man nun das Ende der Feder aus einer Lage s_0 in die Lage s_1, so verrichtet die Kraft F nach Gl. (2.68) die Federspannarbeit

$$W_F = \int_{s_0}^{s_1} F(s)\, ds = \int_{s_0}^{s_1} c\, s\, ds = c \left. \frac{s^2}{2} \right|_{s_0}^{s_1} = \frac{c}{2}(s_1^2 - s_0^2) \tag{2.73}$$

Die Federspannarbeit ist der Trapezfläche unter der Kraft-Verschiebungskurve (**Bild 2.37b**) proportional. Speziell folgt für $s_0 = 0$ und $s_1 = s$ aus Gl. (2.73) die Federspannarbeit

$$\boldsymbol{W_F = c\frac{s^2}{2}} \tag{2.74}$$

Die Federkraft F_f verrichtet bei der gleichen Verschiebung eine negative Arbeit, denn beim Spannen der Feder ist die Federkraft der Verschiebung entgegengerichtet:

$$W_f = -c\,s^2/2 = -W_F$$

Beispiel 2.17: Auf einen Stahlträger (Elastizitätsmodul $E = 210 \cdot 10^3$ N/mm²) der Länge $l = 2$ m mit Rechteckquerschnitt (Höhe $h = 5$ cm, Breite $b = 3$ cm) wird in der Mitte eine Kraft F aufgebracht (**Bild 2.38**). a) Wie ändert sich die Kraft mit der Verschiebung? b) Welche Arbeit verrichtet die Kraft F, wenn sie maximal den Wert $F_m = 3000$ N erreicht?

Bild 2.38: Balken als Biegefeder

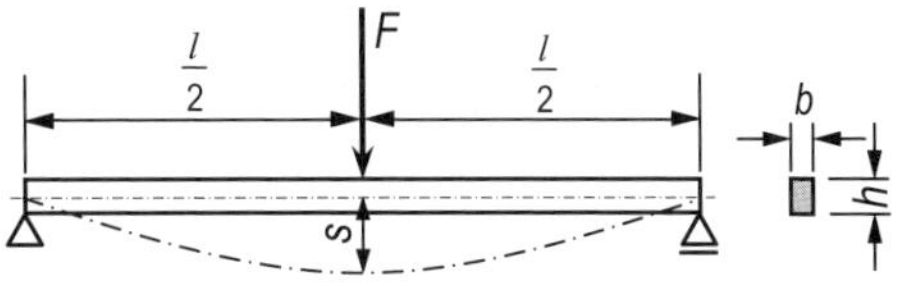

a) In der Festigkeitslehre berechnet man die Verschiebung s an der Lastangriffsstelle eines in der Mitte belasteten Trägers nach der Formel

$$s = \left(\frac{l^3}{48\,EI}\right) F \tag{2.75}$$

Dabei ist $I = b\,h^3/12$ das axiale Flächenmoment 2. Grades. Der Klammerausdruck in Gl. (2.75) ist nur von den Abmessungen des Trägers und dem E-Modul abhängig, also für einen gegebenen Träger konstant. Damit ist die Kraft der Verschiebung proportional, und es gilt das lineare Kraft-Verschiebungs-Gesetz

$$F = c\,s = \left(\frac{48\,EI}{l^3}\right) s \tag{2.76}$$

In dieser Gleichung ist die Federkonstante

$$c = \frac{48\,EI}{l^3} \tag{2.77}$$

b) Mit den gegebenen Werten ist

$$I = bh^3/12 = (3\text{ cm} \cdot 5^3\text{ cm}^3)/12 = 31{,}25\text{ cm}^4$$

$$c = 48\,EI/l^3 = (48 \cdot 21 \cdot 10^6\text{ N/cm}^2 \cdot 31{,}25\text{ cm}^4)/(200\text{ cm})^3 = 3938\text{ N/cm}$$

Setzt man in Gl. (2.74) $s = F/c$, so ist die von der Kraft F verrichtete Arbeit

$$W = c\frac{s^2}{2} = \frac{F_m^2}{2\,c} = \frac{3000^2\text{ N}^2}{2 \cdot 3938\text{ N/cm}} = 1143\text{ Ncm}$$

Beschleunigungsarbeit So wie wir die Reibungsarbeit als Arbeit zur Überwindung der Reibungskraft, die Hubarbeit als Arbeit zur Überwindung der Gewichtskraft und die Federspannarbeit als Arbeit zur Überwindung der Federkraft aufgefasst haben, kann man nach dem *d'Alembert*schen Prinzip die Beschleunigungsarbeit als Arbeit zur Überwindung der Trägheitskraft auffassen. Führt ein Massenpunkt mit der Masse m eine beschleunigte Bewegung unter der Wirkung der Kraft F aus (**Bild 2.39**), so gilt in jedem Punkt seiner Bahn das *Newton*sche Grundgesetz in Bahnrichtung

$$F_t = m\,a_t \tag{2.78}$$

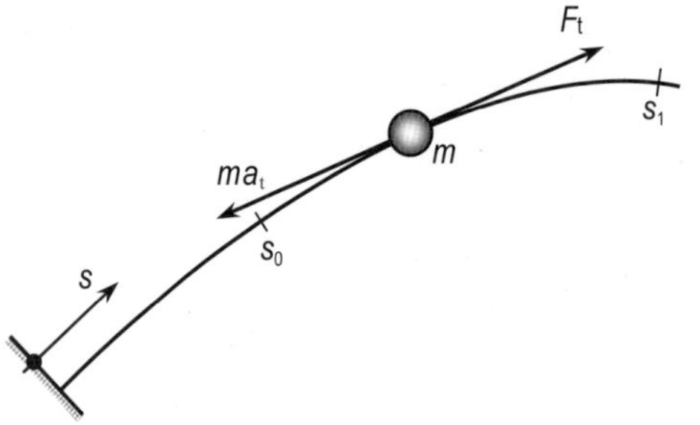

Bild 2.39: Bahnkräfte an einem beschleunigt bewegten Massenpunkt

Unter Berücksichtigung dieser Gleichung folgt für die Arbeit der beschleunigenden Kraft $\vec{F}$ zwischen zwei Bahnpunkten nach Gl. (2.68)

$$W = \int_{s_0}^{s_1} F_t\,(s)\,ds = m \int_{s_0}^{s_1} a_t(s)\,ds \tag{2.79}$$

Das Integral auf der rechten Seite der letzten Gleichung lässt sich durch Substitutionen geschlossen auswerten, ohne das Kraftgesetz $F_t = F_t(s)$ bzw. das Beschleunigungsgesetz $a_t = a_t(s)$ näher zu kennen.

Durch die Substitution (die Zeit wird als neue Veränderliche eingeführt)

$$s = s(t) \qquad ds = \frac{ds}{dt}dt = v\,dt \qquad s_0 = s(t_0) \qquad s_1 = s(t_1)$$

geht das Integral in Gl. (2.79) über in

$$W = m \int_{s_0}^{s_1} a_t\;ds = m \int_{t_0}^{t_1} a_t\;v\,dt \tag{2.80}$$

und durch die zweite Substitution (die Geschwindigkeit wird als neue Veränderliche eingeführt)

$$v = v(t) \qquad dv = \frac{dv}{dt}dt = a_t\;dt \qquad v_0 = v(t_0) \qquad v_1 = v(t_1)$$

folgt $$W = m \int_{v_0}^{v_1} v\;dv = m\frac{v_1^2}{2} - m\frac{v_0^2}{2} \tag{2.81}$$

Die Arbeit der beschleunigenden Kraft $\vec{F}$ – die *Beschleunigungsarbeit* – kann damit aus der Anfangsgeschwindigkeit v_0 und der Endgeschwindigkeit v_1 berechnet werden:

$$\boldsymbol{W = \int_{s_0}^{s_1} F_t\;ds = m\frac{v_1^2}{2} - m\frac{v_0^2}{2}} \tag{2.82}$$

Diese Beziehung wird als *Arbeitssatz* bezeichnet (s. Abschn. 2.2.3).

Wie man aus Gl. (2.79) erkennt, wurde der Arbeitssatz durch Integration des Grundgesetzes über die Ortskoordinate s gewonnen.

2.2.2 Energie

Potenzielle Energie der Lage Würde der Körper in **Bild 2.34b** aus der Lage P_1 in die Lage P_0 zurückgebracht, so würde die *Gewichtskraft* $\vec{F}_G$ die *positive* Arbeit $F_G\,h$ verrichten. Diese *mögliche* Arbeit der Gewichtskraft $\vec{F}_G$ ist unabhängig vom Weg, auf dem man den Körper von P_1 nach P_0 bringt.

Für die Tatsache, dass die Gewichtskraft aufgrund der Lage des Körpers Arbeit verrichten kann, sagt man: Der Körper besitzt eine *potenzielle Energie der Lage* (ein Arbeitsvermögen) $E_{ph} = F_G\,h = m\,g\,h$. Der Wert dieser Energie hängt davon ab, wie man die *Bezugslage* P_0 festlegt.

Wählt man für die Bezugslage den Punkt P_0 (**Bild 2.34**), so ist die potenzielle Energie im Punkt P_1 gleich $F_G(z_1 - z_0)$. Wählt man aber als Bezugspunkt den Koordinatenursprung, so ist sie gleich $F_G\,z_1$. Die Energie der Lage ist negativ, wenn sich der Körper unterhalb des Bezugspunktes befindet.

Da die potenzielle Energie der Lage nur von der Masse und dem Höhenunterschied zwischen den betrachteten Lagen abhängt, haben Körper dieselbe potenzielle Energie, wenn sie gleiche Masse haben und sich in gleicher Höhe befinden. Ebenso sind alle auf gleicher Höhe liegenden Bezugspunkte gleichwertig. Deswegen legt man ein *Bezugsniveau*, eine *Bezugsebene* (falls man von der Krümmung der Erde absieht) fest, die zur Erdoberfläche parallel ist. Das Bezugsniveau wird auch *Nullniveau* genannt. Wir machen die Bezugsebene zur x, y-Ebene eines Koordinatensystems mit lotrechter z-Achse (**Bild 2.34b**). Auf den zur Bezugsebene parallelen Ebenen hat ein Körper die gleiche potenzielle Energie der Lage. Diese Ebenen werden als *Potenzialebenen* bezeichnet (Potenzialflächen, wenn die Krümmung der Erde berücksichtigt wird). Auf diese Weise wird jedem Punkt des Raumes eindeutig ein bestimmter Wert der potenziellen Energie – das *Potenzial* – zugeordnet. Die Funktion

$$E_{ph}(z) = F_G\,z = m\,g\,z \tag{2.83}$$

durch die diese Zuordnung erfolgt, heißt *Potenzialfunktion*.

Die Hubarbeit W, die die Kraft $\vec{F} = -\vec{F}_G$ verrichtet, um den Körper auf beliebigem Wege aus der Bezugsebene mit dem Potenzial $E_{ph} = 0$ in einen Punkt P zu bringen, ist gleich der Arbeit, die die Gewichtskraft $\vec{F}_G$ bei einer Bewegung in umgekehrter Richtung verrichten würde (**Bild 2.34**)

$$W = \int_0^P \vec{F}\cdot\mathrm{d}\vec{r} = -\int_z^0 F_G\,\mathrm{d}z = F_G z = m\,g\,z = E_{ph} \tag{2.84}$$

Daraus folgt:

> Die potenzielle Energie der Lage eines Körpers ist gleich der Hubarbeit, die erforderlich ist, um den Körper aus der Bezugsebene in die betrachtete Lage zu bringen.

Wählt man ein anderes Nullniveau, so unterscheiden sich die neue und die alte Potenzialfunktion nur um eine additive Konstante. Diese Konstante ist $F_G\,h_1$, wenn h_1 der Höhenunterschied zwischen den beiden Bezugsebenen ist.

Die erforderliche Hubarbeit, um einen Körper auf beliebigem Wege aus einem Punkt P_0 (Potenzial $E_{\text{ph}0}$) in einen Punkt P_1 (Potenzial $E_{\text{ph}1}$) zu bringen, ist gleich der Potenzialdifferenz $E_{\text{ph}1} - E_{\text{ph}0}$ (s. Gl. (2.72))

$$W = \int_{P_0}^{P_1} \vec{F} \cdot \mathrm{d}\,\vec{r} = \int_{s_0}^{s_1} F_{\mathrm{t}}\,\mathrm{d}s = E_{\text{ph}1} - E_{\text{ph}0} \tag{2.85}$$

Diese Arbeit ist unabhängig von der Wahl des Nullniveaus, da sich zwei verschiedene Potenzialfunktionen nur um eine additive Konstante unterscheiden. Diese fällt bei der Bildung der Potenzialdifferenz heraus.

Potenzielle Energie der Feder Würde die gespannte Feder in **Bild 2.37** wieder entspannt, so würde die Federkraft F_{f} eine positive Arbeit verrichten (Federkraft und Verschiebung sind jetzt gleichgerichtet). Für die Tatsache, dass die Feder beim Entspannen Arbeit verrichten kann, also die gespannte Feder ein Arbeitsvermögen hat, sagt man: Die gespannte Feder besitzt eine *potenzielle Energie*. Die Größe der potenziellen Energie hängt von der Wahl des Vergleichszustandes ab. Im Allgemeinen wählt man hierfür den Zustand der entspannten Feder. Dann ist entsprechend Gl. (2.74) die potenzielle Energie einer um s gespannten Feder mit der Federkonstante c

$$E_{\text{pf}} = c\frac{s^2}{2} \tag{2.86}$$

Man beachte, dass bei dem so festgelegten Nullniveau die potenzielle Energie für positives und negatives s immer positiv ist. Es wird also sowohl bei der Verlängerung (Zugfeder) als auch bei der Verkürzung (Druckfeder) einer Feder, gemessen von der entspannten Lage aus, Arbeitsvermögen gespeichert.

Nach Gl. (2.86) ist jedem Spannungszustand der Feder eindeutig ein bestimmter Wert der potenziellen Energie – das *Potenzial* – zugeordnet. Die Funktion $E_{\text{pf}}(s)$, nach der diese Zuordnung erfolgt, heißt *Potenzialfunktion*. Das Potenzial ist nur von der Verlängerung s der Feder, d. h. nur vom Ort des ausgelenkten Federendes abhängig. Es ist eine skalare Ortsfunktion. Die zur Verlängerung der Feder um $\Delta s = s_1 - s_0$ erforderliche Spannarbeit der äußeren Kraft F kann aus der Potenzialdifferenz berechnet werden (s. Gl. (2.73))

$$W = \int_{s_0}^{s_1} F_{\mathrm{t}}\,(s)\,\mathrm{d}s = E_{\text{pf}1} - E_{\text{pf}0} \tag{2.87}$$

In Gl. (2.85) und (2.87) haben wir die Arbeit der Kraft F, die der Potenzialkraft (Gewichtskraft, Federkraft) *entgegen* wirkt, durch eine Potenzialdifferenz bestimmt. Für diese Arbeit gilt allgemein

$$W = \int_{s_0}^{s} F_{\mathrm{t}}\,\mathrm{d}\sigma = E_{\mathrm{p}} - E_{\mathrm{p}0} \tag{2.88}$$

Kräfte, die ein Potenzial besitzen, wollen wir allgemein mit F_{p} (Gewichtskraft F_{G}, Federkraft F_{f}) bezeichnen.

Da die Potenzialkraft $\vec{F}_p$ der Kraft $\vec{F}$ entgegengesetzt gleich ist ($\vec{F}_p = -\vec{F}$, $\vec{F}_{pt} = -\vec{F}_t$), erhält man die Arbeit dieser Kraft zu

$$W_p = \int_{s_0}^{s} F_{pt}\, d\sigma = -\int_{s_0}^{s} F_t\, d\sigma = -(E_p - E_{p0}) \tag{2.89}$$

Die Arbeit der Potenzialkräfte ist nur vom Anfangs- und Endpunkt der Verschiebung und nicht von dem Weg zwischen diesen Punkten abhängig.

Tritt bei der Bewegung eines Körpers aus einer Lage 0 nach 1 Reibung auf, so kann die Arbeit der Reibungskraft zwischen diesen Orten beliebig groß gemacht werden, indem man den Körper z. B. mehrfach hin- und herbewegt. Die Arbeit der Reibungskraft ist also nicht nur vom Anfangs- und Endpunkt der Verschiebung, sondern auch vom Weg zwischen diesen Punkten abhängig. Sie kann daher nicht durch eine Potenzialdifferenz dargestellt werden. Man sagt: *Reibungskräfte haben kein Potenzial.*

Kinetische Energie Würde ein Massenpunkt, der am Orte s_0 die Bahngeschwindigkeit v_0 hat, durch eine äußere Kraft F_t am Orte s_1 bis zum Stillstand ($v = 0$) gebremst (**Bild 2.40**), so würde dabei die Trägheitskraft $m(-a_t)$ die Arbeit

$$E_{k0} = \int_{s_0}^{s_1} m\,(-a_t)\, ds$$

verrichten. Da die *d'Alembert*sche Trägheitskraft bei negativer Beschleunigung in Richtung der Wegkoordinate wirkt, ist die Arbeit E_{k0} positiv. (In **Bild 2.40** sind positive Annahmen gemacht, s. Abschn. 2.1.3.) Mit den Substitutionen von S. 92 erhält man

$$E_{k0} = \int_{s_0}^{s_1} m\,(-a_t)\, ds = -m\int_{t_0}^{t_1} a_t\, v\, dt = -m\int_{v_0}^{0} v\, dv = -m\left[\frac{v^2}{2}\right]_{v_0}^{0}$$

oder

$$\mathbf{E_{k0} = m\frac{v_0^2}{2}} \tag{2.90}$$

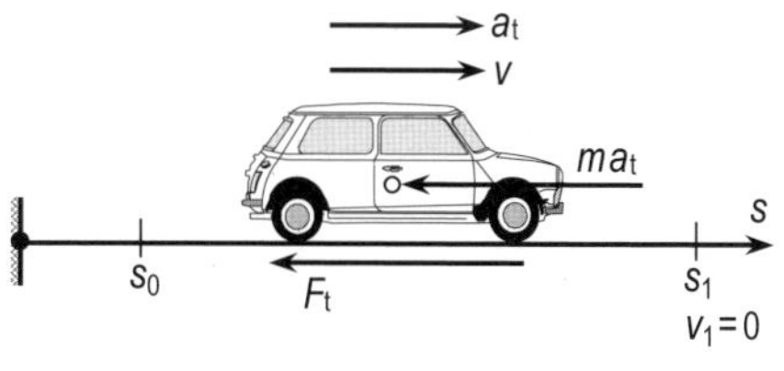

Bild 2.40:
Bahnkräfte an bremsendem Fahrzeug

Diese mögliche Arbeit E_k der Trägheitskraft beim Abbremsen bis zum Ruhezustand bezeichnet man als *kinetische Energie*. Durch Gl. (2.90) wird einem sich mit der Geschwindigkeit v_0 bewegenden Massenpunkt ein bestimmter Wert E_k der kinetischen Energie zugeordnet. Man sagt: Ein sich mit der Geschwindigkeit v bewegender Körper besitzt die kinetische Energie $E_k = m v^2/2$.

Man beachte, dass die kinetische Energie eines Massenpunktes von der Wahl des Bezugssystemes abhängig ist. So hat ein Körper der Masse m, der im Wagen eines mit der Geschwindigkeit v fahrenden Zuges ruht, bezüglich des Wagens die kinetische Energie $E_k = 0$ und bezüglich der Erdoberfläche die kinetische Energie $E_k = m\,v^2/2$. Das festgelegte Nullniveau (der Vergleichszustand) der kinetischen Energie ist der Ruhezustand ($v = 0$). Wegen der quadratischen Abhängigkeit von der Geschwindigkeit ist daher für $v \neq 0$ die kinetische Energie im Gegensatz zur potenziellen Energie der Lage stets eine positive Größe.

Aufgrund vorstehender Betrachtungen folgt:

Energie ist gespeichertes Arbeitsvermögen.

Das Arbeitsvermögen der Gewichtskraft aufgrund der Lage des Körpers wird als *potenzielle Energie der Lage*, das Arbeitsvermögen der Federkraft aufgrund des Spannungszustandes der Feder als *potenzielle Energie der Feder*, das Arbeitsvermögen der Trägheitskraft aufgrund des Geschwindigkeitszustandes des Massenpunktes als *kinetische Energie* bezeichnet.

Während sich der Begriff *Arbeit* auf einen Vorgang bezieht (Heben eines Körpers, Spannen einer Feder, Beschleunigen eines Massenpunktes), bezieht sich der Begriff *Energie* auf einen bestimmten Zustand (Lage, Spannungszustand, Geschwindigkeitszustand). Kurz:

Arbeit ist Vorgang, Energie ist Zustand.

Die Einheit der Energie ist die der Arbeit. Mit Hilfe von Gl. (2.65) können die verschiedenen Maßeinheiten ineinander umgerechnet werden.

Ihre eigentliche Bedeutung erhalten die Begriffe Arbeit und Energie erst durch den Arbeitssatz und den Energieerhaltungssatz.

2.2.3 Arbeitssatz und Energieerhaltungssatz

Arbeitssatz Die Ausdrücke auf der rechten Seite von Gl. (2.82) sind die kinetische Energie des Massenpunktes in den Lagen 0 und 1. Man bezeichnet diese Gleichung als Arbeitssatz. Dieser besagt:

Die Differenz der kinetischen Energien ist gleich der von den äußeren, am Massenpunkt angreifenden Kräften auf dem Wege von s_0 nach s_1 verrichteten Arbeit.

$$\frac{m}{2} v_1^2 - \frac{m}{2} v_0^2 = \int_{s_0}^{s_1} F_t \, \mathrm{d}s = W_{01} \tag{2.91}$$

oder

$$E_{k1} - E_{k0} = W_{01} \tag{2.92}$$

Den Arbeitssatz wendet man zweckmäßig dort an, wo die Bahnkomponente der resultierenden äußeren Kraft als Funktion des Weges bekannt ist oder dort, wo die Geschwindigkeit v eines Massenpunktes in Abhängigkeit vom zurückgelegten Weg gesucht ist. Wird der Arbeitssatz für ein System von Massenpunkten angewandt, so ist E_k die kinetische Energie des ganzen Systems und W_{01} die Arbeit aller am freigemachten System angreifenden Kräfte (vgl. Beispiel 2.21, S. 98).

Beispiel 2.18: Eine Kiste gleitet aus der Ruhelage eine raue schiefe Ebene herab (**Bild 2.6c**). Welche Geschwindigkeit v hat sie nach dem Höhenverlust h (s. auch Beispiel 2.3, S. 67)?

Nach **Bild 2.6c** ist die Bahnkomponente der äußeren Kraft

$$F_t = F_G \sin\alpha - F_r = F_G \sin\alpha - \mu F_G \cos\alpha = m\,g\,(\sin\alpha - \mu\cos\alpha)$$

Mit ihr erhält man aus Gl. (2.91), wenn man den Index 1 fortlässt und beachtet, dass $v_0 = 0$ ist,

$$\frac{m}{2}v^2 = m\,g\,(\sin\alpha - \mu\cos\alpha)\,s = m\,g\,s\,\sin\alpha\,(1-\mu\cot\alpha)$$

Da $s\sin\alpha = h$ ist, folgt

$$v = \sqrt{2\,g\,h\,(1-\mu\cot\alpha)} \tag{2.93}$$

Man erhält eine reelle Lösung, falls $(1 - \mu\cot\alpha) > 0$ ist, d. h., die Kiste rutscht, wenn $\tan\alpha > \mu$ ist. Sie setzt sich aus der Ruhelage ($v_0 = 0$) in Bewegung, wenn $\tan\alpha > \mu_0$ (Haftreibung) ist.

Beispiel 2.19: Mit welcher Geschwindigkeit trifft der in Aufgabe 3, S. 37, schräg geworfene Ball ($v_0 = 25$ m/s) den Punkt B mit den Koordinaten $x_B = 15$ m, $y_B = 10$ m (**Bild 1.28**)?
Auf den Ball wirkt nur die Gewichtskraft F_G. Die von ihr verrichtete Arbeit ist nur von der Größe der Gewichtskraft und der jeweiligen Höhendifferenz abhängig. Da die y-Koordinate in **Bild 1.28** nach oben positiv gezählt wurde, ist die Arbeit von F_G auf dem Wege von $y = 0$ bis $y = y_B$ negativ. Damit erhält man aus Gl. (2.91)

$$\frac{m}{2}(v_B^2 - v_0^2) = -F_G y_B = -m\,g\,y_B$$

oder

$$v_B = \sqrt{v_0^2 - 2\,g\,y_B} = \sqrt{\left(25\,\frac{\text{m}}{\text{s}}\right)^2 - 2\cdot 9{,}81\frac{\text{m}}{\text{s}^2}\cdot 10\text{ m}} = 20{,}7\,\frac{\text{m}}{\text{s}}$$

Man beachte, dass der Abwurfwinkel und die Entfernung x_B nicht in die Rechnung eingehen. Es ist aus der Rechnung nicht zu erkennen, ob der Ball den Punkt B überhaupt trifft. Die Lösung sagt lediglich aus, dass der Ball, wenn er die Höhe y_B erreicht, unabhängig vom Abwurfwinkel die Geschwindigkeit v_B hat und den Punkt B nur mit dieser Geschwindigkeit treffen kann.

Die Energie ist wie die Arbeit eine *skalare* Größe. Der Arbeitssatz (der durch einmalige Integration über die Bahnkomponente der Kraft aus dem *Newton*schen Grundgesetz gewonnen wurde) kann daher das vektorielle Grundgesetz nicht ersetzen, er kann es nur ergänzen. Man erkennt dies besonders gut an dem letzten Beispiel. Gleiches gilt für den Energieerhaltungssatz auf S. 99.

Beispiel 2.20: Welche Brennschlussgeschwindigkeit $v_B = v_0$ (Anfangsgeschwindigkeit für die ballistische Bahn) muss eine Rakete haben, wenn sie bei senkrechtem Start von der Erdoberfläche aus die Erde verlassen soll, d. h. nicht auf die Erde zurückfällt? Der Luftwiderstand wird vernachlässigt, weil er in der Brennschlusshöhe nur noch sehr gering ist.
In einer Entfernung r vom Erdmittelpunkt wirkt auf die ausgebrannte Rakete nur noch die Anziehungskraft der Erde, sie ist nach dem Gravitationsgesetz dem Quadrat des Abstandes r umgekehrt proportional und der Koordinate r entgegengerichtet (**Bild 2.41**). Mit Gl. (2.61) ist

$$F_r = -m\, g_0 \left(\frac{R}{r}\right)^2$$

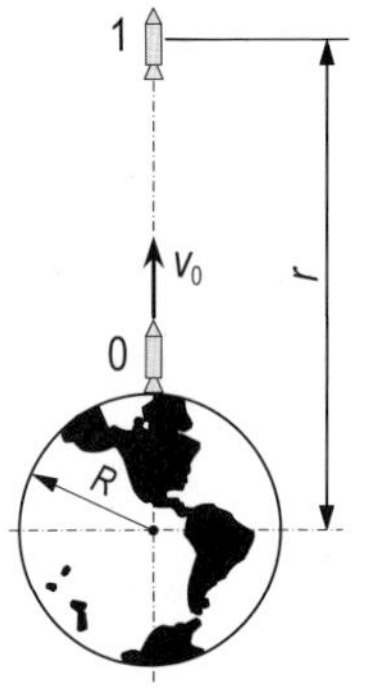

Bild 2.41: Rakete bei senkrechtem Start

Für $r = R$ ($R = 6{,}371 \cdot 10^3$ km = Erdradius) ist $F_r = -m\, g_0$ die Gewichtskraft an der Erdoberfläche. Steigt die Rakete auf die Höhe r_1, so ist die Arbeit der Kraft F_r

$$W_{01} = \int_R^{r_1} F_r\, dr = -m\, g_0\, R^2 \int_R^{r_1} \frac{dr}{r^2} = m\, g_0\, R^2 \left[\frac{1}{r}\right]_R^{r_1} = m\, g_0\, R^2 \left[\frac{1}{r_1} - \frac{1}{R}\right]$$

Diese ist nach dem Arbeitssatz gleich der Differenz der kinetischen Energien zwischen den Orten 0 und 1

$$E_{k1} - E_{k0} = \frac{m\, v_1^2}{2} - \frac{m\, v_0^2}{2} = m\, g_0\, R^2 \left[\frac{1}{r_1} - \frac{1}{R}\right] \tag{2.94}$$

Strebt $r_1 \to \infty$, so darf $v_1 = 0$ werden, ohne dass die Rakete auf die Erde zurückfällt. Mit der Bedingung $r_1 \to \infty$, $v_1 \to 0$ folgt aus der vorstehenden Gleichung für die Mindestbrennschlussgeschwindigkeit $m v_0^2 / 2 = m\, g_0\, R$ oder

$$v_B = v_0 = \sqrt{2\, g_0\, R} = \sqrt{2 \cdot \left(9{,}81 \frac{\text{m}}{\text{s}^2}\right) \cdot 6{,}371 \cdot 10^6 \text{m}} = 11{,}18 \cdot 10^3 \frac{\text{m}}{\text{s}} = 11{,}18 \frac{\text{km}}{\text{s}}$$

Beispiel 2.21: Welche Geschwindigkeit v_1 hat die Masse m_1 in Beispiel 2.7, S. 72, wenn sie aus der Ruhelage den Weg $s_1 = 10$ m zurückgelegt hat (**Bild 2.10**)?
Wir betrachten das ganze System. An der Masse m_1 greift entgegen der Bewegungsrichtung die äußere Kraft[1)]

$$F_t = -(F_{G1} \sin \alpha + F_r) = -F_{G1} (\sin \alpha + \mu \cos \alpha)$$

an, an m_2 in Bewegungsrichtung die Gewichtskraft F_{G2}. Nur diese verrichten am System die Arbeit

$$W_{01} = -F_{G1} (\sin \alpha + \mu \cos \alpha)\, s_1 + F_{G2}\, s_2$$

(Die Seilkräfte an den beiden Massen sind gleich groß, sie wirken in entgegengesetzter Richtung, und die Summe ihrer Arbeiten ist Null ($F_s\, s_1 - 2\, F_s\, s_2 = 0$)). Da die Bewegung aus der Ruhelage beginnt, ist

1) Man beachte, dass bei der Anwendung des Arbeitssatzes die Trägheitskräfte nicht zu den „äußeren Kräften" gezählt werden. Die Arbeit der Trägheitskräfte ist die Differenz der kinetischen Energien.

$E_{k0} = 0$, und E_{k1} ist die Summe der kinetischen Energien der beiden Massen in der Lage 1. Aus dem Arbeitssatz Gl. (2.91) erhält man

$$E_{k1} = \frac{m_1}{2} v_1^2 + \frac{m_2}{2} v_2^2 = W_{01} = -m_1\, g(\sin\alpha + \mu\cos\alpha)\, s_1 + m_2\, g\, s_2$$

Mit $s_1 = 2\, s_2$ und $v_1 = 2\, v_2$ folgt

$$\left(m_1 + \frac{m_2}{4}\right)\frac{v_1^2}{2} = \left[m_2/2 - m_1(\sin\alpha + \mu\cos\alpha)\right] g\, s_1$$

$$v_1 = \sqrt{\frac{m_2/2 - m_1\,(\sin\alpha + \mu\cos\alpha)}{m_1 + m_2/4}\, 2\, g\, s_1}$$

$$= \sqrt{\frac{1000\ \mathrm{kg} - 1000\ \mathrm{kg}\cdot(0{,}5 + 0{,}3\cdot 0{,}866)}{1000\ \mathrm{kg} + 500\ \mathrm{kg}}\, 2\cdot 9{,}81\frac{\mathrm{m}}{\mathrm{s}^2}\cdot 10\ \mathrm{m}} = 5{,}61\ \mathrm{m/s}$$

Energieerhaltungssatz der Mechanik In der Mechanik kennt man die Energieformen: Potenzielle Energie der Lage E_{ph}, potenzielle Energie der Feder E_{pf} und kinetische Energie E_k. Den Energieerhaltungssatz wollen wir uns an einem Beispiel verständlich machen, in dem diese drei Energieformen auftreten. Dazu betrachten wir das Feder-Masse-System in **Bild 2.42** Das x, y, z-Koordinatensystem ist so eingeführt, dass die z-Achse vertikal nach oben zeigt und die Feder für $z = 0$ entspannt ist (**Bild 2.42a**). Wird nun der Körper in lotrechter Richtung ausgelenkt und sich selbst überlassen, so führt er unter der Wirkung der Feder- und Gewichtskraft eine schwingende Bewegung aus. Zu einer Zeit t_0 möge er sich am Orte z_0 und zu der späteren Zeit t_1 am Orte z_1 befinden (**Bild 2.42c** und **d**). Für die Bewegung zwischen diesen beiden Lagen stellen wir den Arbeitssatz auf.

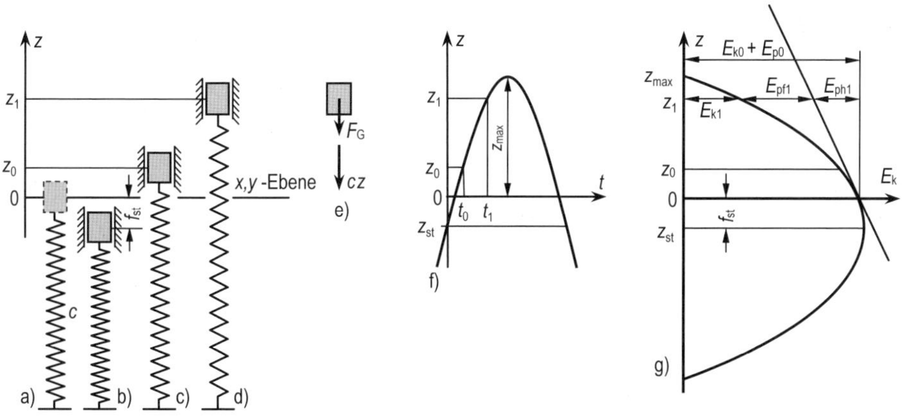

Bild 2.42: Feder-Masse-System zur Herleitung des Energiesatzes
a) Feder entspannt b) statische Ruhelage
c) und d) Massenpunkt zu den Zeiten t_0 bzw. t_1 in den Lagen z_0 bzw. z_1
e) äußere Kräfte an der freigemachten Masse
f) Ort-Zeit-Diagramm g) Energie-Ort-Diagramm

Die auf den Massenpunkt wirkende resultierende äußere Kraft F_z setzt sich zusammen aus der Gewichtskraft $F_G = m\,g$ und der Federkraft $F_f = c\,z$ (**Bild 2.42e**)

$$F_z = -(m\,g + c\,z) \tag{2.95}$$

Sie ist der z-Koordinate entgegengerichtet und daher negativ. Setzt man die Kraft $F_z = F_t$ in den Arbeitssatz Gl. (2.91) ein, so folgt

$$m\frac{v_1^2}{2} - m\frac{v_0^2}{2} = \int_{z_0}^{z_1} (-\,m\,g - c\,z)\,\mathrm{d}z = \int_{z_0}^{z_1} (-m\,g)\,\mathrm{d}z + \int_{z_0}^{z_1} (-\,c\,z)\,\mathrm{d}z \tag{2.96}$$

Die Wegintegrale der Gewichtskraft und der Federkraft in dieser Beziehung lassen sich nach Gl. (2.89) durch die Differenzen der zugehörigen Potenzialfunktionen ausdrücken (s. auch Gl. (2.84) und Gl. (2.86))

$$\int_{z_0}^{z_1} (-\,m\,g)\mathrm{d}z = m\,g\,z_0 - m\,g\,z_1 = E_{\mathrm{ph}0} - E_{\mathrm{ph}1} \tag{2.97}$$

$$\int_{z_0}^{z_1} (-\,c\,z)\mathrm{d}z = c\frac{z_0^2}{2} - c\frac{z_1^2}{2} = E_{\mathrm{pf}0} - E_{\mathrm{pf}1} \tag{2.98}$$

Ersetzt man die Integrale in Gl. (2.96) durch die Potenzialdifferenzen und bringt alle auf die Stelle 1 bezogenen Größen auf die eine und alle auf die Stelle 0 bezogenen Größen auf die andere Seite der Gleichung, so erhält man

$$m\frac{v_1^2}{2} + m\,g\,z_1 + c\frac{z_1^2}{2} = m\frac{v_0^2}{2} + m\,g\,z_0 + c\frac{z_0^2}{2} \tag{2.99}$$

$$E_{\mathrm{k}1} + E_{\mathrm{ph}1} + E_{\mathrm{pf}1} = E_{\mathrm{k}0} + E_{\mathrm{ph}0} + E_{\mathrm{pf}0}$$

Die Summe aus der kinetischen Energie, der potenziellen Energie der Lage und der potenziellen Energie der Feder an der Stelle 1 ist also gleich der Summe dieser drei Energien an der Stelle 0. Da die Stellen 1 und 0 willkürlich gewählt wurden, bleibt auch an jeder anderen Stelle die Summe der Energien konstant. Das ist die Aussage des Energieerhaltungssatzes (kurz: Energiesatzes) der Mechanik. Fasst man die beiden potenziellen Energien zu $E_p = E_{ph} + E_{pf}$ zusammen, so lautet er

$$\boldsymbol{E_\mathrm{k} + E_\mathrm{p} = E_{\mathrm{k}0} + E_{\mathrm{p}0} = \mathrm{const}} \tag{2.100}$$

Die Summe aus der kinetischen und der potenziellen Energie ist zu jedem Zeitpunkt konstant.

Der Energiesatz gilt nur, wenn alle am freigemachten Massenpunkt angreifenden Kräfte ein Potenzial haben, d. h., wenn ihre Arbeitsintegrale unabhängig vom Weg sind und sich durch die Differenzen der zugehörigen Potenzialfunktionen ausdrücken lassen. Reibungskräfte dürfen z. B. nicht auftreten.

In **Bild 2.42g** ist die kinetische Energie E_k in Abhängigkeit von der Ortskoordinate z aufgetragen. Aus Gl. (2.99) erhält man in Verbindung mit Gl. (2.100) für eine beliebige Lage z des Massenpunktes

$$E_k = E_k(z) = (E_{k0} + E_{p0}) - m\,g\,z - c\frac{z^2}{2} = (E_{k0} + E_{p0}) - E_{ph} - E_{pf} \tag{2.101}$$

Die Kurve $E_k(z)$ ist eine Parabel.

In der oberen und unteren Umkehrlage des Massenpunktes ist $E_k = m\,v^2/2 = 0$. Die Energieparabel hat ihren Scheitel in der statischen Ruhelage (**Bild 2.42b**).

Allgemein lassen sich die an einem Massenpunkt angreifenden Kräfte in zwei Gruppen unterteilen, nämlich Kräfte mit Potenzial ($\vec{F}_p$) und ohne Potenzial ($\vec{F}_N$)[1]. Mit diesen kann man das Arbeitsintegral in Gl. (2.91) in zwei Integrale aufspalten

$$E_{k1} - E_{k0} = \int_{s_0}^{s_1} F_t\,ds = \int_{s_0}^{s_1} F_{pt}\,ds + \int_{s_0}^{s_1} F_{Nt}\,ds \tag{2.102}$$

Das Arbeitsintegral der Kräfte mit Potenzial (Gewichtskräfte, Federkräfte) ist unabhängig vom Wege und kann entsprechend Gl. (2.89) durch die Potenzialdifferenz $E_{p0} - E_{p1}$ ersetzt werden

$$W_p = \int_{s_0}^{s_1} F_{pt}\,ds = E_{p0} - E_{p1} \tag{2.103}$$

In dieser Gleichung ist unter E_p die gesamte potenzielle Energie, also Lage- und Federenergien zu verstehen.

Das Arbeitsintegral der Kräfte ohne Potenzial wollen wir mit W_{N01} bezeichnen

$$W_{N01} = \int_{s_0}^{s_1} F_{Nt}\,ds \tag{2.104}$$

Dieses Integral ist abhängig vom Weg zwischen den Orten 0 und 1. Ersetzt man die Integrale in Gl. (2.102) durch die Ausdrücke in Gl. (2.103) und (2.104) und bringt alle auf die Stelle 1 bezogenen Größen auf die eine und die auf die Stelle 0 bezogenen auf die andere Seite, so folgt

$$E_{k1} + E_{p1} = E_{k0} + E_{p0} + W_{N01} \tag{2.105}$$

Die Summe der kinetischen und potenziellen Energie am Ort 1 ist gleich der Summe dieser Energien am Ort 0 vermehrt um die Arbeit W_{N01} der Kräfte ohne Potenzial.

Die Arbeit W_{N01} ist positiv, wenn das Integral Gl. (2.104) positiv ist, wenn also dem bewegten Körper auf dem Wege von 0 nach 1 Energie zugeführt wird (vgl. Beispiel 2.24, S. 103, und

[1] Index N = „Nichtpotenzialkräfte".

Aufgabe 4, S. 113). Wirken die Kräfte $\vec{F}_N$ einer Verschiebung des Körpers entgegen, z. B. Reibungskräfte, so ist die Arbeit W_{N01} negativ.

In der Anwendung wird die Energiesumme gewöhnlich nur für zwei Lagen eines Körpers (oder eines Systems von Körpern) betrachtet. Umfangreiche Aufgaben lassen sich dann entsprechend Gl. (2.105) mit Hilfe des folgenden Schemas lösen (vgl. Beispiel 2.25, S. 103):

Ort	E_k	E_{ph}	E_{pf}	W_N	Σ
0	E_{k0}	E_{ph0}	E_{pf0}	W_{N01}	$E_{k0} + E_{ph0} + E_{pf0} + W_{N01}$
1	E_{k1}	E_{ph1}	E_{pf1}	–	$E_{k1} + E_{ph1} + E_{pf1}$

Der Energieerhaltungssatz ist in Gl. (2.100) nur für mechanische Energien formuliert. Neben den mechanischen gibt es weitere Energieformen. So war es das Verdienst des Arztes *Robert Mayer* (1814 bis 1878), nachgewiesen zu haben, dass auch die Wärmemenge eine Energieform ist. Wärmemengen werden in Joule (J) gemessen. Es gilt die Umrechnung Gl. (2.65)

$$1\ \mathrm{J} = 1\ \mathrm{Ws} = 1\ \mathrm{Nm} \tag{2.106}$$

Weitere Energieformen sind elektrische Energie, chemische Energie, Strahlungsenergie u. a. m. Der Energieerhaltungssatz gilt, wie die Erfahrung zeigt, für alle Energieformen. Es ist also die Summe aller Energien in einem abgeschlossenen System konstant. Eine Energie kann wohl in eine andere verwandelt werden, aber nicht verloren gehen. Der Energieerhaltungssatz stellt in seiner allgemeinsten Form eines der umfassendsten Naturgesetze dar und ist dann ein selbstständiges Axiom.

Bei Energieumwandlungen spricht man von „Energieverlusten“. Gemeint ist damit, dass in einem Prozess die vorhandene Energie nur teilweise dem beabsichtigten Zweck zugeführt werden kann. Soll z. B. die in einem Brennstoff vorhandene chemische Energie mit Hilfe einer Brennkraftmaschine in mechanische Arbeit verwandelt werden, so wird die chemische Energie in Wärme umgesetzt, von der nur ein Teil umgewandelt werden kann.

Beispiel 2.22: Gesucht ist die Geschwindigkeit v_1, mit der ein frei herabfallender Gegenstand aus $h = 100$ m Höhe die Erde trifft (vgl. Beispiel 1.3, S. 11). Legt man das Nullniveau der potenziellen Energie auf die Erdoberfläche, so ist bei Bewegungsbeginn (Ort 0) $E_{k0} = 0$ und $E_{p0} = m\,g\,h$. An der Erdoberfläche (Ort 1) ist $E_{k1} = mv_1^2/2$ und $E_{p1} = 0$. Aus dem Energiesatz Gl. (2.99) folgt mit $E_{k1} = E_{p0}$

$$\frac{m\,v_1^2}{2} = m\,g\,h \quad \text{oder} \quad v_1 = \sqrt{2\,g\,h} = 44{,}3\ \mathrm{m/s}$$

Ist die Anfangsgeschwindigkeit $v_0 \neq 0$ (dabei ist es gleichgültig, ob der Gegenstand aufwärts, abwärts oder schräg geworfen wird), so ergibt sich mit $E_{k0} = mv_0^2/2$ aus dem Energiesatz $E_{k1} - E_{k0} = E_{ph0}$ und

$$\frac{m}{2}(v_1^2 - v_0^2) = m\,g\,h \quad \text{oder} \quad v_1 = \sqrt{v_0^2 + 2\,g\,h}$$

Beispiel 2.23: Eine Kugel hängt am Ende eines Fadens ($l = 1$ m) mit vernachlässigbar kleiner Masse und wird aus der gezeichneten Lage ($\alpha = 30°$) losgelassen (**Bild 2.43**). In der Vertikale schlägt der Faden im Punkte B an eine feste Wand ($b = 0{,}6$ m) und wird dadurch abgewinkelt. Bei welchem Winkel β erreicht die Kugel ihre Umkehrlage?

In den Umkehrlagen hat die Kugel nur potenzielle Energie. Da keine Energie verloren geht, liegen diese auf der gleichen Höhe. Daraus folgt

$$(l-b)\cos\beta = l\cos\alpha - b$$

$$\cos\beta = \frac{l\cos\alpha - b}{l-b} = \frac{(1\cdot 0{,}866 - 0{,}6)\text{ m}}{(1-0{,}6)\text{ m}} = 0{,}665 \qquad \beta = 48{,}3^\circ$$

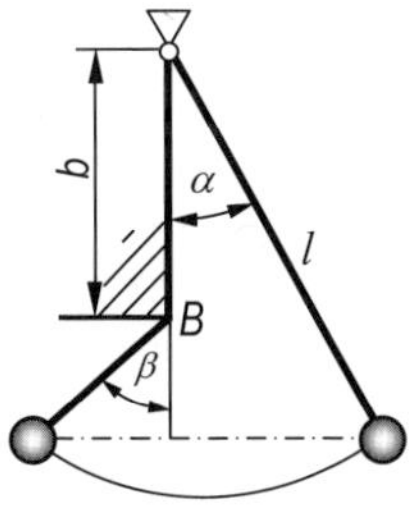

Bild 2.43: Kugel am Ende eines Fadens

Beispiel 2.24: Man löse die Aufgabe in Beispiel 2.16, S. 90, mit Hilfe des Energiesatzes Gl. (2.105). Legt man das Nullniveau der potenziellen Energie in die Lage 0 (**Bild 2.36**), so ist $E_{ph0} = 0$. Da sich der Lkw mit konstanter Geschwindigkeit bewegt, ist $E_{k0} = E_{k1} = mv_0^2/2$. Das Schema für die Energiebilanz lautet

Ort	E_k	E_{ph}	W_N	Σ
0	$mv_0^2/2$	0	W_{N01}	$mv_0^2/2 + W_{N01}$
1	$mv_0^2/2$	$m\,g\,h$	0	$mv_0^2/2 + m\,g\,h$

Nach dem Energiesatz sind die beiden Summen in der letzten Spalte einander gleich. Damit erhält man die auf dem Wege von 0 nach 1 dem Lkw zugeführte Energie $W_{N01} = m\,g\,h = 2{,}94 \cdot 10^6$ Nm. Diese ist gleich der früher berechneten Arbeit der Zugkraft F_t.

Beispiel 2.25: Der Fall eines Körpers (m = 40 kg) aus h = 1 m Höhe wird durch eine Feder (Federkonstante c = 800 N/cm) abgefangen (**Bild 2.44**). In den Führungen tritt die Reibungskraft F_r = 40 N auf. Man bestimme a) die Geschwindigkeit v_1, mit der der Körper die Feder trifft, b) den maximalen Federweg f_f, c) die maximale Federkraft F_m. d) Wie groß sind v_1, f_f und F_m, wenn die Reibungskraft $F_r = 0$ ist?

Bild 2.44:
Fall eines Körpers wird durch Feder gebremst

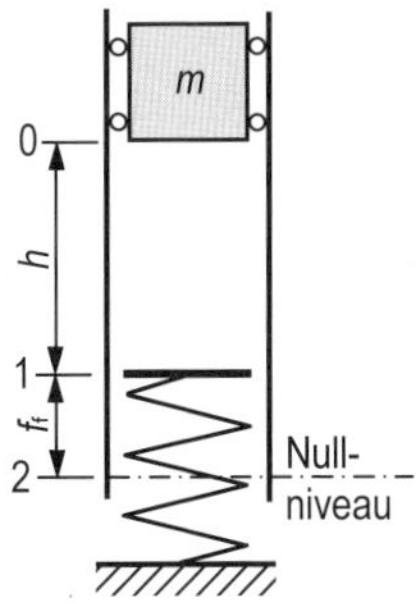

a) Das Nullniveau der potenziellen Energie der Lage wählen wir in der Umkehrlage 2. Dann besitzt der Körper am Ort 0 die potenzielle Energie $E_{ph0} = m\,g\,(h + f_f)$, am Ort 1 ist $E_{ph} = m\,g\,f_f$. Die entsprechenden kinetischen Energien betragen $E_{k0} = 0$ und $E_{k1} = mv_1^2/2$. Die Reibungskraft ist der Verschiebung entgegengerichtet und verrichtet zwischen den Orten 0 und 1 die negative Arbeit $W_{N01} = -F_r\,h$. Mit Hilfe des Schemas unter Beispiel 2.24 und Gl. (2.105) erhält man

Ort	E_k	E_{ph}	W_N	Σ
0	0	$m\,g\,(h+f_f)$	$-F_r\,h$	$m\,g\,(h+f_f)-F_r\,h$
1	$mv_1^2/2$	$m\,g\,f_f$		$mv_1^2/2+m\,g\,f_f$

$$m\frac{v_1^2}{2}+m\,g\,f_f=m\,g\,(h+f_f)-F_r\,h$$

$$v_1=\sqrt{2\,g\,h\left[1-\frac{F_r}{m\,g}\right]}=\sqrt{2\cdot 9{,}81\,\frac{\mathrm{m}}{\mathrm{s}^2}\cdot 1\,\mathrm{m}\left[1-\frac{40}{40\cdot 9{,}81}\right]}=4{,}20\ \mathrm{m/s}$$

b) Am Ort 2 ist die Feder um f_f zusammengedrückt. Die potenzielle Energie der Feder beträgt $E_{pf2}=c\,f_f^2/2$, die kinetische Energie E_{k2} verschwindet, da $v_2=0$ ist. Stellt man die Energiebilanz für die Lagen 0 und 2 auf, so folgt

Ort	E_k	E_{ph}	E_{pf}	W_N	Σ
0	0	$m\,g\,(h+f_f)$	0	$-F_r\,(h+f_f)$	$m\,g\,(h+f_f)-F_r\,(h+f_f)$
2	0	0	$c\,f_f^2/2$		$c\,f_f^2/2$

$$\frac{c\,f_f^2}{2}=m\,g\,(h+f_f)-F_r(h+f_f)$$

$$f_f^2-2\frac{m\,g-F_r}{c}f_f=2\,\frac{m\,g-F_r}{c}\,h$$

Der Ausdruck $(m\,g-F_r)/c=(40\cdot 9{,}81-40)$ N/ (800 N/cm) = 0,44 cm = f_{st} ist die statische Verformung der Feder, wenn die Feder- und Reibungskraft der Gewichtskraft das Gleichgewicht halten. Mit f_{st} hat die quadratische Gleichung die physikalisch sinnvolle Lösung

$$f_f=f_{st}+\sqrt{f_{st}^2+2f_{st}\,h}=0{,}44\ \mathrm{cm}+\sqrt{(0{,}44^2+2\cdot 0{,}44\cdot 100)\ \mathrm{cm}^2}=9{,}83\ \mathrm{cm}$$

c) Die maximale Federkraft beträgt

$$F_m=c\,f_f=(800\ \mathrm{N/cm})\cdot 9{,}83\ \mathrm{cm}=7864\ \mathrm{N}$$

d) Mit $F_r=0$ erhält man aus vorstehenden Gleichungen

$$v_1=\sqrt{2\,g\,h}=4{,}43\ \mathrm{m/s}\qquad f_{st}=m\,g/c=0{,}49\ \mathrm{cm}$$

$$f_f=f_{st}\pm\sqrt{f_{st}^2+2\,f_{st}\,h}=f_{st}\pm f_m=(0{,}49\pm 9{,}91)\ \mathrm{cm}$$

Die positive Lösung $f_f=10{,}40$ cm gibt die größte Zusammendrückung der Feder an. In vorstehender Gleichung ist der Wurzelausdruck die Amplitude f_m der Schwingung, die sich einstellen würde, wenn der Körper an der Feder haften bliebe. Die Mittellage dieser Schwingung ist die statische Ruhelage. Die negative Lösung für f_f gibt die obere Umkehrlage an. Die maximale Federkraft beträgt

$$F_m=c\,f_f=800\ \mathrm{N/cm}\cdot 10{,}40\ \mathrm{cm}=8320\ \mathrm{N}$$

Beispiel 2.26: Ein Wagen gleitet aus der Ruhelage A reibungsfrei eine schiefe Ebene herab ($\alpha = 30°$), die im Punkt B in eine Kreisbahn übergeht (**Bild 2.45**; $\overline{AB} = 20$ m, $\rho = 40$ m). An welcher Stelle C löst sich der Wagen von der Kreisbahn?

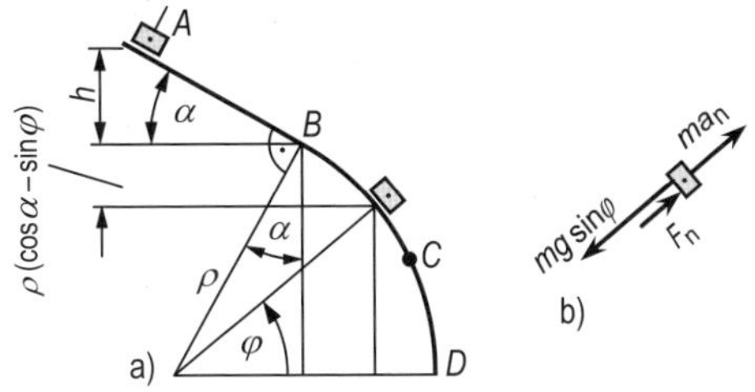

Bild 2.45:
Wagen löst sich von Kreisbahn

Der Wagen löst sich von der Bahn, wenn die Normalkraft Null wird. In **Bild 2.45b** ist der Körper freigemacht, es sind die Kräfte in Normalenrichtung angetragen. Neben der Gewichtskraftkomponente $m\,g \sin \varphi$ und der Normalkraft F_n greift in Normalenrichtung die Trägheitskraft $m\,a_n = m\,v^2/\rho$ an, und es gilt

$$F_n = m\,g \sin\varphi - \frac{m\,v^2}{\rho} \tag{2.107}$$

Nimmt man das Nullniveau der potenziellen Energie in der Höhe des Punktes D an, so gilt für irgendeinen Ort zwischen B und C

$$E_k + E_p = E_{kA} + E_{pA}$$

$$\frac{m\,v^2}{2} + m\,g\,\rho \sin\varphi = 0 + m\,g\,(h + \rho\cos\alpha) \tag{2.108}$$

Setzt man den Ausdruck für $m\,v^2$ aus Gl. (2.108) in Gl. (2.107) ein, so folgt mit $F_n = 0$

$$m\,g\,\rho \sin\varphi = 2\,m\,g\,(h + \rho(\cos\alpha - \sin\varphi)) \qquad \sin\varphi = \frac{2}{3}\left(\frac{h}{\rho} + \cos\alpha\right)$$

Mit $h = \overline{AB}\,\sin\alpha = 10$ m erhält man für den Ablösungswinkel

$$\sin\varphi = \frac{2}{3}\left(\frac{10\text{ m}}{40\text{ m}} + 0{,}866\right) = 0{,}744 \qquad \varphi = 48{,}1°$$

Beispiel 2.27: Für das mathematische Pendel in Beispiel 2.11, S. 79, bestimme man die Fadenkraft in Abhängigkeit vom Ausschlagwinkel φ.
In **Bild 2.17a** ist das Pendel in einer ausgelenkten Lage gezeichnet. Legt man das Nullniveau der potenziellen Energie in die statische Ruhelage, so ist die gesamte Energie in der Lage φ

$$E_k + E_p = \frac{m\,v^2}{2} + m\,g\,h = \frac{m\,v^2}{2} + m\,g\,l\,(1 - \cos\varphi) = \text{const} \tag{2.109}$$

Die Fadenkraft F_n gewinnt man aus dem Gleichgewicht der Kräfte in radialer Richtung (**Bild 2.17b**)

$$F_n = m\,l\,\dot{\varphi}^2 + m\,g\cos\varphi \tag{2.110}$$

Darin kann die Winkelgeschwindigkeit $\dot{\varphi}$ mit Hilfe des Energiesatzes durch den Winkel φ wie folgt ausgedrückt werden. Nimmt man an, dass das Pendel zu Beginn der Bewegung um φ_0 ausgelenkt und dann losgelassen wird, so ist die Anfangsenergie $E_{k0} = 0$ und $E_{p0} = m\,g\,l\,(1 - \cos\varphi_0)$. Durch Gleichsetzen von $E_{k0} + E_{p0}$ mit Gl. (2.109) folgt

$$\frac{m\,v^2}{2} + m\,g\,l\,(1 - \cos\varphi) = m\,g\,l\,(1 - \cos\varphi_0)$$

$$\frac{m\,v^2}{2} = m\,g\,l\,(\cos\varphi - \cos\varphi_0)$$

Mit $l\,\dot{\varphi} = v$ erhält man

$$\frac{m\,v^2}{2} = \frac{m\,l^2\dot{\varphi}^2}{2} = m\,g\,l\,(\cos\varphi - \cos\varphi_0)$$

und $m\,l\,\dot{\varphi}^2 = 2\,m\,g\,(\cos\varphi - \cos\varphi_0)$

Setzt man dies in Gl. (2.109) ein, so wird

$$F_n = 2\,m\,g\,(\cos\varphi - \cos\varphi_0) + m\,g\cos\varphi = m\,g\,(3\cos\varphi - 2\cos\varphi_0)$$

Die größte Fadenkraft tritt für $\varphi = 0$ auf. Wählt man z. B. für die Ausgangslage $\varphi_0 = \pi/2$, so ist $F_{n\max} = 3\,m\,g$. Es ist bemerkenswert, dass die Fadenkraft unabhängig von der Länge l ist.

2.2.4 Leistung einer Kraft, Wirkungsgrad

Zur Kennzeichnung einer Maschine oder eines Vorganges ist es häufig von Bedeutung zu wissen, in welcher Zeit eine Arbeit verrichtet wird. Um dies kurz zu charakterisieren, wird der Begriff Leistung eingeführt.

Man definiert die *mittlere Leistung* einer Kraft zwischen den Zeitpunkten t_0 und t_1 durch den Quotienten

$$\overline{\boldsymbol{P}} = \frac{\boldsymbol{W_1 - W_0}}{\boldsymbol{t_1 - t_0}} = \frac{\boldsymbol{\Delta W}}{\boldsymbol{\Delta t}} \qquad (2.111)$$

Die mittlere Leistung ist der Quotient aus der Arbeit und der Zeit, in der diese Arbeit verrichtet wird.

Die *augenblickliche Leistung, kurz Leistung*, ist durch den Grenzwert des Differenzenquotienten in Gl. (2.111) für $t_1 \to t_0$ definiert, d. h. durch den Differenzialquotienten

$$\boldsymbol{P} = \frac{\mathbf{d}\boldsymbol{W}}{\mathbf{d}\boldsymbol{t}} \qquad (2.112)$$

Die Leistung ist die Ableitung der Arbeit nach der Zeit.

Setzt man in die Definitionsgleichung (2.112) für die Arbeit W nach Gl. (2.68) den Ausdruck

$$W = \int F_t\,\mathrm{d}s$$

ein und substituiert die Zeit t als neue Integrationsvariable, so folgt

$$P = \frac{d}{\mathrm{d}t}\int F_t\,\mathrm{d}s = \frac{\mathrm{d}}{\mathrm{d}t}\int F_t\,\frac{\mathrm{d}s}{\mathrm{d}t}\,\mathrm{d}t = F_t\,\frac{\mathrm{d}s}{\mathrm{d}t} \qquad (2.113)$$

da sich die Integration und Differenziation als Umkehroperationen aufheben. Mit $\mathrm{d}s/\mathrm{d}t = v$ als Bahngeschwindigkeit des Angriffspunktes der Kraft erhält man

$$\boldsymbol{P = F_t v} \tag{2.114}$$

Die Leistung einer Kraft $\vec{F}$ ist das Produkt aus der Bahnkomponente F_t der Kraft und der Bahngeschwindigkeit v ihres Angriffspunktes.

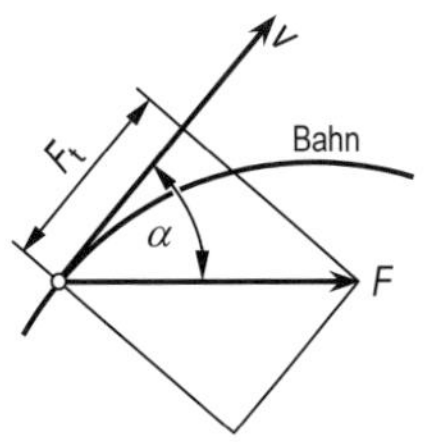

Bild 2.46: Kraft- und Geschwindigkeitsvektor in einem Bahnpunkt

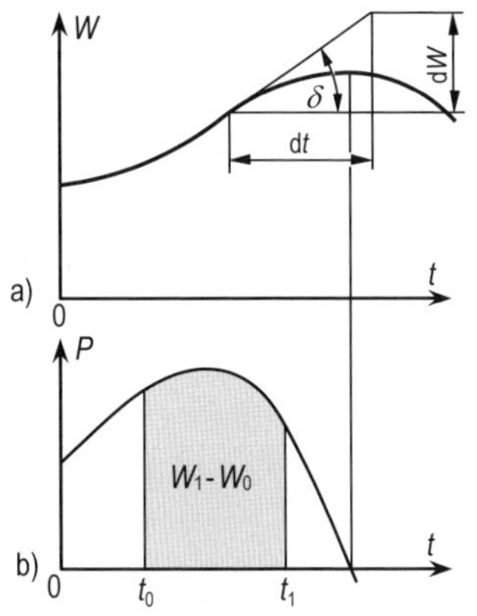

Bild 2.47: a) Arbeit-Zeit- und
b) Leistung-Zeit-Diagramm

Wie das **Bild 2.46** veranschaulicht, lässt sich die Leistung als skalares Produkt darstellen

$$P = \vec{F} \cdot \vec{v} = F \cos\alpha \cdot v = F_t v \tag{2.115}$$

Die Leistung kann z. B. in der Einheit Nm/s angegeben werden. Mit Gl. (2.106) gilt

$$1\ \text{Nm/s} = 1\ \text{J/s} = 1\ \text{W} \tag{2.116}$$

In der Technik sind außerdem die Leistungseinheiten Kilowatt (kW) und Megawatt (MW) gebräuchlich. Es ist

$$1\ \text{kW} = 1000\text{W} = 1000\ \text{Nm/s} = 1000\ \text{J/s} \qquad 1\ \text{MW} = 10^3\ \text{kW} = 10^6\ \text{W} \tag{2.117}$$

Trägt man die Arbeit W als Ordinate über der Zeit t als Abszisse auf (**Bild 2.47a**), so ist nach Gl. (2.112) die Steigung dieser Kurve ein Maß für die Leistung. Aus Gl. (2.112) folgt

$$W = \int P\,\mathrm{d}t \tag{2.118}$$

Legt man die Integrationskonstante dieses Integrals durch $W(t_0) = W_0$ fest und integriert über die Leistung zwischen den Grenzen t_0 und t_1 so erhält man mit $W(t_1) = W_1$

$$W_1 - W_0 = \int_{t_0}^{t_1} P\,\mathrm{d}t \tag{2.119}$$

Das Zeitintegral der Leistung zwischen den Zeiten t_0 und t_1 ist gleich der in diesem Zeitintervall verrichteten Arbeit.

Wird die Leistung als Funktion der Zeit grafisch dargestellt (**Bild 2.47b**), so kann das bestimmte Integral in Gl. (2.119) als Fläche unter der Leistung-Zeit-Kurve gedeutet werden.

Die verbrauchte Arbeit wird häufig mit einem Leistungsschreiber gemessen. Der „Arbeitsverbrauch" wird dann im Allgemeinen in der Einheit Kilowattstunde (kWh) angegeben. Es gilt die Umrechnung :

$$1\ \text{kWh} = (1000\ \text{Nm/s}) \cdot 3600\ \text{s} = 3{,}6 \cdot 10^6\ \text{Nm} = 3{,}6 \cdot 10^6\ \text{J}$$

Wirkungsgrad Bei allen Maschinen treten in Lagern und Führungen durch Reibung Energieverluste auf. Es ist daher unmöglich, die an einer Maschine aufgewandte Arbeit voll dem gedachten Zweck zuzuführen. Wird z. B. eine Last mit einem Flaschenzug gehoben, so muss zur Überwindung der Lagerreibung zusätzliche Arbeit aufgewendet werden. Alle Arbeiten, die nicht unmittelbar dem gedachten Zweck zugute kommen, sind *Verlustarbeiten* W_v, sie werden meist in Wärme überführt. Die *Nutzarbeit* W_n ist dann die Differenz aus der *aufgewandten* (zugeführten) *Arbeit* W_z und der Verlustarbeit W_v

$$W_\text{n} = W_\text{z} - W_\text{v}$$

Eine Maschine ist mechanisch um so besser, je größer die Nutzarbeit W_n im Verhältnis zur aufgewandten Arbeit W_z ist. Dieses Verhältnis wird als *Wirkungsgrad* η bezeichnet

$$\eta = \frac{W_\text{n}}{W_\text{z}} = \frac{W_\text{z} - W_\text{v}}{W_\text{z}} = 1 - \frac{W_\text{v}}{W_\text{z}} \tag{2.120}$$

Da $W_\text{v} \geq 0$ und $W_\text{z} > 0$, ist η in der Regel kleiner als Eins. Der Wirkungsgrad spielt bei der Beurteilung von Maschinen und Prozessen eine große Rolle. Allgemein versteht man unter Wirkungsgrad das Verhältnis

$$\text{Wirkungsgrad} = \frac{\text{Nutzen}}{\text{Aufwand}}$$

Der Wirkungsgrad einer Maschine ist im Allgemeinen nicht konstant und z. B. von der Belastung abhängig. Den *augenblicklichen Wirkungsgrad* kann man durch die Leistung ausdrücken. Beziehen sich die Arbeiten ΔW_z, ΔW_n und ΔW_v auf den Zeitabschnitt Δt, so lässt sich für den Wirkungsgrad in diesem Zeitabschnitt entsprechend Gl. (2.120) nach Erweiterung mit Δt schreiben

$$\eta = \frac{\Delta W_\text{n} / \Delta t}{\Delta W_\text{z} / \Delta t} = \frac{\Delta W_\text{z} / \Delta t - \Delta W_\text{v} / \Delta t}{\Delta W_\text{z} / \Delta t} = 1 - \frac{\Delta W_\text{v} / \Delta t}{\Delta W_\text{z} / \Delta t} \tag{2.121}$$

Den *augenblicklichen Wirkungsgrad* erhält man durch die Grenzwertbildung $\Delta t \to 0$. Die Grenzwerte der Differenzenquotienten in Gl. (2.121) sind die Leistungen: $\text{d}W_\text{z}/\text{d}t = P_\text{z}$ = zugeführte Leistung, $\text{d}W_\text{n}/\text{d}t = P_\text{n}$ = Nutzleistung und $\text{d}W_\text{v}/\text{d}t = P_\text{v}$ = Verlustleistung. Damit folgt für den augenblicklichen Wirkungsgrad

$$\eta = \frac{P_n}{P_z} = \frac{P_z - P_v}{P_z} = 1 - \frac{P_v}{P_z} \qquad (2.122)$$

Eine Maschinenanlage besteht häufig aus mehreren hintereinandergeschalteten Aggregaten. Das Blockschaltbild **Bild 2.48** gibt symbolisch den Leistungsfluss an. Die zugeführte Leistung ist P_z und P_n die Nutzleistung (abgeführte Leistung) der ganzen Anlage. Im ersten Block wird P_z aufgewandt und die Leistung P_{n1} abgegeben, diese wird als P_{z2} dem zweiten Block zugeführt usw. Nach Gl. (2.122) gilt für die einzelnen Blöcke

$$P_{n1} = \eta_1 P_z \qquad P_{n2} = \eta_2 P_{z2} = \eta_2 P_{n1} \qquad P_n = \eta_3 P_{z3} = \eta_3 P_{n2}$$

Bild 2.48: Blockschaltbild und Leistungsfluss einer Maschinenanlage

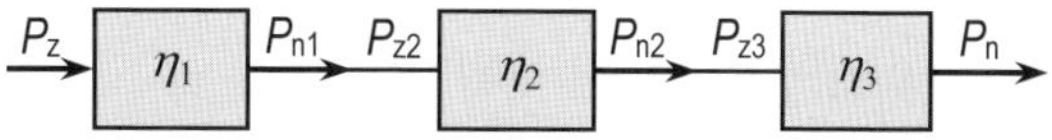

Dabei sind η_1, η_2 und η_3 die Teilwirkungsgrade der drei Aggregate. Verknüpft man die Gleichungen miteinander, dann gilt

$$P_n = \eta_3 P_{n2} = \eta_3 (\eta_2 P_{n1}) = \eta_3 \eta_2 (\eta_1 P_z)$$

$$P_n = \eta_1 \eta_2 \eta_3 P_z = \eta_{ges} P_z \qquad (2.123)$$

Der *Gesamtwirkungsgrad* mehrerer hintereinandergeschalteter Aggregate ist das Produkt der Teilwirkungsgrade.

$$\eta_{ges} = \eta_1 \eta_2 \eta_3 = \frac{P_n}{P_z} \qquad (2.124)$$

Beispiel 2.28: Wie groß ist die mittlere Antriebsleistung $\overline{P}$ des Lkw (m = 3000 kg) in Beispiel 2.24, S. 103, wenn er den Höhenunterschied h = 100 m in t_1 = 65 s überwindet (s. auch Beispiel 2.16, S. 90)?
In Beispiel 2.24 wurde die dem bewegten Fahrzeug zugeführte Arbeit mit $W_z = 2{,}94 \cdot 10^6$ Nm berechnet. Dann ist nach Gl. (2.111) die mittlere Antriebsleistung

$$\overline{P} = \frac{\Delta W}{\Delta t} = \frac{W_z}{t_1} = \frac{2{,}94 \cdot 10^6 \text{ Nm}}{65 \text{ s}} = 45{,}2 \cdot 10^3 \text{ Nm/s} = 45{,}2 \text{ kW}$$

Beispiel 2.29: Ein Kraftwagen, Gesamtmasse m = 1300 kg, überwindet eine Steigung von 8 % mit der Geschwindigkeit v = 60 km/h. Wie groß ist seine Motorleistung P_M, wenn die Fahrwiderstandszahl $\mu_r = 0{,}02$ und der Wirkungsgrad zwischen Motor und Antriebsrädern $\eta = 0{,}85$ betragen? Der Luftwiderstand wird vernachlässigt.

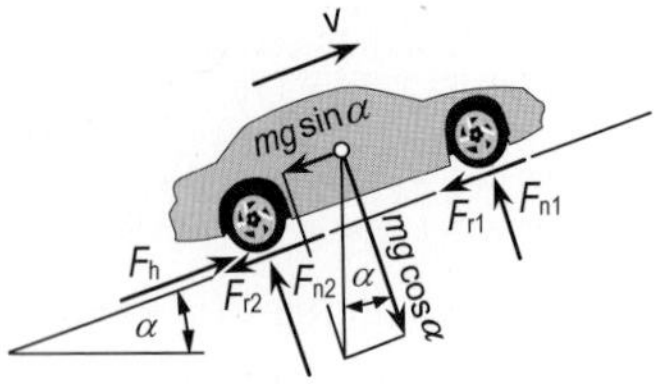

Bild 2.49: Fahrzeug am Hang

Nach **Bild 2.49** verlangt das Gleichgewicht der Kräfte in Fahrtrichtung mit

$$F_r = F_{r1} + F_{r2} = \mu_r (F_{n1} + F_{n2}) = \mu_r\, m\, g \cos \alpha$$

$$F_h = m\, g \sin \alpha + F_r = m\, g \sin \alpha + m\, g\, \mu_r \cos \alpha = m\, g \cos \alpha\, (\tan \alpha + \mu_r)$$

Bei der geringen Steigung ist $\cos \alpha \approx 1$, und mit den vorstehenden Zahlenwerten erhält man

$$F_h = 1300 \text{ kg} \cdot (9{,}81 \text{ m/s}^2) \cdot (0{,}08 + 0{,}02) = 1275 \text{ N}$$

Die Leistung der Antriebskraft F_h ist

$$P = F_h\, v = 1275 \text{ N} \cdot (60/3{,}6) \text{ m/s}$$
$$= 21{,}25 \cdot 10^3 \text{ Nm/s} = 21{,}25 \text{ kW}$$

Mit dem Wirkungsgrad $\eta = 0{,}85$ ist die Motorleistung

$$P_M = \frac{P}{\eta} = \frac{21{,}25 \text{ kW}}{0{,}85} = 25{,}0 \text{ kW}$$

Beispiel 2.30: Wie stark kann ein Pkw mit der Masse $m = 1400$ kg bei der Geschwindigkeit $v = 54$ km/h auf ebener Straße beschleunigen, wenn die maximale Motorleistung bei dieser Geschwindigkeit mit $P = 40$ kW angegeben ist? Die Fahrwiderstandszahl betrage $\mu_r = 0{,}025$ und der Wirkungsgrad zwischen Motor und Straße $\eta = 0{,}83$. Der Luftwiderstand wird vernachlässigt.

Unter Berücksichtigung des Wirkungsgrades ist die maximale Antriebskraft

$$F_h = \frac{P\eta}{v} = \frac{(40\,000 \text{ Nm/s}) \cdot 0{,}83}{(54/3{,}6) \text{ m/s}} = 2213 \text{ N}$$

Nach dem *d'Alembert*schen Prinzip halten die Trägheitskraft $m(-\vec{a})$ und der Fahrwiderstand $\vec{F}_r$ der Antriebskraft $\vec{F}_h$ das Gleichgewicht (**Bild 2.8**)

$$m\, a = F_h - F_r = F_h - \mu\, m\, g = (2213 - 0{,}025 \cdot 1400 \cdot 9{,}81) \text{ N} = 1870 \text{ N}$$

Das Beschleunigungsvermögen beträgt also

$$a = \frac{F_h - F_r}{m} = \frac{1870 \text{ N}}{1400 \text{ kg}} = 1{,}34 \frac{\text{m}}{\text{s}^2}$$

Beispiel 2.31: Ein Fahrstuhl, Fahrkorbmasse $m_1 = 636$ kg, Nutzlast $m_Q = 600$ kg, Gegengewicht $m_2 =$ 500 kg (**Bild 2.50a**), fährt mit der konstanten Beschleunigung $a_1 = 0{,}8$ m/s² aufwärts in t_1 Sekunden an, bis er die Geschwindigkeit $v_2 = 2$ m/s erreicht. Mit dieser fährt er weiter und wird nach 12 Sekunden auf dem letzten Teil seines Weges von 60,5 m mit der konstanten Bremsverzögerung $a_3 = -1$ m/s² abgebremst. Die Summe aus Reibungskraft in den Führungsschienen und den sonstigen Fahrwiderständen beträgt 250 N.

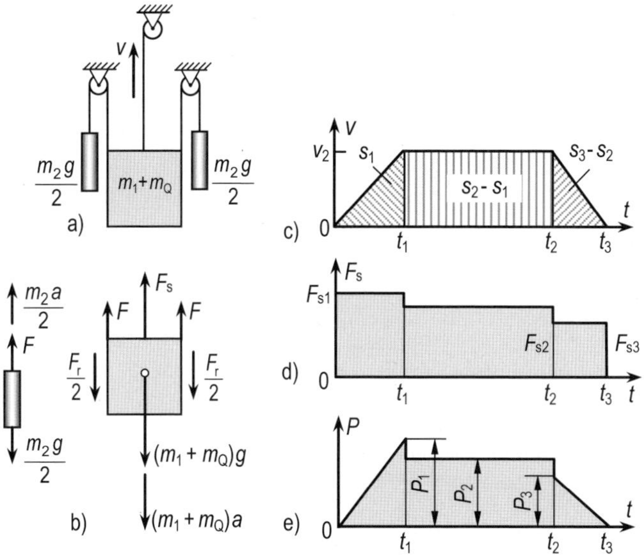

Bild 2.50: a) Fahrstuhl b) Fahrkorb und Gegengewicht freigemacht
c) Geschwindigkeit-Zeit-Diagramm d) Seilkraft-Zeit-Diagramm e) Leistung-Zeit-Diagramm

a) Man skizziere das v, t -Diagramm und berechne die Fahrzeiten und die Teilwege, b) man bestimme den Kraft-Zeit- und den Leistung-Zeit-Verlauf der Seilkraft F_s. c) Wie groß ist die maximale Motorleistung in kW, wenn der Wirkungsgrad des Getriebes $\eta_1 = 0{,}96$ und der der Seiltrommel $\eta_2 = 0{,}95$ beträgt?

a) Das v, t -Diagramm entspricht dem im Beispiel 1.7, S. 15 (**Bild 2.50c**). Aus diesem entnimmt man mit den gegebenen Werten die Anfahrzeit t_1 und den Anfahrweg s_1

$$t_1 = \frac{v_2}{a_1} = \frac{2\ \text{m/s}}{0{,}8\ \text{m/s}^2} = 2{,}5\ \text{s} \qquad s_1 = \frac{v_2\, t_1}{2} = \frac{(2\ \text{m/s}) \cdot 2{,}5\ \text{s}}{2} = 2{,}5\ \text{m}$$

die Bremszeit $(t_3 - t_2)$ und den Bremsweg $(s_3 - s_2)$

$$t_3 - t_2 = \frac{v_2}{-a_3} = \frac{2\ \text{m/s}}{1\ \text{m/s}^2} = 2\ \text{s} \qquad s_3 - s_2 = \frac{v_2\,(t_3 - t_2)}{2} = \frac{(2\ \text{m/s}) \cdot 2\ \text{s}}{2} = 2\ \text{m}$$

den Weg und die Zeit der gleichförmigen Bewegung

$$s_2 - s_1 = (60{,}5 - 2{,}5 - 2{,}0)\ \text{m} = 56{,}0\ \text{m} \qquad t_2 - t_1 = \frac{s_2 - s_1}{v_2} = \frac{56{,}0\ \text{m}}{2\ \text{m/s}} = 28\ \text{s}$$

b) In **Bild 2.50b** sind Fahrkorb und Gegengewicht freigemacht und die an ihnen angreifenden Kräfte für den Anfahrzustand eingetragen, die Trägheitskräfte sind der Beschleunigung entgegengerichtet. Aus dem Gleichgewicht der Kräfte erhält man die Seilkraft

$$F_s = (m_1 + m_Q)\,(g + a) + F_r - 2\,F$$

mit $F = \frac{m_2}{2}(g - a)$

wird $F_s = (m_1 + m_Q - m_2)\,g + F_r + (m_1 + m_Q + m_2)\,a$

Im ersten Bewegungsabschnitt ist $a = a_1 = 0{,}8$ m/s², im zweiten $a = a_2 = 0$ und im dritten $a = a_3 = -1$ m/s². Damit gewinnt man die Seilkräfte in den drei Bewegungsabschnitten

$$F_{s1} = (636 + 600 - 500)\text{ kg} \cdot 9{,}81\text{ m/s}^2 + 250\text{ N} + (636 + 600 + 500)\text{ kg} \cdot 0{,}8\text{ m/s}^2$$

$$F_{s1} = 7470\text{ N} + 1389\text{ N} = 8859\text{ N}$$

$$F_{s2} = 7470\text{ N} + 0 = 7470\text{ N}$$

$$F_{s3} = 7470\text{ N} - 1736\text{ N} = 5734\text{ N}$$

Der zeitliche Verlauf der Seilkraft ist in **Bild 2.50d** dargestellt. Da sich die Geschwindigkeit beim Anfahren linear ändert, steigt auch die Leistung der konstanten Seilkraft linear an (**Bild 2.50e**) und erreicht zur Zeit t_1 ihren Größtwert

$$P_1 = F_{s1}\, v_2 = 8859\text{ N} \cdot 2\text{ m/s} = 17{,}7\text{ kW}$$

Im zweiten Bewegungsabschnitt bleibt die Leistung konstant

$$P_2 = F_{s2}\, v_2 = 7470\text{ N} \cdot 2\text{ m/s} = 14{,}9\text{ kW}$$

schließlich fällt sie im dritten Bewegungsabschnitt linear von dem Anfangswert

$$P_3 = F_{s3}\, v_2 = 5734\text{N} \cdot 2\text{m/s} = 11{,}5\text{ kW}$$

auf Null ab (**Bild 2.50e**).

c) Die größte Antriebsleistung beträgt mit dem Gesamtwirkungsgrad

$$\eta_{ges} = \eta_1\, \eta_2 = 0{,}96 \cdot 0{,}95 = 0{,}912 \qquad P_{max} = \frac{P_1}{\eta_{ges}} = \frac{17{,}7\text{ kW}}{0{,}912} = 19{,}4\text{ kW}$$

Beispiel 2.32: a) Wie groß ist die indizierte Leistung P_1 des Otto-Motors in Beispiel 2.14, S. 87? b) Welche Leistung P_e wird an seiner Kurbelwelle abgegeben, wenn das Indikatordiagramm bei der Drehzahl $n = 5000$ min⁻¹ aufgenommen wurde und der mechanische Wirkungsgrad $\eta_m = 0{,}85$ beträgt? Der Motor hat 4 Zylinder und arbeitet nach dem 4-Takt-Verfahren. c) Wie groß sind die in einer Stunde indizierte Arbeit W_i und d) der stündliche Kraftstoffverbrauch B, wenn der thermische Wirkungsgrad $\eta_{th} = 0{,}34$ ist und Benzin mit dem Heizwert $H = 33 \cdot 10^6$ J/l verwendet wird?

a) Unter der indizierten Leistung versteht man die von dem Motor erzeugte Leistung. Die abgegebene Leistung ist um die mechanischen Verluste (Reibung) geringer.

In Beispiel 2.14, S. 87, wurde die von einem Zylinder während eines Arbeitstaktes (2 Umdrehungen) verrichtete Arbeit zu $W = 241{,}3$ Nm bestimmt. Bei $z = 4$ Zylindern ist

$$W_4 = z\, W = 4 \cdot 241{,}3\text{ Nm} = 965{,}2\text{ Nm}$$

Die Zeit T für eine Umdrehung beträgt nach Gl. (1.109)

$$T = \frac{1}{n} = \frac{1}{5000\text{ min}^{-1}} = \frac{60\text{ s}}{5000} = 0{,}012\text{ s}$$

Bei der 4-Takt-Maschine wird die Arbeit W_4 während zweier Umdrehungen verrichtet, damit ist die (mittlere) indizierte Leistung

$$P_i = \frac{W_4}{2T} = \frac{965{,}2\text{ Nm}}{2 \cdot 0{,}012\text{ s}} = 40{,}2 \cdot 10^3 \frac{\text{Nm}}{\text{s}} - 40{,}2\text{ kW}$$

b) An der Kurbelwelle wird die effektive Leistung

$$P_e = \eta_m\, P_i = 0{,}85 \cdot 40{,}2\text{ kW} = 34{,}2\text{ kW}$$

abgegeben.

c) In einer Stunde wird die indizierte Arbeit W_i

$$W_i = 40{,}2 \cdot 10^3 \ \frac{\text{Nm}}{\text{s}} \cdot 3600 \text{ s} = 144{,}7 \cdot 10^6 \text{ Nm} = 144{,}7 \cdot 10^6 \text{ J}$$

verrichtet.

d) Mit dem thermischen Wirkungsgrad $\eta_{th} = 0{,}34$ ist der stündliche Kraftstoffverbrauch

$$B = \frac{W_i}{\eta_{th} H} = \frac{144{,}7 \cdot 10^6 \text{ J}}{0{,}34 \cdot 33 \cdot 10^6 \text{ J/l}} = 12{,}9 \text{ l}$$

2.2.5 Aufgaben zu Abschnitt 2.2

1. Der Schlitten der Kreuzschubkurbel in **Bild 1.38** wird sinusförmig hin- und herbewegt (r = 10 cm). Welche Arbeit ist für eine Umdrehung der Kurbel aufzuwenden, wenn in den Führungen D die konstante Reibkraft F_r = 3 N auftritt?

2. Ein Güterwagen $m = 2 \cdot 10^4$ kg wird von einem 50 m langen Ablaufberg (Gefälle 4 %) mit der Geschwindigkeit v_0 = 0,5 m/s abgestoßen. a) Mit welcher Geschwindigkeit v_1 verlässt der Wagen den Ablaufberg, wenn die Fahrwiderstandszahl μ_r = 0,005 beträgt? b) Wie weit (s_2) rollt der Wagen auf der ebenen Strecke? Der Luftwiderstand wird vernachlässigt.

3. Der Kugel (m = 50 g) in Beispiel 1.14, S. 31, soll die Anfangsgeschwindigkeit v_0 = 2,97 m/s durch eine vorgespannte Feder erteilt werden (**Bild 2.51**). Die Federkonstante beträgt c = 1 N/cm.

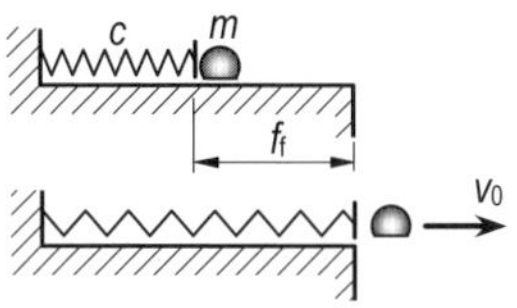

Bild 2.51: Feder

a) Um welchen Betrag f_f muss die Feder zuvor gespannt werden?

b) In welcher Zeit t_0 wird die Geschwindigkeit v_0 erreicht? Reibung wird vernachlässigt.

4. Bei Glatteis versucht, ein allradgetriebenes Fahrzeug den Höhenunterschied h = 1 m zu überwinden. Der Fahrer gibt so viel Gas, dass die Räder auf der glatten Straße durchrutschen (μ = 0,05) (**Bild 2.52**). a) Wie groß muss die Geschwindigkeit v_0 am Fuß der schiefen Ebene sein, damit das Fahrzeug noch mit v_1 = 1 m/s auf der Höhe ankommt? b) Nach welcher Zeit t_1 erreicht das Fahrzeug diese Höhe?

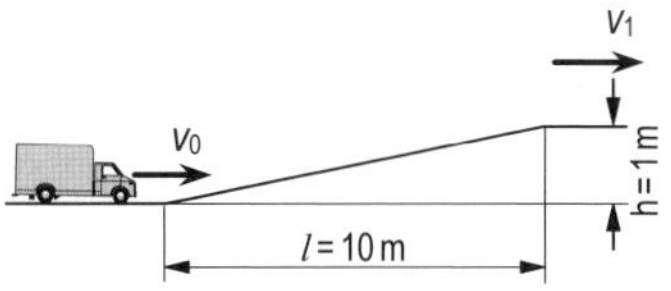

Bild 2.52: Fahrzeug bei glatter Straße am Hang

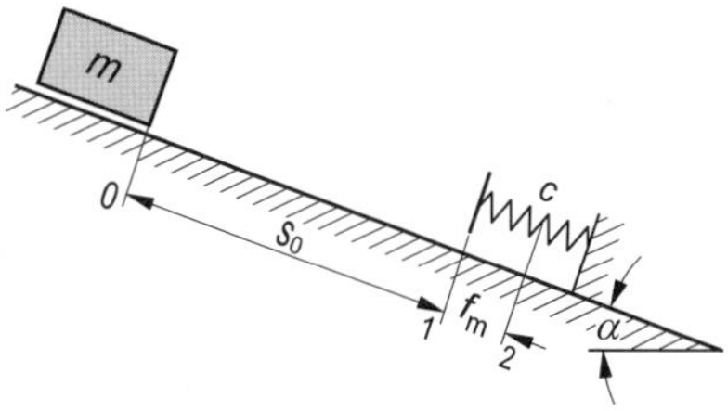

Bild 2.53: Kiste in Abfangvorrichtung

5. In einer Transportanlage soll eine auf einer Schrägen von $\alpha = 20^\circ$ herabgleitende Kiste ($m = 100$ kg) so durch eine Feder abgefangen werden, dass die maximale Verzögerung den Wert $a_{max} = -4\,g$ nicht überschreitet ($\mu = 0{,}2$, $s_0 = 2$ m, **Bild 2.53**).
Man bestimme a) die maximale Federkraft F_m, b) den maximalen Federweg f_m, c) die erforderliche Federkonstante c und d) die Geschwindigkeit v_1, mit der die Kiste an der Feder ankommt. Hinweis: Es ist $c\,f_m^2/2 = F_m f_m/2$.

6. Am Ende eines Stabes ($l = 0{,}5$ m) mit vernachlässigbar kleiner Masse sitzt eine Stahlkugel mit der Masse $m = 1$ kg und wird aus der Lage $\varphi_0 = 120^\circ$ gegenüber der Vertikale losgelassen (**Bild 2.54**). In der Vertikale wird sie von einer Feder ($c = 300$ N/cm) abgefangen.
Man bestimme a) die Geschwindigkeit v_1 der Kugel beim Auftreffen auf die Feder, b) den größten Federweg f_m, c) die maximale Federkraft F_m und d) die größte Zugkraft F_n im Stab.

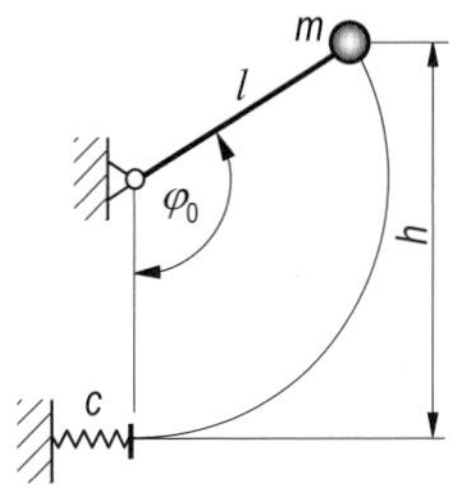

Bild 2.54: System zu Aufgabe 6

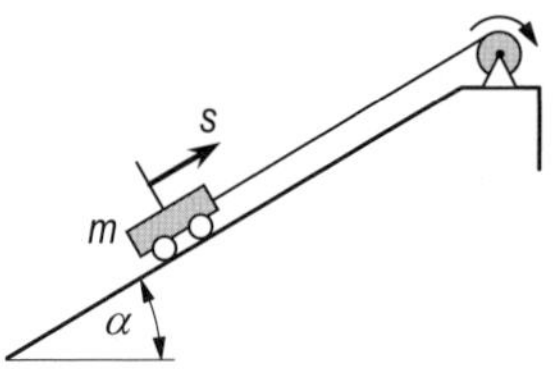

Bild 2.55: Heben eines Wagens durch Motorwinde

7. Ein Wagen ($m = 2000$ kg) wird aus der Ruhelage gleichförmig beschleunigt durch eine Motorwinde eine Schräge ($\alpha = 30^\circ$, $\mu = 0{,}08$) hinaufgezogen und erreicht in $t_1 = 5$ s die Geschwindigkeit $v_1 = 5$ m/s, die er dann beibehält (**Bild 2.55**). Gesucht sind a) die Beschleunigung a_1, der Weg s_1 und die Leistung P_1 der Seilkraft F_{s1} nach $t_1 = 5$ s, b) das Geschwindigkeit-Zeit-, Seilkraft-Zeit- und Leistung-Zeit-Diagramm für die ersten 10 s, c) die maximale Motorleistung P_{1M}, wenn der Wirkungsgrad der Motorwinde $\eta = 0{,}8$ beträgt.

8. Wie groß ist die maximale Leistung P am Umfang der Treibräder der Lokomotive in Aufgabe 2, S. 81?

9. Welcher mittlere Leistungsverlust $\overline{P_v}$ tritt durch die Reibung in den Führungen der Kreuzschubkurbel der vorstehenden Aufgabe 1 auf, wenn diese mit der Drehzahl $n_A = 1440\ \text{min}^{-1}$ angetrieben wird?

10. Ein Muldenförderband ist $l = 50$ m lang und $b = 0{,}8$ m breit. Die durchschnittliche Schütthöhe des Fördergutes bezogen auf die Breite b beträgt $c = 6$ cm, die mittlere Schüttdichte $\rho = 1{,}4$ kg/dm^3 und die Bandgeschwindigkeit $v = 1{,}2$ m/s. a) Wie groß ist die stündliche Fördermenge $\dot{m}_Q$ in kg/h? b) Welche maximale Zugkraft F_s tritt in dem Förderband auf, wenn dieses bei einer Steigung von 10 % fördert und die am Band auftretenden Reibungskräfte mit 5 % des auf dem Band vorhandenen Gewichtes berücksichtigt werden? (Die Vorspannung bleibe unberücksichtigt.) c) Welche Antriebsleistung P ist erforderlich, wenn der Wirkungsgrad der Antriebstrommel $\eta_A = 0{,}92$, der des Getriebes $\eta_G = 0{,}89$ ist?

11. Ein Wagen (Masse m) rollt reibungsfrei aus der Ruhelage A eine schiefe Ebene herab, die tangential in eine Kreisbahn mit dem Radius r einläuft (Todesschleife im Zirkus (**Bild 2.56**)). a) Von welcher Höhe h_{min} oberhalb vom Punkt D muss die Bewegung mindestens beginnen, damit sich der Wagen nicht in D von der Kreisbahn löst? (Man bestimme h_{min} als Vielfaches von r.) b) Wie groß ist die Normalkraft F_n an den Stellen B, C und D, wenn $h = r$ gewählt wird? (Man gebe F_n als Vielfaches von $m\,g$ an.)

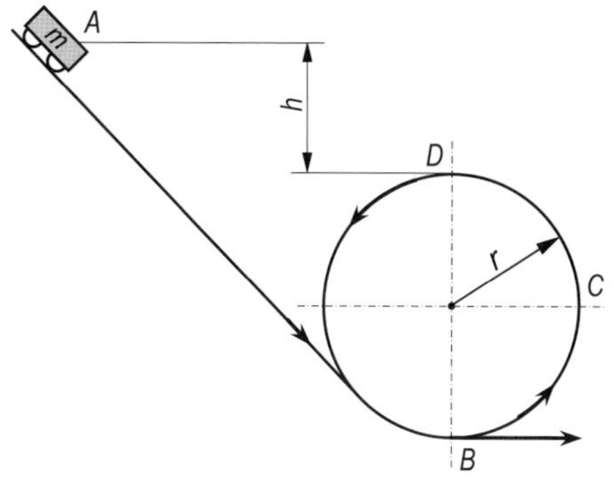

Bild 2.56:
Wagen in Todesschleife

2.3 Bewegung eines Körpers in einem ihn umgebenden Medium

2.3.1 Widerstandsgesetze

Bewegt sich ein Körper in einem Medium, so behindert dieses seine Bewegung. Man denke an die Bewegung von Fahrzeugen in Luft oder Wasser, an den Fall einer Kugel in zäher Flüssigkeit u. a. m. Das Medium übt auf den Körper eine Kraft aus, die der Bewegung entgegenwirkt. Wie die Erfahrung zeigt, ist diese Widerstandskraft außer von der geometrischen Form des Körpers und der Art des Mediums vor allem von der Geschwindigkeit v abhängig, mit der sich der Körper relativ zum Medium bewegt.

Bei Strömungsgeschwindigkeiten, wie sie etwa an Straßenfahrzeugen auftreten, kann man die *Widerstandskraft* F_W dem Quadrat der Geschwindigkeit v proportional annehmen, und wie in der Strömungslehre gezeigt wird, ist

$$F_W = c_W \frac{\rho v^2}{2} A \tag{2.125}$$

In dieser Gleichung sind $(\rho/2)v^2 = q$ der *Staudruck*, ρ die *Dichte* (bei mittlerer Außentemperatur und Atmosphärendruck ist für Luft $\rho_L \approx 1{,}25\ \mathrm{kg/m^3}$ [1]) und A die *Spantfläche*, das ist die „Schattenfläche" des Körpers in Strömungsrichtung. Der *Widerstandsbeiwert* c_W ist eine einheitenlose Größe, die von der Körperform und im Allgemeinen auch noch von der Geschwindigkeit abhängt. Den Widerstandsbeiwert kann man mit Hilfe von Gl. (2.125) bestimmen, indem man die Kraft F_W misst, die bei bekannter Strömungsgeschwindigkeit v sowie gegebener Dichte ρ und Spantfläche A auf den Körper einwirkt. Ohne hier auf Einzelheiten einzugehen, nehmen wir im Folgenden c_W als konstant an. Diese Annahme ist für Gase im Bereich bis zu 70 % der Schallgeschwindigkeit (Schallgeschwindigkeit für Luft ≈ 330 m/s) ausreichend genau. Nachfolgend sind einige c_W-Werte zusammengestellt:

---

[1] Internationale Normalatmosphäre $\rho_L = 1{,}225\ \mathrm{kg/m^3}$.

Widerstandsbeiwerte

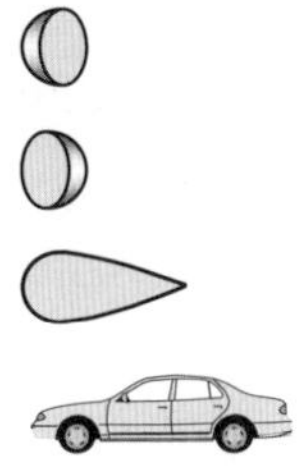

1. Offene Halbkugel $\xrightarrow{v}$ $c_W = 0{,}34$
2. Offene Halbkugel $\xrightarrow{v}$ $c_W = 1{,}33$
3. Stromlinienkörper $\xrightarrow{v}$ $c_W \approx 0{,}1$
4. Kraftfahrzeuge $\xrightarrow{v}$ $c_W = 0{,}3$ bis $0{,}9$

Nach Gl. (2.114) ist die Leistung das Produkt aus Kraft und Geschwindigkeit. Zur Überwindung der Widerstandskraft F_W ist also die Leistung

$$P = F_W v = c_W \frac{\rho\, v^3}{2} A \tag{2.126}$$

erforderlich. Sie steigt mit der 3. Potenz der Geschwindigkeit v.

Leitet man Gl. (2.126) nach der Geschwindigkeit ab und berücksichtigt darin nochmals Gl. (2.126), so gewinnt man

$$\frac{\mathrm{d}P}{\mathrm{d}v} = 3\, c_W \frac{\rho\, v^2}{2} A = \frac{3\,P}{v} \qquad \text{oder} \qquad \frac{\mathrm{d}P}{P} = 3 \frac{\mathrm{d}v}{v} \tag{2.127}$$

Diese Gleichung gibt den Zusammenhang zwischen der relativen Änderung der Leistung P und der Geschwindigkeit v an. Eine Geschwindigkeitssteigerung von z. B. 10 % setzt demnach eine Erhöhung der Leistung um ≈ 30 % voraus.

Bei einer sog. schleichenden Strömung, wie sie etwa beim Fall einer kleinen Kugel in zäher Flüssigkeit auftritt, ist die Widerstandskraft F_W der 1. Potenz der Geschwindigkeit v proportional,

$$F_W = k\, v \tag{2.128}$$

Die Proportionalitätskonstante k kann aus dieser Gleichung durch Messen der Widerstandskraft bei bekannter Geschwindigkeit bestimmt werden.

Beispiel 2.33: Ein Kraftfahrzeug fährt auf ebener Straße mit der Geschwindigkeit v = 100 km/h, der Widerstandsbeiwert beträgt c_W = 0,35, die Spantfläche A = 1,6 m² und die Dichte der Luft ρ_L = 1,25 kg/m³. a) Wie groß ist die Luftwiderstandskraft F_W, und welche Leistung P ist erforderlich, sie zu überwinden? b) Um wie viel erhöhen sich Widerstand und Leistung, wenn die Geschwindigkeit auf 120 bzw. 150 km/h gesteigert wird?

a) Nach Gl. (2.125) ist der Luftwiderstand

$$F_W = c_W \frac{\rho\, v^2}{2} A = 0{,}35 \cdot \frac{1{,}25\ \mathrm{kg/m^3}}{2} (100/3{,}6\ \mathrm{m/s})^2 \cdot 1{,}6\ \mathrm{m^2} = 270\ \mathrm{N}$$

und nach Gl. (2.126) die Leistung

$$P = F_W v = 270\ \mathrm{N} \cdot (100/3{,}6)\ \mathrm{m/s} = 7500\ \frac{\mathrm{Nm}}{\mathrm{s}} = 7{,}5\ \mathrm{kW}$$

b) Wird die Geschwindigkeit um den Faktor 1,2 bzw. 1,5 von 100 auf 120 bzw. 150 km/h gesteigert, so erhöht sich der Widerstand quadratisch

$$F_W = 1{,}2^2 \cdot 270\ \text{N} = 389\ \text{N} \qquad \text{bzw.} \qquad F_W = 1{,}5^2 \cdot 270\ \text{N} = 608\ \text{N}$$

Die Leistung wächst mit der 3. Potenz der Geschwindigkeit auf

$$P = 1{,}2^3 \cdot 7{,}5\ \text{kW} = 13{,}0\ \text{kW} \qquad \text{bzw.} \qquad P = 1{,}5^3 \cdot 7{,}5\ \text{kW} = 25{,}3\ \text{kW}$$

Beispiel 2.34: Der Motor eines Kraftwagens hat die Höchstleistung P = 50 kW, der Wirkungsgrad zwischen Motor und Straße beträgt η = 0,8, die Fahrwiderstandszahl μ_r = 0,023, der Widerstandsbeiwert c_W = 0,38, die Masse des Wagens m = 1400 kg, die Spantfläche A = 1,6 m^2, die Dichte der Luft ρ = 1,25 kg/m^3.
Welche Spitzengeschwindigkeit v erreicht das Fahrzeug bei höchster Motorleistung a) auf einer Steigung von 5 % bei v_W = 10 m/s Gegenwind, b) auf einer Steigung von 5 % in ruhender Luft, c) auf ebener Straße bei v_W = 10 m/s Gegenwind, d) auf ebener Straße in ruhender Luft?

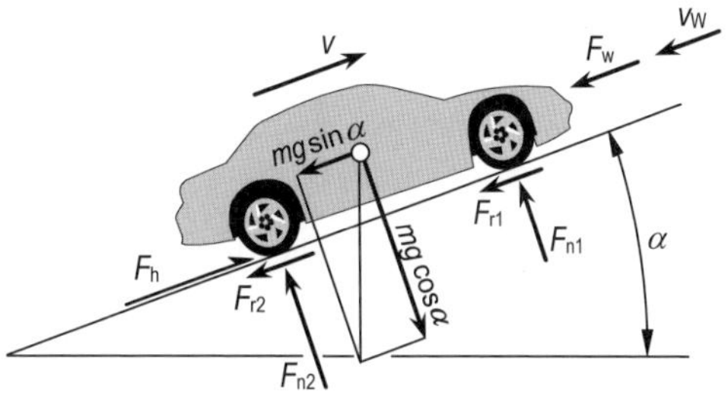

Bild 2.57: Fahrzeug bei Bergfahrt mit Luftwiderstand

a) Nach **Bild 2.57** sind die Reibungskraft $F_r = F_{r1} + F_{r2} = m\,g\,\mu_r \cos\alpha$, die Gewichtskraftkomponente $m\,g \sin\alpha$ und der Luftwiderstand F_W der Bewegung entgegengerichtet. Die Geschwindigkeit des Fahrzeugs gegenüber der Luft ist $(v + v_W)$. Den Widerstandskräften hält die Antriebskraft F_h das Gleichgewicht. Diese findet man aus der Gleichung $F_h\,v = P\eta$. (Die Leistung der Antriebskraft F_h ist kleiner als die Motorleistung P, daher ist P mit η zu multiplizieren.) Wegen der gleichförmigen Bewegung ist die Trägheitskraft Null, und aus dem Gleichgewicht der Kräfte in Bewegungsrichtung folgt

$$F_h = \frac{P\eta}{v} = m\,g\,\mu_r \cos\alpha + m\,g \sin\alpha + c_W \frac{\rho\,(v+v_W)^2}{2} A$$

$$P\eta = m\,g \cos\alpha\,(\mu_r + \tan\alpha)\,v + c_W \frac{\rho}{2} A\,(v^3 + 2\,v_W v^2 + v_W^2 v) \qquad (2.129)$$

Mit den gegebenen Zahlenwerten und $\cos\alpha \approx 1$ erhält man die Zahlenwertgleichung

$$50\,000 \cdot 0{,}8 = 1400 \cdot 9{,}81\,(0{,}023 + 0{,}05)\,v + 0{,}38\,\frac{1{,}25}{2}\,1{,}6\,(v^3 + 20\,v^2 + 100\,v)$$

mit v in m/s.

Ordnet man nach Potenzen von v, so kann die Gleichung 3. Grades

$$v^3 + 20\,v^2 + 2738\,v - 105\,263 = f(v) = 0$$

direkt mit einem Rechenprogramm oder mit Hilfe des *Newton*schen Iterationsverfahrens gelöst werden (s. *Brauch, W.*; *Dreyer, H.-J.*; *Haacke, W.*: Mathematik für Ingenieure. 11. Aufl., Wiesbaden 2006).

Mit einer geschätzten Näherung v_1 = 90 km/h = 25 m/s erhält man

$$f(v_1) = -8688 \qquad \text{und} \qquad f'(v_1) = 5613$$

sowie

$$v = v_2 = v_1 - f(v_1)\,/\,f'(v_1) = \left(25 + \frac{8688}{5613}\right)\text{m/s} = 26{,}5\ \text{m/s} = 95{,}5\ \text{km/h}$$

Eine Wiederholung der Rechnung mit dem neuen Wert $v = 26{,}5$ m/s bringt keine Änderung innerhalb der angegebenen Dezimalstellen. Die beiden anderen Lösungen der Gleichung 3. Grades sind konjugiert komplex und hier ohne Bedeutung.

b) In ruhender Luft ist in Gl. (2.129) $v_W = 0$ zu setzen. Dann erhält man die Zahlenwertgleichung

$$v^3 + 2638\,v - 105\,263 = f(v) = 0 \qquad \text{mit } v \text{ in m/s}$$

Sie hat die Lösung $v = 29{,}8$ m/s = 107,3 km/h.

c) Auf ebener Straße ist in Gl. (2.129) $\alpha = 0$

$$v^3 + 20\,v^2 + 931\,v - 105\,263 = f(v) = 0 \qquad \text{mit } v \text{ in m/s}$$

Die Lösung ist $v = 35{,}9$ m/s = 129,2 km/h.

d) Für ebene Straße und Bewegung in ruhender Luft bekommt man schließlich als Zahlenwertgleichung ($\alpha = 0$ und $v_W = 0$)

$$v^3 + 831\,v - 105\,263 = f(v) = 0 \qquad \text{mit } v \text{ in m/s}$$

Daraus erhält man die Spitzengeschwindigkeit $v = 41{,}4$ m/s = 149,0 km/h.

2.3.2 Fall eines Körpers in einem ihn umgebenden Medium

Auf einen Körper, der in einem Medium senkrecht zur Erde fällt, wirken die Gewichtskraft F_G beschleunigend, die Auftriebskraft F_A und die Widerstandskraft F_W verzögernd. Nach **Bild 2.58** verlangt das Gleichgewicht der Kräfte

$$m\,a = (F_G - F_A) - F_W \qquad (2.130)$$

Die Widerstandskraft F_W wächst mit zunehmender Geschwindigkeit und hält schließlich der um die Auftriebskraft F_A verminderten Gewichtskraft F_G das Gleichgewicht. Die Beschleunigung wird dann Null, und der Körper bewegt sich gleichförmig mit der *stationären Sinkgeschwindigkeit* v_s. Diese kann aus Gl. (2.130) berechnet werden, wenn das Widerstandsgesetz bekannt ist.

Die Auftriebskraft ist gleich der Gewichtskraft des von dem Körper verdrängten Mediums. Ist V das Volumen des Körpers und ρ_M die Dichte des Mediums, so ist die Auftriebskraft

$$F_A = g\,\rho_M\,V \qquad (2.131)$$

Mit der Dichte ρ_K des Körpers erhält man die um den Auftrieb verminderte Gewichtskraft

$$F_G^* = F_G - F_A = g\,(\rho_K - \rho_M)\,V = \left(1 - \frac{\rho_M}{\rho_K}\right) F_G = \alpha\,F_G \qquad (2.132)$$

Im lufterfüllten Raum gilt das quadratische Widerstandsgesetz der Gl. (2.125), und mit Gl. (2.130) gewinnt man die stationäre Sinkgeschwindigkeit v_S aus der Bedingung $F_G^* = F_W$

$$F_W = c_W \frac{\rho\, v_S^2}{2} A = F_G^* \qquad v_S = \sqrt{\frac{F_G^*}{c_W \frac{\rho}{2} A}} \tag{2.133}$$

Die Auftriebskraft ist beim Fall eines Körpers in Luft im Allgemeinen vernachlässigbar klein gegenüber der Gewichtskraft, so dass $F_G^* \approx F_G = m\,g$ gesetzt werden kann.

Für einen Körper, der in einer zähen Flüssigkeit fällt, sowie bei schleichenden Bewegungen in Gasen gilt das lineare Widerstandsgesetz von Gl. (2.128). Aus der Bedingung $F_G^* = F_W$ erhält man hier

$$F_W = k\, v_S = F_G^* \qquad v_S = \frac{F_G^*}{k} \tag{2.134}$$

Stoppt man die Zeit t, in der ein Versuchskörper eine Messstrecke s mit der konstanten Sinkgeschwindigkeit $v_S = s/t$ durchfällt, so kann aus Gl. (2.134) die Konstante k bestimmt werden. Versuche dieser Art dienen zum Vergleich der Zähigkeiten verschiedener Medien.

Beispiel 2.35: Ein Fallschirmspringer $m = 90$ kg versucht, seine stationäre Sinkgeschwindigkeit vor Öffnen des Fallschirmes möglichst klein zu halten, indem er der Luft eine große „Spantfläche“ anbietet. Welche stationäre Sinkgeschwindigkeit v_S erreicht er, wenn $A = 0{,}5$ m², $c_W = 1{,}0$, $\rho = 1{,}00$ kg/m³ (in ≈ 2 km Höhe) und $F_G^* \approx F_G = m\,g$ ist?
Nach Gl. (2.133) wird mit $F_G^* = m\,g$

$$v_S = \sqrt{\frac{m\,g}{c_W \frac{\rho}{2} A}} = \sqrt{\frac{90\,\text{kg} \cdot 9{,}81\,\text{m/s}^2}{1{,}0 \cdot \frac{1{,}00\,\text{kg/m}^3}{2} \cdot 0{,}5\,\text{m}^2}} = 59{,}4\,\text{m/s} = 214\,\text{km/h}$$

Mit dem quadratischen Widerstandsgesetz der Gl. (2.125) erhält man aus Gl. (2.130) die Beschleunigung-Geschwindigkeit-Funktion. Teilt man durch

$$F_G^* = (F_G - F_A) = \alpha\, F_G \quad \text{so wird} \qquad \frac{m\,a}{\alpha\, F_G} = 1 - \left(\frac{c_W \frac{\rho}{2} A}{F_G^*} \right) v^2 \tag{2.135}$$

Der Klammerausdruck ist nach Gl. (2.133) gleich $1/v_S^2$ und mit $F_G = m\,g$ folgt

$$\frac{a}{\alpha\, g} = 1 - \left(\frac{v}{v_S} \right)^2 \tag{2.136}$$

Die Funktionskurve dieser Gleichung ist eine Parabel (**Bild 2.58b**). Wird ein Körper aus der Ruhelage ($v_0 = 0$) losgelassen, dann beginnt die Bewegung für $F_G = F_G^*$ ($\alpha = 1$) mit Fallbeschleunigung. Die Beschleunigung wird Null, wenn der Körper die stationäre Sinkgeschwindigkeit $v = v_S$ erreicht hat. Beginnt eine Bewegung mit $v_0 > v_S$, dann ist die Bewegung verzögert ($a/(\alpha\, g) < 0$). Da die Bremsverzögerung quadratisch mit der Geschwindigkeit steigt, treten rasch große Verzögerungen auf; so ist für $v_0 = 2\, v_S$ die Beschleunigung $a_0 = -3\, g\, \alpha$ und für $v_0 = 3\, v_S$ wird $a_0 = -8\, g\, \alpha$.

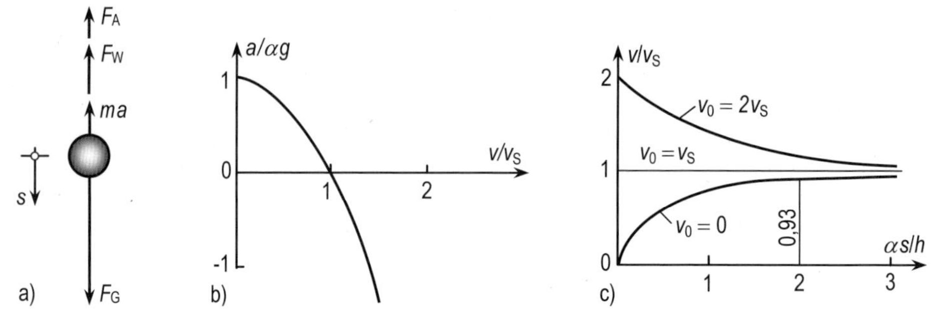

Bild 2.58: a) Fall eines Körpers im umgebenden Medium
b) Beschleunigung-Geschwindigkeit-Diagramm
c) Geschwindigkeit-Ort-Diagramm

Für die Beschleunigung kann man schreiben (s. auch Abschn. 2.2.1, Beschleunigungsarbeit)

$$a = \frac{\mathrm{d}v}{\mathrm{d}t} = \frac{\mathrm{d}v}{\mathrm{d}s}\frac{\mathrm{d}s}{\mathrm{d}t} = \frac{\mathrm{d}v}{\mathrm{d}s}v = \frac{\mathrm{d}}{\mathrm{d}s}\left(\frac{v^2}{2}\right) = \frac{v_S^2}{2}\frac{\mathrm{d}}{\mathrm{d}s}\left[\left(\frac{v}{v_S}\right)^2\right]$$

Mit dieser Umformung erhält man aus Gl. (2.136)

$$\frac{1}{\alpha}\left(\frac{v_S^2}{2\,g}\right)\frac{\mathrm{d}}{\mathrm{d}s}\left(\frac{v}{v_S}\right)^2 = 1 - \left(\frac{v}{v_S}\right)^2 \tag{2.137}$$

Der Faktor $v_S^2\,/2\,g = h$ auf der linken Seite dieser Gleichung bedeutet die Fallhöhe, die der Körper aus der Ruhelage frei durchfallen müsste, um die Geschwindigkeit v_S zu erreichen (s. Gl. (1.24)). Setzt man zur Vereinfachung

$$\left(\frac{v}{v_S}\right)^2 = z$$

so wird aus Gl. (2.137)

$$\frac{h}{\alpha}\frac{\mathrm{d}z}{\mathrm{d}s} = 1 - z$$

Diese Differenzialgleichung kann nach der Methode der Trennung der Veränderlichen gelöst werden

$$\int \frac{\mathrm{d}z}{1-z} = \int \frac{\alpha\,\mathrm{d}s}{h} \qquad -\ln(1-z) = \frac{\alpha s}{h} + C \qquad \ln\left[1 - \left(\frac{v}{v_S}\right)^2\right] = -\frac{\alpha s}{h} - C$$

Die Integrationskonstante C bestimmt man aus der Anfangsbedingung. Wählt man diese so, dass am Ort $s = 0$ die Geschwindigkeit $v = v_0$ ist, so wird

$$\ln\left[1-\left(\frac{v_0}{v_S}\right)^2\right]=-C$$

Die Geschwindigkeit-Ort-Funktion genügt also der Gleichung

$$-\frac{\alpha\, s}{h}=\ln\frac{1-\left(\dfrac{v}{v_S}\right)^2}{1-\left(\dfrac{v_0}{v_S}\right)^2} \tag{2.138}$$

oder

$$\frac{v}{v_S}=\sqrt{1-\left[1-\left(\frac{v_0}{v_S}\right)^2\right]\mathrm{e}^{-\frac{\alpha\, s}{h}}} \tag{2.139}$$

In **Bild 2.58c** sind die v, s-Kurven für die Werte $v_0 = 0$, $v_0 = v_S$ und $v_0 = 2\, v_S$ in einheitenloser Form aufgetragen. Beginnt eine Bewegung aus der Ruhelage ($v_0 = 0$), so sind nach dem Fallweg $s = 2\, h/\alpha$ 93 % der stationären Sinkgeschwindigkeit erreicht. Für $v_0 = v_S$ ist die Bewegung vom Beginn an gleichförmig, und für $v_0 > v_S$ ist die Bewegung verzögert.

Beispiel 2.36: Ein Fallschirmspringer m = 90 kg ($F^*_G \approx F_G$, $\alpha \approx 1$) hat seinen Fallschirm bei der Geschwindigkeit v_0 ganz geöffnet. Der Fallschirm (Durchmesser d = 6 m) wird als offene Halbkugel angesehen und hat den Widerstandsbeiwert c_W = 1,33. Die Dichte der Luft sei unabhängig von der Höhe ρ = 1,25 kg/m³ (Fall in Bodennähe). a) Wie groß ist die stationäre Sinkgeschwindigkeit v_S? b) Von welcher Höhe h müsste der Fallschirmspringer mit nicht geöffnetem Fallschirm hinunterspringen, wenn er im freien Fall die Geschwindigkeit v_S erreichen will? c) Nach welcher Fallhöhe würde er die stationäre Sinkgeschwindigkeit zu 93 % erreichen, wenn er aus der Ruhelage mit ganz geöffnetem Fallschirm springen könnte ($v_0 = 0$)? d) Welche Bremsverzögerung würde er erfahren, wenn er bei der Geschwindigkeit v_0 = 59,4 m/s (vgl. Beispiel 2.35, S. 119) schlagartig seinen Fallschirm öffnen könnte? e) Bei welcher Geschwindigkeit darf der Fallschirm ganz geöffnet sein, wenn die maximale Verzögerung den Wert $a_0 = -8\, g$ nicht überschreiten soll?

a) Nach Gl. (2.133) wird die stationäre Sinkgeschwindigkeit mit $F^*_G = m\, g$

$$v_S=\sqrt{\frac{m\, g}{c_W\,\dfrac{\rho}{2}\,A}}=\sqrt{\frac{90\ \text{kg}\cdot 9{,}81\ \text{m/s}^2}{1{,}33\cdot\dfrac{1{,}25\ \text{kg/m}^3}{2}\cdot 28{,}3\ \text{m}^2}}=6{,}13\ \frac{\text{m}}{\text{s}}$$

b) Die Sprunghöhe h ist

$$h=\frac{v_S^2}{2\text{g}}=\frac{(6{,}13\ \text{m/s})^2}{2\cdot 9{,}81\ \text{m/s}^2}=1{,}92\ \text{m}$$

c) Aus Gl. (2.138) folgt mit $v/v_S = 0{,}93$, $\alpha = 1$ und $v_0 = 0$

$$-\frac{s}{h}=\ln\left(1-\frac{v^2}{v_S^2}\right)=\ln 0{,}135=-2{,}00 \qquad s=2\,h=2\cdot 1{,}92\ \text{m}=3{,}84\ \text{m}$$

d) Für $v_0 = 59{,}4$ m/s ist $v_0/v_S = 9{,}69$, und nach Gl. (2.136) wird mit $\alpha = 1$

$$\frac{a_0}{g} = 1 - \left(\frac{v_0}{v_S}\right)^2 = 1 - 9{,}69^2 = -92{,}9$$

Da der Mensch nur etwa die 8fache (kurzzeitig etwa 20fache) Fallbeschleunigung erträgt, ist diese Verzögerung für den Menschen nicht zulässig. Der Fallschirm darf also nur langsam geöffnet werden.

e) Aus Gl. (2.136) erhält man mit $a_0/g = -8$ und $\alpha = 1$

$$\frac{v_0}{v_S} = \sqrt{1 - \frac{a_0}{g}} = \sqrt{9} = 3 \qquad v_0 = 3\,v_S = 3 \cdot 6{,}13 \text{ m/s} = 18{,}39 \text{ m/s}$$

2.3.3 Aufgaben zu Abschnitt 2.3

1. Wie groß sind die indizierte Motorleistung P_i und der stündliche Kraftstoffverbrauch B des Fahrzeugs (m = 1 100 kg) in Beispiel 2.33, S. 116, wenn die Fahrwiderstandsziffer $\mu_r = 0{,}023$, der thermische Wirkungsgrad unabhängig von der Geschwindigkeit $\eta_{th} = 0{,}32$, der mechanische Wirkungsgrad des Motors $\eta_m = 0{,}90$ und der Wirkungsgrad zwischen Motor und Straße $\eta_s = 0{,}85$ betragen? Der Heizwert des Kraftstoffes sei $H = 33 \cdot 10^6$ J/l. Wie groß ist der Kraftstoffverbrauch für 100 km Fahrweg?

2. Welche Motorleistung P_m würde das Fahrzeug in Beispiel 2.34, S. 117, benötigen, wenn die Spitzengeschwindigkeit auf ebener Straße in ruhender Luft $v = 165$ km/h betragen soll?

3. Eine Stahlkugel (Dichte $\rho_K = 7{,}85$ kg/dm³, $c_W = 0{,}4$) fällt in Luft ($\rho_L = 1{,}25$ kg/m³) aus der Ruhelage senkrecht zur Erde. a) Wie ändert sich die stationäre Sinkgeschwindigkeit v_S mit dem Durchmesser d? b) Wie groß wird v_S für d = 1, 10, 100 und 1000 mm?

4. Eine Kugel (d = 8 mm, $\rho_K = 7{,}85$ kg/dm³) fällt in zäher Flüssigkeit ($\rho_F = 0{,}91$ kg/dm³) mit stationärer Sinkgeschwindigkeit v_s. Ein Fallweg von 0,5 m wird in 5 s zurückgelegt. Wie groß ist die Konstante k in Gl. (2.128)?

5. a) Für den Fall eines Körpers (Masse m) in zäher Flüssigkeit stelle man die Bewegungsgleichung auf und bestimme das Beschleunigung-Zeit-, Geschwindigkeit-Zeit- und Ort-Zeit-Gesetz. b) Nach welcher Zeit t_1 und nach welchem Weg s_1 wird die stationäre Sinkgeschwindigkeit v_S zu 86,5 % erreicht, wenn die Bewegung aus der Ruhelage beginnt? Hinweise: Man setze nach Gl. (2.132) $\alpha = (F_G - F_A)/F_G$ und $T = v_S/(\alpha\, g)$.

6. Welche Spitzengeschwindigkeit erreicht das Fahrzeug in Beispiel 2.34, S. 117, in den Fällen a), b), c) und d), wenn man annimmt, dass die Antriebskraft unabhängig von der Geschwindigkeit konstant ist und den Wert $F = 1200$ N hat? e) Wie groß wäre dann die maximale Motorleistung P_m?

2.4 Impulssatz, Impulsmomentsatz

Die Tragweite der Begriffe Impuls und Impulsmoment und der mit Hilfe dieser Begriffe formulierten Sätze (Impulssatz, Impulsmomentsatz) erkennt man erst bei der Betrachtung des Massenpunktsystems (Abschn. 4) und des Körpers (Abschn. 5). Wegen ihrer Bedeutung sollen sie bereits für einen Massenpunkt formuliert werden.

2.4.1 Impuls, Impulssatz

Das Produkt aus der Masse eines Massenpunktes und seiner Geschwindigkeit nennt man

Impuls oder Bewegungsgröße

$$\vec{p} = m\,\vec{v} \tag{2.140}$$

Der Impuls ist als Vektor definiert, er ist mit dem Geschwindigkeitsvektor gleichgerichtet (**Bild 2.59**). In natürlichen Koordinaten hat er daher nur eine von Null verschiedene Komponente p_t. Der Betrag des Impulsvektors ist gleich dem Betrag seiner Bahnkomponente p_t, er wird als Produkt aus der Masse und dem Betrag der Bahngeschwindigkeit des Massenpunktes berechnet

$$|\vec{p}| = p = p_t = m\,v \tag{2.141}$$

Mit Hilfe des Impulsvektors lässt sich das *Newton*sche Grundgesetz durch Umformung

$$m\,\vec{a} = m\frac{d\vec{v}}{dt} = \frac{d}{dt}(m\,\vec{v}) = \vec{F}$$

in der Form schreiben

$$\frac{d\vec{p}}{dt} = \vec{F} \tag{2.142}$$

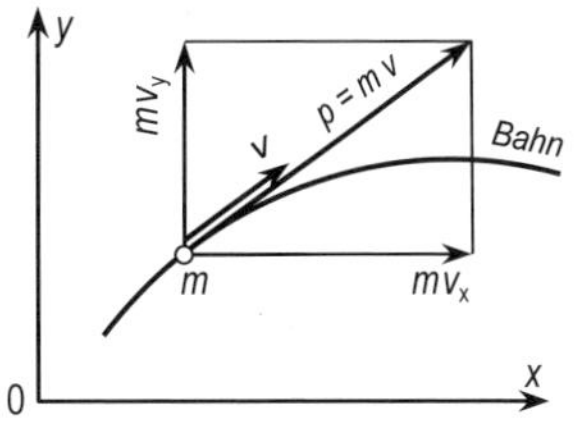

Bild 2.59: Impulsvektor

oder in Komponentenform bei Zerlegung in einem kartesischen *x*, *y*, *z*-System

$$\frac{dp_x}{dt} = F_x \qquad \frac{dp_y}{dt} = F_y \qquad \frac{dp_z}{dt} = F_z \tag{2.143}$$

In dieser Form wird das *Newton*sche Grundgesetz als Impulssatz bezeichnet. Gl. (2.142) besagt:

Die zeitliche Änderung des Impulses eines Massenpunktes ist gleich der auf ihn wirkenden resultierenden äußeren Kraft.

Newton hat sein Grundgesetz in einer Fassung angegeben, die der Gl. (2.142) entspricht. In dieser Gestalt ist das Grundgesetz umfassender als in der Form der Gl. (2.6), denn es gilt auch, wenn die Masse zeitlich veränderlich ist.

Da Integration als Umkehroperation der Differenziation aufgefasst werden kann, können die Beziehungen Gl. (2.142) und (2.143) auch in Integralform geschrieben werden. Für die x-Richtung erhält man z. B. aus der ersten der Gl. (2.143)

$$p_x = \int F_x(t)\,\mathrm{d}t$$

Ist p_{x0} die Impulskomponente zur Zeit t_0 und p_{x1} die Impulskomponente zur Zeit t_1, so folgt aus dieser Gleichung durch Integration in den Grenzen von t_0 bis t_1

$$p_{x1} - p_{x0} = \int_{t_0}^{t_1} F_x(t)\,\mathrm{d}t$$

Zusammenfassend erhält man aus Gl. (2.143) die Beziehungen

$$\boldsymbol{p_{x1} - p_{x0} = \int_{t_0}^{t_1} F_x(t)\,\mathrm{d}t \qquad p_{y1} - p_{y0} = \int_{t_0}^{t_1} F_y(t)\,\mathrm{d}t \qquad p_{z1} - p_{z0} = \int_{t_0}^{t_1} F_z(t)\,\mathrm{d}t} \qquad (2.144)$$

Diese Gleichungen können mit

$$\vec{p}_1 = \begin{Bmatrix} p_{x1} \\ p_{y1} \\ p_{z1} \end{Bmatrix} \qquad \vec{p}_0 = \begin{Bmatrix} p_{x0} \\ p_{y0} \\ p_{z0} \end{Bmatrix} \qquad \vec{F}(t) = \begin{Bmatrix} F_x(t) \\ F_y(t) \\ F_z(t) \end{Bmatrix}$$

zu einer Vektorbeziehung zusammengefasst werden

$$\boldsymbol{\vec{p}_1 - \vec{p}_0 = \int_{t_0}^{t_1} \vec{F}(t)\,\mathrm{d}t} \qquad (2.145)$$

Aus dem *Newton*schen Grundgesetz für die Bahnrichtung

$$m\,a_t = m\frac{\mathrm{d}v}{\mathrm{d}t} = \frac{\mathrm{d}}{\mathrm{d}t}(m\,v) = F_t$$

erhält man mit $m\,v = p_t = p$ nach Gl. (2.141)

$$\frac{\mathrm{d}p}{\mathrm{d}t} = F_t \qquad (2.146)$$

Daraus folgt

$$\boldsymbol{p_1 - p_0 = \int_{t_0}^{t_1} F_t(t)\,\mathrm{d}t} \qquad (2.147)$$

Der *Betrag* des Impulses wird also nur durch die Bahnkomponente der resultierenden Kraft geändert. Treten bei der Bewegung eines Massenpunktes nur Normalkräfte F_n auf, ist also die Bahnkomponente $F_t = 0$, so erfährt der Impulsvektor zwar ständig eine Richtungsänderung, sein *Betrag* $p = m\,v$ bleibt jedoch konstant, denn für den Betrag des Impulsvektors folgt mit $F_t = 0$ aus Gl. (2.146)

$$p = m\,v = \text{const} \qquad (2.148)$$

Ein Schienenfahrzeug, das auf einer Kreisbahn angestoßen wird, bewegt sich also mit konstanter Bahngeschwindigkeit v, wenn in Richtung der Bahn keine Kräfte (also auch keine Reibungskräfte) wirken. Gleiches gilt für einen Satelliten, der sich auf einer Kreisbahn um die Erde bewegt.

Trägt man die Bahnkomponente der Kraft als Ordinate über der Zeit als Abszisse auf, so ist das bestimmte Integral der Gl. (2.147) der Fläche unter dieser Kurve proportional (**Bild 2.60**).

Für den einzelnen Massenpunkt erzielt man durch Anwendung des Impulssatzes keine wesentlichen Vereinfachungen gegenüber dem Grundgesetz. Seine Bedeutung erhält der Impulssatz erst durch Erweiterung und Anwendung auf Systeme von Massenpunkten (s. Abschn. 4), insbesondere auch bei Untersuchung von Stoßvorgängen (s. Abschn. 6).

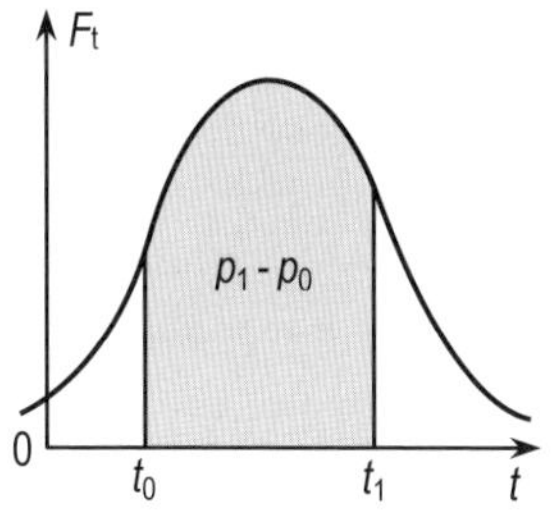

Bild 2.60: Kraft-Zeit-Diagramm

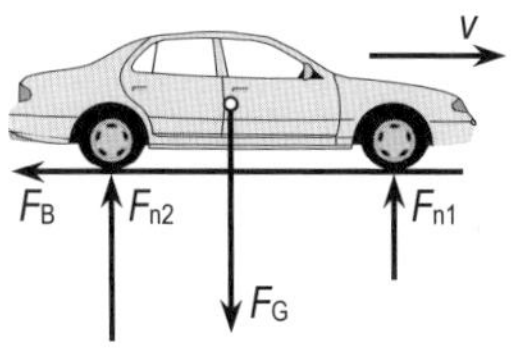

Bild 2.61: Bremskraft am Fahrzeug

Beispiel 2.37: Ein Pkw (Masse $m = 1200$ kg) fährt mit der Geschwindigkeit $v_0 = 72$ km/h. Wie groß muss die als konstant angenommene Bremskraft F_B sein, wenn das Fahrzeug in $t_1 = 4$ s zum Stillstand kommen soll?

In **Bild 2.61** sind die am Fahrzeug angreifenden äußeren Kräfte angegeben. Bei Vernachlässigung von Luftwiderstand und Reibungsverlusten wirkt entgegen der Fahrtrichtung nur die konstante Bremskraft F_B, und mit dem Impulssatz in Gl. (2.147) erhält man mit $F_t = -F_B$

$$m\,v_1 - m\,v_0 = \int_0^{t_1} F_t \, dt = -F_B\, t_1$$

Mit $v_1 = 0$ folgt die Bremskraft

$$F_B = m\frac{v_0}{t_1} = 1200\,\text{kg}\cdot\frac{(72/3{,}6)\,\text{m/s}}{4\,\text{s}} = 6000\,\text{N}$$

Der Quotient v_0/t_1 ist die konstante Bremsverzögerung a_0. Gegenüber dem Grundgesetz bringt der Impulssatz hier praktisch keinen Vorteil.

2.4.2 Impulsmoment, Impulsmomentsatz

In der Statik haben wir das statische Moment $\vec{M}_0$ einer Kraft $\vec{F}$ bezüglich eines Punktes 0 definiert und dieses durch das Vektorprodukt

$$\vec{M}_0 = \vec{r} \times \vec{F} \tag{2.149}$$

dargestellt, wobei $\vec{r}$ der Ortsvektor von dem Bezugspunkt 0 zum Angriffspunkt der Kraft $\vec{F}$ ist (**Bild 2.62a**) (s. Band *Statik*, Abschn. 4.2 und Abschn. 8.3). Entsprechend definiert man das Moment des Impulses eines Massenpunktes – das Impulsmoment – durch

$$\vec{L}_0 = \vec{r} \times \vec{p} = \vec{r} \times m\,\vec{v} \tag{2.150}$$

Das Impulsmoment $\vec{L}_0$ eines Massenpunktes mit der Masse m bezüglich eines Punktes 0 ist das Vektorprodukt aus dem Ortsvektor $\vec{r}$ und dem Impuls $\vec{p} = m\,\vec{v}$ des Massenpunktes.

Das Impulsmoment wird auch als *Drehimpuls* oder *Drall* bezeichnet. Die Vektoren $\vec{r}$, $m\,\vec{v}$ und $\vec{L}_0$ bilden in dieser (!) Reihenfolge ein Rechtssystem (**Bild 2.62b**).

Der Betrag des Impulsmomentes ist (vgl. die Analogie zum statischen Moment einer Kraft)

$$|\vec{L}_0| = L_0 = r\,m\,v \sin\alpha = m\,v\,h \tag{2.151}$$

Dabei ist α der von den Vektoren $\vec{r}$ und $m\,\vec{v}$ (in dieser Reihenfolge!) eingeschlossene Winkel und h der Abstand (Hebelarm) der mit dem Impulsvektor $m\,\vec{v}$ zusammenfallenden Geraden vom Bezugspunkt 0 (**Bild 2.62b**).

Bildet man unter Beachtung der Produktregel der Differenzialrechnung die Ableitung des Impulsmomentes in Gl. (2.150) nach der Zeit, so erhält man

$$\dot{\vec{L}}_0 = \dot{\vec{r}} \times m\,\vec{v} + \vec{r} \times m\,\dot{\vec{v}}$$

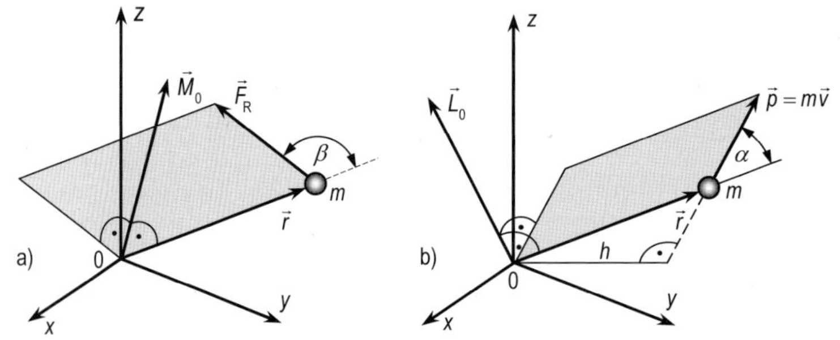

Bild 2.62: a) Momentvektor $\vec{M}_0$ b) Impulsmoment $\vec{L}_0$

Wir wählen 0 als *festen Bezugspunkt* (als solchen, der in einem Inertialsystem ruht s. S. 63), dann ist $\dot{\vec{r}} = \vec{v}$, und der erste Term auf der rechten Seite der letzten Gleichung wird Null, weil $\dot{\vec{r}}$ und $m\,\vec{v}$ parallel sind ($\vec{v} \times \vec{v} = \vec{0}$). Damit folgt

$$\dot{\vec{L}}_0 = \vec{r} \times m\,\dot{\vec{v}} \tag{2.152}$$

Nun ist nach Gl. (2.142) $m\,\dot{\vec{v}} = \dot{\vec{p}}$ gleich der Resultierenden $\vec{F}_\mathrm{R}$ der am Massenpunkt angreifenden Kräfte. Damit erhält man aus Gl. (2.152) den *Impulsmomentsatz* für einen einzelnen Massenpunkt

$$\frac{\mathrm{d}\vec{\boldsymbol{L}}_0}{\mathrm{d}t} = \vec{\boldsymbol{r}} \times \vec{\boldsymbol{F}}_\mathrm{R} = \vec{\boldsymbol{M}}_0 \qquad (2.153)$$

Die Ableitung des Impulsmomentes bezüglich eines festen Punktes 0 nach der Zeit ist gleich dem statischen Moment der Resultierenden der am Massenpunkt angreifenden Kräfte bezüglich desselben Punktes.

Beispiel 2.38: *Zentralbewegung*. Greift an einem Massenpunkt eine Kraft $\vec{F}_\mathrm{R}$ an, die dauernd auf einen festen Punkt 0 gerichtet ist ($\vec{F}_\mathrm{R}$ parallel zu $\vec{r}$), so spricht man von einer Zentralbewegung (z. B. Planetenbewegung). In diesem Fall ist $\vec{M}_0 = \vec{r} \times \vec{F}_\mathrm{R} = \vec{0}$ und damit nach Gl. (2.153) das Impulsmoment $\vec{L}_0$ konstant. Da der Impulsmomentvektor jetzt auch seine Richtung dauernd beibehält, kann sich der Massenpunkt nur in einer Ebene (z. B. der x, y-Ebene) bewegen, auf der der Vektor $\vec{L}_0$ senkrecht steht. Diese Bewegung lässt sich anschaulich deuten. Das von dem Fahrstrahl $\vec{r}$ in der Zeit Δt überstrichene Flächenelement (**Bild 2.63**) hat die Größe

$$\Delta A \approx \frac{1}{2}\left|\vec{r} \times \Delta\vec{r}\right| = \frac{1}{2} r\,\Delta r \sin\alpha$$

mit $\Delta\vec{r} \approx \vec{v}\,\Delta t$ (s. Gl. (1.36)) erhält man durch Grenzwertbildung die so genannte Flächengeschwindigkeit

$$\lim_{\Delta t \to 0} \frac{\Delta A}{\Delta t} = \frac{\mathrm{d}A}{\mathrm{d}t} = \frac{1}{2}\left|\vec{r} \times \vec{v}\right| \qquad (2.154)$$

Setzt man diese Beziehung in Gl. (2.150) ein, so folgt für den Betrag des Impulsmomentes

$$\left|\vec{L}_0\right| = \left|\vec{r} \times m\,\vec{v}\right| = 2\,m\,\dot{A} = \mathrm{const} \qquad (2.155)$$

Diese Gleichung enthält die Aussage des 2. *Kepler*schen Gesetzes, welches besagt, dass bei einer Zentralbewegung der Fahrstrahl $\vec{r}$ (z. B. von der Sonne zur Erde) in gleichen Zeiten gleiche Flächen überstreicht.

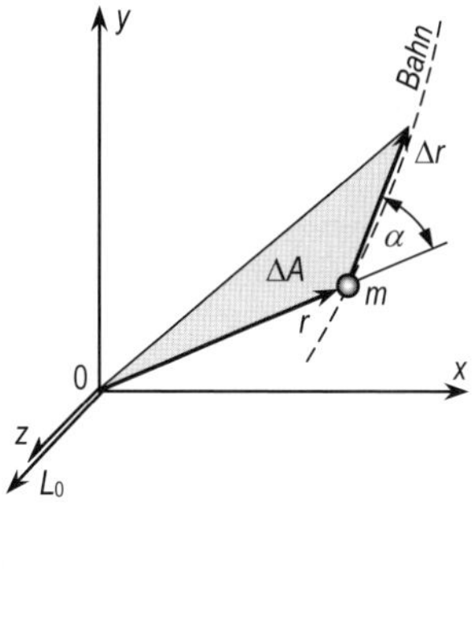

Bild 2.63: Zentralbewegung

2.4.3 Aufgaben zu Abschnitt 2.4

1. Ein Pkw mit der Masse $m = 1400\,\text{kg}$ beschleunigt in $t_1 = 10\,\text{s}$ von $v_0 = 0$ km/h auf $v_1 = 100\,\text{km/h}$. Wie groß ist die als konstant angenommene Antriebskraft F_A, wenn die Fahrwiderstandszahl $\mu_r = 0{,}02$ ist und der Luftwiderstand vernachlässigt wird?

2. Ein Klotz mit der Masse $m = 5$ kg wird mittels einer Feder auf eine um $\alpha = 30°$ geneigte Ebene geschossen (**Bild 2.64**). Beim Verlassen der Feder besitzt der Klotz eine Geschwindigkeit $v_0 = 10$ m/s. Der Gleitreibungskoeffizient zwischen Klotz und Unterlage beträgt $\mu = 0{,}2$. Bestimmen Sie die Zeitdauer t_1 vom Verlassen der Feder bis zum Stillstand des Klotzes.

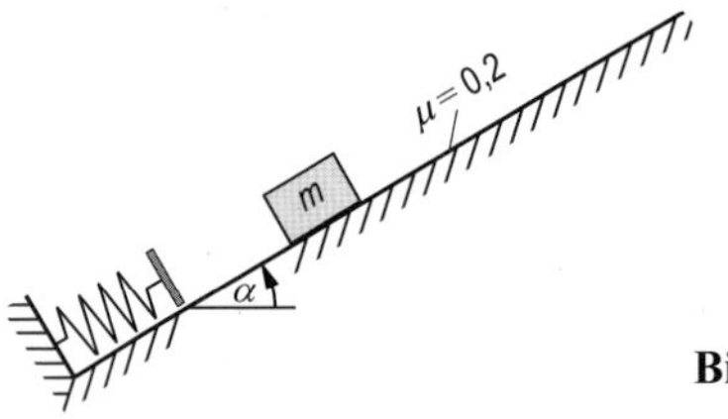

Bild 2.64: Klotz auf schiefer Ebene

3. Eine Kugel mit der Masse $m = 2$ kg fällt aus einer Höhe $h = 3$ m auf eine starre Unterlage. Die Stoßdauer beim Aufprall der Kugel beträgt $t_S = 0{,}01$ s. Unter Annahme des in **Bild 2.65b** dargestellten Stoßkraftverlaufs ermittle man die maximale Stoßkraft F_0.

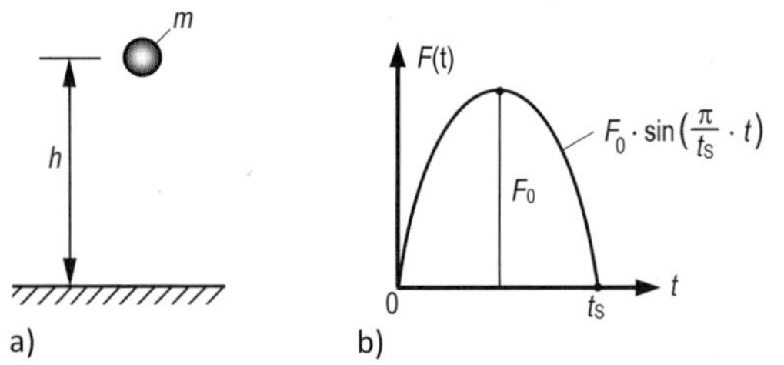

Bild 2.65:
a) Fallende Kugel b) Stoßkraftverlauf

4. Ein Klotz mit der Masse $m = 10$ kg, der durch einen 1 m langen, masselosen Stab gehalten wird, bewegt sich auf einer Kreisbahn um den Drehpunkt 0 (**Bild 2.66**). Der Gleitreibungskoeffizient zwischen Klotz und Unterlage beträgt $\mu = 0{,}2$. Zu Beginn der Drehbewegung wird der Rotor aus Klotz und Stab auf eine Winkelgeschwindigkeit $\omega = 10\ \text{s}^{-1}$ beschleunigt.

a) Wie groß muss das Antriebsmoment M_A im Punkt 0 gewählt werden, damit sich der Rotor mit der Winkelgeschwindigkeit $\omega = 10\ \text{s}^{-1} = \text{const}$ weiterdreht? b) Geben Sie für diesen Fall den Betrag des Drehimpulses $\vec{L}_0$ an. c) Wie groß ist die Flächengeschwindigkeit $\dot{A}$, mit der der Rotor die Grundfläche überstreicht?

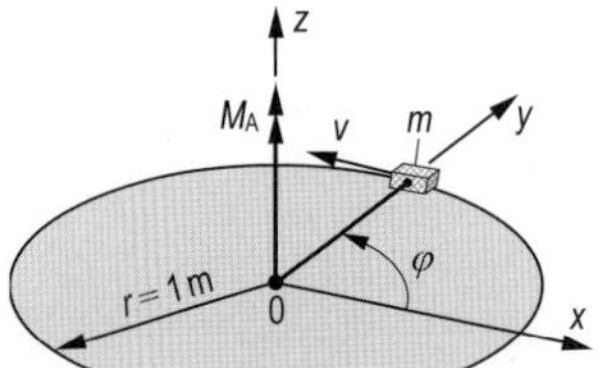

Bild 2.66: Klotz auf Kreisbahn

3 Kinematik des Körpers

3.1 Ebene Bewegung eines starren Körpers

Liegen die Bahnkurven aller Punkte eines starren Körpers in parallelen Ebenen, so spricht man von einer *ebenen Bewegung*. Solche Bewegungen treten in fast allen Maschinen auf, man denke z. B. an Verbrennungsmotoren, Kolbenpumpen, Stoßmaschinen, landwirtschaftliche Maschinen u. a. m. Zur einfachen Beschreibung dieser Bewegung denkt man sich den Körper durch Schnitte parallel zur Ebene seiner Bahnkurven in dünne Scheiben zerlegt. Da alle Scheiben gleiche Bewegungen vollführen, ist die Bewegung des ganzen Körpers bekannt, wenn die einer seiner Scheiben festliegt. Die Bewegung *einer* Scheibe ist wiederum vollständig und eindeutig durch die Bewegung zweier ihrer Punkte B und C gegeben (**Bild 3.1**). Da wir die Scheibe als starr vorausgesetzt haben (die Abstände zweier beliebiger Scheibenpunkte sind also unveränderlich), kann die Bahnkurve jedes weiteren Punktes E durch Zirkelschläge mit den Radien r_1 und r_2 um B und C konstruiert werden, wenn die Bahnen von B und C bekannt sind. Die ebene Bewegung eines starren Körpers kann damit auf die Bewegung einer Strecke $\overline{BC}$ zurückgeführt werden, die wir im Folgenden näher untersuchen.

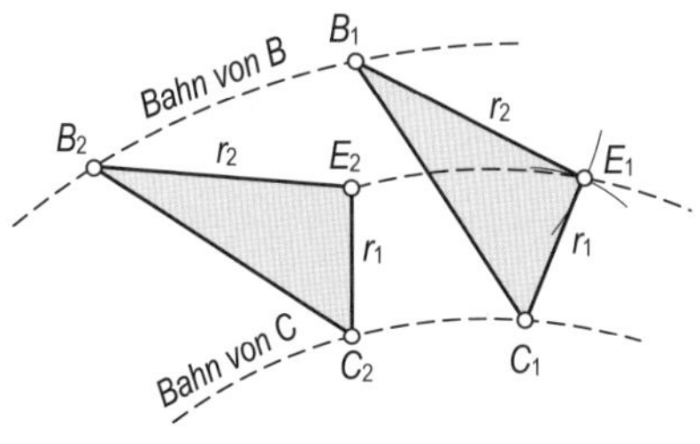

Bild 3.1: Zwei Lagen einer Scheibe

3.1.1 Momentanpol, Polbahnen

Die Lage einer Scheibe, dargestellt durch die Strecke $\overline{B_1C_1}$ (**Bild 3.1**), sei zu der Zeit t_1 gegeben, dann kann die Scheibe in eine neue Lage $\overline{B_2C_2}$ überführt werden, indem sie zunächst um die Strecke $\overline{B_1B_2}$ parallel zu sich selbst verschoben und anschließend im Punkt B_2 um den Winkel φ gedreht wird. Die Parallelverschiebung nennt man auch *Translation*, die Drehung *Rotation*. Der Punkt B ist in diesem Fall der *Rotationspunkt*.

Eine Translation kann auf beliebiger Bahn erfolgen. So vollführt die Kuppelstange einer Lokomotive eine Translation, bei der alle Punkte der Stange relativ zur Lokomotive Kreise und für einen ruhenden Beobachter Zykloiden beschreiben. Translation ist also nicht nur eine geradlinige Bewegung. Bei der Translation beschreiben alle Punkte der Scheibe kongruente Bahnkurven, bei der reinen Rotation sind es koaxiale Kreise.

Die Bewegung der Scheibe aus einer Lage 1 in die Lage 2 kann man sich aus einer Translation und einer Rotation zusammengesetzt denken. Dabei ist die Drehung unabhängig vom gewählten Rotationspunkt, die Größe und Richtung der Translation dagegen nicht. Wählt man nämlich in **Bild 3.2** einen anderen Rotationspunkt *E*, so kann die Scheibe aus der Lage 1 in die Lage 2 überführt werden, indem man sie zunächst um die Strecke $\overline{E_1E_2}$ verschiebt und dann um E_2 um den gleichen Winkel φ dreht. Die Verschiebung $\overline{B_1B_2}$ stimmt aber weder nach Betrag noch nach ihrer Richtung mit $\overline{E_1E_2}$ überein.

Die Verschiebung $\overline{E_1E_2}$ ist im vorliegenden Fall kleiner als $\overline{B_1B_2}$. Würde man *C* als Rotationspunkt wählen, so wäre die Verschiebung noch geringer. Das legt die Frage nahe, ob es einen Punkt der Scheibe gibt, für den die Translation ganz verschwindet, so dass die Scheibe durch reine Drehung um diesen Punkt aus der Lage 1 in die Lage 2 kommt. Die Punkte *B* und *C* müssten sich in diesem Fall auf Kreisbahnen um diesen Punkt bewegen. Der geometrische Ort aller Kreise durch B_1 und B_2 bzw. C_1 und C_2 ist aber die Mittelsenkrechte auf $\overline{B_1B_2}$ bzw. $\overline{C_1C_2}$ (**Bild 3.2**). Damit ist der Schnittpunkt der beiden Mittelsenkrechten der gesuchte Punkt, den man als *Drehpol* P_{12} (gesprochen: *P* eins zwei) bezeichnet. Durch reine Drehung um diesen kann das Dreieck $P_{12}B_1C_1$ als starres Gebilde in das kongruente Dreieck $P_{12}B_2C_2$ überführt werden. (Die beiden Dreiecke sind kongruent, weil sie in den drei Seiten übereinstimmen, denn nach Voraussetzung ist $\overline{B_1C_1} = \overline{B_2C_2}$, weiterhin ist $\overline{P_{12}B_1} = \overline{P_{12}B_2}$ und $\overline{P_{12}C_1} = \overline{P_{12}C_2}$, weil die Dreiecke $P_{12}C_1C_2$ und $P_{12}B_1B_2$ gleichschenklig sind.) Der Drehwinkel φ stimmt mit dem oben genannten Winkel φ überein.

Wir betrachten eine Scheibe, die aus der Lage 1, die sie zur Zeit t_1 einnimmt, in die Lage *n* gebracht wird. Zu den Zeiten t_2, t_3, ..., t_{n-1} nimmt sie die Zwischenlagen 2, 3, ..., $n - 1$ an und zur Zeit t_n die Endlage. In **Bild 3.3** sind die Anfangs- und Endlage und zwei Zwischenlagen gezeichnet ($n = 4$).

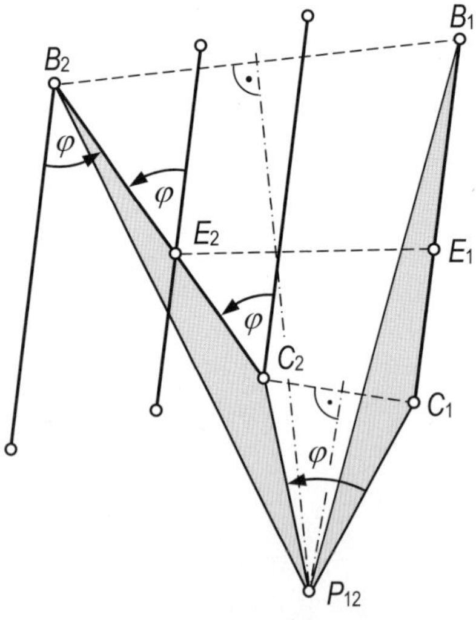

Bild 3.2: Allgemeine Bewegung einer Scheibe, zusammengesetzt aus Translation und Rotation

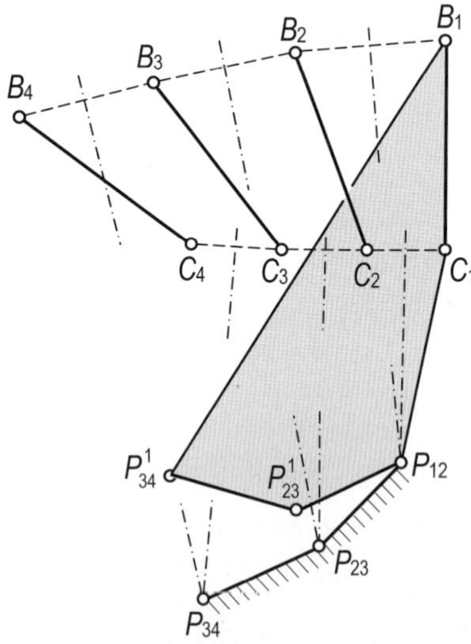

Bild 3.3: Vier Lagen einer Scheibe mit zugehörigen Drehpolen

Errichtet man auch hier zwischen zwei aufeinanderfolgenden Lagen die Mittelsenkrechten, so sind ihre Schnittpunkte die Drehpole P_{12}, P_{23} und P_{34}. Nun erfolgt die Bewegung der Scheibe aus der Lage 1 in die Lage 4, indem man sie zunächst um P_{12} aus der Lage 1 nach 2 dreht, sodann um P_{23} aus 2 nach 3 und schließlich um P_{34} aus 3 nach 4. Die Verbindung der Pole $P_{12}P_{23}P_{34}$ gibt einen Polygonzug in der festen Ebene. Denkt man sich das starre Viereck $P_{12}P_{23}B_2C_2$ um P_{12} in die Lage 1 zurückgedreht, so nimmt der Drehpol P_{23} die neue Lage P_{23}^1 ein (gesprochen: P zwei drei in der Lage eins). Dabei ist wegen der Drehung um P_{12} die Strecke $\overline{P_{12}P_{23}} = \overline{P_{12}P_{23}^1}$. Bringt man ebenso das starre Viereck $P_{23}P_{34}B_3C_3$ in die Lage 1 zurück, so dass die Strecke $\overline{B_3C_3}$ mit $\overline{B_1C_1}$ zur Deckung kommt, so erhält man den Punkt P_{34}^1, und P_{23} fällt wieder mit P_{23}^1 zusammen. Die Strecke $\overline{P_{23}P_{34}}$ ist dann gleich $\overline{P_{23}^1P_{34}^1}$.

Die Punkte P_{12}, P_{23}^1 und P_{34}^1 bilden jetzt einen Polygonzug, der fest mit der bewegten Scheibe in der Lage 1 verbunden ist. Die Scheibe kann nun aus der Lage 1 über 2 und 3 nach 4 gebracht werden, indem man den scheibenfesten Polygonzug $P_{12}\,P_{23}^1\,P_{34}^1$ auf dem ruhenden Polygonzug $P_{12}P_{23}P_{34}$ „abrollen" lässt.

Lässt man die Lage 2 nahe an die Lage 1 heran- und schließlich in sie hineinrücken, so nehmen im Grenzfall die Sehnen $\overline{B_1B_2}$ und $\overline{C_1C_2}$ der Bahnkurven von B und C die Richtungen der Bahntangenten und die Mittellote die Richtungen der Bahnnormalen in der Lage 1 an. Diese schneiden sich in dem momentanen Drehpol, der jetzt als *Momentanpol P* bezeichnet wird.

Die gleiche Überlegung gilt für alle weiteren Punkte der Scheibe. Es gilt also:

Der Momentanpol ist in einem Zeitpunkt der Schnittpunkt der Bahnnormalen aller Punkte einer Scheibe.

Umgekehrt ist die Verbindungsgerade irgendeines Scheibenpunktes B mit dem Momentanpol P Bahnnormale, ihre Senkrechte in B Bahntangente (**Bild 3.4**). Betrachtet man mehr Zwischenlagen als in **Bild 3.3** angegeben sind, so erhält man für jede Anzahl von n Lagen die zugehörigen Polygonzüge $P_{12}P_{23}P_{34}, \ldots, P_{i,\,i+1}, \ldots, P_{n-1,\,n}$ und $P_{12}\,P_{23}^1\,P_{34}^1, \ldots, P_{i,i+1}^1, \ldots, P_{n-1,n}^1$. Bildet man den Grenzwert für $n \to \infty$, wobei gleichzeitig alle Parallelverschiebungen und Drehungen bei der Bewegung aus einer beliebigen Lage i in die Nachbarlage $i + 1$ gegen Null streben, so gehen die Polygonzüge in zwei Grenzkurven über, von denen die ruhende als *Rastpolbahn*, die scheibenfeste als *Gangpolbahn* bezeichnet wird (**Bild 3.4**).

Rastpolbahn ist der geometrische Ort aller Punkte in der ruhenden Ebene, die einmal Momentanpole waren, sind oder sein werden.

Gangpolbahn ist der geometrische Ort aller Punkte in der bewegten Ebene, die einmal Momentanpole waren, sind oder sein werden.

Die Bewegung einer Scheibe in der Ebene kann immer durch das Abrollen (ohne Gleiten) der beiden Polbahnen aufeinander dargestellt werden. Ihr augenblicklicher Berührungspunkt ist der Momentanpol. Dieser ist als Punkt der bewegten Scheibe momentan in Ruhe, seine Bahn hat hier einen Umkehrpunkt. (In **Bild 3.4** ist die Bahnkurve desjenigen Scheibenpunktes angegeben, der in der gezeichneten Stellung zum Momentanpol P wird.) Da sich die Scheibe augenblicklich um P dreht, ist der Momentanpol der *einzige* Punkt der Scheibe, dessen Geschwindigkeit Null ist. Umkehrung: Rollen zwei Bahnen, von denen die eine raumfest und die andere scheibenfest ist, aufeinander ab, ohne zu gleiten, so ist die eine die Rastpolbahn, die andere die Gangpolbahn und ihr Berührungspunkt der Momentanpol P.

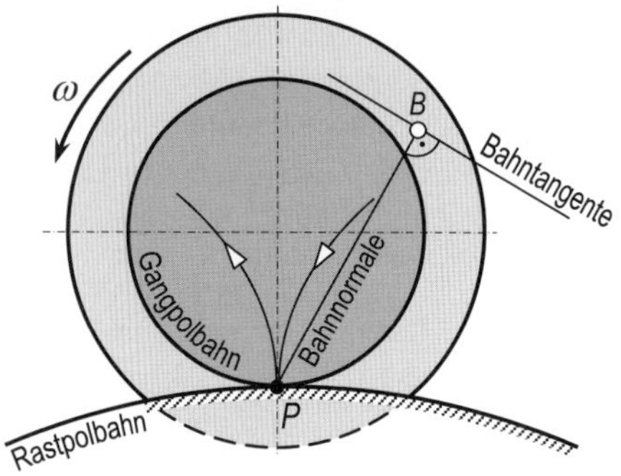

Bild 3.4: Allgemeine Bewegung der Scheibe durch Abrollen der Gangpolbahn auf der Rastpolbahn

Beispiel 3.1: Ein Rad, das auf einer Ebene abrollt, berührt diese im Momentanpol P (**Bild 3.5**). Der geometrische Ort aller Punkte, die im Laufe der Zeit Momentanpole werden können, liegt auf der Geraden (Rastpolbahn) bzw. für das Rad auf dem Umfang des Kreises (Gangpolbahn) (**Bild 3.5**). Die Bahntangente der Bahnkurve irgendeines Radpunktes B findet man, wenn man diesen mit P verbindet (Bahnnormale) und darauf in B die Senkrechte errichtet (vgl. auch Beispiel 1.23, S. 51).

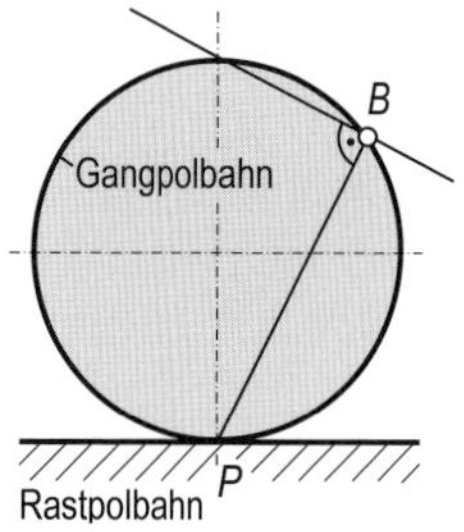

Bild 3.5: Rad auf einer Ebene

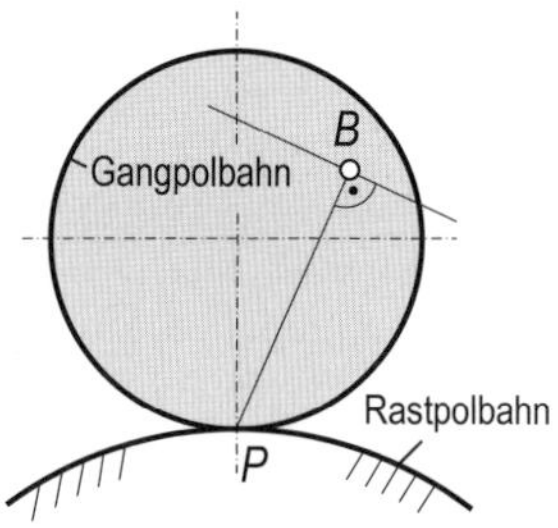

Bild 3.6 Rad auf einer Kreisscheibe

Beispiel 3.2: Ein Rad rollt auf einer feststehenden Kreisscheibe ab (z. B. Zylinderrollen eines Zylinderrollenlagers auf feststehendem Innenring, **Bild 3.6**). Der Kreis ist die Rastpolbahn, das Rad die Gangpolbahn. Die Senkrechte in B auf der Verbindungsgeraden des Punktes B mit P ist Bahntangente.

Beispiel 3.3: *Doppelschieber* und *Kardan-Kreispaar*. Die Punkte B und C einer Stange der Länge l werden nach **Bild 3.7** auf zwei aufeinander senkrecht stehenden Geraden geführt (Doppelschieber). Der Momentanpol als Schnittpunkt der Bahnnormalen von B und C ist der Punkt P. Wegen der Gleichheit der Diagonalen im Rechteck $PBOC$ hat P von dem festen Punkt O immer den konstanten Abstand $\overline{PO} = \overline{BC}$. Die Rastpolbahn ist daher ein Kreis mit dem Radius $R = \overline{BC}$ um O. Als bezüglich der Stange $\overline{BC}$ fester Punkt hat P von ihrem Mittelpunkt M stets den Abstand der halben Diagonale $r = \overline{OP}/2$. Die Gangpolbahn ist daher ein Kreis um M mit dem Radius $r = R/2$ und die Bewegung des Doppelschiebers kann durch das Abrollen der beiden Kreise (Kardan-Kreispaar) ersetzt werden. Bei einem Kreis ist wegen der Symmetrie kein Punkt vor einem anderen ausgezeichnet, deshalb bewegen sich nicht nur die Punkte B und C, sondern alle Punkte auf dem Umfang des kleinen Kreises auf geraden Bahnen, die durch O gehen.

Alle Punkte einer mit der Stange $\overline{BC}$ verbundenen Scheibe beschreiben Ellipsen, der Mittelpunkt M der Stange einen Kreis um O mit dem Radius $r = \overline{OM}$. Das Kardan-Kreispaar kann für exakte Geradführung verwendet werden.

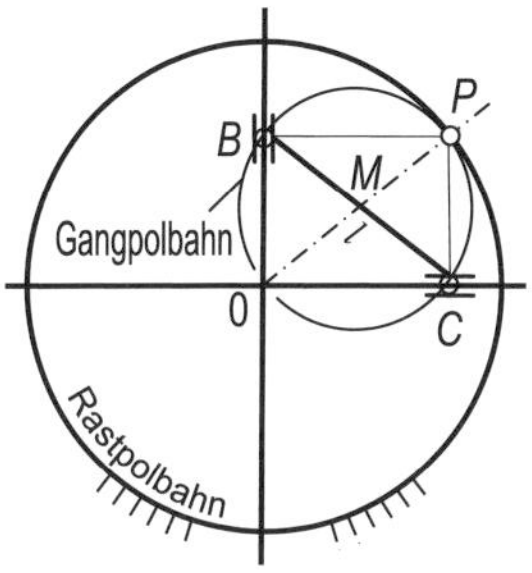

Bild 3.7:
Doppelschieber und Kardankreispaar

Beispiel 3.4: Die Punkte B und C der in **Bild 3.8** gezeichneten *Doppelschwinge* ($\overline{AB}$ = 10 mm, $\overline{BC}$ = 14 mm, $\overline{CD}$ = 18 mm und $\overline{AD}$ = 24 mm) bewegen sich auf Kreisbahnen um ihre Drehpunkte A und D. Die Bahnnormalen sind daher Geraden durch $\overline{AB}$ und $\overline{CD}$, die sich im Momentanpol P schneiden. Ändert man die Getriebestellung und bringt jeweils die Bahnnormalen von B und C zum Schnitt, so gewinnt man die vollständige Rastpolbahn, von der in **Bild 3.8** ein Teil angegeben ist. Die Konstruktion der Gangpolbahn ist für den Punkt P_1' erläutert. In der Getriebestellung AB_1C_1D ist P_1 Momentanpol. In dieser Lage fällt P_1 mit dem Punkt P_1' der Gangpolbahn zusammen. Dreht man das Getriebe in die Lage AB_0C_0D zurück, so erhält man P_1' als Schnittpunkt der Kreise mit den Radien $\overline{B_1P_1}$ bzw. $\overline{C_1P_1}$ um die Punkte B_0 bzw. C_0.

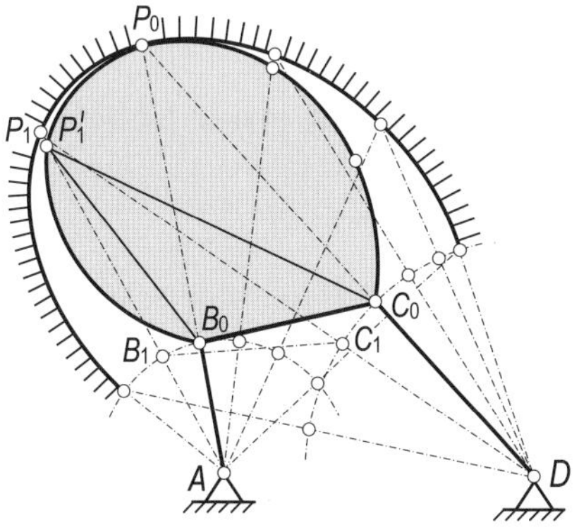

Bild 3.8:
Teil der Rast- und Gangpolbahn einer Doppelschwinge

3.1.2 Aufgaben zu Abschnitt 3.1

1. Für eine zentrische Schubkurbel (Kurbellänge r = 3 cm und Koppellänge l = 8 cm) konstruiere man die Rast- und Gangpolbahn.
2. Welche Gestalt nehmen die Rast- und Gangpolbahn in der vorhergehenden Aufgabe an, wenn $r = l$ wird?
3. Man stelle die Gleichung der Bahnkurve eines beliebigen Koppelpunktes E auf der Geraden $\overline{BC}$ eines Doppelschiebers auf (**Bild 3.9**, vgl. Beispiel 3.3, S. 132) und zeige damit, dass die Bahnkurve eine Ellipse ist.

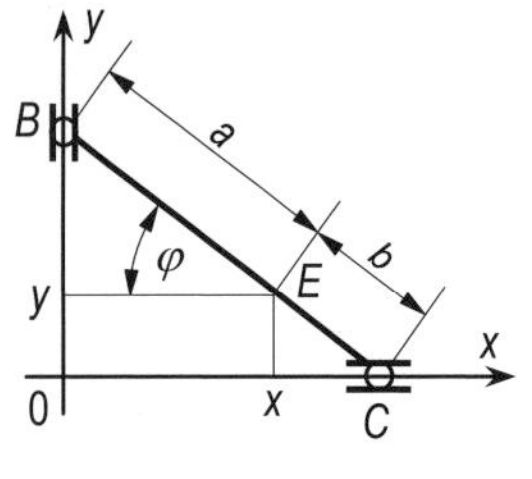

Bild 3.9: Koordinaten des Koppelpunktes E eines Doppelschiebers

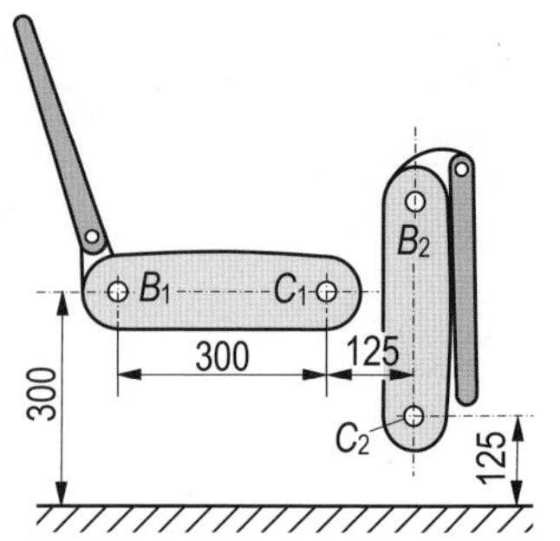

Bild 3.10: Zwei Lagen eines Klappsitzes

4. Die Schubrichtungen zweier Scheibenpunkte B und C ($\overline{BC}$ = 50 mm) schneiden sich im Punkt O unter einem Winkel von 60°. Man konstruiere mit Hilfe des Kardankreispaares ein Wälzhebelgetriebe, das für die Punkte B und C eine exakte Geradführung zulässt.

5. Man löse die vorstehende Aufgabe mit Hilfe einer zentrischen Schubkurbel, für die $r = l$ ist.

6. Für den Klappsitz eines Kraftfahrzeuges sind zwei Lagen vorgesehen (**Bild 3.10**). a) Der Sitz soll durch reine Drehung um einen festen Punkt aus der Lage $\overline{B_1C_1}$ in die Lage $\overline{B_2C_2}$ gebracht werden. Man bestimme dafür den Drehpol P_{12}. b) Kann die Bewegung von 1 nach 2 auch mit Hilfe eines Gelenkvierecks durchgeführt werden? Wo wären die Anlenkpunkte A und D für Kurbel $\overline{AB}$ und Schwinge $\overline{CD}$ zu wählen?

3.2 Geschwindigkeits- und Beschleunigungszustand einer Scheibe

3.2.1 Momentanpol als Geschwindigkeitspol

Nach Abschn. 3.1.1 lässt sich jede ebene Scheibenbewegung durch Abrollen der Gangpolbahn auf der Rastpolbahn darstellen. Dabei ist der Momentanpol P als Punkt der Scheibe augenblicklich in Ruhe, hat also die Geschwindigkeit $v_P = 0$. Daher gilt:

Für den Geschwindigkeitszustand verhält sich die Scheibe so, als ob sie sich augenblicklich um den Momentanpol dreht.

In diesem Sinne wird der Momentanpol als *Geschwindigkeitspol* bezeichnet. Ist die momentane Winkelgeschwindigkeit ω der Scheibe bekannt, so kann für jeden ihrer Punkte die momentane Geschwindigkeit bestimmt werden. Es seien $r_B = \overline{PB}$ und $r_C = \overline{PC}$ die Abstände der Scheibenpunkte B und C vom Momentanpol P (**Bild 3.11a**) und $\vec{r}_B$ bzw. $\vec{r}_C$ die Ortsvektoren. Dann sind nach Gl. (1.81) die Beträge ihrer Geschwindigkeiten

$$v_B = r_B\,\omega \qquad \text{und} \qquad v_C = r_C\,\omega \tag{3.1}$$

Die Geschwindigkeitsvektoren stehen auf $\vec{r}_B$ und $\vec{r}_C$ senkrecht und können durch Gl. (1.94) ausgedrückt werden (s. auch Gl. (1.138))

$$\vec{\omega} \times \vec{r}_B = \vec{v}_B \qquad \text{und} \qquad \vec{\omega} \times \vec{r}_C = \vec{v}_C \tag{3.2}$$

Nach der Definition des Vektorproduktes bilden die drei Vektoren in der angegebenen Reihenfolge ein Rechtssystem. Löst man Gl. (3.1) nach der Winkelgeschwindigkeit ω auf, so folgt

$$\frac{v_B}{r_B} = \frac{v_C}{r_C} = \omega \sim \tan\beta \tag{3.3}$$

Die Beträge der Geschwindigkeiten zweier Punkte der Scheibe verhalten sich wie ihre Abstände vom Momentanpol, und der Tangens des Winkels β ist ein Maß für die Winkelgeschwindigkeit ω. Daraus folgen zwei einfache Konstruktionen für die Geschwindigkeitsvektoren:

1. Da die Winkelgeschwindigkeit ω und damit $\tan\beta$ für alle Punkte der Scheibe konstant ist, kann die Geschwindigkeit eines beliebigen Punktes C aus der des Punktes B gefunden werden, indem nach **Bild 3.11a** der Winkel β im Momentanpol an $\overline{PC}$ gleichsinnig angetragen wird.
2. Dreht man den Geschwindigkeitsvektor $\vec{v}_B$ um 90° in die Lage $\overset{\rceil}{v}_B$ (gesprochen: v_B lotrecht oder v_B gedreht) und zieht eine Parallele zu $\overline{BC}$ durch die Spitze von $\overset{\rceil}{v}_B$ (**Bild 3.11b**), so schneidet diese auf der Strecke $\overline{PC}$ die Geschwindigkeit $\overset{\rceil}{v}_C$ ab, denn nach dem Strahlensatz folgt aus **Bild 3.11b** die Gl. (3.3). Dreht man $\overset{\rceil}{v}_C$ entgegen der ursprünglichen Drehrichtung um 90° zurück, so erhält man den Geschwindigkeitsvektor $\vec{v}_C$. Dieses Verfahren wird das der *lotrechten oder gedrehten Geschwindigkeiten* genannt.

   Diesen beiden Geschwindigkeitskonstruktionen sei noch eine weitere hinzugefügt, die sich unmittelbar aus der Definition der Starrheit der Scheibe ergibt. Da der Abstand zweier Punkte B und C unveränderlich ist, muss die Projektion der Geschwindigkeiten $\vec{v}_B$ und $\vec{v}_C$ auf die Gerade $\overline{BC}$ für beide Punkte denselben Wert ergeben, andernfalls würde die Scheibe auseinandergerissen. Sind also $\vec{v}_B$ und die Bahntangente von C bekannt, so projiziert man die Geschwindigkeit $\vec{v}_B$ auf $\overline{BC}$ und verschiebt die projizierte Geschwindigkeit nach C, dann schneidet die Senkrechte durch ihren Endpunkt auf der Bahntangente von C die Geschwindigkeit $\vec{v}_C$ ab (**Bild 3.11c**). Diese Methode wird als Methode der *projizierten Geschwindigkeiten* bezeichnet; sie kann zur Kontrolle anderer Konstruktionen verwendet werden.

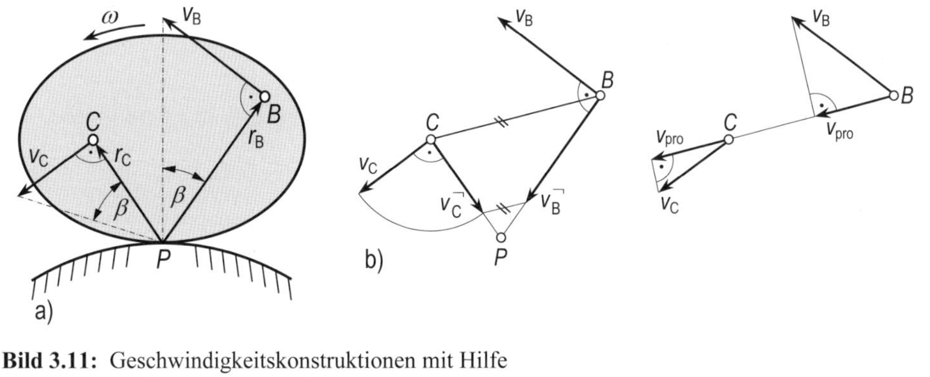

Bild 3.11: Geschwindigkeitskonstruktionen mit Hilfe
a) des Momentanpols
b) der lotrechten Geschwindigkeiten
c) der projizierten Geschwindigkeiten

Beispiel 3.5: Für das *geschränkte Schubkurbelgetriebe* in **Bild 3.12** bestimme man bei gegebener Kurbelzapfengeschwindigkeit $\vec{v}_B$ die Kolbengeschwindigkeit $\vec{v}_C$ ($r = 100$ mm, $l = 300$ mm, $\varphi = 17°$).
Die Bahnnormalen der Bahnkurven von B und C schneiden sich im Momentanpol P. Den Maßstab für v_B wählen wir so, dass die Zeichenstrecke, durch die v_B dargestellt wird, gleich der Kurbellänge $\overline{AB}$ wird (s. auch Abschn. 3.2.3). Die Winkelgeschwindigkeit des Pleuels $\overline{BC}$ ist

$$\omega_{BC} = \frac{v_B}{\overline{BP}} \sim \tan\beta \tag{3.4}$$

Trägt man den Winkel β in P an $\overline{PC}$ an, so schneidet der freie Schenkel auf der Schubrichtung von C die Kolbengeschwindigkeit $\vec{v}_C$ ab (**Bild 3.12a**).

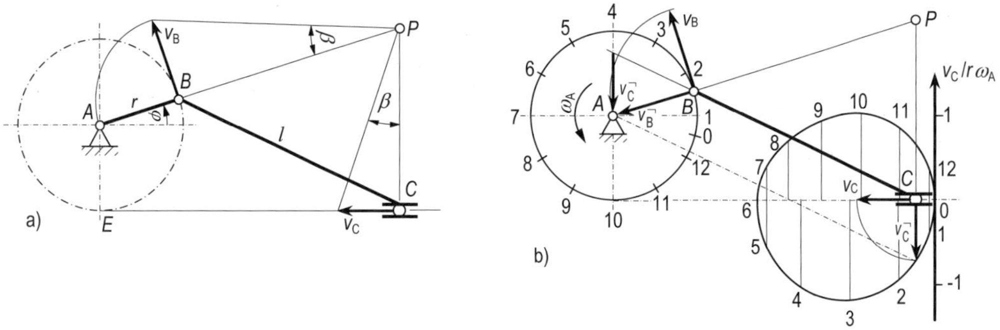

Bild 3.12: a) Kolbengeschwindigkeit der geschränkten Schubkurbel
b) lotrechte Geschwindigkeiten und v, s-Diagramm; $m_L = 10$ cm/cm$_z$

Häufig liegt der Momentanpol P außerhalb des Zeichenblattes, die Geschwindigkeit $\vec{v}_C$ kann dann mit Hilfe lotrechter Geschwindigkeiten gewonnen werden. Bei der verabredeten Maßstabswahl liegt der Endpunkt von $\overset{\urcorner}{v}_B$ in A. Die Parallele durch A zu $\overline{BC}$ schneidet auf der Bahnnormalen von C die Geschwindigkeit $\overset{\urcorner}{v}_C$ ab, die um 90° gedreht $\vec{v}_C$ ergibt. In **Bild 3.12b** ist auf diese Weise das vollständige Geschwindigkeit-Ort-Diagramm gezeichnet.
Eine besonders einfache Geschwindigkeitskonstruktion ergibt sich, wenn man beachtet, dass die Verlängerung der Strecke $\overline{BC}$ über B hinaus auf der Vertikalen zur Schubrichtung in A ebenfalls $\overset{\urcorner}{v}_C$ abschneidet (**Bild 3.12b**).

Beispiel 3.6: In Beispiel 1.20, S. 46, haben wir gesehen, dass die maximale Kolbengeschwindigkeit eines *ungeschränkten Schubkurbelgetriebes* (**Bild 3.13**) etwa dann auftritt, wenn Kurbel r und Pleuel l einen rechten Winkel miteinander einschließen. An Hand von **Bild 3.13** zeige man, dass in dieser Stellung $v_C = r\,\omega\sqrt{1+\lambda^2}$ ist.

Bild 3.13:
Lotrechte Geschwindigkeiten an der zentrischen Schubkurbel

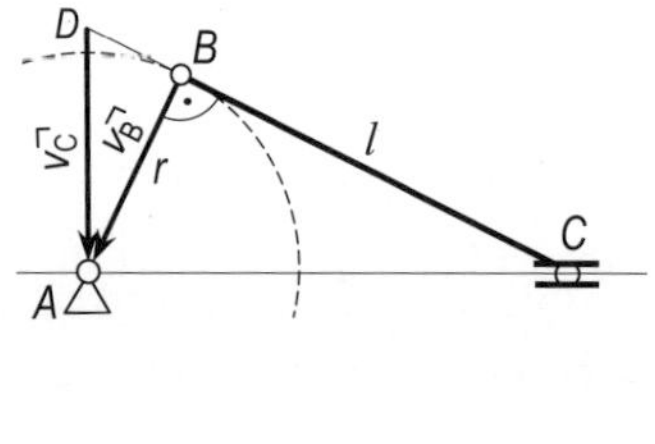

Die Strecke $\overline{AD}$ ist die lotrechte Geschwindigkeit $\overrightarrow{v_C}$ (vgl. **Bild 3.12b**). Aus den ähnlichen Dreiecken *ABD* und *ABC* liest man mit $r/l = \lambda$ die Beziehung ab

$$\frac{v_C}{v_B} = \frac{\overline{AC}}{\overline{BC}} = \frac{\sqrt{r^2 + l^2}}{l} = \frac{l\sqrt{1+\lambda^2}}{l}$$

$$v_C = v_B \sqrt{1+\lambda^2} = r\,\omega\,\sqrt{1+\lambda^2} \tag{3.5}$$

Beispiel 3.7: *Gleichachsiges Umlaufgetriebe.* Das **Bild 3.14** zeigt ein gleichachsiges Umlaufgetriebe. Das kleine *Sonnenrad* 1 ist festgehalten, die Kurbel (*R*) wird mit der Winkelgeschwindigkeit ω_1 angetrieben, dabei rollt das *Planetenrad* 2 auf dem kleinen Sonnenrad ab und treibt das innenverzahnte große Sonnenrad 3 mit der Winkelgeschwindigkeit ω_3 an. Man bestimme das Übersetzungsverhältnis ω_3/ω_1.
Da der Teilkreis des Planetenrades auf dem Teilkreis des feststehenden Sonnenrades abrollt, ist der Berührungspunkt der Teilkreise der Momentanpol *P*. Die Geschwindigkeiten der Punkte des Planetenrades wachsen linear mit dem Abstand vom Momentanpol. Die Umfangsgeschwindigkeit v_3 des innen verzahnten Rades ist daher doppelt so groß wie die Geschwindigkeit des Planetenradmittelpunktes $v_M = R\,\omega_1$. Daraus folgt

$$v_3 = r_3\,\omega_3 = 2\,v_M = 2\,R\,\omega_1$$

Berücksichtigt man, dass $R = (r_1 + r_3)/2$ ist, so erhält man das Übersetzungsverhältnis

$$\frac{\omega_3}{\omega_1} = 2\frac{R}{r_3} = \frac{r_1 + r_3}{r_3} = 1 + \frac{r_1}{r_3}$$

Das Übersetzungsverhältnis ist also nur von dem Radienverhältnis r_1/r_3 abhängig.

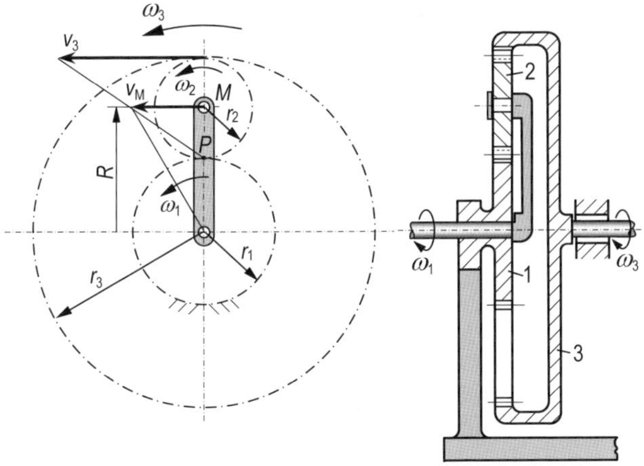

Bild 3.14:
Gleichachsiges Umlaufgetriebe

3.2.2 Satz von Euler

Die ebene Bewegung einer starren Scheibe kann nach den Überlegungen des Abschn. 3.1.1 aus einer Translation und einer Rotation zusammengesetzt gedacht werden. Erteilt man der Scheibe mit den Punkten *B* und *C* zunächst eine *translatorische* Bewegung, also eine Parallelverschiebung (**Bild 3.15a**), so beschreiben alle Scheibenpunkte kongruente Bahnen, sie haben daher auch gleiche Geschwindigkeiten und Beschleunigungen. Die Geschwindigkeitsvektoren aller Scheibenpunkte liegen tangential zu ihren Bahnen, und die Beschleunigungsvektoren haben im Allgemeinen eine Tangential- und Normalkomponente.

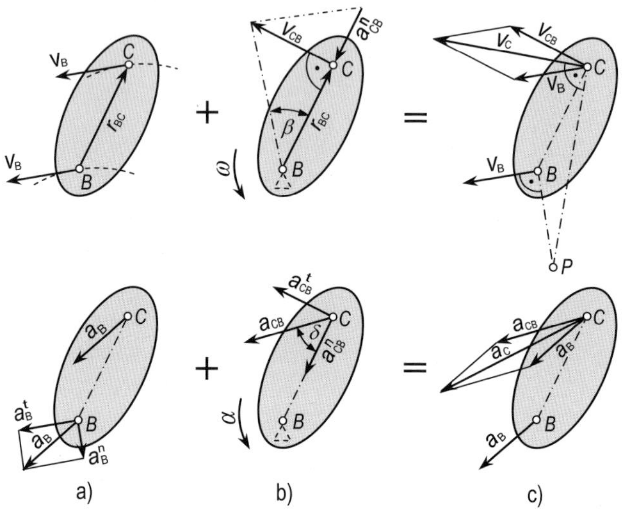

Bild 3.15: Geschwindigkeits- und Beschleunigungszustand einer Scheibe
a) Translation b) Rotation c) zusammengesetzte Bewegung

Überlagert man der Translation eine Rotation um *B*, dann ist die Geschwindigkeit des Punktes *B* die Translationsgeschwindigkeit $\vec{v}_B$, seine Beschleunigung die Translationsbeschleunigung $\vec{a}_B$, und der Punkt *C* erfährt gegenüber *B* nach Gl. (1.81) zusätzlich die Drehgeschwindigkeit (**Bild 3.15b**)

$$v_{CB} = r_{BC}\omega \qquad (3.6)$$

(Gesprochen: v_C um *B*). Darin ist r_{BC} der Abstand des Punktes *C* vom Drehpunkt *B* und ω die Winkelgeschwindigkeit der Scheibe. Der Geschwindigkeitsvektor $\vec{v}_{CB}$ steht senkrecht auf dem Ortsvektor $\vec{r}_{CB}$ und kann durch das Vektorprodukt nach Gl. (1.94)

$$\vec{\omega} \times \vec{r}_{BC} = \vec{v}_{BC} \qquad (3.7)$$

beschrieben werden.

Die Beschleunigung infolge der Drehbewegung von *C* um *B* setzt sich aus einer Tangential- und Normalbeschleunigung zusammen (**Bild 3.15b**). Ihre Beträge sind nach Gl. (1.82) und (1.83)

$$a_{CB}^{t} = r_{BC}\,\alpha \qquad a_{CB}^{n} = r_{BC}\omega^2 = \frac{v_{CB}^2}{r_{BC}} \qquad (3.8)$$

(gesprochen: a_C um *B* tangential bzw. a_C um *B* normal). Für den Betrag der Beschleunigung $\vec{a}_{CB}$ erhält man

$$a_{CB} = \sqrt{(a_{CB}^{t})^2 + (a_{CB}^{n})^2} = r_{BC}\sqrt{\alpha^2 + \omega^4} \qquad (3.9)$$

Die Vektoren $\vec{a}_{\mathrm{CB}}^{\mathrm{t}}$ und $\vec{a}_{\mathrm{CB}}^{\mathrm{n}}$ können nach Gl. (1.97) und (1.98) durch die Vektorprodukte

$$\vec{\alpha} \times \vec{r}_{\mathrm{BC}} = \vec{a}_{\mathrm{CB}}^{\mathrm{t}} \qquad \vec{\omega} \times \vec{v}_{\mathrm{CB}} = \vec{a}_{\mathrm{CB}}^{\mathrm{n}} \tag{3.10}$$

angegeben werden. Der Quotient aus der Tangential- und Normalbeschleunigung in Gl. (3.8)

$$\tan\delta = \frac{a_{\mathrm{CB}}^{\mathrm{t}}}{a_{\mathrm{CB}}^{\mathrm{n}}} = \frac{\alpha}{\omega^2} = \mathrm{const} \tag{3.11}$$

ist unabhängig von der Lage des Punktes C, d. h. für alle Scheibenpunkte konstant. Die Rotationsbeschleunigung $\vec{a}_{\mathrm{CB}}$ schließt daher für alle Scheibenpunkte mit dem Fahrstrahl zum Drehpunkt B denselben Winkel δ ein (**Bild 3.15b**). Der Betrag der Beschleunigung $\vec{a}_{\mathrm{CB}}$ ist nach Gl. (3.9) proportional dem Abstand r_{BC} vom Drehpunkt B. Die Drehbeschleunigung weiterer Scheibenpunkte kann deshalb nach dem Strahlensatz aus $\vec{a}_{\mathrm{CB}}$ gewonnen werden.

Der Geschwindigkeits- und Beschleunigungszustand der Scheibe bei allgemeiner Bewegung ergibt sich nach **Bild 3.15c** als Überlagerung aus der Translation und der Rotation. Ein Punkt C der Scheibe erfährt dabei die Geschwindigkeit

$$\vec{\boldsymbol{v}}_{\mathbf{C}} = \vec{\boldsymbol{v}}_{\mathbf{B}} + \vec{\boldsymbol{v}}_{\mathbf{CB}} \tag{3.12}$$

Ebenso setzt sich seine Beschleunigung aus der Translationsbeschleunigung $\vec{a}_{\mathrm{B}}$ und den beiden Anteilen der Rotationsbeschleunigung der Gl. (3.8) geometrisch zusammen

$$\vec{\boldsymbol{a}}_{\mathbf{C}} = \vec{\boldsymbol{a}}_{\mathbf{B}} + \vec{\boldsymbol{a}}_{\mathbf{CB}}^{\mathbf{t}} + \vec{\boldsymbol{a}}_{\mathbf{CB}}^{\mathbf{n}} = \vec{\boldsymbol{a}}_{\mathbf{B}} + \vec{\boldsymbol{a}}_{\mathbf{CB}} \tag{3.13}$$

Gl. (3.12) und (3.13) sind als *1. Satz von Euler*[1)] bekannt.

Die Geschwindigkeiten und Beschleunigungen werden bei der ebenen Scheibenbewegung (z. B. in ungleichförmig übersetzenden Getrieben) vielfach grafisch mit Hilfe der *Euler*schen Gleichungen bestimmt. Rechnerische Lösungen sind grundsätzlich möglich, sie verlangen aber einen unverhältnismäßig größeren Aufwand (vgl. auch Beispiel 1.20, S. 46), wenn nicht entsprechende Rechenprogamme zur Verfügung stehen.
In der Anwendung beachte man, dass die Geschwindigkeits- und Beschleunigungsvektoren bei ebener Bewegung durch je zwei Größen festgelegt sind. Das können z. B. die x- und y-Komponente oder auch Betrag und Richtung dieser Vektoren sein. Deshalb sind auch die Vektorgleichungen (3.12) und (3.13) je zwei skalaren Gleichungen gleichwertig (vgl. in der Statik die Gleichgewichtsbedingungen der Kräfte: $\Sigma\,\vec{F}_{\mathrm{i}} = \vec{0}$ entspricht $\Sigma F_{\mathrm{ix}} = 0$ und $\Sigma F_{\mathrm{iy}} = 0$). Zu ihrer Lösung empfiehlt sich folgendes Vorgehen: Zunächst unterstreicht man diejenigen Vektoren, von denen nur eine Größe, z. B. die Richtung, bekannt ist, einmal. Ein zweimal unterstrichener Vektor ist dann nach *Betrag* und *Richtung* festgelegt.

Die Vektorgleichungen (3.12) und (3.13) sind lösbar, wenn in ihnen höchstens je zwei unbekannte Bestimmungsstücke der Vektoren auftreten. Zur Vermeidung unnötiger Arbeit prüfe man diese Bedingung, bevor man mit Hilfe eines Geschwindigkeits- oder Beschleunigungsplanes die unbekannten Größen zu bestimmen versucht.

---

1) *Leonhard Euler* (1707 bis 1783)

3.2.3 Maßstäbe und Konstruktion der Normalbeschleunigung

Im Hinblick auf die Lösung der nachfolgenden Beispiele wollen wir einige Bemerkungen über die Wahl der Maßstabsfaktoren bei der zeichnerischen Behandlung von Getrieben, die durch eine Kurbel angetrieben werden (z. B. **Bild 3.12**), vorausschicken. Der Maßstabsfaktor m_x ist als Proportionalitätsfaktor zwischen einer physikalischen Größe x und der Strecke S_x, durch die diese Größe dargestellt wird, definiert (s. Band *Statik*, Abschn. 1.3). Wählt man für die Darstellung der Geschwindigkeit v, der Beschleunigung a und der Kurbellänge r eines Kurbelgetriebes die Maßstabsfaktoren m_v, m_a und m_L, so gelten die Beziehungen

$$v = m_v\, S_v \qquad a = m_a\, S_a \qquad r = m_L\, S_r \tag{3.14}$$

Wird eine Kurbel mit einer Winkelgeschwindigkeit ω_A angetrieben, so ist die Kurbelzapfengeschwindigkeit

$$v_B = r\,\omega_A$$

Setzt man in diese Beziehung für v_B und r die Ausdrücke nach Gl. (3.14) ein, so folgt

$$m_v\, S_{vB} = m_L\, S_r\, \omega_A \quad \text{und} \quad m_v = \frac{S_r}{S_{vB}}\, m_L \omega_A$$

Wählt man die Zeichenstrecken S_r und S_{vB}, durch die die Länge der Kurbel und die Kurbelzapfengeschwindigkeit dargestellt sind, einander gleich, so folgt aus der letzten Gleichung die einfache Beziehung

$$m_v = m_L\, \omega_A \tag{3.15}$$

Die Normalbeschleunigung des Kurbelzapfens ist nach Gl. (1.83)

$$a_B = \frac{v_B^2}{r}$$

Ersetzt man auch hier die Größen a_B, v_B und r nach Gl. (3.14), so erhält man

$$m_a S_{aB} = \frac{S_{vB}^2}{S_r}\, \frac{m_v^2}{m_L}$$

Wählt man die Zeichenstrecke S_{aB}, die die Beschleunigung des Kurbelzapfens darstellt, gleich der Zeichenstrecke S_r für die Länge der Kurbel, also $S_{aB} = S_r = S_{vB}$, so erhält man unter Berücksichtigung von Gl. (3.15) aus vorstehender Gleichung den Maßstabsfaktor für die Beschleunigung

$$m_a = \frac{m_v^2}{m_L} = m_v\, \omega_A = m_L \omega_A^2 \tag{3.16}$$

Die Normalbeschleunigung irgendeines Scheibenpunktes kann berechnet werden, wenn seine Geschwindigkeit und der Krümmungsradius seiner Bahn bekannt sind. In der grafischen Kinematik wird die Normalbeschleunigung im Allgemeinen mit Hilfe des Höhensatzes im rechtwinkligen Dreieck konstruiert.

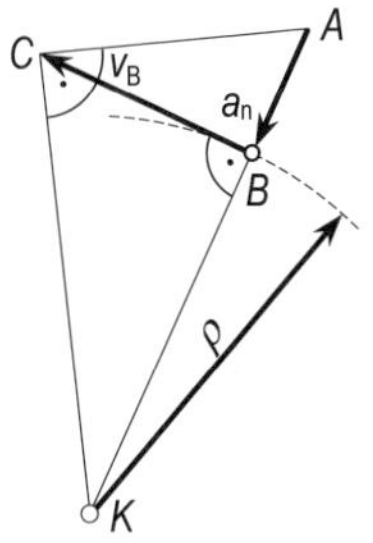

Bild 3.16:
Konstruktion der Normalbeschleunigung

Wählt man nach **Bild 3.16** die Höhe $\overline{BC} = v_B/m_v$ eines rechtwinkligen Dreiecks als Zeichenstrecke für die Geschwindigkeit v_B, den einen Hypotenusenabschnitt $\overline{KB} = \rho/m_L$ als Zeichenstrecke für den Krümmungsradius ρ, so ist der Hypotenusenabschnitt $\overline{AB} = a_n/m_a$ die Zeichenstrecke für die Normalbeschleunigung a_n, denn nach dem Höhensatz gilt

$$\overline{KB} \cdot \overline{AB} = \overline{BC}^{\,2} \quad \text{und} \quad (\rho/m_L)\,(a_n/m_a) = (v_B/m_v)^2$$

Daraus folgt

$$a_n = \frac{v_B^2}{\rho}$$

wenn $m_a = \dfrac{m_v^2}{m_L}$

nach Gl. (3.16) gewählt wird.

Beispiel 3.8: Das *geschränkte Schubkurbelgetriebe* (**Bild 3.17**; Kurbellänge $r = \overline{AB} = 100$ mm, Pleuellänge $l = \overline{BC} = 300$ mm, $\varphi = 17°$) wird gleichförmig mit der Drehzahl $n_A = 300\ \text{min}^{-1}$ angetrieben (s. auch Beispiel 3.5, S. 136). Gesucht sind a) mit Hilfe des *Euler*schen Satzes die Geschwindigkeit und Beschleunigung des Punktes C, b) die Werte von v_C und a_C sowie die der Winkelgeschwindigkeit ω und die der Winkelbeschleunigung α der Koppel $\overline{BC}$ in der gegebenen Getriebestellung.
a) Nach Gl. (3.12) ist

$$\underline{\vec{v}_C} = \underline{\underline{\vec{v}_B}} + \underline{\vec{v}_{CB}}\ ^{1)} \tag{3.17}$$

Darin ist der Vektor $\vec{v}_B$ durch den gleichförmigen Antrieb der Kurbel nach Gl. (1.94) gegeben (zweimal unterstrichen, Zeichenstrecke $S_{vB} = S_{AB}$). Von $\vec{v}_C$ und $\vec{v}_{CB}$ sind die Richtungen bekannt (einmal unterstrichen), denn der Punkt C bewegt sich geradlinig, und bezüglich des Punktes B kann er sich nur auf einem Kreis um B drehen, so dass die Richtung von $\vec{v}_{CB}$ senkrecht zur Koppel $\overline{BC}$ liegt. Die vorstehende Vektorgleichung enthält damit als Unbekannte nur noch die Beträge von $\vec{v}_C$ und $\vec{v}_{CB}$. Diese gewinnt man grafisch aus dem *Geschwindigkeitsplan* (**Bild 3.17b**), indem man die bekannten Richtungen von $\vec{v}_C$ und $\vec{v}_{CB}$ im Anfangs- bzw. Endpunkt von $\vec{v}_B$ anträgt. Der Richtungssinn der Pfeile ergibt sich aus der Überlegung, dass $\vec{v}_B$ und $\vec{v}_{CB}$ gleichen Umlaufsinn, der Summenvektor $\vec{v}_C$ aber entgegengesetzten Umlaufsinn haben muss.

---

[1] Bedeutung der Unterstreichungen siehe S. 139.

In analoger Weise findet man die Beschleunigung von C. In der Gleichung

$$\underline{\vec{a}_C} = \underline{\underline{\vec{a}_B}} + \vec{a}_{CB} = \underline{\underline{\vec{a}_B}} + \underline{\vec{a}_{CB}^{t}} + \underline{\vec{a}_{CB}^{n}}$$

ist zunächst neben dem Beschleunigungsvektor $\vec{a}_B$ (wegen des gleichförmigen Antriebs und der Maßstabsverabredung ist $S_{aB} = S_{AB}$) nur die Richtung von $\vec{a}_C$ bekannt. Mit den verbleibenden drei Unbekannten ist die Gleichung so nicht lösbar. Nun hilft folgende Überlegung: Die Rotationsbeschleunigung $\vec{a}_{CB}$ wird in ihre Tangential- und Normalkomponente aufgeteilt. Von beiden ist die Richtung bekannt.

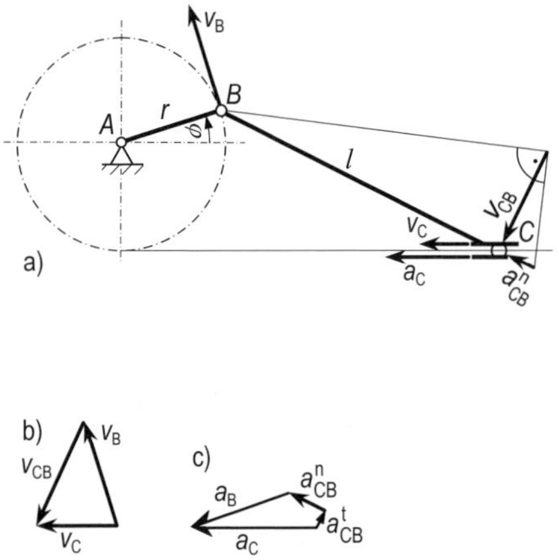

Bild 3.17:
Geschwindigkeit und Beschleunigung an der geschränkten Schubkurbel

$$m_L = 10\,\frac{\text{cm}}{\text{cm}_z} \qquad m_v = 314\,\frac{\text{cm/s}}{\text{cm}_z} \qquad m_a = 9{,}87 \cdot 10^3\,\frac{\text{cm/s}^2}{\text{cm}_z}$$

Der Betrag der Normalkomponente kann nach $a_{CB}^{n} = v_{CB}^{2}/r_{BC}$ mit der bereits bekannten Geschwindigkeit $\vec{v}_{CB}$ berechnet oder mit dem Höhensatz konstruiert werden, indem man z. B. v_{CB} zur Höhe eines rechtwinkligen Dreiecks und die Strecke $\overline{BC}$ zu einem Hypotenusenabschnitt macht. Der zweite Hypotenusenabschnitt ist dann a_{CB}^{n} (**Bild 3.17a**). In vorstehender Gleichung verbleiben jetzt nur noch zwei Unbekannte, die durch Aufzeichnen des Beschleunigungsplanes ermittelt werden können (**Bild 3.17c**). Dabei haben die Vektoren $\vec{a}_B$, $\vec{a}_{CB}^{t}$ und $\vec{a}_{CB}^{n}$ im Beschleunigungsplan den gleichen und der Summenvektor $\vec{a}_C$ den entgegengesetzten Umlaufsinn.

b) Für die Zahlenwerte der Geschwindigkeiten und Beschleunigungen gelten folgende Maßstabsfaktoren: Längenmaßstabsfaktor nach Gl. (3.14)

$$m_L = \frac{r}{S_r} = \frac{10\text{ cm}}{1\text{ cm}_z} = 10\,\frac{\text{cm}}{\text{cm}_z}$$

Geschwindigkeitsmaßstabsfaktor nach Gl. (3.15)

$$m_v = m_L \omega_A = 10\,\frac{\text{cm}}{\text{cm}_z} \cdot 31{,}4\text{ s}^{-1} = 314\,\frac{\text{cm/s}}{\text{cm}_z}$$

Beschleunigungsmaßstabsfaktor nach Gl. (3.16)

$$m_a = m_L \omega_A^2 = 10\,\frac{\text{cm}}{\text{cm}_z}(31{,}4\text{ s}^{-1})^2 = 9{,}87 \cdot 10^3\,\frac{\text{cm/s}^2}{\text{cm}_z}$$

Aus den Geschwindigkeits- und Beschleunigungsplänen kann man die Zeichenstrecken für die gesuchten Geschwindigkeiten und Beschleunigungen abgreifen. **Bild 3.17** entnimmt man z. B. $S_{vC} = 0{,}78\text{ cm}_z$ und $S_{aC} = 1{,}23\text{ cm}_z$, damit erhält man

$$v_C = S_{vC}\, m_v = 0{,}78\,\text{cm}_z \cdot 314 \frac{\text{cm/s}}{\text{cm}_z} = 245\,\text{cm/s}$$

$$a_C = S_{aC}\, m_a = 1{,}23\,\text{cm}_z \cdot 9{,}87 \cdot 10^3 \frac{\text{cm/s}^2}{\text{cm}_z} = 12{,}1 \cdot 10^3\,\text{cm/s}^2$$

Die Winkelgeschwindigkeit der Koppel $\overline{BC}$ ist nach Gl. (3.6)

$$\omega = \frac{v_{CB}}{r_{BC}} = \frac{(S_{vCB})\, m_v}{l} = \frac{1{,}05\,\text{cm}_z \cdot 314 \frac{\text{cm/s}}{\text{cm}_z}}{30\,\text{cm}} = 11{,}0\,\text{s}^{-1}$$

und ihre Winkelbeschleunigung nach Gl. (3.8)

$$\alpha = \frac{a_{CB}^t}{r_{BC}} = \frac{(S_{aCB}^t)\, m_a}{l} = \frac{0{,}15\,\text{cm}_z \cdot 9{,}87 \cdot 10^3 \frac{\text{cm/s}^2}{\text{cm}_z}}{30\,\text{cm}} = 49{,}3\,\text{s}^{-2}$$

3.2.4 Aufgaben zu Abschnitt 3.2

1. Der Außenring eines Zylinderrollenlagers (Durchmesser $d_a = 2r_a$) dreht sich mit der Winkelgeschwindigkeit ω_a, der Innenring (Durchmesser $d_i = 2r_i$) mit der Winkelgeschwindigkeit ω_i (**Bild 3.18**). Welche Winkelgeschwindigkeit ω erfährt eine Rolle? Wie groß ist ω falls a) $\omega_i = 0$ und b) falls $\omega_a = 0$? c) Unter welcher Bedingung wird $\omega = 0$?

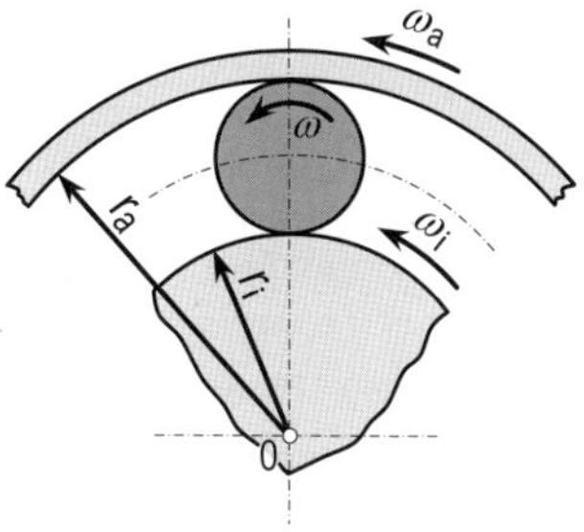

Bild 3.18: Zylinderrollenlager

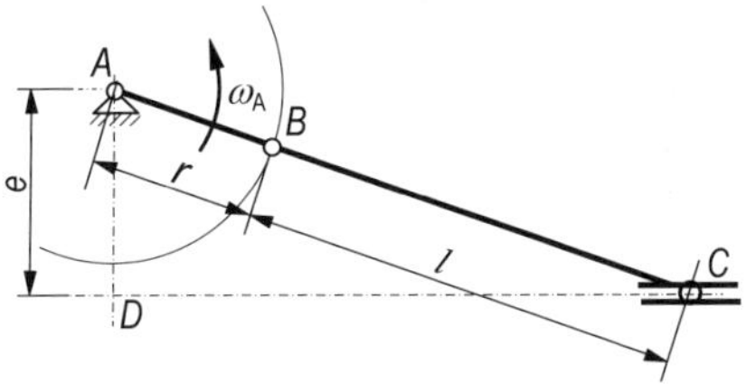

Bild 3.19: Geschränktes Schubkurbelgetriebe in Totlage

2. Für ein geschränktes Schubkurbelgetriebe, Schränkungsmaß e (**Bild 3.19**), das in A gleichförmig angetrieben wird, bestimme man in den Totpunktlagen des Punktes C die Beschleunigung $\vec{a}_C$.

3. Für eine Kurbelschwinge, die im Punkte A gleichförmig mit der Winkelgeschwindigkeit ω_A angetrieben wird, bestimme man in den Umkehrlagen (**Bild 3.20**) des Punktes C (Streck- und Decklage) die Beschleunigung $\vec{a}_C$ und gebe hierfür eine Formel an.

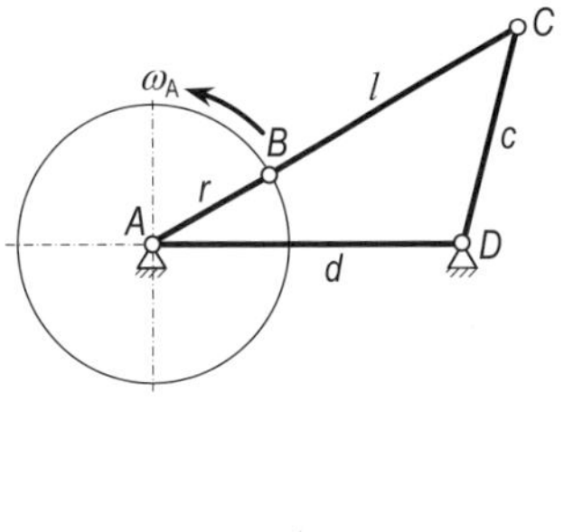

Bild 3.20:
Kurbelschwinge in Umkehrlage des Punktes C

3.3 Kinematik der Relativbewegung

3.3.1 Führungs- und Relativbewegung

Die Beschreibung einer Bewegung ist abhängig vom Standpunkt des Beobachters. So kann dieselbe Bewegung für verschiedene Beobachter verschiedenen Verlauf zeigen. Ein Gegenstand, den man aus dem Fenster eines mit gleichförmiger Geschwindigkeit fahrenden Eisenbahnwagens fallen lässt, scheint für den mitfahrenden Beobachter senkrecht zur Erde zu fallen (wenn man vom Luftwiderstand absieht). Ein Beobachter am Bahndamm sieht dieselbe Bewegung als horizontalen Wurf. Für einen Radfahrer beschreiben die Pedale seines Rades Kreisbahnen, ein ruhender Beobachter sieht Zykloiden.

Wird die Bewegung eines Punktes *C* in einem mit unserer Erde fest verbundenen Koordinatensystem beschrieben, so wollen wir seine Bewegung *absolut* nennen, seine Bahnkurve ist die *absolute Bahn,* auf der er sich mit der *absoluten Geschwindigkeit* $\vec{v}_{\text{abs}} = \vec{v}_{\text{C}}$ bewegt[1)].

Eine Bewegung in einem gegenüber dem absoluten Koordinatensystem bewegten Bezugssystem bezeichnet man als *relativ*. Das bewegte System wird *Führungssystem* genannt. In ihm beschreibt ein Punkt *C* eine *relative Bahn,* und ein im Führungssystem ruhender Beobachter kann bezüglich seines Systems eine *relative Geschwindigkeit* $\vec{v}_{\text{rel}}$ und eine *relative Beschleunigung* $\vec{a}_{\text{rel}}$ des Punktes *C* feststellen.

Derjenige im Führungssystem feste Punkt *F*, der momentan mit dem Punkt *C*, dessen Bewegung untersucht wird, zusammenfällt, ist der *Führungspunkt F*. Seine absolute Geschwindigkeit wird *Führungsgeschwindigkeit* $\vec{v}_{\text{F}}$, seine absolute Beschleunigung *Führungsbeschleunigung* $\vec{a}_{\text{F}}$ genannt.

Da sich der Punkt *C* relativ zum Führungssystem bewegt, ist in jedem Augenblick ein anderer Punkt des bewegten Systems der Führungspunkt *F*.

Ein Kind, das mit einem Tretauto auf dem Deck eines Flussdampfers fährt, bewegt sich relativ zu diesem. Ein Beobachter auf dem Schiff könnte die relative Bahnkurve ermitteln und seine Geschwindigkeit und Beschleunigung gegenüber dem Schiff bestimmen. Ein zweiter Beobachter, der von einer Flussbrücke das Schiff beobachtet, sieht die absolute Bewegung des Fahrzeugs.

Der Vorteil, eine Bewegung mit Hilfe eines bewegten Bezugssystems zu beschreiben, liegt oft darin, dass diese in einem absoluten (z. B. erdfesten) System kompliziert erscheint, während sie sich bei der Wahl eines geeigneten Führungssystems häufig aus zwei einfachen Teilbewegungen, einer Führungs- und einer Relativbewegung, zusammensetzen lässt. So beschreibt ein Punkt *C* der Kuppelstange einer Lokomotive absolut eine Zykloide, die Bewegung erscheint einem Beobachter auf der Lokomotive als Kreisbewegung. Das Führungssystem (die Lokomotive) und mit ihm der jeweilige Führungspunkt *F* bewegen sich geradlinig in Fahrtrichtung.

[1)] Allgemein werden *Inertialsysteme* (solche, in denen das *Newton*sche Grundgesetz gilt) als absolute Systeme bezeichnet.

In **Bild 3.21** ist eine Scheibe dargestellt, die sich in einem absoluten x, y-System frei bewegt. Auf ihr kann sich ein Gleitstein C entlang einer eingefrästen Nut verschieben. Wählt man die Scheibe als Führungssystem, so ist die gefräste Nut die Relativbahn, in der sich der Punkt C mit der Relativgeschwindigkeit $\vec{v}_{\text{rel}}$ und der Relativbeschleunigung $\vec{a}_{\text{rel}}$ relativ zur Scheibe bewegt (**Bild 3.22a** und **b**). Da die relative Bahn gekrümmt ist, teilen wir die relative Beschleunigung in ihre tangentiale $\vec{a}^{\text{t}}_{\text{rel}}$ und normale Komponente $\vec{a}^{\text{n}}_{\text{rel}}$ auf. Die tangentiale Komponente $\vec{a}^{\text{t}}_{\text{rel}}$ fällt wie die Relativgeschwindigkeit mit der Tangente an die relative Bahn zusammen. Die normale Komponente $\vec{a}^{\text{n}}_{\text{rel}}$ zeigt auf den Krümmungsmittelpunkt K_{rel} der relativen Bahn und hat den Betrag

$$a^{\text{n}}_{\text{rel}} = \frac{v^2_{\text{rel}}}{\rho_{\text{rel}}} \qquad (3.18)$$

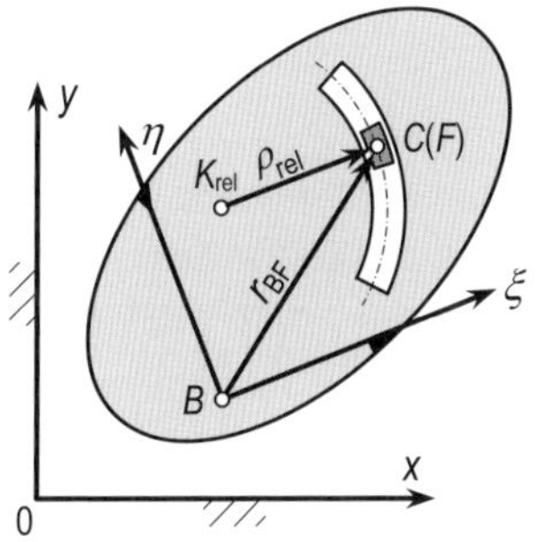

Bild 3.21:
Führungs- und Relativbewegung

wenn ρ_{rel} der Krümmungsradius der relativen Bahn ist. Führungspunkt ist derjenige scheibenfeste Punkt F, auf dem sich der Gleitstein C momentan befindet. Wählt man den Scheibenpunkt B als Rotationspunkt, dann ist $\vec{v}_{\text{B}}$ die Translationsgeschwindigkeit und $\vec{a}_{\text{B}}$ die Translationsbeschleunigung des Führungssystems, ω_{F} seine Winkelgeschwindigkeit und α_{F} seine Winkelbeschleunigung. Die Führungsgeschwindigkeit $\vec{v}_{\text{F}}$ und die Führungsbeschleunigung $\vec{a}_{\text{F}}$ des scheibenfesten Punktes F erhält man nach Gl. (3.12) bzw. Gl. (3.13) in Verbindung mit Gl. (3.7) und Gl. (3.10) zu (**Bild 3.22a** und **b**).

$$\vec{v}_{\text{F}} = \vec{v}_{\text{B}} + \vec{v}_{\text{FB}} = \vec{v}_{\text{B}} + \vec{\omega}_{\text{F}} \times \vec{r}_{\text{BF}} \qquad (3.19)$$

$$\vec{a}_{\text{F}} = \vec{a}_{\text{B}} + \vec{a}_{\text{FB}} = \vec{a}_{\text{B}} + \vec{a}^{\text{t}}_{\text{FB}} + \vec{a}^{\text{n}}_{\text{FB}} = \vec{a}_{\text{B}} + \vec{\alpha}_{\text{F}} \times \vec{r}_{\text{FB}} + \vec{\omega}_{\text{F}} \times \vec{v}_{\text{FB}} \qquad (3.20)$$

Wäre der Punkt C relativ zur Scheibe (also im Führungssystem) dauernd in Ruhe, so hätte er die Geschwindigkeit $\vec{v}_{\text{F}}$ und die Beschleunigung $\vec{a}_{\text{F}}$ des Führungspunktes F. Nun hat er aber gegenüber dem Punkt F zusätzlich die Geschwindigkeit $\vec{v}_{\text{rel}}$, und seine absolute Geschwindigkeit ist durch die Vektorsumme der beiden Teilgeschwindigkeiten gegeben (**Bild 3.22a**). Damit erhält man den *zweiten Satz von Euler* für die Geschwindigkeiten bei Relativbewegung (s. auch Beispiel 1.12, S. 26)

$$\boldsymbol{\vec{v}_{\text{abs}} = \vec{v}_{\text{C}} = \vec{v}_{\text{F}} + \vec{v}_{\text{rel}} = (\vec{v}_{\text{B}} + \vec{v}_{\text{FB}}) + \vec{v}_{\text{rel}}} \qquad (3.21)$$

3.3.2 Absolut- und Coriolisbeschleunigung

In **Bild 3.22c** ist die Lage des Führungssystems, die Scheibe, für zwei aufeinanderfolgende Zeiten t und $(t+\Delta t)$ dargestellt. In dem Zeitintervall Δt bewegt sich der Punkt C absolut von F_1 nach F_3. Diese Bewegung kann man sich aus zwei Teilbewegungen zusammengesetzt denken,

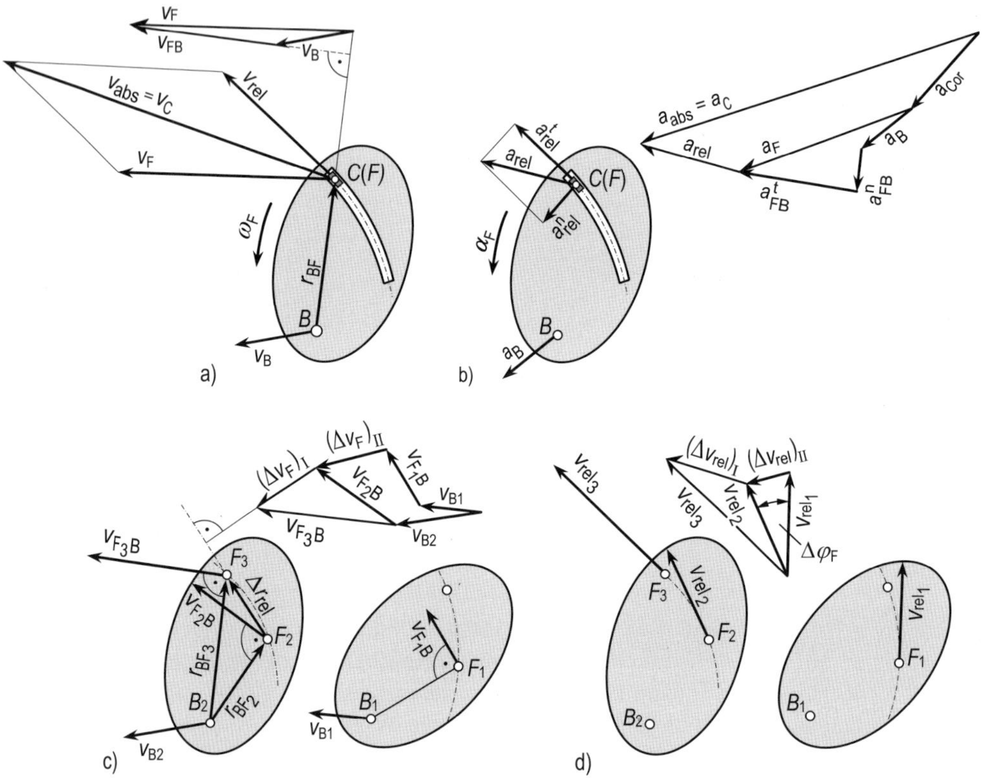

Bild 3.22: a) Absolute Geschwindigkeit
b) Absolute Beschleunigung des Punktes C
c) Änderung der Führungsgeschwindigkeit und
d) Änderung der Relativgeschwindigkeit in der Zeit Δt

indem man zunächst die Bewegung des Führungssystems aus der Lage 1 in die Lage 2 betrachtet (dabei denkt man sich den Punkt C im Führungssystem festgehalten, so dass er absolut von F_1 nach F_2 gelangt), sodann die Bewegung des Punktes C von F_2 nach F_3 relativ zur Scheibe.

Die absolute Beschleunigung des Punktes C erhält man nach Gl. (1.46) durch einmaliges Differenzieren des Geschwindigkeitsvektors in Gl. (3.21)

$$\vec{a}_{\text{abs}} = \vec{a}_{\text{C}} = \frac{\mathrm{d}\vec{v}_{\text{F}}}{\mathrm{d}t} + \frac{\mathrm{d}\vec{v}_{\text{rel}}}{\mathrm{d}t} = \lim_{\Delta t \to 0} \frac{\Delta\vec{v}_{\text{F}}}{\Delta t} + \lim_{\Delta t \to 0} \frac{\Delta\vec{v}_{\text{rel}}}{\Delta t} \tag{3.22}$$

Die beiden Differenzialquotienten wollen wir getrennt deuten und die Ausdrücke untersuchen

$\Delta\vec{v}_{\text{F}}$ = Änderung der Führungsgeschwindigkeit in der Zeit Δt
$\Delta\vec{v}_{\text{rel}}$ = Änderung der Relativgeschwindigkeit in der Zeit Δt

Für die Differenz der Führungsgeschwindigkeiten $\vec{v}_{F3}$ (im Punkte F_3 zur Zeit $t + \Delta t$) und $\vec{v}_{F1}$ (im Punkte F_1 zur Zeit t) kann man schreiben

$$\Delta \vec{v}_F = \vec{v}_{F3} - \vec{v}_{F1} = (\vec{v}_{F3} - \vec{v}_{F2}) + (\vec{v}_{F2} - \vec{v}_{F1}) = (\Delta \vec{v}_F)_I + (\Delta \vec{v}_F)_{II} \tag{3.23}$$

Der Ausdruck $(\vec{v}_{F3} - \vec{v}_{F2})$ gibt den Unterschied der Führungsgeschwindigkeiten der Scheibenpunkte F_2 und F_3 an. Aus **Bild 3.22c** liest man ab:

$$\begin{aligned}(\Delta \vec{v}_F)_I &= \vec{v}_{F3} - \vec{v}_{F2} = (\vec{v}_{B2} + \vec{v}_{F3B}) - (\vec{v}_{B2} + \vec{v}_{F2B}) \\ &= \vec{v}_{F3B} - \vec{v}_{F2B} = \vec{\omega}_F \times (\vec{r}_{BF3} - \vec{r}_{BF2}) = \vec{\omega}_F \times \Delta \vec{r}_{rel}\end{aligned} \tag{3.24}$$

Die Translationsgeschwindigkeit $\vec{v}_B$ fällt bei der Differenzbildung heraus, sie hat also keinen Einfluss auf $(\Delta \vec{v}_F)_I$. Der Differenzvektor $\Delta \vec{r}_{rel}$ ist Sehnenvektor der Relativbahn und der Grenzwert

$$\lim_{\Delta t \to 0} \frac{\Delta \vec{r}_{rel}}{\Delta t} = \left(\frac{d\vec{r}}{dt}\right)_{rel} = \vec{v}_{rel}$$

die Relativgeschwindigkeit. Teilt man daher $(\Delta \vec{v}_F)_I$ durch das zugehörige Zeitintervall Δt und bildet den Grenzwert des Differenzenquotienten, so erhält man

$$\lim_{\Delta t \to 0} \frac{(\Delta v_F)_I}{\Delta t} = \lim_{\Delta t \to 0} \vec{\omega}_F \times \frac{\Delta \vec{r}_{rel}}{\Delta t} = \vec{\omega}_F \times \left(\frac{d\vec{r}}{dt}\right)_{rel} = \vec{\omega}_F \times \vec{v}_{rel} \tag{3.25}$$

Dies ist ein Anteil der sog. *Coriolisbeschleunigung*.

Der Ausdruck $(\Delta \vec{v}_F)_{II} = (\vec{v}_{F2} - \vec{v}_{F1}) = (\vec{v}_{B2} + \vec{v}_{F2B}) - (\vec{v}_{B1} + \vec{v}_{F1B})$ in Gl. (3.23) gibt die Änderung der Führungsgeschwindigkeit an, wenn die Scheibe (das Führungssystem) aus der Lage 1 in die Lage 2 gebracht wird (**Bild 3.22c**). Da wir uns den Punkt C bei dieser Bewegung auf der Scheibe ruhend denken, ist der Grenzwert

$$\lim_{\Delta t \to 0} \frac{(\Delta \vec{v}_F)_{II}}{\Delta t} = \vec{a}_F \tag{3.26}$$

die Beschleunigung des scheibenfesten Punktes F, also die Führungsbeschleunigung $\vec{a}_F$ in Gl. (3.20).

Die absolute zeitliche Änderung der Führungsgeschwindigkeit enthält damit die beiden Anteile

$$\frac{d\vec{v}_F}{dt} = \vec{\omega}_F \times \vec{v}_{rel} + \vec{a}_F \tag{3.27}$$

Der zweite Differenzialquotient in Gl. (3.22) gibt die zeitliche Änderung der Relativgeschwindigkeit an, ihre Differenz beträgt beim Übergang von F_1 nach F_3 (**Bild 3.22d**)

$$\Delta \vec{v}_{rel} = \vec{v}_{rel\,3} - \vec{v}_{rel\,1} = (\vec{v}_{rel\,3} - \vec{v}_{rel\,2}) + (\vec{v}_{rel\,2} - \vec{v}_{rel\,1}) = (\Delta \vec{v}_{rel})_I + (\Delta \vec{v}_{rel})_{II}$$

Der erste Klammerausdruck ist die Änderung der Relativgeschwindigkeit relativ zur Scheibe, wenn sich der Punkt C von F_2 nach F_3 bewegt. Dividiert man durch das zugehörige Zeitintervall Δt und bildet den Grenzwert, so erhält man die bereits bekannte Relativbeschleunigung $\vec{a}_{rel}$

$$\lim_{\Delta t \to 0} \frac{(\Delta \vec{v}_{rel})_I}{\Delta t} = \left(\frac{d\,\vec{v}_{rel}}{d\,t} \right) = \vec{a}_{rel} \tag{3.28}$$

Der zweite Klammerausdruck ($\vec{v}_{rel\,2} - \vec{v}_{rel\,1}$) ist die Änderung der Relativgeschwindigkeit infolge der Drehung des Führungssystems. Er verschwindet, wenn das Führungssystem eine reine Translation vollführt. Den Betrag des Differenzvektors entnimmt man dem **Bild 3.22d**

$$\left|(\Delta \vec{v}_{rel})_{II}\right| = \left|(\vec{v}_{rel\,2} - \vec{v}_{rel\,1})\right| \approx \Delta \varphi_F \; v_{rel\,1} = (\omega_F \; \Delta t) \; v_{rel\,1}$$

Der Differenzvektor $(\Delta\ \vec{v}_{rel})_{II}$ steht senkrecht auf $\vec{\omega}_F$ und für genügend kleine Δt näherungsweise senkrecht auf $\vec{v}_{rel\,1}$, so dass er näherungsweise durch das Vektorprodukt ausgedrückt werden kann.

$$(\Delta\, \vec{v}_{rel})_{II} \approx \Delta t\, \vec{\omega}_F \times \vec{v}_{rel\,1}$$

Teilt man durch das Zeitintervall Δt und bildet den Grenzwert, so erhält man den zweiten Anteil der *Coriolis*beschleunigung

$$\lim_{\Delta t \to 0} \frac{(\Delta \vec{v}_{rel})_{II}}{\Delta t} = \vec{\omega}_F \times \vec{v}_{rel} \tag{3.29}$$

Die absolute zeitliche Änderung der Relativgeschwindigkeit kann damit aus zwei Anteilen zusammengesetzt werden

$$\frac{d\,\vec{v}_{rel}}{d\,t} = \vec{a}_{rel} + \vec{\omega}_F \times \vec{v}_{rel} \tag{3.30}$$

Die *absolute Beschleunigung* ist nach Gl. (3.22) die Summe der Ausdrücke in Gl. (3.27) und (3.30)

$$\boldsymbol{\vec{a}_{abs} = \vec{a}_C = \vec{a}_F + \vec{a}_{rel} + 2\, \vec{\omega}_F \times \vec{v}_{rel} = \vec{a}_F + \vec{a}_{rel} + \vec{a}_{Cor}} \tag{3.31}$$

Diese Gleichung ist als *zweiter Satz von Euler* für die Beschleunigung bei Relativbewegung bekannt[1)], darin ist

$$\boldsymbol{2\,(\vec{\omega}_F \times \vec{v}_{rel}) = \vec{a}_{Cor}} \tag{3.32}$$

die *Coriolis*beschleunigung (nach dem französischen Mathematiker *Coriolis* (1792 bis 1843), obwohl sie sich schon bei *Euler* (1707 bis 1783) findet). Wie das Vektorprodukt angibt, steht der Vektor der *Coriolis*beschleunigung immer senkrecht auf dem Vektor der Relativgeschwindigkeit. Die drei Vektoren bilden in der angegebenen Reihenfolge ein Rechtssystem. In der Anwendung findet man bei ebenen Bewegungen die Richtung der *Coriolis*beschleunigung, indem man den Vektor der Relativgeschwindigkeit um 90° im Drehsinn von $\vec{\omega}_F$ dreht. Für ebene Bewegungen steht $\vec{\omega}_F$ immer senkrecht auf der Ebene, in der sich die Bewegung vollzieht. Der Betrag der *Coriolis*beschleunigung ist dann

$$\boldsymbol{\left|\vec{a}_{Cor}\right| = 2\, \omega_F v_{rel} \sin 90^\circ = 2\, \omega_F v_{rel}} \tag{3.33}$$

[1)] Die hier für die ebene Bewegung abgeleiteten Gleichungen (3.21) und (3.31) gelten allgemein auch für räumliche Bewegungen.

Zusammenfassend gilt: Die *Coriolis*beschleunigung hat zwei Ursachen.

1. Bei seiner Bewegung relativ zum Führungssystem kommt der Punkt C in Gebiete anderer Führungsgeschwindigkeit (in einem späteren Augenblick ist ja ein anderer Punkt F der Scheibe Führungspunkt) und wird dadurch beschleunigt.
2. Der Vektor der Relativgeschwindigkeit $\vec{v}_{\text{rel}}$ wird mit der Winkelgeschwindigkeit $\vec{\omega}_{\text{F}}$ gedreht, und die Richtungsänderung des Geschwindigkeitsvektors führt zu einer Beschleunigung (s. auch Kreisbewegung (**Bild 1.31**)).

   Die *Coriolis*beschleunigung wird Null

   a) wenn $v_{\text{rel}} = 0$, wenn also der Punkt C relativ auf der Scheibe (im Führungssystem) momentan oder dauernd in Ruhe ist. Er ist momentan in Ruhe, wenn er sich z. B. in einer Umkehrlage seiner Relativbahn befindet. In diesem Fall gilt

   $$\vec{a}_{\text{abs}} = \vec{a}_{\text{C}} = \vec{a}_{\text{F}} + \vec{a}_{\text{rel}} \tag{3.34}$$

   Ist er dauernd in Ruhe, so wird $\vec{a}_{\text{C}} = \vec{a}_{\text{F}}$.
   b) wenn $\vec{\omega}_{\text{F}} = \vec{0}$, wenn also das Führungssystem keine Drehung erfährt und nur eine reine Translation ausführt. In diesem Fall gilt ebenfalls Gl. (3.34).

   c) wenn die Vektoren $\vec{\omega}_{\text{F}}$ und $\vec{v}_{\text{rel}}$ parallel sind, d. h. der Punkt sich parallel zur Drehachse des Führungssystems bewegt. Das ist aber für ebene Bewegungen nicht denkbar.

Der Betrag der *Coriolis*beschleunigung wird in der grafischen Kinematik durch folgende Konstruktion bestimmt, sofern er nicht aus Gl. (3.33) berechnet wird. Sind z. B. der Momentanpol P des Führungssystems und die Geschwindigkeit $\vec{v}_{\text{F}}$ eines seiner Punkte F bekannt, so erhält man aus Gl. (3.3) und (3.33)

$$\omega_{\text{F}} = \frac{v_{\text{F}}}{r_{\text{PF}}} = \frac{a_{\text{Cor}}}{2\, v_{\text{rel}}} \sim \tan\beta \tag{3.35}$$

Trägt man nach **Bild 3.23** auf $\overline{PF}$ von P aus $2\,v_{\text{rel}}$ an, so schneidet der Strahl durch P und die Spitze H von $\vec{v}_{\text{F}}$ auf der Senkrechten zu $\overline{PF}$ in E den Betrag der *Coriolis*beschleunigung ab, denn **Bild 3.23** entnimmt man die Proportionen

$$\frac{\overline{HF}}{\overline{PF}} = \frac{v_{\text{F}}/m_{\text{v}}}{r_{\text{PF}}/m_{\text{L}}} = \frac{\overline{ED}}{\overline{PE}} = \frac{a_{\text{Cor}}/m_{\text{a}}}{2\, v_{\text{rel}}/m_{\text{v}}}$$

oder $$a_{\text{Cor}} = 2\left(\frac{v_{\text{F}}}{r_{\text{PF}}}\right) v_{\text{rel}} \left[\frac{m_{\text{a}}}{m_{\text{v}}^2/m_{\text{L}}}\right]$$

Wählt man den Beschleunigungsmaßstabsfaktor nach Gl. (3.16) mit

$$m_{\text{a}} = \frac{m_{\text{v}}^2}{m_{\text{L}}} \quad \text{so wird} \quad a_{\text{Cor}} = 2\left(\frac{v_{\text{F}}}{r_{\text{PF}}}\right) v_{\text{rel}} = 2\,\omega_{\text{F}}\, v_{\text{rel}}$$

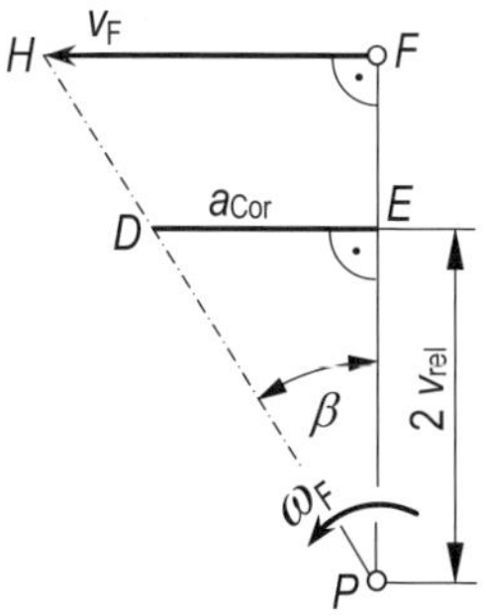

Bild 3.23: Konstruktion der Coriolisbeschleunigung

Bemerkungen zur Lösung von Relativaufgaben Bevor wir uns Beispielen zuwenden, seien einige Bemerkungen über die Lösung von Aufgaben mit Hilfe eines relativen Systems gemacht. Hat man sich dafür entschieden, eine Aufgabe mit Hilfe der Relativkinematik zu lösen, so wählt man zuerst eine Scheibe als Führungssystem und kennzeichnet sie dadurch, dass man auf sie einen relativen Beobachter setzt. (Den relativen Beobachter wollen wir durch ⊗ angeben.) Dem Anfänger bereitet dies gewöhnlich Schwierigkeiten, denn im Allgemeinen ist eine Aufgabe zwar bei Wahl eines beliebigen mitbewegten Beobachters lösbar, aber der Lösungsaufwand kann unterschiedlich groß sein. Deshalb präge man sich ein: Ein relativer Beobachter ist *zweckmäßig* gewählt, wenn für diesen die relative Bahn leicht zu beschreiben ist (möglichst geradlinig oder kreisförmig) und die Bahn des Führungspunktes F oder seine Geschwindigkeit und Beschleunigung angegeben werden können.

Beispiel 3.9: Eine Scheibe dreht sich gleichförmig mit der Winkelgeschwindigkeit ω_F (n_F = 300 min^{-1}). Ein Kulissenstein C bewegt sich relativ zur Scheibe mit der Geschwindigkeit v_{rel} = 5 m/s in einer radialen Führung nach außen (**Bild 3.24a**). Wie groß sind die absolute Geschwindigkeit $\vec{v}_C$ und Beschleunigung $\vec{a}_C$ des Punktes C, wenn sein augenblicklicher Abstand von der Drehachse r = 0,4 m beträgt? (Vgl. Beispiel 1.24, S. 57, und Aufgabe 5, S. 244.)

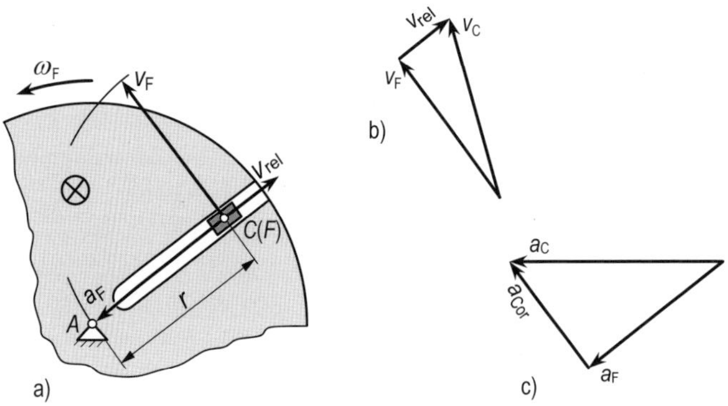

Bild 3.24: a) Kulissenstein in radialer Führung einer Scheibe
b) Geschwindigkeitsplan
c) Beschleunigungsplan

Wählt man die Scheibe als Führungssystem, dann ist für einen scheibenfesten Beobachter ⊗ (in einem scheibenfesten Koordinatensystem) die Bewegung geradlinig. Führungspunkt ist der scheibenfeste Punkt F, der momentan mit dem Punkt C zusammenfällt. Dieser beschreibt eine Kreisbahn um A und hat die tangential gerichtete Geschwindigkeit $v_F = r\,\omega_F = 0{,}4\,\text{m} \cdot 31{,}4\,\text{s}^{-1} = 12{,}56\,\text{m/s}$ und die auf A gerichtete Beschleunigung $a_F = r\,\omega_F^2 = 0{,}4\,\text{m} \cdot 31{,}4^2\,\text{s}^{-2} = 394\ \text{m/s}^2$. Nach Gl. (3.21) ist die Vektorsumme von $\vec{v}_F$ und $\vec{v}_{rel}$ die absolute Geschwindigkeit des Punktes C (**Bild 3.24b**). Da hier beide Geschwindigkeiten aufeinander senkrecht stehen, ist der Betrag

$$v_C = \sqrt{v_F^2 + v_{rel}^2} = \sqrt{(12{,}56\ \text{m/s})^2 + (5{,}0\ \text{m/s})^2} = 13{,}5\ \text{m/s}$$

Wegen der gleichförmigen geradlinigen Relativbewegung ist die Relativbeschleunigung $a_{rel} = 0$. Den Betrag der *Coriolis*beschleunigung erhält man nach Gl. (3.33)

$$a_{Cor} = 2\,\omega_F\,v_{rel} = 2 \cdot 31{,}4\ \text{s}^{-1} \cdot 5{,}0\ \text{m/s} = 314\ \text{m/s}^2$$

Ihre Richtung findet man, wenn man $\vec{v}_{\text{rel}}$ um 90° im Sinne von $\vec{\omega}_{\text{F}}$ dreht. Die absolute Beschleunigung ist hier die Vektorsumme von $\vec{a}_{\text{F}}$ und $\vec{a}_{\text{Cor}}$ (**Bild 3.24c**). Da beide Vektoren aufeinander senkrecht stehen, ist der Betrag

$$a_{\text{C}} = \sqrt{a_{\text{F}}^2 + a_{\text{Cor}}^2} = \sqrt{(394\ \text{m/s}^2)^2 + (314\ \text{m/s}^2)^2} = 504\ \text{m/s}^2$$

Beispiel 3.10: *Umlaufende Kurbelschleife*. Sie wird dazu verwendet, um bei gleichförmiger Antriebsbewegung eine ungleichförmige Abtriebsbewegung zu erzielen (**Bild 3.25**). Maße: Steg $\overline{AD} = 200$ mm, Kurbel $\overline{AB} = 300$ mm, $\overline{BC} = 100$ mm = Abstand des Punktes B zur Schubrichtung $\overline{DE}$, Kurbelwinkel $\varphi = 60°$. Die Antriebsdrehzahl beträgt $n_{\text{A}} = 200\ \text{min}^{-1}$. Für die augenblickliche Getriebestellung bestimme man die Winkelgeschwindigkeit ω_{D} und die Winkelbeschleunigung α_{D} der Abtriebsbewegung des Getriebegliedes $\overline{DE}$.
Wegen des gleichförmigen Antriebs sind die absolute Geschwindigkeit und Beschleunigung des Punktes B bekannt. Bei der Darstellung in **Bild 3.25** sind die Zeichenstrecken für v_{B} und a_{B} gleich der Zeichenstrecke der Kurbel $\overline{AB}$ gewählt (s. Abschn. 3.2.3).
Als relatives Bezugssystem wählen wir die Schwinge $\overline{DE}$ (Beobachter ⊗). Dann ist die Relativbahn eine Gerade (in **Bild 3.25a** gestrichelt gezeichnet), und die Richtungen von $\vec{v}_{\text{rel}}$ und $\vec{a}_{\text{rel}}$ fallen mit der geradlinigen Bahn zusammen.
Führungsbewegung ist die Kreisbewegung des Punktes F (der momentan im Führungssystem mit B zusammenfällt, also zur Schwinge $\overline{DE}$ gehört) um D. Die Richtung der Führungsgeschwindigkeit liegt daher senkrecht zu $\overline{DB}$. Damit ist die Gleichung

$$\vec{v}_{\text{abs}} = \underline{\underline{\vec{v}_{\text{B}}}} = \underline{\vec{v}_{\text{F}}} + \underline{\vec{v}_{\text{rel}}}$$

lösbar: Parallelogrammkonstruktion in **Bild 3.25a**. Greift man die Zeichenstrecken für v_{F} und $\overline{DB}$ in **Bild 3.25a** ab ($S_{\text{vF}} = 1{,}5\ \text{cm}_{\text{z}}$, $S_{\text{DB}} = 1{,}3\ \text{cm}_{\text{z}}$), so erhält man mit $m_{\text{v}} = m_{\text{L}}\ \omega_{\text{A}}$ die Winkelgeschwindigkeit des Führungssystems

$$\omega_{\text{F}} = \omega_{\text{D}} = \frac{v_{\text{F}}}{r_{\text{DB}}} = \frac{S_{\text{vF}}\ m_{\text{v}}}{S_{\text{DB}} m_{\text{L}}} = \frac{S_{\text{vF}}}{S_{\text{DB}}}\omega_{\text{A}} = \frac{1{,}5\ \text{cm}_{\text{z}}}{1{,}3\ \text{cm}_{\text{z}}} \cdot 20{,}9\ \text{s}^{-1} = 24{,}1\ \text{s}^{-1}$$

Die Führungsbeschleunigung denken wir uns in die tangentiale und normale Komponente zerlegt. Von beiden ist die Richtung bekannt (senkrecht bzw. parallel zu $\overline{BD}$). Außerdem kann der Betrag der Normalkomponente nach der Gleichung $a_{\text{F}}^{\text{n}} = v_{\text{F}}^2 / r_{\text{DB}}$ berechnet oder zeichnerisch nach dem Höhensatz

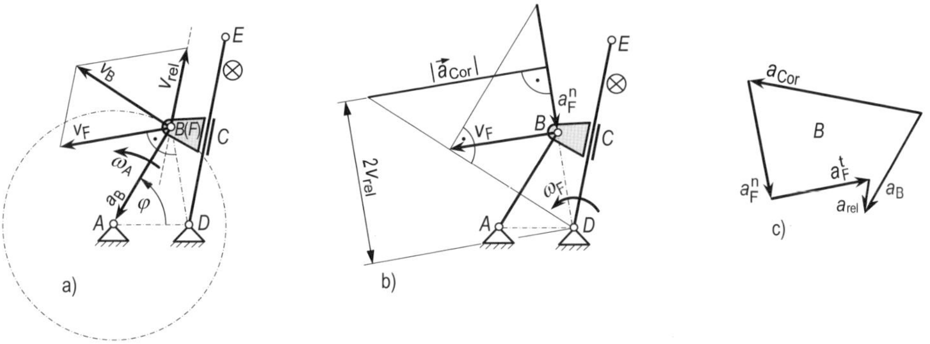

Bild 3.25: Geschwindigkeit und Beschleunigung der umlaufenden Kurbelschleife

$$m_{\text{L}} = 20\frac{\text{cm}}{\text{cm}_{\text{z}}} \qquad m_{\text{v}} = 4{,}19\frac{\text{m/s}}{\text{cm}_{\text{z}}} \qquad m_{\text{a}} = 87{,}7\frac{\text{m/s}^2}{\text{cm}_{\text{z}}}$$

bestimmt werden (**Bild 3.25b**). Die Richtung der Relativbeschleunigung läuft parallel zu $\overline{DE}$. Da jetzt $\vec{\omega}_F$ und $\vec{v}_{rel}$ bekannt sind, lässt sich auch die *Coriolis*beschleunigung bestimmen. Ihren Betrag erhält man z. B. zeichnerisch dadurch, dass man von D aus an $\overline{DB}$ ($2\,v_{rel}$) anträgt und durch den Endpunkt eine Parallele zu $\vec{v}_F$ zieht. Dreht man den Vektor $\vec{v}_{rel}$ um 90° im Drehsinn von $\vec{\omega}_F$, so findet man ihre Richtung. Aus dem Beschleunigungsplan (**Bild 3.25c**) für die Gleichung

$$\underline{\underline{\vec{a}_{abs}}} = \underline{\vec{a}_B} = \underline{\vec{a}_F^t} + \underline{\underline{\vec{a}_F^n}} + \underline{\vec{a}_{rel}} + \underline{\underline{\vec{a}_{Cor}}}$$

gewinnt man a_F^t. Greift man die Zeichenstrecke der Beschleunigung a_F^t aus **Bild 3.25c** ab ($S_{aFt} = 1{,}4\ \text{cm}_z$), so erhält man mit dem Beschleunigungsmaßstabsfaktor $m_a = m_L\,\omega_A^2$, s. Gl. (3.16), die Winkelbeschleunigung der Schwinge

$$\alpha_F = \alpha_D = \frac{a_F^t}{r_{DB}} = \frac{S_{aFt}\,m_a}{S_{DB}m_L} = \frac{S_{aFt}}{S_{DB}}\omega_A^2 = \frac{1{,}4\ \text{cm}_z}{1{,}3\ \text{cm}_z}\cdot 437\ \text{s}^{-2} = 471\ \text{s}^{-2}$$

Bei Kurbelschleifen ist der Abstand $\overline{BC}$ meistens Null, dann ist im Punkt B ein zweiwertiges Gelenk vorhanden. Die Konstruktion der Geschwindigkeit und Beschleunigung wird in diesem Fall einfacher.

Beispiel 3.11: a) Ein *Malteserkreuz-Schaltgetriebe* (**Bild 3.26a**) ist so zu entwerfen, dass bei sechsfachem Umlauf der Kurbel r, die mit der Drehzahl $n_A = 120\ \text{min}^{-1}$ angetrieben wird, das Schaltkreuz eine Umdrehung ausführt ($l = \overline{AC} = 60$ mm). Man bestimme die Winkelgeschwindigkeit ω_C und die Winkelbeschleunigung α_C b) für den Kurbelwinkel $\varphi = 20°$, c) für den Eingriffsbeginn ($\varphi = 60°$) und d) für $\varphi = 0°$.

a) Bei einer Umdrehung der Kurbel dreht sich das Schaltkreuz um den Winkel 360°/6 = 60°. Die sternförmig angeordneten Kurbelschleifen sind also um 60° gegeneinander versetzt.
Das Eintauchen des Kurbelzapfens B in die gabelartige Führung soll ohne Schlag erfolgen. Deshalb bilden Kurbel und Relativbahn $\overline{BC}$ bei Eingriffsbeginn einen rechten Winkel (**Bild 3.26a** und **b**). Die erforderlichen Abmessungen können damit aus dem rechtwinkligen Dreieck ABC (**Bild 3.26a**) bestimmt werden

$$r = l\sin 30° = 60\ \text{mm}\cdot 0{,}5 = 30\ \text{mm} \qquad b = l\cos 30° = 60\ \text{mm}\cdot 0{,}866 = 52{,}0\ \text{mm}$$

Wenn der Kurbelzapfen B die Relativbahn verlässt, soll das Schaltkreuz in seiner Lage fixiert sein. Das geschieht durch die in **Bild 3.26a** angedeuteten Aussparungen, die so gewählt werden müssen, dass die Bewegung nicht behindert wird.

b) das Schaltkreuz wird als Führungssystem gewählt (Beobachter ⊗). Wegen des gleichförmigen Antriebs (ω_A = konst) können die absolute Geschwindigkeit $\vec{v}_B$ und die Beschleunigung $\vec{a}_B$ des Punktes B aus der Drehzahl und der Kurbellänge ermittelt werden.
Führungspunkt ist derjenige Punkt des Schaltkreuzes, der momentan mit dem Punkt B zusammenfällt. Dieser beschreibt eine Kreisbahn um C. Den Geschwindigkeitsvektor $\vec{v}_F$, der tangential zu dieser Bahn liegt, gewinnt man aus der in **Bild 3.26c** dargestellten Vektoraddition

$$\vec{v}_{abs} = \underline{\underline{\vec{v}_B}} = \underline{\vec{v}_F} + \underline{\vec{v}_{rel}}$$

Die Führungsbeschleunigung im Punkt B wird in die Komponenten $\vec{a}_F^t$ und $\vec{a}_F^n$ aufgeteilt, von denen die Richtungen bekannt sind. Der Betrag von $\vec{a}_F^n$ lässt sich aus $a_F^n = v_F^2 / r_{CB}$ oder zeichnerisch nach dem Höhensatz ermitteln. Die *Coriolis*beschleunigung findet man wie im Beispiel 3.10, S. 151. Damit kann der Beschleunigungsplan für den Punkt B nach der Gleichung

$$\vec{a}_{abs} = \underline{\underline{\vec{a}_B}} = \underline{\vec{a}_F^t} + \underline{\underline{\vec{a}_F^n}} + \underline{\vec{a}_{rel}} + \underline{\underline{\vec{a}_{Cor}}}$$

gezeichnet werden (**Bild 3.26d**).

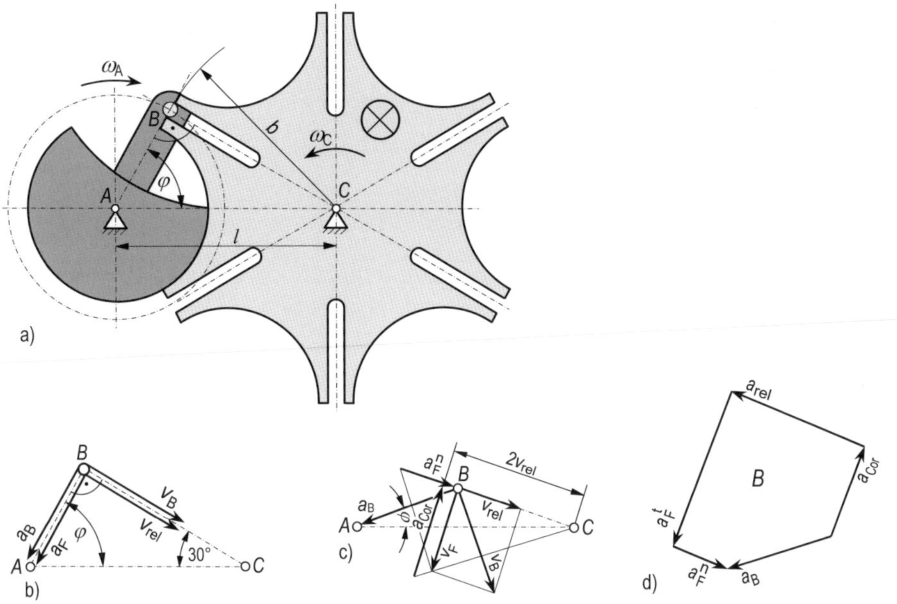

Bild 3.26: a) Malteserkreuz-Schaltgetriebe, Geschwindigkeit und Beschleunigung
b) bei Eingriffsbeginn
c) in der Kurbelstellung $\varphi = 20°$
d) Beschleunigungsplan für c)

$$m_L = 2\frac{\text{cm}}{\text{cm}_z} \qquad m_v = 25{,}1\frac{\text{cm/s}}{\text{cm}_z} \qquad m_a = 316\frac{\text{cm/s}^2}{\text{cm}_z}$$

Bei der zeichnerischen Darstellung wurde die Länge r der Kurbel $\overline{AB}$ mit der Zeichenstrecke $S_{AB} = 1{,}5\ \text{cm}_z$ dargestellt. Der Längenmaßstabsfaktor wird damit

$$m_L = \frac{r}{S_{AB}} = \frac{3\ \text{cm}}{1{,}5\ \text{cm}_z} = 2\frac{\text{cm}}{\text{cm}_z}$$

Die Zeichenstrecken von v_B und a_B werden gleich der Zeichenstrecke von r gewählt. Damit ergeben sich die Maßstabsfaktoren für die Geschwindigkeit und Beschleunigung nach Gl. (3.15) und (3.16)

$$m_v = m_L \cdot \omega_A = 2\frac{\text{cm}}{\text{cm}_z} \cdot 12{,}57\ \text{s}^{-1} = 25{,}1\frac{\text{cm/s}}{\text{cm}_z}$$

$$m_a = m_L \cdot \omega_A^2 = 2\frac{\text{cm}}{\text{cm}_z} \cdot (12{,}57\ \text{s}^{-1})^2 = 316\frac{\text{cm/s}^2}{\text{cm}_z}$$

Mit den Zeichenstrecken S_{CB} = 1,7 cm$_z$, S_{vF} = 1,2 cm$_z$ und S_{aFt} = 2,2 cm$_z$, die man dem **Bild 3.26c** und **d** entnimmt, erhält man in der Kurbelstellung $\varphi = 20°$

$$\omega_F = \omega_C = \frac{v_F}{r_{CB}} = \frac{S_{vF} m_v}{S_{CB} m_L} = \frac{S_{vF}}{S_{CB}} \omega_A = \frac{1{,}2\ \text{cm}_z}{1{,}7\ \text{cm}_z} \cdot 12{,}57\ \text{s}^{-1} = 8{,}87\ \text{s}^{-1}$$

$$\alpha_F = \alpha_C = \frac{a_F^t}{r_{CB}} = \frac{S_{aFt} m_a}{S_{CB} m_L} = \frac{S_{aFt}}{S_{CB}} \omega_A^2 = \frac{2{,}2\ \text{cm}_z}{1{,}7\ \text{cm}_z} \cdot 158\ \text{s}^{-2} = 204\ \text{s}^{-2}$$

c) Bei Eingriffsbeginn (**Bild 3.26b**) ist $v_F = 0$, also auch $a_F^n = 0$, $\omega_F = \omega_C = 0$ und $a_{Cor} = 0$. Aus dem Beschleunigungsplan (**Bild 3.26b**) folgt $a_B = a_F = r\,\omega_A^2$ und mit $r_{CB} = b$

$$\alpha_C = \frac{a_F^t}{r_{CB}} = \frac{r\,\omega_A^2}{b} = \frac{3\ \text{cm}}{5{,}2\ \text{cm}} (12{,}57\ \text{s}^{-1}) = 91{,}1\ \text{s}^{-2}$$

d) In der Kurbelstellung $\varphi = 0°$ ist $a_F^t = 0$ (Symmetrielage), damit ist auch $\alpha_C = 0$. Da ferner $\vec{v}_F = \vec{v}_B$ ist ($v_{rel} = 0$), folgt mit $l = 2\,r$

$$\omega_C = \frac{v_F}{r_{CB}} = \frac{v_B}{l - r} = \frac{r\,\omega_A}{2\,r - r} = \omega_A = 12{,}57\ \text{s}^{-2}$$

3.3.3 Aufgaben zu Abschnitt 3.3

1. Das Getriebe (**Bild 3.27**) ($r = \overline{AB} = 30$ mm, $\overline{AC} = 60$ mm, $\overline{BD} = 100$ mm, $\overline{CE} = 40$ mm, $d = 70$ mm, $\varphi = 30°$) wird verwandt zur Erzeugung einer ungleichförmigen Abtriebsbewegung in E bei gleichförmigem Antrieb in A. In der gezeichneten Getriebestellung gebe man für die Antriebsdrehzahl n_A = 100 min^{-1} die Winkelgeschwindigkeit ω_E und die Winkelbeschleunigung α_E der Abtriebsbewegung an.

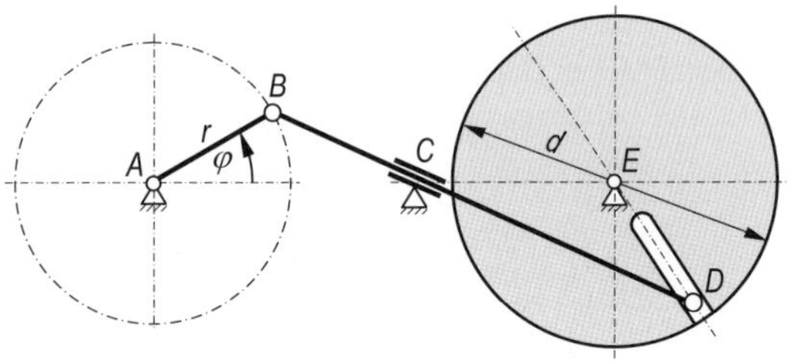

Bild 3.27: Getriebe

2. Wie groß sind die kleinste und größte Winkelgeschwindigkeit $\omega_{E\,min}$ und $\omega_{E\,max}$ des Getriebes in Aufgabe 1 in den Kurbelstellungen $\varphi = 0°$ und $\varphi = 180°$?

4 Kinetik des Massenpunktsystems

4.1 Schwerpunktsatz

Ein System von n Massenpunkten nennen wir kurz *Massenpunktsystem*. Das in **Bild 4.1a** dargestellte Massenpunktsystem besteht aus $n = 3$ Massenpunkten. Die Massenpunkte des Massenpunktsystems üben aufeinander Kräfte aus (z. B. dadurch, dass sie durch Federn oder starr miteinander verbunden sind). Wir bezeichnen die Kraft, die der k-te Massenpunkt auf den i-ten ausübt mit $\vec{F}_{ik}$ und entsprechend die Kraft, die der i-te Massenpunkt auf den k-ten ausübt mit $\vec{F}_{ki}$. Nach dem Reaktionsaxiom (s. Band *Statik*, Abschn. 2.2.4) gilt

$$\vec{F}_{ik} = -\vec{F}_{ki} \qquad (i, k = 1, 2 \ldots, n;\ i \neq k) \tag{4.1}$$

Die Kräfte $\vec{F}_{ik}$ sind *innere Kräfte*, sie rühren von Massenpunkten her, die zum System gehören (s. Band *Statik*, Abschn. 2.3.2). Ferner wirken auf die Massenpunkte auch *äußere Kräfte* (z. B. Gewichtskräfte $\vec{F}_{Gi}$, Führungskräfte $\vec{F}_{Fi}$, Federkräfte $\vec{F}_{fi}$ usw.). Die resultierende äußere Kraft, die auf den i-ten Massenpunkt wirkt, bezeichnen wir mit $\vec{F}_{ai}$ (s. **Bild 4.1b**, $\vec{F}_{a1} = \vec{F}_{G1} + \vec{F}_{f1}$).

Macht man alle Massenpunkte des Massenpunktsystems frei (**Bild 4.1b**) und schreibt für jeden das *Newton*sche Grundgesetz an, so lauten die Bewegungsgleichungen:

$$\begin{aligned}
&1.\ \text{Massenpunkt:} && m_1 \ddot{\vec{r}}_1 = \vec{F}_{12} + \vec{F}_{13} + \ldots + \vec{F}_{a1}\\
&2.\ \text{Massenpunkt:} && m_2 \ddot{\vec{r}}_2 = \vec{F}_{21} + \vec{F}_{23} + \ldots + \vec{F}_{a2}\\
&\ \vdots && \\
&i.\ \text{Massenpunkt:} && m_i \ddot{\vec{r}}_i = \vec{F}_{i1} + \vec{F}_{i2} + \ldots + \vec{F}_{ai}\\
&\ \vdots && \\
&n.\ \text{Massenpunkt:} && m_n \ddot{\vec{r}}_n = \vec{F}_{n1} + \vec{F}_{n2} + \ldots + \vec{F}_{an}
\end{aligned} \tag{4.2}$$

Dabei bedeuten: $\vec{r}_i = (x_i, y_i, z_i)$ Ortsvektor des i-ten Massenpunktes[1],
m_i Masse des i-ten Massenpunktes.

Bildet man nun die Summe der rechten und linken Seiten der Beziehungen in Gl. (4.2), so verschwindet wegen Gl. (4.1) auf der rechten Seite die Summe der inneren Kräfte und man erhält

$$\sum_{i=1}^{n} m_i \ddot{\vec{r}}_i = \sum_{i=1}^{n} \vec{F}_{ai} \tag{4.3}$$

oder, da die Punktmassen m_i = const vorausgesetzt werden,

[1] Dabei wird vorausgesetzt, dass das x, y, z-System ein Inertialsystem ist, nur dann ist $\ddot{\vec{r}} = \vec{a}_{abs}$.

$$\frac{d^2}{dt^2}\left(\sum_{i=1}^{n} m_i \vec{r}_i\right) = \sum_{i=1}^{n} \vec{F}_{ai} \tag{4.4}$$

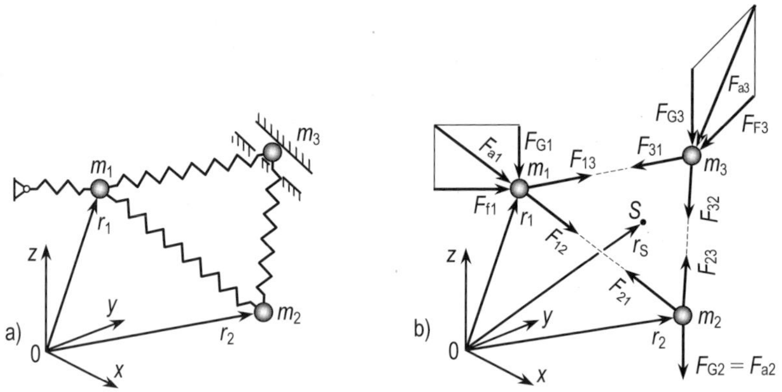

Bild 4.1: a) Massenpunktsystem b) Massenpunktsystem freigemacht

Um der Beziehung in Gl. (4.3) eine anschauliche Deutung zu geben, ist es zweckmäßig, den Begriff *Massenmittelpunkt S* einzuführen. Seinen Ortsvektor bezeichnen wir mit $\vec{r}_S = (x_S, y_S, z_S)$. Dieser wird definiert durch (s. Band *Statik*, Abschn. 5)

$$m\,\vec{r}_S = \sum_{i=1}^{n} m_i\,\vec{r}_i \tag{4.5}$$

wobei

$$m = \sum_{i=1}^{n} m_i \tag{4.6}$$

die Gesamtmasse des Massenpunktsystems ist.

Unter gewissen Voraussetzungen stimmt der Massenmittelpunkt mit dem Schwerpunkt des Systems überein[1]. Der Vektorbeziehung Gl. (4.5) entsprechen die 3 skalaren Gleichungen

$$m\,x_S = \sum_{i=1}^{n} m_i x_i \qquad m\,y_S = \sum_{i=1}^{n} m_i y_i \qquad m\,z_S = \sum_{i=1}^{n} m_i z_i \tag{4.7}$$

Ersetzt man den Klammerausdruck in Gl. (4.4) durch die linke Seite in Gl. (4.5) und führt die Bezeichnung $\vec{F}_R = \Sigma\,\vec{F}_{ai}$ für die Resultierende aller am Massenpunktsystem angreifenden Kräfte ein, so folgt

$$m\,\ddot{\vec{r}}_S = \vec{F}_R$$

[1] Nämlich dann, wenn die Vektoren aller an den einzelnen Massenpunkten angreifenden Gewichtskräfte als parallel und die Fallbeschleunigung als konstant angenommen werden können (s. Band *Statik*, Abschn. 5), was für die meisten technischen Probleme zutrifft.

oder mit der Bezeichnung $\vec{a}_S = \ddot{\vec{r}}_S$ für die Beschleunigung des Massenmittelpunktes

$$\boldsymbol{m\,\vec{a}_S = \vec{F}_R} \tag{4.8}$$

Diese Beziehung stimmt formal mit dem *Newton*schen Grundgesetz Gl. (2.6) überein. Sie wird als *Schwerpunktsatz* bezeichnet und besagt:

Der Massenmittelpunkt (Schwerpunkt) S eines Massenpunktsystems bewegt sich so, als ob die Gesamtmasse m in ihm vereinigt wäre und die Resultierende aller äußeren Kräfte $\vec{F}_R$ in ihm angreifen würde.

Der Schwerpunktsatz macht eine Aussage über die Bewegung des Massenmittelpunktes eines Massenpunktsystems. Zur Untersuchung der Bewegung seiner einzelnen Massenpunkte wäre es erforderlich, das System der n Bewegungsgleichungen Gl. (4.2) zu betrachten, das im räumlichen Fall ein System von $3n$ gewöhnlichen Differenzialgleichungen 2. Ordnung darstellt und dessen Lösung bereits in relativ einfachen Fällen große mathematische Schwierigkeiten bereitet. Mit Hilfe des Schwerpunktsatzes kann wenigstens eine grobe Aussage über die Bewegung des Massenpunktsystems gemacht werden, ferner kann man ihn zur Beschreibung der Bewegung eines starren Körpers verwenden (s. Abschn. 5).

Bewegt sich ein Massenpunktsystem im Schwerefeld der Erde, so ist die Resultierende der äußeren Kräfte gleich der Summe der Gewichtskräfte $\vec{F}_G$ der einzelnen Massenpunkte. Unter Einwirkung dieser Kräfte bewegt sich der Massenmittelpunkt auf einer Wurfparabel. So behält der Schwerpunkt einer Feuerwerksrakete auch nach dem Zerplatzen seine parabolische Bahn (im luftleeren Raum) bei und zwar so lange, bis Teile des Raketenkörpers den Boden berühren und dadurch neue Kräfte auf das Massenpunktsystem ausgeübt werden.

4.2 Impuls- und Impulserhaltungssatz

Durch Gl. (2.140) ist der Impuls für einen einzelnen Massenpunkt definiert. Man definiert den *Gesamtimpuls* $\vec{p}$ des Massenpunktsystems als Summe der Impulse $\vec{p}_i$ seiner Massenpunkte

$$\vec{p} = \sum_{i=1}^{n} \vec{p}_i = \sum_{i=1}^{n} m_i\, \vec{v}_i = \sum_{i=1}^{n} m_i\, \dot{\vec{r}}_i \tag{4.9}$$

Da die Massen m_i als konstant vorausgesetzt sind, kann für den Gesamtimpuls geschrieben werden

$$\vec{p} = \frac{d}{dt}\left(\sum_{i=1}^{n} m_i\, \vec{r}_i\right) \tag{4.10}$$

Ersetzt man den Klammerausdruck in Gl. (4.10) durch die linke Seite von Gl. (4.5), so folgt

$$\vec{p} = \frac{d}{dt}(m\,\vec{r}_S) = m\,\dot{\vec{r}}_S$$

oder

$$\vec{p} = m \cdot \vec{v}_S \tag{4.11}$$

Der Gesamtimpuls $\vec{p}$ eines Massenpunktsystems ist gleich dem Produkt aus seiner Gesamtmasse m und dem Geschwindigkeitsvektor $\vec{v}_S$ seines Massenmittelpunktes.

Mit dem Begriff Gesamtimpuls kann man dem Schwerpunktsatz Gl. (4.8) eine andere Form und Deutung geben. Man drückt die linke Seite von Gl. (4.8) wie folgt durch den Gesamtimpuls aus. Da $m = \text{const}$ ist, gilt

$$m\,\vec{a}_S = m\,\dot{\vec{v}}_S = \frac{\mathrm{d}}{\mathrm{d}t}(m\,\vec{v}_S) = \frac{\mathrm{d}\vec{p}}{\mathrm{d}t}$$

und aus Gl. (4.8) erhält man den *Impulssatz*

$$\frac{\mathrm{d}\vec{p}}{\mathrm{d}t} = \vec{F}_R \tag{4.12}$$

Die zeitliche Änderung des Gesamtimpulses $\vec{p}$ eines Massenpunktsystems ist gleich der Resultierenden $\vec{F}_R$ der auf dem Massenpunktsystem wirkenden äußeren Kräfte.

Entsprechend Gl. (2.145) kann man auch hier den Impulssatz in integrierter Form anschreiben. Der Gesamtimpuls des Massenpunktsystems zu zwei Zeiten t_0 und t sei $\vec{p}_0$ und $\vec{p}$, dann erhält man durch Integration aus Gl. (4.12)

$$\vec{p} - \vec{p}_0 = \int_{t_0}^{t} \vec{F}_R(\tau)\,\mathrm{d}\tau \tag{4.13}$$

Wirken auf ein Massenpunktsystem keine äußeren Kräfte ($\vec{F}_R \equiv \vec{0}$), so folgt aus dem Impulssatz Gl. (4.12) bzw. (4.13) und Gl. (4.11)

$$\vec{p} = m\,\vec{v}_S = \sum_{i=1}^{n} m_i\,\vec{v}_i = \sum_{i=1}^{n} m_i\,\vec{v}_{i0} = \vec{p}_0 = \text{const} \tag{4.14}$$

wobei $\vec{p}_0$ der Gesamtimpuls zu einem beliebigen festen Zeitpunkt t_0 ist

$$\vec{p}_0 = \sum_{i=1}^{n} m_i\,\vec{v}_{i0} \tag{4.15}$$

Gl. (4.14) ist die Aussage des sog. *Impulserhaltungssatzes*.

Der Gesamtimpuls eines Systems von Massenpunkten ist nach Betrag und Richtung konstant, solange die Resultierende der auf dieses System wirkenden äußeren Kräfte gleich Null ist.

Der Impulserhaltungssatz kann insbesondere bei Stoßvorgängen mit Vorteil angewandt werden, wie es das nachfolgende Beispiel zeigt (s. auch Abschn. 6).

Beispiel 4.1: Ein Geschoss (m_1 = 0,01 kg) trifft mit der Geschwindigkeit v_0 auf eine Bleikugel (m_2 = 5 kg), die am Ende eines dünnen Fadens der Länge l = 5 m hängt. Durch den Einschlag wird die Kugel um s = 50 cm ausgelenkt (**Bild 4.2**). a) Welche Geschwindigkeit v_P haben Geschoss und Bleikugel nach dem Einschlag, wenn das Geschoss in der Kugel steckenbleibt? b) Wie groß war die Geschossgeschwindigkeit v_0? c) Wie groß ist der Energieverlust W_v?

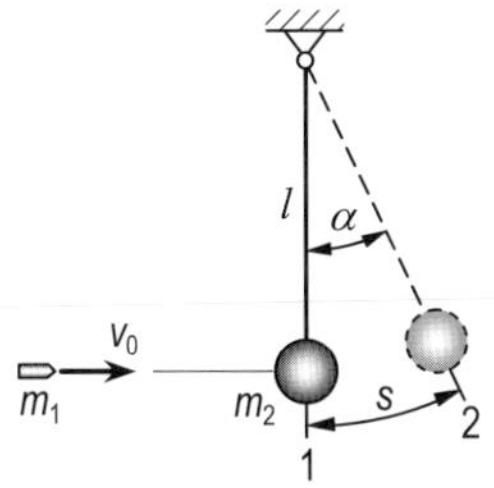

Bild 4.2:
Geschoss trifft Bleikugel

a) Nimmt man das Nullniveau der potenziellen Energie in der tiefsten Lage des Pendels an, so ist nach dem Einschlag die kinetische Energie des Pendels in der tiefsten Lage gleich seiner potenziellen Energie in der Umkehrlage, daraus folgt die Geschwindigkeit v_P

$$(m_1 + m_2)\frac{v_P^2}{2} = (m_1 g + m_2 g)\,h = (m_1 + m_2) g\, l(1 - \cos\alpha)$$

$$v_P = \sqrt{2\, g\, l(1 - \cos\alpha)}$$

Mit $\alpha = s/l$ = 0,5 m/5 m = 0,1 = 5,73° wird

$$v_P = \sqrt{2 \cdot 9{,}81\ \mathrm{m/s^2} \cdot 5\ \mathrm{m}\ (1 - 0{,}995)} = 0{,}70\ \mathrm{m/s}$$

b) Nach dem Impulserhaltungssatz Gl. (4.14) ist der Gesamtimpuls vor Auftreffen des Geschosses gleich dem Impuls nach dem Einschlag

$$m_1\, v_0 = (m_1 + m_2)\, v_P$$

Damit erhält man die Geschossgeschwindigkeit

$$v_0 = \frac{m_1 + m_2}{m_1} v_P = \frac{(0{,}01 + 5)\ \mathrm{kg}}{0{,}01\ \mathrm{kg}} \cdot 0{,}70\ \mathrm{m/s} = 351\ \mathrm{m/s}$$

c) Vor dem Einschlag hat das Geschoss die Geschwindigkeit v_0, und die Bleikugel ist in Ruhe. Die kinetische Energie des ganzen Systems ist zu dieser Zeit $E_{k0} = m_1\, v_0^2\ /2$. Unmittelbar nach dem Einschlag haben Geschoss und Kugel die gemeinsame Geschwindigkeit v_p, die kinetische Energie des ganzen Systems ist $E_{k1} = (m_1 + m_2)\ v_P^2\ /2$. Bei dem angenommenen Nullniveau der potenziellen Energie ist $E_{ph0} = E_{ph1} = 0$, und aus dem Energiesatz der Gl. (2.105) folgt mit $W_N = -\,W_v$ der Energieverlust

$$W_v = E_{k0} - E_{k1} = m_1 \frac{v_0^2}{2} - (m_1 + m_2)\frac{v_P^2}{2}$$

$$= 0{,}01\ \mathrm{kg}\frac{(351\ \mathrm{m/s})^2}{2} - (0{,}01 + 5)\ \mathrm{kg}\frac{(0{,}70\ \mathrm{m/s})^2}{2} = 615\ \mathrm{Nm}$$

Die Energie W_v wird dem System entzogen, sie wird im Wesentlichen in Wärme und Formänderungsarbeit überführt. Man beachte, dass trotz des Energieverlustes der Impuls des ganzen Systems konstant bleibt.

4.3 Impulsmoment, Impulsmomentsatz

In Gl. (2.150) haben wir das Impulsmoment eines Massenpunktes in Bezug auf einen festen Punkt 0 definiert.

Das *Gesamtimpulsmoment* eines Massenpunktsystems wird definiert als Summe der Impulsmomente aller seiner Massenpunkte bezüglich desselben Bezugspunktes 0

$$\vec{L}_0 = \sum_{i=1}^{n} \vec{r}_i \times m_i \, \vec{v}_i \tag{4.16}$$

Mit dem Begriff Impulsmoment lassen sich weitere Aussagen über die Bewegung eines Massenpunktsystems gewinnen. Multipliziert man die Bewegungsgleichungen für die einzelnen Massenpunkte des Massenpunktsystems in Gl. (4.2) von links[1] mit den zugehörigen Ortsvektoren, so erhält man mit $\ddot{\vec{r}}_i = \dot{\vec{v}}_i (i = 1,2, \dots, n)$ und unter Beachtung des Distributivgesetzes[2]:

$$\begin{aligned}
\vec{r}_1 \times m_1 \, \dot{\vec{v}}_1 &= \vec{r}_1 \times \vec{F}_{12} + \vec{r}_1 \times \vec{F}_{13} + \dots + \vec{r}_1 \times \vec{F}_{a1} \\
\vec{r}_2 \times m_2 \, \dot{\vec{v}}_2 &= \vec{r}_2 \times \vec{F}_{21} + \vec{r}_2 \times \vec{F}_{23} + \dots + \vec{r}_2 \times \vec{F}_{a2} \\
&\vdots \\
\vec{r}_i \times m_i \, \dot{\vec{v}}_i &= \vec{r}_i \times \vec{F}_{i1} + \vec{r}_i \times \vec{F}_{i2} + \dots + \vec{r}_i \times \vec{F}_{ai} \\
&\vdots \\
\vec{r}_n \times m_n \, \dot{\vec{v}}_n &= \vec{r}_n \times \vec{F}_{n1} + \vec{r}_n \times \vec{F}_{n2} + \dots + \vec{r}_n \times \vec{F}_{an}
\end{aligned} \tag{4.17}$$

Auf den linken Seiten dieser Beziehungen stehen nach Gl. (2.151) die Ableitungen der Impulsmomente der einzelnen Massenpunkte ($\dot{\vec{L}}_{0i} = \vec{r}_i \times m_i \, \dot{\vec{v}}_i$) und auf den rechten Seiten die statischen Momente aller an dem betreffenden Massenpunkt angreifenden Kräfte. Bildet man die Summen der linken und rechten Seiten in Gl. (4.17), so ist die Summe der linken Seiten $\Sigma \dot{\vec{L}}_{0i} = \dot{\vec{L}}_0$ die Ableitung des Gesamtimpulsmomentes des Massenpunktsystems nach der Zeit. In der Summe der rechten Seiten heben sich die statischen Momente der *inneren* Kräfte wegen Gl. (4.1) auf (s. **Bild 4.1**, $\vec{F}_{ik}$ und $\vec{F}_{ki}$ haben gleiche Hebelarme in Bezug auf den Punkt 0)

$$\vec{r}_i \times \vec{F}_{ik} + \vec{r}_k \times \vec{F}_{ki} = \vec{0} \qquad i, k = 1, 2, \dots, n; \qquad i \neq k \tag{4.18}$$

und man erhält

$$\frac{\mathrm{d}\vec{L}_0}{\mathrm{d}t} = \vec{M}_0 \tag{4.19}$$

wobei $\vec{M}_0 = \sum_{i=1}^{n} \vec{r}_i \times \vec{F}_{ai}$ (4.20)

---

[1] Man beachte, dass das Vektorprodukt nichtkommutativ ist: $\vec{a} \times \vec{b} \neq \vec{b} \times \vec{a}$.

[2] Nach dem Distributivgesetz gilt $\vec{r} \times (\vec{F}_1 + \vec{F}_2 + \dots + \vec{F}_n) = \vec{r} \times \vec{F}_1 + \vec{r} \times \vec{F}_2 + \dots + \vec{r} \times \vec{F}_n$.

die Summe der statischen Momente der an den Massenpunkten angreifenden *äußeren* Kräfte bezüglich des Punktes 0 ist. Gl. (4.19) wird *Impulsmomentsatz* (oder *Drallsatz*) genannt, dieser besagt:

Die Ableitung des Gesamtimpulsmomentes eines Massenpunktsystems bezüglich eines festen Punktes 0 nach der Zeit ist gleich der Summe der Momente aller am Massenpunktsystem angreifenden äußeren Kräfte bezüglich desselben Punktes.

Wir untersuchen, wie sich die linke und rechte Seite des Impulsmomentsatzes Gl. (4.19) bei einem Wechsel des Bezugspunktes ändern. Dabei wollen wir auch zulassen, dass sich der neue Bezugspunkt A bewegt, d. h. seine Lage bezüglich des festen Bezugspunktes 0 mit der Zeit ändert. Wir bezeichnen den Ortsvektor von dem festen Bezugspunkt 0 zu dem neuen Bezugspunkt A mit $\vec{r}_A$ und den Vektor vom Punkt A zu dem i-ten Massenpunkt mit $\vec{q}_i$. Es gilt (**Bild 4.3**)

$$\vec{r}_i = \vec{r}_A + \vec{q}_i \tag{4.21}$$

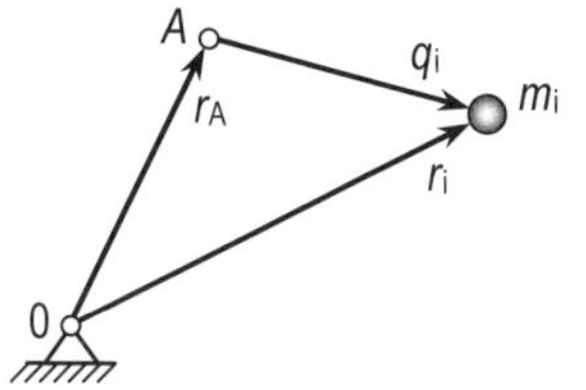

Bild 4.3:
Bewegter Bezugspunkt A

Ersetzt man $\vec{r}_i$ in Gl. (4.16) nach Gl. (4.21), so folgt durch Umformen

$$\vec{L}_0 = \sum_{i=1}^{n} (\vec{r}_A + \vec{q}_i) \times m_i \, \vec{v}_i = \vec{r}_A \times \sum_{i=1}^{n} m_i \, \vec{v}_i + \sum_{i=1}^{n} \vec{q}_i \times m_i \, \vec{v}_i \tag{4.22}$$

Dabei wurde berücksichtigt, dass $\vec{r}_A$ vom Index i unabhängig ist und somit vor das Summenzeichen gezogen werden darf. Die Summe $\Sigma \, m_i \vec{v}_i$ ist nach Gl. (4.11) der Gesamtimpuls $\vec{p} = m \, \vec{v}_s$ und die letzte Summe in Gl. (4.22) das Gesamtimpulsmoment $\vec{L}_A$ des Massenpunktsystems bezüglich des Punktes A. Zwischen den Impulsmomenten bezüglich der Punkte 0 und A besteht somit die Beziehung

$$\boldsymbol{\vec{L}_0 = \vec{r}_A \times \vec{p} + \vec{L}_A} \tag{4.23}$$

Durch Differenziation folgt aus Gl. (4.23)

$$\dot{\vec{L}}_0 = \dot{\vec{r}}_A \times \vec{p} + \vec{r}_A \times \dot{\vec{p}} + \dot{\vec{L}}_A$$

Nach Gl. (4.12) ist $\dot{\vec{p}}$ gleich der Resultierenden $\vec{F}_R$ aller auf das Massenpunktsystem wirkenden äußeren Kräfte. Ferner ist $\dot{\vec{r}}_A = \vec{v}_A$ die Geschwindigkeit des Bezugspunktes A. Damit erhält man aus der letzten Beziehung

$$\dot{\vec{L}}_0 = \vec{v}_A \times \vec{p} + \vec{r}_A \times \vec{F}_R + \dot{\vec{L}}_A \tag{4.24}$$

Wir betrachten die rechte Seite des Impulsmomentsatzes Gl. (4.19). Aus Gl. (4.20) folgt mit Gl. (4.21):

$$\vec{M}_0 = \sum_{i=1}^{n} \vec{r}_i \times \vec{F}_{ai} = \sum_{i=1}^{n} (\vec{r}_A + \vec{q}_i) \times \vec{F}_{ai} = \vec{r}_A \times \sum_{i=1}^{n} \vec{F}_{ai} + \sum_{i=1}^{n} \vec{q}_i \times \vec{F}_{ai}$$

Hierin ist $\Sigma \vec{F}_{ai} = \vec{F}_R$ die Resultierende der an dem Massenpunktsystem angreifenden äußeren Kräfte und $\Sigma \vec{q}_i \times \vec{F}_{ai} = \vec{M}_A$ die Summe ihrer statischen Momente bezüglich des Punktes A. Damit gilt

$$\vec{M}_0 = \vec{r}_A \times \vec{F}_R + \vec{M}_A \tag{4.25}$$

Drückt man im Impulsmomentsatz Gl. (4.19) $\dot{\vec{L}}_0$ und $\vec{M}_0$ nach Gl. (4.24) und Gl. (4.25) aus, so heben sich die Glieder $\vec{r}_A \times \vec{F}_R$ auf der linken und rechten Seite heraus. Wir ersetzen noch den Gesamtimpuls $\vec{p}$ nach Gl. (4.11) durch das Produkt aus der Gesamtmasse m des Massenpunktsystems und der Geschwindigkeit $\vec{v}_S$ des Massenmittelpunktes $\vec{p} = m\,\vec{v}_S$ und erhalten

$$\dot{\vec{\boldsymbol{L}}}_A + \vec{\boldsymbol{v}}_A \times m\,\vec{\boldsymbol{v}}_S = \vec{\boldsymbol{M}}_A \tag{4.26}$$

Wählt man insbesondere den Massenmittelpunkt des Massenpunktsystems als (bewegten) Bezugspunkt ($A \equiv S$), so nimmt wegen $\vec{v}_S \times m\,\vec{v}_S = \vec{0}$ Gl. (4.26) die Form des Impulsmomentsatzes Gl. (4.19) an

$$\frac{\mathrm{d}\vec{\boldsymbol{L}}_S}{\mathrm{d}t} = \vec{\boldsymbol{M}}_S \tag{4.27}$$

Die Ableitung des Gesamtimpulsmomentes eines Massenpunktsystems bezogen auf den Massenmittelpunkt nach der Zeit ist gleich der Summe der Momente aller am Massenpunktsystem angreifenden äußeren Kräfte bezüglich seines Massenmittelpunktes.

Man beachte, dass die in Abschn. 4 über die Bewegung eines Massenpunktsystems gewonnenen Erkenntnisse und Sätze auch für die Bewegung eines starren Körpers gelten, den man sich als ein „Gebilde aus unendlich vielen miteinander starr verbundenen Massenpunkten“ denken kann.

4.4 Bewegung bei veränderlicher Masse – Raketenbewegung

Wie schon in Abschn. 2.4.1 erwähnt, ist Gl. (2.142) die ursprüngliche Fassung des *Newton*schen Grundgesetzes. Die Gleichung gilt auch dann, wenn die Masse nicht konstant, sondern zeitlich veränderlich ist, wie dies z. B. bei der Bewegung einer Rakete zutrifft. Der Antrieb einer Rakete erfolgt dadurch, dass Treibgase infolge des Verbrennungsprozesses mit hoher Geschwindigkeit nach hinten ausgestoßen werden.

In **Bild 4.4** ist der Zustand der Rakete zu einer Zeit t und der späteren Zeit $(t + \Delta t)$ dargestellt. Zur Zeit t hat die Rakete die Masse m. In dem Zeitintervall Δt wird von der Rakete die Masse $\mu \Delta t$ mit der Treibstrahlgeschwindigkeit u relativ zur Rakete abgestoßen. Die Größe μ hat die Dimension Masse/Zeit, wir wollen sie als *Massenfluss* bezeichnen, dieser ist eine Funktion der Zeit.

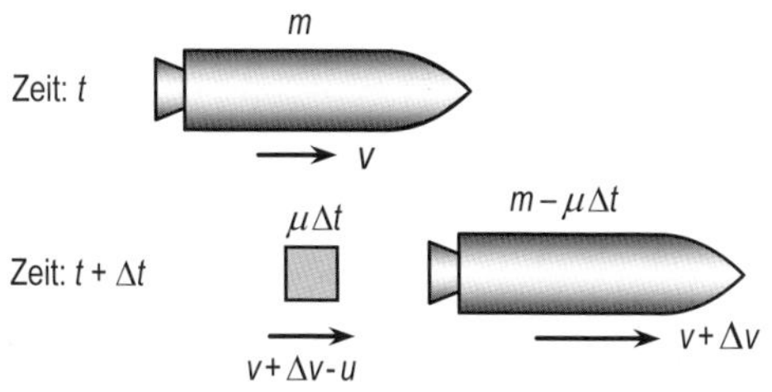

Bild 4.4:
Zustand der Rakete zu den Zeiten t und $(t + \Delta t)$

Zur Zeit $(t + \Delta t)$ ist die Masse der Rakete um $\mu\,\Delta t$ kleiner geworden, gleichzeitig ist ihre Geschwindigkeit um Δv gewachsen. Die mit der Relativgeschwindigkeit u ausgestoßene Masse $\mu\,\Delta t$ folgt der Rakete mit der Geschwindigkeit $(v + \Delta v - u)$. Wir untersuchen den Impuls zu den Zeiten t und $(t + \Delta t)$ und bilden die Impulsdifferenz, dazu entnimmt man aus **Bild 4.4** die Beziehungen

$$p\,(t + \Delta t) = (m - \mu\,\Delta t)\,(v + \Delta v) + \mu\,\Delta t\,(v + \Delta v - u)$$
$$p\,(t) \quad = m\,v$$
$$\Delta p = p\,(t + \Delta t) - p\,(t) = m\,\Delta v - \mu\,\Delta t\,u$$

Wir teilen die Impulsdifferenz Δp durch das zugehörige Zeitintervall Δt und bilden den Grenzwert des Differenzenquotienten für $\Delta t \to 0$

$$\lim_{\Delta t \to 0} \frac{\Delta p}{\Delta t} = \lim_{\Delta t \to 0} \left(m \frac{\Delta v}{\Delta t} - \mu u \right) \tag{4.28}$$

$$\frac{\mathrm{d}p}{\mathrm{d}t} = m \frac{\mathrm{d}v}{\mathrm{d}t} - \mu u = m\,a_{\mathrm{t}} - \mu u$$

Nach dem Impulssatz Gl. (2.146) gilt nun

$$\frac{\mathrm{d}p}{\mathrm{d}t} = m\,a_{\mathrm{t}} - \mu u = F_{\mathrm{t}} \tag{4.29}$$

Wir interessieren uns zunächst für den Fall, dass auf die Rakete keine äußeren Kräfte einwirken (z. B. Flug einer Rakete genügend weit außerhalb des Anziehungsbereichs der Erde). Dann ist auch die Bahnkomponente der äußeren Kräfte Null und aus Gl. (4.29) folgt mit $F_{\mathrm{t}} = 0$

$$m \frac{\mathrm{d}v}{\mathrm{d}t} = m\,a_{\mathrm{t}} = \mu u \tag{4.30}$$

Das Produkt aus dem Massenfluss μ und der Treibstrahlgeschwindigkeit u nennt man den Schub F_{S}

$$F_{\mathrm{S}} = \mu\,u \tag{4.31}$$

Um den Bewegungsablauf der Rakete berechnen zu können, muss der Massenfluss als Funktion der Zeit bekannt sein. Wie bei den meisten Raketen, wollen wir die Treibstrahlgeschwindigkeit u und den Massenfluss μ konstant annehmen, dann ist auch der Schub $F_{\mathrm{S}} = \mu\,u$ = const. Die Masse m der Rakete zur Zeit t ist

$$m = m_0 - \mu\,t = m\,(t) \tag{4.32}$$

wobei die Zündung zur Zeit $t = 0$ erfolgen soll und wir die Masse $m(0) = m_0$ als Startmasse bezeichnen wollen. Die Masse des Raketenkörpers sei m_R und die des Treibstoffs m_T, dann ist

$$m_0 = m_R + m_T \tag{4.33}$$

Gl. (4.32) gilt nur für Zeiten $0 \le t \le T$, wenn T den Brennschluss bezeichnet, d. h. den Zeitpunkt, zu dem die gesamte Treibstoffmasse m_T verbrannt ist. Mit den eingeführten Bezeichnungen folgt aus Gl. (4.32) und (4.33)

$$m(T) = m_0 - \mu T = m_0 - m_T = m_R \qquad \text{mit} \qquad m_T = \mu T \tag{4.34}$$

Für die Änderung der Masse m der Rakete mit der Zeit erhält man durch Differenziation aus Gl. (4.32)

$$\frac{\mathrm{d}m}{\mathrm{d}t} = -\mu \tag{4.35}$$

Drückt man den Massenfluss μ in Gl. (4.30) durch $-\,\mathrm{d}m/\mathrm{d}t$ aus, so nimmt diese die Form an

$$m\frac{\mathrm{d}v}{\mathrm{d}t} = -u\frac{\mathrm{d}m}{\mathrm{d}t}$$

oder
$$\frac{\mathrm{d}v}{\mathrm{d}t} = -u\frac{\dot{m}}{m} = -u\frac{\mathrm{d}}{\mathrm{d}t}(\ln m) \tag{4.36}$$

Mit den Anfangsbedingungen $v(0) = v_0$ und $m(0) = m_0$ erhält man durch Integration über die Zeit

$$v - v_0 = -u\,(\ln m - \ln m_0) = u \ln(m_0/m) \tag{4.37}$$

Das Geschwindigkeit-Zeit-Gesetz lautet dann mit Gl. (4.32)

$$v = v_0 + u \ln\frac{m_0}{m} = v_0 + u \ln\frac{m_0}{m_0 - \mu t} \tag{4.38}$$

Die maximale Geschwindigkeit v_T wird bei Brennschluss ($t = T$) erreicht, wobei $m(T) = m_R$ ist

$$v_T = v_{max} = v_0 + u \ln(m_0/m_R) \tag{4.39}$$

Der Geschwindigkeitszuwachs $(v_T - v_0)$ ist also nur von der Treibstrahlgeschwindigkeit u und dem Massenverhältnis m_0 / m_R abhängig. Nach Gl. (4.39) könnten theoretisch sehr hohe Geschwindigkeiten erreicht werden. Praktisch ist die Brennschlussgeschwindigkeit durch das technisch mögliche Verhältnis von Startmasse zur Masse des Raketenkörpers begrenzt. Soll z. B. die Anfangsgeschwindigkeit v_0 um die Treibstrahlgeschwindigkeit u vergrößert werden $(v_T - v_0 = u)$, so ist wegen $\ln(m_0/m_R) = 1$ das Massenverhältnis $m_0 / m_R = \mathrm{e} = 2{,}72$ oder $m_R/m_0 = 0{,}368$ erforderlich: Wenn 63,2 % der Startmasse für den Schub verbraucht sind, wird $v_T = v_0 + u$ erreicht. In **Bild 4.5** ist das Verhältnis $(v_T - v_0)/u$ nach Gl. (4.39) über dem Massenverhältnis m_R/m_0 aufgetragen. Es sind daraus technische Grenzen für erreichbare Endgeschwindigkeiten einstufiger Raketen zu erkennen.

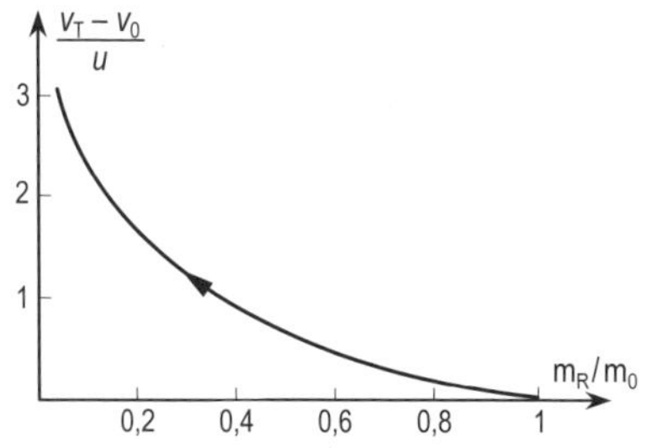

Bild 4.5

Das Ort-Zeit-Gesetz gewinnt man durch Integration aus Gl. (4.38):

$$s = \int v \, dt = \int v_0 \, dt - \int u \ln \frac{m_0 - \mu t}{m_0} dt$$

Zur Lösung des zweiten Integrals in dieser Beziehung substituiert man

$$z = (m_0 - \mu t) / m_0 \qquad dz = -(\mu / m_0) dt$$

Dann folgt

$$s = v_0 \int dt + u \frac{m_0}{\mu} \int \ln z \, dz = v_0 t + u \frac{m_0}{\mu} z (\ln z - 1) + C$$

$$s = v_0 t + u \frac{m_0}{\mu} \left[\frac{m_0 - \mu t}{m_0} \left(-\ln \frac{m_0}{m_0 - \mu t} - 1\right) \right] + C \tag{4.40}$$

Die Integrationskonstante C bestimmen wir aus der Anfangsbedingung: zur Zeit $t = 0$ ist die Ortskoordinate $s = 0$. Weil $\ln 1 = 0$ ist, folgt dann:

$$0 = u \frac{m_0}{\mu} \left[\frac{m_0}{m_0} (-\ln 1 - 1) \right] + C \qquad C = u \frac{m_0}{\mu}$$

Mit der so festgelegten Integrationskonstanten folgt nun aus Gl. (4.40) nach kurzer Zwischenrechnung das *Ort-Zeit-Gesetz* in der Form

$$s = v_0 t + u t \left(1 - \frac{m_0 - \mu t}{\mu t} \ln \frac{m_0}{m_0 - \mu t} \right) \tag{4.41}$$

Bei Brennschluss ($t = T$) erhält man mit Gl. (4.34) für die Ortskoordinate $s(T) = s_T$

$$s_T = v_0 T + u T \left(1 - \frac{m_R}{m_T} \ln \frac{m_0}{m_R} \right) \tag{4.42}$$

Bei senkrechtem Start im Schwerefeld der Erde treten die Gewichtskraft F_G und der Luftwiderstand F_W als Bewegungswiderstände auf, und in Gl. (4.29) hat man die Bahnkomponente zu ersetzen durch

$$F_t = -F_G - F_W \tag{4.43}$$

In großen Höhen ist die Änderung der Fallbeschleunigung g mit der Höhe nicht mehr zu vernachlässigen und nach Gl. (2.61) ist

$$F_G = m\, g_0 \left(\frac{R}{r}\right)^2 \tag{4.44}$$

Die Widerstandskraft F_W ist hier nicht nur von der Geschwindigkeit, sondern auch von der mit wachsender Höhe abnehmenden Dichte der Luft abhängig. Wir wollen darauf verzichten, diese komplizierten Kraftgesetze zu berücksichtigen und den einfachen Fall betrachten: $g = g_0$ und $F_W = 0$, dann ist $F_t = m\, g$. Damit gewinnt man aus Gl. (4.29) in Verbindung mit Gl. (4.32) das Beschleunigung-Zeit-Gesetz

$$m\, a_t - \mu\, u = -\, m\, g \qquad \text{oder} \qquad a_t = \frac{dv}{dt} = \frac{\mu\, u}{m_0 - \mu\, t} - g \tag{4.45}$$

Senkrechter Start ist nur möglich, falls die Startbeschleunigung ($t = 0$)

$$a_{t0} = \frac{\mu\, u}{m_0} - g > 0 \tag{4.46}$$

ist. Dann folgt für den Anfangsschub $\mu\, u > m_0\, g$ und für den Massenfluss

$$\mu > \frac{m_0 g}{u} \tag{4.47}$$

Die größte Beschleunigung wird für konstanten Schub bei Brennschluss ($t = T$) erreicht. Mit Gl. (4.34) erhält man aus Gl. (4.45)

$$a_{t\,max} = \frac{\mu\, u}{m_0 - \mu\, T} - g = \frac{\mu\, u}{m_R} - g \tag{4.48}$$

Im Fall eines bemannten Raketenflugs darf dieser Wert die für Menschen zulässige Grenzbeschleunigung $a_{t\,max} \approx (5 \text{ bis } 7)\, g$ nicht überschreiten.

Durch Integration von Gl. (4.45) erhält man auf entsprechendem Wege, der zu Gl. (4.38) führte, das Geschwindigkeit-Zeit-Gesetz

$$v = v_0 + u \ln\left(\frac{m_0}{m_0 - \mu\, t}\right) - g\, t \tag{4.49}$$

und durch nochmalige Integration das Ort-Zeit-Gesetz (s. Gl. (4.41))

$$s = v_0\, t + u\, t\left[1 - \frac{m_0 - \mu\, t}{\mu\, t} \ln \frac{m_0}{m_0 - \mu\, t}\right] - \frac{g\, t^2}{2} \tag{4.50}$$

Beispiel 4.2: Eine Rakete hat die Startmasse $m_0 = 10^5$ kg, davon entfallen $m_T = 6 \cdot 10^4$ kg auf den Treibstoff, der in $T = 100$ s bei konstantem Massenfluss mit der konstanten Treibstrahlgeschwindigkeit $u = 4000$ m/s ausgestoßen wird. Wie groß sind a) der Massenfluss μ, b) der Schub F_s, c) die Startbeschleunigung a_{t0}, d) die maximale Beschleunigung $a_{t\,max}$ bei Brennschluss für senkrechten Start im luftleeren Raum, wenn die Fallbeschleunigung unabhängig von der Höhe mit $g = g_0 = \text{const}$ angenommen wird,

e) die Brennschlussgeschwindigkeit v_T, f) die erreichte Höhe s_T bei Brennschluss, g) die Steighöhe h der ausgebrannten Rakete bei konstanter Fallbeschleunigung g_0 und die Steighöhe, falls von der Höhe s_T an die Änderung der Fallbeschleunigung berücksichtigt wird? h) Man skizziere den Verlauf der Funktionen $a(t)$, $v(t)$ und $s(t)$.

a) Da die Treibstoffmasse m_T in $T = 100$ s verbrennt, beträgt der konstante Massenfluss entsprechend Gl. (4.34)

$$\mu = \frac{m_T}{T} = \frac{60\,000\text{ kg}}{100\text{ s}} = 600\text{ kg/s}$$

b) Nach Gl. (4.31) ist der Schub

$$F_s = \mu\, u = 600\,\frac{\text{kg}}{\text{s}} \cdot 4000\,\frac{\text{m}}{\text{s}} = 2\,400\,000\text{ N} = 2\,400\text{ kN}$$

Start ist möglich, da $F_s > F_G = m_0\, g = 981$ kN ist.

c) Nach Gl. (4.46) ist die Startbeschleunigung

$$a_{t0} = \frac{\mu u}{m_0} - g = \frac{600\text{ kg/s} \cdot 4000\text{ m/s}}{100\,000\text{ kg}} - 9{,}81\text{ m/s} = 14{,}2\text{ m/s}^2$$

d) Die maximale Beschleunigung folgt mit $m_R = m_0 - m_T = 40\,000$ kg aus Gl. (4.48)

$$a_{t\,max} = \frac{\mu u}{m_R} - g = \frac{600\text{ kg/s} \cdot 4000\text{ m/s}}{40\,000\text{ kg}} - 9{,}81\text{ m/s}^2 = 50{,}2\text{ m/s}^2$$

e) Mit $m_0 - \mu\, T = m_R$ und $v_0 = 0$ erhält man aus Gl. (4.49) die Brennschlussgeschwindigkeit

$$v_T = u \ln \frac{m_0}{m_R} - g\, T = 4000\,\frac{\text{m}}{\text{s}} \cdot \ln \frac{100\,000\text{ kg}}{40\,000\text{ kg}} - 9{,}81\,\frac{\text{m}}{\text{s}^2} \cdot 100\text{ s} = 2684\text{ m/s}$$

f) die Höhe bei Brennschluss folgt mit $v_0 = 0$, $t = T$, $\mu\, T = m_T$ sowie $m_R = m_0 - \mu\, T$ aus Gl. (4.50)

$$s_T = u\, T \left[1 - \frac{m_R}{m_T} \ln \frac{m_0}{m_R}\right] - \frac{g \cdot T^2}{2}$$

$$= 4000\,\frac{\text{m}}{\text{s}} \cdot 100\text{ s} \left[1 - \frac{40\,000\text{ kg}}{60\,000\text{ kg}} \cdot \ln \frac{100\,000\text{ kg}}{40\,000\text{ kg}}\right] - \frac{9{,}81\text{ m/s}^2 \cdot (100\text{ s})^2}{2}$$

$$= 106{,}6 \cdot 10^3\text{ m} = 106{,}6\text{ km}$$

g) Die ausgebrannte Rakete bewegt sich im senkrechten Wurf aufwärts und würde bei konstanter Fallbeschleunigung (s. Beispiel 1.4, S. 12) die zusätzliche „Wurfhöhe“

$$h_W = \frac{v_T^2}{2\,g} = \frac{(2684\text{ m/s})^2}{2 \cdot 9{,}81\text{ m/s}^2} = 367{,}2 \cdot 10^3\text{ m} = 367{,}2\text{ km}$$

erreichen, so dass die Steighöhe

$$h = s_T + h_W = 106{,}6\text{ km} + 367{,}2\text{ km} = 473{,}8\text{ km}$$

beträgt.

Die mit zunehmender Höhe abnehmende Fallbeschleunigung kann man mit Hilfe von Gl. (2.94) berücksichtigen. Setzt man darin $v_1 = 0$, $v_0 = v_T$, $R = R_0 + s_T$ ($R_0 = 6371$ km = Erdradius) und $r_1 = R_0 + h$, so erhält man

$$-\frac{m_R v_T^2}{2} = m_R g_0 (R_0 + s_T)^2 \left[\frac{1}{R_0 + h} - \frac{1}{R_0 + s_T}\right]$$

Aus dieser Gleichung gewinnt man die Steighöhe

$$h = \frac{2\, g_0 (R_0 + s_T)^2}{2\, g_0 (R_0 + s_T) - v_T^2} - R_0$$

$$= \frac{2 \cdot 0{,}00981\ \text{km/s}^2 \cdot (6371 + 106{,}6)^2\ \text{km}^2}{2 \cdot 0{,}00981\ \text{km/s}^2 \cdot (6371 + 106{,}6)\ \text{km} - (2{,}684\ \text{km/s})^2} - 6371\ \text{km} = 496\ \text{km}$$

Die Diagramme der Funktionen $s(t)$, $v(t)$ und $a(t)$ sind in **Bild 4.6** angegeben.

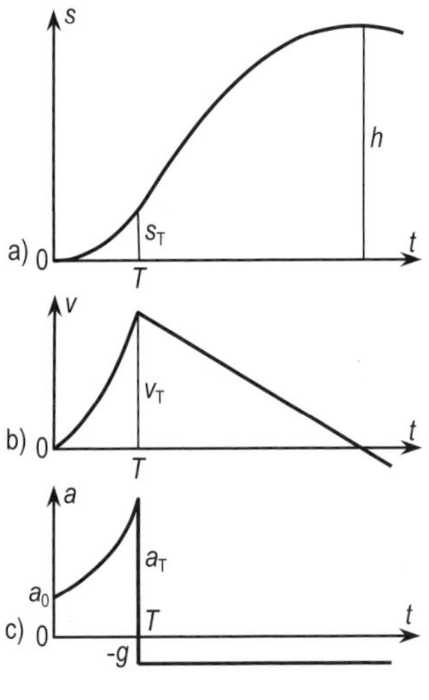

Bild 4.6

4.5 Aufgaben zu Abschnitt 4

1. Eine Rangierlok ($m_1 = 5 \cdot 10^4$ kg) fährt mit der Geschwindigkeit $v = 5$ km/h gegen einen ruhenden Güterwagen ($m_2 = 15 \cdot 10^3$ kg) und kuppelt ihn dabei an. Wie groß ist die gemeinsame Geschwindigkeit v_P nach dem Ankuppeln, wenn Reibung vernachlässigt wird?

2. Auf einem flachen Wagen ($m_1 = 300$ kg), der sich in einer horizontalen Ebene reibungsfrei bewegen kann, stehen $n = 10$ Männer, Masse je $m_2 = 75$ kg. a) Welche Geschwindigkeit v erfährt der Wagen, wenn die 10 Männer nacheinander relativ zum Fahrzeug mit der Geschwindigkeit $u = 5$ m/s abspringen? b) Wie groß ist die Geschwindigkeit v des Wagens, wenn alle Männer gleichzeitig mit der Geschwindigkeit $u = 5$ m/s abspringen?

5 Kinetik des Körpers

5.1 Allgemeine Bewegung. Körper als Grenzfall eines Massenpunktsystems

Die in den vorangegangenen Abschnitten für das Massenpunktsystem hergeleiteten Sätze gelten auch für einen Körper. Um dies näher zu begründen, denken wir uns den Körper in n Teile (Elemente) zerlegt (**Bild 5.1**) und die Masse Δm_i jedes Elementes als Punktmasse in einem Punkt des Elementes mit dem Ortsvektor $\vec{r}_i$ vereinigt. Auf diese Weise gewinnt man als *Ersatzsystem* für den Körper ein Massenpunktsystem. Seine Punktmassen hat man sich für den Fall eines starren Körpers starr miteinander verbunden zu denken. Die kinetischen Eigenschaften des Körpers werden durch ein solches Ersatzsystem umso besser erfasst, je feiner man die Unterteilung in Elemente wählt. Die in den vorangegangenen Abschnitten hergeleiteten Sätze für das Massenpunktsystem gelten für jedes noch so fein unterteilte Ersatzsystem beschriebener Art. Sie gelten somit auch für den Grenzfall $n \to \infty$, $\Delta m_i \to 0$, d. h. für den Körper.

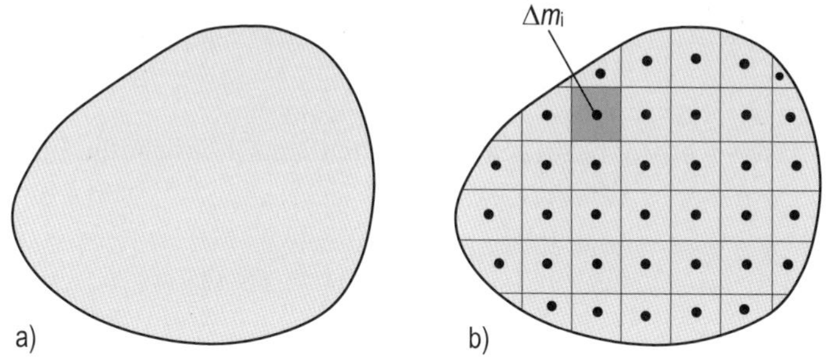

Bild 5.1:
a) Körper
b) Massenpunktsystem als Ersatzsystem für den Körper

Die für das Massenpunktsystem durch Summen definierten physikalischen Größen wie *Gesamtmasse*, *Gesamtimpuls*, *Gesamtimpulsmoment* werden für den Körper durch entsprechende Grenzwerte dieser Summen – also Integrale – definiert. So wird der Gesamtimpuls des Körpers (Impuls des Körpers) definiert durch

$$\vec{p} = \lim_{\substack{n \to \infty \\ \Delta m_i \to 0}} \sum_{n=1}^{\infty} \vec{v}_i \, \Delta m_i = \int \vec{v} \, \mathrm{d}m$$

Nachstehend sind die Definitionen der für das Massenpunktsystem und den Körper entsprechenden Begriffe gegenübergestellt.

	Massenpunktsystem	Körper
Gesamtmasse m	$m = \sum_{i=1}^{n} m_i$ (4.6)	$m = \int dm$ (5.1)
Schwerpunkt $\vec{r}_S$	$\sum_{i=1}^{n} m_i \vec{r}_i = m \vec{r}_S$ (4.5)	$\int \vec{r}\, dm = m \vec{r}_S$ (5.2)
Gesamtimpuls $\vec{p}$	$\vec{p} = \sum_{i=1}^{n} m_i \vec{v}_i$ (4.9)	$\vec{p} = \int \vec{v}\, dm$ (5.3)
Gesamtimpulsmoment $\vec{L}_0$	$\vec{L}_0 = \sum_{i=1}^{n} \vec{r}_i \times m_i \vec{v}_i$ (4.16)	$\vec{L}_0 = \int \vec{r} \times \vec{v}\, dm$ (5.4)

Mit dieser Gegenüberstellung gelten für den Körper folgende Beziehungen und Sätze:

Gesamtimpuls

$$\vec{p} = m \vec{v}_S \tag{5.5}$$

Der Gesamtimpuls eines Körpers ist gleich dem Produkt aus der Gesamtmasse des Körpers und der Geschwindigkeit seines Schwerpunktes (s. auch Gl. (4.11)).

Impulsmoment

Zwischen den Impulsmomenten des Körpers bezüglich der Punkte 0 und A besteht die Beziehung (s. auch Gl. (4.23)).

$$\vec{L}_0 = \vec{r}_A \times \vec{p} + \vec{L}_A \tag{5.6}$$

wobei der Bezugspunkt 0 ein fester Punkt im Inertialsystem ist, der Bezugspunkt A dagegen sich auch relativ zu ihm bewegen kann. $\vec{r}_A$ ist der Ortsvektor des Punktes A bezüglich des festen Bezugspunktes 0 und $\vec{p}$ der Gesamtimpuls.

Schwerpunktsatz

$$m \vec{a}_S = \vec{F}_R \tag{5.7}$$

Der Schwerpunkt eines Körpers bewegt sich so, als ob die Gesamtmasse des Körpers in ihm vereinigt wäre und die Resultierende der äußeren Kräfte in ihm angreifen würde (s. Gl. (4.7)).

Impulssatz

$$\frac{d\vec{p}}{dt} = \vec{F}_R \tag{5.8}$$

Die zeitliche Änderung des Gesamtimpulses des Körpers ist gleich der Resultierenden der auf den Körper wirkenden äußeren Kräfte (s. auch Gl. (4.12)).

Impulsmomentsatz

$$\frac{\mathrm{d}\vec{L}_A}{\mathrm{d}t} + \vec{v}_A \times m\,\vec{v}_S = \vec{M}_A \tag{5.9}$$

wobei der Bezugspunkt A im Inertialsystem die Geschwindigkeit $\vec{v}_A$ hat (s. auch Gl. (4.26)). Der Term $\vec{v}_A \times m\;\vec{v}_S$ in Gl. (5.9) verschwindet in folgenden Fällen:

1. Der Bezugspunkt A ist ein in einem Inertialsystem ruhender Punkt ($A \equiv 0,\ \vec{v}_A = \vec{0}$).
2. Der Bezugspunkt A ist der Schwerpunkt des Körpers ($A = S,\ \vec{v}_S \parallel m\;\vec{v}_S$).

In diesen Fällen hat der Impulsmomentsatz die einfache Form

$$\frac{\mathrm{d}\vec{L}_0}{\mathrm{d}t} = \vec{M}_0 \qquad \text{bzw.} \qquad \frac{\mathrm{d}\vec{L}_S}{\mathrm{d}t} = \vec{M}_S \tag{5.10), (5.11}$$

Die zeitliche Änderung des Impulsmomentes eines Körpers in Bezug auf einen festen Punkt oder auf seinen Schwerpunkt ist gleich dem Moment der äußeren Kräfte bezüglich desselben Punktes (s. auch Gl. (4.19) und Gl. (4.27)).

Der Term $\vec{v}_A \times m\;\vec{v}_S$ in Gl. (5.9) verschwindet, und der Impulsmomentsatz hat die einfache Form in Gl. (5.10) in zwei weiteren Fällen: 3. Die Geschwindigkeitsvektoren des Bezugspunktes A und des Körperschwerpunktes S sind parallel ($\vec{v}_A \parallel \vec{v}_S$), 4. Der Körperschwerpunkt ruht im Inertialsystem ($\vec{v}_S = \vec{0}$), der Bezugspunkt A aber bewegt sich ($\vec{v}_A \neq \vec{0}$). Wegen ihrer Ausnahmestellung haben jedoch diese Fälle für Anwendungen keine Bedeutung.

Das Impulsmoment $\vec{L}_S$ bezüglich des Schwerpunktes S in Gl. (5.11) berechnet man nach

$$\vec{L}_S = \int \vec{q} \times \vec{v}\; \mathrm{d}m \tag{5.12}$$

wobei $\vec{q}$ der Ortsvektor des Massenelementes dm bezüglich des Schwerpunktes S und $\vec{v}$ die absolute Geschwindigkeit des Massenelementes in einem ruhenden Bezugssystem (Inertialsystem) ist. Nach **Bild 5.2** ist

$$\vec{r} = \vec{r}_S + \vec{q} \tag{5.13}$$

und durch Ableiten nach der Zeit gewinnt man für die Geschwindigkeit

$$\vec{v} = \dot{\vec{r}} = \dot{\vec{r}}_S + \dot{\vec{q}} = \vec{v}_S + \dot{\vec{q}} \tag{5.14}$$

Diese Beziehung setzen wir in Gl. (5.12) ein und erhalten

$$\vec{L}_S = \int \vec{q} \times (\vec{v}_S + \dot{\vec{q}})\, \mathrm{d}m = \left\{\int \vec{q}\, \mathrm{d}m\right\} \times \vec{v}_S + \int \vec{q} \times \dot{\vec{q}}\, \mathrm{d}m$$

Da der Vektor $\vec{q}$ vom Schwerpunkt des Körpers aus gezogen ist, ist der Ausdruck in der geschweiften Klammer als statisches Massenmoment in Bezug auf den Schwerpunkt gleich Null, und es folgt

$$\vec{L}_S = \int \vec{q} \times \dot{\vec{q}}\; \mathrm{d}m \tag{5.15}$$

Bild 5.2: Ortsvektoren $\vec{r}, \vec{r}_S$ und $\vec{q}$ und zugehörige Geschwindigkeiten $\vec{v}$, $\vec{v}_S$ und $\dot{\vec{q}}$ für die Bewegung eines Körpers

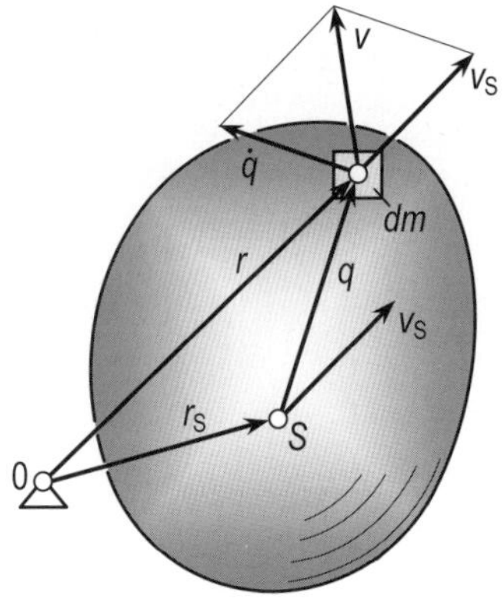

$\dot{\vec{q}}$ in Gl. (5.15) ist die Geschwindigkeit des Massenelementes dm in einem Bezugssystem, das sich gegenüber dem Inertialsystem translatorisch mit der Geschwindigkeit $\vec{v}_S$ bewegt. Das bedeutet, dass das Impulsmoment $\vec{L}_S$ und damit die Aussage des Impulsmomentsatzes Gl. (5.11) von der Schwerpunktgeschwindigkeit unabhängig sind. Daraus folgt, dass die Bewegung eines Körpers durch Überlagerung von zwei Teilbewegungen beschrieben werden kann: der Bewegung des Schwerpunktes nach dem Schwerpunktsatz Gl. (5.7) und der Bewegung um den Schwerpunkt (Drehung um den Schwerpunkt, falls der Körper starr ist) nach dem Impulsmomentsatz Gl. (5.11) mit dem Impulsmoment $\vec{L}_S$ nach Gl. (5.15).

Es sei betont, dass die in diesem Abschnitt zusammengestellten Sätze für beliebige, also auch nichtstarre Körper gelten.

In den Beispielen und Aufgaben des Abschn. 2 haben wir das *Newton*sche Grundgesetz für die Bewegung eines *Massenpunktes* zur Untersuchung der Bewegung von *Körpern* (Konstruktionsteilen, Fahrzeugen, Lasten) angewandt, wobei wir ohne nähere Begründung von der Vorstellung ausgingen, dass die Gesamtmasse des betreffenden Körpers (z. B. eines Fahrzeuges) in seinem Schwerpunkt als Punktmasse konzentriert ist und alle äußeren Kräfte in seinem Schwerpunkt angreifen. Nun ist z. B. ein Auto weder ein Massenpunkt, noch bilden die an ihm angreifenden äußeren Kräfte ein zentrales Kräftesystem (s. z. B. **Bild 2.8**). Erst der Schwerpunktsatz Gl. (5.7) begründet, dass das geschilderte Vorgehen bei der Lösung der Aufgaben in Abschn. 2 berechtigt war. Streng genommen wurde also in Abschn. 2 immer der Schwerpunktsatz angewandt.

5.2 Drehung eines starren Körpers um eine feste Achse

5.2.1 Grundgesetz für die Drehbewegung, Impulsmomentsatz

5.2.1.1 Grundgesetz für die Drehung um eine feste Achse

Ein starrer Körper drehe sich um eine feste Achse, die wir als z-Achse eines kartesischen Koordinatensystems wählen. Wir denken uns den Körper in n Teile (Elemente) zerlegt. Auf ein Massenelement der Masse Δm_i, das im Abstand r_i von der Drehachse eine Kreisbahn beschreibt (**Bild 5.3**), wirken die Trägheitskräfte $\Delta m_i\, r_i\, \omega^2$ und $\Delta m_i\, r_i\, \ddot{\varphi}$. Die Erste ist als Fliehkraft der

Normalbeschleunigung a_n entgegen radial nach außen, und die Zweite der Tangentialbeschleunigung a_t entgegen gerichtet. Nach dem Prinzip von *d'Alembert* ist die Summe der Momente aller am Körper angreifenden Kräfte (der äußeren Kräfte und der Trägheitskräfte) um die Drehachse gleich Null. Die Wirkungslinien aller Fliehkräfte verlaufen durch die Drehachse. Ihr Moment um die Drehachse ist Null. Die an den Massenelementen Δm_i angreifenden tangentialen Trägheitskräfte $\Delta m_i \, r_i \, \ddot{\varphi}$ haben statische Momente mit den Hebelarmen r_i. Bildet man die Summe dieser Momente, so ist der Grenzwert dieser Summe für $n \to \infty$, $\Delta m_i \to 0$ mit dem Moment M_z der äußeren Kräfte im Gleichgewicht. Die Momentegleichgewichtsbedingung in Bezug auf die z-Achse lautet

$$M_z - \lim_{\substack{n \to \infty \\ \Delta m_i \to 0}} \sum_{i=1}^{n} r_i (r_i \, \ddot{\varphi} \, \Delta m_i) = 0$$

$$M_z - \int r^2 \, \ddot{\varphi} \, \mathrm{d}m = 0 \tag{5.16}$$

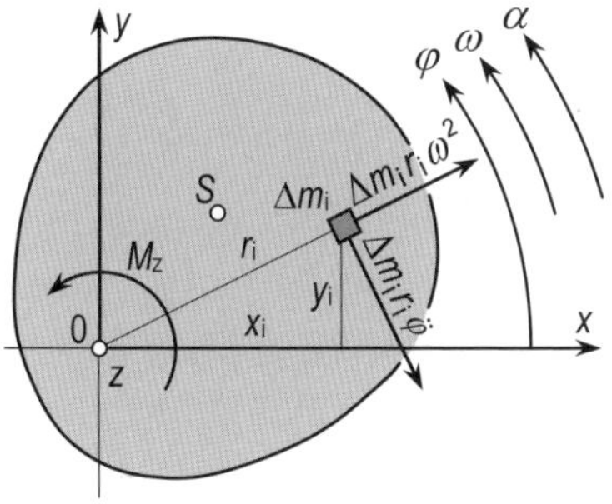

Bild 5.3:
Trägheitskräfte am Massenelement eines Körpers

Die zwischen den Massenelementen wirkenden inneren Kräfte brauchen bei der Summenbildung nicht berücksichtigt zu werden, sie treten nach dem Reaktionsaxiom paarweise auf und halten sich gegenseitig das Gleichgewicht. Ihre Wirkung nach außen ist Null (s. Gl. (4.1) u. (4.18)).

Die Winkelbeschleunigung ist für alle Massenelemente gleich und kann vor das Integralzeichen gesetzt werden

$$M_z - \ddot{\varphi} \int r^2 \, \mathrm{d}m = 0 \tag{5.17}$$

Das Integral in dieser Gleichung ist nur von der Geometrie des Körpers und der Massenverteilung abhängig. Es wird als *Massenträgheitsmoment* bezüglich der Drehachse z bezeichnet

$$J_z = \int r^2 \, \mathrm{d}m \tag{5.18}$$

Massenträgheitsmomente einfacher Körper werden in den folgenden Abschnitten berechnet. Mit J_z kann man Gl. (5.17) in der Form schreiben

$$\boldsymbol{M_z = J_z \, \ddot{\varphi}} \quad \text{oder} \quad \boldsymbol{M_z = J_z \, \alpha} \tag{5.19}$$

Dies ist das *Grundgesetz für die Drehung* eines Körpers um eine feste Achse. Es besagt:

Das Moment M_z der äußeren Kräfte um die Drehachse z ist gleich dem Produkt aus dem Massenträgheitsmoment J_z bezüglich derselben Achse und der Winkelbeschleunigung $\ddot{\varphi} = \alpha$.

Das Grundgesetz für die Drehbewegung beherrscht die Drehung eines Körpers um eine feste Achse ebenso wie das *Newton*sche Grundgesetz die Bewegung eines Massenpunktes.

In der *d'Alembert*schen Form geschrieben lautet Gl. (5.19)

$$M_z + J_z(-\ddot{\varphi}) = 0 \tag{5.20}$$

Der Ausdruck $J_z(-\ddot{\varphi})$ ist *das Moment der Trägheitskräfte*. Es ist der Winkelbeschleunigung $\ddot{\varphi}$ entgegen gerichtet und hält dem Moment M_z der äußeren Kräfte das Gleichgewicht. In den Zeichnungen wollen wir das Vorzeichen in Gl. (5.20) wieder durch die Pfeilrichtung berücksichtigen, indem wir die Drehrichtung des Momentes $J_z\ddot{\varphi}$ der positiven Winkelbeschleunigung (und damit auch der Koordinate φ) entgegen annehmen.

5.2.1.2 Massenträgheitsmomente einfacher Körper

Das Massenträgheitsmoment bezüglich einer Drehachse z ist durch Gl. (5.18) definiert

$$\boldsymbol{J_z = \int r^2 \, \mathrm{d}m} \tag{5.21}$$

Das Massenträgheitsmoment J_z ist gleich dem Integral über alle mit dem Quadrat ihrer Abstände von der Drehachse multiplizierten Masseteilchen eines Körpers.

Da $\mathrm{d}m$ und r^2 immer positiv sind, ist auch J_z stets eine positive Größe.

Das Massenträgheitsmoment wird meist in der Einheit $\mathrm{kgm^2}$ oder $\mathrm{kgcm^2}$ angegeben. Setzt man nach **Bild 5.3** $r_i^2 = x_i^2 + y_i^2$, so gilt

$$J_z = \int r^2 \, \mathrm{d}m = \int (x^2 + y^2) \, \mathrm{d}m \tag{5.22}$$

Wählt man die y- oder die x-Achse als Drehachse, dann sind entsprechend

$$J_y = \int (z^2 + x^2) \, \mathrm{d}m \qquad J_x = \int (y^2 + z^2) \, \mathrm{d}m \tag{5.23}$$

die Massenträgheitsmomente bezüglich der y- und x-Achse. Die Summe der drei Trägheitsmomente ist

$$J_x + J_y + J_z = 2\int (x^2 + y^2 + z^2) \, \mathrm{d}m = 2\int r_P^2 \, \mathrm{d}m \tag{5.24}$$

In dieser Gleichung ist $r_P = \sqrt{x^2 + y^2 + z^2}$ der Abstand eines Massenelementes $\mathrm{d}m$ vom Koordinatenursprung.

Das Integral

$$J_P = \int r_P^2 \, \mathrm{d}m = \frac{1}{2}(J_x + J_y + J_z) \tag{5.25}$$

ist das Massenträgheitsmoment des Körpers bezogen auf den Koordinatenursprung 0, es wird als *polares Massenträgheitsmoment* bezeichnet. Im Gegensatz dazu sind J_x, J_y und J_z *axiale Massenträgheitsmomente*, sie sind auf die Koordinatenachsen bezogen. Da der Abstand r_P von der Drehung des Koordinatensystems um 0 unabhängig ist, gilt: Für jedes Koordinatensystem mit dem Ursprung in 0 ist $J_P = \text{const}$. Man sagt, J_P ist *invariant* gegenüber einer Drehung des Koordinatensystems.

In den folgenden Beispielen werden die Massenträgheitsmomente einfacher Körper berechnet. Dabei setzen wir voraus, dass die Körper homogen sind, also ihre Masse gleichförmig über den Körper verteilt ist.

Beispiel 5.1: Massenträgheitsmoment eines *dünnwandigen Kreiszylinders* (**Bild 5.4**). Setzt man voraus, dass die Wanddicke s genügend klein gegenüber dem mittleren Radius r_m ist, so haben alle Massenteilchen praktisch den gleichen Abstand von der Drehachse, und es gilt

$$J_z = \int r^2 \mathrm{d}m \approx r_m^2 \int \mathrm{d}m = r_m^2 m \tag{5.26}$$

Beispiel 5.2: Massenträgheitsmoment eines *dickwandigen Hohlzylinders* und eines *Vollkreiszylinders* der Länge l. Für den dickwandigen Hohlzylinder liefert die Gl. (5.26) zu ungenaue Werte. Nun kann man sich den dickwandigen Hohlzylinder aus einer beliebigen Zahl dünner Kreisringe zusammengesetzt denken. Bezeichnet man die Wanddicke eines Ringelementes mit $\mathrm{d}r$, so ist mit ρ als Dichte des Körpers seine Masse

$$\mathrm{d}m = \rho\,\mathrm{d}V = \rho\, 2\, r\, \pi\, l\, \mathrm{d}r$$

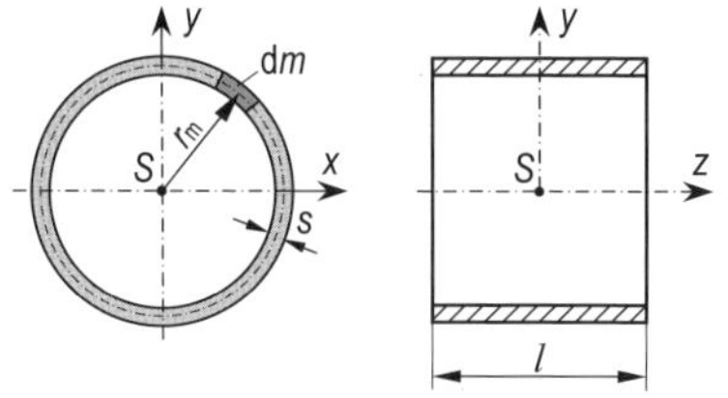

Bild 5.4: Dünnwandiger Kreiszylinder

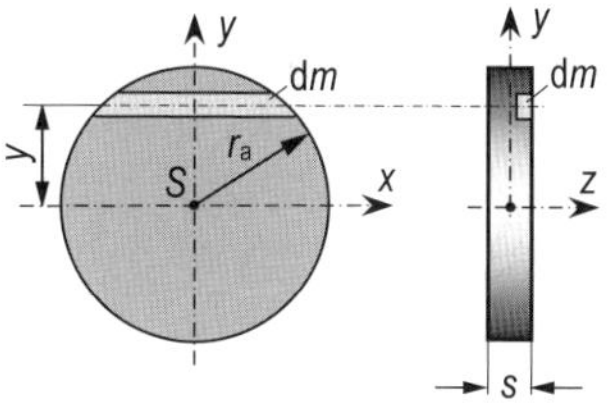

Bild 5.5: Dünne Kreisscheibe

und aus Gl. (5.21) erhält man mit r_a als Außenradius und r_i als Innenradius des Zylinders

$$J_z = \int_{r_i}^{r_a} r^2\, \mathrm{d}m = \rho\, 2\, \pi\, l \int_{r_i}^{r_a} r^3\, \mathrm{d}r = \rho \frac{2\,\pi\, l}{4}(r_a^4 - r_i^4) = \left[\rho\, \pi\, (r_a^2 - r_i^2) l\right] \frac{r_a^2 + r_i^2}{2}$$

$$\boldsymbol{J_z = m \frac{r_a^2 + r_i^2}{2}} \tag{5.27}$$

Der Ausdruck in der eckigen Klammer ist die Masse des Hohlzylinders. Für $r_i = 0$ gewinnt man aus Gl. (5.27) das Massenträgheitsmoment eines Vollkreiszylinders

$$\boldsymbol{J_z = m \frac{r_a^2}{2}} \tag{5.28}$$

Beispiel 5.3: Massenträgheitsmoment einer *dünnen Kreisscheibe* bezüglich der x-Achse. Ist die Dicke s der Kreisscheibe klein gegenüber ihrem Außenradius r_a, so ist der Abstand des in **Bild 5.5** gezeichneten Massenelementes von der x-Achse ungefähr gleich y (da $z \ll y$, ist $y^2 + z^2 \approx y^2$).

Damit ist $J_x = \int (y^2 + z^2)\,dm \approx \int y^2 dm$

Wegen der Symmetrie ist

$$J_x = J_y \approx \int x^2\,dm$$

Das letzte Integral wird auch als *planares* (d. h. auf die y, z-Ebene bezogenes) Massenträgheitsmoment bezeichnet. Die Summe dieser beiden Integrale ergibt

$$J_x + J_y = 2\,J_x = 2\,J_y \approx \int (x^2 + y^2)\,dm = \int r^2\,dm = J_z$$

und mit Gl. (5.28) erhält man für die dünne Kreisscheibe

$$\boldsymbol{J_x = J_y \approx \frac{J_z}{2} = \frac{m\,r_a^2}{4}} \tag{5.29}$$

Die Beziehung

$$J_x + J_y \approx J_z \tag{5.30}$$

gilt näherungsweise ganz allgemein für dünne Platten, deren z-Achse senkrecht zur Plattenebene liegt.

Beispiel 5.4: Massenträgheitsmoment einer dünnen *Rechteckplatte* (**Bild 5.6**). Für die z-Achse als Drehachse gilt

$$J_z = \int r^2\,dm = \int (x^2 + y^2)\,dm = \int x^2\,dm + \int y^2\,dm$$

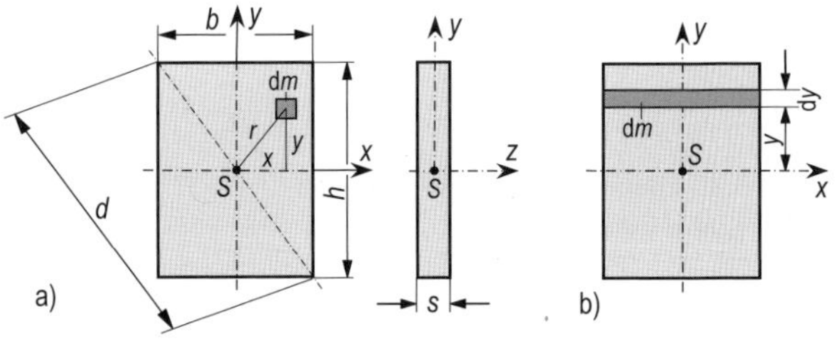

Bild 5.6:
Dünne Rechteckplatte

Diese beiden Integrale sind für eine genügend dünne Platte die Massenträgheitsmomente J_y bzw. J_x

$$J_x \approx \int y^2\,dm \qquad J_y \approx \int x^2\,dm$$

Zur Berechnung von J_x denkt man sich zweckmäßig einen Streifen mit der Masse dm parallel zur x-Achse aus der Platte herausgeschnitten (**Bild 5.6b**). Mit s als Dicke der Platte wird

$$dm = \rho\,dV = \rho\,s\,b\,dy$$

$$J_x \approx \rho\,s\,b \int_{-h/2}^{h/2} y^2\,dy = \rho\,s\,b\,\frac{1}{3}\left(\frac{h^3}{8} + \frac{h^3}{8}\right) = (\rho\,s\,b\,h)\,\frac{h^2}{12} = m\,\frac{h^2}{12} \tag{5.31}$$

Entsprechend erhält man

$$J_y \approx m\frac{b^2}{12} \tag{5.32}$$

Damit ist

$$J_z \approx \int (x^2 + y^2)\,dm = m\frac{h^2}{12} + m\frac{b^2}{12} = \frac{m}{12}(h^2 + b^2) \approx J_x + J_y$$

Bezeichnet man die Diagonale der Rechteckplatte mit d, dann entnimmt man dem **Bild 5.6a** $d^2 = h^2 + b^2$, und es ist

$$\boldsymbol{J_z = \frac{m}{12}(h^2 + b^2) = m\frac{d^2}{12}} \tag{5.33}$$

Während Gl. (5.31) und (5.32) nur für eine dünne Rechteckplatte gelten (hier ist jeweils das Integral $\int z^2\,dm$ gegenüber dem Integral $\int x^2\,dm$ bzw. $\int y^2\,dm$ vernachlässigt), gilt die Gl. (5.33) auch für einen beliebigen Quader.
In der Technik kommen manchmal lange und schmale Platten vor, für die z. B. $h \gg b$ ist, dann erhält man aus Gl. (5.33)

$$J_z = \frac{mh^2}{12}\left[1 + \left(\frac{b}{h}\right)^2\right] \approx \frac{m\,h^2}{12} \tag{5.34}$$

Ist z. B. $h = 10\,b$, so ergibt die Näherungsformel gegenüber der Gl. (5.33) einen um 1 % kleineren Wert. Die Näherungsformel gilt auch für einen dünnen geraden Stab mit beliebiger Querschnittsform. Sind die Querschnittsabmessungen klein gegenüber seiner Länge l, so ist

$$\boldsymbol{J_z = J_x = \frac{ml^2}{12} \qquad J_y \approx 0} \tag{5.35}$$

5.2.1.3 Massenträgheitsmomente um parallele Achsen, Satz von Steiner

Vorstehend wurden die Massenträgheitsmomente von Körpern bezüglich einer Achse durch den Schwerpunkt bestimmt. In der Praxis ist die Schwerachse eines Körpers nicht unbedingt die Drehachse. Mit Hilfe des *Satzes von Steiner* kann man nun Trägheitsmomente um Schwerachsen auf Trägheitsmomente bezüglich einer zur Schwerachse parallelen Achse umrechnen.

In **Bild 5.7** ist die z-Achse die Drehachse des Körpers und S sein Schwerpunkt. Dieser hat in dem x, y-System die Koordinaten x_S und y_S. Sein Abstand von der Drehachse ist r_S. Ein Massenelement dm hat die Koordinaten $x = x_S + \xi$ und $y = y_S + \eta$. Der Abstand des Massenelements von der Drehachse ist r, sein Abstand von der Schwerpunktachse ζ ist q. Dann wird

$$\begin{aligned} r^2 = x^2 + y^2 &= (x_S + \xi)^2 + (y_S + \eta)^2 \\ &= (x_S^2 + y_S^2) + (\xi^2 + \eta^2) + 2\,x_S\,\xi + 2\,y_S\,\eta \\ &= r_S^2 \qquad\quad + q^2 \qquad\quad + 2\,x_S\,\xi + 2\,y_S\,\eta \end{aligned}$$

Damit erhält man das Massenträgheitsmoment um die z-Achse

$$J_z = \int r^2\,dm = \int (r_S^2 + q^2 + 2\,x_S\,\xi + 2\,y_S\,\eta)\,dm$$

Löst man die Klammer auf und beachtet, dass r_S, x_S und y_S als Konstante vor das Integralzeichen gesetzt werden können, so folgt

$$J_0 = J_z = r_S^2 \int dm + \int q^2\, dm + 2\, x_S \int \xi\, dm + 2\, y_S \int \eta\, dm \qquad (5.36)$$

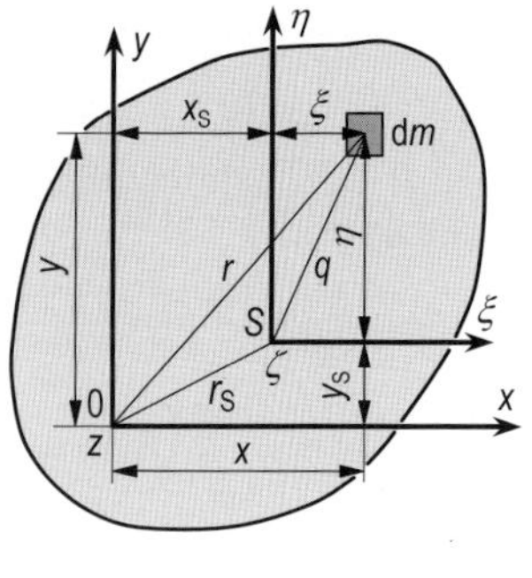

Bild 5.7: Trägheitsmomente um parallele Achsen

Das erste Integral ist gleich der Masse m, das zweite ist das Massenträgheitsmoment $J_\zeta = J_S$ bezüglich der zur z-Achse parallelen ζ-Achse durch den Schwerpunkt des Körpers. Die beiden letzten Integrale sind statische Massenmomente um Schwerachsen und daher Null.

$$\int \xi\, dm = 0 \qquad \int \eta\, dm = 0 \qquad (5.37)$$

Somit wird aus Gl. (5.36)

$$\boldsymbol{J_0 = J_z = J_S + r_S^2\, m} \qquad (5.38)$$

Das Massenträgheitsmoment J_0 um eine beliebige Achse z ist gleich dem Massenträgheitsmoment J_S um eine zur z-Achse parallele Achse ζ durch den Schwerpunkt, vermehrt um das Produkt aus der Masse m des Körpers und dem Quadrat des Abstandes r_S der beiden Achsen voneinander.

Dieser Satz ist als *Satz von Steiner* bekannt. Er gilt sinngemäß für die Trägheitsmomente J_x und J_y.

Man beachte, dass der Satz nur angewandt werden darf, wenn eine der beiden parallelen Achsen durch den Schwerpunkt geht. Da das Produkt $r_S^2\, m$ immer positiv ist, ist das Massenträgheitsmoment J_0 um eine Achse z, die nicht durch den Schwerpunkt geht, stets größer als J_S.

Trägheitsmomente um Schwerachsen haben Kleinstwerte gegenüber den Trägheitsmomenten um zu den Schwerachsen parallele Achsen.

Aus dieser Überlegung kann man sich leicht das Vorzeichen in Gl. (5.38) einprägen. Ist z. B. nach J_S gefragt, so gilt

$$J_S = J_0 - r_S^2\, m \qquad (5.39)$$

Beispiel 5.5: Man bestimme das Massenträgheitsmoment eines Kreiszylinders der Länge l um die x-Achse durch den Schwerpunkt (**Bild 5.8**).

Wir denken uns aus dem Zylinder eine dünne Kreisscheibe der Dicke dz mit der Masse $dm = \rho\,\pi\, r_a^2\, dz = (m/l)\, dz$ herausgeschnitten. Das Trägheitsmoment dieser Scheibe ist bezüglich der zur x-Achse parallelen ξ-Achse durch Gl. (5.29) gegeben, und nach dem Satz von *Steiner* erhält man das Trägheitsmoment dieser Scheibe bezüglich der x-Achse zu

$$dJ_x = \frac{dm\, r_a^2}{4} + z^2\, dm = \frac{m}{l}\left(\frac{r_a^2}{4} + z^2\right) dz$$

$$J_x = \int dJ_x = \frac{m}{l} \int_{-l/2}^{l/2} \left(\frac{r_a^2}{4} + z^2\right) dz = \frac{m}{l}\left[\frac{r_a^2}{4} z + \frac{z^3}{3}\right]_{-l/2}^{l/2} = m\left(\frac{r_a^2}{4} + \frac{l^2}{12}\right) = J_y \qquad (5.40)$$

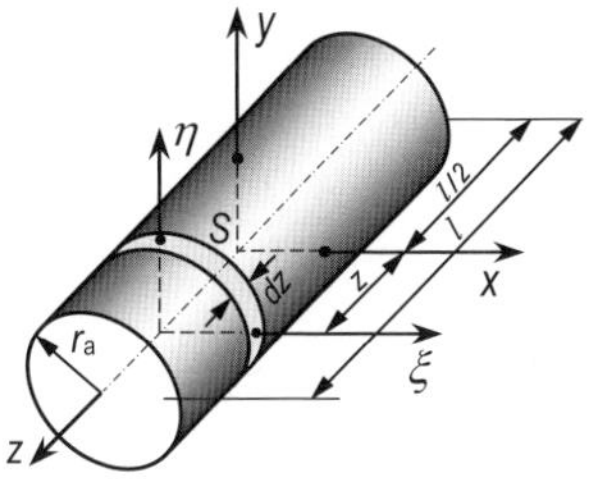

Bild 5.8: Langer Kreiszylinder

Aus Symmetriegründen ist $J_x = J_y$.

Falls $l \ll r$, folgt daraus wieder das Trägheitsmoment der dünnen Kreisscheibe $J_x = m\,r^2/4$ und für $r \ll l$ das Trägheitsmoment eines Stabes um seinen Schwerpunkt $J_x = m\,l^2/12$.
Durch gleiche Überlegungen findet man das Massenträgheitsmoment für einen langen Hohlzylinder

$$J_x = J_y = m\left(\frac{r_a^2 + r_i^2}{4} + \frac{l^2}{12}\right) \tag{5.41}$$

Beispiel 5.6: Man berechne das Massenträgheitsmoment des gusseisernen Speichenrades (**Bild 5.9**, $\rho = 7{,}2\ \text{kg/dm}^3$) für die Drehachse z.

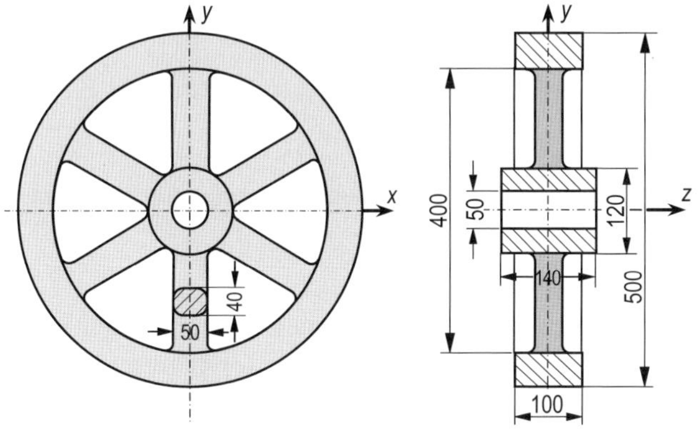

Bild 5.9: Speichenrad

Zweckmäßig berechnet man zunächst die Massen der einzelnen Teile des Rades. Mit den gegebenen Abmessungen erhält man

a) Kranz (Hohlzylinder)

$$m_K = \frac{\pi}{4}(5^2 - 4^2)\,\text{dm}^2 \cdot 1\,\text{dm} \cdot 7{,}2\frac{\text{kg}}{\text{dm}^3} = 50{,}9\ \text{kg}$$

b) Speichen (elliptischer Querschnitt, Übergangsrundungen vernachlässigt)

$$m_S = \frac{0{,}5\,\text{dm} \cdot 0{,}4\,\text{dm} \cdot \pi}{4} \cdot 1{,}4\,\text{dm} \cdot 7{,}2\frac{\text{kg}}{\text{dm}^3} = 1{,}583\ \text{kg/Speiche}$$

c) Nabe (Hohlzylinder)

$$m_N = \frac{\pi}{4}(1{,}2^2 - 0{,}5^2)\,\text{dm}^2 \cdot 1{,}4\,\text{dm} \cdot 7{,}2\frac{\text{kg}}{\text{dm}^3} = 9{,}42\ \text{kg}$$

Gesamtmasse $m = m_K + 6\ m_S + m_N = 69{,}8$ kg

Für die drei Trägheitsmomente erhält man

a) Kranz aus Gl. (5.27)

$$J_K = m_K \frac{r_a^2 + r_i^2}{2} = \frac{50{,}9\ \text{kg}}{2}(25^2 + 20^2)\ \text{cm}^2 = 26{,}1 \cdot 10^3\ \text{kgcm}^2$$

b) Speiche aus Gl. (5.35) in Verbindung mit dem *Steiner*schen Satz

$$J_S = m_S \frac{l^2}{12} + m_S\, r_S^2 = 1{,}583\ \text{kg}\left(\frac{14^2}{12} + 13\right)\text{cm}^2 = 290\ \text{kgcm}^2$$

c) Nabe aus Gl. (5.27)

$$J_N = m_N \frac{r_a^2 + r_i^2}{2} = \frac{9{,}42\ \text{kg}}{2} \cdot (6^2 + 2{,}5^2)\ \text{cm}^2 = 200\ \text{kgcm}^2$$

Damit ist das Massenträgheitsmoment des ganzen Rades um die Drehachse

$$J_z = J_K + 6\,J_S + J_N = (26100 + 1740 + 200)\ \text{kgcm}^2 = 2{,}804\ \text{kgm}^2$$

Man beachte, dass die Nabe mit 13,5 % der Gesamtmasse nur ≈ 0,7 % des Massenträgheitsmomentes ausmacht. Die Speichen bringen mit 13,6 % Massenanteil ≈ 6,3 % vom Massenträgheitsmoment, während der Kranz mit 73 % der Masse ≈ 93 % zum Trägheitsmoment beiträgt.

5.2.1.4 Reduzierte Masse, Trägheitsradius

Nach dem Grundgesetz für die Drehbewegung Gl. (5.19) ist für das Verhalten eines Körpers bei der Drehung um eine feste Achse z sein Massenträgheitsmoment J_z bezüglich dieser Achse maßgebend. Haben eine Punktmasse m_{red}, die im Abstand r von der Drehachse angebracht ist, und ein ausgedehnter Körper bezüglich derselben Achse das gleiche Massenträgheitsmoment (**Bild 5.10a** und **b**)

$$J_z = m_{red}\, r^2 \tag{5.42}$$

so erfahren beide unter der Wirkung des gleichen äußeren Momentes die gleiche Winkelbeschleunigung. Die Punktmasse m_{red} wird als *reduzierte Masse* bezeichnet. Bei vielen Untersuchungen ist es vorteilhaft, sich den Körper durch die Punktmasse m_{red} ersetzt zu denken. Ihr Abstand r von der Drehachse ist oft konstruktiv gegeben, sie berechnet sich aus

$$m_{red} = J_z / r^2 \tag{5.43}$$

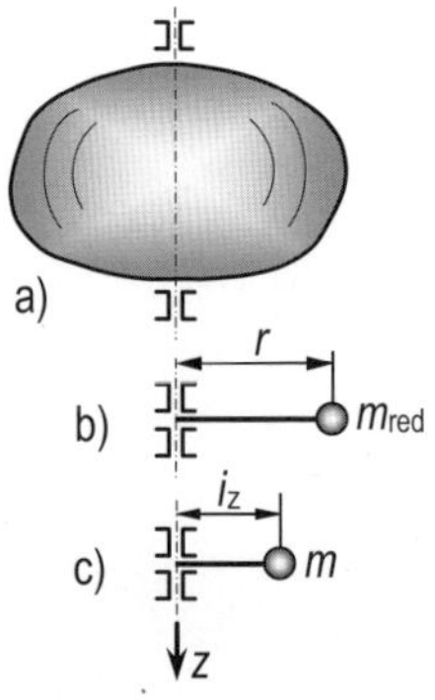

Bild 5.10: a) Körper
b) reduzierte Masse
c) Trägheitsradius

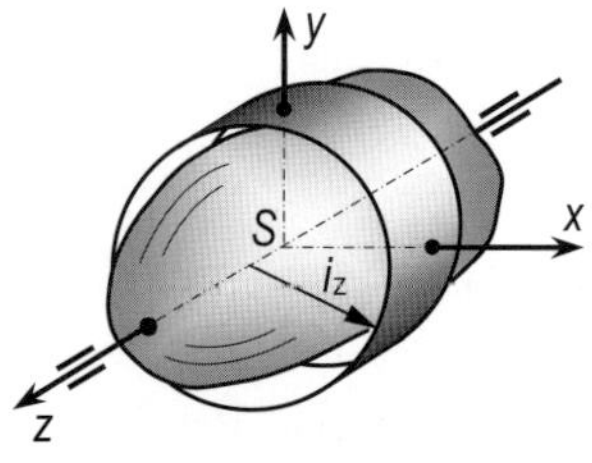

Bild 5.11: Trägheitsradius eines Körpers

Die reduzierte Masse m_{red} ist im Allgemeinen von der Masse m des Körpers verschieden. Setzt man $m_{red} = m$, so ist der Abstand der Punktmasse $r = i_z$ der *Trägheitsradius* des Körpers, der sich aus Gl. (5.42) bestimmen lässt

$$i_z = \sqrt{J_z / m} \tag{5.44}$$

und es gilt (**Bild 5.10c**)

$$\boldsymbol{J_z = m\, i_z^2} \tag{5.45}$$

Die Masse m des Körpers kann man sich statt in einem Punkt vereinigt auch auf einem Kreisring im Abstand i_z von der Drehachse verteilt denken (**Bild 5.11**). Unter Berücksichtigung des *Steiner*schen Satzes gewinnt man mit $J_S = m\ i_z^2$ die Beziehung

$$i_z^2 = \frac{J_z}{m} = \frac{J_S + m\,r_S^2}{m} = i_S^2 + r_S^2 \tag{5.46}$$

Beispiel 5.7: *Trägheitsradien verschiedener Körper*. Für den dünnwandigen Kreisring ist $i_z = r_m$. Für das dickwandige zylindrische Rohr erhält man mit Gl. (5.27) aus Gl. (5.44)

$$i_z = \sqrt{\frac{m(r_a^2 + r_i^2)}{2\,m}} = \frac{r_a}{\sqrt{2}}\sqrt{1+\left(\frac{r_i}{r_a}\right)^2} \tag{5.47}$$

Aus dieser Gleichung folgt mit $r_i = 0$ der Trägheitsradius des Vollkreiszylinders

$$i_z = r_a / \sqrt{2} = 0{,}707\, r_a \tag{5.48}$$

Beispiel 5.8: Für das Speichenrad in Beispiel 5.6, S. 179, bestimme man den Trägheitsradius i_z. Mit den Zahlenwerten in Beispiel 6 erhält man aus Gl. (5.44)

$$i_z = \sqrt{\frac{J_z}{m}} = \sqrt{\frac{28\,040\ \text{kgcm}^2}{69{,}8\ \text{kg}}} = 20{,}0\ \text{cm}$$

In **Tabelle 5.1** sind die Massenträgheitsmomente einiger wichtiger Körper zusammengestellt.

5.2.1.5 Anwendungen des Grundgesetzes für die Drehbewegung

In diesem Abschnitt wird die Anwendung des Grundgesetzes für die Drehung eines Körpers um eine feste Achse an einigen Beispielen gezeigt.

Beispiel 5.9: Welches Drehmoment M_z ist erforderlich, wenn das Speichenrad in Beispiel 5.6, S. 179, beim Anfahren mit konstanter Winkelbeschleunigung α nach $N = 15$ Umdrehungen seine volle Drehzahl $n = 900\ \text{min}^{-1}$ erreichen soll (Reibung wird vernachlässigt)?
Bei $N = 15$ Umdrehungen ist der Drehwinkel $\varphi = 2\,\pi\,N = 30\,\pi = 94{,}2$ und mit $\omega = 94{,}2\ \text{s}^{-1}$ erhält man aus Gl. (1.120) die Winkelbeschleunigung

$$\alpha = \frac{\omega^2}{2\,\varphi} = \frac{94{,}2^2\ \text{s}^{-2}}{2 \cdot 94{,}2} = 47{,}1\ \text{s}^{-2}$$

Mit dem Massenträgheitsmoment $J_z = 2{,}804\ \text{kgm}^2$ gewinnt man aus Gl. (5.19) das erforderliche Drehmoment

$$M_z = J_z\,\alpha = 2{,}804\ \text{kgm}^2 \cdot 47{,}1\ \text{s}^{-2} = 132{,}1\ \text{Nm}$$

Tabelle 5.1: Massenträgheitsmomente einiger Körper

1. Zylinder	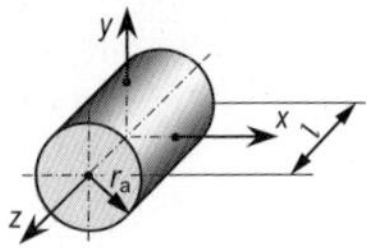	$J_x = J_y = m\,(r_a^2/4 + l^2/12)$ $J_z = m\,r_a^2/2$
2. dickwandiger Hohlzylinder	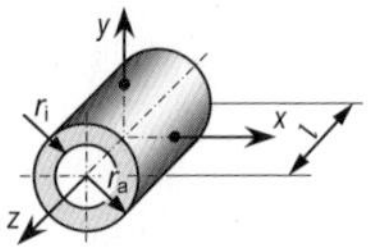	$J_x = J_y = m[(r_a^2 + r_i^2)/4 + l^2/12]$ $J_z = m\,(r_a^2 + r_i^2)/2$
3. dünne Kreisscheibe	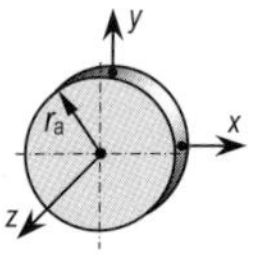	$J_x = J_y = m\,r_a^2/4$ $J_z = m\,r_a^2/2$
4. dünner Kreisring	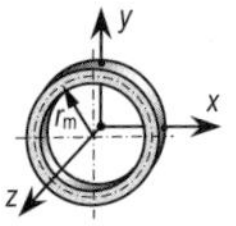	$J_x = J_y = m\,r_m^2/2$ $J_z = m\,r_m^2$
5. Kreiskegel	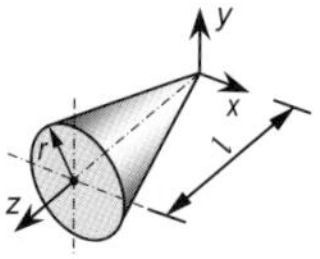	$J_x = J_y = (3/5)\,m\,(r^2/4 + l^2)$ $J_z = (3/10)\,m\,r^2$
6. Quader	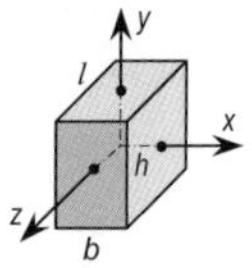	$J_x = m\,(h^2 + l^2)/12$ $J_y = m\,(b^2 + l^2)/12$ $J_z = m\,(b^2 + h^2)/12$
7. dünne Rechteckplatte	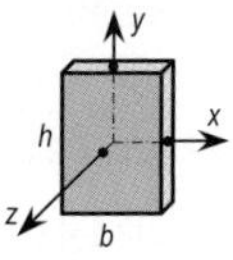	$J_x = m\,h^2/12$ $J_y = m\,b^2/12$ $J_z = m\,(h^2 + b^2)/12$
8. dünner Stab	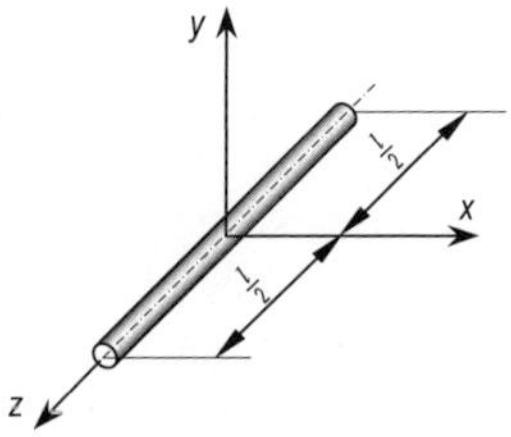	$J_x = J_y = m\,l^2/12$ $J_z = 0$
9. Kugel	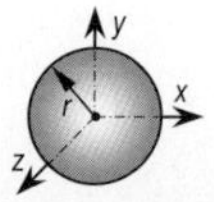	$J_S = J_x = J_y = J_z = \frac{2}{5}\,m\,r^2$

Beispiel 5.10: Das Massenträgheitsmoment der Seiltrommel in **Bild 5.12** beträgt $J_0 = 8\ \text{kgm}^2$. Die Scheibe wird durch die Last $m_1 = 40$ kg, die an einem nicht dehnbaren biegeweichen Seil hängt, aus der Ruhelage in Bewegung gesetzt. Der Radius der Seiltrommel ist $r = 0{,}1$ m. Unter Vernachlässigung der Reibung im Lagerzapfen bestimme man a) die Beschleunigung a_1 von m_1, b) die Geschwindigkeit v_1 der Masse m_1, wenn diese den Weg $s_1 = 10$ m zurückgelegt hat, c) das Bremsmoment an der Scheibe, wenn diese auf einem weiteren Fallweg $s_2 = 4$ m bis zum Stillstand abgebremst werden soll.

a) Die Gewichtskraft $F_{G1} = m_1 g$ hat bezüglich der Drehachse das Moment $m_1 g r$. Das Moment der Trägheitskräfte $J_0\,\alpha$ ist der Winkelbeschleunigung α entgegen anzunehmen (**Bild 5.12**). Ebenso ist die Trägheitskraft $m_1 a_1$ an m_1 der Bewegungsrichtung entgegengerichtet. Da das Seil als nicht dehnbar angenommen wurde, ist $s = r\,\varphi$ und $a_1 = \ddot{s} = r\,\ddot{\varphi} = r\,\alpha$, und aus dem Gleichgewicht der Momente um die Drehachse (*d'Alembert*sches Prinzip) erhält man

$$m_1 g r - m_1 a_1 r - J_0\,\alpha = 0$$

$$m_1 g - (m_1 + J_0/r^2)\,a_1 = 0$$

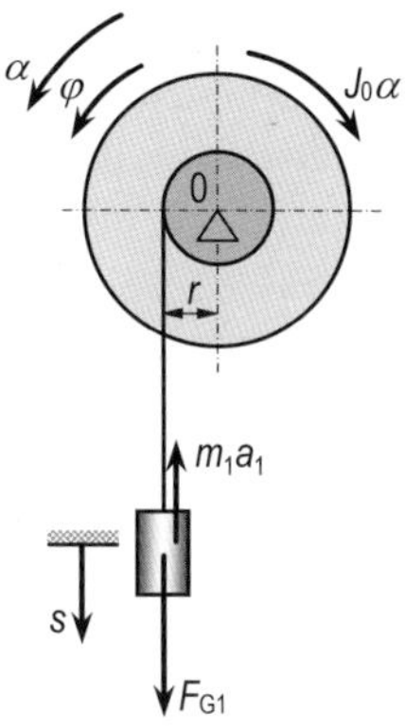

Bild 5.12: Seiltrommel mit Last

Der Ausdruck in der Klammer der letzten Gleichung ist die auf den Radius der Seiltrommel reduzierte Masse m_{red} des Gesamtsystems. Mit den gegebenen Zahlenwerten gewinnt man

$$m_{red} = m_1 + \frac{J_0}{r^2} = 40\ \text{kg} + \frac{8\ \text{kgm}^2}{0{,}1^2\ \text{m}^2} = 840\ \text{kg}$$

$$a_1 = \frac{m_1\,g}{m_1 + J_0/r^2} = \frac{m_1\,g}{m_{\text{red}}} = \frac{40\ \text{kg}\cdot 9{,}81\ \text{m/s}^2}{840\ \text{kg}} = 0{,}467\ \text{m/s}^2$$

b) Aus Gl. (1.24) folgt

$$v_1 = \sqrt{2\,a_1\,s_1} = \sqrt{2\cdot 0{,}467\ \text{m/s}^2\cdot 10\ \text{m}} = 3{,}06\ \text{m/s}$$

Wird die Masse m_1 auf einem Weg von $s_2 = 4$ m abgebremst, so beträgt die konstante Verzögerung nach Gl. (1.24)

$$a_2 = -\frac{v_1^2}{2\,s_2} = -\frac{2\,a_1 s_1}{2\,s_2} = -a_1\frac{s_1}{s_2} = -\,0{,}467\ \text{m/s}^2\cdot\frac{10\ \text{m}}{4\ \text{m}}$$

$$= -1{,}168\ \text{m/s}^2$$

An der Scheibe greift jetzt außer den in **Bild 5.12** angegebenen Kräften und Momenten noch das Bremsmoment M_B entgegen der Drehrichtung φ an, und das Gleichgewicht der Momente erfordert

$$m_1 g r - m_1 a_2 r - J_0\,\alpha_2 - M_B = 0$$

Daraus folgt

$$M_B = m_1 g\,r - (m_1 + J_0/r^2)\,a_2\,r = m_1 g\,r - \frac{m_1 g}{a_1}a_2 r$$

$$= m_1 g\,r\left(1 - \frac{a_2}{a_1}\right) = m_1 g\,r\left(1 + \frac{s_1}{s_2}\right)$$

$$= 40\ \text{kg}\cdot 9{,}81\ \text{m/s}^2\cdot 0{,}1\ \text{m}\left(1 + \frac{10\ \text{m}}{4\ \text{m}}\right) = 137\ \text{Nm}$$

Physikalisches Pendel Ein Körper, der sich im Schwerefeld um eine feste horizontale Achse, die nicht durch den Schwerpunkt des Körpers geht, frei drehen kann (**Bild 5.13a**), vollführt Schwingungen um seine Gleichgewichtslage, wenn er aus dieser ausgelenkt und dann losgelassen wird. Ein so aufgehängter Körper wird als *physikalisches Pendel* bezeichnet. Wir interessieren uns für die Schwingungsdauer T bei kleinen Auslenkungen und wollen diese mit der des mathematischen Pendels vergleichen (s. auch Beispiel 5.11, S. 186).

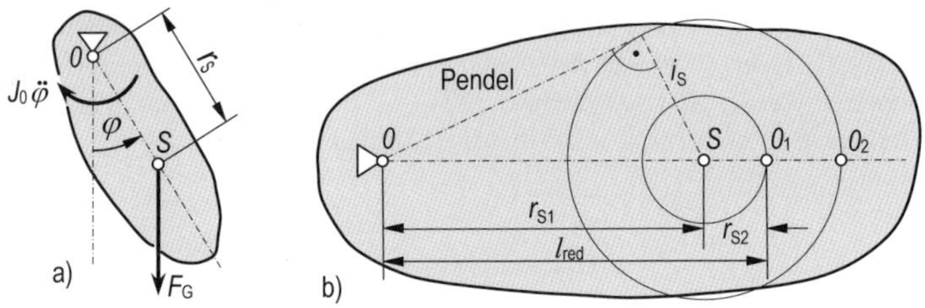

Bild 5.13:
a) Physikalisches Pendel
b) Aufhängepunkte O_1 und O_2

Die Lage des Pendels wird durch die von der statischen Ruhelage aus eingeführte Koordinate φ festgelegt. Nur die äußere Kraft $F_G = m\,g$ hat am Hebelarm $r_S \sin\varphi$ ein Moment um die Drehachse durch 0. Das äußere Moment hält dem Moment der Trägheitskräfte $J_0\,\ddot{\varphi}$, das der positiven Winkelbeschleunigung entgegen anzunehmen ist, das Gleichgewicht. Aus dem Gleichgewicht der Momente um 0 erhält man die Bewegungsgleichung

$$J_0\,\ddot{\varphi} + m\,g\,r_S \sin\varphi = 0 \tag{5.49}$$

Für kleine Auslenkungen ist $\sin\varphi \approx \varphi$. Teilt man die Gleichung durch J_0, dann ist

$$\ddot{\varphi} + \left(\frac{m\,g\,r_S}{J_0}\right)\varphi = 0 \tag{5.50}$$

die Normalform der Schwingungsdifferenzialgleichung. Wie in Abschn. 2.1.6 gezeigt wurde, ist der Faktor von φ das Quadrat der Kreisfrequenz der kleinen Schwingungen

$$\omega_0^2 = \frac{m\,g\,r_S}{J_0} \tag{5.51}$$

Die Schwingungsdauer beträgt nach Gl. (2.42)

$$T = \frac{2\,\pi}{\omega_0} = 2\,\pi\sqrt{\frac{J_0}{m\,g\,r_S}} \tag{5.52}$$

Die Länge eines mathematischen Pendels, das die gleiche Schwingungsdauer wie das gegebene physikalische Pendel hat, wird als *reduzierte Pendellänge* l_{red} bezeichnet. Sie berechnet man mit Gl. (2.58) aus

$$T = 2\,\pi\sqrt{\frac{J_0}{m\,g\,r_S}} = 2\,\pi\sqrt{\frac{l_{red}}{g}} \tag{5.53}$$

Daraus folgt die *reduzierte Pendellänge*

$$\boldsymbol{l_{red} = \frac{J_0}{m\,r_S}} \tag{5.54}$$

Die reduzierte Pendellänge spielt bei theoretischen Untersuchungen sowie bei Stoßvorgängen eine große Rolle (s. auch Beispiel 5.24, S. 207, und Abschn. 6). Da nach dem Satz von *Steiner* $J_0 = J_S + mr_S^2$ ist, hat J_0 für alle zur Drehachse parallelen Achsen des Pendels, die vom Schwerpunkt S denselben Abstand r_S haben, den gleichen Wert. Damit erhält man für alle Aufhängepunkte des Pendels, die auf einem Kreis mit dem Radius r_S um den Schwerpunkt liegen, dieselbe reduzierte Pendellänge l_{red} und gleiche Schwingungsdauer T.

Wie man aus Gl. (5.53) erkennt, wird die Schwingungsdauer klein, wenn die reduzierte Pendellänge klein wird. Setzt man $J_0 = J_S + mr_S^2$ und $J_S = mi_S^2$, so folgt

$$l_{red} = \frac{m\,i_S^2 + m\,r_S^2}{m\,r_S} = \frac{i_S^2 + r_S^2}{r_S} \tag{5.55}$$

oder

$$\lambda = \frac{l_{red}}{i_S} = \frac{i_S}{r_S} + \frac{r_S}{i_S} = \frac{1}{\mu} + \mu \tag{5.56}$$

Die Größe $\lambda = l_{red}/i_S$ ist in **Bild 5.14** über $\mu = r_S/i_S$ aufgetragen. Die Funktionskurve erhält man als Summe aus der Geraden $\lambda_1 = \mu$ und der gleichseitigen Hyperbel $\lambda_2 = 1/\mu$. Die Kurve hat für $\mu = r_S/i_S = 1$ das Minimum $l_{red}/i_S = 2$. Das erkennt man durch Nullsetzen der ersten Ableitung $d\lambda/d\mu$. Schlägt man also einen Kreis mit dem Radius $r_S = i_S$ um den Schwerpunkt und wählt auf diesem Kreis einen Punkt 0_2 als Aufhängepunkt des Pendels (**Bild 5.13b**), so hat die Schwingungsdauer den Kleinstwert

$$T_{min} = 2\,\pi\sqrt{\frac{l_{min\,red}}{g}} = 2\,\pi\sqrt{\frac{2\,i_S}{g}} \tag{5.57}$$

Für alle Aufhängepunkte 0 innerhalb oder außerhalb dieses Kreises hat das Pendel eine größere Schwingungsdauer. Für $r_S \to 0$ und $r_S \to \infty$ wachsen l_{red} und T unbeschränkt (**Bild 5.14**).

Für Präzisionspendel wird $r_S = i_S$ gewählt, da wegen des Minimums der Kurve (**Bild 5.14**) ein geringer Fehler von r_S praktisch keinen Einfluss auf die Schwingungsdauer T hat.

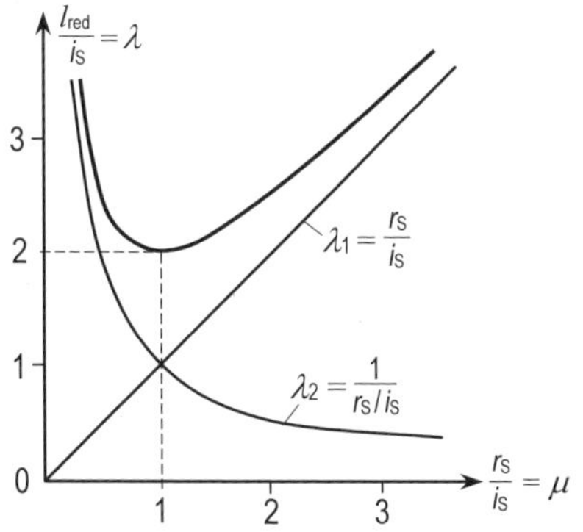

Bild 5.14: Funktionskurve zur Gl. (5.56)

Beträgt der Fehler z. B. 20 % ($r_S = 1{,}2 \cdot i_S$), so wird nach Gl. (5.56) $l_{red} = 2{,}0333\ i_S$ und die Schwingungsdauer beträgt $T = 2\,\pi\sqrt{2{,}0333\, i_S / g}$, mit dem Fehler $\Delta T / T_{min} = 0{,}83\%$.

Ist ein Aufhängepunkt 0 im Abstand r_{S1} vom Schwerpunkt gegeben, so können unendlich viele Punkte 0_1 auf einem Kreis mit dem Radius r_{S2} um S angegeben werden, für die das Pendel dieselbe Schwingungsdauer wie bei Aufhängung in 0 hat, denn die quadratische Gleichung

$$r_S^2 - l_{red}\, r_S + i_S^2 = 0 \tag{5.58}$$

die man durch Umstellung aus Gl. (5.55) erhält, hat für gleiches l_{red} und i_S die zwei Lösungen

$$r_{S1} = \frac{l_{red}}{2} + \sqrt{\left(\frac{l_{red}}{2}\right)^2 - i_S^2} \qquad r_{S2} = \frac{l_{red}}{2} - \sqrt{\left(\frac{l_{red}}{2}\right)^2 - i_S^2}$$

Es ist also $r_{S1} + r_{S2} = l_{red}$ und $r_{S1}\, r_{S2} = i_S^2$. In **Bild 5.13b** ist dieser Zusammenhang geometrisch dargestellt.

Beispiel 5.11: Ein Stabpendel der Länge l ist an seinem Ende in 0 drehbar gelagert (**Bild 5.15**). Man bestimme a) die reduzierte Pendellänge l_{red}, b) die Schwingungsdauer T der kleinen Schwingungen, c) den Abstand $r_S = i_S$ eines Aufhängepunktes 0_2 vom Schwerpunkt S, für den die Schwingungsdauer ein Minimum hat, d) die kleinste Schwingungsdauer T_{min}, e) einen Aufhängepunkt 0_1, für den das Pendel mit der gleichen Schwingungsdauer schwingt, wie bei der Aufhängung in 0.

a) Mit $r_S = l/2$ und

$$J_0 = J_S + m\, r_S^2 = \frac{m\, l^2}{12} + m\left(\frac{l}{2}\right)^2 = m\frac{l^2}{3} \tag{5.59}$$

erhält man aus Gl. (5.54) die reduzierte Pendellänge

$$l_{red} = \frac{J_0}{m\, r_S} = \frac{m\, l^2/3}{m\, l/2} = \frac{2}{3} l \tag{5.60}$$

b) Nach Gl. (5.53) ist die Schwingungsdauer

$$T = 2\pi\sqrt{\frac{l_{red}}{g}} = 2\pi\sqrt{\frac{2\, l}{3\, g}} \tag{5.61}$$

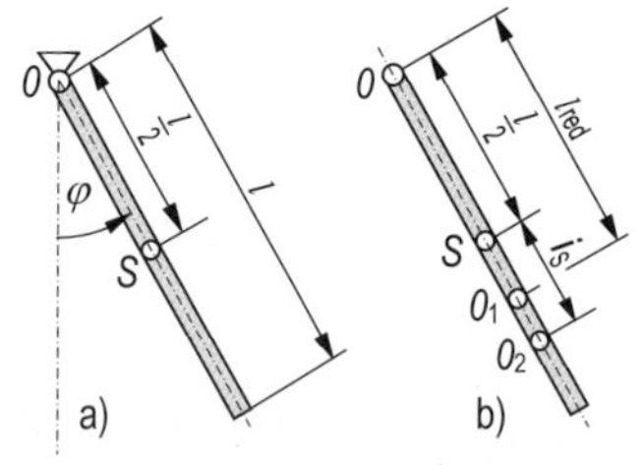

Bild 5.15: Stabpendel

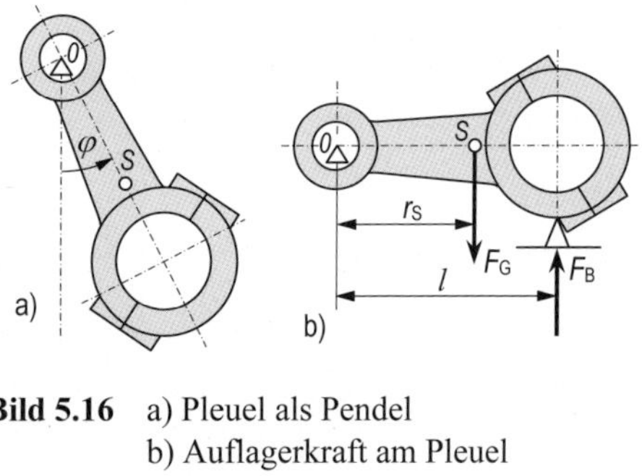

Bild 5.16 a) Pleuel als Pendel
b) Auflagerkraft am Pleuel

c) Aus Gl. (5.44) gewinnt man den Abstand

$$r_S = i_S = \sqrt{\frac{J_S}{m}} = \sqrt{\frac{m\, l^2/12}{m}} = \frac{l}{2\sqrt{3}} = 0{,}289\, l \tag{5.62}$$

d) Die kleinste Schwingungsdauer ist nach Gl. (5.57)

$$T_{\min} = 2\,\pi\sqrt{\frac{2\,i_S}{g}} = 2\,\pi\sqrt{\frac{l}{\sqrt{3}g}} = 4{,}77\sqrt{\frac{l}{g}} \tag{5.63}$$

e) Ein Aufhängepunkt 0_1 hat von 0 die Entfernung $l_{red} = (2/3)\,l$ (**Bild 5.15b**).

Hinweis: Die vorstehenden Werte lassen sich leicht mit Hilfe eines von Hand gehaltenen Lineals und einer Uhr überprüfen.

Experimentelle Bestimmung von Massenträgheitsmomenten In den folgenden Beispielen werden einige Verfahren zur Bestimmung von Massenträgheitsmomenten gezeigt.

Beispiel 5.12: *Massenträgheitsmoment eines Pleuels*. Aus der Schwingungsdauer eines Körpers als physikalisches Pendel kann man sein Massenträgheitsmoment bestimmen. Die Masse des Pleuels (**Bild 5.16a**) beträgt m = 1,2 kg, die Länge l = 12 cm, es ist als Pendel aufgehängt. Die Zeit für 20 kleine Schwingungen wurde mit 12,6 s gemessen. Bei einer Lagerung nach **Bild 5.16b** wurde auf einer Waage 0,8 kg abgelesen. Man bestimme a) den Schwerpunktabstand r_S, b) das Massenträgheitsmoment J_0, c) das Massenträgheitsmoment J_S.

a) Aus dem Momentegleichgewicht um 0 erhält man

$$r_S = \frac{m_B\,g\,l}{m\,g} = \frac{m_B}{m}\,l = \frac{0{,}8\text{ kg}}{1{,}2\text{ kg}}\,12\text{ cm} = 8\text{ cm}$$

b) Aus Gl. (5.52) gewinnt man das Massenträgheitsmoment

$$J_0 = m\,g\,r_S\left(\frac{T}{2\pi}\right)^2 = 1{,}2\text{ kg}\cdot 981\text{ cm/s}^2\cdot 8\text{ cm}\left(\frac{0{,}63\text{ s}}{2\,\pi}\right)^2 = 94{,}7\text{ kgcm}^2$$

c) Mit Hilfe des *Steiner*schen Satzes Gl. (5.38) kann das Massenträgheitsmoment auf eine parallele Achse durch den Schwerpunkt umgerechnet werden :

$$J_S = J_0 - m\,r_S^2 = 94{,}7\text{ kgcm}^2 - 1{,}2\text{ kg}\,(8\text{ cm})^2 = 17{,}9\text{ kgcm}^2$$

Da J_S quadratisch von T und r_S abhängig ist, müssen diese Werte möglichst genau bestimmt werden, um den Fehler klein zu halten.

Beispiel 5.13: Ein *Drehtisch* hat das Massenträgheitsmoment J_0 und ist durch eine Schraubenfeder mit dem festen Boden verbunden (**Bild 5.17**). Wird der Tisch durch eine Anfangsdrehung ausgelenkt und bleibt sich dann selbst überlassen, so vollführt er Drehschwingungen. Es wird die Schwingungsdauer T_1 = 1,25 s gemessen. Legt man eine Scheibe mit dem bekannten Massenträgheitsmoment J_1 = 250 kgcm^2 auf den Drehtisch, so beträgt die Schwingungsdauer T_2 = 2,0 s. a) Man stelle die Bewegungsgleichung für den Drehtisch auf. b) Wie groß ist das Massenträgheitsmoment J_0 des Drehtisches?

a) Ist der Drehtisch um den Winkel φ ausgelenkt, so übt die Schraubenfeder ein rückstellendes Moment auf ihn aus, das bestrebt ist, den Tisch in die Gleichgewichtslage zurückzudrehen. Wie der Versuch zeigt, ist das Moment dem Drehwinkel proportional

$$M = c_d\,\varphi \tag{5.64}$$

In dieser Gleichung ist c_d die *Drehfederkonstante*, die aus dem Quotienten M/φ experimentell bestimmt werden kann. (Man verwechsele die Drehfederkonstante c_d nicht mit der Federkonstante c, die aus dem

Quotienten von Kraft und Verschiebung gebildet wird.) Aus dem Gleichgewicht der Momente um die Drehachse erhält man die Bewegungsgleichung

$$J_0\ddot{\varphi} + c_d\varphi = 0 \qquad \text{oder} \qquad \ddot{\varphi} + \left(\frac{c_d}{J_0}\right)\varphi = 0 \tag{5.65}$$

Der Ausdruck in der Klammer ist das Quadrat der Kreisfrequenz der Schwingungen, und die Schwingungsdauer beträgt

$$T_1 = 2\,\pi\sqrt{\frac{J_0}{c_d}}$$

b) Wird J_1 auf den Tisch gelegt, so ist das Gesamtträgheitsmoment $(J_0 + J_1)$ und die Schwingungsdauer vergrößert sich auf

$$T_2 = 2\,\pi\sqrt{\frac{J_0 + J_1}{c_d}}$$

Aus dem Quotienten T_2/T_1 gewinnt man

$$\frac{T_2}{T_1} = \sqrt{\frac{J_0 + J_1}{J_0}} \qquad J_0 = \frac{J_1}{\left(\dfrac{T_2}{T_1}\right)^2 - 1} = \frac{250\ \text{kgcm}^2}{\left(\dfrac{2}{1{,}25}\right)^2 - 1} = 160\ \text{kgcm}^2$$

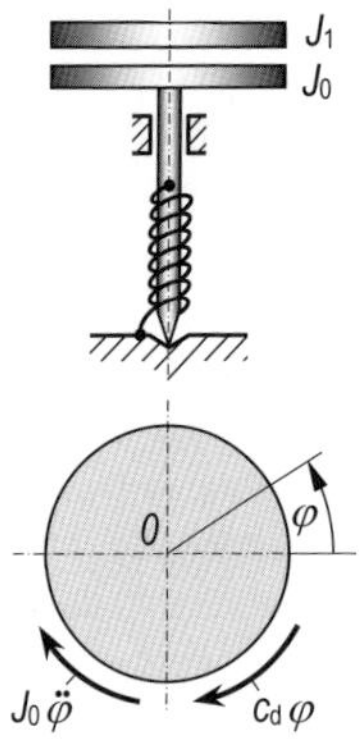

Bild 5.17: Drehtisch

Ist J_0 bekannt, so können auf dem Drehtisch auch unbekannte Trägheitsmomente J_1 bestimmt werden.

Beispiel 5.14: Eine weitere einfache Möglichkeit, das Massenträgheitsmoment J_S eines Körpers zu ermitteln, ist die *Dreifachaufhängung* (**Bild 5.18**). Dabei wird der Körper an drei genügend langen Fäden der Länge l symmetrisch aufgehängt. Dreht man den Körper um einen kleinen Winkel φ aus seiner Ruhelage und lässt ihn dann los, so vollführt er Drehschwingungen um eine Achse durch den Schwerpunkt. Dem **Bild 5.18b** entnimmt man für genügend kleinen Winkel φ

$$r\,\varphi = l\,\psi \tag{5.66}$$

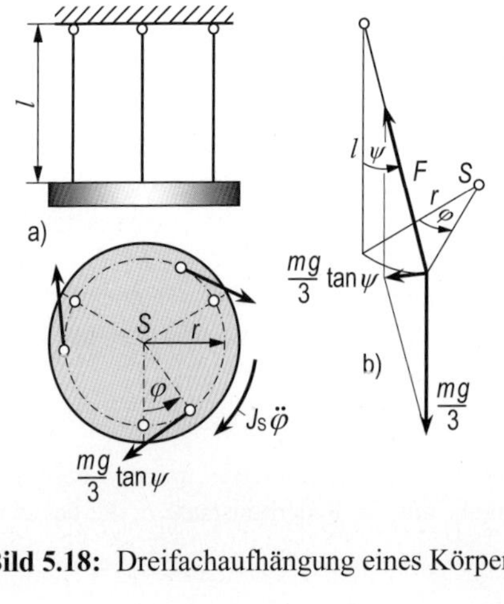

Bild 5.18: Dreifachaufhängung eines Körpers

Vernachlässigt man die Trägheitskräfte in vertikaler Richtung, so ist $(m\,g/3)\tan\psi$ die horizontale Resultierende aus der Fadenkraft F und der vertikalen Gewichtskraftkomponente $m\,g/3$. Diese hat ein rückstellendes Moment um den Schwerpunkt, das der Auslenkung φ entgegen gerichtet ist. In gleicher Richtung ist das Moment der Trägheitskräfte $J_S\,\ddot{\varphi}$ anzunehmen. Dann ergibt das Momentengleichgewicht um S

$$J_S\,\ddot{\varphi} + 3\left(\frac{m\,g\,r}{3}\tan\psi\right) = 0$$

Da für kleine Auslenkungen $\tan\psi \approx \psi$ gesetzt werden kann, erhält man mit $\psi = \varphi\, r / l$

$$\ddot{\varphi} + \left(\frac{m\, g\, r^2}{J_S\, l}\right)\varphi = 0$$

Daraus folgt die Schwingungsdauer

$$T = 2\,\pi \sqrt{\frac{J_S\, l}{m\, g\, r^2}} \tag{5.67}$$

Bei bekannter Schwingungsdauer kann aus dieser Gleichung das Massenträgheitsmoment J_S bestimmt werden

$$J_S = \frac{m\, g\, r^2}{l}\left(\frac{T}{2\,\pi}\right)^2 \tag{5.68}$$

Von den drei angegebenen Verfahren zur Bestimmung eines Massenträgheitsmomentes liefert das hier geschilderte im Allgemeinen den genauesten Wert.

5.2.1.6 Impulsmomentsatz bei Drehung um eine feste Achse

Ein starrer Körper drehe sich um eine raumfeste Achse. Jeder Körperpunkt P beschreibt um diese Achse eine Kreisbahn. Wir führen ein mit dem Körper fest verbundenes x, y, z-Koordinatensystem ein, dessen z-Achse mit der Drehachse und somit mit dem Vektor der Winkelgeschwindigkeit $\vec{\omega}$ zusammenfällt (**Bild 5.19**). In diesem körperfesten System sind der Vektor der Winkelgeschwindigkeit $\vec{\omega}$ und der Ortsvektor $\vec{r}$ zu einem Körperpunkt P gegeben durch

$$\vec{\omega} = \begin{Bmatrix} 0 \\ 0 \\ \omega \end{Bmatrix} \qquad \vec{r} = \begin{Bmatrix} x \\ y \\ z \end{Bmatrix} \tag{5.69}$$

und für die Geschwindigkeit $\vec{v}$ eines Körperpunktes P gilt nach Gl. (1.94)[1]

$$\frac{\mathrm{d}\vec{r}}{\mathrm{d}t} = \vec{v} = \vec{\omega} \times \vec{r} = \begin{vmatrix} \vec{e}_x & 0 & x \\ \vec{e}_y & 0 & y \\ \vec{e}_z & \omega & z \end{vmatrix} = \begin{vmatrix} -\omega\, y \\ \omega\, x \\ 0 \end{vmatrix} \tag{5.70}$$

wobei $\vec{e}_x, \vec{e}_y, \vec{e}_z$ die Einsvektoren des körperfesten x, y, z-Koordinatensystems sind. Mit $\vec{r}$ nach Gl. (5.69) und $\vec{v}$ nach Gl. (5.70) erhält man für den Integranden in Gl. (5.4)

$$\vec{r} \times \vec{v} = \begin{vmatrix} \vec{e}_x & x & -\omega\, y \\ \vec{e}_y & y & \omega\, x \\ \vec{e}_z & z & 0 \end{vmatrix} = \begin{Bmatrix} -\omega\, x\, z \\ -\omega\, y\, z \\ \omega\,(x^2 + y^2) \end{Bmatrix} \tag{5.71}$$

[1] Bezüglich der Darstellung des Vektorproduktes in Determinantenform s. Band *Statik*, Abschn. 1.4.3 und *Brauch, W.*; *Dreyer, H.-J.*; *Haacke, W.*: Mathematik für Ingenieure. 11. Aufl., Wiesbaden 2006.

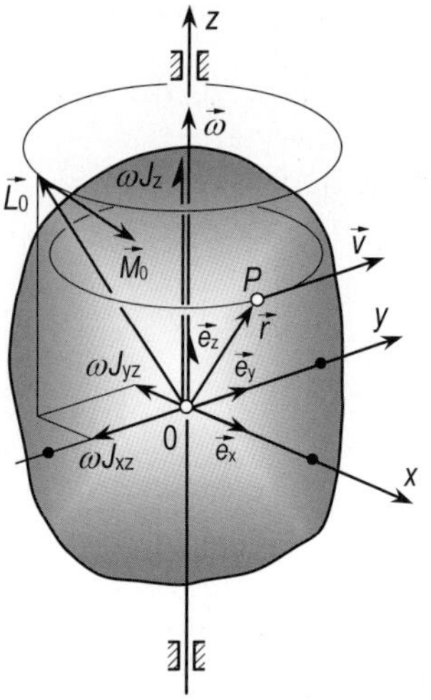

Bild 5.19: Drehung eines Körpers um eine feste Achse, Ortsvektor, Impulsmomentvektor

Für das Impulsmoment des Körpers folgt nach Gl. (5.4), wenn man beachtet, dass die Winkelgeschwindigkeit ω für alle Punkte des Körpers konstant ist und somit vor das Integralzeichen gezogen werden darf

$$\vec{L}_0 = \int \vec{r} \times \vec{v} \, \mathrm{d}m = \begin{Bmatrix} -\omega \int x \, z \, \mathrm{d}m \\ -\omega \int y \, z \, \mathrm{d}m \\ \omega \int (x^2 + y^2) \mathrm{d}m \end{Bmatrix} \tag{5.72}$$

Die Integrale in Gl. (5.72) sind nur von der geometrischen Form des Körpers, der Massenverteilung und der Wahl des x, y, z-Bezugssystems abhängig. Man bezeichnet sie als Massenmomente 2. Grades, oder ausführlicher:

$J_z = \int (x^2 + y^2) \, \mathrm{d}m$ Trägheitsmoment bezüglich der z-Achse

$J_{xz} = \int x \, z \, \mathrm{d}m, \qquad J_{yz} = \int y \, z \, \mathrm{d}m$ Zentrifugalmomente (auch Deviationsmomente)

Mit diesen Bezeichnungen nimmt Gl. (5.72) folgende Form an

$$\vec{L}_0 = \begin{Bmatrix} -\omega \, J_{xz} \\ -\omega \, J_{yz} \\ \omega \, J_z \end{Bmatrix} = -\, \vec{e}_x \, \omega \, J_{xz} - \vec{e}_y \, \omega \, J_{yz} + \vec{e}_z \, \omega \, J_z \tag{5.73}$$

Leitet man Gl. (5.73) unter Anwendung der Produktregel nach der Zeit ab, wobei man beachtet, dass die Massenmomente 2. Grades und der Einheitsvektor $\vec{e}_z$ zeitunabhängig, d. h., konstant sind, so erhält man zunächst

$$\frac{\mathrm{d}\vec{L}_0}{\mathrm{d}t} = -\frac{\mathrm{d}\,\vec{e}_x}{\mathrm{d}t} \omega \, J_{xz} - \vec{e}_x \frac{\mathrm{d}\omega}{\mathrm{d}t} J_{xz} - \frac{\mathrm{d}\,\vec{e}_y}{\mathrm{d}t} \omega \, J_{yz} - \vec{e}_y \frac{\mathrm{d}\omega}{\mathrm{d}t} J_{yz} + \vec{e}_z \frac{\mathrm{d}\omega}{\mathrm{d}t} J_z \tag{5.74}$$

$\dfrac{\mathrm{d}\omega}{\mathrm{d}t} = \alpha$ ist die Winkelbeschleunigung des Körpers.

Die Ableitungen der Einsvektoren $\dot{\vec{e}}_x$ und $\dot{\vec{e}}_y$ lassen sich durch nachstehende Überlegung wie folgt ausdrücken. Die Geschwindigkeit eines beliebigen Punktes P_1 auf der x-Achse mit dem Ortsvektor $\vec{r} = \vec{e}_x \cdot x_1 + \vec{e}_y \cdot 0 + \vec{e}_z \cdot 0$ ist nach Gl. (1.94)

$$\vec{v}_1 = \frac{\mathrm{d}\vec{r}_1}{\mathrm{d}t} = \frac{\mathrm{d}\vec{e}_x}{\mathrm{d}t} \cdot x_1 = \vec{\omega} \times \vec{r}_1 = \begin{vmatrix} \vec{e}_x & 0 & x_1 \\ \vec{e}_y & 0 & 0 \\ \vec{e}_z & \omega & 0 \end{vmatrix} = \vec{e}_y \cdot \omega\, x_1$$

Demnach gilt

$$\frac{\mathrm{d}\vec{e}_x}{\mathrm{d}t} = \omega\, \vec{e}_y \tag{5.75}$$

Durch entsprechende Überlegung, indem man einen Punkt $P_2(0, y_2, 0)$ auf der y-Achse betrachtet, erhält man

$$\frac{\mathrm{d}\vec{e}_y}{\mathrm{d}t} = -\omega\, \vec{e}_x \tag{5.76}$$

Mit Gl. (5.75) und Gl. (5.76) lassen sich die Glieder auf der rechten Seite der Gl. (5.74) zusammenfassen, und mit dem Moment der am Körper angreifenden äußeren Kräfte $\vec{M}_0 = (M_{0x}, M_{0y}, M_{0z})$ erhält der Impulsmomentsatz Gl. (5.10) für einen sich um die raumfeste z-Achse drehenden Körper die Gestalt

$$\frac{\mathrm{d}\vec{L}_0}{\mathrm{d}t} = \begin{Bmatrix} -\alpha\, J_{xz} + \omega^2 J_{yz} \\ -\alpha\, J_{yz} - \omega^2 J_{xz} \\ \alpha\, J_z \end{Bmatrix} = \begin{Bmatrix} M_{0x} \\ M_{0y} \\ M_{0z} \end{Bmatrix} = \vec{M}_0 \tag{5.77}$$

Die letzte Komponentenbeziehung in Gl. (5.77) $\alpha\, J_z = M_{0z}$ ist das uns bereits bekannte dynamische Grundgesetz in Gl. (5.19). Es ist allein für den Bewegungsablauf verantwortlich. Mit Hilfe der beiden anderen Komponentenbeziehungen lassen sich die Auflagerreaktionen bei einer erzwungenen Drehung um eine feste Achse berechnen (s. Abschn. 5.2.1.8). Man erkennt, dass nur bei Drehung um eine *Hauptachse* (dann ist $J_{xz} = J_{yz} = 0$, s. Abschn. 5.2.1.7) die Auflagerreaktionen infolge der Drehbewegung gleich Null sind.

5.2.1.7 Zentrifugalmomente, Hauptachsen, Hauptträgheitsmomente

Die Zentrifugalmomente (Deviationsmomente) sind definiert durch die Integrale

$$J_{xy} = \int xy\, \mathrm{d}m \qquad J_{xz} = \int xz\, \mathrm{d}m \qquad J_{yz} = \int yz\, \mathrm{d}m \tag{5.78}$$

Wie die Massenträgheitsmomente J_x, J_y und J_z (s. Abschn. 5.2.1.2) sind sie von dem gewählten Koordinatensystem abhängig. Während aber die Massenträgheitsmomente stets positiv sind, können die Zentrifugalmomente positiv, negativ oder auch gleich Null sein, da je nach Lage des Massenelementes dm die Produkte der Koordinaten xy, xz und yz in Gl. (5.78) verschiedene Vorzeichen annehmen können. Wie hier ohne Beweis mitgeteilt sei, gibt es für jeden Bezugspunkt 0 als Koordinatenursprung mindestens ein rechtwinkliges Koordinatensystem, in Bezug auf das alle drei Zentrifugalmomente eines Körpers verschwinden. Solche ausgezeichneten Koordinatensysteme bezeichnet man als Hauptachsensysteme.

Hauptachsensysteme sind Koordinatensysteme, für die alle drei Zentrifugalmomente des Körpers verschwinden. Die Koordinatenachsen der Hauptachsensysteme heißen Hauptträgheitsachsen (kurz Hauptachsen), und die auf die Hauptachsen bezogenen Massenträgheitsmomente nennt man Hauptträgheitsmomente.

Im Folgenden wollen wir die Hauptachsen mit 1, 2 und 3 bezeichnen, und sofern eine besondere Unterscheidung erforderlich ist, die Hauptträgheitsmomente mit J_1, J_2 und J_3. Von den drei Hauptträgheitsmomenten hat eines gegenüber allen anderen um Achsen durch den Schwerpunkt einen Größtwert und eines einen Kleinstwert. Der Wert des dritten Hauptträgheitsmomentes ist nicht ausgezeichnet und liegt zwischen den beiden Ersteren.

Für Zentrifugalmomente, die sich auf zwei *parallele* Koordinatensysteme beziehen, von denen das eine seinen Ursprung im Schwerpunkt hat, gilt der *Satz von Steiner*. Mit den Bezeichnungen aus Abschn. 5.2.1.3 und **Bild 5.7** ist

$$J_{xy} = \int xy\,\mathrm{d}m = \int (x_S + \xi)\,(y_S + \eta)\,\mathrm{d}m = x_S y_S \int \mathrm{d}m + \int \xi\,\eta\,\mathrm{d}m + x_S \int \eta\,\mathrm{d}m + y_S \int \xi\,\mathrm{d}m$$

Das erste Integral der rechten Seite dieser Gleichung ist die Masse m des Körpers, das zweite das Zentrifugalmoment $J_{\xi\eta}$ in Bezug auf das Koordinatensystem durch den Schwerpunkt. Die beiden letzten Integrale sind statische Massenmomente um Schwerachsen und daher Null (s. Gl. (5.37)). Es folgt

$$\boldsymbol{J_{xy} = J_{\xi\eta} + x_S\, y_S\, m} \qquad (5.79)$$

Das Zentrifugalmoment J_{xy} in Bezug auf ein beliebiges Koordinatensystem x, y ist gleich dem Zentrifugalmoment $J_{\xi\eta}$ in Bezug auf ein hierzu paralleles, durch den Körperschwerpunkt S gehendes System, vermehrt (oder vermindert) um das Produkt aus der Masse m und den Schwerpunktkoordinaten x_S und y_S.

Für die anderen Achsen erhält man entsprechend

$$J_{yz} = J_{\eta\zeta} + y_S\, z_S\, m \qquad J_{xz} = J_{\xi\zeta} + x_S\, z_S\, m \qquad (5.80)$$

Da x_S und y_S positive und negative Werte annehmen können, kann das Produkt $x_S\, y_S\, m$ positiv, negativ oder Null sein. Es ist $J_{xy} = J_{\xi\eta}$ wenn x_S oder y_S verschwindet, wenn also das Koordinatensystem nur in Richtung der ξ- oder η-*Achse* bezüglich des ξ, η-Systems verschoben wird. Für den Sonderfall $J_{\xi\eta} = 0$ (Hauptachsen) ist in diesem Fall auch $J_{xy} = 0$.

Für homogene Körper mit Symmetrieeigenschaften gilt Folgendes: Jede zur Symmetrieebene eines Körpers senkrechte Gerade ist Hauptachse, wobei die beiden anderen Hauptachsen in der Symmetrieebene liegen.

Sind mehrere Symmetrieebenen vorhanden, so sind die Schnittgeraden der Symmetrieebenen Hauptachsen durch den Schwerpunkt des Körpers. Stehen die Schnittgeraden nicht senkrecht aufeinander, so sind alle Geraden in der von diesen Schnittgeraden aufgespannten Ebene durch den Schwerpunkt Hauptachsen.

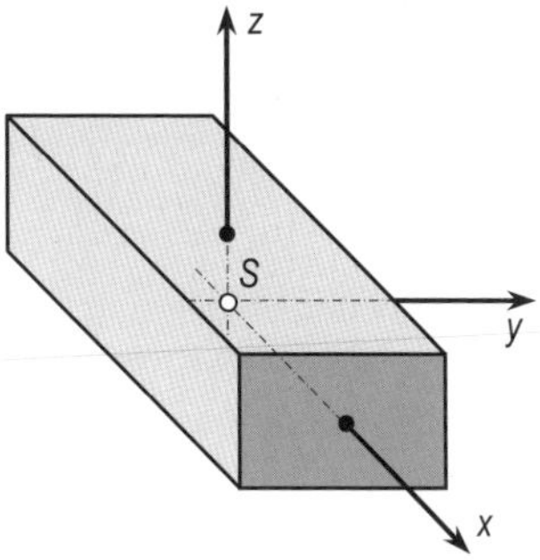

Bild 5.20: Hauptachsensystem eines Quaders

Beispiel 5.15: Die Schnittgeraden der drei Symmetrieebenen des Quaders in **Bild 5.20** bilden das Hauptachsensystem bezüglich seines Schwerpunktes.

Beispiel 5.16: Die x, y-Ebene der dreiflügeligen Luftschraube in **Bild 5.21** ist Symmetrieebene, wenn man den einzelnen Flügel als dünnen Stab ansieht. Durch jeden Flügel lässt sich eine weitere Symmetrieebene legen, die die z-Achse enthält. Die Schnittgeraden dieser Symmetrieebenen mit der x, y-Ebene sind aber die Achsen der Flügel, die miteinander keinen rechten Winkel einschließen. Daher sind alle Geraden in der x, y-Ebene durch den Schwerpunkt S Hauptachsen.

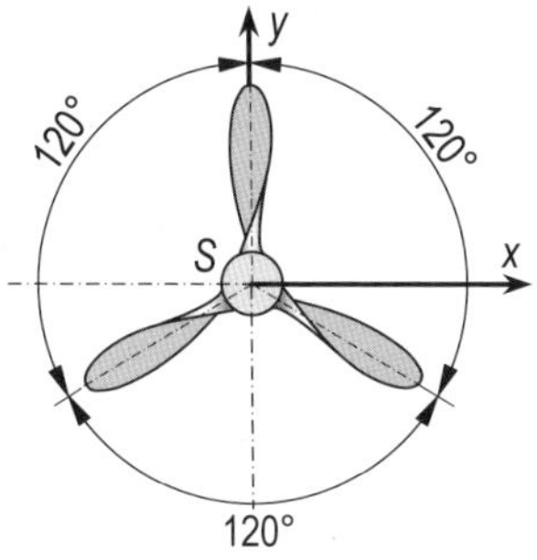

Bild 5.21: Dreiflügelige Luftschraube

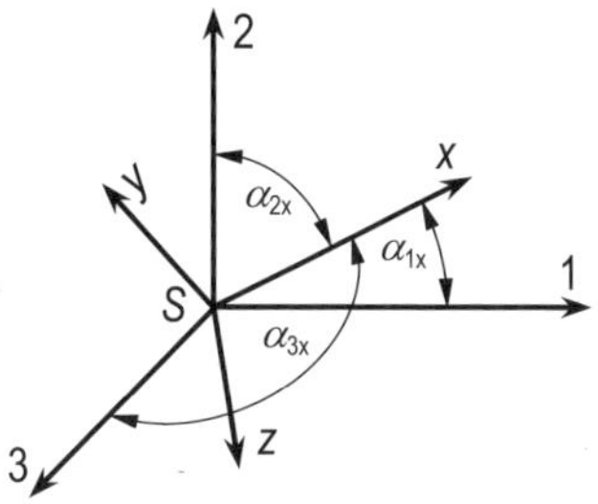

Bild 5.22: Gegenüber den Hauptachsen 1, 2 und 3 gedrehtes Koordinatensystem x, y und z

Beispiel 5.17: Bei der Kugel ist keine Achse gegenüber einer anderen ausgezeichnet, und es ist $J_x = J_y = J_z$ mit

$$J_x = \int (y^2 + z^2)\,dm \qquad J_y = \int (z^2 + x^2)\,dm \qquad J_z = \int (x^2 + y^2)\,dm$$

Durch Addition dieser drei Gleichungen gewinnt man

$$J_x = J_y = J_z = \frac{2}{3}\int (x^2 + y^2 + z^2)\,dm = \frac{2}{3}\int r_P^2\,dm \tag{5.81}$$

wobei r_P der Abstand eines Massenelementes dm vom Mittelpunkt der Kugel ist. Denkt man sich die Kugel aus dünnwandigen Kugelschalen mit der Wanddicke dr_P zusammengesetzt, so ist die Masse einer solchen Schale $dm = \rho 4 \pi r_P^2 \, dr_P$, und aus Gl. (5.81) erhält man

$$J_x = \frac{2}{3}\int_0^{r_a} r_P^2 (\rho 4 \pi r_P^2 \, dr_P) = \frac{8}{15}\rho \pi r_a^5 = \frac{2}{5}\left(\rho \frac{4}{3}\pi r_a^3\right) r_a^2$$

$$J_x = \frac{2}{5} m r_a^2 = J_y = J_z \tag{5.82}$$

Sind die Massenträgheitsmomente J_1, J_2, J_3 für das 1, 2, 3-Hauptachsensystem bezüglich des Körperschwerpunktes S bekannt, so können die Massenträgheitsmomente und Zentrifugalmomente dieses Körpers bezüglich eines gegenüber dem Hauptachsensystem gedrehten x, y, z-System (**Bild 5.22**) wie folgt berechnet werden (ohne Beweis)[1)]

$$J_x = J_1 \cos^2 \alpha_{1x} + J_2 \cos^2 \alpha_{2x} + J_3 \cos^2 \alpha_{3x} \tag{5.83}$$
$$J_y = J_1 \cos^2 \alpha_{1y} + J_2 \cos^2 \alpha_{2y} + J_3 \cos^2 \alpha_{3y} \tag{5.84}$$
$$J_z = J_1 \cos^2 \alpha_{1z} + J_2 \cos^2 \alpha_{2z} + J_3 \cos^2 \alpha_{3z} \tag{5.85}$$
$$J_{xy} = -J_1 \cos \alpha_{1x} \cos \alpha_{1y} - J_2 \cos \alpha_{2x} \cos \alpha_{2y} - J_3 \cos \alpha_{3x} \cos \alpha_{3y} \tag{5.86}$$
$$J_{xz} = -J_1 \cos \alpha_{1x} \cos \alpha_{1z} - J_2 \cos \alpha_{2x} \cos \alpha_{2z} - J_3 \cos \alpha_{3x} \cos \alpha_{3z} \tag{5.87}$$
$$J_{yz} = -J_1 \cos \alpha_{1y} \cos \alpha_{1z} - J_2 \cos \alpha_{2y} \cos \alpha_{2z} - J_3 \cos \alpha_{3y} \cos \alpha_{3z} \tag{5.88}$$

Darin sind α_{1x}, α_{2x}, α_{3x} die Richtungswinkel der x-Achse gegenüber den Hauptachsen 1, 2 und 3 (**Bild 5.22**). Dementsprechend sind α_{1y}, α_{2y}, α_{3y} und α_{1z}, α_{2z}, α_{3z} die Richtungswinkel der y- und z-Achse gegenüber den drei Hauptachsen.

Beispiel 5.18: Die Koordinaten z und y des Zylinders in **Bild 5.23** sind gegenüber den Hauptachsen um den Winkel γ gedreht. Man bestimme J_z und J_{zy}.

Nach Gl. (5.85) und Gl. (5.88) mit

$$\alpha_{1z} = \frac{\pi}{2} \qquad \alpha_{2z} = \frac{\pi}{2} - \gamma, \qquad \alpha_{3z} = \gamma$$

$$\alpha_{1y} = \frac{\pi}{2} \qquad \alpha_{2y} = \gamma, \qquad \alpha_{3y} = \frac{\pi}{2} + \gamma$$

folgt zunächst

$$J_z = J_1 \cos^2 \frac{\pi}{2} + J_2 \cos^2\left(\frac{\pi}{2} - \gamma\right) + J_3 \cos^2 \gamma$$

$$J_{zy} = -0 - J_2 \cos\left(\frac{\pi}{2} - \gamma\right)\cos\gamma - J_3 \cos\gamma \cos\left(\frac{\pi}{2} + \gamma\right)$$

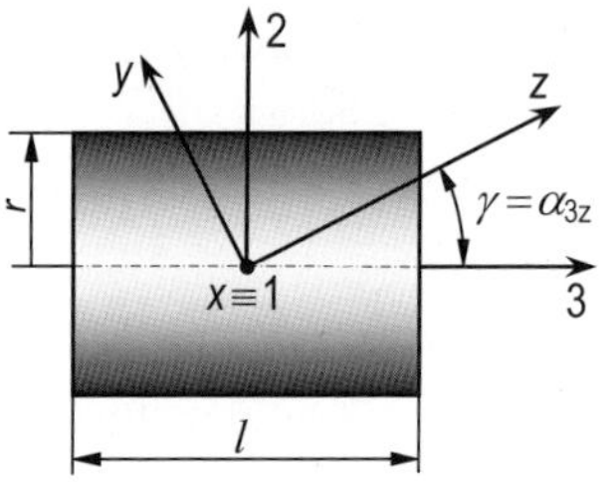

Bild 5.23: Gedrehtes Koordinatensystem am Zylinder

1) Siehe z. B. *Dresig, H.*; *Holzweißig, F.*: Maschinendynamik, Berlin 2011.

Beachtet man, dass $\cos\left(\frac{\pi}{2}+\gamma\right) = -\sin\gamma$ und $\cos\left(\frac{\pi}{2}-\gamma\right) = \sin\gamma$ ist, so erhält man

$$J_z = J_2 \sin^2\gamma + J_3 \cos^2\gamma$$

$$J_{zy} = -J_2 \sin\gamma\cos\gamma + J_3\cos\gamma\sin\gamma = \frac{J_3 - J_2}{2}\sin 2\gamma \tag{5.89}$$

Setzt man speziell für den Kreiszylinder nach **Tabelle 5.1** $J_3 = mr^2/2$ und $J_2 = m(r^2/4 + l^2/12)$, so ist

$$J_z = \left(\frac{mr^2}{4} + \frac{ml^2}{12}\right)\sin^2\gamma + \frac{mr^2}{2}\cos^2\gamma$$

$$= \frac{mr^2}{2}(\cos^2\gamma + \sin^2\gamma) - \left(\frac{mr^2}{4} - \frac{ml^2}{12}\right)\sin^2\gamma = \frac{mr^2}{2} - \left(\frac{mr^2}{4} - \frac{ml^2}{12}\right)\sin^2\gamma \tag{5.90}$$

$$J_{zy} = \frac{1}{2}\left(\frac{mr^2}{2} - \frac{mr^2}{4} - \frac{ml^2}{12}\right)\sin 2\gamma = \frac{m}{8}\left(r^2 - \frac{l^2}{3}\right)\sin 2\gamma \tag{5.91}$$

5.2.1.8 Anwendungen des Impulsmomentsatzes. Dynamische Auflagerreaktionen. Auswuchten

Beispiel 5.19: Die beiden Arme eines Rührwerkes sind dünne Stäbe (Gesamtmasse m = 2,2 kg, Gesamtlänge l = 40 cm), die entsprechend **Bild 5.24** schief unter dem Winkel γ = 10° auf einer Welle befestigt sind. Sie liegen in der y, z-Ebene des mitgeführten x, y, z-Systems. Der Lagerabstand beträgt b = 50 cm. Beim Anfahren im Leerlauf mit konstanter Winkelbeschleunigung wird die Betriebsdrehzahl n = 1500 min^{-1} nach t_1 = 1 s erreicht. Man bestimme die *dynamischen Auflagerreaktionen* a) bei konstanter Drehzahl n = 1500 min^{-1} der Welle, b) während des Beschleunigungsvorgangs, c) das Antriebsmoment während des Beschleunigungsvorgangs.
Wir untersuchen diesen Bewegungsvorgang mit Hilfe des Impulsmomentsatzes Gl. (5.77). Dazu benötigen wir die Massenmomente J_{xz}, J_{yz} und J_z. Die beiden Arme des Rührwerkes bilden zusammen einen dünnen Stab, dessen Schwerpunkt in der Drehachse liegt und dessen Hauptachsensystem zu dem x, y, z-System (**Bild 5.24**) dieselbe Zuordnung hat, wie die Koordinatensysteme in Beispiel 5.18. Damit können wir J_z und J_{zy} nach Gl. (5.89) berechnen. Mit $J_1 = J_3 = \frac{1}{12} m\, l^2$, $J_2 = 0$ für einen dünnen Stab (s. **Tabelle 5.1**) folgt mit den gegebenen Werten nach Gl. (5.89)

$$J_z = \frac{1}{12} m\, l^2 \cos^2\gamma = \frac{2{,}2\ \text{kg}\ (40\ \text{cm})^2}{12}\cos^2 10^\circ = 284{,}5\ \text{kgcm}^2$$

$$J_{zy} = \frac{1}{24} m\, l^2 \sin 2\gamma = \frac{2{,}2\ \text{kg}\ (40\ \text{cm})^2}{24}\sin 20^\circ = 50{,}2\ \text{kgcm}^2$$

Da die Rührarme in der y, z-Ebene liegen, haben alle ihre Massenelemente die Ortskoordinate $x = 0$ und somit ist $J_{xz} = \int xz\, \mathrm{d}m = 0$.
Mit den berechneten Werten für die Massenmomente lautet Gl. (5.77)

$$M_{0x} = 50{,}2\ \text{kgcm}^2 \cdot \omega^2, \qquad M_{0y} = -50{,}2\ \text{kgcm}^2 \cdot \alpha, \qquad M_{0z} = 284{,}5\ \text{kgcm}^2 \cdot \alpha \tag{5.92}$$

a) Für den Fall der gleichförmigen Drehung erhält man aus Gl. (5.92) mit $\alpha = 0$ und n_1 = 1500 min^{-1} ($\omega_1 = 2\pi n = 157\ \text{s}^{-1}$)

$$M_{0x} = 50{,}2\ \text{kgcm}^2\ (157\ \text{s}^{-1})^2 = 124\ \text{Nm}, \qquad M_{0y} = M_{0z} = 0$$

Bild 5.24: Arme eines Rührwerkes

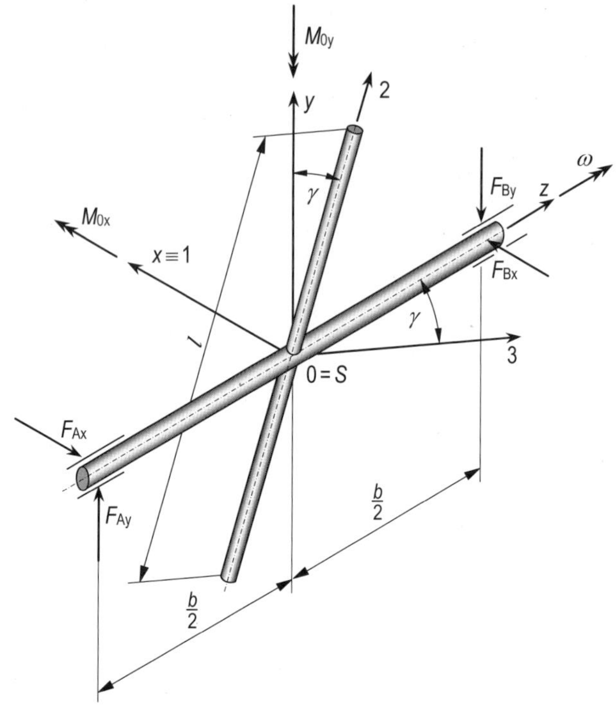

M_{0x} ist das mit der konstanten Drehzahl umlaufende Moment (Kräftepaar) der äußeren Kräfte um die x-Achse. Demnach bilden die Auflagerkräfte $\vec{F}_{Ay}$, $\vec{F}_{By}$ ein Kräftepaar (**Bild 5.24**). Die Beträge dieser Auflagerkräfte sind

$$F_{Ay} = F_{By} = \frac{M_{0x}}{b} = \frac{124\text{ Nm}}{0{,}5\text{ m}} = 248\text{ N}$$

b) Während des Anfahrens beträgt die konstante Winkelbeschleunigung $\alpha = \omega_1/t_1 = 157\text{s}^{-1}/1\text{ s} = 157\text{ s}^{-2}$, und die Winkelgeschwindigkeit ändert sich linear mit der Zeit, $\omega = \alpha\, t = 157\text{s}^{-2}\, t$. Aus Gl. (5.92) folgt

$$M_{0x} = 123{,}9\ \frac{\text{Nm}}{\text{s}^2}t^2, \quad M_{0y} = -\,0{,}789\text{ Nm}, \quad M_{0z} = 4{,}47\text{ Nm} \tag{5.93, 94, 95}$$

Infolge der Winkelbeschleunigung tritt also zusätzlich auch ein konstantes (negatives) Moment M_{0y} um die y-Achse auf, das durch das Kräftepaar der Auflagerkräfte $\vec{F}_{Ax}$, $\vec{F}_{Bx}$ ausgeglichen ist. Die Beträge dieser Auflagerkräfte sind

$$F_{Ax} = F_{Bx} = \frac{|\,M_{0y}\,|}{b} = \frac{0{,}789\text{ Nm}}{0{,}5\text{ m}} = 1{,}6\text{ N}$$

c) Nach Gl. (5.95), dem dynamischen Grundgesetz, ist das Antriebsmoment $M_A = M_{0z} = 4{,}47$ Nm.
Diese Auflagerkräfte wurden in dem x, y, z-Koordinatensystem ermittelt, das mit der Winkelgeschwindigkeit ω umläuft. Die Lager der Welle werden also wechselnd beansprucht. Man erkennt aus dem Beispiel, dass die dynamischen Auflagerreaktionen infolge der Winkelgeschwindigkeit beträchtliche Werte annehmen können, sie wachsen mit ω^2 an. Bei einer Gesamtmasse der Welle mit den Rührarmen $m_G = 6$ kg betragen die statischen Auflagerkräfte infolge der Gewichtskraft nur

$$F_{\mathrm{Ax\,St}} = F_{\mathrm{Bx\,St}} = \frac{m_G g}{2} = \frac{6\,\mathrm{kg} \cdot 9{,}81\,m\,\mathrm{s}^{-2}}{2} \approx 30\,\mathrm{N}$$

Ferner erkennt man, dass die dynamischen Auflagerkräfte infolge der Winkelbeschleunigung vernachlässigbar klein sind. Sie treten auch nur für kurze Zeiten während der Beschleunigungsperioden auf.

Um sich das Entstehen der dynamischen Auflagerreaktionen besser klar zu machen, beantworten wir die Frage a) noch einmal mit Hilfe des *d'Alembert*schen Prinzips. In **Bild 5.25** ist die Welle freigemacht. An den Massenelementen dm der Rührarme greifen Fliehkräfte $y\omega^2$ dm an. Ihre Momente bezüglich der x-Achse sind z ($y\omega^2$ dm). Das Momentegleichgewicht bezüglich der x-Achse ergibt

$$\int z\,(y\omega^2)\,\mathrm{d}m - \frac{b}{2} F_{\mathrm{Ay}} - \frac{b}{2} F_{\mathrm{By}} = 0$$

ω^2 kann vor das Integral gezogen werden. Mit $\int z\,y\,\mathrm{d}m = J_{\mathrm{zy}}$ folgt

$$\omega^2 J_{\mathrm{zy}} = \frac{b}{2}(F_{\mathrm{Ay}} + F_{\mathrm{By}}) \tag{5.96}$$

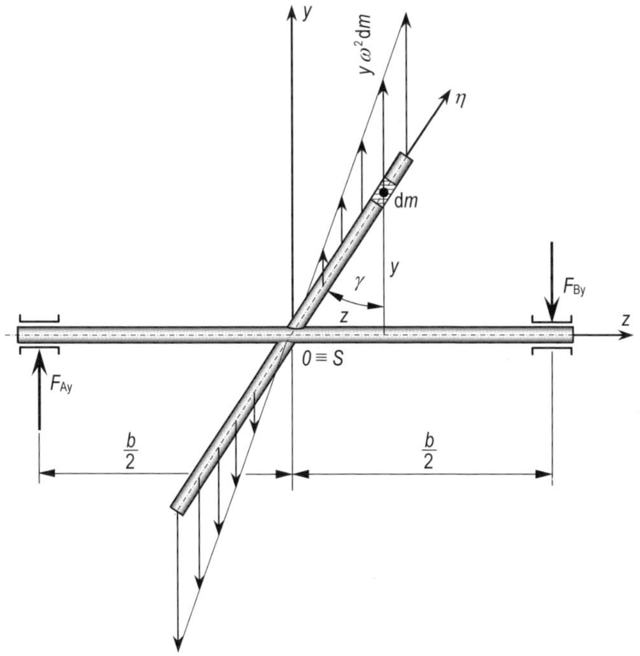

Bild 5.25: Freigemachtes Rührwerk

Das Kräftegleichgewicht in der y-Richtung ergibt $F_{\mathrm{Ay}} = F_{\mathrm{By}}$. Gl. (5.96) ist die erste Komponentenbeziehung des Impulsmomentsatzes Gl. (5.77) mit $\alpha = 0$. Man erkennt, dass die Größe $\omega^2\,J_{\mathrm{zy}}$ das Moment der Trägheitskräfte (Zentrifugalkräfte) um die x-Achse bedeutet, das bestrebt ist, die Rührarme aufzurichten, und mit dem Moment der äußeren Kräfte im Gleichgewicht ist. Entsprechendes gilt für die Größen $\alpha\,J_{\mathrm{xz}}$, $\alpha\,J_{\mathrm{yz}}$, $\omega^2 J_{\mathrm{xz}}$ und $\alpha\,J_{\mathrm{z}}$: es sind Momente der Trägheitskräfte bezüglich der Koordinatenachsen. Diese Deutung erkärt die Bezeichnung *Zentrifugalmomente* für die Größen J_{xy}, J_{xz} und J_{yz}.

Im vorliegenden Fall eines dünnen Stabes (Rührarme) kann das Integral $\int yz\,dm$ auch direkt ohne Zuhilfenahme der Gl. (5.88) berechnet werden. Führt man eine η-Koordinate in Richtung der Stabachse ein (**Bild 5.25**), so sind $y = \eta\cos\gamma$ und $z = \eta\sin\gamma$ die Koordinaten des Massenelementes $dm = \frac{m}{l}\,d\eta$ und man erhält

$$J_{yz} = \int yz\,dm = \sin\gamma\cos\gamma\,\frac{m}{l}\int_{-l/2}^{+l/2}\eta^2\,d\eta = \sin\gamma\cos\gamma\,\frac{m\,l^2}{12} = \frac{m\,l^2}{24}\sin 2\gamma$$

Die Ermittlung der dynamischen Auflagerreaktionen im Fall einer schief aufgekeilten Scheibe in **Bild 5.26** nach dem *d'Alembert*schen Prinzip dürfte sehr schwierig werden. Dagegen ist ihre Bestimmung mit Hilfe des Impulsmomentsatzes mit den nach Beispiel 5.18 (S. 194) berechneten Massenmomenten genau so einfach wie im vorliegenden Beispiel (Rührwerk).

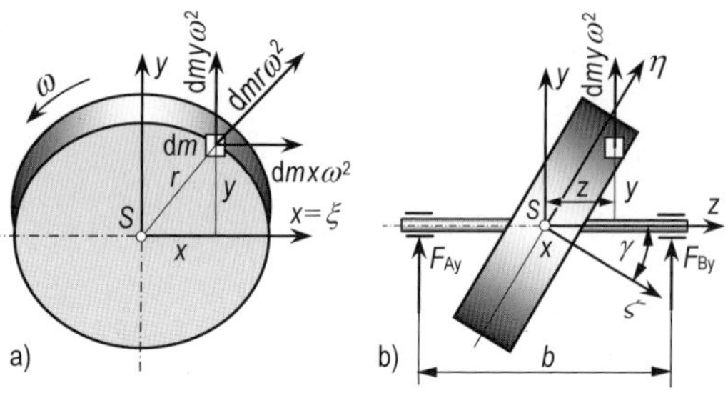

Bild 5.26: Schief aufgekeilte Scheibe

Beispiel 5.20: In **Bild 5.27** ist vereinfacht ein *Fliehkraftregler* dargestellt. Bei welcher Drehzahl n wird die Masse m_Q = 4 kg angehoben, wenn die Masse der prismatischen Pendelstangen je m = 1 kg, ihre Länge l = 40 cm und der Winkel β = 30° betragen? Das Gewicht der Lenkerstangen sei gegenüber dem der Pendelstangen vernachlässigbar klein.

a) *Lösung nach dem d'Alembertschen Prinzip.* An der freigemachten Pendelstange (**Bild 5.27c**) greifen die folgenden äußeren Kräfte an: die Gewichtskraft F_G in ihrem Schwerpunkt, die Auflagerkräfte an der Stelle 0 und die Lenkerstangenkraft F_s. Die Zugkraft in der Lenkerstange gewinnt man aus dem Gleichgewicht der Kräfte an der Masse m_Q (**Bild 5.27b**). Die vertikale und horizontale Komponente von F_s betragen

$$F_{sz} = F_Q/2 \qquad F_{sy} = \frac{F_Q}{2}\tan\beta = \frac{F_Q\sin\beta}{2\cos\beta} \tag{5.97}$$

Das Moment der äußeren Kräfte bezüglich der x-Achse in 0

$$M_{0x} = F_{sz}\frac{l}{2}\sin\beta + F_{sy}\frac{l}{2}\cos\beta + F_G\frac{l}{2}\sin\beta \tag{5.98}$$

ist nach dem Prinzip von *d'Alembert* mit der Summe der Momente aller Fliehkräfte $dm\,y\omega^2$ bezüglich der x-Achse

$$\int(dm\,y\,\omega^2)\,z = \omega^2\int yz\,dm = \omega^2 J_{yz} \tag{5.99}$$

im Gleichgewicht, so dass unter Berücksichtigung von Gl. (5.97) gilt

$$\frac{F_Q}{2}\frac{l}{2}\sin\beta + \frac{F_Q}{2}\frac{\sin\beta}{\cos\beta}\frac{l}{2}\cos\beta + F_G\frac{l}{2}\sin\beta - \omega^2 J_{zy} = 0 \tag{5.100}$$

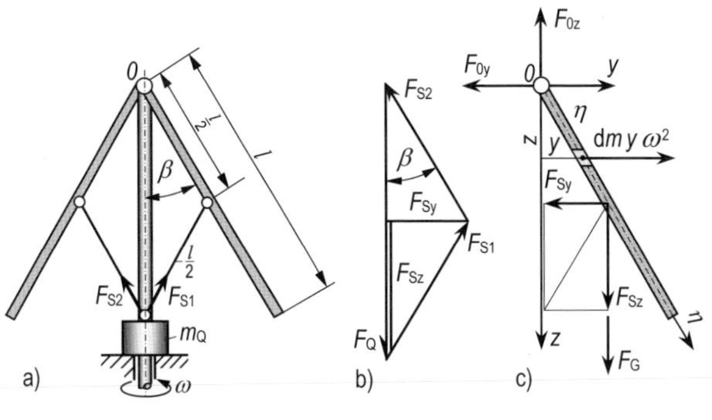

Bild 5.27:
a) System eines Fliehkraftreglers
b) Krafteck für Kräfte an m_Q
c) Kräfte an der Pendelstange

Mit $z = \eta \cos\beta$, $y = \eta \sin\beta$ und $\mathrm{d}m = \dfrac{m}{l}\mathrm{d}\eta$ ist das Zentrifugalmoment (s. Beispiel 5.19, S. 195)

$$J_{zy} = \int z\, y\, \mathrm{d}m = \sin\beta \cos\beta \,\frac{m}{l}\int_0^l \eta^2\, \mathrm{d}\eta = \sin\beta\cos\beta\, m\frac{l^2}{3}$$

Dies in die vorstehende Gleichung eingesetzt, ergibt mit $F_Q = m_Q\, g$ und $F_G = m\, g$

$$(m_Q + m) g \frac{l}{2} \sin\beta = \omega^2 \sin\beta\cos\beta \cdot m\frac{l^2}{3} \tag{5.101}$$

$$\omega^2 = \frac{3\,g}{2\,l}\,\frac{m_Q + m}{m\cos\beta} = \frac{3\cdot 981\ \mathrm{cm/s^2}}{2\cdot 40\ \mathrm{cm}}\cdot\frac{(4+1)\ \mathrm{kg}}{1\ \mathrm{kg}\cdot 0{,}866} = 212\ \mathrm{s^{-2}}$$

$\omega = 14{,}6\ \mathrm{s^{-1}}$ $\qquad n = 139\ \mathrm{min^{-1}}$

b) *Lösung mit Hilfe des Impulsmomentsatzes.* Aus der ersten Komponentenbeziehung des Impulsmomentsatzes Gl. (5.77) erhält man mit $\alpha = 0$ und $J_{xz} = 0$ ($J_{xz} = \int x z\, \mathrm{d}m$ ist gleich Null, da die Pendelstange in der y, z-Ebene liegt, so dass alle ihre Massenelemente dm die Ortskoordinate $x = 0$ haben):

$$\omega^2 J_{yz} = M_{0x} \tag{5.102}$$

Mit dem Moment der äußeren Kräfte M_{0x} nach Gl. (5.98) folgt aus Gl. (5.102) die Gl. (5.100). Das Zentrifugalmoment J_{yz} kann auch mit Hilfe der Gl. (5.88) und des Satzes von *Steiner* wie folgt berechnet werden (**Bild 5.28**). Mit den Hauptträgheitsmomenten nach **Tabelle 5.1**

$$J_1 = J_2 = \frac{1}{12}\, m\, l^2, \qquad J_3 = 0$$

und den Winkeln

$$\alpha_{1\eta} = \frac{\pi}{2}, \quad \alpha_{2\eta} = \beta, \quad \alpha_{3\eta} = \frac{\pi}{2} - \beta, \quad \alpha_{1\zeta} = \frac{\pi}{2}, \quad \alpha_{2\zeta} = \frac{\pi}{2} + \beta, \quad \alpha_{3\zeta} = \beta$$

folgt zunächst entsprechend Gl. (5.88)

$$\begin{aligned} J_{\eta\zeta} &= -J_1 \cos\alpha_{1\eta}\cos\alpha_{1\zeta} - J_2\cos\alpha_{2\eta}\cos\alpha_{2\zeta} - J_3\cos\alpha_{3\eta}\cos\alpha_{3\zeta} \\ &= \frac{1}{12}\, m\, l^2 \cos\beta\cos\left(\frac{\pi}{2} + \beta\right) = \frac{1}{12}\, m\, l^2 \cos\beta \sin\beta \end{aligned}$$

Bild 5.28: Zur Berechnung des Zentrifugalmomentes J_{yz}

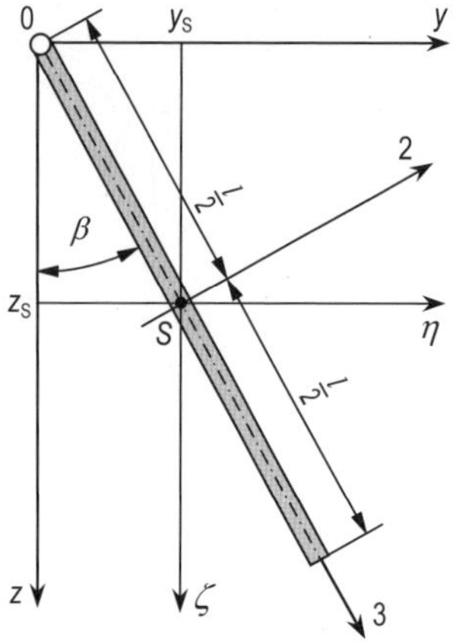

Mit den Schwerpunktkoordinaten $y_S = \frac{l}{2}\sin\beta$, $z_S = \frac{l}{2}\cos\beta$ erhält man dann nach dem Satz von *Steiner* Gl. (5.80)

$$J_{yz} = J_{\eta\zeta} + y_S\, z_S\, m = \frac{m\, l^2}{12}\cos\beta\sin\beta + m\frac{l}{2}\sin\beta\,\frac{l}{2}\cos\beta = m\frac{l^2}{3}\sin\beta\cos\beta$$

Beispiel 5.21: Die *Knetspirale* einer Küchenmaschine ist in **Bild 5.29** näherungsweise als zylindrische Spirale mit nur einer Windung dargestellt. Sie hat die Masse m = 0,1 kg, der mittlere Radius der Spirale beträgt r = 4 cm, ihre Höhe h = 10 cm und die Drehzahl n = 400 min^{-1}. In dem spiralfesten mitgeführten x, y, z-Koordinatensystem bestimme man die Momente M_x und M_y der Trägheitskräfte.

Bild 5.29: Knetspirale einer Küchenmaschine

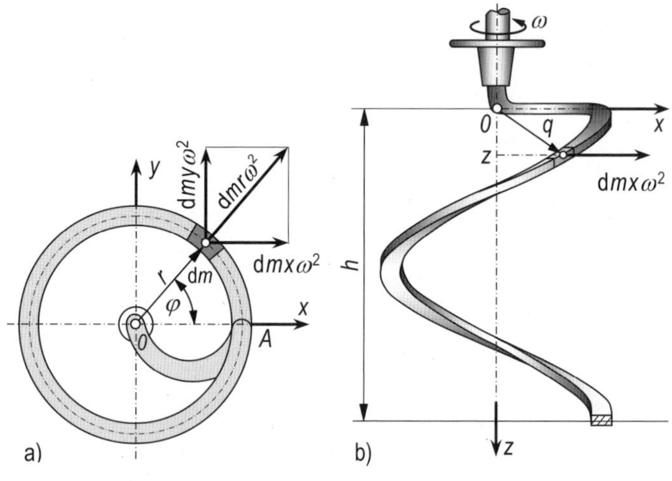

Der Ortsvektor $\vec{q}$ zu einem Massenelement dm hat in dem mitgeführten Koordinatensystem die Komponenten

$$\vec{q} = \begin{Bmatrix} x \\ y \\ z \end{Bmatrix} = \begin{Bmatrix} r\cos\varphi \\ r\sin\varphi \\ (h/2\,\pi)\,\varphi \end{Bmatrix}$$

An dm greift die Fliehkraft d$m\, r\, \omega^2$ an. Bezüglich der x-Achse hat nur ihre y-Komponente d$m\, y\, \omega^2$ das Moment d$M_x = -(\mathrm{d}m\, y\, \omega^2)\, z$. Die Summe der Momente aller Fliehkräfte ergibt das Moment

$$M_x = -\int (\mathrm{d}m\; y\, \omega^2)\, z = -\omega^2 \int y\, z\, \mathrm{d}m = -\omega^2\, J_{yz} \tag{5.103}$$

Um die y-Achse hat nur die Fliehkraftkomponente d$m\, x\, \omega^2$ ein Moment, der Hebelarm ist z. Man erhält

$$M_y = \int (\mathrm{d}m\; x\, \omega^2)\, z = \omega^2 \int x\, z\, \mathrm{d}m = \omega^2\, J_{xz} \tag{5.104}$$

Wir bestimmen die Zentrifugalmomente J_{yz} und J_{xz}. Mit den Komponenten des Vektors $\vec{q}$ und dm = $(m/2\,\pi)$ dφ gewinnt man

$$J_{yz} = \int y\, z\, \mathrm{d}m = \int (r \sin\varphi)\left(\frac{h}{2\,\pi}\varphi\right)\frac{m}{2\,\pi}\,\mathrm{d}\varphi = \frac{m\, r\, h}{(2\,\pi)^2}\int_0^{2\,\pi} \varphi \sin\varphi\, \mathrm{d}\varphi$$

$$= \frac{m\, r\, h}{(2\,\pi)^2}\left[-\varphi\cos\varphi + \sin\varphi\right]_0^{2\pi} = -\frac{m\, r\, h}{(2\,\pi)^2}\left[2\,\pi\right] = -\frac{m\, r\, h}{2\,\pi}$$

$$J_{xz} = \int x\, z\, \mathrm{d}m = \int (r \cos\varphi)\left(\frac{h}{2\,\pi}\varphi\right)\frac{m}{2\,\pi}\,\mathrm{d}\varphi = \frac{m\, r\, h}{(2\,\pi)^2}\int_0^{2\,\pi} \varphi \cos\varphi\, \mathrm{d}\varphi$$

$$= \frac{m\, r\, h}{(2\,\pi)^2}\left[\varphi\sin\varphi + \cos\varphi\right]_0^{2\pi} = \frac{m\, r\, h}{(2\,\pi)^2}\left[0\right] = 0$$

Damit folgt aus Gl. (5.103) und (5.104)

$$M_y = 0 \qquad \text{und} \qquad M_x = -\,\omega^2\, J_{yz} = \omega^2 \frac{m\, r\, h}{2\,\pi} \tag{5.105}$$

Mit den gegebenen Werten und $\omega = 41{,}9\ \mathrm{s}^{-1}$ erhält man

$$M_x = (41{,}9\ s^{-1})^2\ \frac{0{,}1\ \mathrm{kg}\cdot 0{,}04\ \mathrm{m}\cdot 0{,}1\ \mathrm{m}}{2\,\pi} = 0{,}1118\ \mathrm{Nm} = 11{,}18\ \mathrm{Ncm}$$

Infolge dieses Momentes läuft die Maschine unruhig. (Zum unruhigen Lauf trägt auch die Fliehkraft des Spiralstückes *OA* (**Bild 5.29a**) bei, die in der vorstehenden Rechnung nicht berücksichtigt wurde.)

Impulsmomenterhaltungssatz Ist die Drehachse, die mit der z-Achse eines körperfesten x, y, z-Koordinatensystems zusammenfällt, eine Hauptträgheitsachse des Körpers, dann verschwinden die Zentrifugalmomente J_{xz} und J_{yz} und nur die z-Komponente des Impulsmomentvektors in Gl. (5.73) ist von Null verschieden. Der Impulsmomentvektor hat in diesem Fall die Richtung des Vektors der Winkelgeschwindigkeit

$$\vec{L}_0 = \vec{\omega}\, J_z \tag{5.106}$$

und der Impulsmomentsatz ist mit dem Grundgesetz für die Drehung eines Körpers um eine feste Achse Gl. (5.19) identisch, denn durch Ableiten nach der Zeit gewinnt man aus Gl. (5.106) in Verbindung mit Gl. (5.77)

$$\frac{\mathrm{d}\vec{L}_z}{\mathrm{d}t} = \frac{\mathrm{d}}{\mathrm{d}t}(\vec{\omega}\, J_z) = J_z \frac{\mathrm{d}\vec{\omega}}{\mathrm{d}t} = J_z\, \vec{\alpha} = \vec{M}_z \tag{5.107}$$

Da alle Vektoren in Gl. (5.107) mit der z-Achse zusammenfallen, gilt sie für jeden Bezugspunkt auf der z-Achse. Daher haben wir den Index 0, der auf den Bezugspunkt hinweist, fortgelassen.

Wir wollen Gl. (5.107) erweitern und auf mehrere Körper anwenden, die sich mit den Winkelgeschwindigkeiten $\vec{\omega}_1$, $\vec{\omega}_2$, ... jeweils um die festen Achsen 1, 2, ... drehen. Die Hauptträgheitsmomente dieser Körper bezüglich dieser Achsen seien J_1, J_2, ... Dabei lassen wir zu, dass sich die Körper um dieselbe Achse drehen (s. Beispiel 5.22), die Achsen parallel sind oder auch einen beliebigen Winkel miteinander bilden (z. B. Kegelradgetriebe). Schreibt man für jeden Körper Gl. (5.107) an und addiert jeweils die linken und rechten Seiten dieser Gleichungen, so erhält man

$$\frac{\mathrm{d}}{\mathrm{d}t}(J_1\,\vec{\omega}_1 + J_2\,\vec{\omega}_2 + ...) = \vec{M}_1 + \vec{M}_2 + ... = \vec{M} \tag{5.108}$$

wobei die Kräftepaare $\vec{M}_1$, $\vec{M}_2$, ... (da sie vom Bezugspunkt unabhängig sind) zu einem resultierenden Kräftepaar $\vec{M}$ zusammengefasst werden können. $\vec{M}$ ist also das resultierende Moment (Kräftepaar) aller an dem *freigemachten* System angreifenden äußeren Kräfte.

Verschwindet das Moment der äußeren Kräfte, so folgt aus

$$\frac{\mathrm{d}}{\mathrm{d}t}(J_1\,\vec{\omega}_1 + J_2\,\vec{\omega}_2 + ...) = \vec{0}$$

$$\boldsymbol{J_1\,\vec{\omega}_1 + J_2\,\vec{\omega}_2 + ... = J_1\,\vec{\omega}_{10} + J_2\,\vec{\omega}_{20} + ... = \mathrm{const}} \tag{5.109}$$

Diese Beziehung wird als *Impulsmomenterhaltungssatz* für ein System von Körpern, die sich um feste Hauptachsen drehen, bezeichnet. Die Konstante auf der rechten Seite ist der Anfangsdrehimpuls des Systems. Gl. (5.109) besagt:

Wirken auf ein System von Körpern, die sich um feste Hauptachsen drehen, keine äußeren Momente ein, so bleibt das Impulsmoment des Systems konstant.

Beispiel 5.22: Zwei Schwungscheiben werden durch eine Reibungskupplung miteinander gekuppelt (**Bild 5.30**). Das Massenträgheitsmoment aller Massen der Welle 1 beträgt $J_1 = 15{,}6\ \mathrm{kgm}^2$, das der Welle 2 $J_2 = 6{,}24\ \mathrm{kgm}^2$. Während des Kupplungsvorganges wirkt auf das System kein äußeres Moment, die Lager- und Luftreibung sei vernachlässigt. Zur Zeit $t = 0$ hat die Welle 1 die Drehzahl $n_{10} = 840\ \mathrm{min}^{-1}$, die Welle 2 ist in Ruhe ($n_{20} = 0$). Man bestimme a) die gemeinsame Drehzahl $n_{11} = n_{21}$ nach dem Kupplungsvorgang zur Zeit t_1, b) die Größe des als konstant angenommenen Reibungsmomentes M zwischen den Scheiben, falls $t_1 = 5$ s, c) den zeitlichen Verlauf der Drehzahlen der beiden Wellen.

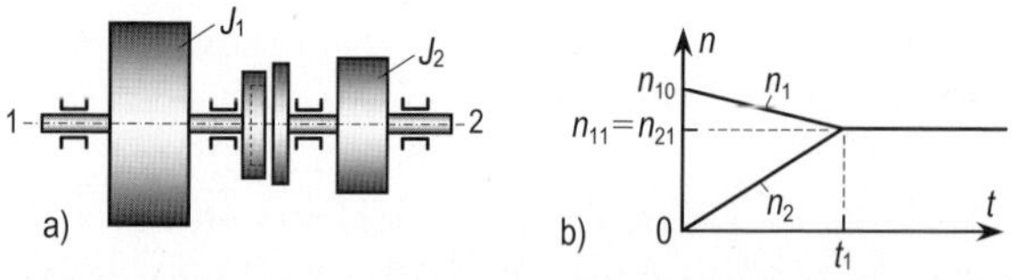

Bild 5.30: a) Kupplung zweier Schwungscheiben b) zeitlicher Verlauf der Drehzahlen

a) Zur Zeit $t = 0$ dreht sich nur die linke Scheibe, sie hat das Impulsmoment $J_1 \omega_{10}$. Da von außen auf das System kein Moment einwirkt, ist nach dem Impulsmomenterhaltungssatz das anfängliche Impulsmoment gleich dem Impulsmoment nach dem Kupplungsvorgang. Aus Gl. (5.109) folgt $J_1 \omega_{10} = (J_1 + J_2)\ \omega_{11}$, somit wird

$$\omega_{11} = \frac{1}{1 + J_2 / J_1} \omega_{10} \tag{5.110}$$

Die Drehzahlen verhalten sich wie die Winkelgeschwindigkeiten. Beachtet man ferner, dass $J_2/J_1 = 0{,}4$ ist, so erhält man die gesuchte Drehzahl

$$n_{11} = \frac{1}{1 + J_2 / J_1} n_{10} = \frac{1}{1 + 0{,}4}\, 840\ \text{min}^{-1} = 600\ \text{min}^{-1}$$

Die Enddrehzahl ist unabhängig von der Kupplungszeit. Es ist also gleichgültig, ob rasch oder langsam gekuppelt wird.

b) Bei konstant angenommenem Reibungsmoment erfährt die Scheibe 1 die konstante Winkelverzögerung

$$\alpha_1 = \frac{\omega_{11} - \omega_{10}}{t_1} = \frac{(62{,}8 - 88{,}0)\ \text{s}^{-1}}{5\ \text{s}} = -5{,}04\ \text{s}^{-2}$$

Nach dem Grundgesetz für die Drehbewegung ist das Reibungsmoment an der Scheibe 1

$$M_1 = J_1\ \alpha_1 = 15{,}6\ \text{kgm}^2\ (-\ 5{,}04\ \text{s}^{-2}) = -\ 78{,}6\ \text{Nm}$$

Es ist entgegengesetzt gleich dem beschleunigenden Moment an der Scheibe 2.

c) In **Bild 5.30b** ist die Änderung der Drehzahlen in Abhängigkeit von der Zeit dargestellt.

Beispiel 5.23: Eine Scheibe mit dem Massenträgheitsmoment $J_0 = 0{,}3\ \text{kgm}^2$ läuft ohne Antrieb mit der Drehzahl $n_0 = 300\ \text{min}^{-1}$. Auf ihr können sich zwei Kulissensteine (je $m_1 = 2$ kg) in radialen Führungen bewegen, sie sind durch zwei Seile gehalten, die durch die Drehachse nach außen geführt sind (**Bild 5.31**). Wie ändert sich die Drehzahl, wenn die Kulissensteine, die sich zunächst im Abstand $R = 0{,}4$ m von der Drehachse befinden, auf $r = 0{,}1$ m an die Drehachse herangezogen werden? Lager- und Luftreibung sei vernachlässigt.

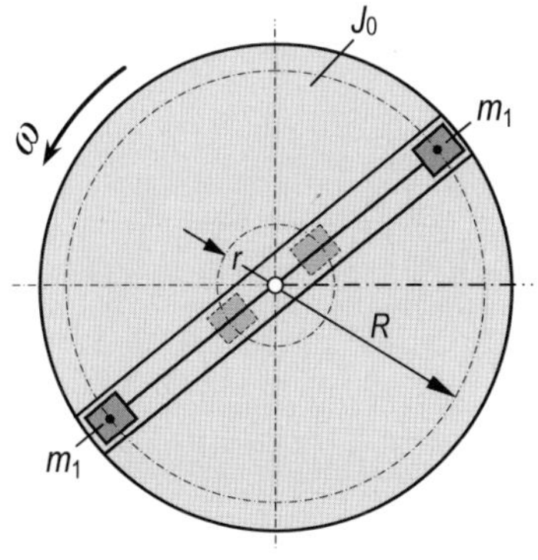

Bild 5.31: Zwei Kulissensteine auf einer Scheibe

Da auf das System keine äußeren Momente einwirken, bleibt der Drehimpuls erhalten. Nach Gl. (5.109) erhält man

$$(J_0 + 2\ m\ R^2)\ \omega_0 = (J_0 + 2\ m\ r^2)\ \omega_1$$

Mit $\omega_1/\omega_0 = n_1/n_0$ folgt

$$n_1 = \frac{J_0 + 2\,m\,R^2}{J_0 + 2\,m\,r^2}\,n_0 = \frac{(0{,}3 + 2 \cdot 2 \cdot 0{,}4^2)\ \mathrm{kgm^2}}{(0{,}3 + 2 \cdot 2 \cdot 0{,}1^2)\ \mathrm{kgm^2}}\,300\ \mathrm{min^{-1}} = 829\ \mathrm{min^{-1}}$$

5.2.1.9 Resultierende Trägheitskraft, Trägheitsmittelpunkt

Dreht sich der Körper um eine feste Achse, so greifen an seinen Massenelementen dm Trägheitskräfte an. Wir fragen, ob und unter welchen Voraussetzungen diese auf den Körper verteilten Trägheitskräfte sich zu einer resultierenden Trägheitskraft zusammenfassen lassen.

Zur Beantwortung dieser Frage wird ein körperfestes (mitgeführtes) x, y, z-Koordinatensystem so gewählt, dass seine z-Achse mit der Drehachse zusammenfällt und die x-Achse durch den Körperschwerpunkt S geht (**Bild 5.32**). Ein Massenelement mit dem Ortsvektor $\vec{r} = (x, y, z)$

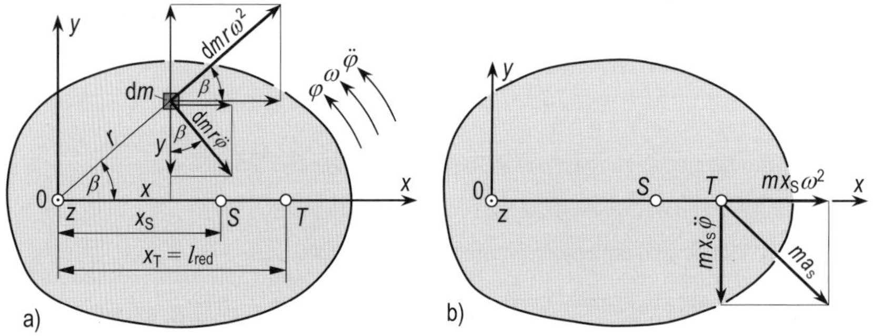

Bild 5.32: a) Massenkräfte am Körperelement
b) resultierende Trägheitskraft

beschreibt eine Kreisbahn. An ihm greifen die in **Bild 5.32a** eingetragenen Trägheitskräfte an. Zerlegt man diese in Komponenten in Richtung der Koordinatenachsen, so ist die am Massenelement dm angreifende Trägheitskraft $\mathrm{d}\vec{F}_T$ gegeben durch

$$\mathrm{d}\vec{F}_T = \begin{Bmatrix} \omega^2\, r \cos\beta \cdot \mathrm{d}m + \ddot{\varphi} \cdot r \cdot \sin\beta \cdot \mathrm{d}m \\ \omega^2\, r \sin\beta \cdot \mathrm{d}m - \ddot{\varphi} \cdot r \cdot \cos\beta \cdot \mathrm{d}m \\ 0 \end{Bmatrix}$$

und mit $r \cdot \cos\beta = x$ und $r \cdot \sin\beta = y$

$$\mathrm{d}\vec{F}_T = \begin{Bmatrix} \omega^2\, x\, \mathrm{d}m + \ddot{\varphi}\, y\, \mathrm{d}m \\ \omega^2 y\, \mathrm{d}m - \ddot{\varphi}\, x\, \mathrm{d}m \\ 0 \end{Bmatrix} \qquad (5.111)$$

Diese an allen Massenelementen angreifenden Trägheitskräfte $\mathrm{d}\vec{F}_T$ reduzieren wir zunächst auf eine *Dyname* (s. Band *Statik*, Abschn. 8.3) bezüglich des Koordinatenursprungs 0, die aus der resultierenden Kraft $\vec{F}_T$ und dem resultierenden Kräftepaar (Moment) $\vec{M}_{T0}$ besteht. Unter

Berücksichtigung, dass für alle Massenelemente ω^2 und $\ddot{\varphi}$ konstant sind, folgt für die Kraft der Dyname durch Integration der Gl. (5.111)

$$\vec{F}_T = \int d\vec{F}_T = \begin{Bmatrix} \omega^2 \int x\, dm + \ddot{\varphi} \int y\, dm \\ \omega^2 \int y\, dm - \ddot{\varphi} \int x\, dm \\ 0 \end{Bmatrix} \tag{5.112}$$

Der *Massenmittelpunkt* (Schwerpunkt) eines Körpers, der bei konstanter Fallbeschleunigung g mit dem Schwerpunkt S des Körpers übereinstimmt, ist definiert durch (s. Band *Statik*, Abschn. 5.1)

$$\int x\, dm = m\, x_S \qquad \int y\, dm = m\, y_S \qquad \int z\, dm = m\, z_S \tag{5.113}$$

wobei m die Gesamtmasse des Körpers bedeutet und x_S, y_S und z_S die Schwerpunktkoordinaten sind. Ersetzt man die Integrale in Gl. (5.112) durch die Ausdrücke in Gl. (5.113) und berücksichtigt, dass der Schwerpunkt des Körpers in **Bild 5.32** auf der x-Achse liegt ($z_S = 0$, $y_S = 0$), so erhält man

$$\vec{F}_T = \begin{Bmatrix} m\, x_S\, \omega^2 \\ -m\, x_S\, \ddot{\varphi} \\ 0 \end{Bmatrix} \tag{5.114}$$

Nun sind die Ausdrücke $-x_S\, \omega^2$ und $x_S\, \ddot{\varphi}$ die Normal- und Tangentialkomponente der Schwerpunktbeschleunigung. Folglich darf man bei der Bestimmung der resultierenden Trägheitskraft $\vec{F}_T$ nach Größe und Richtung von der Vorstellung ausgehen, dass die Gesamtmasse des Körpers im Schwerpunkt vereinigt ist. Der Betrag der resultierenden Trägheitskraft ist dann gleich dem Produkt aus der Gesamtmasse des Körpers und dem Betrag der Schwerpunktbeschleunigung, und ihre Richtung ist der der Beschleunigung entgegengesetzt

$$\vec{F}_T = m\,(-\vec{a}_S) \tag{5.115}$$

Für das statische Moment der auf ein Massenelement dm wirkenden Trägheitskraft bezüglich des Koordinatenursprungs erhält man mit dem Ortsvektor $\vec{r} = (x, y, z)$ und der Trägheitskraft $d\vec{F}_T$ nach Gl. (5.111)

$$d\vec{M}_{T0} = \vec{r} \times d\vec{F}_T = \begin{vmatrix} \vec{e}_x & x & \omega^2 x\, dm + \ddot{\varphi}\, y\, dm \\ \vec{e}_y & y & \omega^2 y\, dm - \ddot{\varphi}\, x\, dm \\ \vec{e}_z & z & 0 \end{vmatrix} = \begin{Bmatrix} -\omega^2 y\, z\, dm + \ddot{\varphi}\, z\, x\, dm \\ \omega^2 z\, x\, dm + \ddot{\varphi}\, y\, z\, dm \\ -\ddot{\varphi}\,(x^2 + y^2)\, dm \end{Bmatrix}$$

und durch Integration folgt für das Kräftepaar $\vec{M}_{T0}$ der Dyname

$$\vec{M}_{T0} = \int \vec{r} \times d\vec{F}_T\, dm = \begin{Bmatrix} -\omega^2 \int y\, z\, dm + \ddot{\varphi} \int z\, x\, dm \\ \omega^2 \int z\, x\, dm + \ddot{\varphi} \int y\, z\, dm \\ -\ddot{\varphi} \int (x^2 + y^2)\, dm \end{Bmatrix} \tag{5.116}$$

Die auftretenden Integrale sind die Zentrifugalmomente J_{yz} und J_{xz} bzw. das Massenträgheitsmoment J_z, so dass Gl. (5.116) in der nachstehenden Form geschrieben werden kann

$$\vec{M}_{T0} = \begin{Bmatrix} -\omega^2 J_{yz} + \ddot{\varphi}\, J_{xz} \\ \omega^2 J_{xz} + \ddot{\varphi}\, J_{yz} \\ -\ddot{\varphi}\, J_z \end{Bmatrix} \tag{5.117}$$

Wir fassen zusammen: Die an den Massenelementen eines um die feste z-Achse sich drehenden Körpers angreifenden Trägheitskräfte lassen sich auf eine Dyname $\vec{F}_T$, $\vec{M}_{T0}$ bezüglich des Koordinatenursprungs 0 reduzieren, deren Kraftvektor $\vec{F}_T$ durch Gl. (5.114) bzw. Gl. (5.115) und deren Momentvektor $\vec{M}_{T0}$ durch Gl. (5.117) gegeben sind.

Durch Änderung des Bezugspunktes ändert sich nur das Moment, nicht aber die Kraft der Dyname (s. Band *Statik*, Abschn. 8). Nimmt man an, dass sich die Dyname $\vec{F}_T$, $\vec{M}_{T0}$ auf die resultierende Trägheitskraft $\vec{F}_T = (m\, x_S\, \omega^2, -m\, x_S\, \ddot{\varphi}, 0)$ allein reduzieren lässt, deren Wirkungslinie die x, z-Ebene im Punkt T mit dem Ortsvektor $\vec{r}_T = (x_T, 0, z_T)$ durchstößt, so muss gelten:

$$\vec{r}_T \times \vec{F}_T = \vec{M}_{T0} \tag{5.118}$$

Mit $\vec{F}_T$ nach Gl. (5.114) ist

$$\vec{r} \times \vec{F}_T = \begin{vmatrix} \vec{e}_x & x_T & m\, x_S\, \omega^2 \\ \vec{e}_y & 0 & -m\, x_S\, \ddot{\varphi} \\ \vec{e}_z & z_T & 0 \end{vmatrix} = \begin{Bmatrix} z_T\, m\, x_S\, \ddot{\varphi} \\ z_T\, m\, x_S\, \omega^2 \\ -x_T\, m\, x_S\, \ddot{\varphi} \end{Bmatrix} \tag{5.119}$$

Mit Gl. (5.119) und Gl. (5.117) lautet Gl. (5.118) ausführlich

$$\vec{r} \times \vec{F}_T = \begin{Bmatrix} z_T\, \ddot{\varphi}\, m\, x_S \\ z_T\, \omega^2\, m\, x_S \\ -x_T\, \ddot{\varphi}\, m\, x_S \end{Bmatrix} = \begin{Bmatrix} -\omega^2 J_{yz} + \ddot{\varphi}\, J_{xz} \\ \omega^2 J_{xz} + \ddot{\varphi}\, J_{yz} \\ -\ddot{\varphi}\, J_z \end{Bmatrix} = \vec{M}_{T0} \tag{5.120}$$

Dieser Vektorgleichung entsprechen die drei skalaren Gleichungen

$$\begin{aligned} z_T\, \ddot{\varphi}\, m\, x_S &= -\omega^2 J_{yz} + \ddot{\varphi}\, J_{xz} \\ z_T\, \omega^2\, m\, x_S &= \omega^2 J_{xz} + \ddot{\varphi}\, J_{yz} \\ -x_T\, \ddot{\varphi}\, m\, x_S &= -\ddot{\varphi}\, J_z \end{aligned} \tag{5.121}$$

Aus der letzten dieser Gleichungen erhält man $x_T = J_z / m\, x_S$. Die beiden ersten Gleichungen können nur dann gleichzeitig erfüllt werden, wenn $J_{yz} = 0$ ist, und zwar folgt dann aus jeder der beiden Gleichungen $z_T = J_{xz} / m\, x_S$.

Das Ergebnis der Untersuchung ist: Dreht sich ein Körper um eine feste Achse, so lassen sich die am Körper angreifenden Trägheitskräfte nur dann auf eine einzige resultierende Trägheitskraft $\vec{F}_T = m\,(-\vec{a}_S)$ reduzieren, wenn das Zentrifugalmoment J_{yz} bezüglich des nach **Bild 5.32** speziell eingeführten körperfesten x, y, z-Koordinatensystems verschwindet. Der Punkt T mit dem Ortsvektor

$$\vec{r}_T = (x_T, 0, z_T) = \left(\frac{J_z}{m\, x_S}, 0, \frac{J_{xz}}{m\, x_S} \right) \tag{5.122}$$

ist dann ein Punkt der Wirkungslinie der resultierenden Trägheitskraft und wird *Trägheitsmittelpunkt* genannt. Der Abstand x_T ist nach Gl. (5.54) die reduzierte Pendellänge l_{red}.

Ist die z-Achse als Drehachse zu einer Hauptachse durch den Schwerpunkt des Körpers parallel (das ist z. B. der Fall, wenn die x, y-Ebene Symmetrieebene des Körpers ist), so ist $J_{yz} = 0$ und $J_{xz} = 0$. Der Trägheitsmittelpunkt T liegt in diesem Fall, da auch $J_{xz} = 0$ ist, ebenso wie der Schwerpunkt S auf der x-Achse, $T\,(J_z\,/\,m\,x_S,\,0,\,0)$ (**Bild 5.32**).

Man beachte: Obwohl die resultierende Trägheitskraft nach Gl. (5.115) mit Hilfe der Vorstellung berechnet werden kann, dass die Gesamtmasse des Körpers im Schwerpunkt vereinigt ist, ist der Angriffspunkt dieser Kraft nicht der Schwerpunkt S, sondern der Trägheitsmittelpunkt T.

Liegt der Schwerpunkt S auf der Drehachse ($x_S = 0$) , so verschwindet die resultierende Trägheitskraft $\vec{F}_T$ (s. Gl. (5.114)) und die Dyname der Trägheitskräfte besteht nur aus dem Kräftepaar $\vec{M}_{T0}$ Gl. (5.117).

Beispiel 5.24: Ein Körper ist als physikalisches Pendel aufgehängt (**Bild 5.33**). Bezüglich des entsprechend **Bild 5.32** eingeführten Koordinatensystems ist die x, y-Ebene Symmetrieebene des Körpers. Dann ist $J_{yz} = 0$ und $J_{xz} = 0$ und der Trägheitsmittelpunkt T existiert und liegt auf der x-Achse. Der Körper wird durch eine horizontale Kraft F aus der vertikalen Gleichgewichtslage ausgelenkt. In welcher Entfernung von der Drehachse 0 muss die Kraft F angreifen, damit im ersten Augenblick keine horizontale Auflagerreaktion im Punkt 0 auftritt?
Durch die Kraft F erhält das Pendel eine Winkelbeschleunigung. Die Winkelgeschwindigkeit ist beim Beginn der Bewegung Null. Daher hat die resultierende Trägheitskraft nur die horizontale Komponente $m\,x_S\,\ddot{\varphi}$, die im Trägheitsmittelpunkt T angreift. Die horizontale Lagerreaktion ist nur dann Null, wenn die Wirkungslinie der Kraft $\vec{F}$ durch den Trägheitsmittelpunkt T geht (**Bild 5.33**). Der Punkt T wird in diesem Zusammenhang auch als *Stoßmittelpunkt* bezeichnet (s. Abschn. 6.3, S. 273).

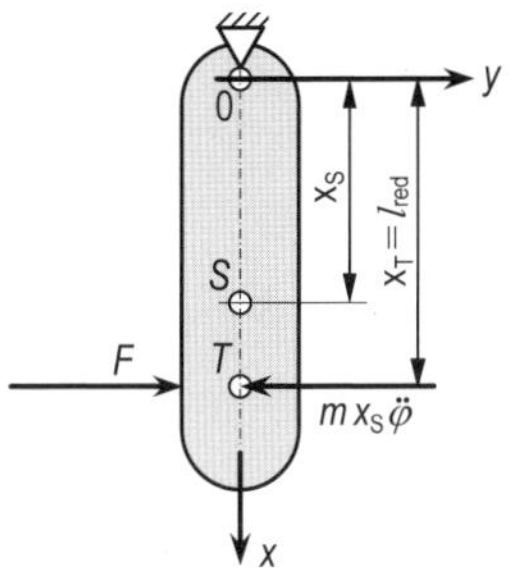

Bild 5.33: Trägheitsmittelpunkt am Pendel

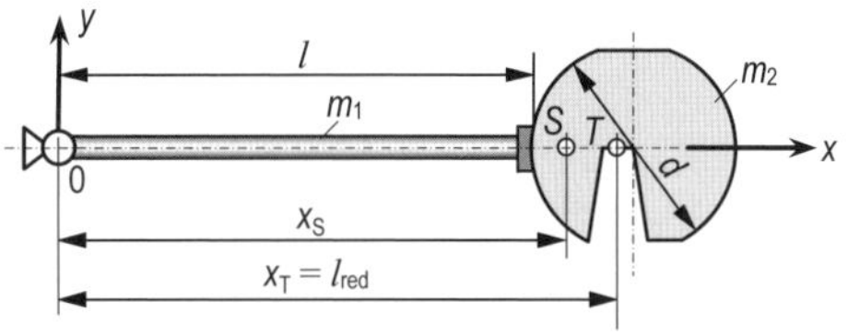

Bild 5.34: Trägheitsmittelpunkt am Pendelschlagwerk

Beispiel 5.25: Der Hammer eines Pendelschlagwerkes besteht aus einem zylindrischen Stab mit der Länge $l = 0{,}7$ m und der Masse $m_1 = 5$ kg, an dessen Ende eine Scheibe angebracht ist, die näherungsweise als homogene Kreisscheibe mit der Masse $m_2 = 20$ kg und dem Durchmesser $d = 0{,}3$ m betrachtet werden soll (**Bild 5.34**). Man bestimme a) den Schwerpunktabstand x_S, b) das Massenträgheitsmoment $J_z = J_0$, c) den Abstand der Schlagkante von der Drehachse so, dass die Schlagkante mit dem Trägheitsmittelpunkt T zusammenfällt.

a) Nach dem Momentesatz der Statik (Band *Statik*, Abschn. 4.2.2) ist die Summe der statischen Momente der Gewichtskräfte $m_1\, g$ und $m_2\, g$ um 0 gleich dem Moment der Resultierenden $(m_1 + m_2)\, g$, daraus erhält man die Schwerpunktlage

$$x_S = \frac{m_1\, l/2 + m_2(l+r)}{m_1 + m_2} = \frac{5\text{ kg}\cdot 0{,}35\text{ m} + 20\text{ kg}\cdot 0{,}85\text{ m}}{(5+20)\text{ kg}} = 0{,}75\text{ m}$$

b) Mit dem Satz von *Steiner* gewinnt man

$$J_0 = \left[m_1\frac{l^2}{12} + m_1\left(\frac{l}{2}\right)^2\right] + \left[m_2\frac{r^2}{2} + m_2(l+r)^2\right] = \left\{m_1\frac{l^2}{3} + m_2\left[\frac{r^2}{2} + (l+r)^2\right]\right\}$$

$$= \left\{5\text{ kg}\cdot\frac{0{,}7^2\, m^2}{3} + 20\text{ kg}\cdot\left[\frac{0{,}15^2\text{ m}^2}{2} + 0{,}85^2\text{ m}^2\right]\right\} = 15{,}5\text{ kgm}^2$$

c) Der Trägheitsmittelpunkt T hat nach Gl. (5.122) vom Drehpunkt 0 den Abstand

$$x_T = l_{red} = \frac{J_0}{m_{ges} x_S} = \frac{15{,}5\text{ kgm}^2}{(5+20)\text{ kg}\cdot 0{,}75\text{ m}} = 0{,}827\text{ m}$$

Beispiel 5.26: Man bestimme den Trägheitsmittelpunkt T des Systems in **Bild 5.35**. Das System besteht aus einem dünnen Stab 1 mit der Länge $l = 2\,a$ und der Masse m, an dem zwei dünne quadratische Platten 2 und 3 mit der Kantenlänge a und jeweils der Masse m befestigt sind. Das System ist entsprechend **Bild 5.35** drehbar gelagert.

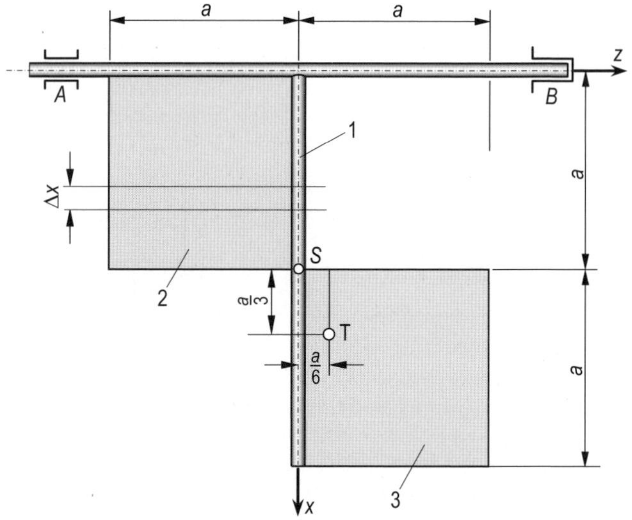

Bild 5.35: Trägheitsmittelpunkt eines Systems

Die Lage des Systemschwerpunktes S erkennt man aufgrund der Symmetrien des Systems. In dem nach **Bild 5.32** eingeführten x, y, z-Koordinatensystem sind die Schwerpunktkoordinaten des Systems

$$x_S = a \qquad y_S = 0 \qquad z_S = 0 \tag{5.123}$$

Da alle Massenteilchen dm des Systems in der x, z-Ebene ($y = 0$) liegen, verschwindet das Zentrifugalmoment J_{yz}, d. h., die Voraussetzung $J_{yz} = 0$ für die Existenz des Trägheitsmittelpunktes ist erfüllt und dieser kann nach Gl. (5.122) berechnet werden.

Denkt man sich das System in Streifen gleicher Breite Δx parallel zur x-Achse aufgeteilt, so hat jeder Streifen die gleiche Masse Δm. Da bei der Berechnung des Massenträgheitsmomentes J_z nur die Abstände der Massenelemente von der z-Achse gebraucht werden, ist das Massenträgheitsmoment J_z des vorliegenden Systems gleich dem Massenträgheitsmoment eines dünnen Stabes mit der Länge $2a$ und der Masse $3m$. Nach **Tabelle 5.1**, Fall 8, in Verbindung mit dem *Steiner*schen Satz Gl. (5.38) erhält man:

$$J_z = \frac{1}{12}(3\,m)\,(2\,a)^2 + (3\,m)\,a^2 = 4\,m\,a^2 \tag{5.124}$$

Das Zentrifugalmoment J_{xz} des Gesamtsystems setzt sich additiv aus den Zentrifugalmomenten seiner Teile 1, 2 und 3 zusammen. Das Zentrifugalmoment $J_{1\,xz}$ des Stabes 1 ist gleich Null. Die Zentrifugalmomente der Platten 2 und 3 berechnet man mit Hilfe des Satzes von *Steiner* Gl. (5.80). Dabei sind die zu dem x, y, z-System parallelen Koordinatensysteme durch die Schwerpunkte der Platten Hauptachsensysteme der Platten, so dass die Zentrifugalmomente der Platten bezüglich dieser Systeme verschwinden. Man erhält:

$$\begin{aligned} J_{xz} &= J_{1\,xz} + J_{2\,xz} + J_{3\,xz} \\ &= 0 + \left[0 + \frac{a}{2}\cdot\left(-\frac{a}{2}\right)\cdot m\right] + \left[0 + \frac{3\,a}{2}\,\frac{a}{2}\,m\right] = \frac{1}{2}\,m\,a^2 \end{aligned} \tag{5.125}$$

Mit den Werten aus Gl. (5.123), Gl. (5.124) und Gl. (5.125) berechnet man die Koordinaten des Trägheitsmittelpunktes nach Gl. (5.122)

$$x_T = \frac{J_z}{x_S(3\,m)} = \frac{4\,m\,a^2}{a\,(3\,m)} = \frac{4}{3}a \qquad z_T = \frac{J_{xz}}{x_S(3\,m)} = \frac{\frac{1}{2}\,m\,a^2}{a\,(3\,m)} = \frac{1}{6}a$$

Wird das System durch eine Kraft in der y-Richtung, deren Wirkungslinie durch den Trägheitsmittelpunkt $T\left(\frac{4}{3}a,\, 0,\, \frac{1}{6}a\right)$ geht, in Bewegung gesetzt, so treten im ersten Augenblick keine dynamischen Auflagerreaktionen an den Lagerstellen A und B auf (s. Erklärung in Beispiel 5.24).

Beispiel 5.27: *Auswuchten.* In der Technik wird verlangt, dass ein Rotor ruhig läuft. Man versteht darunter, dass infolge der Drehung des Körpers keine dynamischen Kräfte auf die Lager ausgeübt werden. Das ist der Fall, wenn

1. der Schwerpunkt des Rotors in der Drehachse liegt, dann verschwindet nach Gl. (5.115) die resultierende Trägheitskraft ($\vec{a}_S = \vec{0}$), und

2. die Drehachse Hauptträgheitsachse ist, also in dem körperfesten x, y, z-System die resultierenden Kräftepaare M_x und M_y nach Gl. (5.117) verschwinden, da dann $J_{yz} = 0$ und $J_{xz} = 0$ ist. Der Impulsmomentvektor ist in diesem Fall mit dem Winkelgeschwindigkeitsvektor gleichgerichtet, s. Gl. (5.73).

In **Bild 5.36a** ist vereinfachend ein Rotor durch zwei Scheiben dargestellt. Die Teilschwerpunkte der Scheiben S_1 und S_2 liegen nicht in der Drehachse. Daher greifen an beiden Scheiben Fliehkräfte $\vec{F}_1$ und $\vec{F}_2$ an. Die Reduktion dieser Kräfte auf den Punkt 0, den Ursprung des körperfesten Koordinatensystems, ergibt eine Einzelkraft $\vec{F}_R$ (diese ist in **Bild 5.36b** gebildet) und ein Kräftepaar $\vec{M}_R$, das sich durch Vektoraddition der Versatzmomente (s. Band *Statik*, Abschn. 8.3) $\vec{M}_1 = \vec{r}_1 \times \vec{F}_1$ und $\vec{M}_2 = \vec{r}_2 \times \vec{F}_2$ ergibt (**Bild 5.36c**). Man bezeichnet den Rotor als ausgewuchtet, wenn sowohl die resultierende Einzelkraft $\vec{F}_R$ als auch das Kräftepaar $\vec{M}_R = \vec{M}_1 + \vec{M}_2$ verschwinden.

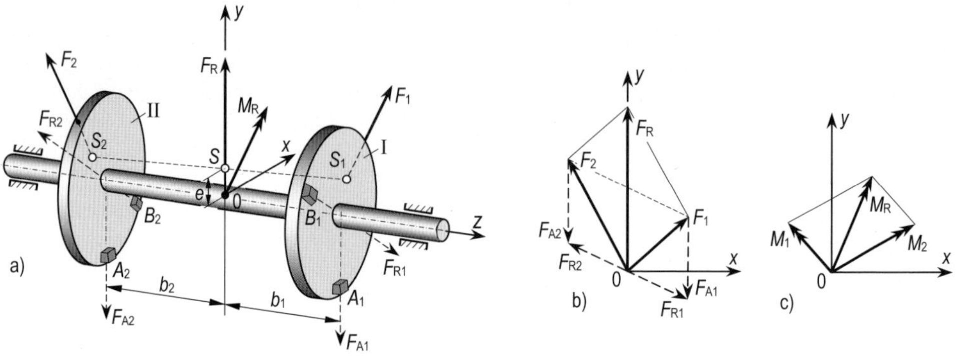

Bild 5.36: Auswuchten eines Rotors

Die Kraft $\vec{F}_R$ darf man sich im Gesamtschwerpunkt S des Rotors angreifend denken, sie hat den Betrag $F_R = m\,e\,\omega^2$, wenn $e = \overline{OS}$ der Abstand des Gesamtschwerpunktes S von der Drehachse und m die Gesamtmasse des Rotors ist. In **Bild 5.36a** ist die y-Achse so gewählt, dass sie durch den Gesamtschwerpunkt geht. Die Kraft $\vec{F}_R$ kann man z. B. zum Verschwinden bringen, wenn man an den Stellen A_1 und A_2 der Scheiben (also von der Drehachse aus dem Schwerpunkt S gegenüberliegend) geeignete Ausgleichsmassen anbringt (**Bild 5.36a**). Dies nennt man *statisches Auswuchten.*

In **Bild 5.36** ist das *statische Auswuchten* für den Fall gezeigt, dass die an den Ausgleichsmassen angreifenden Fliehkräfte gleich groß sind ($F_{A1} = F_{A2} = F_R/2$) und sich ihre Momente um die x-Achse gegenseitig aufheben ($b_1 = b_2$). Die verbleibenden Resultierenden $\vec{F}_{R1} = \vec{F}_1 + \vec{F}_{A1}$ und $\vec{F}_{R2} = \vec{F}_2 + \vec{F}_{A2}$ bilden nun ein Kräftepaar $\vec{M}_R$ mit dem Betrag $M_R = F_{R1}\,b_1 + F_{R2}\,b_2$. Dies kann man durch Anbringen von Ausgleichsmassen an den Stellen B_1 und B_2 (**Bild 5.36a**) zu Null machen. Man nennt diesen Vorgang *dynamisches Auswuchten.* Die Punkte B_1 und B_2 liegen in einer Ebene, die die z-Achse enthält und zu der der Momentvektor $\vec{M}_R$ Normalenvektor ist. Die Ebenen, in denen die Ausgleichsmassen angebracht werden, bezeichnet man als Ausgleichsebenen. Als solche sind in **Bild 5.36a** wegen der Anschaulichkeit die dem Betrachter zugewandten Rotorflächen gewählt.

In der Technik hat man Maschinen entwickelt, die das statische und dynamische Auswuchten in einem Arbeitsgang gestatten. Dabei wird die Größe und Lage der Unwucht in den Ausgleichsebenen von der Maschine angezeigt.

Anmerkung: Man spricht von statischem Auswuchten, weil dies auch rein „statisch" erfolgen kann, indem man den Rotor auf waagerechte Schneiden legt und so ausbalanciert, dass er in jeder Lage im Gleichgewicht bleibt (dann liegt der Schwerpunkt in der Drehachse und die Gewichtskraft hat kein Moment um diese). So wäre der Rotor auch dann statisch ausgewuchtet, wenn die Ausgleichsmasse A_2 zusätzlich an der Stelle A_1 angebracht würde. Das verbleibende Kräftepaar würde dann von $\vec{F}_2$ und einer Kraft $-\vec{F}_2$ an der Scheibe I gebildet und hätte den Betrag $F_2(b_1 + b_2)$, wie man sich anhand von **Bild 5.36b** und **c** leicht überlegen kann. Die zusätzlichen Ausgleichsmassen B_1 und B_2 wären in diesem Fall in einer von $\vec{F}_2$ und der z-Achse aufgespannten Ebene anzubringen.

5.2.1.10 Aufgaben zu Abschnitt 5.2.1

1. Man bestimme die Massenträgheitsmomente folgender Körper um die Drehachse z: a) Schwungscheibe (**Bild 5.37**), b) Kupplungsscheibe (**Bild 5.38**), c) Kegel (**Bild 5.39**), d) Paraboloid (**Bild 5.40**), ($\rho = 7{,}85$ kg/dm^3). Hinweis zu c) und d): Für Drehkörper gilt mit Gl. (5.28) allgemein

$$J_z = \int \frac{y^2 \mathrm{d}m}{2} = \frac{\rho\,\pi}{2} \int y^4 \mathrm{d}z \qquad (5.126)$$

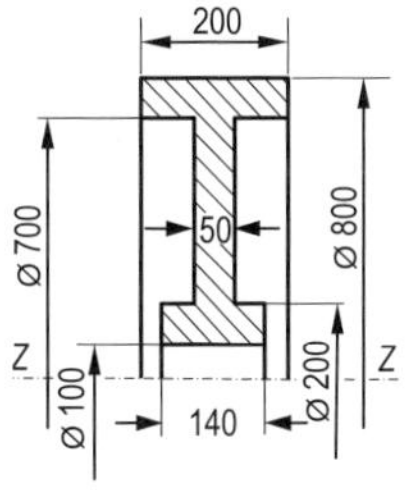

Bild 5.37:
Schwungscheibe

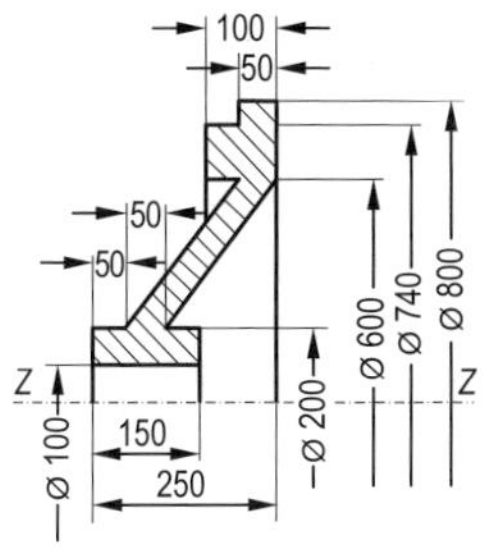

Bild 5.38:
Kupplungsscheibe

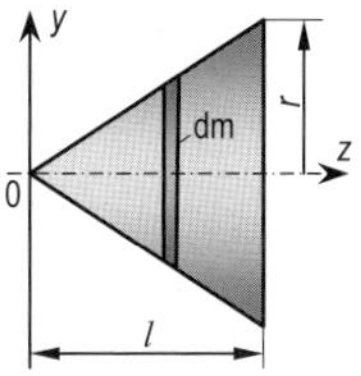

Bild 5.39:
Kegel

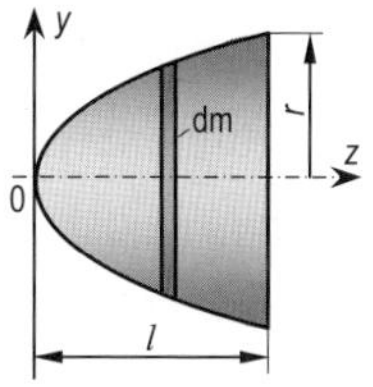

Bild 5.40:
Paraboloid

2. Man bestimme die Massenträgheitsmomente folgender Körper um eine Drehachse durch 0: a) Rechteckplatte (**Bild 5.41**), b) Vollkreisscheibe (**Bild 5.42**), c) Kreisring (**Bild 5.43**), d) Viertelkreisausschnitt (**Bild 5.44**), e) gleichschenkliges Dreieck (**Bild 5.45**).

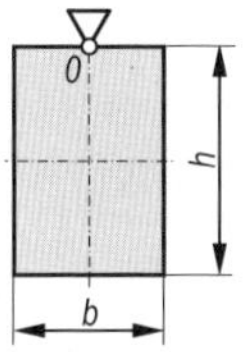

Bild 5.41:
Rechteckplatte

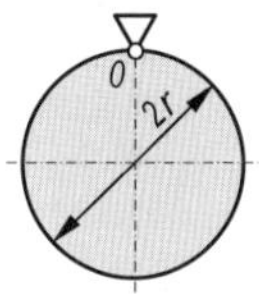

Bild 5.42:
Kreisscheibe

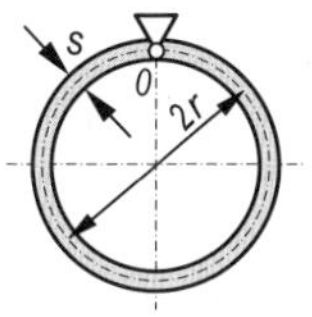

Bild 5.43:
Kreisring

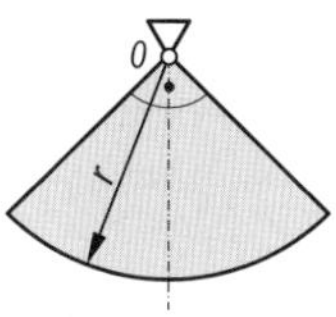

Bild 5.44:
Kreisausschnitt

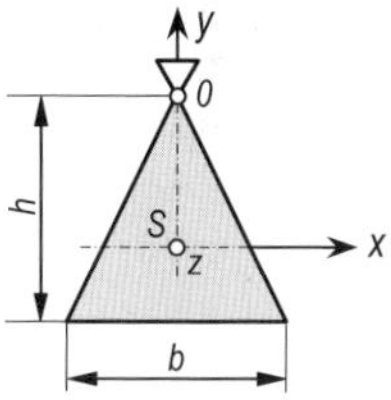

Bild 5.45: Gleichschenkliges Dreieck

3. Wie groß ist das Massenträgheitsmoment der Hantel einer Spindelpresse (**Bild 5.46**)? $\rho = 7{,}85\ \text{kg/dm}^3$, Kugelradius $r = 50$ mm, Stabdurchmesser $d = 35$ mm, Stablänge $l = 700$ mm.

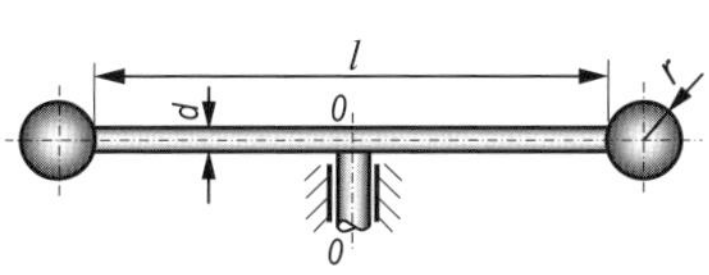

Bild 5.46: Hantel

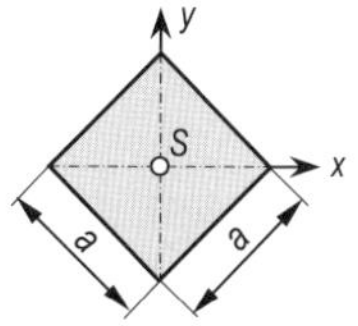

Bild 5.47: Quadratische Platte

4. Wie groß ist das Massenträgheitsmoment der dünnen quadratischen Platte (**Bild 5.47**) um die x-Achse?

5. Mit Hilfe der aus der Festigkeitslehre bekannten Formeln für Flächenmomente 2. Grades bestimme man das Massenträgheitsmoment einer dünnen gleichschenkligen dreieckigen Platte konstanter Dicke um die Achsen x, y und z (**Bild 5.45**).

6. Wie groß sind die Trägheitsradien der Scheiben in Aufgabe 1 a) und b)?

7. Ein Körper mit der Masse $m_1 = 2\,000$ kg ruht auf einer schrägen Ebene ($\alpha = 30°$) und ist durch ein biegeweiches, nicht dehnbares Seil mit einer Seiltrommel ($J = 125\ \text{kgm}^2$) verbunden (**Bild 5.48**). Die Gleitreibungszahl beträgt $\mu = 0{,}2$, der Trommeldurchmesser $d = 2\ r = 0{,}30$ m. Unter Vernachlässigung der Reibung in den Lagern der Seiltrommel bestimme man a) die Beschleunigung a von m_1, wenn sich das System aus der Ruhelage in Bewegung setzt, b) die Seilkraft F_s.

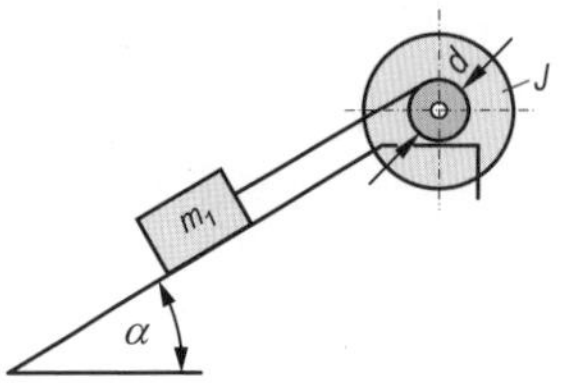

Bild 5.48: Schrägaufzug

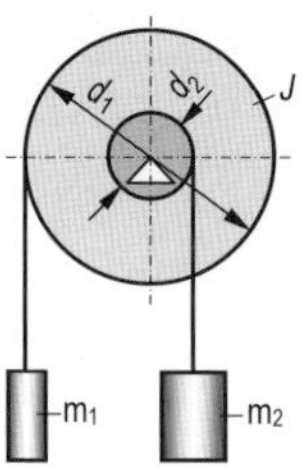

Bild 5.49: Zwei Lasten an einer Seiltrommel

8. Das Massenträgheitsmoment der Seilscheibe in Bild **Bild 5.49** ist $J = 8$ kgm^2, die Masse $m_1 = 100$ kg, die Masse $m_2 = 200$ kg, die Durchmesser $d_1 = 0{,}6$ m, $d_2 = 0{,}2$ m. Unter Vernachlässigung der Reibung berechne man a) die Winkelbeschleunigung der Scheibe und b) ihre Winkelgeschwindigkeit ω_1 und die Drehzahl n_1 nach $t_1 = 5$ s (Bewegung aus der Ruhelage).

9. An einer Seiltrommel hängt die Masse $m_Q = 25$ kg (**Bild 5.50**). Die Seiltrommel ($J = 0{,}1$ kgm^2, $d =$ 30 cm) wird durch eine gewichtbelastete Backenbremse ($m = 15$ kg) gebremst, a) Mit welcher Beschleunigung a_1 fällt die Masse m_Q, wenn $l = 1$ m, $b = 0{,}3$ m und $\mu = 0{,}4$ ist? b) Bei welchem Wert l bleibt die Last gerade in Ruhe oder bewegt sich gleichförmig ($\mu_0 = \mu$)? c) Wie groß sind die Beschleunigung a_2 und die Geschwindigkeit v_2 nach $s_2 = 5$ m Fallweg, wenn die Bremse gelüftet wird (Stab masselos)?

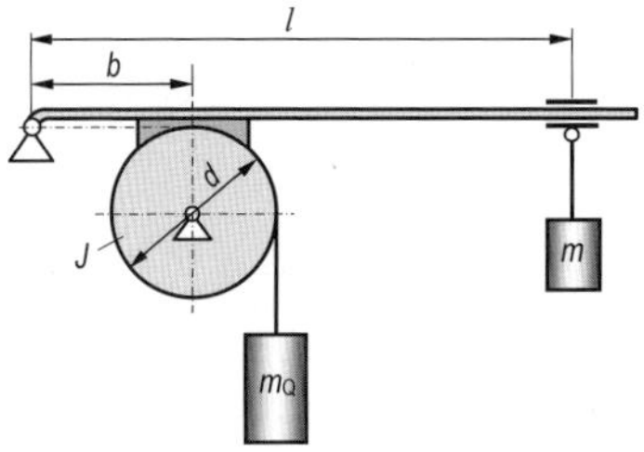

Bild 5.50: Gewichtbelastete Bremse

10. Welche Beschleunigung erfährt das System in Aufgabe 5 (**Bild 2.20**), wenn die auf den Radius der Rolle reduzierte Masse der Rolle $m_{red} = m$ ist (ohne Reibung im Rollenzapfen)?

11. Man löse die Aufgabe in Beispiel 2.4 (**Bild 2.7**), wenn das Massenträgheitsmoment der Rolle $J =$ 1,25 kgm^2 und ihr Durchmesser $d = 2\,r = 0{,}6$ m ist.

12. Der Läufer eines E-Motors ($J = 0{,}23$ kgm^2) dreht sich mit $n = 1450$ min^{-1}. Welches konstante Bremsmoment ist notwendig, wenn der Motor nach Abschalten des Stromes nach $N = 3$ Umdrehungen zum Stillstand kommen soll?

13. Man bestimme die Kreisfrequenzen ω_0 der kleinen Schwingungen der Körper in vorstehender Aufgabe 2 für die dort angegebenen Drehachsen sowie die reduzierten Pendellängen l_{red}.

14. Der offene Rahmen im **Bild 5.51** ist als physikalisches Pendel aufgehängt. Man ermittle a) die Kreisfrequenz ω_0 und die Schwingungsdauer T der kleinen Schwingungen, b) die reduzierte Pendellänge. c) Ändern sich ω_0, T oder l_{red}, wenn der Winkel α, unter dem die beiden Stäbe miteinander verbunden sind, geändert wird?

15. Über eine Kreisscheibe ($J = 0{,}05$ kgm^2, $r = d/2 = 20$ cm) ist ein biegeweiches, nicht dehnbares Seil gespannt, das mit seinem einen Ende an einer Feder ($c = 20$ N/cm) und mit dem anderen an einer

Masse (m_1 = 5 kg) befestigt ist (**Bild 5.52**). Unter Vernachlässigung der Reibung in den Lagerzapfen bestimme man a) die statische Auslenkung f_{st} der Masse, b) die Bewegungsgleichung, c) die auf den Radius der Scheibe reduzierte Masse m_{red}, d) die Frequenz ω_0 und die Schwingungsdauer T der kleinen Schwingungen. Man zeige, dass $\omega_0^2 = c/m_{red}$ ist.

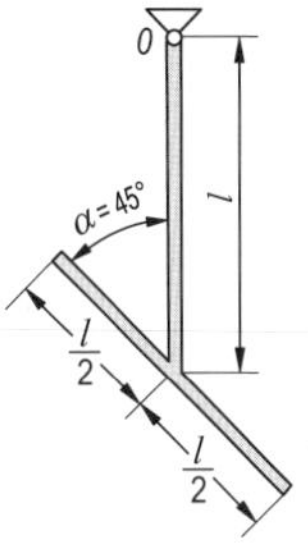

Bild 5.51:
Offener Rahmen
als Pendel

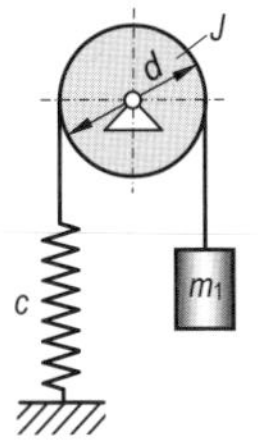

Bild 5.52:
System zur
Aufgabe 15

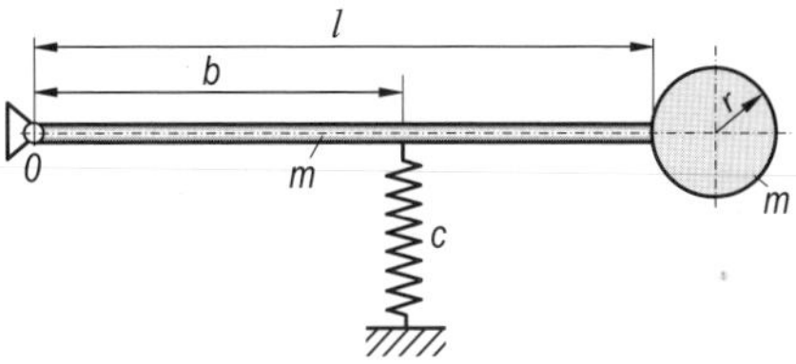

Bild 5.53:
Kreisscheibe mit Stab
federnd gestützt

16. Man bestimme die Kreisfrequenz ω_0 und die Schwingungsdauer T der kleinen Schwingungen des Systems in **Bild 5.53** (m = 10 kg, l = 0,8 m, b = 0,6 m, r = 0,1 m, c = 200 N/cm).

17. Die Drehachse eines Körpers ist gegenüber der Vertikalen um einen Winkel α geneigt (**Bild 5.54**). Der Schwerpunkt hat von der Drehachse den Abstand r_S. Der Körper kann sich reibungsfrei drehen. a) Man stelle die Bewegungsgleichung auf und bestimme b) die Kreisfrequenz und die Schwingungsdauer der kleinen Schwingungen um die Gleichgewichtslage.

Hinweis: Die x-Komponente der Gewichtskraft $F_G \sin\alpha$ hat um die Drehachse ein rückstellendes Moment am Hebelarm $r_S \sin\varphi$.

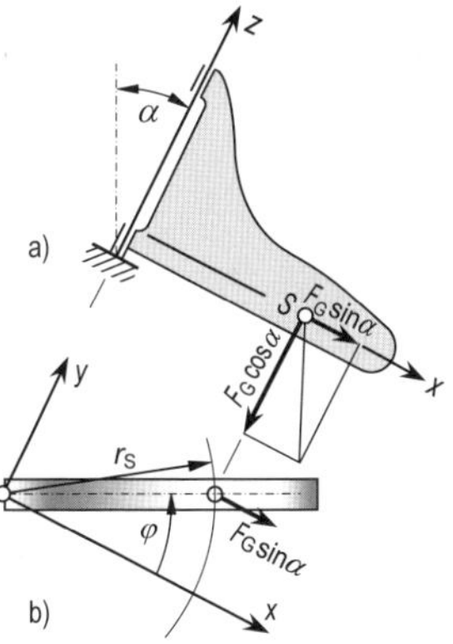

Bild 5.54: Körper mit geneigter Drehachse

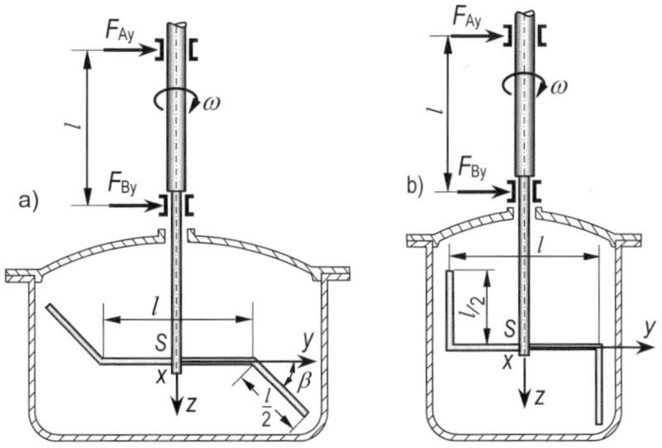

Bild 5.55: Rührwerk

18. Die Arme eines Rührwerks sind aus Rundstahl (d = 15 mm, ρ = 7,85 kg/dm^3) nach **Bild 5.55a** und **b** zu einem offenen Rahmen gebogen (l = 20 cm, β = 45°) und auf einer Welle befestigt, die sich mit der Drehzahl n = 630 min^{-1} dreht. Man bestimme a) das Massenträgheitsmoment J_z, b) das Zentrifugalmoment J_{zy}, c) das Moment M_x, d) die Auflagerkräfte F_{Ay} und F_{By} in dem mitgeführten körperfesten x, y, z-System.

19. Zwei homogene Stäbe ($l = 40$ cm, $m = 2$ kg, $\beta = 30°$) sind im Punkte A gelenkig an einer Welle befestigt, die sich mit $n = 200\ \text{min}^{-1}$ dreht (**Bild 5.56**). Die Stäbe werden durch zwei Drähte $\overline{BC}$, deren Massen zu vernachlässigen sind, in dieser Lage gehalten. a) Welche Zugkraft F_C tritt in den Drähten auf, falls $l_1 = l$? b) An welcher Stelle B in der Entfernung l_1 von A sind die horizontalen Drähte $\overline{BC}$ anzubringen, wenn bei der gegebenen Drehzahl die horizontale Komponente der Lagerkraft in A verschwinden soll? c) Bei welcher Drehzahl n_1 wird $F_C = 0$?

20. Man löse die vorstehende Aufgabe mit denselben Zahlenwerten für das System in **Bild 5.57** mit $r = 0{,}1$ m.

21. Metronom. Auf einem dünnen Stab ist eine Masse $m = 0{,}05$ kg im Abstand $l = 8$ cm von der Drehachse 0 befestigt (**Bild 5.58**). Der Stab wird durch eine Spiralfeder (Drehfederkonstante $c_d = 7$ Ncm) in vertikaler Lage gehalten. Seine Masse sei gegenüber der Masse m vernachlässigbar klein. Wird das System ausgelenkt, so vollführt es Schwingungen um die lotrechte Gleichgewichtslage.

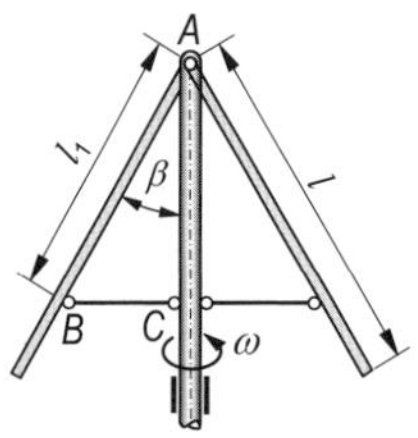

Bild 5.56: Pendelstäbe

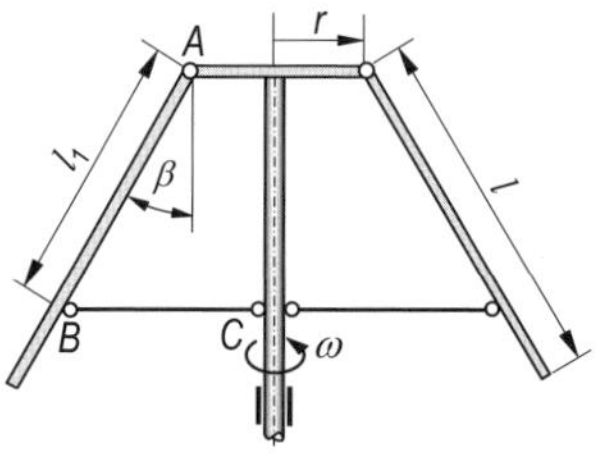

Bild 5.57: Pendelstäbe

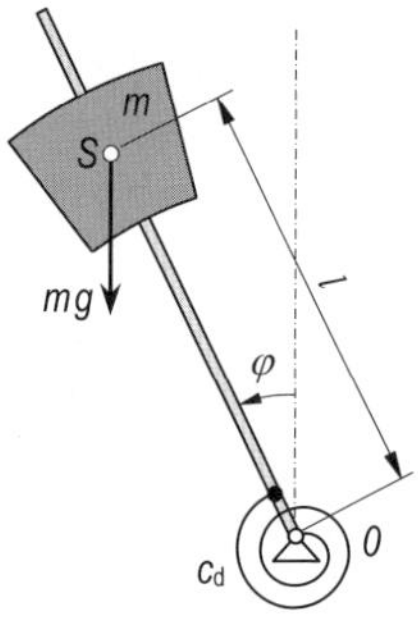

Bild 5.58: Metronom

Unter Vernachlässigung des Trägheitsmomentes J_s der Masse m bezüglich ihres Schwerpunktes bestimme man a) die Bewegungsgleichung, b) die Kreisfrequenz ω_0 und die Schwingungsdauer T der kleinen Schwingungen. c) In welchem Abstand l_1 von der Drehachse ist die Masse m anzubringen, wenn die Schwingungsdauer $T_1 = 1$ s betragen soll?

22. Ein Pendel hat die Länge l und die Masse m und ist in 0 reibungsfrei gelagert (**Bild 5.59**). Es wird mit konstanter Winkelgeschwindigkeit ω um die vertikale z-Achse gedreht. Welchen Winkel β nimmt das Pendel ein, und von welcher Winkelgeschwindigkeit ω_0 an ist überhaupt eine Auslenkung des Pendels möglich?

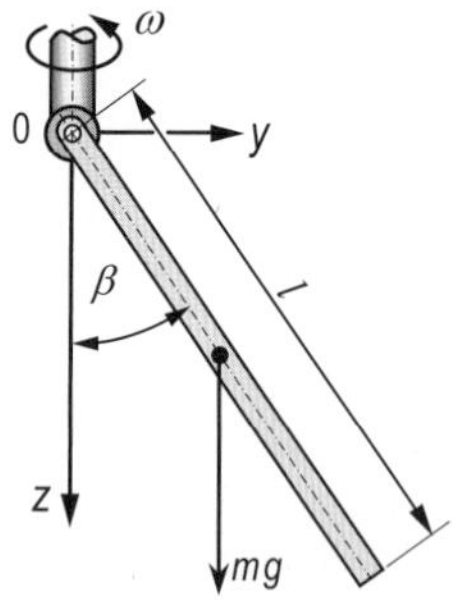

Bild 5.59: Drehbar aufgehängtes Pendel

23. Eine dünne homogene Kreisscheibe ($m = 20$ kg, $d = 40$ cm) ist auf der Drehachse um einen Winkel $\gamma = 2{,}5°$ schief aufgekeilt. Der Schwerpunkt der Scheibe liegt auf der Drehachse, der Lagerabstand beträgt $b = 0{,}5$ m (**Bild 5.26**). Man bestimme a) das Zentrifugalmoment J_{zy}, b) die dynamischen Auflagerkräfte F_{Ay} und F_{By} in dem mitgeführten x, y, z-Koordinatensystem bei konstanter Drehzahl $n = 1450\ \text{min}^{-1}$ der Welle.

24. Man bestimme das Bremsmoment M an dem Speichenrad in Beispiel 5.9, S. 181, mit Hilfe des Impulsmomentsatzes, wenn das Rad von der Drehzahl $n = 900\ \text{min}^{-1}$ mit dem konstanten Moment M in $t_1 = 3$ s bis zum Stillstand abgebremst wird.

25. Auf einer homogenen Kreisscheibe ($m_1 = 5$ kg, $d_1 = 50$ cm), sind zwei kleinere homogene Kreisscheiben ($m_2 = 2$ kg, $d_2 = 20$ cm) im Abstand $r = 15$ cm von der Achse der großen Scheibe drehbar gelagert (**Bild 5.60**). Zur Zeit $t = 0$ ist die große Scheibe in Ruhe, während die kleineren je mit der Drehzahl $n_0 = 480\ \text{min}^{-1}$ umlaufen. Von der Zeit $t = 0$ an werden die kleinen Scheiben relativ zu der großen bis zum Stillstand abgebremst.

Mit welcher Drehzahl n_1 läuft die große Scheibe um, wenn die beiden kleinen relativ zur großen Scheibe zur Ruhe gekommen sind?

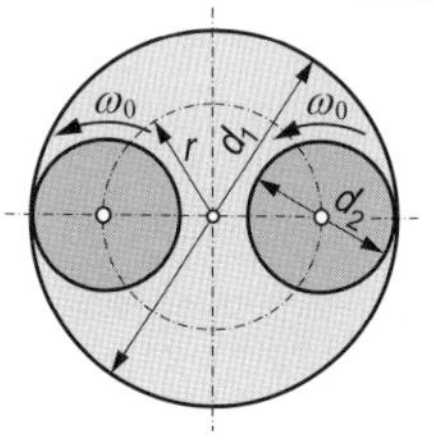

Bild 5.60: System zu Aufgabe 25

5.2.2 Arbeit, Energie und Leistung bei der Drehbewegung

5.2.2.1 Arbeit

An einem Körper, der sich um eine feste Achse dreht, greift ein Drehmoment M an. Das Drehmoment kann durch sein Kräftepaar dargestellt werden (**Bild 5.61**). Aufgrund der Eigenschaft des Kräftepaares (es kann in seiner Ebene beliebig verschoben und gedreht werden, s. Band *Statik*, Abschn. 4.1.1 und 8.3.2) können wir von der Vorstellung ausgehen, dass die eine Kraft $\vec{F}$ des Kräftepaares im Körperpunkt P angreift und während der Drehung tangential zur Bahn des Punktes P gerichtet ist. Die andere Kraft $-\vec{F}$ denken wir uns im Punkt 0 angreifend. Dann ist die Arbeit der Kraft $\vec{F}$ längs des Kreisbogens nach Gl. (2.68)

$$W = \int_{s_0}^{s_1} F(s)\,\mathrm{d}s = \int_{\varphi_0}^{\varphi_1} F(\varphi)\,r\,\mathrm{d}\varphi \tag{5.127}$$

mit $\mathrm{d}s = r \cdot \mathrm{d}\varphi$

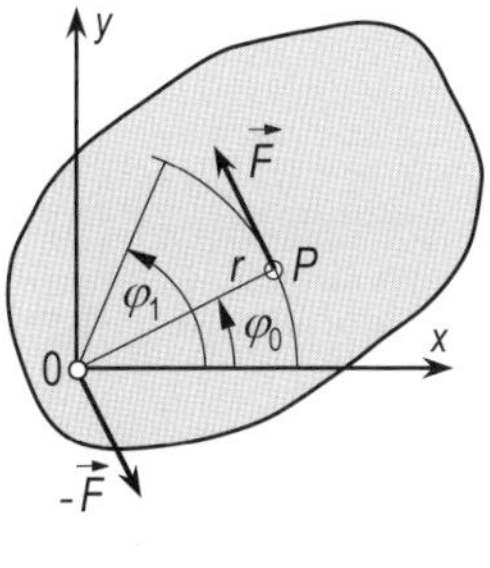

Bild 5.61: Zur Arbeit des Drehmomentes

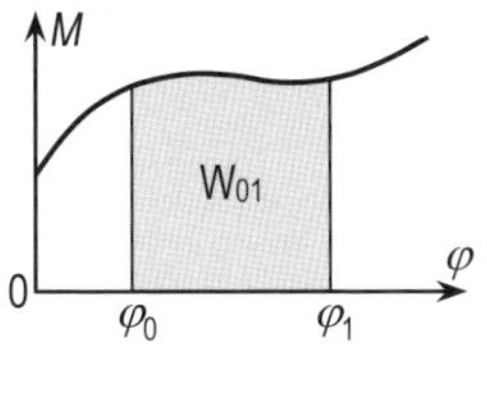

Bild 5.62: Drehmoment-Drehwinkel-Diagramm

Die Arbeit der Kraft $-\vec{F}$ ist gleich Null, da sich ihr Angriffspunkt nicht verschiebt. Das Produkt $F(\varphi)\,r = M(\varphi)$ ist das Moment des Kräftepaares. Damit ist die Arbeit des Drehmomentes bei der Drehung des Körpers um den Winkel $\Delta\varphi = \varphi_1 - \varphi_0$ gegeben durch

$$\boldsymbol{W = \int_{\varphi_0}^{\varphi_1} M(\varphi)\,\mathrm{d}\varphi} \tag{5.128}$$

Für ein konstantes Drehmoment erhält man

$$W = \int_{\varphi_0}^{\varphi_1} M\,\mathrm{d}\varphi = M(\varphi_1 - \varphi_0) \tag{5.129}$$

Bei der Darstellung des Drehmomentverlaufs als Kurve in einem kartesischen M, φ-Koordinatensystem kann die Arbeit aus der Fläche unter dieser Kurve gewonnen werden (**Bild 5.62**).

Beispiel 5.28: An einem Torsionsstab mit Kreisquerschnitt greift das Drehmoment M an (**Bild 5.63**). Wie groß ist die von dem Drehmoment M verrichtete Arbeit, wenn der Stab um den Winkel φ_1 tordiert wird?
In der Festigkeitslehre wird gezeigt, dass der Torsionswinkel φ einer Welle dem Drehmoment M und der Länge l proportional sowie dem polaren Flächenmoment I_p und dem Gleitmodul G umgekehrt proportional ist

$$\varphi = \frac{M\,l}{G\,I_p} \quad \text{oder} \quad M = \left(\frac{G\,I_p}{l}\right)\varphi = c_d\,\varphi \tag{5.130}$$

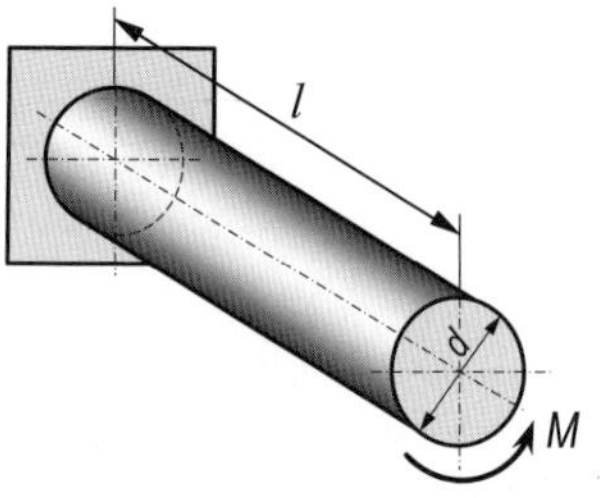

Bild 5.63: Torsionsstab

Beachtet man, dass G, I_p und l konstant sind, so gewinnt man mit Gl. (5.128) die Arbeit

$$W = \int_0^{\varphi_1} M\,\mathrm{d}\varphi = \frac{G\,I_p}{l}\int_0^{\varphi_1} \varphi\,\mathrm{d}\varphi = \frac{G\,I_p}{l}\,\frac{\varphi_1^2}{2} = c_d\,\frac{\varphi_1^2}{2} \tag{5.131}$$

5.2.2.2 Kinetische Energie

Die kinetische Energie eines Massenpunktes ist durch Gl. (2.90) definiert. Dreht sich ein Körper um eine feste Achse mit der Winkelgeschwindigkeit ω, so ist die kinetische Energie eines Körperelementes mit der Masse $\mathrm{d}m$ im Abstand r von der Drehachse näherungsweise (**Bild 5.64**)

$$\mathrm{d}E_k = \frac{v^2}{2}\,\mathrm{d}m = \frac{r^2\omega^2}{2}\,\mathrm{d}m$$

Durch Integration erhält man die kinetische Energie eines Körpers, der sich um eine feste Achse dreht

$$E_k = \frac{\omega^2}{2}\int r^2\,\mathrm{d}m$$

Das Integral in diesem Ausdruck ist das Massenträgheitsmoment J_z des Körpers bezüglich der Drehachse z. Damit ist

$$\boldsymbol{E_k = \frac{\omega^2}{2} J_z} \tag{5.132}$$

Bei der Drehung eines Körpers um eine feste Achse ist seine kinetische Energie gleich dem halben Produkt seines Massenträgheitsmomentes J_z mit dem Quadrat seiner Winkelgeschwindigkeit ω.

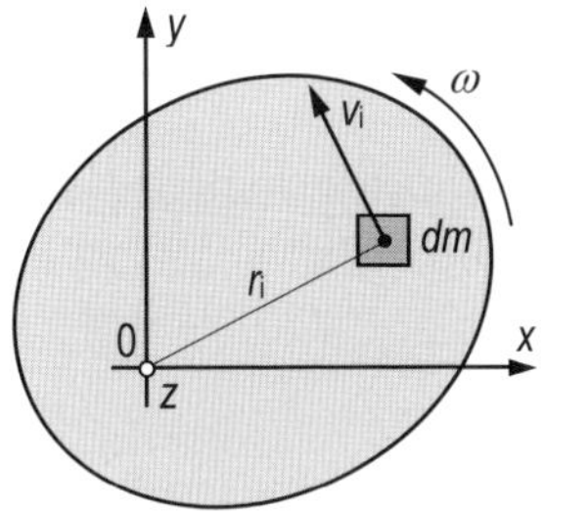

Bild 5.64: Geschwindigkeit eines Massenelementes

5.2.2.3 Arbeitssatz

Führt ein Körper unter der Wirkung des äußeren Drehmomentes M_z eine Drehung um eine feste Achse z aus, so gilt in jedem Zeitpunkt das Grundgesetz $M_z = J_z\, \alpha$, Gl. (5.19). Die Arbeit dieses Momentes bei der Drehung des Körpers aus der Lage 0 (Drehwinkel φ_0) in die Lage 1 (Drehwinkel φ_1) ist nach Gl. (5.128) unter Berücksichtigung des Grundgesetzes

$$W_{01} = \int_{\varphi_0}^{\varphi_1} M_z\,(\varphi)\,\mathrm{d}\varphi = J_z \int_{\varphi_0}^{\varphi_1} \alpha\,\mathrm{d}\varphi \tag{5.133}$$

Das Integral über die Winkelbeschleunigung kann entsprechend dem Integral in Gl. (2.79) geschlossen ausgewertet werden, indem man zuerst die Zeit t durch $\varphi = \varphi\,(t)$ und dann die Winkelgeschwindigkeit ω durch $\omega = \omega(t)$ als neue Integrationsveränderliche einführt, s. Gl. (2.79), (2.80) und (2.81). Man erhält

$$\int_{\varphi_0}^{\varphi_1} \alpha\,\mathrm{d}\varphi = \int_{t_0}^{t_1} \alpha \frac{\mathrm{d}\varphi}{\mathrm{d}t}\mathrm{d}t = \int_{t_0}^{t_1} \frac{\mathrm{d}\omega}{\mathrm{d}t}\omega\,\mathrm{d}t = \int_{\omega_0}^{\omega_1} \omega\,\mathrm{d}\omega = \frac{1}{2}\omega_1^2 - \frac{1}{2}\omega_0^2$$

Damit kann Gl. (5.133) in der Form geschrieben werden

$$\boldsymbol{W_{01} = \int_{\varphi_0}^{\varphi_1} M_z(\varphi)\,\mathrm{d}\varphi = \frac{1}{2} J_z\,\omega_1^2 - \frac{1}{2} J_z\,\omega_0^2} \tag{5.134}$$

Auf der rechten Seite dieser Beziehung steht die Differenz der kinetischen Energien des Körpers in den Lagen 0 und 1. Man bezeichnet Gl. (5.134) als *Arbeitssatz*. Er besagt:

Die Arbeit, die bei der Drehung eines Körpers um eine feste Achse von den am Körper angreifenden äußeren Drehmomenten verrichtet wird, ist gleich der Differenz seiner kinetischen Energien in der End- und Anfangslage.

$$\boldsymbol{W_{01} = E_{k1} - E_{k0}} \qquad (5.135)$$

Wird der Arbeitssatz auf ein System von Massenpunkten und Körpern, die sich um eine feste Achse drehen, angewandt, so sind E_k die kinetische Energie des ganzen Systems und W die Arbeit *aller äußeren* Kräfte oder Momente (vgl. auch Beispiel 5.31, S. 219).

Beispiel 5.29: Welches konstante Bremsmoment ist erforderlich, wenn das Speichenrad in Beispiel 5.9, S. 181, von der Drehzahl $n = 900\ \text{min}^{-1}$ nach $N = 20$ Umdrehungen bis zum Stillstand abgebremst werden soll?

Mit $\omega_1 = 0$ erhält man aus Gl. (5.134) für konstantes Drehmoment M

$$M(\varphi_1 - \varphi_0) = M\,\Delta\varphi = \frac{-J_z\,\omega_0^2}{2}$$

Bei $N = 20$ Umdrehungen ist die Winkeldifferenz $\Delta\varphi = (\varphi_1 - \varphi_0) = 2\,\pi\,N = 40\,\pi = 125{,}7$. Mit der Anfangswinkelgeschwindigkeit $\omega_0 = 94{,}2\ \text{s}^{-1}$ und dem Massenträgheitsmoment $J_z = 2{,}804\ \text{kgm}^2$ (s. Beispiel 5.6, S. 179) gewinnt man

$$M = -\frac{J_z\,\omega_0^2}{2\,\Delta\varphi} = -\frac{2{,}804\ \text{kgm}^2 \cdot (94{,}2\ \text{s}^{-1})^2}{2 \cdot 125{,}7} = -99{,}0\ \text{Nm}$$

Beispiel 5.30: Eine homogene Falltür ($m = 40$ kg, $l = 1$ m) wird aus der horizontalen Ruhelage losgelassen und trifft in der vertikalen Lage gegen zwei parallele Federn, Federkonstante je Feder $c = 800$ N/cm (**Bild 5.65a**). Man bestimme a) die Winkelgeschwindigkeit ω_1 der Falltür in der vertikalen Lage 1, b) den Betrag f_2, um den die Federn zusammengedrückt werden, c) die maximale Federkraft F_2 und die Auflagerkraft F_{Ax}, wenn die Federn am stärksten zusammengedrückt sind.

a) Da die Tür aus der Ruhelage losgelassen wird, ist $\omega_0 = 0$. Die Gewichtskraft verrichtet zwischen den Lagen 0 und 1 die Arbeit $W_{01} = m\,g\,l/2$, und aus Gl. (5.134) erhält man mit $J_A = m\,l^2/3$ (s. Gl. (5.59))

$$\frac{J_A\omega_1^2}{2} = \frac{m\,l^2}{3}\,\frac{\omega_1^2}{2} = \frac{m\,g\,l}{2}$$

$$\omega_1 = \sqrt{3\,\frac{g}{l}} = \sqrt{3\,\frac{9{,}81\ \text{m/s}^2}{1\ \text{m}}} = 5{,}42\ \text{s}^{-1}$$

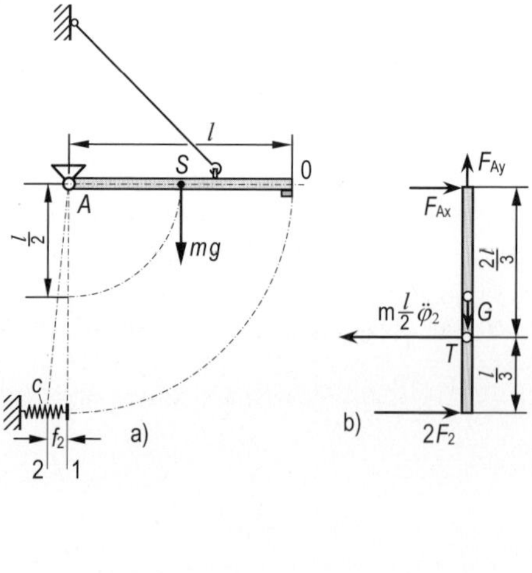

Bild 5.65: Federnd abgefangene Stahlfalltür 2

b) Vernachlässigt man die Arbeit, die die Gewichtskraft zwischen den Lagen 1 und 2 (**Bild 5.65a**) verrichtet, so ist die Arbeit $m\,g\,l/2$ zwischen den Lagen 0 und 1 gleich der gespeicherten Federenergie

$$\frac{m\,g\,l}{2} = 2\,\frac{c\,f_2^2}{2} \qquad \text{oder} \qquad f_2 = \sqrt{\frac{m\,g\,l}{2\,c}} = \sqrt{\frac{(40 \cdot 9{,}81)\,\text{N} \cdot 100\,\text{cm}}{2 \cdot 800\,\text{N/cm}}} = 5{,}0\,\text{cm}$$

c) Die maximale Federkraft einer Feder beträgt

$$F_2 = c\,f_2 = 800\,\text{N/cm} \cdot 5{,}0\,\text{cm} = 4000\,\text{N}$$

Nimmt man näherungsweise die vertikale Lage der Falltür als Umkehrlage an ($\omega = 0$), so greifen an ihr die in **Bild 5.65b** eingetragenen Kräfte an, und aus dem Gleichgewicht der Momente um den Trägheitsmittelpunkt T folgt mit $l_{red} = 2\,l/3$ (s. Gl. (5.60) und Beispiel 5.24, S. 207)

$$F_{Ax}\,l_{red} = 2\,F_2\,(l - l_{red})$$

$$F_{Ax} = 2\,F_2\,\frac{l - l_{red}}{l_{red}} = 2\,F_2\,\frac{l - 2\,l/3}{2\,l/3} = F_2 = 4000\,\text{N}$$

Beispiel 5.31: An einer Seiltrommel ($J = 250\,\text{kgm}^2$, $r_1 = 0{,}5$ m, $r_2 = 1{,}5$ m, $\alpha = 30°$) sind die Massen $m_1 = 1000$ kg und $m_2 = 100$ kg befestigt (**Bild 5.66a**). Die Seiltrommel wird rechtsdrehend mit der Drehzahl $n_0 = 60\,\text{min}^{-1}$ angetrieben. Zur Zeit t_0 wird der Antrieb abgeschaltet. Infolge der Trägheit bewegt sich das System weiter, bis die Masse m_1 nach einem Weg s_1 seine höchste Lage erreicht und sich dann in umgekehrter Richtung bewegt. Die Reibung in den Lagerzapfen sei vernachlässigt, der Reibungskoeffizient zwischen der Masse m_1 und der schiefen Ebene beträgt $\mu = 0{,}1$. Man bestimme für die beiden Bewegungsabschnitte a) den Weg s_{11}, b) die Beschleunigung a_{11}, c) die Seilkraft F_{s11} an der Masse m_1 bei der Aufwärtsbewegung, d) die Drehzahl n_2 der Seiltrommel, wenn das System die Ausgangslage in umgekehrter Richtung passiert, e) die Beschleunigung a_{12} und die Seilkraft F_{s12} bei der Abwärtsbewegung.

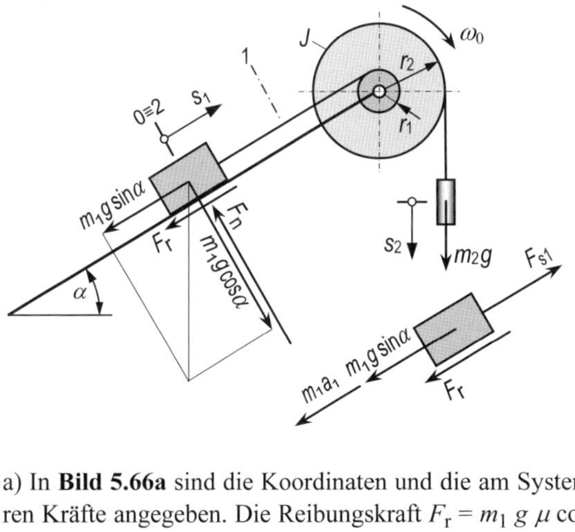

Bild 5.66: a) System
b) Körper 1 freigemacht

a) In **Bild 5.66a** sind die Koordinaten und die am System bei der Aufwärtsbewegung angreifenden äußeren Kräfte angegeben. Die Reibungskraft $F_r = m_1\,g\,\mu \cos\alpha$ und die Komponente der Gewichtskraft $m_1\,g \sin\alpha$ wirken der Bewegungsrichtung entgegen und verrichten daher eine negative Arbeit, während die Arbeit der Gewichtskraft $m_2\,g$ positiv ist. In der Lage 0 zur Zeit t_0 haben die beiden Massen und die Seiltrommel die kinetische Energie E_{k0}. Die kinetische Energie des Systems ist in der Umkehrlage 1 gleich Null ($E_{k1} = 0$). Mit Hilfe des Arbeitssatzes Gl. (5.135) erhält man

$$\begin{array}{cccc} E_{k1} - & E_{k0} & = & W_{01} \end{array}$$

$$0-\left(J_0\frac{\omega_0^2}{2}+m_1\frac{v_{10}^2}{2}+m_2\frac{v_{20}^2}{2}\right)=-\left(m_1\, g\sin\alpha+\mu\, m_1\, g\cos\alpha\right)s_{11}+m_2\, g\, s_{21}$$

Mit $\omega_0=\dfrac{v_{10}}{r_1}=\dfrac{v_{20}}{r_2}=6{,}28\ \text{s}^{-1}$ und $\varphi=\dfrac{s_1}{r_1}=\dfrac{s_2}{r_2}$

folgt $(J_0+m_1\, r_1^2+m_2\, r_2^2)\dfrac{\omega_0^2}{2}=m_1\, g\,(\sin\alpha+\mu\cos\alpha)\, s_{11}-m_2\, g\,\dfrac{r_2}{r_1}\, s_{11}$

$$s_{11}=\frac{J_0+m_1\, r_1^2+m_2\, r_2^2}{m_1(\sin\alpha+\mu\cos\alpha)-m_2\, r_2/r_1}\cdot\frac{\omega_0^2}{2g}$$

$$=\frac{(250+1000\cdot 0{,}25+100\cdot 2{,}25)\ \text{kgm}^2}{[1000\,(0{,}5+0{,}1\cdot 0{,}866)-100\cdot 1{,}5/0{,}5]\ \text{kg}}\cdot\frac{6{,}28^2\ \text{s}^{-2}}{2\cdot 9{,}81\ \text{m/s}^2}=5{,}09\ \text{m}$$

b) Wegen der gleichförmig verzögerten Bewegung gewinnt man aus Gl. (1.20)

$$a_{11}=-\frac{v_{10}^2}{2\, s_{11}}=-\frac{(r_1\,\omega_0)^2}{2\, s_{11}}=-\frac{(0{,}5\ \text{m}\cdot 6{,}28\ \text{s}^{-1})^2}{2\cdot 5{,}09\ \text{m}}=-0{,}970\ \text{m/s}^2$$

c) Aus dem Gleichgewicht der Kräfte in Bewegungsrichtung an m_1 (**Bild 5.66b**) findet man die Seilkraft

$$\begin{aligned} F_{s11}&=m_1\, g\,(\sin\alpha+\mu\cos\alpha)+m_1\, a_{11}\\ &=1000\ \text{kg}\cdot 9{,}81\ \text{m/s}^2\cdot(0{,}5+0{,}1\cdot 0{,}866)-1000\ \text{kg}\cdot 0{,}970\ \text{m/s}^2=4785\ \text{N}\end{aligned}$$

d) Hat das System die Ausgangslage $0\equiv 2$ wieder erreicht, so ist die zur Zeit t_0 vorhandene kinetische Energie um die Arbeit der Reibungskraft an dem Körper mit der Masse m_1 vermindert worden. Diese ist für beide Bewegungsrichtungen negativ, da Reibungskraft und Verschiebung entgegengesetzte Richtung haben. Nach dem Arbeitssatz erhält man mit $E_2-E_0=W_{02}$

$$\left(\frac{J_0\,\omega_2^2}{2}+\frac{m_1\, v_{12}^2}{2}+\frac{m_2\, v_{22}^2}{2}\right)-\left(\frac{J_0\,\omega_0^2}{2}+\frac{m_1\, v_{10}^2}{2}+\frac{m_2\, v_{20}^2}{2}\right)=-\mu\, m_1\, g\cos\alpha\cdot 2\, s_{11}$$

$$(J_0+m_1\, r_1^2+m_2\, r_2^2)\frac{\omega_0^2-\omega_2^2}{2}=\mu\, m_1\, g\cos\alpha\cdot 2\, s_{11}$$

$$\omega_2^2=\omega_0^2-\frac{2\,\mu\, m_1\cos\alpha\cdot 2\, s_{11}}{J_0+m_1\, r_1^2+m_2\, r_2^2}\cdot g$$

$$=(6{,}28\ \text{s}^{-1})^2-\frac{2\cdot 0{,}1\cdot 1000\ \text{kg}\cdot 0{,}866\cdot 2\cdot 5{,}09\ \text{m}}{(250+250+225)\ \text{kgm}^2}\cdot 9{,}81\ \text{m/s}^2=15{,}6\ \text{s}^{-2}$$

$$\omega_2=3{,}95\ \text{s}^{-1}\qquad n_2=37{,}7\ \text{min}^{-1}$$

e) Bei der Abwärtsbewegung behält die Beschleunigung ihre negative Richtung bei (sie ist der Koordinate s_1 entgegengerichtet), und entsprechend Gl. (1.20) wird

$$a_{12}=-\frac{v_{12}^2}{2\, s_{11}}=-\frac{(r_1\,\omega_2)^2}{2\, s_{11}}=-\frac{(0{,}5\ \text{m}\cdot 3{,}95\ \text{s}^{-1})^2}{2\cdot 5{,}09\ \text{m}}=-0{,}384\ \text{m/s}^2$$

Beachtet man, dass die Reibungskraft ihre Richtung bei der Abwärtsbewegung umkehrt, so ist die Seilkraft

$$F_{s12}=m_1\, g\,(\sin\alpha-\mu\cos\alpha)+m_1\, a_{12}=3671\ \text{N}$$

Beispiel 5.32: *Reduziertes Massenträgheitsmoment.* Die Seiltrommel (d = 25 cm) eines Kranes wird von einem E-Motor über ein zweifaches Rädervorgelege angetrieben (**Bild 5.67**). Die Übersetzung je Stufe beträgt 5:1. Das Massenträgheitsmoment aller Massen auf der Motorwelle ist J_1 = 0,1 kgm², das der Vorgelegewelle J_2 = 1,5 kgm² und das der Seiltrommel J_3 = 6 kgm². Die Masse der Last ist m_Q = 1000 kg. Man reduziere die Massenträgheitsmomente aller umlaufenden Teile auf die Trommelwelle und bestimme unter Vernachlässigung der Reibung die Geschwindigkeit v der Masse m_Q, wenn diese bei stromlosem Motor und gelüfteten Bremsen die Höhe h = 2 m durchfällt.

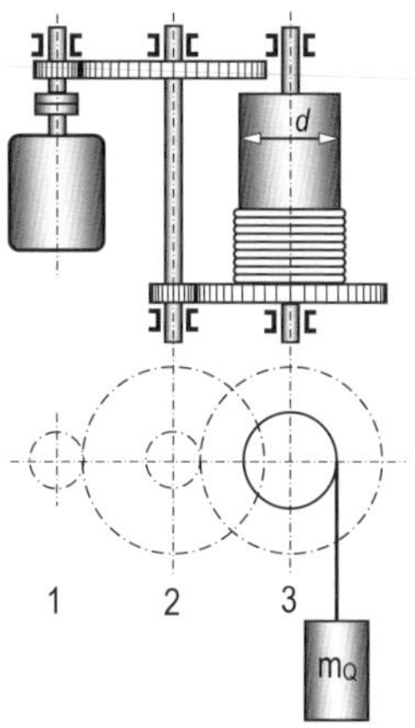

Bei Vernachlässigung der Reibung verrichtet nur die Masse m_Q zwischen den Lagen 0 und 1 die Arbeit $W_{01} = m_Q\, g\, h$. Beachtet man, dass das System aus der Ruhelage anläuft ($E_{k0} = 0$), so ist nach dem Arbeitssatz $E_{k1} = W_{01}$

$$\left(\frac{J_1\,\omega_1^2}{2}+\frac{J_2\,\omega_2^2}{2}+\frac{J_3\,\omega_3^2}{2}\right)+m_Q\frac{v^2}{2}=m_Q\,g\,h$$

$$\left[J_1\left(\frac{\omega_1}{\omega_3}\right)^2+J_2\left(\frac{\omega_2}{\omega_3}\right)^2+J_3\right]\frac{\omega_3^2}{2}+m_Q\frac{v^2}{2}=m_Q\,g\,h \qquad (5.136)$$

Bild 5.67: Hubwerk eines Kranes

Den Ausdruck in der eckigen Klammer bezeichnet man als das auf die Trommelwelle *reduzierte Massenträgheitsmoment* $J_{3\,\mathrm{red}}$. Es kann nach Gl. (1.112) durch die Übersetzungsverhältnisse ausgedrückt werden

$$i_1=\frac{\omega_1}{\omega_2}=5 \qquad i_2=\frac{\omega_2}{\omega_3}=5 \qquad \text{und} \qquad \frac{\omega_1}{\omega_3}=\frac{\omega_1}{\omega_2}\cdot\frac{\omega_2}{\omega_3}=i_1\cdot i_2=5\cdot 5=25$$

$$J_{3\,\mathrm{red}}=\left[J_1\left(\frac{\omega_1}{\omega_3}\right)^2+J_2\left(\frac{\omega_2}{\omega_3}\right)^2+J_3\right]=[J_1\,(i_1\,i_2)^2+J_2\,i_2^2+J_3] \qquad (5.137)$$

Mit den gegebenen Werten erhält man

$$J_{3\,\mathrm{red}}=(0{,}1\cdot 25^2+1{,}5\cdot 5^2+6)\ \mathrm{kgm}^2=106\ \mathrm{kgm}^2$$

Das gegebene System kann durch das in **Bild 5.12** ersetzt werden, wenn man dort J_0 durch $J_{3\,\mathrm{red}}$ ersetzt. Da das Übersetzungsverhältnis in Gl. (5.137) quadratisch eingeht, bringt das Massenträgheitsmoment der Motorwelle den größten Anteil zum reduzierten Trägheitsmoment. Diese Tatsache macht man sich z. B. für die Energiespeicherung an Spielfahrzeugen mit Schwungradantrieb zunutze.
Mit $J_{3\,\mathrm{red}}$ und $\omega_3 = v/r$ erhält man aus Gl. (5.136)

$$J_{3\,\mathrm{red}}\frac{\omega_3^2}{2}+m_Q\frac{v^2}{2}=\left(\frac{J_{3\,\mathrm{red}}}{r^2}+m_Q\right)\frac{v^2}{2}=m_Q\,g\,h$$

Der Ausdruck in der Klammer ist die auf den Trommelradius $r = d/2$ reduzierte Masse. Aus vorstehender Beziehung gewinnt man die Geschwindigkeit v

$$v=\sqrt{\frac{2\,g\,h\,m_Q}{J_{3\,\mathrm{red}}/r^2+m_Q}}=\sqrt{\frac{2\cdot 9{,}81\ \mathrm{m/s^2}\cdot 2\ \mathrm{m}\cdot 1000\ \mathrm{kg}}{106\ \mathrm{kgm^2}/(0{,}125\ \mathrm{m})^2+1000\ \mathrm{kg}}}=2{,}25\ \frac{\mathrm{m}}{\mathrm{s}}$$

Schwungradberechnung Bei der Mehrzahl der in der Technik verwandten Maschinen treten im Betrieb Drehzahlschwankungen auf, die durch periodische Lastschwankungen, Ungleichförmigkeiten im Antrieb oder auch durch Trägheitskräfte bedingt sind. Periodische Drehzahlschwankungen werden z. B. durch die Gaskräfte und die Massenkräfte (Trägheitskräfte) in einer Brennkraftmaschine oder durch die Schnittkräfte im Arbeitshub einer Zerspanungsmaschine hervorgerufen.

Zur Verringerung der Ungleichförmigkeit benötigt man einen Energiespeicher, der während einer Beschleunigungsperiode Energie aufnimmt, die er in einer darauf folgenden Verzögerungsperiode wieder abgibt. Als solchen verwendet man ein Schwungrad. Die Größe des Schwungrades richtet sich nach dem zugelassenen *Ungleichförmigkeitsgrad* δ. Sind ω_{max} die größte, ω_{min} die kleinste und $\omega_m = (\omega_{max} + \omega_{min})/2$ die mittlere Winkelgeschwindigkeit während der betrachteten Periode, so definiert man den Ungleichförmigkeitsgrad durch

$$\delta = \frac{\omega_{max} - \omega_{min}}{\omega_m} = \frac{n_{max} - n_{min}}{n_m}, \tag{5.138}$$

wobei die mittlere Winkelgeschwindigkeit ω_m näherungsweise gleich der Betriebswinkelgeschwindigkeit ω gesetzt wird. Je nach den Anforderungen, die an die Laufruhe einer Maschine gestellt werden, liegt der Ungleichförmigkeitsgrad etwa zwischen 1/20 bis 1/300.

Setzt man voraus, dass eine Maschine im Beharrungszustand arbeitet, so ist die im Mittel aufgenommene Arbeit gleich der abgegebenen, vermindert um die Verlustarbeit, die durch die Reibungskräfte in der Maschine entsteht. Zur Erhöhung der Winkelgeschwindigkeit von ω_{min} auf ω_{max} ist nun gegenüber dem mittleren Arbeitsbedarf der Arbeitsüberschuss ΔW zuzuführen. Dieser dient nach dem Arbeitssatz Gl. (5.135) zur Erhöhung der kinetischen Energie

$$\Delta W = \frac{J_0}{2}(\omega_{max}^2 - \omega_{min}^2) = J_0\left(\frac{\omega_{max} + \omega_{min}}{2}\right)(\omega_{max} - \omega_{min})$$

Mit $(\omega_{max} + \omega_{min})/2 = \omega_m$ und $(\omega_{max} - \omega_{min}) = \delta\,\omega_m$ folgt

$$\Delta W = J_0 \omega_m^2 \delta \tag{5.139}$$

Aus dieser Gleichung kann das Massenträgheitsmoment des Schwungrades näherungsweise bestimmt werden, wenn der Arbeitsüberschuss ΔW und der Ungleichförmigkeitsgrad δ bekannt sind. Es ist zu beachten, dass unter J_0 das Massenträgheitsmoment *aller* umlaufenden Teile zu verstehen ist. Das Massenträgheitsmoment des eigentlichen Schwungrades kann also um die Massenträgheitsmomente bereits vorhandener Teile (wie Kurbeln, Kurbelwelle, Kupplungsscheiben, Zahnräder u.a.m.) vermindert werden. Sind mehrere Wellen vorhanden, die kraft- oder formschlüssig miteinander verbunden sind, so ist $J_0 = J_{red}$ zu setzen (vgl. Beispiel 5.32, S. 221).

Beispiel 5.33: Die Antriebsdrehzahl der Kreuzschubkurbel in **Bild 5.68** beträgt n = 1440 min^{-1}, die Masse der hin- und hergehenden Teile m = 4 kg und der Kurbelradius r = 0,1 m. Wie groß muss das Massenträgheitsmoment J_0 des Schwungrades sein, wenn für den Leerlauf der Ungleichförmigkeitsgrad δ = 0,02 verlangt wird? Reibung wird vernachlässigt.

Im Leerlauf wird im Mittel nach außen keine Arbeit abgegeben, dennoch treten durch die Massenkräfte periodische Drehzahlschwankungen auf. Nimmt man die Betriebsdrehzahl näherungsweise als konstant an (ω = const), so erhält man mit $s = r\,(1 - \cos\omega t)$ und $a = \ddot{s} = r\,\omega^2\cos\omega t = r\,\omega^2\cos\varphi$ die Trägheitskraft der hin- und hergehenden Teile $mr\omega^2\cos\varphi$. Diese wirkt der Beschleunigung und damit der Ortskoordinate s entgegen. Eine Kraft der Größe $m\,\ddot{s}$ wird im Punkt B auf die Kurbel übertragen. Sie hat am Hebelarm $r\sin\omega t$ bezüglich des Punktes A das Moment (**Bild 5.68b**)

$$M_{\mathrm{T}} = -(m\,r\,\omega^2\cos\varphi)(r\sin\varphi) = -\frac{m\,r^2\omega^2}{2}\sin 2\varphi$$

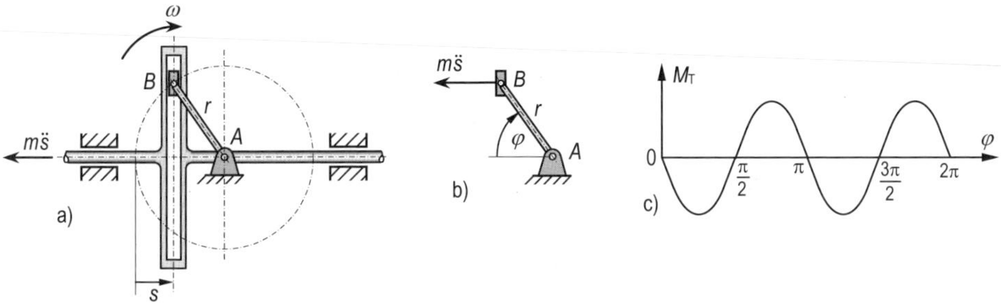

Bild 5.68: a) Kreuzschubkurbel
b) Kraft $m\,\ddot{s}$ am Kurbelzapfen
c) zeitlicher Verlauf des Massenmomentes M_{T}

Der Verlauf dieses Momentes ist in **Bild 5.68c** in Abhängigkeit vom Kurbelwinkel φ dargestellt. Das Moment ist zunächst negativ, d. h., die Kurbel dreht sich verzögert. Für $\varphi = \pi/2$ erreicht die Winkelgeschwindigkeit ihren kleinsten Wert $\omega_{\min}$. Von hier an wird das Moment positiv, es beginnt die Beschleunigungsperiode. Sie endet bei $\varphi = \pi$, so dass die Winkelgeschwindigkeit an dieser Stelle ihren Größtwert $\omega_{\max}$ erreicht. Zwischen $\varphi = \pi/2$ und π verrichtet das Moment die Arbeit

$$\Delta W = \int M_{\mathrm{T}}\,\mathrm{d}\varphi = -\frac{m\,r^2\,\omega^2}{2}\int_{\pi/2}^{\pi}\sin 2\varphi\,\mathrm{d}\varphi = \frac{m\,r^2\omega^2}{4}\left[\cos 2\varphi\right]_{\pi/2}^{\pi} = \frac{m\,r^2\omega^2}{2}$$

Damit kann nach Gl. (5.139) das Massenträgheitsmoment des Schwungrades bestimmt werden.
Mit $\omega_{\mathrm{m}} = \omega$ folgt

$$J_0 = \frac{\Delta W}{\omega^2\delta} = \frac{m\,r^2\omega^2}{2\,\omega^2\delta} = \frac{m\,r^2}{2\,\delta} = \frac{4\,\mathrm{kg}\cdot(0{,}1\,\mathrm{m})^2}{2\cdot 0{,}02} = 1\,\mathrm{kgm}^2$$

Dies könnte durch eine homogene Kreisscheibe aus Stahl mit d = 40 cm Durchmesser und b = 5,1 cm Dicke verwirklicht werden.

5.2.2.4 Potenzielle Energie, Energieerhaltungssatz

In reibungsfreien Systemen kann der Arbeitssatz auch in der Form des Energieerhaltungssatzes geschrieben werden. Für Kräfte mit Potenzial gilt dann Gl. (2.103). Greifen an einem drehbar gelagerten Körper Feder- oder Gewichtskräfte an, so üben sie auf diesen das Drehmoment (Kräftepaar) $M = F\,r$ aus. (Die zweite Kraft des Kräftepaares ist die Lagerreaktion $-\vec{F}$ in 0, s. **Bild 5.61**) Mit $F_{\mathrm{pt}} = F$ folgt aus Gl. (2.103)

$$\int_{s_0}^{s_1} F\,\mathrm{d}s = \int_{\varphi_0}^{\varphi_1} Fr\,\mathrm{d}\varphi = \int_{\varphi_0}^{\varphi_1} M\,\mathrm{d}\varphi = E_{p0} - E_{p1} \tag{5.140}$$

Setzt man dies in Gl. (5.134) bzw. (5.135) ein, so ist

$$\boldsymbol{E_{k1} - E_{k0} = E_{p0} - E_{p1}} \quad \text{oder} \quad \boldsymbol{E_{k1} + E_{p1} = E_{k0} + E_{p0}} \tag{5.141}$$

Der Energiesatz gilt also in der früheren Form auch für die Drehung eines Körpers um eine feste Achse. Besteht ein System aus mehreren Körpern, so ist E_k wieder die kinetische und E_p die potenzielle Energie des ganzen Systems.

Der Energiesatz kann auch hier auf solche Systeme ausgedehnt werden, bei denen während der Bewegung aus einer Lage 0 in die Lage 1 dem System durch die Arbeit äußerer Kräfte ohne Potenzial eine Energie W_{N01} zugeführt oder (z. B. durch die Arbeit von Reibungskräften) entzogen wird. Im zweiten Fall hat W_{N01} einen negativen Wert. Der Energiesatz nimmt dann wieder die Gestalt von Gl. (2.105) an

$$E_{k1} + E_{p1} = E_{k0} + E_{p0} + W_{N01} \tag{5.142}$$

Dabei ist W_{N01} nach Gl. (2.104) die Arbeit der Kräfte ohne Potenzial.

Beispiel 5.34: Man bestimme die Auflagerreaktionen am physikalischen Pendel in Abhängigkeit vom Drehwinkel φ mit Hilfe des Energiesatzes.

In einer durch den Winkel φ (**Bild 5.69**) festgelegten Lage hat das Pendel die Drehenergie $E_k = J_0\omega^2/2 = J_0\dot{\varphi}^2/2$. Da der Schwerpunkt in dieser Lage um $r_S(1 - \cos\varphi)$ angehoben ist, ist die potenzielle Energie $E_p = m\,g\,r_S\,(1 - \cos\varphi)$, wenn man das Nullniveau in der Lage $\varphi = 0$ annimmt. Wird das Pendel zu Beginn seiner Bewegung um den Winkel φ_0 ausgelenkt und dann losgelassen, so ist $E_{k0} = 0$ und $E_{p0} = m\,g\,r_S\,(1 - \cos\varphi_0)$. Nach dem Energiesatz Gl. (5.141) erhält man

$$E_k + \quad E_p \quad = \quad E_{p0}$$

$$J_0\frac{\dot{\varphi}^2}{2} + m\,g\,r_S(1-\cos\varphi) = m\,g\,r_S(1-\cos\varphi_0) \tag{5.143}$$

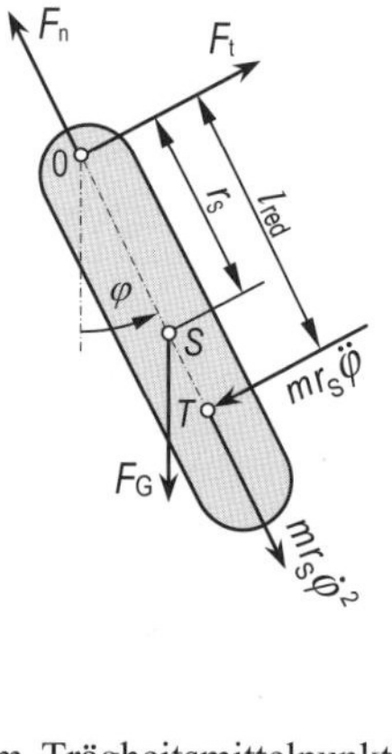

Bild 5.69:
Auflagerkräfte am physikalischen Pendel

In Abschn. 5.2.1.9 wurde gezeigt, dass die resultierende Trägheitskraft im Trägheitsmittelpunkt T angreift. Sie hat die tangentiale Komponente $m\,r_S\,\ddot{\varphi}$ und die radiale $m\,r_S\,\dot{\varphi}^2$. Die radiale Komponente wirkt als Fliehkraft nach außen, die tangentiale Komponente ist der Koordinate φ entgegen anzunehmen. Das Pendel ist in **Bild 5.69** freigemacht. Aus der Gleichgewichtsbedingung der Kräfte in tangentialer bzw. radialer Richtung erhält man

$$F_t = m\,g\sin\varphi + m\,r_S\,\ddot{\varphi} \qquad F_n = m\,g\cos\varphi + m\,r_S\,\dot{\varphi}^2 \tag{5.144)(5.145}$$

Das Momentegleichgewicht um 0 liefert die Bewegungsgleichung (s. Gl. (5.49))

$$(m\, r_S\, \ddot{\varphi})\, l_{red} + m\, g\, r_S \sin \varphi = 0$$

Nun kann man den Klammerausdruck dieser Gleichung in Gl. (5.144) einsetzen und erhält

$$F_t = m\, g \sin \varphi - m\, g \sin \varphi \frac{r_S}{l_{red}} = m\, g \sin \varphi \left(1 - \frac{r_S}{l_{red}}\right) \tag{5.146}$$

Die Auflagerkraft F_t wird Null, wenn $\sin \varphi = 0$, wenn also $\varphi = 0$ oder π oder wenn $l_{red} = r_S$ ist. Nach Gl. (5.54) ist dies nur möglich für ein mathematisches Pendel, denn mit $l_{red} = J_0 / (m\, r_S) = r_S$ folgt in diesem Fall $J_0 = m\, r_S^2$.
Mit Hilfe von Gl. (5.54) kann man in Gl. (5.143) $J_0 = m\, r_S\, l_{red}$ setzen, dann ist

$$(m\, r_S\, \dot{\varphi}^2)\, l_{red} = 2\, m\, g\, r_S (\cos \varphi - \cos \varphi_0)$$

Setzt man den ersten Klammerausdruck dieser Gleichung in Gl. (5.145) ein, so erhält man auch F_n in Abhängigkeit von φ

$$F_n = m\, g \cos \varphi + \frac{2\, m\, g\, r_S}{l_{red}} (\cos \varphi - \cos \varphi_0) = m\, g \left[\left(1 + \frac{2\, r_S}{l_{red}}\right) \cos \varphi - \frac{2\, r_S}{l_{red}} \cos \varphi_0\right] \tag{5.147}$$

Die Normalkraft wird am größten für $\cos \varphi = 1$, also $\varphi = 0$

$$F_{n\,max} = m\, g \left[\left(1 + \frac{2\, r_S}{l_{red}}\right) - 2 \frac{r_S}{l_{red}} \cos \varphi_0\right] \tag{5.148}$$

Wählt man z. B. die Ausgangslage $\varphi_0 = 90°$, dann ist

$$F_{n\,max} = m\, g \left(1 + \frac{2\, r_S}{l_{red}}\right)$$

Speziell für ein Stabpendel, das an einem Ende aufgehängt ist, erhält man in diesem Fall $F_{n\,max} = 5\, m\, g/2$. Für ein mathematisches Pendel wäre mit $r_S = l_{red}$ in diesem Fall $F_{n\,max} = 3\, m\, g$. Man beachte, dass $F_t / m\, g$ und $F_n / m\, g$ nur von der geometrischen Form, aber nicht von der Größe des Pendels abhängig sind. Die Quotienten haben für verschiedene Pendel gleiche Werte, sofern $r_s / l_{red} = \text{const}$ ist.

Beispiel 5.35: Der Hammer des Pendelschlagwerkes in Beispiel 5.25, S. 207, hat die Masse $m = 25$ kg. Der Abstand des Schwerpunktes von der Drehachse beträgt $r_S = 0{,}75$ m, die reduzierte Pendellänge $l_{red} = 0{,}827$ m. a) Wie groß ist das Arbeitsvermögen des Schlagwerkes, wenn dieses aus der Lage $\varphi_0 = 150°$ gegenüber der Vertikale losgelassen wird (**Bild 5.70**)? b) Mit welcher Geschwindigkeit v trifft die Schlagkante, die von der Drehachse den Abstand $l_{red} = 0{,}827$ m hat, in der vertikalen Lage 1 auf die Probe? c) Welche Energie ΔE_p ist für die Schlagarbeit verbraucht, wenn durch einen Schleppzeiger die Umkehrlage des Pendels mit $\varphi_2 = 52°$ gemessen wird (**Bild 5.70**)? d) Wie groß ist die maximale Lagerkraft $F_{n\,max}$ in der Lage 1 ($\varphi = 0$)?
a) In der Ausgangslage $\varphi_0 = 150°$ ist der Schwerpunkt des Pendels gegenüber der tiefsten Lage, in der wir das Nullniveau der potenziellen Energie annehmen, um

$$h_0 = r_S (1 - \cos \varphi_0) = 0{,}75 \text{ m} \cdot (1 + 0{,}866) = 1{,}40 \text{ m}$$

gehoben. Damit ist die potenzielle Energie in der Ausgangslage

$$E_{p0} = m\, g\, h_0 = (25 \cdot 9{,}81) \text{ N} \cdot 1{,}40 \text{ m} = 343 \text{ Nm}$$

Diese wird als Arbeitsvermögen des Schlagwerkes bezeichnet.

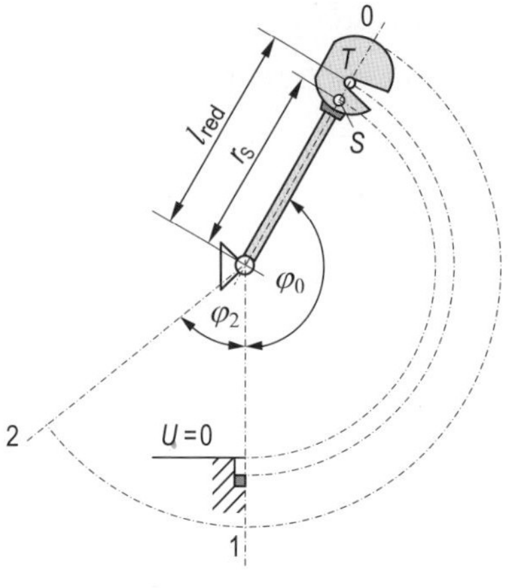

Bild 5.70: Pendelschlagwerk

b) Nach dem Energiesatz Gl. (5.141) ist die potenzielle Energie E_{p0} gleich der kinetischen Energie E_{k1} in der tiefsten Lage 1 (da $E_{k0} = 0$ und $E_{p1} = 0$ ist)

$$E_{k1} = J_0 \frac{\omega^2}{2} = E_{p0} = m\,g\,h_0$$

Das Massenträgheitsmoment kann nach Gl. (5.54) durch $J_0 = m\,r_S\,l_{red}$ ausgedrückt werden, und mit $v = l_{red}\,\omega$ erhält man die Auftreffgeschwindigkeit der Schlagkante aus

$$\frac{J_0\,\omega^2}{2} = \frac{(m\,r_S\,l_{red})}{2}\frac{v^2}{l_{red}^2} = m\,g\,h_0$$

$$v = \sqrt{\frac{2\,g\,h_0\,l_{red}}{r_S}} = \sqrt{\frac{2\cdot 9{,}81\text{ m/s}^2\cdot 1{,}40\text{ m}\cdot 0{,}827\text{ m}}{0{,}75\text{ m}}} = 5{,}50\text{ m/s}$$

c) Die Schlagarbeit ist gleich dem Unterschied der potenziellen Energien in den Lagen 0 und 2

$$\Delta E_p = E_{p0} - E_{p2} = m\cdot g\cdot r_S\,(1-\cos\varphi_0) - m\cdot g\cdot r_S\,(1-\cos\varphi_2)$$
$$= m\,g\,r_S\,(\cos\varphi_2 - \cos\varphi_0) = (25\cdot 9{,}81)\text{ N}\cdot 0{,}75\text{ m}\,(0{,}616 + 0866) = 273\text{ Nm}$$

Nach Gl. (5.142) ist $\Delta E_p = -\,W_N$ die Arbeit der Nicht-Potenzialkräfte.

d) Aus Gl. (5.148) folgt

$$F_{n\,max} = m\,g\left[1 + \frac{2\,r_S}{l_{red}}(1-\cos\varphi_0)\right] = (25\cdot 9{,}81)\text{ N}\left[1 + \frac{2\cdot 0{,}75\text{ m}}{0{,}827\text{ m}}(1+0{,}866)\right] = 1075\text{ N}$$

5.2.2.5 Leistung

Die Leistung einer Kraft ist nach Gl. (2.112 und 2.114) gleich $P = dW/dt = F\,v$. Die Leistung eines Drehmomentes (eines Kräftepaares) wird als Summe der Leistungen seiner beiden Kräfte $\vec{F}$ und $-\vec{F}$ berechnet (**Bild 5.61**). Da der Angriffspunkt 0 der Kraft $-\vec{F}$ keine Verschiebung erfährt, ist die Leistung dieser Kraft Null. Die Leistung des Drehmomentes ist also gleich der Leistung der Kraft $\vec{F}$, für die man nach Gl. (2.114) mit $v = r\,\omega$ und $r\,F = M$ erhält

$$\boldsymbol{P = \frac{dW}{dt} = F\,v = F r \omega = M \omega} \tag{5.149}$$

Bei der Drehung eines Körpers um eine feste Achse ist die Leistung das Produkt aus dem äußeren Drehmoment und der Winkelgeschwindigkeit des Körpers.

In der Technik interessiert häufig das Drehmoment einer Maschine, deren Leistung und Drehzahl gegeben sind. Dieses erhält man, wenn man in vorstehender Beziehung die Winkelgeschwindigkeit ω durch die Drehzahl n ersetzt. Mit $\omega = 2\,\pi\,n$ nach Gl. (1.110) folgt

$$\boldsymbol{M = \frac{P}{2\pi n}} \tag{5.150}$$

Misst man das Drehmoment in Nm, die Leistung in kW und die Drehzahl in min^{-1}, so erhält man aus Gl. (5.150) die manchmal gebräuchliche Zahlenwertgleichung

$$M = \frac{1000 \cdot 60}{2\,\pi} = 9550\,\frac{P}{n} \qquad \text{mit } M \text{ in Nm, } P \text{ in kW und } n \text{ in min}^{-1} \tag{5.151}$$

Beispiel 5.36: Welches Drehmoment M wird an der Welle des *Otto*-Motors in Beispiel 2.32, S. 112, bei der Drehzahl $n = 5000\ \text{min}^{-1}$ abgegeben?
Die effektive Leistung des Motors wurde mit $P_e = 34{,}2$ kW bestimmt. Aus Gl. (5.150) erhält man das Drehmoment

$$M = \frac{P_e}{2\,\pi\,n} = \frac{34{,}2 \cdot 10^3\ \text{Nm/s}}{2\,\pi\,(5000/60)\ \text{s}^{-1}} = 65{,}3\ \text{Nm}$$

Beispiel 5.37: Das Getriebe in Beispiel 5.32, S. 221, hat den Wirkungsgrad $\eta = 0{,}82$, die Drehzahl des E-Motors beträgt $n_1 = 955\ \text{min}^{-1}$. a) Wie groß ist die Hubgeschwindigkeit v? b) Welche Motorleistung P ist erforderlich, um die Masse $m_Q = 1000$ kg gleichförmig mit der Geschwindigkeit v zu heben? Man bestimme die maximale Motorleistung P_m, wenn die Masse in $t_1 = 2$ s gleichförmig beschleunigt die Hubgeschwindigkeit v erreicht. d) Man zeichne den Winkelgeschwindigkeit-, Drehmoment- und Leistung-Zeit-Verlauf für den Anfahrvorgang.

a) Da die Gesamtübersetzung $i_1 \cdot i_2 = \omega_1/\omega_3 = 25$ ist, folgt mit $\omega_1 = 2\,\pi\,n_1 = 2\,\pi\,(955/60)\ \text{s}^{-1} = 100\ \text{s}^{-1}$ die Hubgeschwindigkeit

$$v = \frac{d}{2}\omega_3 = 0{,}125\ \text{m} \cdot \left(\frac{100}{25}\right) \text{s}^{-1} = 0{,}5\ \text{m/s}$$

b) bei gleichförmigem Heben ist die Leistung an der Motorwelle

$$P = \frac{m_Q g\,v}{\eta} = \frac{(1000 \cdot 9{,}81)\ \text{N} \cdot 0{,}5\ \text{m/s}}{0{,}82} = 5{,}98 \cdot 10^3\ \text{Nm/s} = 5{,}98\ \text{kW}$$

c) Beim Anfahren beträgt die Beschleunigung $a = v/t_1 = 0{,}25\ \text{m/s}^2$. Dann ist die Winkelbeschleunigung der Seiltrommel

$$\alpha_3 = \frac{a}{r} = \frac{0{,}25\ \text{m/s}^2}{0{,}125\ \text{m}} = 2\ \text{s}^{-2}$$

Für das Ersatzsystem in **Bild 5.71a** erhält man mit $J_{3\ \text{red}} = 106\ \text{kgm}^2$ (s. Beispiel 5.32, S. 221) aus dem Gleichgewicht der Momente um die Trommelachse das Anfahrmoment

$$\begin{aligned} M_3 &= J_{3\ \text{red}}\ \alpha_3 + m_\text{Q}\ (g + a)\ r \\ &= 106\ \text{kgm}^2 \cdot 2\ \text{s}^{-2} + 1000\ \text{kg}\ (9{,}81 + 0{,}25)\ \text{m/s}^2 \cdot 0{,}125\ \text{m} = 1470\ \text{Nm} \end{aligned}$$

Unter Berücksichtigung des Wirkungsgrades ist die maximale Motorleistung

$$P_\text{m} = \frac{M_3 \omega_3}{\eta} = \frac{1470\ \text{Nm} \cdot (100/25)\ \text{s}^{-1}}{0{,}82} = 7{,}17\ \text{kW}$$

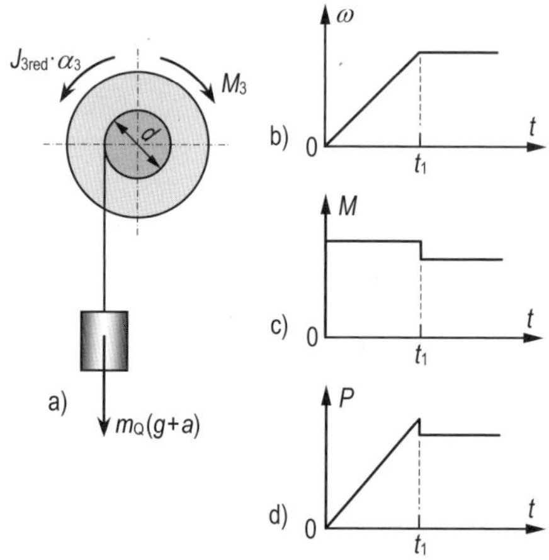

Bild 5.71: a) Kräfte und Momente beim Anfahren eines Hubwerkes
b) Winkelgeschwindigkeit-Zeit-Verlauf
c) Drehmoment-Zeit-Verlauf
d) Leistung-Zeit-Verlauf

d) Da das Drehmoment während des Anfahrens konstant bleibt und sich die Winkelgeschwindigkeit linear mit der Zeit ändert, erhält man beim Anfahren einen linearen Leistung-Zeit-Verlauf (**Bild 5.71b**, **c** und **d**).

5.2.2.6 Aufgaben zu Abschnitt 5.2.2

1. Das Speichenrad in Beispiel 5.6, S. 179 ($J_\text{z} = 2{,}804\ \text{kgm}^2$, $m = 69{,}8$ kg), ist in Gleitlagern gelagert, der Wellendurchmesser beträgt $d = 5$ cm, die Zapfenreibungszahl $\mu_\text{z} = 0{,}04$. a) Nach wie viel Umdrehungen N, b) nach welcher Zeit t_1 kommt das Rad im Auslaufversuch zum Stillstand, wenn der Antrieb bei der Drehzahl $n_0 = 900\ \text{min}^{-1}$ abgeschaltet wird? Fächerverluste seien vernachlässigt.

2. Für die Systeme in den **Bildern** a) **5.12**, b) **5.48**, c) **5.49** und d) **5.66** bestimme man mit Hilfe des Arbeitssatzes für die in den zugehörigen Aufgaben angegebenen Werte die Geschwindigkeit v_1 der Masse m_1, wenn diese aus der Ruhelage den Weg $s_1 = 5$ m zurückgelegt hat.

3. Ein homogener Stab ($m = 10$ kg, $l = 90$ cm) ist in 0 drehbar gelagert (**Bild 5.72**). Er wird in der Vertikalen losgelassen und trifft in der Horizontalen mit seinem freien Ende auf eine Feder ($c = 50$ N/cm). Man bestimme a) das Massenträgheitsmoment J_0, b) die Winkelgeschwindigkeit ω_1 in der horizontalen Lage 1, c) den Betrag f_2, um den die Feder zusammengedrückt wird, d) die maximale Federkraft F_2, e) die Lagerkraft F_0 in 0, wenn die Feder ganz zusammengedrückt ist (man setze hierfür näherungsweise $\varphi = 0$).

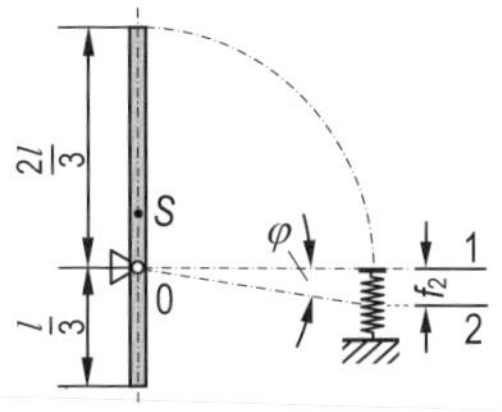

Bild 5.72: Drehbar gelagerter Stab fällt auf Feder

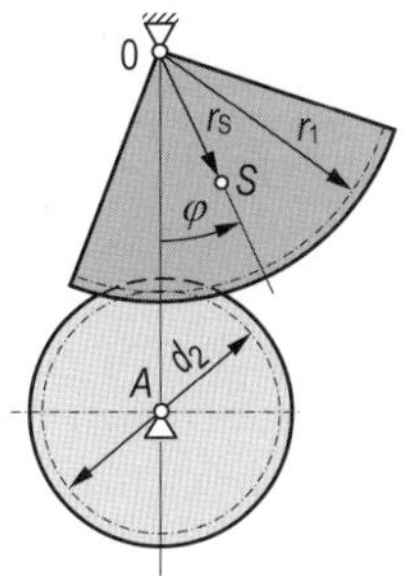

Bild 5.73: System zu Aufgabe 4

4. Das als homogen angenommene Zahnsegment (Viertelkreisscheibe, r_1 = 40 cm, m_1 = 10 kg) ist in 0 drehbar gelagert (**Bild 5.73**) und kämmt mit einem im Punkte A gelagerten Zahnrad (J_A = 0,2 kgm^2, d_2 = 40 cm). Man bestimme a) das auf die Achse 0 reduzierte Massenträgheitsmoment J_{red}, b) die Bewegungsgleichung, c) die Kreisfrequenz ω_0 und die Schwingungsdauer T der kleinen Schwingungen des Systems.

5. Die Hantel in **Bild 5.46** dient als Antrieb für eine Spindelpresse. Sie wird von Hand mit n = 1 s^{-1} angeworfen. Um welchen Betrag f_m kann ein zylindrisches Kupferstück mit d = 1 cm von der Spindel plastisch zusammengedrückt werden, wenn seine Fließgrenze σ_F = 150 N/mm^2 beträgt? Die elastische Verformung des Kupfers sei gegenüber der plastischen vernachlässigt, die Reibung bleibe unberücksichtigt. (Da Pressenspindeln eine große Steigung haben, ist auch die Vernachlässigung der Gewindereibung in erster Näherung zulässig.)

6. Die von einem Verbrennungsmotor an der Motorwelle abgegebene Leistung wird auf einem Prüfstand gemessen. Bei der Drehzahl n = 3500 min^{-1} zeigt die Drehmomentwaage das Drehmoment M = 96 Nm an. Wie groß ist die abgegebene (effektive) Leistung P_e des Motors?

7. Eine Schwungscheibe (J = 0,375 kgm^2) wird von einem Motor über eine Reibungskupplung in t_1 = 2 s aus der Ruhelage auf die Drehzahl n_1 = 1480 min^{-1} gebracht. Die Motordrehzahl sei bei dem Anfahrvorgang konstant.
Man bestimme a) das konstant angenommene Reibungsmoment M_r in der Kupplung (Lagerreibung sei vernachlässigt), b) die Motorleistung P_M, c) den zeitlichen Verlauf der Winkelgeschwindigkeit, der Nutzleistung P_n, der Verlustleistung P_v und des Wirkungsgrades η.

8. Man berechne den Energieverlust bei dem Kupplungsvorgang in Beispiel 5.22, S. 202.

5.3 Ebene Bewegung eines starren Körpers

5.3.1 Bewegungsgleichungen

Bei ebener Bewegung eines *starren* Körpers liegen die Bahnen aller Körperpunkte (also auch die des Schwerpunktes) in parallelen Ebenen (s. Abschn. 3.1). Zur Beschreibung dieser Bewegung führen wir ein räumliches x, y, z-Koordinatensystem ein, in dessen x, y-Ebene die Bahn des Schwerpunktes liegt, und ein körperfestes ξ, η, ζ-System, dessen Ursprung mit dem Schwerpunkt des Körpers zusammenfällt und dessen ζ-Achse zu der z-Achse parallel und mit ihr gleichgerichtet ist (**Bild 5.74**). Dann fällt auch die ξ, η-Ebene mit der x, y-Ebene zusammen. Den Drehwinkel der positiven ξ-Achse gegenüber der positiven x-Achse bezeichnen wir mit φ dann ist $\dot{\varphi} = \omega$ die Winkelgeschwindigkeit des Körpers.

Bild 5.74: Ebene Bewegung eines Körpers

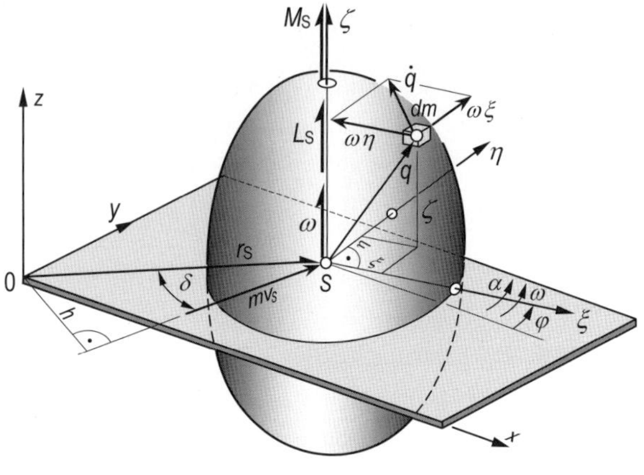

In Abschn. 5.1 haben wir gezeigt, dass die allgemeine Bewegung eines starren Körpers durch die Bewegung seines Schwerpunktes nach dem Schwerpunktsatz Gl. (5.7) und der Drehung um den Schwerpunkt nach dem Impulsmomentsatz Gl. (5.11) dargestellt werden kann. Da bei ebener Bewegung die z-Komponente des Beschleunigungsvektors $a_{Sz} = 0$ ist, folgt aus dem Schwerpunktsatz Gl. (5.7), dass auch die z-Komponente der resultierenden äußeren Kraft gleich Null sein muss. In der Vektorbeziehung Gl. (5.7) entfällt somit die letzte Komponentenbeziehung, und für die Bewegung des Schwerpunktes gelten die skalaren Bewegungsgleichungen

$$m\ddot{x} = F_{Rx} = \sum F_{ix} \qquad m\ddot{y} = F_{Ry} = \sum F_{iy} \tag{5.152}$$

Die Drehung des Körpers um den Schwerpunkt kann als *Drehung um eine feste Achse* in einem mit der Schwerpunktgeschwindigkeit $\vec{v}_S$ gegenüber dem x, y, z-System translatorisch bewegten Koordinatensystem beschrieben werden (s. Abschn. 5.1). Für diese Teilbewegung gilt somit der Impulsmomentsatz in der Form Gl. (5.77), wobei die Koordinaten jetzt mit ξ, η und ζ bezeichnet sind und der Bezugspunkt der Schwerpunkt S des Körpers ist. Mit den neuen Bezeichnungen erhält man nach Gl. (5.77) die skalaren Beziehungen

$$\begin{aligned} -\alpha J_{\xi\zeta} + \omega^2 J_{\eta\zeta} &= M_{S\xi} \\ -\alpha J_{\eta\zeta} - \omega^2 J_{\xi\zeta} &= M_{S\eta} \\ \alpha J_{\zeta} &= M_{S\zeta} \end{aligned} \tag{5.153}$$

Mit Hilfe der beiden ersten Beziehungen in Gl. (5.153) lassen sich bei erzwungener ebener Bewegung die Führungskräfte berechnen, die dritte Beziehung ist das dynamische Grundgesetz für die Drehbewegung.

Im Folgenden beschränken wir uns auf den technisch wichtigen Sonderfall, bei dem die ζ-Achse Hauptträgheitsachse des Körpers ist, und setzen voraus, dass das ξ, η, ζ-System ein Hauptachsensystem ist. Dann verschwinden die Zentrifugalmomente $J_{\xi\zeta}$ und $J_{\eta\zeta}$ und aus der Gl. (5.153) folgt, dass die beschriebene ebene Bewegung nur möglich ist, wenn $M_{S\xi} = 0$ und $M_{S\eta} = 0$ sind. Der Vektor der Winkelgeschwindigkeit $\vec{\omega}$ Gl. (5.69), der Impulsmomentvektor $\vec{L}_S$ Gl. (5.73) und der Vektor des resultierenden Momentes der äußeren Kräfte $\vec{M}_S$ sind in diesem Sonderfall gleichgerichtet und haben die Richtung der ζ-Achse, nur ihre ζ-Komponenten sind von Null verschieden (**Bild 5.74**).

Wir fassen zusammen: Mit den Bezeichnungen $\alpha = \ddot{\varphi}$, $J_\zeta = J_S$, $M_{S\zeta} = M_S$ wird die ebene Bewegung des Körpers im betrachteten Sonderfall durch folgende drei skalare Gleichungen – *Bewegungsgleichungen* – beschrieben, die nachstehend in der *d'Alembert*schen Form angegeben sind.

$$\sum F_{ix} + m(-\ddot{x}_S) = 0 \qquad \sum F_{iy} + m(-\ddot{y}_S) = 0 \qquad \sum M_{iS} + J_S(-\ddot{\varphi}) = 0 \quad (5.154)$$

Bei Verwendung eines natürlichen Koordinatensystems gilt sinngemäß Gl. (2.13)

$$\sum F_{it} + m(-a_{St}) = 0 \qquad \sum F_{in} + m\left(-\frac{v_S^2}{\rho_S}\right) = 0 \qquad \sum M_{iS} + J_S(-\ddot{\varphi}) = 0 \quad (5.155)$$

Dabei ist a_{St} die Tangential-, $a_{Sn} = v_S^2/\rho_S$ die Normalbeschleunigung des Schwerpunktes, v_S seine Geschwindigkeit und ρ_S der Krümmungsradius seiner Bahn.

Diese Gleichungen beherrschen die ebene Bewegung des starren Körpers. Sie entsprechen den Gleichgewichtsbedingungen der Statik (s. auch Abschn. 2.1.5). In **Bild 5.75** sind die Resultierende $\vec{F}_R$ der äußeren Kräfte, die Trägheitskraft $m(-\vec{a}_S)$ und das Moment der Trägheitskräfte (Kräftepaar) $J_S(-\alpha)$ entsprechend Gl. (5.154) gezeichnet (das negative Vorzeichen ist durch die Pfeilrichtungen berücksichtigt). Das Kräftesystem kann als im Gleichgewicht befindlich angesehen werden. Wie in der Statik lässt sich jede der Kräftegleichgewichtsbedingungen in Gl. (5.154) bzw. (5.155) jeweils durch eine weitere Gleichgewichtsbedingung der Momente bezüglich anderer Bezugspunkte ersetzen, wobei die Wahl der Bezugspunkte nicht ganz willkürlich ist (s. Band *Statik*, Abschn. 4.2.5). Beim Lösen von Aufgaben wird man diejenigen Punkte als Bezugspunkte bevorzugen, in denen sich die Wirkungslinien unbekannter Kräfte schneiden, so dass die Momente dieser Kräfte gleich Null sind.

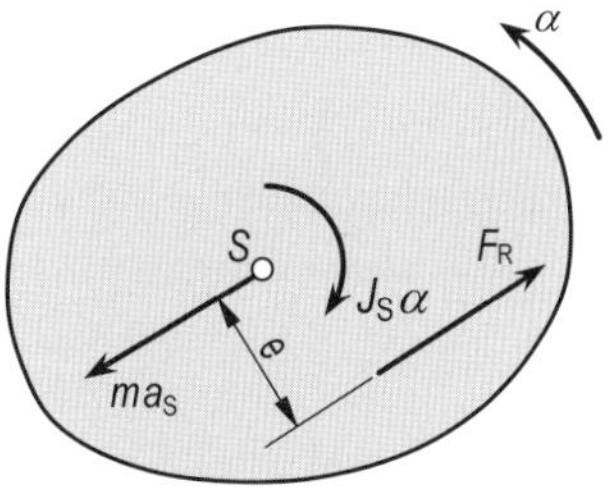

Bild 5.75:
Resultierende der äußeren Kräfte, der Trägheitskräfte und Moment der Trägheitskräfte bei der ebenen Bewegung eines Körpers

Das negative Vorzeichen in den Gleichungen (5.154) und (5.155) berücksichtigt man in der Zeichnung, indem man die Pfeile der Trägheitskräfte bzw. Momente den positiv angenommenen Beschleunigungen bzw. Winkelbeschleunigungen entgegengesetzt annimmt.

Beispiel 5.38: Eine homogene Walze (Masse m, Außenradius r) ist 1. als Vollzylinder, 2. als dünner Kreisringzylinder ausgebildet und rollt, ohne zu gleiten, eine schiefe Ebene mit dem Neigungswinkel β herab. Die Haftzahl ist μ_0. Man bestimme mit Hilfe von Gl. (5.154) unter Vernachlässigung der Rollreibung a) die Beschleunigung des Schwerpunktes, b) die Haftkraft F_h, c) denjenigen Winkel β, bei dem die Walze zu rutschen beginnt.

a) Der Schwerpunkt der Walze bewegt sich parallel zur schiefen Ebene in Richtung der eingeführten x-Achse. Den Drehwinkel φ zählt man zweckmäßig in Richtung der Drehbewegung positiv. In **Bild 5.76** sind die an der freigemachten Walze angreifenden äußeren Kräfte eingetragen. Durch das Moment der Haftkraft F_h um den Schwerpunkt wird die Walze in Drehung versetzt. Reibungsverluste treten nicht auf, weil die Walze nicht rutscht. Die Walze soll rollen, ohne zu gleiten. Das wird durch die Rollbedingung

$$x_S = r\,\varphi \tag{5.156}$$

ausgedrückt. Berücksichtigt man, dass alle Kräfte und Momente in wachsender Koordinatenrichtung positiv zu zählen sind, so lautet der Schwerpunktsatz

$$m\,\ddot{x}_S = F_G \sin\beta - F_h \tag{5.157}$$

Bild 5.76: Walze auf schiefer Ebene

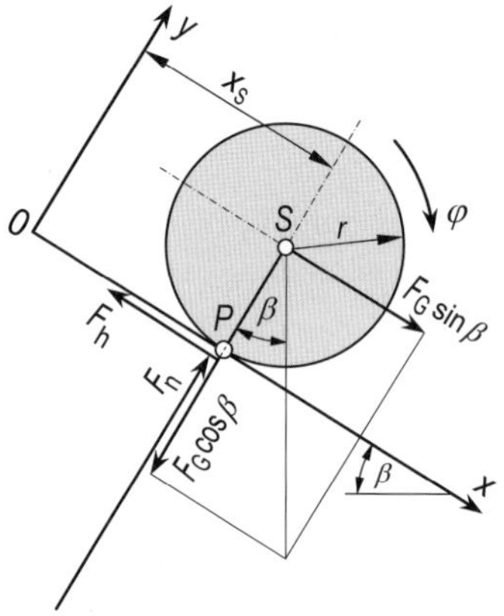

Das Grundgesetz für die Drehung um den Schwerpunkt ergibt

$$J_S\,\ddot{\varphi} = F_h\,r \tag{5.158}$$

Nach zweimaligem Differenzieren folgt aus Gl. (5.156) $\ddot{x}_S = r\,\ddot{\varphi}$, und mit $J_S/r^2 = m_{red}$ und $F_G = m\,g$ erhält man aus Gl. (5.157) und (5.158) die Beschleunigung des Schwerpunktes

$$m\,\ddot{x}_S = m\,g \sin\beta - \frac{J_S}{r^2}\ddot{x}_S = m\,g\sin\beta - m_{red}\,\ddot{x}_S$$

oder

$$\ddot{x}_S = a_S = \frac{m\,g\sin\beta}{m + m_{red}} = \frac{g\sin\beta}{1 + m_{red}/m} \tag{5.159}$$

Speziell für die vollzylindrische Walze ist nach Gl. (5.28) $J_S = m\,r^2/2$ und damit $m_{red}/m = 1/2$. Dann ist $a_S = (2/3)\,g\sin\beta$. Für den dünnen Kreisring ist nach Gl. (5.26) $J_S = m\,r^2$ und $m_{red}/m = 1$, damit folgt aus Gl. (5.159) $a_S = (1/2)\,g\sin\beta$.

In Beispiel 2.3, S. 67, hatten wir in Gl. (2.16) berechnet, dass ein Massenpunkt, der reibungsfrei eine schiefe Ebene herabgleitet, die Beschleunigung $a = g\sin\beta$ erfährt. Man erkennt, dass die Beschleunigung des Walzenschwerpunktes um so kleiner ist, je größer das Verhältnis m_{red}/m wird.

b) Die Haftkraft F_h erhält man aus Gl. (5.158). Unter Berücksichtigung von Gl. (5.159) folgt

$$F_h = \frac{J_S\,\ddot{\varphi}}{r} = \frac{J_S}{r^2}\ddot{x}_S = m_{red}\ddot{x}_S = m_{red}\frac{g\sin\beta}{1 + m_{red}/m} = \frac{m\,g\sin\beta}{m/m_{red} + 1} \tag{5.160}$$

Für die vollzylindrische Walze ist $F_h = (m\,g/3)\sin\beta$ und für den dünnen Kreisring $F_h = (m\,g/2)\sin\beta$.

c) Die Walze beginnt zu rutschen, wenn die Haftkraft F_h den Grenzwert $\mu_0 F_n$ erreicht

$$\mu_0 F_n = \mu_0\, m\, g \cos\beta = F_h = \frac{m\, g \sin\beta}{m / m_{red} + 1}$$

Daraus erhält man als Bedingung für das Rutschen

$$\tan\beta > \left(\frac{m}{m_{red}} + 1\right)\mu_0 \tag{5.161}$$

Der Vollzylinder rutscht, wenn $\tan\beta > 3\,\mu_0$, und der Ring, wenn $\tan\beta > 2\,\mu_0$ ist. Der Massenpunkt in Beispiel 2.3, S. 67, beginnt nach Gl. (2.21) zu rutschen, falls $\tan\beta > \mu_0$ ist. Der Neigungswinkel β kann für die Walze ohne Rutschgefahr um so größer gewählt werden, je größer das Verhältnis m/m_{red} ist, d. h., je mehr die Masse um die Drehachse konzentriert ist.
Wird die Rollreibung, die hier vernachlässigt wurde, berücksichtigt, dann verläuft die Wirkungslinie der Auflagerkraft F_A nicht durch den Mittelpunkt der Walze, sondern sie ist um den Hebelarm f der Rollreibung parallel verschoben (vgl. Band *Statik*, Abschn. 10.5). Die Auflagerkraft hat in diesem Fall ein der Drehbewegung entgegenwirkendes Moment $F_A\, f$ um den Schwerpunkt. Dieses Moment wäre in Gl. (5.158) von $F_h\, r$ abzuziehen.

Beispiel 5.39: Eine homogene Walze wird wie im vorhergehenden Beispiel auf einer schrägen Ebene losgelassen. Der Neigungswinkel β ist so groß, dass die Walze rutscht (Gleitreibungszahl μ). Mit Hilfe des *d'Alembert*schen Prinzips berechne man den Bewegungsablauf.
Das Koordinatensystem wird wie im vorhergehenden Beispiel gewählt. In **Bild 5.77** sind neben den äußeren Kräften auch die Trägheitskraft $m\,\ddot{x}_S$ und das Moment der Trägheitskräfte (Kräftepaar) $J_S\,\ddot{\varphi}$ eingezeichnet. Beide sind den positiven Koordinatenrichtungen (also den positiven Beschleunigungsrichtungen) entgegen anzunehmen. Im Unterschied zu Beispiel 5.38, S. 231, ist hier die Gleitreibungskraft von vornherein bekannt

$$F_r = \mu\, F_n = \mu\, m\, g \cos\beta \tag{5.162}$$

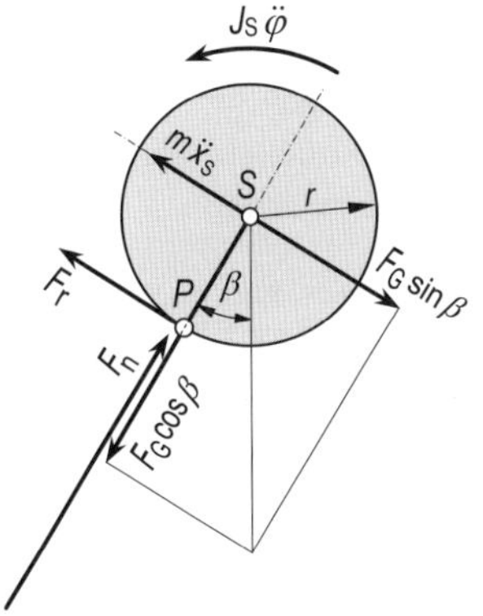

Bild 5.77:
Äußere Kräfte und Trägheitskräfte an der Walze

Man beachte, dass die Rollbedingung Gl. (5.156) hier keine Gültigkeit hat, da die Walze voraussetzungsgemäß rutscht. Die Lage der Walze ist deshalb in jedem Augenblick durch zwei Koordinaten, nämlich x_S und φ festgelegt. Im Gegensatz zu dem vorhergehenden Beispiel hat die Walze hier zwei Freiheitsgrade. Der Bewegungsablauf wird also durch zwei Bewegungsgleichungen beschrieben.
Aus dem Gleichgewicht der Kräfte in Bewegungsrichtung und aus dem Gleichgewicht der Momente um den Schwerpunkt erhält man unter Berücksichtigung von Gl. (5.162)

$$m\, g \sin\beta - \mu\, m\, g \cos\beta - m\,\ddot{x}_S = 0 \qquad F_r\, r - J_S\,\ddot{\varphi} = \mu\, m\, g \cos\beta \cdot r - J_S\,\ddot{\varphi} = 0$$

Daraus berechnet man die Schwerpunkt- und Winkelbeschleunigung

$$\ddot{x}_S = a_s = g\,(\sin\beta - \mu\cos\beta) \tag{5.163}$$

$$\ddot{\varphi} = \frac{F_r\, r}{J_S} = \frac{\mu\, m\, g\cos\beta\cdot r}{J_S} = \frac{\mu\, m\, g\cos\beta\;\cdot\; r}{m_{red}\, r^2} = \frac{\mu\, g}{r}\cos\beta\cdot\frac{m}{m_{red}} \tag{5.164}$$

Ein Vergleich von Gl. (5.163) mit Gl. (2.20) zeigt, dass sich der Schwerpunkt der Walze genau so bewegt wie ein auf einer rauen Ebene herabgleitender Massenpunkt. Die Winkelbeschleunigung in Gl. (5.164) ist vom Massenverhältnis m/m_{red} abhängig. Für die vollzylindrische Walze mit $m/m_{red} = 2$ findet man die Winkelbeschleunigung $\ddot{\varphi} = (2\,\mu\, g/r)\cos\beta$, für den dünnen Kreisring mit $m/m_{red} = 1$ ergibt sich $\ddot{\varphi} = (\mu\, g\,/r)$ $\cos\beta$. Die Winkelbeschleunigung der vollzylindrischen Walze ist also bei gleichem Radius doppelt so groß wie die des Kreisringes.

5.3.2 Impulsmomenterhaltungssatz

Verschwindet das Moment $\vec{M}_0$ der äußeren Kräfte bezüglich eines festen Punktes 0, so folgt aus Gl. (5.10) der Impulsmomenterhaltungssatz

$$\vec{L}_0 = \text{const} \tag{5.165}$$

Ist $\vec{M}_S = \vec{0}$ (wobei $\vec{M}_0 \neq \vec{0}$ sein kann), so folgt aus Gl. (5.11) entsprechend

$$\vec{L}_S = \text{const} \tag{5.166}$$

Das Impulsmoment eines Körpers bezüglich eines festen Punktes (oder in Bezug auf seinen Schwerpunkt) ist konstant, sofern das Moment der äußeren Kräfte bezüglich desselben Punktes verschwindet.

Nach Gl. (5.6) lässt sich mit $A \equiv S$ der Impulsmomentvektor $\vec{L}_0$ durch den Gesamtimpuls $\vec{p} = m\,\vec{v}_S$ und das Impulsmoment $\vec{L}_S$ bezüglich des Schwerpunktes ausdrücken. Dann kann der Impulsmomenterhaltungssatz Gl. (5.165) auch in der Form geschrieben werden

$$\vec{L}_0 = \vec{r}_S \times m\,\vec{v}_S + \vec{L}_S = \text{const} \tag{5.167}$$

Führt ein Körper die spezielle ebene Bewegung nach **Bild 5.74** aus,[1] so sind in den eingeführten Koordinatensystemen nur die z- bzw. ζ-Komponenten der Vektoren $\vec{L}_0$, $\vec{r}_S \times m\,\vec{v}_S$ und $\vec{L}_S$ in Gl. (5.167) verschieden von Null. Schreibt man für die z-Komponente des Vektorproduktes in Gl. (5.167)

$$(\vec{r}_S \times m\,\vec{v}_S)_z = (r_S \sin\delta)\, m\, v_S = h\, m\, v_S \tag{5.168}$$

wobei h (Hebelarm) den Abstand des Bezugspunktes 0 von der Geraden bedeutet (**Bild 5.74**), mit der der Gesamtimpulsvektor $m\,\vec{v}_S$ zusammenfällt, so erhält der Impulsmomenterhaltungssatz im Fall der ebenen Bewegung die skalare Form

[1] Die zur Bewegungsebene senkrechte Gerade durch den Schwerpunkt ist Hauptträgheitsachse.

$$\boldsymbol{L_0 = L_{z0} = h\, m\, v_S + \omega\, J_S = \text{const}} \tag{5.169}$$

Das Impulsmoment bezüglich der z-Achse ist konstant, wenn das Moment der äußeren Kräfte um diese Achse verschwindet.

Verschwindet nur das Moment M_S um die ζ-Achse, so folgt aus Gl. (5.166)

$$L_S = \omega\, J_S = \text{const} \tag{5.170}$$

Der Körper dreht sich also mit konstanter Winkelgeschwindigkeit ω um die ζ-Achse. Bei der Anwendung vorstehender Gleichungen beachte man, dass die Terme in ihnen als skalare Komponenten von Vektoren positiv oder negativ sein können, je nachdem die zugehörigen Vektoren in Richtung der positiven oder negativen z- bzw. ζ-Achse weisen.

Beispiel 5.40: Eine homogene Schleifscheibe (d = 0,3 m) löst sich bei der Drehzahl n_0 = 900 min^{-1} von der Welle und fällt senkrecht zur Erde (**Bild 5.78**). Welche höchste Geschwindigkeit v_{S1} erreicht ihr Schwerpunkt auf horizontaler Ebene (vgl. Aufgabe 9, S. 237)?

Beim freien Fall bewegt sich der Scheibenschwerpunkt längs der y-Achse, in Gl. (5.169) ist h = 0, und das Impulsmoment bezüglich der z-Achse ist

$$L_{z0} = -\,\omega_0\, J_S$$

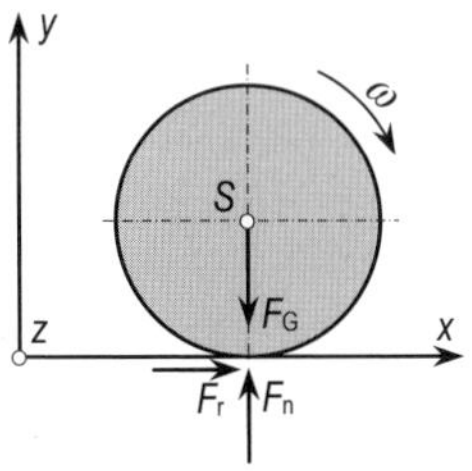

Bei der horizontalen Bewegung greifen an der Scheibe die Gewichtskraft F_G, die Normalkraft F_n und die Gleitreibungskraft F_r an. Die Wirkungslinie der Reibungskraft geht durch 0 und hat kein Moment um die z-Achse. Da sich F_G und F_n gegenseitig aufheben, ist M_z = 0, und aus Gl. (5.169) folgt $L_{z0} = L_{z1} = L_z$ = const.

Bild 5.78: Kräfte an der Schleifscheibe

Der Schwerpunkt der Scheibe erreicht seine höchste Geschwindigkeit, wenn die Scheibe rollt, ohne zu gleiten, dann ist $r\,\omega_1 = v_{S1}$. Das Impulsmoment bezüglich der z-Achse ist jetzt ebenfalls negativ und beträgt nach Gl. (5.169)

$$L_{z1} = -m\, v_{S1}\, r - \omega_1 J_S = -\,m\, v_{S1}\, r - \frac{v_{S1}}{r} J_S$$

Da nach dem Impulsmomenterhaltungssatz $L_{z1} = L_{z0}$ ist, folgt

$$v_{S1}\,(m\, r + J_S / r) = J_S\, \omega_0 \qquad \text{oder} \qquad v_{S1} = \frac{r\omega_0}{1 + m\, r^2 / J_S}$$

Für die homogene Kreisscheibe ist

$$\frac{m\, r^2}{J_S} = \frac{m\, r^2}{m\, r^2 / 2} = 2$$

Damit wird

$$v_{S1} = \frac{1}{3}\, r\, \omega_0 = \frac{1}{3} \cdot 0{,}15\ \text{m} \cdot 94{,}2\ \text{s}^{-1} = 4{,}71\ \text{m/s}$$

Aus Gl. (5.8) folgt, dass der Gesamtimpuls $\vec{p}$ eines Körpers nur durch die Wirkung einer äußeren Kraft geändert wird und nach Gl. (5.11), dass das Impulsmoment $\vec{L}_S$ bezüglich des Schwerpunktes nur durch das Moment der äußeren Kräfte um diesen beeinflusst werden kann. Geht also die Wirkungslinie der resultierenden äußeren Kraft $\vec{F}_R$ durch den Schwerpunkt (wie etwa beim schiefen Wurf), so wird durch $\vec{F}_R$ nur die Bewegung des Schwerpunktes, nicht aber die Drehung um diesen geändert.

Beispiel 5.41: Eine *Luftschraube* wird mit $n = 2000\ \text{min}^{-1}$ angetrieben. In dem Augenblick, in dem sich ein Flügel in vertikaler Stellung befindet, reißt dieser an der Nabe ab. Wie bewegt er sich weiter, wenn sein Schwerpunkt von der Drehachse den Abstand $r_S = 30$ cm hat?

Beim Bruch hat der Schwerpunkt des Flügels die horizontale Geschwindigkeit

$$v_S = r_S\,\omega = 0{,}3\ \text{m} \cdot 209{,}4\ \text{s}^{-1} = 62{,}8\ \text{m/s}$$

Da auf den Flügel (vom Luftwiderstand abgesehen) nach dem Abtrennen nur noch die Schwerkraft und kein Moment wirkt, dreht er sich mit der Drehzahl $n = 2000\ \text{min}^{-1} = 33{,}3\ \text{s}^{-1}$. Der Schwerpunkt beschreibt mit der Anfangsgeschwindigkeit v_S die Wurfparabel des horizontalen Wurfs (vgl. Beispiel 1.14, S. 31).

5.3.3 Aufgaben zu Abschnitt 5.3

1. Ein Pkw (m = 1350 kg) bremst auf abschüssiger Straße (Gefälle 8 %) mit der konstanten Bremsverzögerung $a_0 = -4\ \text{m/s}^2$. Wie groß sind die Achslasten F_{n1} und F_{n2}, wenn der Radstand l = 2,6 m beträgt und der Schwerpunkt b = 1,2 m vor der Hinterachse und h = 0,5 m über der Fahrbahn liegt? Die Schwerpunktverlagerung durch Kippen sei vernachlässigt.

2. Wie groß ist die Grenzbeschleunigung[1)] a_G des Fahrzeugs in Aufgabe 1 auf ebener Straße, a) bei Heckantrieb, b) bei Frontantrieb (μ_0 = 0,8)? Alle Fahrwiderstände und die Schwerpunktverlagerung durch das Kippen seien vernachlässigt. (Vgl. auch Band *Statik*, Beispiel 10.2.)

3. a) Man bestimme die Beschleunigung des Schwerpunktes a_S der Radachse (m = 50 kg, $J_S = 2\ \text{kgm}^2$, $d_2 = 2\,r_2 = 0{,}6$ m) in **Bild 5.79**. Die Radachse wird durch ein Seil, das auf einer Trommel mit dem Durchmesser $d_1 = 2\,r_1 = 0{,}4$ m aufgewickelt ist, über eine Rolle durch die Last m_Q = 30 kg in Bewegung gesetzt. Die Radachse rollt, ohne zu rutschen. Reibungsverluste und das Massenträgheitsmoment der Rolle B seien vernachlässigt. b) Wie groß ist die Haftkraft F_h zwischen Rad und Bahn?

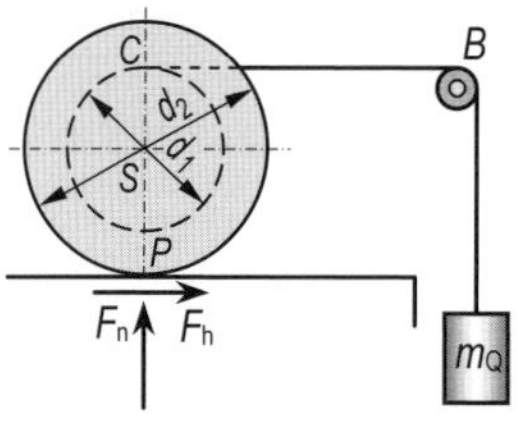

Bild 5.79: Radachse

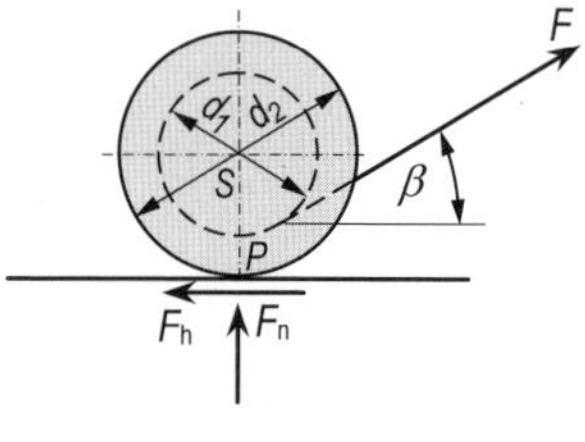

Bild 5.80: System zu Aufgabe 5

4. Welchen Durchmesser d_1 müsste die Seiltrommel in der vorhergehenden Aufgabe haben, damit die Haftkraft F_h verschwindet? (Anregung: Man wähle C als Momentebezugspunkt.)

1) Das Fahrzeug erfährt die größte Beschleunigung, wenn die Antriebsräder durchzurutschen beginnen.

5. Um die Radachse in Aufgabe 3 ist ein Seil geschlungen, an dem die Seilkraft $F_S = 100$ N unter dem Winkel $\beta = 30°$ zieht (**Bild 5.80**). Man bestimme a) die Beschleunigung des Schwerpunktes a_S, b) die Haftkraft F_h zwischen Rad und Bahn, c) diejenige Seilkraft F_{sg}, bei der die Radachse im Punkte P zu rutschen beginnt ($\mu_0 = 0{,}4$), d) den Bewegungsablauf, falls $F_{s1} = 400$ N und vereinfachend angenommen wird, dass $\mu = \mu_0 = 0{,}4$ ist. In welche Richtung läuft die Rolle?
Anleitung zu a): Nach Einführung der *d'Alembert*schen Trägheitskräfte stelle man das Momentegleichgewicht um P auf und beachte, dass der Hebelarm von F den Wert $(r_2 \cos\beta - r_1)$ hat.
Anleitung zu d): Das System hat jetzt zwei Freiheitsgrade. Man bestimme das Kräftegleichgewicht in Bewegungsrichtung und das Momentegleichgewicht um S.

6. Die Radachse in Aufgabe 3 ist nach **Bild 5.81** aufgehängt und wird aus der Ruhelage losgelassen. Man bestimme a) die Beschleunigung a_S unter der Annahme, dass sich der Schwerpunkt geradlinig auf vertikaler Bahn bewegt, b) die Seilkraft F_s.

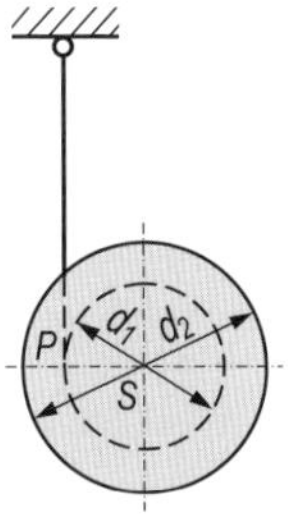

Bild 5.81 System zu Aufgabe 6

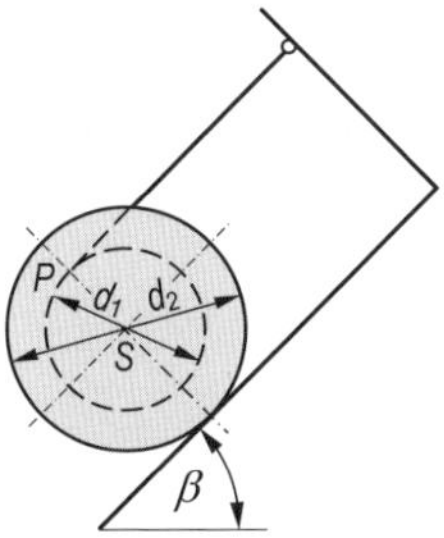

Bild 5.82: Radachse gleitet auf schiefer Ebene

7. Die Radachse in Aufgabe 3 ist nach **Bild 5.82** durch das aufgewickelte Seil gehalten und gleitet im Berührungspunkt zwischen Rad und Ebene ($\mu = 0{,}3$). a) Man stelle die Bewegungsgleichung auf. b) Welche Beschleunigung a_S erfährt der Schwerpunkt, falls $\beta = 60°$? c) Wie groß ist für b) die Seilkraft F_s? d) Bei welchem Winkel β_1 kann die Radachse in Ruhe bleiben?

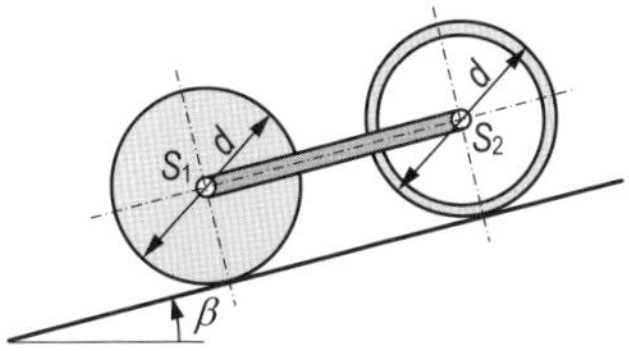

Bild 5.83: Durch Stäbe miteinander verbundene Walzen

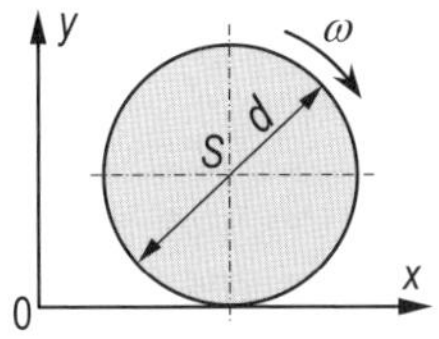

Bild 5.84: Scheibe rutscht auf einer Ebene

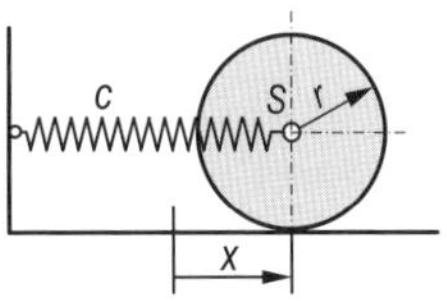

Bild 5.85: Federnd abgestützte Walze

8. Zwei Walzen (Masse je $m = 500$ kg, $d = 1$ m) sind durch zwei Stäbe, deren Gewicht gegenüber dem der Walzen vernachlässigt wird, miteinander verbunden (**Bild 5.83**). Die eine Walze ist ein homogener Vollkreiszylinder, die andere ein dünner Kreisring. Das System rollt auf schiefer Ebene ($\beta = 15°$) herab. Man bestimme a) die Beschleunigung a_S eines Walzenmittelpunktes, b) die Stabkraft F_S eines Stabes und gebe an, ob der Stab auf Zug oder Druck beansprucht ist.

9. Eine rotierende homogene Scheibe ($d = 30$ cm, vgl. Beispiel 5.40, **Bild 5.78**) wird auf eine horizontale Ebene gesetzt und losgelassen (**Bild 5.84**). Unmittelbar nach dem Loslassen beträgt ihre Drehzahl $n_0 = 900\ \text{min}^{-1}$ und ihre Schwerpunktgeschwindigkeit $v_{S0} = 0$. a) Welche Geschwindigkeit v_1 erreicht der Schwerpunkt auf der horizontalen Ebene, wenn der Gleitreibungskoeffizient μ ist? b) Nach welcher Zeit t_1 und welchem Weg s_1 wird die Geschwindigkeit v_1 erreicht, wenn $\mu = 0{,}3$ beträgt?

10. Eine homogene Walze (m = 10 kg, r = 10 cm) ist in ihrer Achse durch zwei parallele Zug-Druck-Federn gehalten, die zusammen die Federkonstante c = 10 N/cm haben (**Bild 5.85**). Nach der Auslenkung x aus der Gleichgewichtslage vollführt die Walze eine harmonische Rollbewegung. Man bestimme a) die Kreisfrequenz ω_0 und die Schwingungsdauer T der Schwingungen, b) die Auslenkung x_m, bei der die Walze zu rutschen beginnt (μ_0 = 0,4).

11. Eine homogene Kreisscheibe mit dem Radius r rollt nach **Bild 5.86** auf kreisförmiger Bahn (Radius $\rho = l + r$), ohne zu gleiten. Nach Auslenkung aus der Gleichgewichtslage vollführt sie eine periodische Rollbewegung. a) Man stelle die Bewegungsgleichung auf und bestimme b) für kleine Auslenkungen ψ aus der Gleichgewichtslage die Kreisfrequenz ω_0 der kleinen Schwingungen.
Anleitung: P ist Momentanpol, deshalb ist $v_S = r\dot{\varphi} = l\dot{\psi}$ und $\ddot{\varphi} = (l/r)\ddot{\psi}$, wenn φ der absolute Drehwinkel der Scheibe ist. Mit Hilfe der *d'Alembert*schen Trägheitskräfte erhält man aus dem Momentegleichgewicht um P die Bewegungsgleichung. Als Koordinate wähle man ψ.
Für $l = r$ vergleiche man das Ergebnis mit dem in Aufgabe 13b (Kreisscheibe), S. 212 (**Bild 5.42**).

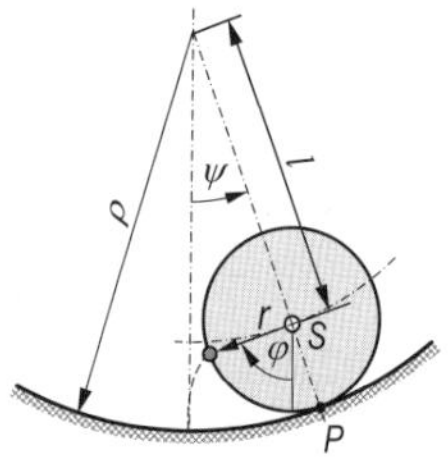

Bild 5.86: Kreisscheibe rollt auf einer Kreisbahn

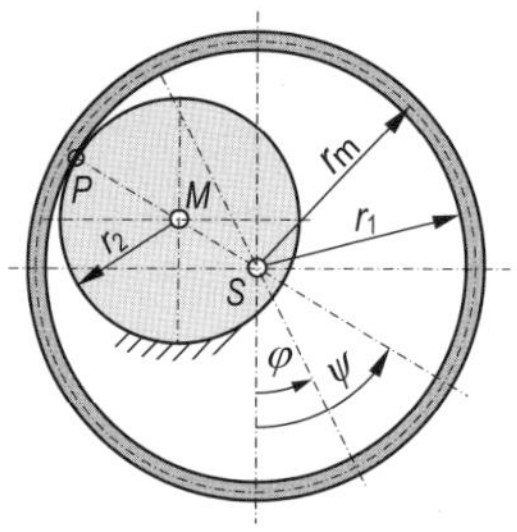

Bild 5.87: Schwerer Kreisring rollt auf einem Kreiszylinder

12. Ein dünner schwerer Kreisring ($r_i = r_1 \approx r_m$) hängt auf einem Kreiszylinder (Radius r_2). Nach Auslenkung aus der Gleichgewichtslage vollführt er eine periodische Rollbewegung (**Bild 5.87**). a) Man stelle die Bewegungsgleichung auf und b) bestimme die Kreisfrequenz ω_0 der kleinen Schwingungen.
Anleitung: Der Punkt P ist Momentanpol der Rollbewegung. Der Schwerpunkt S bewegt sich auf einer Kreisbahn mit dem Radius $(r_1 - r_2)$ um M, daher ist

$$v_S = r_1\dot{\varphi} = (r_1 - r_2)\,\dot{\psi} \qquad \text{und} \qquad r_1\ddot{\varphi} = (r_1 - r_2)\,\ddot{\psi}$$

wenn φ der absolute Drehwinkel ist. Aus dem Momentegleichgewicht um P erhält man die Bewegungsgleichung. Man wähle ψ als Koordinate.

13. Ein Brett der Länge l fällt im freien Fall ohne Drehung und wird plötzlich an einem Ende in 0 festgehalten, so dass es sich um 0 dreht (**Bild 5.88**). Mit welcher Winkelgeschwindigkeit ω_1 beginnt die Rotation, wenn das Brett mit der Geschwindigkeit v den Punkt 0 trifft?

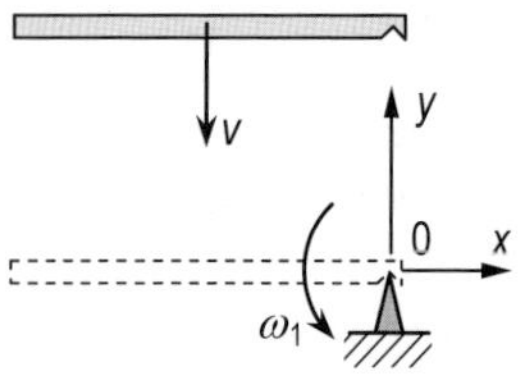

Bild 5.88:
Frei fallendes Brett

5.4 Kinetik der Relativbewegung

Nach dem Schwerpunktsatz ist die auf einen Körper einwirkende resultierende äußere Kraft $\vec{F}_R$ gleich dem Produkt aus der Masse m des Körpers und seiner Schwerpunktbeschleunigung $\vec{a}_S$. Dabei ist $\vec{a}_S$ die Beschleunigung gegenüber einem absoluten Bezugssystem. Wie wir schon in Abschn. 3.3 gesehen haben, ist es manchmal vorteilhaft, eine Bewegung mit Hilfe eines bewegten Bezugssystems zu beschreiben. Dann gilt mit Gl. (3.31)

$$\vec{F}_R = m\,\vec{a}_S = m\,(\vec{a}_F + \vec{a}_{rel} + \vec{a}_{Cor}) \tag{5.171}$$

wobei $\vec{a}_F$ die Führungs-, $\vec{a}_{rel}$ die Relativ- und $\vec{a}_{Cor}$ die *Coriolis*beschleunigung des Schwerpunktes (in dem gewählten Bezugssystem) sind. Stellt man Gl. (5.171) um, so folgt für die Relativbewegung

$$\boldsymbol{m\,\vec{a}_{rel} = \vec{F}_R + m\,(-\vec{a}_F) + m\,(-\vec{a}_{Cor})} \tag{5.172}$$

Der zweite und der dritte Ausdruck auf der rechten Seite sind die Trägheitskräfte infolge der Führungs- und *Coriolis*beschleunigung. Damit nimmt der Schwerpunktsatz für die Relativbewegung dieselbe Form an, wie für die absolute Bewegung, sofern man zu der Summe der äußeren Kräfte $\vec{F}_R$ die Trägheitskräfte $m\,(-\vec{a}_F)$ und $m\,(-\vec{a}_{Cor})$ hinzufügt.

Nach dem *d'Alembert*schen Prinzip erhält die Gl. (5.171) die Form

$$\boldsymbol{\vec{F}_R + m\,(-\vec{a}_F) + m\,(-\vec{a}_{rel}) + m\,(-\vec{a}_{Cor}) = \vec{0}} \tag{5.173}$$

Die Resultierende der äußeren Kräfte $\vec{F}_R$ hält den drei im Schwerpunkt des Körpers angreifenden Trägheitskräften $m\,(-\vec{a}_F)$, $m\,(-\vec{a}_{rel})$ und $m\,(-\vec{a}_{Cor})$ das Gleichgewicht. In der Anwendung wollen wir die negativen Vorzeichen in vorstehenden Gleichungen wieder durch eine den positiven Beschleunigungen entgegengesetzte Pfeilrichtung der Trägheitskräfte in der Zeichnung berücksichtigen.

In den Beispielen und Aufgaben der vorhergehenden Abschnitte wurde die Erde als absolutes Bezugssystem betrachtet. Anhand von Gl. (5.172) können wir nun prüfen, wieweit diese Annahme berechtigt war. Infolge der Erddrehung mit der Winkelgeschwindigkeit $\omega_F = 0{,}727 \cdot 10^{-4}\ \text{s}^{-1}$ (vgl. Aufgabe 6, S. 53) erfährt jeder Punkt der Erdoberfläche die Führungsbeschleunigung $a_F = r\,\omega_F^2$, wenn $r = R\cos\alpha$ (α = Breitenwinkel) der Abstand irgendeines Punktes von der Drehachse ist. Am Äquator ist $\alpha = 0$, $r = R = 6{,}371 \cdot 10^6$ m und $g = 9{,}781\ \text{m/s}^2$, damit ist

$$m\,a_F = m\,g\left(\frac{R\,\omega_F^2}{g}\right) = m\,g\,\frac{6{,}371\cdot 10^6\ \text{m}\cdot 0{,}727^2\cdot 10^{-8}\ \text{s}^{-2}}{9{,}781\ \text{m/s}^2} = 0{,}344\cdot 10^{-2}\ m\,g$$

Die *Coriolis*beschleunigung wird nach Gl. (3.33) am größten, wenn die Vektoren $\vec{\omega}_F$ und $\vec{v}_{rel}$ einen rechten Winkel einschließen. Das trifft zu, wenn sich ein Punkt auf einem Breitenkreis bewegt. Erfolgt die Bewegung in östlicher Richtung, so sind $\vec{a}_F$ und $\vec{a}_{rel}$ gleichgerichtet und zeigen auf die Achse der Erde. Für eine Relativgeschwindigkeit v_{rel} = 1000 m/s ist mit Gl. (3.33) z. B.

$$m\,a_{Cor} = m\,g\,\frac{2\,\omega_F\,v_{rel}}{g} = m\,g\,\frac{2\cdot 0{,}727\cdot 10^{-4}\ \text{s}^{-1}\cdot 1000\ \text{m/s}}{9{,}781\ \text{m/s}^2} = 1{,}486\cdot 10^{-2}\ m\,g$$

Selbst bei dieser hohen Geschwindigkeit betragen die beiden Zusatzkräfte zusammen weniger als 2 % der Gewichtskraft F_G und bei v_{rel} = 100 m/s weniger als 0,5 %, so dass die Erde im Allgemeinen als absolutes Bezugssystem (als Inertialsystem) angesehen werden kann.

Beispiel 5.42: Auf einer schrägen Rampe (m_2 = 100 kg, α = 30°), die sich in horizontaler Ebene reibungsfrei bewegen kann, steht ein Wagen (m_1 = 50 kg), der auf dieser aus einer relativen Ruhelage reibungsfrei herabrollt (**Bild 5.89a**). Man bestimme a) die Beschleunigung a_F der Rampe und die Relativbeschleunigung a_{rel} des Wagens auf der Rampe, b) die resultierende Normalkraft F_n zwischen Wagen und Rampe, c) die Zeit t_1 für den relativen Rollweg l = 3 m.

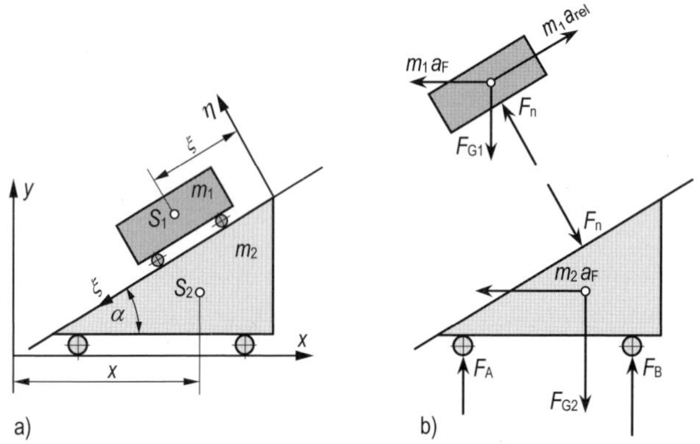

Bild 5.89:
a) Wagen rollt auf Rampe
b) Kräfte am freigemachten System

a) Da sich die Rampe als Führungssystem nicht dreht, ist die *Coriolis*beschleunigung Null. Wäre der Wagen auf der Rampe in relativer Ruhe, so wäre seine Beschleunigung die Führungsbeschleunigung $\vec{a}_F$. Die zugehörigen Trägheitskräfte an Rampe und Wagen sind $\vec{a}_F$ entgegen anzunehmen (**Bild 5.89b**). Die relative Koordinate ξ ist von der relativen Ruhelage des Wagens aus gezählt. Da die relative Bahn eine Gerade ist, hat die Trägheitskraft $m\,a_{rel}$ nur eine Komponente, die der Koordinate ξ entgegen anzunehmen ist. In **Bild 5.89b** ist das System freigemacht. Außer den Trägheits- und Gewichtskräften wirken zwischen Wagen und Rampe senkrecht zur relativen Bahn die resultierende Normalkraft F_n und an der Rampe die Auflagerkräfte F_A und F_B. Aus den Gleichgewichtsbedingungen der Kräfte am Wagen in Richtung der relativen Koordinaten ξ und η erhält man

$$m_1\,a_F \cos\alpha + m_1\,g \sin\alpha - m_1\,a_{rel} = 0 \qquad (5.174)$$
$$m_1\,a_F \sin\alpha - m_1\,g \cos\alpha + F_n \quad = 0 \qquad (5.175)$$

Das Gleichgewicht der Kräfte an der Rampe in Bewegungsrichtung verlangt

$$-m_2\,a_F + F_n \sin\alpha = 0 \qquad (5.176)$$

Setzt man F_n aus Gl. (5.175) in Gl. (5.176) ein, so folgt

$$m_2\,a_F = F_n \sin\alpha = (m_1\,g \cos\alpha - m_1\,a_F \sin\alpha) \sin\alpha$$

$$a_F = \frac{m_1 \sin\alpha \cos\alpha}{m_2 + m_1 \sin^2\alpha}\,g = \frac{50\,\text{kg}\cdot 0{,}5\cdot 0{,}866}{(100+50\cdot 0{,}5^2)\text{kg}}\,9{,}81\,\text{m/s}^2 = 1{,}89\,\text{m/s}^2$$

(Für $m_2 \to \infty$ wird $a_F = 0$, d. h., das Führungssystem bleibt in Ruhe.)
Mit a_F erhält man aus Gl. (5.174) die Relativbeschleunigung

$$a_{rel} = g \sin\alpha + a_F \cos\alpha = 9{,}81\,\text{m/s}^2 \cdot 0{,}5 + 1{,}89\,\text{m/s}^2 \cdot 0{,}866 = 6{,}54\,\text{m/s}^2$$

Für $m_2 \to \infty$ ($a_F \to 0$) ist $a_{rel} = a_0 = g \sin\alpha = 4{,}91$ m/s² (vgl. Beispiel 2.3, S. 67, und Gl. (2.16)).

b) Aus Gl. (5.175) gewinnt man die Normalkraft

$$F_n = m_1\,(g \cos\alpha - a_F \sin\alpha) = 50\text{ kg}\,(9{,}81 \cdot 0{,}866 - 1{,}89 \cdot 0{,}5)\text{ m/s}^2 = 377{,}5\text{ N}$$

Für $m_2 \to \infty$ ($a_F \to 0$) ist $F_n = m_1\, g \cos\alpha = 424{,}8$ N

c) Aus Gl. (1.23) gewinnt man die Zeit

$$t_1 = \sqrt{\frac{2\,l}{a_{rel}}} = \sqrt{\frac{2 \cdot 3\text{ m}}{6{,}54\text{ m/s}^2}} = 0{,}958\text{ s}$$

Beispiel 5.43: Ein Stab dreht sich gleichförmig mit der Winkelgeschwindigkeit ω_F ($n_F = 300\text{ min}^{-1}$) in horizontaler Ebene. Auf ihm kann sich eine Muffe mit der Masse $m = 1$ kg reibungsfrei bewegen. Die Muffe ist durch eine Feder ($c = 40$ N/cm) mit der Drehachse verbunden (**Bild 5.90a**). Wird die Muffe aus der relativen Ruhelage ausgelenkt und dann freigegeben, so vollführt sie Schwingungen. Man stelle die Bewegungsgleichung auf und bestimme die Kreisfrequenz ω_1 der Schwingungen.

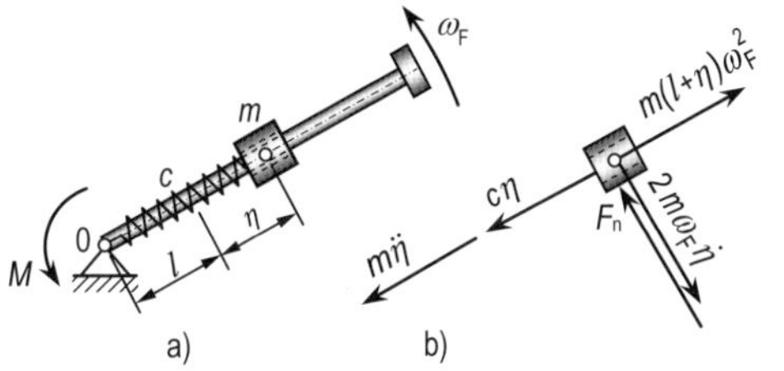

Bild 5.90: a) Feder-Masse-System im Fliehkraftfeld
b) Muffe freigemacht

a) In **Bild 5.90a** ist eine relative Koordinate η von der entspannten Federlage $l = 20$ cm aus gezählt, dann ist $\dot\eta = v_{rel}$ die relative Geschwindigkeit und $\ddot\eta = a_{rel}$ die relative Beschleunigung. Wird der Massenpunkt auf dem Stab festgehalten, so erfährt er bei der Drehung die Führungsbeschleunigung $a_F = (\eta + l)\,\omega_F^2$, ihr Vektor ist auf die Drehachse hin gerichtet. Die *Coriolis*beschleunigung hat den Betrag $a_{Cor} = 2\,\omega_F\, v_{rel} = 2\,\omega_F\,\dot\eta$, ihre Richtung erhält man, wenn man $\vec v_{rel}$ um 90° im Sinne von $\vec\omega_F$ dreht. In **Bild 5.90b** sind die Trägheitskräfte den positiven Beschleunigungsrichtungen entgegen eingetragen. Die Federkraft ist der Auslenkung entgegengerichtet. Das gezeichnete Kräftesystem hält sich an der Muffe das Gleichgewicht. Für die relative Bewegungsrichtung und die dazu senkrechte Richtung gelten die Gleichgewichtsbedingungen

$$m\ddot\eta + c\,\eta - m\,(\eta + l)\,\omega_F^2 = 0 \qquad (5.177)$$

$$F_n - 2\,m\,\omega_F\,\dot\eta = 0 \qquad (5.178)$$

Aus der ersten Gleichung folgt

$$\ddot\eta + \left(\frac{c}{m} - \omega_F^2\right)\eta = l\,\omega_F^2 \qquad (5.179)$$

Hierbei ist $c/m = 4000\text{ s}^{-2} = \omega_0^2$ das Quadrat der Kreisfrequenz der Schwingungen, wenn sich der Stab nicht dreht ($\omega_F = 0$) (vgl. Abschn. 2.1.6).
Die Masse befindet sich in relativer Ruhelage, falls $\ddot\eta = 0$. Dann gibt

$$\eta_{st} = \frac{\omega_F^2}{\omega_0^2 - \omega_F^2}\,l = \frac{1}{(\omega_0/\omega_F)^2 - 1}\,l \qquad (5.180)$$

die radiale Verschiebung der Masse gegenüber der entspannten Federlage l an.

Mit $\omega_F = 31{,}4\ s^{-1}$ und $\omega_0 = 63{,}2\ s^{-1}$ erhält man

$$\eta_{st} = \frac{1}{(63{,}2/31{,}4)^2 - 1} 20\ cm = 6{,}55\ cm$$

Durch eine Koordinatentransformation kann man die rechte Seite von Gl. (5.179) zu Null machen und Gl. (5.179) damit auf die Normalform der Differenzialgleichung Gl. (2.34) zurückführen. Setzt man

$$u = \eta - \eta_{st} \tag{5.181}$$

dann ist $\ddot{u} = \ddot{\eta}$, und aus Gl. (5.179) erhält man

$$\ddot{u} + (\omega_0^2 - \omega_F^2)(u + \eta_{st}) = l\ \omega_F^2$$

$$\ddot{u} + (\omega_0^2 - \omega_F^2)\, u + [(\omega_0^2 - \omega_F^2)\, \eta_{st} - l\ \omega_F^2] = 0$$

Der Ausdruck in der eckigen Klammer ist nach Gl. (5.180) gleich Null, es bleibt

$$\ddot{u} + (\omega_0^2 - \omega_F^2)\, u = 0 \tag{5.182}$$

Ein Vergleich mit Gl. (2.34) zeigt, dass

$$\omega_1 = \sqrt{\omega_0^2 - \omega_F^2} = \sqrt{(63{,}2\ s^{-1})^2 - (31{,}4\ s^{-1})^2} = 54{,}9\ s^{-1}$$

die Kreisfrequenz der Schwingungen ist.
Ist die Muffe zur Zeit $t = 0$ relativ um einen Betrag u_0 ausgelenkt und wird dann freigegeben, so ist nach Gl. (2.39)

$$u = u_0 \cos \omega_1 t$$

die spezielle Lösung der Differenzialgleichung (5.182). Daraus folgt mit Gl. (5.181)

$$\eta = \eta_{st} + u = \eta_{st} + u_0 \cos \omega_1 t \tag{5.183}$$

Die Muffe vollführt also eine Schwingung mit der Amplitude u_0 um die Lage η_{st} als Mittellage.

Beispiel 5.44: *Fliehkraftpendel.* Der Hammer einer Hammermühle ist als Stabpendel ausgebildet (**Bild 5.91a**). Vereinfachend sei angenommen, dass sich der Rotor in horizontaler Ebene mit der konstanten Winkelgeschwindigkeit ω_F dreht. Im Abstand r_1 von der Drehachse 0 ist im Punkt B ein Hammer (Masse m) gelagert. Trifft Mahlgut auf den Hammer, so wird er aus seiner relativen Ruhelage ausgelenkt und vollführt relativ zum Rotor Pendelschwingungen um den Punkt B.
a) Unter Vernachlässigung der Reibung im Lagerzapfen B stelle man die Bewegungsgleichung für den Hammer auf und bestimme die Kreisfrequenz ω_0 der kleinen Schwingungen.
b) Welche Länge l muss das Stabpendel im Verhältnis zu seinem Abstand r_1 von der Drehachse haben, wenn die Schwingungsdauer der kleinen Schwingungen gleich der Umlaufzeit T des Rotors sein soll?

a) Die Lage des Pendels ist durch die relative Koordinate φ festgelegt (**Bild 5.91a**). Da sich die Scheibe gleichförmig dreht ($\dot{\omega}_F = 0$), ist $\ddot{\varphi}$ die absolute Winkelbeschleunigung des Pendels. Wählt man die Scheibe als Führungssystem, so hat der Schwerpunkt des Pendels in diesem die auf den Drehpunkt 0 gerichtete Führungsbeschleunigung $a_F = r\,\omega_F^2$, wenn r der augenblickliche Abstand des Pendelschwerpunktes von der Drehachse ist. In entgegengesetzter Richtung wirkt die Fliehkraft $mr\,\omega_F^2$. Die *Coriolis*beschleunigung des Pendelschwerpunktes ist auf den Aufhängepunkt B gerichtet. Ihr ist die Trägheitskraft $2\,m\,\omega_F\,v_{S\,rel} = 2\,m\,\omega_F\,r_S\,\dot{\varphi}$ entgegengerichtet. Die Relativbeschleunigung des Schwerpunktes hat eine radiale und eine tangentiale Komponente, ihnen entsprechen die in Richtung $\overline{BS}$ wirkende Trägheitskraft $m\,r_S\,\omega_{rel}^2 = m\,r_S\,\dot{\varphi}^2$ und die dazu senkrechte, entgegen φ gerichtete Komponente $m\,r_S\,\alpha_{rel} = m\,r_S\,\ddot{\varphi}$. Das Moment der Trägheitskräfte ist $J_S\,\ddot{\varphi}$, seine Drehrichtung ist der Koordinate φ entgegen anzunehmen. Bezüglich des Drehpunktes B verlangt das Momentegleichgewicht

$$J_S\,\ddot{\varphi} + (m\,r_S\,\ddot{\varphi})\,r_S + (m\,r\ \omega_F^2)\,r_1 \sin\psi = 0$$

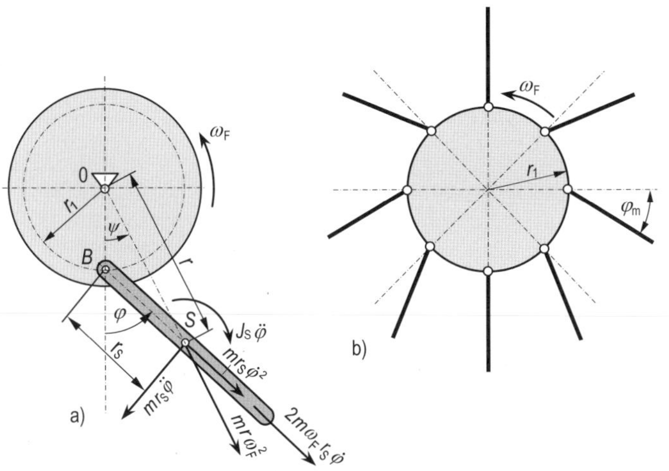

Bild 5.91:
a) Fliehkraftpendel
b) Bewegungsablauf für $l = (3/2)\, r_1$

Mit dem Sinussatz folgt aus dem Dreieck *OBS*

$$\frac{r}{\sin(\pi - \varphi)} = \frac{r_S}{\sin\psi} \qquad \text{oder} \qquad r \sin\psi = r_S \sin\varphi$$

Damit erhält man die Bewegungsgleichung

$$(J_S + m\, r_S^2)\, \ddot{\varphi} + m\, r_1\, \omega_F^2\, r_S \sin\varphi = 0$$

Der Klammerausdruck ist das Massenträgheitsmoment J_B des Pendels um den Punkt *B*. Teilt man die Gleichung durch J_B und beschränkt sich auf kleine Auslenkungen, d. h. setzt $\sin\varphi \approx \varphi$, so folgt

$$\ddot{\varphi} + \left(\frac{m\, r_1\, r_S\, \omega_F^2}{J_B} \right) \varphi = 0 \tag{5.184}$$

Der Faktor von φ ist das Quadrat der Kreisfrequenz der kleinen Schwingungen

$$\omega_0^2 = \frac{m\, r_1\, r_S}{J_B}\, \omega_F^2 \tag{5.185}$$

b) Für ein Stabpendel ist $J_B = m\, l^2/3$ und $r_S = l/2$. Die Umlaufzeit $T = 2\,\pi\,/\omega_F$ der Scheibe ist gleich der Schwingungsdauer $T = 2\,\pi\,/\omega_0$ des Pendels, wenn $\omega_0 = \omega_F$ ist. Dann folgt aus Gl. (5.185)

$$\omega_0^2 = \frac{m\, r_1 (l/2)}{m\, l^2/3}\, \omega_F^2 = \omega_F^2 \qquad \text{oder} \qquad l = (3/2)\, r_1$$

Bild 5.91b zeigt den Bewegungsablauf des Pendels, falls $l = (3/2)\, r_1$ ist.

5.4.1 Aufgaben zu Abschnitt 5.4

1. Welches Drehmoment M_B ist erforderlich, um das Pendel in Beispiel 5.44, S. 242, mit der Winkelgeschwindigkeit $\omega_{rel} = \dot{\varphi}$ gleichförmig zu drehen?

2. Auf einem Wagen (Masse m_1), der sich in horizontaler Richtung reibungsfrei bewegen kann, ist in seinem Schwerpunkt ein exzentrisches Schwungrad (Masse m_2) angebracht, dessen Schwerpunkt S_2 von der Drehachse S_1 den Abstand *r* hat (**Bild 5.92**). a) Wie bewegt sich der Wagen, wenn das Schwungrad gleichförmig mit der Winkelgeschwindigkeit ω angetrieben wird? b) Welches Drehmoment M ist in S_1 aufzubringen? c) Wie groß muss die Winkelgeschwindigkeit $\omega = \omega_1$ mindestens sein, damit sich der Wagen von seiner Bahn abhebt?

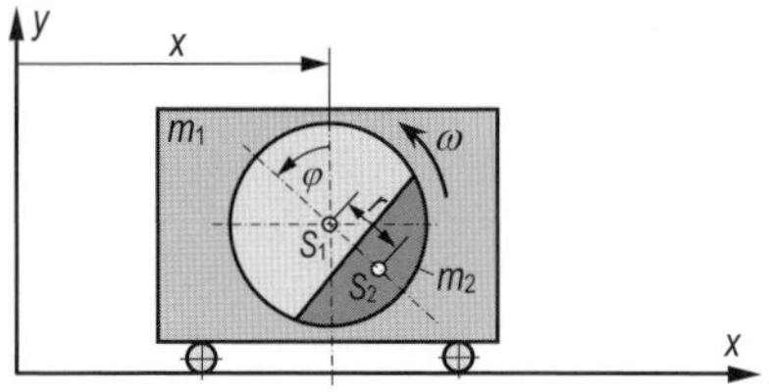

Bild 5.92: Wagen mit exzentrischem Schwungrad

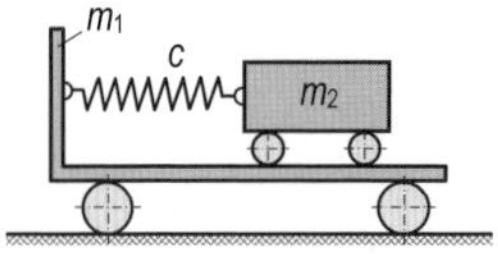

Bild 5.93: Zwei federnd miteinander verbundene Wagen

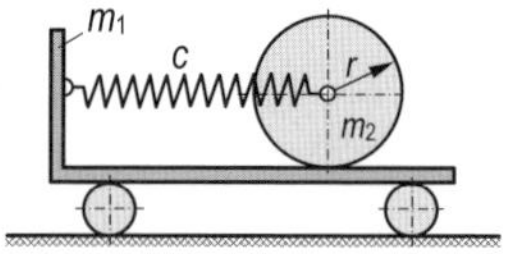

Bild 5.94: Rolle auf Wagen

3. Ein Wagen (Masse m_1) kann sich in horizontaler Ebene reibungsfrei bewegen. Ein zweiter Wagen (Masse m_2) ist mit dem ersten durch eine Zug-Druck-Feder (Federkonstante c) verbunden und kann sich relativ zu diesem reibungsfrei bewegen (**Bild 5.93**). Wird der Wagen 2 relativ auf dem Wagen 1 ausgelenkt und dann losgelassen, so vollführt das System eine harmonische Bewegung. Unter Vernachlässigung der Massenträgheitsmomente der Räder stelle man für die Relativbewegung die Bewegungsgleichung auf und bestimme die Kreisfrequenz ω_0 der Schwingungen.

4. Man stelle die Bewegungsgleichung der Relativbewegung auf und bestimme die Kreisfrequenz ω_0 der Schwingungen, wenn statt des Wagens 2 in der vorhergehenden Aufgabe eine homogene Walze (Masse m_2, Radius r) auf dem Wagen m_1 angebracht ist und diese bei der schwingenden Bewegung rollt, ohne zu gleiten (**Bild 5.94**).

5. Ein Rohr (**Bild 5.95**) (Länge l = 0,5 m) dreht sich gleichförmig in horizontaler Ebene mit der Winkelgeschwindigkeit ω_F (n_F = 300 min^{-1}). Eine Kugel (m = 0,4 kg), die sich reibungsfrei in dem Rohr bewegen kann, ist zunächst im Abstand ξ_0 = 5 cm von der Drehachse durch eine Vorrichtung festgehalten und wird freigegeben, wenn das Rohr die Lage $\varphi = 0$ passiert. Man bestimme a) die Bewegungsgleichung für die Relativbewegung der Kugel im Rohr, b) die Lage ξ der Kugel im Rohr in Abhängigkeit von φ, c) die Komponenten $v_{\xi 1}$ und $v_{\eta 1}$ sowie den Betrag der Geschwindigkeit v_1 der Kugel beim Verlassen des Rohres, d) den relativen Winkel β_1 des Geschwindigkeitsvektors $\vec{v}_1$ zur Rohrachse, e) das zur Aufrechterhaltung einer gleichförmigen Drehung erforderliche Drehmoment M und f) das maximale Drehmoment M_{max}, wenn die Kugel das Rohr verlässt.
Anleitung: Die allgemeine Lösung der Differenzialgleichung $\ddot{\xi} = \omega_F^2\, \xi$ ist $\xi = A \cosh \omega_F t + B \sinh \omega_F t$. Die Integrationskonstanten A und B können aus den Anfangsbedingungen bestimmt werden.

6. Die homogene Halbkreisscheibe in **Bild 5.96** führt nach Auslenkung aus der Gleichgewichtslage eine periodische Rollbewegung aus. a) Mit der Geraden $\overline{MP}$ denke man sich ein translatorisch bewegtes Führungssystem (s. Abschn. 3.3) verbunden und beschreibe in diesem die Relativbewegung des Schwerpunktes S. b) Man bestimme die Komponenten der *d'Alembert*schen Trägheitskräfte und stelle die Bewegungsgleichung auf. c) Wie groß ist die Kreisfrequenz ω_0 der kleinen Schwingungen?

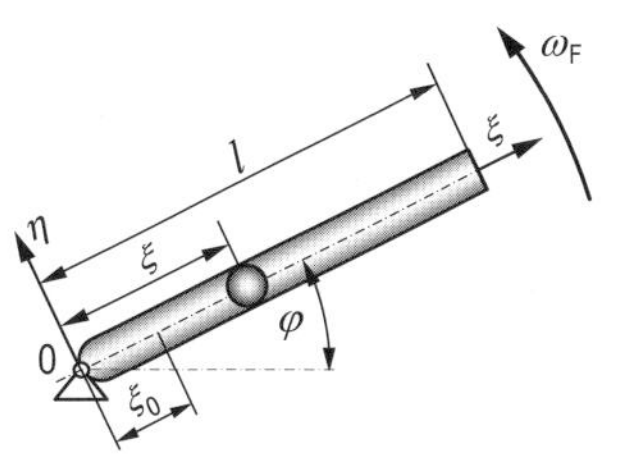

Bild 5.95: Kugel in sich drehendem Rohr

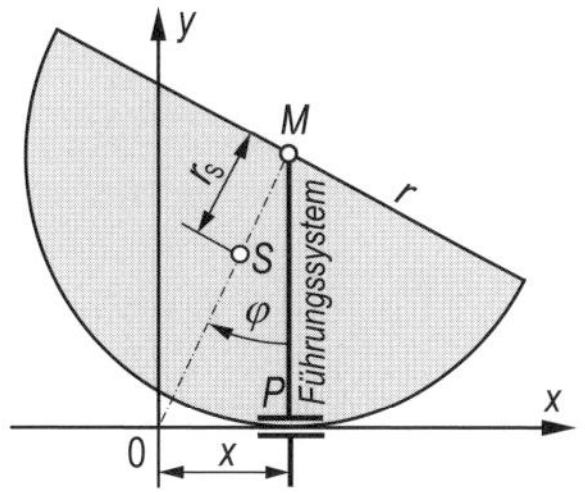

Bild 5.96: Schwingungen einer Halbkreisscheibe

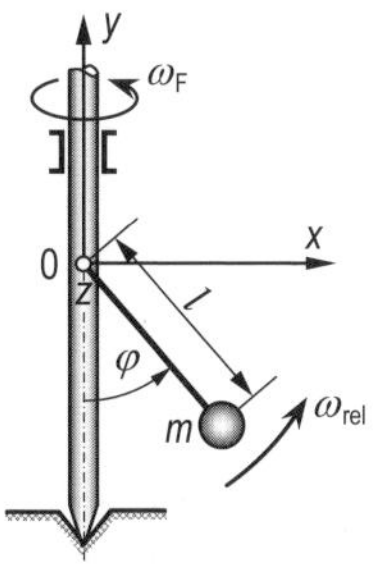

Bild 5.97: Stab mit Einzelmasse an sich drehender Welle

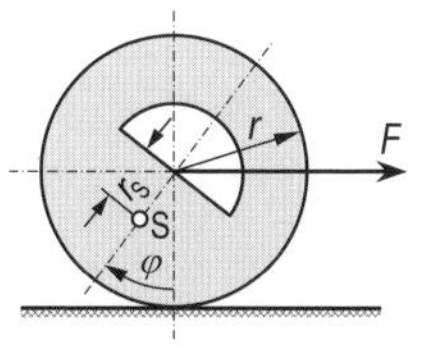

Bild 5.98: Auf ebener Bahn gezogene exzentrische Walze

7. Eine Welle dreht sich gleichförmig um ihre vertikale Achse mit der Winkelgeschwindigkeit ω_F. Im Punkt 0 ist ein Stab der Länge l drehbar gelagert, der an seinem Ende eine Masse m trägt und gleichförmig mit der Winkelgeschwindigkeit ω_{rel} angetrieben wird (**Bild 5.97**). a) Welches Moment M_z muss auf den Stab, b) welches Moment M_y auf die Welle wirken, um die gleichförmigen Drehungen zu ermöglichen? (Die Masse des Stabes wird gegenüber der Masse m vernachlässigt). c) Wie groß ist bei der Bewegung das Moment M_x?

8. Man beantworte die Fragen der vorhergehenden Aufgabe, wenn a) im Punkt 0 statt des Stabes mit Einzelmasse nur ein dünner Stab der Länge l mit der Masse m oder b) eine homogene Kreisscheibe in ihrem Mittelpunkt drehbar gelagert ist?
Anleitung zu a): Die Trägheitskräfte bestimme man zunächst für ein Element des Stabes.

9. Eine Walze (m = 200 kg, d = 0,8 m) mit außermittigem Schwerpunkt (r_S = 8 cm) wird über eine Stange von einem Fahrzeug mit konstanter Geschwindigkeit v gezogen (**Bild 5.98**), dabei rollt die Walze, ohne zu rutschen. Man bestimme a) diejenige Geschwindigkeit v_1, bei der die Walze von der horizontalen Bahn abhebt und zu springen beginnt, b) für $v < v_1$ die Stangenkraft F in Abhängigkeit vom Drehwinkel φ, c) für v = 3 m/s die maximale Stangenkraft F_{max}.

10. Wie groß ist im Punkt D des Getriebes (**Bild 3.27**) in der gezeichneten Getriebestellung die Lagerkraft F_{nD} (senkrecht zur gefrästen Führung) infolge der Trägheitskräfte, wenn das Massenträgheitsmoment der Scheibe 0,90 kg cm^2 beträgt?

5.5 Energie, Arbeit und Leistung bei allgemeiner und ebener Bewegung

5.5.1 Kinetische Energie

Die kinetische Energie eines Massenpunktes ist durch Gl. (2.90) definiert. Man definiert die kinetische Energie eines Massenpunktsystems als Summe der kinetischen Energien seiner Massenpunkte

$$E_k = \sum_{i=1}^{n} \frac{1}{2} v_i^2 \, m_i \tag{5.186}$$

und analog die kinetische Energie eines Körpers durch das Integral

$$E_k = \frac{1}{2}\int v^2 \, dm \tag{5.187}$$

wobei dm die Masse eines Körperelementes und $\vec{v}$ seine Geschwindigkeit bedeutet. Das Geschwindigkeitsquadrat in Gl. (5.187) kann als skalares Produkt $v^2 = \vec{v} \cdot \vec{v}$ dargestellt werden.

Es erweist sich als zweckmäßig, die kinetische Energie eines Körpers in zwei Anteile aufzuspalten. Dazu setzen wir nach Gl. (5.14) $\vec{v} = \vec{v}_S + \dot{\vec{q}}$ und erhalten

$$E_k = \frac{1}{2}\int (\vec{v}_S + \dot{\vec{q}})^2 \, dm = \frac{1}{2} v_S^2 \int dm + \vec{v}_S \cdot \Big(\int \dot{\vec{q}} \, dm \Big) + \frac{1}{2}\int \dot{q}^2 \, dm \tag{5.188}$$

Dabei wurde berücksichtigt, dass bei Integration der Geschwindigkeitsvektor des Schwerpunktes $\vec{v}_S$ als konstanter Vektor anzusehen ist und vor das Integralzeichen gezogen werden darf. Das erste Integral auf der rechten Seite der Gl. (5.188) ist die Gesamtmasse des Körpers $m = \int dm$ und das zweite ist gleich dem Nullvektor. Letzteres erkennt man durch Umformung:

$$\int \dot{\vec{q}} \, dm = \frac{d}{dt}\int \vec{q} \, dm = \vec{0}$$

da $\int \vec{q} \, dm$ als statisches Massenmoment bezüglich des Massenmittelpunktes (Schwerpunkt) verschwindet (s. Abschn. 5.2.1.3 u. 5.1). Somit folgt

$$E_k = \frac{1}{2} m \, v_S^2 + \frac{1}{2}\int \dot{q}^2 \, dm \tag{5.189}$$

Im Folgenden setzen wir voraus, dass der Körper starr ist. Dann ist der Abstand q eines Körperpunktes vom Schwerpunkt konstant und $\dot{\vec{q}}$ ist die Drehgeschwindigkeit eines Körperpunktes um den Schwerpunkt (**Bild 5.2**). Nach Gl. (1.94) ist dann

$$\dot{\vec{q}} = \vec{\omega} \times \vec{q} \tag{5.190}$$

Dabei ist $\vec{\omega}$ die absolute Winkelgeschwindigkeit des Körpers. Mit Gl. (5.190) folgt aus Gl. (5.189)

$$\boldsymbol{E_k = \frac{1}{2} m \, v_S^2 + \frac{1}{2}\int (\vec{\omega} \times \vec{q})^2 \, dm} \tag{5.191}$$

Der erste Summand auf der rechten Seite ist die *Translationsenergie* und der zweite die *Rotationsenergie* um den Schwerpunkt. Bei der allgemeinen Bewegung eines Körpers kann man sich die kinetische Energie aus diesen beiden Anteilen zusammengesetzt denken.

Den Rotationsenergieanteil $E_{\text{k rot}}$ in Gl. (5.191) bzw. Gl. (5.189) formen wir wie folgt um. Zuerst erhält man mit Hilfe von Gl. (5.190)

$$2\,E_{\text{k rot}} = \int \dot{q}^2\,\mathrm{d}m = \int (\dot{\vec{q}} \cdot \dot{\vec{q}})\,\mathrm{d}m = \int \dot{\vec{q}} \cdot (\vec{\omega} \times \vec{q})\,\mathrm{d}m$$

Nimmt man dann bei den Vektoren des letzten Integranden die für das Spatprodukt gültige zyklische Vertauschung vor, so folgt

$$2\,E_{\text{k rot}} = \int \dot{\vec{q}} \cdot (\vec{\omega} \times \vec{q})\,\mathrm{d}m = \int \vec{\omega} \cdot (\vec{q} \times \dot{\vec{q}})\,\mathrm{d}m = \vec{\omega}\left(\int \vec{q} \times \dot{\vec{q}}\,\mathrm{d}m\right)$$

Da der Vektor $\vec{\omega}$ von der Integration über die Masse unabhängig ist, haben wir ihn vor das Integralzeichen gesetzt. Der Ausdruck in der letzten Klammer ist aber nach Gl. (5.15) das Impulsmoment $\vec{L}_S$ des Körpers bezüglich des Schwerpunktes *S*. Damit erhält man

$$\boldsymbol{E_{\text{k rot}} = \frac{1}{2}\,\vec{\omega} \cdot \vec{L}_S} \tag{5.192}$$

Die Rotationsenergie eines Körpers bezogen auf den Schwerpunkt ist gleich dem halben skalaren Produkt aus dem Winkelgeschwindigkeitsvektor $\vec{\omega}$ und dem Impulsmomentvektor $\vec{L}_S$ in Bezug auf denselben Punkt.

Bei der in Abschn. 5.3.1 betrachteten *ebenen Bewegung* eines Körpers hat der Vektor der Winkelgeschwindigkeit $\vec{\omega}$ in dem nach **Bild 5.74** eingeführten körperfesten ξ, η, ζ-Koordinatensystem die Richtung der ζ-Achse und es gilt Gl. (5.193). Für den Impulsmomentvektor $\vec{L}_S$ erhält man nach Gl. (5.73) mit dem Bezugspunkt 0 = *S* und entsprechenden Koordinatenbezeichnungen (ξ, η, ζ statt x, y, z) die Darstellung in Gl. (5.194)

$$\vec{\omega} = \begin{Bmatrix} 0 \\ 0 \\ \omega \end{Bmatrix} \qquad \vec{L}_S = \begin{Bmatrix} -\,\omega\,J_{\xi\zeta} \\ -\,\omega\,J_{\eta\zeta} \\ \omega\,J_S \end{Bmatrix} \tag{5.193), (5.194}$$

Mit Gl. (5.193) und Gl. (5.194) folgt aus Gl. (5.192)

$$E_{\text{k rot}} = \frac{1}{2}\vec{\omega}\,\vec{L}_S = \frac{1}{2}\,\omega^2\,J_\zeta = \frac{1}{2}\omega^2\,J_S \tag{5.195}$$

Damit nimmt für die ebene Bewegung Gl. (5.191) die Form an

$$\boldsymbol{E_\text{k} = \frac{1}{2}\,m\,v_S^2 + \frac{1}{2}\,J_S\,\omega^2} \tag{5.196}$$

Es sei bemerkt, dass das Massenträgheitsmoment bezüglich der ζ-Achse $J_\zeta = J_S$ in Gl. (5.195) im Allgemeinen kein Hauptträgheitsmoment ist, da bei der Herleitung dieser Beziehung das ξ, η, ζ-Koordinatensystem nicht als Hauptachsensystem vorausgesetzt wurde.

5.5.2 Leistung

Man definiert die Gesamtleistung als Summe der Teilleistungen aller an einem Körper angreifenden äußeren Kräfte und erhält mit Gl. (2.115)

$$P = \sum P_{\mathrm{i}} = \sum \vec{F}_{\mathrm{i}} \cdot \vec{v}_{\mathrm{i}} \tag{5.197}$$

Dabei ist $\vec{v}_{\mathrm{i}}$ die Geschwindigkeit des Kraftangriffspunktes der Kraft $\vec{F}_{\mathrm{i}}$. Wir wollen auch die Leistung (entsprechend der kinetischen Energie) durch zwei Anteile ausdrücken und setzen nach Gl. (5.14) $\vec{v}_{\mathrm{i}} = \vec{v}_{\mathrm{S}} + \dot{\vec{q}}_{\mathrm{i}}$, wobei $\dot{\vec{q}}_{\mathrm{i}} = \vec{\omega} \times \vec{q}_{\mathrm{i}}$ die Drehgeschwindigkeit des Kraftangriffspunktes um den Schwerpunkt ist, dann folgt aus Gl. (5.197)

$$P = \sum \vec{F}_{\mathrm{i}} \cdot \vec{v}_{\mathrm{i}} = \left(\sum \vec{F}_{\mathrm{i}}\right) \cdot \vec{v}_{\mathrm{S}} + \sum \vec{F}_{\mathrm{i}} \cdot (\vec{\omega} \times \vec{q}_{\mathrm{i}}) \tag{5.198}$$

Da die Geschwindigkeit $\vec{v}_{\mathrm{S}}$ vom Index i unabhängig ist, haben wir sie ausgeklammert. Die erste Summe in der Klammer von Gl. (5.198) ist die Resultierende $\vec{F}_{\mathrm{R}}$ aller an dem Körper angreifenden *äußeren Kräfte*.

Nach den Regeln der Vektorrechnung darf man die Vektoren des Spatprodukts in Gl. (5.198) zyklisch vertauschen. Berücksichtigt man noch, dass der Vektor der Winkelgeschwindigkeit $\vec{\omega}$ ebenfalls vom Index i unabhängig ist, so kann man die letzte Summe in Gl. (5.198) in der Form schreiben

$$\sum \vec{F}_{\mathrm{i}} \cdot (\vec{\omega} \times \vec{q}_{\mathrm{i}}) = \sum \vec{\omega} \cdot (\vec{q}_{\mathrm{i}} \times \vec{F}_{\mathrm{i}}) = \vec{\omega} \cdot \left(\sum \vec{q}_{\mathrm{i}} \times \vec{F}_{\mathrm{i}}\right) \tag{5.199}$$

Nun ist $\vec{q}_{\mathrm{i}} \times \vec{F}_{\mathrm{i}} = \vec{M}_{\mathrm{Si}}$ das Moment der Kraft $\vec{F}_{\mathrm{i}}$ bezüglich des Schwerpunktes. Damit ist die letzte Summe in Gl. (5.199) das Moment $\vec{M}_{\mathrm{S}}$ der äußeren Kräfte um den Schwerpunkt. Mit Gl. (5.199) und $\Sigma \vec{F}_{\mathrm{i}} = \vec{F}_{\mathrm{R}}$ erhält man aus Gl. (5.198)

$$\boldsymbol{P = \vec{F}_{\mathrm{R}} \cdot \vec{v}_{\mathrm{S}} + \vec{M}_{\mathrm{S}} \cdot \vec{\omega}} \tag{5.200}$$

Die Gesamtleistung P aller an einem Körper angreifenden äußeren Kräfte ist gleich der Summe aus der Translationsleistung (dem skalaren Produkt aus der Resultierenden $\vec{F}_{\mathrm{R}}$ der äußeren Kräfte und dem Geschwindigkeitsvektor $\vec{v}_{\mathrm{S}}$ des Schwerpunktes) und der Rotationsleistung der Momente der äußeren Kräfte um den Schwerpunkt (dem skalaren Produkt aus dem Vektor des Drehmomentes $\vec{M}_{\mathrm{S}}$ der äußeren Kräfte bezüglich des Schwerpunktes und dem Vektor $\vec{\omega}$ der Winkelgeschwindigkeit).

Im Allgemeinen schließen die Vektoren $\vec{F}_{\mathrm{R}}$ und $\vec{v}_{\mathrm{S}}$ einen Winkel α ein (**Bild 2.46**), und entsprechend Gl. (2.115) gilt

$$\vec{F}_{\mathrm{R}} \cdot \vec{v}_{\mathrm{S}} = (F_{\mathrm{R}} \cos \alpha)\, v_{\mathrm{S}} = F_{\mathrm{Rt}} v_{\mathrm{S}} \tag{5.201}$$

wenn F_{Rt} die Bahnkomponente der Resultierenden der äußeren Kräfte ist.

Im Fall einer ebenen Bewegung (**Bild 5.74**) stehen die Vektoren $\vec{M}_{\mathrm{S}}$ und $\vec{\omega}$ senkrecht auf der Ebene, in der sich der Körper bewegt, d. h., nur die ζ-Komponenten dieser Vektoren sind von Null verschieden. Mit $M_\zeta = M_{\mathrm{S}}$ und $\omega_\zeta = \omega$ folgt aus Gl. (5.200) für die Leistung bei der ebenen Bewegung eines Körpers

$$\boldsymbol{P = F_{\mathrm{Rt}}\, v_{\mathrm{S}} + M_{\mathrm{S}}\, \omega} \tag{5.202}$$

5.5.3 Arbeit

Wir definieren die Arbeit bei der allgemeinen Bewegung eines Körpers als die Summe der Arbeiten aller an dem freigemachten Körper angreifenden äußeren Kräfte. Die Leistung dieser Kräfte haben wir vorstehend untersucht. Nach Gl. (2.118) ist die Arbeit *einer* Kraft gleich dem Zeitintegral über die Leistung. Die Arbeit aller an einem Körper angreifenden äußeren Kräfte kann damit durch Integration der Leistung über die Zeit gewonnen werden. Wählt man als Integrationsgrenzen die Zeiten t_0 und t_1 und bezeichnet die zwischen diesen Zeiten verrichtete Arbeit mit W_{01}, so folgt aus Gl. (5.200)

$$W_{01} = \int_{t_0}^{t_1} P\,\mathrm{d}t = \int_{t_0}^{t_1} \vec{F}_\mathrm{R} \cdot \vec{v}_\mathrm{S}\,\mathrm{d}t + \int_{t_0}^{t_1} \vec{M}_\mathrm{S} \cdot \vec{\omega}\,\mathrm{d}t \tag{5.203}$$

Speziell folgt für die *ebene Bewegung* eines Körpers durch Integration aus Gl. (5.202)

$$W_{01} = \int_{t_0}^{t_1} F_\mathrm{Rt} v_\mathrm{S}\,\mathrm{d}t + \int_{t_0}^{t_1} M_\mathrm{S}\,\omega\,\mathrm{d}t$$

und bei Einführung der Bogenlänge bzw. des Drehwinkels als neue Integrationsvariable

$$s = s\,(t), \quad \varphi = \varphi\,(t), \quad \left(\mathrm{d}s_\mathrm{S} = \frac{\mathrm{d}s_\mathrm{S}}{\mathrm{d}t}\mathrm{d}t = v_\mathrm{S}\,\mathrm{d}t,\ \mathrm{d}\varphi = \frac{\mathrm{d}\varphi}{\mathrm{d}t}\mathrm{d}t = \omega\,\mathrm{d}t\right)$$

$$W_{01} = \int_{s_{s0}}^{s_{s1}} F_\mathrm{Rt}\,\mathrm{d}s_\mathrm{S} + \int_{\varphi_0}^{\varphi_1} M_\mathrm{S}\,\mathrm{d}\varphi \tag{5.204}$$

Bei der allgemeinen Bewegung eines Körpers kann die Arbeit der äußeren Kräfte als Summe aus der Translationsarbeit der auf den Schwerpunkt reduzierten Resultierenden der äußeren Kräfte und der Rotationsarbeit des Momentes der äußeren Kräfte in Bezug auf den Schwerpunkt dargestellt werden.

5.5.4 Arbeitssatz, Leistungssatz, Energieerhaltungssatz

Für einen einzelnen Massenpunkt mit der Masse m_i gilt mit $v_\mathrm{i}^2 = \vec{v}_\mathrm{i} \cdot \vec{v}_\mathrm{i}$ und $E_\mathrm{ki} = m_\mathrm{i}\, v_\mathrm{i}^2\,/2$

$$\frac{\mathrm{d}E_\mathrm{ki}}{\mathrm{d}t} = \left(m_\mathrm{i} \frac{\mathrm{d}\vec{v}_\mathrm{i}}{\mathrm{d}t}\right) \cdot \vec{v}_\mathrm{i} = (m_\mathrm{i}\,\vec{a}_\mathrm{i}) \cdot \vec{v}_\mathrm{i}$$

Da nach dem Grundgesetz $m_\mathrm{i}\,\vec{a}_\mathrm{i} = \vec{F}_\mathrm{i}$ ist, folgt mit Gl. (2.115)

$$\frac{\mathrm{d}E_\mathrm{ki}}{\mathrm{d}t} = \vec{F}_\mathrm{i} \cdot \vec{v}_\mathrm{i} = P_\mathrm{i} \tag{5.205}$$

Definiert man die kinetische Energie E_k eines Körpers nach Gl. (5.187) durch den Grenzwert der Summe der kinetischen Energien aller seiner Massenelemente (also durch das Integral) und ferner die Gesamtleistung nach Gl. (5.197) als Summe der Teilleistungen aller an dem Körper angreifenden äußeren Kräfte, so folgt aus Gl. (5.205)

$$\frac{\mathbf{d}E_\mathbf{k}}{\mathbf{d}t} = \sum \vec{F}_\mathrm{i} \cdot \vec{v}_\mathrm{i} = P \qquad (5.206)$$

Gl. (5.206) wird auch als *Leistungssatz* bezeichnet, dieser besagt:

Die zeitliche Änderung der kinetischen Energie eines Körpers ist gleich der Leistung aller an dem Körper angreifenden äußeren Kräfte.

Aus Gl. (5.206) gewinnt man durch Integration zunächst

$$E_{\mathrm{k}1} - E_{\mathrm{k}0} = \int_{t_0}^{t_1} P \, \mathrm{d}t$$

Daraus erhält man in Verbindung mit Gl. (5.203) den *Arbeitssatz* in der uns bereits bekannten Form (s. Abschn. 2.2.3 und Abschn. 5.2.2.3)

$$E_{\mathrm{k}1} - E_{\mathrm{k}0} = W_{01} \qquad (5.207)$$

Die Differenz der kinetischen Energien eines Körpers zwischen zwei Lagen 0 und 1 ist gleich der Arbeit, die die äußeren an dem Körper angreifenden Kräfte bei der Verschiebung des Körpers zwischen diesen Lagen verrichten.

Im Fall der *ebenen Bewegung* eines Körpers gilt Gl. (5.196), und den Arbeitssatz Gl. (5.207) kann man in der Form schreiben

$$W_{01} = \left(\frac{1}{2} m \, v_{\mathrm{S}1}^2 + \frac{1}{2} J_\mathrm{S} \, \omega_1^2 \right) - \left(\frac{1}{2} m \, v_{\mathrm{S}0}^2 + \frac{1}{2} J_\mathrm{S} \, \omega_0^2 \right) \qquad (5.208)$$

Haben die an einem Körper angreifenden Kräfte ein Potenzial, so gilt sinngemäß auch der Energieerhaltungssatz von Gl. (2.100) bzw. (5.141)

$$E_{\mathrm{k}1} + E_{\mathrm{p}1} = E_{\mathrm{k}0} + E_{\mathrm{p}0} = \mathrm{const} \qquad (5.209)$$

Beispiel 5.45: Welche Geschwindigkeit v_S erreicht der Schwerpunkt der Walze in Beispiel 5.38, S. 231, wenn er aus der Ruhelage den Weg x zurückgelegt hat?
In **Bild 5.76** sind die an der Walze angreifenden äußeren Kräfte angegeben. Von diesen verrichtet nur die Komponente der Gewichtskraft $F_\mathrm{G} \sin\beta$ eine Arbeit. Man beachte, dass zwar in jedem Augenblick eine andere Haftkraft F_h in einem anderen Punkt am Umfang der Walze angreift, da aber reines Rollen ohne Gleiten vorausgesetzt wurde, ist der Angriffspunkt der Kraft F_h momentan in Ruhe. Die Kraft F_h erfährt selbst keine Verschiebung, kann also auch keine Arbeit verrichten. (Man erkennt dies besonders gut, wenn man sich die Walze als Zahnrad auf einer Zahnstange abrollend denkt.) Die kinetische Energie ist durch Gl. (5.196) gegeben. Da die Bewegung aus der Ruhelage erfolgt, erhält man mit $E_{\mathrm{k}0} = 0$ aus dem Arbeitssatz Gl. (5.208)

$$E_\mathrm{k} = \frac{m \, v_\mathrm{S}^2}{2} + \frac{J_\mathrm{S} \, \omega^2}{2} = W = F_\mathrm{G} \, x \sin\beta$$

Aus der Rollbedingung in Gl. (5.156) gewinnt man durch einmalige Differenziation $v_S = r\,\omega$. Berücksichtigt man, dass $x \sin\beta = h$ die Höhendifferenz zwischen einer beliebigen Lage und der Anfangslage ist, so folgt mit $J_S/r^2 = m_{red}$

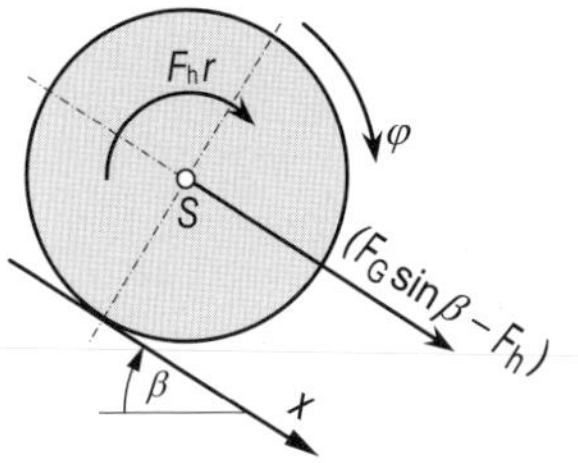

$$\frac{m\,v_S^2}{2} + \frac{J_S\,v_S^2}{r^2\,2} = (m + m_{red})\frac{v_S^2}{2} = m\,g\,h$$

oder

$$v_S = \sqrt{\frac{2\,m\,g\,h}{m + m_{red}}} = \sqrt{\frac{2\,g\,h}{1 + m_{red}/m}} \qquad (5.210)$$

Bild 5.99: In den Schwerpunkt reduziertes System der äußeren Kräfte der Walze in **Bild 5.76**

Anmerkung: Die Arbeit W der äußeren Kräfte kann auch mit Hilfe von Gl. (5.204) bestimmt werden. Dazu reduziert man das Kräftesystem (**Bild 5.76**) in den Schwerpunkt. Die Resultierende der äußeren Kräfte ist $F_R = F_{Rt} = (F_G \sin\beta - F_h)$ und das Moment der äußeren Kräfte um den Schwerpunkt $M_S = F_h\,r$ (**Bild 5.99**). Aus Gl. (5.204) erhält man die Arbeit

$$W = (F_G \sin\beta - F_h)\,x + (F_h\,r)\,\varphi$$

Die Translations- und Rotationsarbeit sind positiv, weil F_R und M_S in Verschiebungs- bzw. Drehrichtung wirken. Mit der Rollbedingung $x = r\,\varphi$ erhält man wie oben $W = F_G\,x \sin\beta$.

Beispiel 5.46: Ein dünnes homogenes Brett (Masse m, Länge l) steht nach **Bild 5.100a** auf einer Schneide und wird aus der vertikalen Lage so losgelassen, dass es sich um 0 dreht. Man bestimme den Bewegungsablauf a) bis zum Ablösen des Brettes von der Schneide, b) nach dem Ablösen.

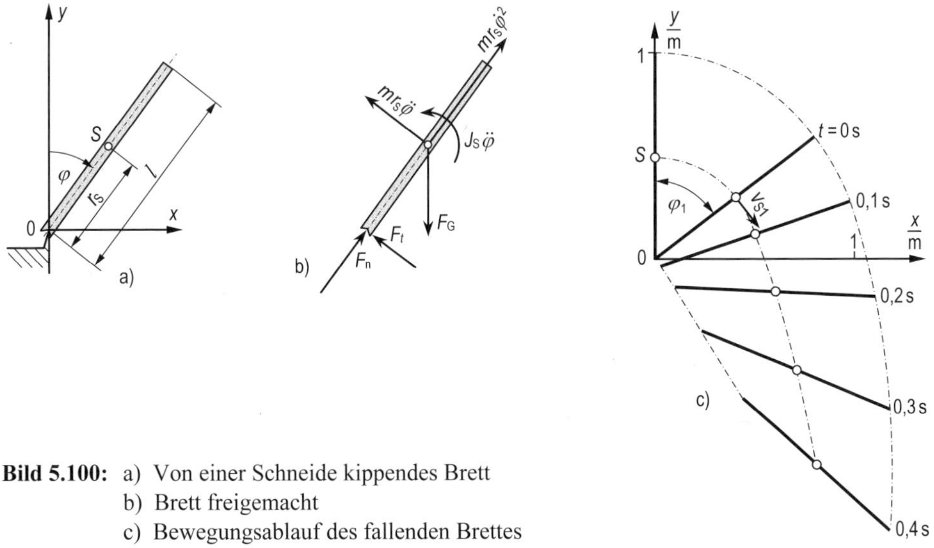

Bild 5.100: a) Von einer Schneide kippendes Brett
b) Brett freigemacht
c) Bewegungsablauf des fallenden Brettes

a) Bis zum Ablösen ist die Lage des Brettes durch die Koordinate φ festgelegt. Der Schwerpunkt beschreibt eine Kreisbahn. In **Bild 5.100b** ist das Brett freigemacht. Außer der Gewichtskraft F_G und den Lagerreaktionen F_n und F_t sind im Schwerpunkt die radiale und tangentiale Komponente der Trägheitskraft angetragen. Das Moment der Trägheitskräfte ist $\ddot{\varphi}$ und damit φ entgegengerichtet. Das Momentegleichgewicht um 0 verlangt

$$(J_S + m\,r_S^2)\,\ddot{\varphi} - m\,g\,r_S \sin\varphi = 0$$

Der Klammerausdruck ist das Massenträgheitsmoment J_0 bezüglich 0. Mit Gl. (5.54) folgt

$$\ddot{\varphi} = \frac{m\,r_S}{J_0}\,g \sin\varphi = \frac{g}{l_{red}} \sin\varphi \tag{5.211}$$

Aus den Gleichgewichtsbedingungen für die Kräfte in Richtung der Stabachse und senkrecht dazu erhält man

$$F_n = m\,g \cos\varphi - m\,r_S\,\dot{\varphi}^2 \tag{5.212}$$

$$F_t = m\,g \sin\varphi - m\,r_S\,\ddot{\varphi} \tag{5.213}$$

Legt man das Nullniveau der potenziellen Energie in die Anfangslage des Schwerpunktes ($\varphi = 0$), so ist $E_{p0} = 0$ und $E_p = -\,m\,g\,r_S\,(1 - \cos\varphi)$. Mit $E_{k0} = 0$ erhält man aus dem Energiesatz Gl. (5.141)

$$E_k = J_0\,\dot{\varphi}^2/2 = -E_p = m\,g\,r_S\,(1 - \cos\varphi)$$

$$\dot{\varphi}^2 = 2\,g\,\frac{m\,r_S}{J_0}\,(1 - \cos\varphi) = \frac{2\,g}{l_{red}}\,(1 - \cos\varphi) \tag{5.214}$$

Setzt man $\dot{\varphi}^2$ aus Gl. (5.214) und $\ddot{\varphi}$ aus Gl. (5.211) in Gl. (5.212) bzw. (5.213) ein, so folgt

$$\begin{aligned} F_n &= m\,g \cos\varphi - 2\,m\,g\,\frac{r_S}{l_{red}}\,(1 - \cos\varphi) \\ F_t &= m\,g \sin\varphi - m\,g\,\frac{r_S}{l_{red}} \sin\varphi = m\,g \sin\varphi \left(1 - \frac{r_S}{l_{red}}\right) \end{aligned} \tag{5.215}$$

Man vergleiche dieses Ergebnis mit Gl. (5.146) und (5.147). Speziell für den homogenen Stab ist

$$r_S = l/2 \qquad l_{red} = J_0/m\,r_S = (2/3)\,l \quad \text{und} \quad r_S/l_{red} = 3/4$$

Mit diesen Werten erhält man aus Gl. (5.215)

$$\begin{aligned} F_n &= m\,g \cos\varphi - 2\,m\,g\,\frac{3}{4}\,(1 - \cos\varphi) = \frac{m\,g}{2}\,(5 \cos\varphi - 3) \\ F_t &= m\,g \sin\varphi \left(1 - \frac{3}{4}\right) = \frac{m\,g}{4} \sin\varphi \end{aligned} \tag{5.216}$$

Das Brett löst sich von der Schneide, wenn die Normalkraft F_n verschwindet, und aus Gl. (5.216) folgt mit $F_n = 0$

$$\cos\varphi_1 = \frac{3}{5} = 0{,}6 \qquad \varphi_1 = 53{,}1^\circ$$

b) Von der durch φ_1 festgelegten Lage an gelten die vorstehenden Gleichungen nicht mehr, da auf das Brett nur noch die Gewichtskraft F_G als äußere Kraft wirkt. Nach dem Schwerpunktsatz bewegt sich jetzt der Schwerpunkt auf einer Wurfparabel, wobei sich das Brett gleichförmig mit der Winkelgeschwindigkeit $\dot{\varphi}_1$ dreht, die man aus Gl. (5.214) erhält

$$\dot{\varphi}_1 = \sqrt{2\frac{g}{l_{red}}(1-\cos\varphi_1)} = \sqrt{2\frac{g}{(2/3)l}(1-0{,}6)} = \sqrt{1{,}2\frac{g}{l}}$$

Im Augenblick der Ablösung hat der Schwerpunkt die Geschwindigkeit $v_{S1} = r_S\,\dot{\varphi}_1$, und der Geschwindigkeitsvektor ist in dem gewählten Koordinatensystem gegeben durch (**Bild 5.100c**)

$$\vec{v}_{S1} = r_S\,\dot{\varphi}_1 \begin{Bmatrix} \cos\varphi_1 \\ -\sin\varphi_1 \end{Bmatrix} = \frac{l}{2}\sqrt{1{,}2\frac{g}{l}} \begin{Bmatrix} 0{,}6 \\ -0{,}8 \end{Bmatrix} = \begin{Bmatrix} v_{x1} \\ v_{y1} \end{Bmatrix}$$

Die Lage des Schwerpunktes ist im Augenblick der Ablösung durch seinen Ortsvektor festgelegt

$$\vec{r}_{S1} = \begin{Bmatrix} x_{S1} \\ y_{S1} \end{Bmatrix} = r_S \begin{Bmatrix} \sin\varphi_1 \\ \cos\varphi_1 \end{Bmatrix} = \frac{l}{2}\begin{Bmatrix} 0{,}8 \\ 0{,}6 \end{Bmatrix}$$

Nach der Ablösung kann die Lage des Brettes aus den folgenden Gleichungen berechnet werden. Die Zeit t wird von dem Augenblick der Ablösung an gezählt

$$\vec{a}_S = \begin{Bmatrix} 0 \\ -g \end{Bmatrix} \qquad \vec{v}_S = \begin{Bmatrix} v_{x1} \\ v_{y1} - g\,t \end{Bmatrix}$$

$$\vec{r}_S = \begin{Bmatrix} x_{S1} + v_{x1}\,t \\ y_{S1} + v_{y1}\,t - \dfrac{g\,t^2}{2} \end{Bmatrix} = \begin{Bmatrix} 0{,}4 + 0{,}3\sqrt{1{,}2\dfrac{g}{l}}\cdot t \\ 0{,}3 - 0{,}4\sqrt{1{,}2\dfrac{g}{l}}\cdot t - \dfrac{g\,t^2}{2\,l} \end{Bmatrix} l$$

Der Drehwinkel des Brettes ändert sich nach der Gleichung

$$\varphi = \varphi_1 + \dot{\varphi}_1\,t = 53{,}1^\circ + \frac{180^\circ}{\pi}\sqrt{1{,}2\frac{g}{l}}\cdot t$$

In **Bild 5.100c** ist die Lage des Brettes (für $l = 1$ m) zu verschiedenen Zeiten dargestellt.

5.5.5 Aufgaben zu Abschnitt 5.5

1. Welche Geschwindigkeit v_S erreicht der Schwerpunkt der Radachse in Aufgabe 3, S. 236, aus der Ruhelage, wenn die Masse m_Q den Weg $h = 3$ m zurückgelegt hat?

2. Welche Geschwindigkeit v_S erreicht der Schwerpunkt der Radachse in den Aufgaben 6 und 7, S. 237, wenn dieser aus der Ruhelage den Weg $s = 3$ m zurückgelegt hat?

3. Der Schwerpunkt einer homogenen Walze (d = 0,6 m, m = 200 kg) hat die Geschwindigkeit $v_S = 2$ m/s. Die Walze rollt, ohne zu rutschen, nach **Bild 5.101** eine schiefe Ebene hinauf ($\beta = 20^\circ$). Man bestimme a) die Höhe h, die der Schwerpunkt erreicht, b) die Normalkraft F_{nA} im Punkt A der Bahn, wenn sich die Walze gerade auf der kreisförmigen Bahn befindet ($\rho = 4{,}3$ m), c) den Betrag f_{max}, um den die Feder (Federkonstante c = 1000 N/cm) zusammengedrückt wird, wenn die Walze beim Rückwärtslauf gegen die Feder prallt (Reibungsverluste seien vernachlässigt), d) die maximale Federkraft F_{max}.

4. Eine homogene Walze ($d = 2r = 1{,}0$ m, m = 1000 kg) (**Bild 5.102**) rollt aus der Ruhelage A, ohne zu gleiten, eine schiefe Ebene herab ($\beta = 30^\circ$), die im Punkte B in eine Kreisbahn übergeht ($\overline{AB}$ = 20 m, $\rho = 40$ m). An welcher Stelle C löst sich die Walze von ihrer Bahn? (Vgl. Beispiel 2.26, S. 105.)

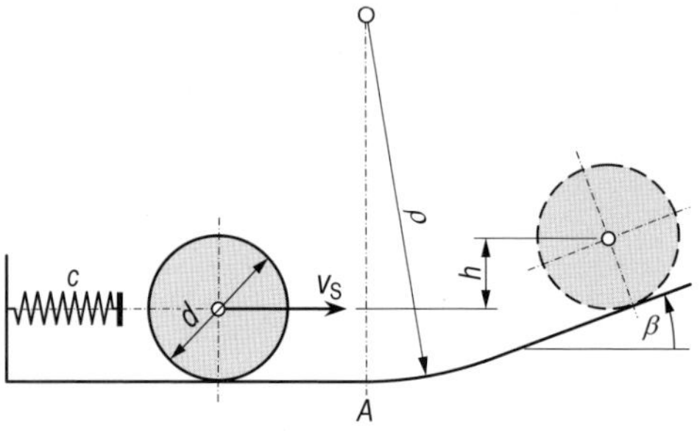

Bild 5.101: Walze rollt schiefe Ebene hinauf

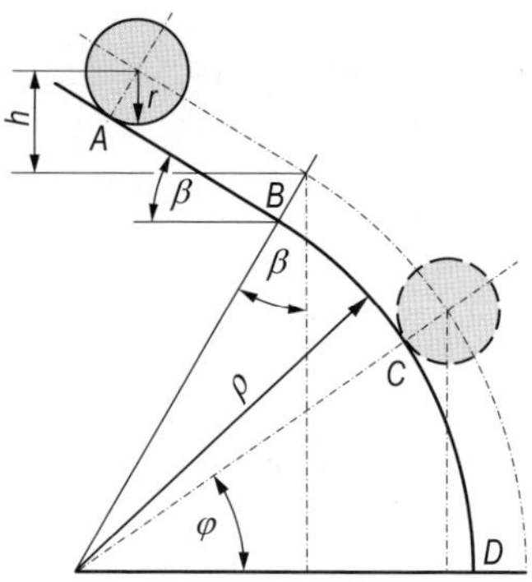

Bild 5.102: Ablösen einer Walze von gekrümmter Bahn

5.6 Drehung eines starren Körpers um einen festen Punkt

5.6.1 Impulsmomentsatz

Ein starrer Körper, der sich um einen festen Punkt dreht, wird auch als *Kreisel* bezeichnet. Wir betrachten den Sonderfall, in dem der Drehpunkt der Schwerpunkt (Massenmittelpunkt) des Körpers ist. Zur Beschreibung der Bewegung führen wir neben dem raumfesten x, y, z-Koordinatensystem ein körperfestes ξ, η, ζ-*Hauptachsensystem* ein (**Bild 5.103**)[1]. $\vec{q}$ ist der Ortsvektor eines Körperelementes mit der Masse dm im körperfesten Hauptachsensystem und $\vec{\omega}$ der Winkelgeschwindigkeitsvektor.

$$\vec{q} = \begin{Bmatrix} \xi \\ \eta \\ \zeta \end{Bmatrix} \qquad \vec{\omega} = \begin{Bmatrix} \omega_\xi \\ \omega_\eta \\ \omega_\zeta \end{Bmatrix} \tag{5.217}$$

Im Gegensatz zur Drehung um eine feste Achse ändert der Winkelgeschwindigkeitsvektor ständig seine Richtung, d. h., seine drei Komponenten sind im Allgemeinen von Null verschieden. Wir berechnen den Impulsmomentvektor nach Gl. (5.15)

$$\vec{L}_S = \int \vec{q} \times \dot{\vec{q}} \; \mathrm{d}m \tag{5.218}$$

[1] Der Übersichtlichkeit wegen ist in **Bild 5.103** von dem raumfesten x, y, z-System nur die positive x-Achse gezeichnet.

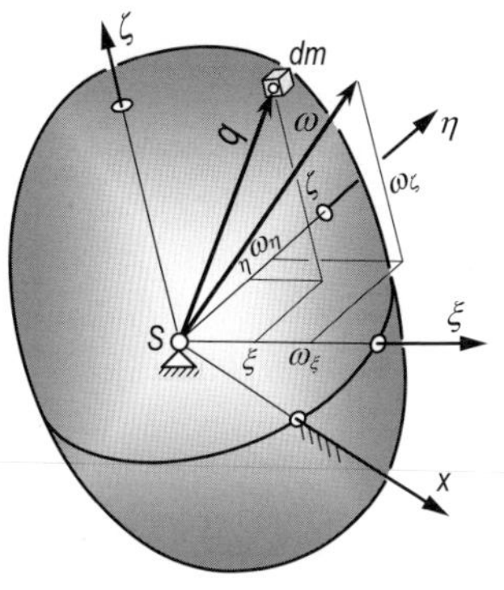

Bild 5.103:
Raumfestes x, y, z-Koordinatensystem und körperfestes ξ, η, ζ-Hauptachsensystem

Durch analoge Rechnung wie bei der Drehung eines Körpers um eine feste Achse (s. Abschn. 5.2.1.6) folgt:

$$\dot{\vec{q}} = \vec{\omega} \times \vec{q} = \begin{vmatrix} \vec{e}_\xi & \omega_\xi & \xi \\ \vec{e}_\eta & \omega_\eta & \eta \\ \vec{e}_\zeta & \omega_\zeta & \zeta \end{vmatrix} = \begin{Bmatrix} \omega_\eta \zeta - \omega_\zeta \eta \\ \omega_\zeta \xi - \omega_\xi \zeta \\ \omega_\xi \eta - \omega_\eta \xi \end{Bmatrix} \tag{5.219}$$

$$\vec{q} \times \dot{\vec{q}} = \begin{vmatrix} \vec{e}_\xi & \xi & (\omega_\eta \zeta - \omega_\zeta \eta) \\ \vec{e}_\eta & \eta & (\omega_\zeta \xi - \omega_\xi \zeta) \\ \vec{e}_\zeta & \zeta & (\omega_\xi \eta - \omega_\eta \xi) \end{vmatrix} = \begin{Bmatrix} \omega_\xi (\eta^2 + \zeta^2) & -\omega_\eta \, \xi \, \eta & -\omega_\zeta \, \xi \, \zeta \\ -\omega_\xi \, \xi \, \eta & +\omega_\eta (\xi^2 + \zeta^2) & -\omega_\zeta \, \eta \, \zeta \\ -\omega_\xi \, \xi \, \zeta & -\omega_\eta \, \eta \, \zeta & +\omega_\zeta (\xi^2 + \eta^2) \end{Bmatrix} \tag{5.220}$$

$$\vec{L}_S = \int \vec{q} \times \dot{\vec{q}} \, \mathrm{d}m = \begin{Bmatrix} \omega_\xi \int (\eta^2 + \zeta^2) \, \mathrm{d}m & -\omega_\eta \int \xi \, \eta \, \mathrm{d}m & -\omega_\zeta \int \xi \, \zeta \, \mathrm{d}m \\ -\omega_\xi \int \xi \, \eta \, \mathrm{d}m & +\omega_\eta \int (\xi^2 + \zeta^2) \, \mathrm{d}m & -\omega_\zeta \int \eta \, \zeta \, \mathrm{d}m \\ -\omega_\xi \int \xi \, \zeta \, \mathrm{d}m & -\omega_\eta \int \eta \, \zeta \, \mathrm{d}m & +\omega_\zeta \int (\xi^2 + \eta^2) \, \mathrm{d}m \end{Bmatrix} \tag{5.221}$$

Die Integrale in Gl. (5.221) sind die Massenträgheitsmomente

$$J_\xi = \int (\eta^2 + \zeta^2) \mathrm{d}m \qquad J_\eta = \int (\xi^2 + \zeta^2) \mathrm{d}m \qquad J_\zeta = \int (\xi^2 + \eta^2) \mathrm{d}m$$

und die Zentrifugalmomente

$$J_{\xi\eta} = \int \xi \, \eta \, \mathrm{d}m \qquad J_{\xi\zeta} = \int \xi \, \zeta \, \mathrm{d}m \qquad J_{\eta\zeta} = \int \eta \, \zeta \, \mathrm{d}m$$

Da wir das ξ, η, ζ-System als Hauptachsensystem vorausgesetzt haben, verschwinden in Gl. (5.221) die Zentrifugalmomente, und der Impulsmomentvektor nimmt in dem Hauptachsensystem die einfache Form an

$$\boldsymbol{\vec{L}_S} = \begin{Bmatrix} \omega_\xi \, J_\xi \\ \omega_\eta \, J_\eta \\ \omega_\zeta \, J_\zeta \end{Bmatrix} \tag{5.222}$$

Der Impulsmomentvektor in Gl. (5.222) ist auf ein körperfestes Koordinatensystem bezogen. Der Impulsmomentsatz (s. Gl. (5.11))

$$\frac{\mathrm{d}\vec{L}_\mathrm{S}}{\mathrm{d}t} = \vec{M}_\mathrm{S} \tag{5.223}$$

gilt aber in Bezug auf ein ruhendes Koordinatensystem. Die zeitliche Änderung des Impulsmomentvektors setzt sich daher im Allgemeinen aus zwei Anteilen zusammen.

Erstens kann sich der Impulsmomentvektor relativ zu dem ξ, η, ζ-Koordinatensystem ändern. Wir nennen diesen Anteil $(\mathrm{d}\vec{L}_\mathrm{S}/\mathrm{d}t)_\mathrm{rel}$.

Zweitens erfährt der Impulsmomentvektor dadurch eine Änderung, dass sich das ξ, η, ζ-System gegenüber dem ruhenden x, y, z-System mit der Winkelgeschwindigkeit $\vec{\omega}$ dreht. Die Spitze des Impulsmomentvektors hat dabei die „Geschwindigkeit“ $\vec{\omega} \times \vec{L}_\mathrm{S}$ (s. Gl. (1.94)).

Damit erhält man den Impulsmomentsatz Gl. (5.223) in der Form

$$\boldsymbol{\frac{\mathrm{d}\vec{L}_\mathrm{S}}{\mathrm{d}t} = \left(\frac{\mathrm{d}\vec{L}_\mathrm{S}}{\mathrm{d}t}\right)_\mathrm{rel} + \vec{\omega} \times \vec{L}_\mathrm{S} = \vec{M}_\mathrm{S}} \tag{5.224}$$

Dabei ist $\vec{\omega}$ die absolute Winkelgeschwindigkeit des körperfesten ξ, η, ζ-Systems gegenüber einem ruhenden Beobachter.

In der Anwendung des Impulsmomentsatzes bringt es oft Vorteile (besonders bei symmetrischen Körpern), den Impulsmomentvektor $\vec{L}_\mathrm{S}$ in einem nichtkörperfesten Führungssystem zu bilden, gegenüber dem sich der Körper relativ dreht. Auch dann gilt Gl. (5.224), wenn man unter $(\mathrm{d}\vec{L}_S/\mathrm{d}t)_\mathrm{rel}$ die relative Änderung gegenüber dem Führungssystem versteht und $\vec{\omega} = \vec{\omega}_\mathrm{F}$ die Winkelgeschwindigkeit ist, mit der sich das Führungssystem gegenüber einem ruhenden Beobachter dreht. Der Impulsmomentsatz lautet in diesem Fall

$$\frac{\mathrm{d}\vec{L}_\mathrm{S}}{\mathrm{d}t} = \left(\frac{\mathrm{d}\vec{L}_\mathrm{S}}{\mathrm{d}t}\right)_\mathrm{rel} + \vec{\omega}_\mathrm{F} \times \vec{L}_\mathrm{S} = \vec{M}_\mathrm{S} \tag{5.225}$$

Da der Schwerpunkt der Drehpunkt ist, besitzt der Körper nur Rotationsenergie, die man mit $\vec{\omega}$ nach Gl. (5.217) und $\vec{L}_\mathrm{S}$ nach Gl. (5.222) aus Gl. (5.192) erhält

$$E_\mathrm{k} = \frac{1}{2}\vec{\omega} \cdot \vec{L}_\mathrm{S} = \frac{1}{2}\omega_\xi^2\, J_\xi + \frac{1}{2}\omega_\eta^2\, J_\eta + \frac{1}{2}\omega_\zeta^2\, J_\zeta \tag{5.226}$$

Für die Leistung gewinnt man mit $\vec{v}_\mathrm{S} = \vec{0}$ aus Gl. (5.200) die Beziehung

$$P = \vec{M}_\mathrm{S} \cdot \vec{\omega} \tag{5.227}$$

wobei Gl. (5.206) unverändert gilt

$$\frac{\mathrm{d}E_\mathrm{k}}{\mathrm{d}t} = P \tag{5.228}$$

5.6.2 Der geführte symmetrische Kreisel

Man nennt einen Kreisel *symmetrisch*, wenn zwei seiner Hauptträgheitsmomente gleich sind. Bezüglich eines körperfesten ξ, η, ζ-Hauptachsensystems sei z. B. $J_\xi = J_\eta \neq J_\zeta$, dann bezeichnet man die ζ-Achse als *Figurenachse*. Man nennt einen Kreisel *geführt*, wenn ihm eine bestimmte Bewegung aufgezwungen wird. **Bild 5.104** zeigt einen symmetrischen ($J_\xi = J_\eta$) geführten Kreisel, der sich gleichförmig mit der Winkelgeschwindigkeit der Eigenrotation $\omega_\zeta = \omega_z = \omega_e$ um die ζ-Achse als Figurenachse dreht. Da $J_\xi = J_\eta$ ist, sind alle Achsen, die in der ξ, η-Ebene liegen und durch den Schwerpunkt S gehen, Hauptachsen.

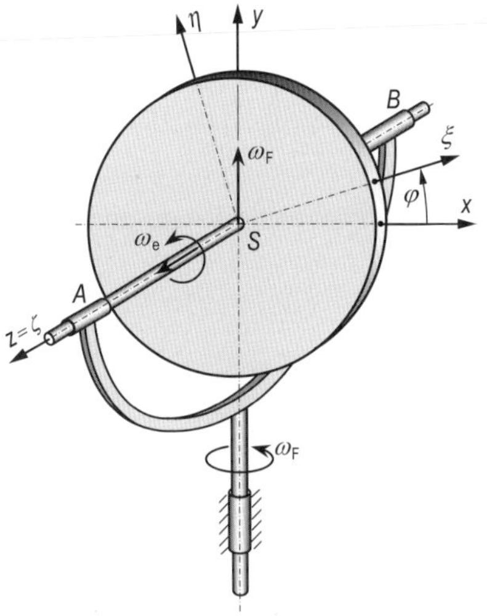

Bild 5.104:
Geführter symmetrischer Kreisel

Es ist in diesem Fall zweckmäßig, ein nicht körperfestes Koordinatensystem zu wählen. Wir denken uns das x, y, z-System als Führungssystem fest mit dem Rahmen verbunden, so dass die y-Achse Drehachse des Rahmens ist (**Bild 5.104**). Da sich die beiden Drehachsen z und y im Schwerpunkt des Kreisels schneiden, bleibt dieser bei der Bewegung des Kreisels in Ruhe. Nun werde auch der Rahmen gleichförmig mit der Winkelgeschwindigkeit $\omega_y = \omega_F$ gedreht. Der Impulsmomentvektor nimmt dann in dem x, y, z-Führungssystem die Form an

$$\vec{L}_S = \begin{Bmatrix} 0 \\ \omega_y \, J_y \\ \omega_z \, J_z \end{Bmatrix} = \begin{Bmatrix} 0 \\ \omega_F \, J_y \\ \omega_e \, J_z \end{Bmatrix} \tag{5.229}$$

und behält wegen der gleichförmigen Drehungen in dem Führungssystem seine Größe und Richtung bei. Also ist $(\mathrm{d}\vec{L}_S/\mathrm{d}t)_{rel}$ in Gl. (5.225) gleich Null. In einem raumfesten System erfährt der Impulsmomentvektor $\vec{L}_S$ aber dadurch eine Änderung, dass das Führungssystem mit der Winkelgeschwindigkeit

$$\vec{\omega}_F = \begin{Bmatrix} 0 \\ \omega_F \\ 0 \end{Bmatrix}$$

gedreht wird, und nach dem Impulsmomentsatz Gl. (5.225) gilt

$$\frac{d\vec{L}_S}{dt} = \vec{\omega}_F \times \vec{L}_S = \begin{vmatrix} \vec{e}_x & 0 & 0 \\ \vec{e}_y & \omega_F & \omega_F J_y \\ \vec{e}_z & 0 & \omega_e J_z \end{vmatrix} = \vec{e}_x \, \omega_F \, \omega_e \, J_z = \vec{M}_S = \vec{M}_x \tag{5.230}$$

Zur Aufrechterhaltung dieser Bewegung ist also ein Moment erforderlich, dessen Vektor nur eine (positive) x-Komponente hat. Dieses Moment (Kräftepaar) wird von den Auflagerkräften in A und in B gebildet, und es gilt

$$F_{By} = -F_{Ay} = \frac{M_x}{l}$$

Nach dem Reaktionsaxiom übt der Kreisel auf den Rahmen ein entgegengesetzt gleich großes Moment aus, das als *Kreiselmoment* $\vec{M}_K = -\vec{M}_S$ bezeichnet wird.

Das Moment $\vec{M}_S$ kann bei großen Winkelgeschwindigkeiten beträchtliche Werte annehmen und zur Zerstörung des Rahmens führen.

5.6.3 Aufgaben zu Abschnitt 5.6

1. Ein Kollergang (**Bild 5.105**) wird in der Welle $\overline{AB}$ gleichförmig mit der Winkelgeschwindigkeit ω_F ($n_F = 90\ \text{min}^{-1}$) angetrieben. Die Rollen (je $m = 50$ kg, $J = 3$ kgm^2, $d = 2\,r = 0{,}6$ m) sind durch ihre Achsen im Punkte 0 gelenkig mit der vertikalen Welle verbunden und rollen auf einem Kreis mit dem Radius $l = 0{,}5$ m. Man bestimme a) das Kreiselmoment M_K und b) die Mahlkraft F_n. Die Masse der Achsen sei gegenüber der Masse m vernachlässigbar klein.
Anleitung: Die Rollbedingung lautet $r\,\omega_{rel} = -\,l\,\omega_F$.

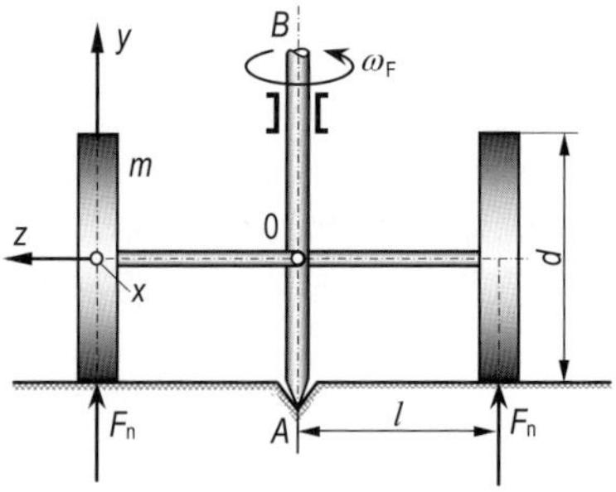

Bild 5.105: Kollergang

2. Man ermittle das Moment $\vec{M}_S$ der äußeren Kräfte (Auflagerkräfte) bezüglich des Schwerpunktes an der schief aufgekeilten dünnen Kreisscheibe (**Bild 5.26**). Den Impulsmomentvektor berechne man in dem körperfesten ξ, η, ζ-Hauptachsensystem (vgl. Beispiel 5.19, S. 195, und Aufgabe 23, S. 214).

3. Man bestimme das Moment $\vec{M}_S$ der äußeren Kräfte an dem geführten Kreisel (**Bild 5.104**), indem man statt des rahmenfesten x, y, z-Systems das körperfeste ξ, η, ζ-System benutzt.
Anleitung: In dem körperfesten Koordinatensystem ist $\vec{\omega} = (\omega_F \sin\varphi,\ \omega_F \cos\varphi,\ \omega_e)$ mit $\dot{\varphi} = \omega_e$. Man erhält $\vec{M}_S$ aus Gl. (5.224), wobei $(\mathrm{d}\vec{L}_S/\mathrm{d}t)_{rel} \neq \vec{0}$ ist. Das Ergebnis vergleiche man mit Gl. (5.230).

4. a) Welches Moment $\vec{M}_S$ tritt an dem geführten Kreisel (**Bild 5.104**) auf, wenn dieser aus einer homogenen Kreisscheibe (m = 1 kg) mit dem Durchmesser d = 10 cm besteht und mit der Eigendrehzahl n_e = 2000 min^{-1} läuft, wobei der Rahmen mit der Drehzahl n_F = 100 min^{-1} angetrieben wird?
b) Wie groß sind die Auflagerreaktionen $\vec{F}_A$ und $\vec{F}_B$, wenn der Lagerabstand l = 10 cm beträgt?
c) Ist zur Aufrechterhaltung dieser Bewegung eine Energiezufuhr erforderlich? (Lagerreibung und Fächerverluste seien vernachlässigbar).

5. Welches Kreiselmoment $\vec{M}_K = -\vec{M}_S$ tritt an der Radachse eines Rades an dem Pkw in Beispiel 1.15, S. 35, auf ($J_S = J_\zeta$ = 0,8 kgm^2, d = 0,63 m)?

6 Stoß

6.1 Allgemeines, Definitionen

Der Begriff *Stoß* ist uns aus der Umgangssprache geläufig. Man spricht von einem Stoß, wenn zwei Eisenbahnwagen aufeinander auffahren, wenn mit einem Hammer ein Nagel eingeschlagen oder ein Stück Eisen geschmiedet wird. Ein abstürzender Bergsteiger, der vom Sicherungsseil aufgefangen wird, erfährt einen Stoß.

Man nennt die Berührung zweier Körper einen Stoß, wenn zwischen ihnen während sehr kurzer Zeit sehr große Kräfte wirken und dadurch der Bewegungszustand mindestens eines der am Stoß beteiligten Körper stark geändert wird.

Beim Stoß zweier Körper sind die Geschwindigkeiten der Körperpunkte an der Berührungsstelle voneinander verschieden (**Bild 6.1**). Die zur gemeinsamen Tangentialebene der Körper an der Berührungsstelle senkrechte Gerade bezeichnet man als *Stoßnormale*. Die Kräfte, mit denen die Körper während des Stoßes aufeinander wirken, sind nach dem Reaktionsaxiom entgegengesetzt gleich. Bei Vernachlässigung der Reibungskräfte fällt ihre gemeinsame Wirkungslinie mit der Stoßnormale zusammen.

Mit S_1 und S_2 sind in **Bild 6.1** die Schwerpunkte der Körper bezeichnet. Man nennt den Stoß *zentral*, wenn die Stoßnormale durch die Schwerpunkte der beiden Körper verläuft. Ist das nicht der Fall, so spricht man von einem *exzentrischen Stoß*. Ferner unterscheidet man zwischen *geradem* und *schiefem Stoß*, je nachdem, ob die Geschwindigkeitsvektoren der Berührungspunkte der Körper mit der Stoßnormale zusammenfallen oder nicht. In **Bild 6.1a** ist ein schiefer exzentrischer Stoß dargestellt, in **Bild 6.1b** ein gerader zentraler Stoß. Die eingezeichneten Geschwindigkeitsvektoren bezeichnen die Geschwindigkeiten vor dem Stoß.

Beim Stoß erleiden die Körper Verformungen. Gehen die Verformungen nach dem Stoß vollständig zurück, so dass die Körper ihre ursprüngliche Gestalt wiedererhalten, so heißt der Stoß *elastisch*. Gehen die Verformungen nicht zurück, so nennt man den Stoß *plastisch*. Da es in

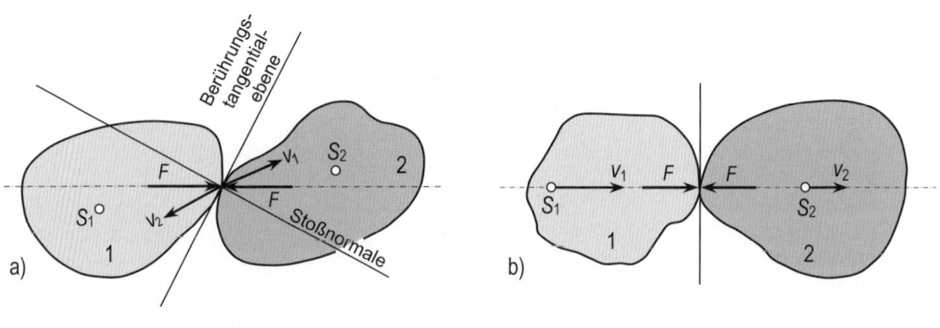

Bild 6.1: Stoß zweier Körper
a) schiefer exzentrischer Stoß (allgemeiner Fall) b) gerader zentraler Stoß

Wirklichkeit keine ideal elastischen und ideal plastischen Körper gibt, gehen die Verformungen nur zum Teil zurück. Wird dies bei der Behandlung des Stoßvorganges berücksichtigt, so spricht man von einem *wirklichen Stoß*.

Die Aufgabe, den zeitlichen Ablauf des Stoßvorganges, insbesondere die zeitliche Änderung der Stoßkraft während des Stoßes zu bestimmen, ist sehr kompliziert. Man bedenke, dass dazu die Bestimmung des zeitlichen Ablaufes der Spannungs- und Verformungszustände der Körper gehört. Nur in sehr einfachen Fällen, wie z. B. beim Stoß eines starren Körpers gegen eine Feder mit bekanntem Kraft-Dehnungs-Gesetz, kann sie einfach gelöst werden. In den meisten Fällen beschränkt man sich daher bei der Behandlung von Stoßproblemen auf die Ermittlung des Bewegungszustandes der Körper nach dem Stoß, wenn ihr Bewegungszustand unmittelbar vor dem Stoß bekannt ist. Da es sich hierbei um einen Vergleich von Zuständen zu zwei verschiedenen Zeitpunkten handelt, gelingt die Lösung solcher Aufgaben mit Hilfe des *Impulssatzes* (s. Abschn. 2.4, 4.2, 4.3, 5.1 und 5.2.1.6) und des *Energiesatzes* (s. Abschn. 2.2.3, 5.2.2.4 und 5.5.4).

6.2 Gerader zentraler Stoß

Der einfachste Stoß zweier Körper ist der *gerade zentrale Stoß* (**Bild 6.1b**). Beim *geraden Stoß* haben die Geschwindigkeitsvektoren der Körperpunkte an der Berührungsstelle die Richtung der Stoßnormalen, d. h., die Oberflächen der Körper gleiten nicht aufeinander. Deshalb können beim geraden Stoß keine Reibungskräfte auftreten, und die Wirkungslinien der Stoßkräfte fallen mit der Stoßnormalen zusammen. Ist der Stoß außerdem *zentral*, so verläuft die gemeinsame Wirkungslinie der Berührungskräfte durch die beiden Körperschwerpunkte, alle auftretenden Kräfte (einschließlich der resultierenden Trägheitskräfte) haben somit eine gemeinsame Wirkungslinie (Stoßnormale), und es können daher keine Kräftepaare auftreten. Daraus folgt:

Durch einen geraden zentralen Stoß kann keine Drehbewegung eingeleitet werden.

Wir stellen uns die beiden Körper, die aufeinander stoßen, idealisiert als Kugeln mit den Massen m_1 und m_2 vor (**Bild 6.2**). Unmittelbar vor dem Stoß haben sie die Geschwindigkeiten $\vec{v}_{1A}$ und $\vec{v}_{2A}$. Dabei muss im Fall von **Bild 6.2a** $v_{1A} > v_{2A}$ sein, sonst kommt es nicht zur Berührung der beiden Körper. Man unterscheidet zwei *Stoßabschnitte*.

Erster Stoßabschnitt. Durch die an der Berührungsstelle auftretenden Kräfte, die nach dem Reaktionsaxiom entgegengesetzt gleich sind, wird der Körper 2 beschleunigt und der Körper 1 verzögert. Dabei werden beide Körper durch die Kräfte (Berührungskräfte und Massenkräfte) verformt (**Bild 6.2b**). Am Ende des ersten Stoßabschnittes sind die Verformungen am größten, und die beiden Körper haben die gleiche Geschwindigkeit $\vec{v}_{1P} = \vec{v}_{2P} = \vec{v}_P$ (**Bild 6.2c**).

Zweiter Stoßabschnitt. Die Verformungen gehen teilweise (*wirklicher Stoß*) oder ganz (*elastischer Stoß*) zurück. Dabei wird der Körper 2 weiter beschleunigt und der Körper 1 weiter verzögert. Der zweite Stoßabschnitt ist beendet, wenn die Körper sich nicht mehr berühren. Ihre Geschwindigkeiten nach dem Stoß bezeichnen wir mit $\vec{v}_{1E}$ und $\vec{v}_{2E}$ (**Bild 6.2d**) beim elastischen Stoß und mit $\vec{v}_{1W}$ und $\vec{v}_{2W}$ beim wirklichen Stoß. Gehen die Verformungen nach dem ersten Stoßabschnitt nicht zurück (*plastischer Stoß*), so entfällt der zweite Stoßabschnitt und die beiden Körper bewegen sich nach dem ersten Stoßabschnitt mit der gemeinsamen Geschwindigkeit $\vec{v}_P$ weiter.

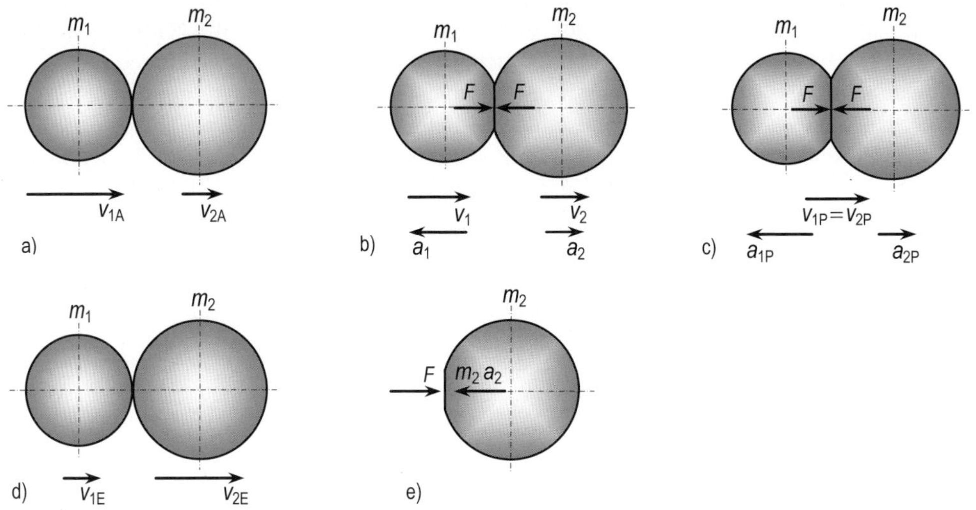

Bild 6.2: Stoß zweier Körper
a) Zustand unmittelbar vor dem Stoß, b) Zustand während des ersten Stoßabschnittes,
c) Ende des ersten Stoßabschnittes, d) Ende des zweiten Stoßabschnittes,
e) freigemachter Körper 2 während des Stoßvorganges

Wir betrachten zuerst die beiden Grenzfälle, den elastischen und den plastischen Stoß. Dabei stellen wir uns jedesmal die Aufgabe, die Geschwindigkeiten der Körper nach dem Stoß zu bestimmen, wenn ihre Massen und Geschwindigkeiten vor dem Stoß bekannt sind.

6.2.1 Elastischer Stoß

Der elastische Stoß ist dadurch charakterisiert, dass der Gesamtimpuls und die kinetische Energie des Körpersystems unmittelbar vor (Anfangszustand A, **Bild 6.2a**) und nach dem Stoß (Endzustand E, **Bild 6.2d**) je für sich einander gleich sind.

$$\boldsymbol{p_A = p_E = p_0 = \mathrm{const}} \tag{6.1}$$

$$\boldsymbol{E_{kA} = E_{kE} = E_{k0} = \mathrm{const}} \tag{6.2}$$

Die beiden sich stoßenden Körper bilden nämlich ein abgeschlossenes mechanisches System, und es gelten der *Impulserhaltungssatz* (s. Abschn. 4.2) und der *Energieerhaltungssatz* (s. Abschn. 2.2.3). Bei der Aufstellung der Energiebilanz braucht nur die kinetische Energie berücksichtigt zu werden. Da die Körper nach dem Stoß ihre Gestalt wieder erhalten, ist die elastische Formänderungsenergie vor und nach dem Stoß gleich Null. Eine eventuelle Änderung der potenziellen Energie der Lage kann im Allgemeinen gegenüber der kinetischen Energie vernachlässigt werden, da bei den kurzen Stoßzeiten (Größenordnung von Millisekunden) von der Ortsänderung der Körper während der Stoßzeit abgesehen werden kann.

Der Impuls und die kinetische Energie des Körpersystems vor und nach dem Stoß sind

Zustand A $\quad p_A = m_1\, v_{1A} + m_2\, v_{2A} \qquad E_{kA} = \frac{1}{2} m_1\, v_{1A}^2 + \frac{1}{2} m_2\, v_{2A}^2$ (6.3)

Zustand E $\quad p_E = m_1\, v_{1E} + m_2\, v_{2E} \qquad E_{kE} = \frac{1}{2} m_1\, v_{1E}^2 + \frac{1}{2} m_2\, v_{2E}^2$ (6.4)

Aus den Bedingungen Gl. (6.1) und (6.2) und den Beziehungen Gl. (6.3) und (6.4) folgt, dass die Geschwindigkeiten der Körper 1 und 2 vor dem Stoß ($v_1 = v_{1A}$, $v_2 = v_{2A}$) und nach dem Stoß ($v_1 = v_{1E}$, $v_2 = v_{2E}$) dem Gleichungssystem

$$\boldsymbol{m_1\, v_1 + m_2\, v_2 = p_0 \qquad \frac{1}{2} m_1\, v_{1E}^2 + \frac{1}{2} m_2\, v_{2E}^2 = E_{k0}} \tag{6.5}$$

genügen. Sind z. B. die Geschwindigkeiten vor dem Stoß und damit nach Gl. (6.3) die rechten Seiten dieses Gleichungssystems – die Energie $E_{k0} = E_{kA}$ und der Impuls $p_0 = p_A$ – bekannt, so können die Geschwindigkeiten nach dem Stoß aus Gl. (6.5) berechnet werden.

Die gemeinsame Geschwindigkeit v_P der beiden Körper am Ende des ersten Stoßabschnittes lässt sich aus der Bedingung bestimmen, dass der Gesamtimpuls des Körpersystems zu diesem Zeitpunkt (Zustand P) nach dem Impulserhaltungssatz gleich dem Gesamtimpuls vor dem Stoß ist: $p_P = p_A = p_0 = \text{const}$. Sind die Geschwindigkeiten vor dem Stoß und damit der Gesamtimpuls bekannt, so folgt mit Gl. (6.3)

$$p_P = m_1\, v_P + m_2\, v_P = (m_1 + m_2)\, v_P = p_A = p_0$$

$$\boldsymbol{v_P = \frac{p_0}{m_1 + m_2} = \frac{m_1\, v_{1A} + m_2\, v_{2A}}{m_1 + m_2}} \tag{6.6}$$

Am Ende des ersten Stoßabschnittes beträgt die kinetische Energie des Körpersystems

$$E_{kP} = (m_1 + m_2)\frac{v_P^2}{2} \tag{6.7}$$

Nach dem Energieerhaltungssatz folgt, dass die Differenz aus der kinetischen Energie $E_{kA} = E_{k0}$ vor dem Stoß und der kinetischen Energie E_{kP} am Ende des ersten Stoßabschnittes gleich der maximalen elastischen Energie $E_{p\,max}$ ist

$$E_{p\,max} = E_{k0} - E_{kP} = \frac{1}{2} m_1\, v_{1A}^2 + \frac{1}{2} m_2\, v_{2A}^2 - \frac{1}{2}(m_2 + m_1)\, v_P^2$$

Mit der Geschwindigkeit v_P nach Gl. (6.6) erhält man

$$E_{p\,max} = \frac{1}{2}\left[m_1\, v_{1A}^2 + m_2\, v_{2A}^2 - (m_1 + m_2)\frac{(m_1\, v_{1A} + m_2\, v_{2A})^2}{(m_1 + m_2)^2} \right]$$

$$= \frac{1}{2\,(m_1 + m_2)} (m_1^2\, v_{1A}^2 + m_1\, m_2\, v_{2A}^2 + m_1\, m_2\, v_{1A}^2 + m_2^2\, v_{2A}^2$$

$$- m_1^2\, v_{1A}^2 - 2\, m_1\, m_2\, v_{1A}\, v_{2A} - m_2^2\, v_{2A}^2)$$

$$= \frac{1}{2} \frac{m_1 m_2}{m_1 + m_2} (v_{1A}^2 - 2 v_{1A} v_{2A} + v_{2A}^2)$$

Der Klammerausdruck ist ein vollständiges Quadrat, es folgt

$$\boldsymbol{E_{p\,max} = \frac{1}{2} \frac{m_1 m_2}{m_1 + m_2} (v_{1A} - v_{2A})^2} \tag{6.8}$$

Die Geschwindigkeiten der Körper nach dem Stoß kann man aus dem Gleichungssystem (6.5) berechnen. Es ist

$$m_1 v_{1A} + m_2 v_{2A} = m_1 v_{1E} + m_2 v_{2E} \tag{6.9}$$

und nach Multiplikation des Energiesatzes mit dem Faktor 2

$$m_1 v_{1A}^2 + m_2 v_{2A}^2 = m_1 v_{1E}^2 + m_2 v_{2E}^2 \tag{6.10}$$

Man sortiert beide Gleichungen nach 1 und 2

$$m_1(v_{1A} - v_{1E}) = m_2 (v_{2E} - v_{2A}) \tag{6.11}$$

$$m_1(v_{1A}^2 - v_{1E}^2) = m_2(v_{2E}^2 - v_{2A}^2)$$

oder

$$m_1 (v_{1A} - v_{1E}) (v_{1A} + v_{1E}) = m_2 (v_{2E} - v_{2A}) (v_{2E} + v_{2A}) \tag{6.12}$$

Nach Gl. (6.11) sind die beiden ersten Faktoren auf jeder Seite von Gl. (6.12) gleich groß und können gekürzt werden. Es bleibt

$$v_{1A} + v_{1E} = v_{2E} + v_{2A}$$

$$\boldsymbol{v_{1A} - v_{2A} = v_{2E} - v_{1E}} \tag{6.13}$$

Die Relativgeschwindigkeiten zweier elastischer Körper sind vor und nach dem elastischen Stoß entgegengesetzt gleich.

Aus den beiden linearen Gleichungen (6.11) und (6.13) erhält man nun die Geschwindigkeiten nach dem elastischen Stoß:

$$\boldsymbol{v_{1E} = \frac{(m_1 - m_2) v_{1A} + 2 m_2 v_{2A}}{m_1 + m_2}}$$

$$\boldsymbol{v_{2E} = \frac{(m_2 - m_1) v_{2A} + 2 m_1 v_{1A}}{m_1 + m_2}} \tag{6.14}$$

Sonderfälle

a) Stoß zweier Kugeln gleicher Masse und entgegengesetzt gleichen Geschwindigkeiten (**Bild 6.3a**)

$m_1 = m_2 \qquad v_{1E} = v_{2A} = -v_{1A}$

$v_{2A} = v_{1A} \qquad v_{2E} = v_{1A}$

Die Kugeln tauschen ihre Auftreffgeschwindigkeiten.

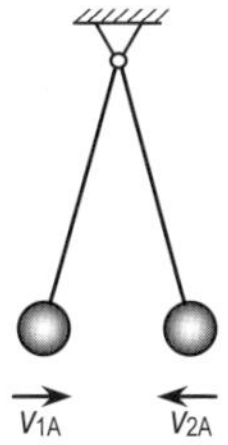

Bild 6.3a $m_1 = m_2$

b) Stoß einer Kugel gegen eine ruhende Kugel gleicher Masse (**Bild 6.3b**)

$m_1 = m_2 \qquad v_{1E} = 0$

$v_{2A} = 0 \qquad v_{2E} = v_{1A}$

Auch hier tauschen die Kugeln die Geschwindigkeiten. Die stoßende Kugel bleibt nach dem Stoß in Ruhe, die ruhende Kugel fliegt mit der Geschwindigkeit der stoßenden Kugel fort.

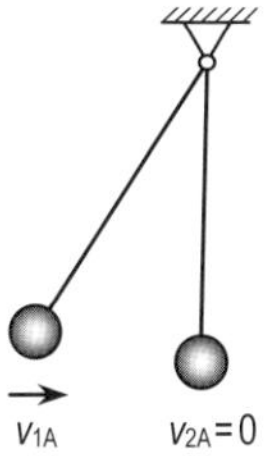

Bild 6.3b $m_1 = m_2$

c) Stoß einer Kugel gegen eine feste Wand (**Bild 6.3c**)

$m_1 \ll m_2 \qquad v_{1E} = -v_{1A}$

$v_{2A} = 0 \qquad v_{2E} = 0$

Die stoßende Kugel wird mit gleicher Geschwindigkeit zurückgeworfen (wie in Fall a).

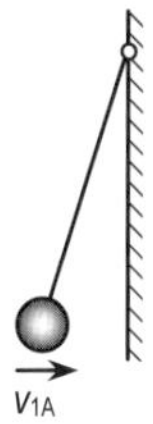

Bild 6.3c $m_1 \ll m_2$

d) Stoß einer größeren Kugel ($m_1 = 2\,m_2$) gegen eine kleinere ruhende (**Bild 6.3d**)

$m_1 = 2\,m_2 \qquad v_{1E} = \frac{1}{3}\,v_{1A}$

$v_{2A} = 0 \qquad v_{2E} = \frac{4}{3}\,v_{1A}$

Beide Kugeln fliegen mit unterschiedlichen Geschwindigkeiten in Richtung der Geschwindigkeit der stoßenden Kugel weiter.

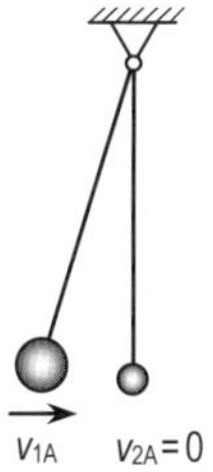

Bild 6.3d $m_1 > m_2$

e) Stoß einer kleineren Kugel ($m_1 = 0{,}5\,m_2$) gegen eine ruhende größere (**Bild 6.3e**)

$m_1 = 0{,}5\,m_2 \qquad v_{1E} = -\frac{1}{3}\,v_{1A}$

$v_{2A} = 0 \qquad v_{2E} = \frac{2}{3}\,v_{1A}$

Die stoßende Kugel wird zurückgeworfen, die gestoßene fliegt in Richtung der Ersten fort.

Bild 6.3e $m_1 < m_2$

Beispiel 6.1: Ein Eisenbahnwagen mit der Masse m_1 = 20000 kg fährt auf einen anderen Eisenbahnwagen mit der Masse m_2 = 30000 kg auf. Unmittelbar vor dem Zusammenstoß haben die Wagen die Geschwindigkeiten v_{1A} = 1,5 m/s und v_{2A} = 0,6 m/s, die gleichgerichtet sind (**Bild 6.4**). Die Federkonstante einer Pufferfeder ist gleich c = 32 kN/cm. Man bestimme a) die Geschwindigkeiten v_{1E} und v_{2E} der Wagen nach dem Stoß, b) die maximale Federenergie $E_{p\,max}$, c) die maximal auftretende Verkürzung f_{max} und Federkraft F_{max} einer Pufferfeder, d) die Stoßdauer t_s.

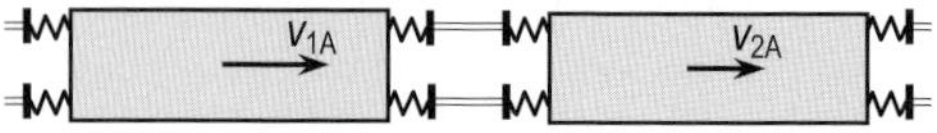

Bild 6.4: Stoß zweier Eisenbahnwagen

a) Da die Massen der Wagen und ihre Geschwindigkeiten vor dem Stoß bekannt sind, kann man die Gesamtenergie E_{k0} und den Gesamtimpuls p_0 der beiden Wagen vor dem Stoß berechnen und dann ihre Geschwindigkeiten nach dem Stoß aus dem Gleichungssystem (6.5) ermitteln. Auf diesem Weg erhält man mit den gegebenen Werten nach Gl. (6.6)

$$v_P = \frac{20 \cdot 1{,}5 + 30 \cdot 0{,}6}{20 + 30} \frac{\text{m}}{\text{s}} = 0{,}96 \text{ m/s}$$

und

$$v_{1E} = 0{,}42 \text{ m/s} \qquad v_{2E} = 1{,}32 \text{ m/s}$$

b) Nach Gl. (6.8) erhält man

$$E_{p\,max} = \frac{1}{2} \cdot \frac{30 \cdot 20}{30 + 20} \cdot 10^3 \text{ kg} \cdot (1{,}5 - 0{,}6)^2 \frac{\text{m}^2}{\text{s}^2} = 4{,}86 \text{ kNm}$$

c) Die maximale Federenergie einer Pufferfeder ist nach Gl. (2.86) $E_{pf} = \frac{1}{2} c\, f_{max}^2$, wobei f_{max} die maximale Verkürzung einer Feder bedeutet. Die Federenergie der vier gleich beanspruchten Pufferfedern beträgt damit

$$E_{p\,max} = 4\, E_{pf} = 4 \frac{1}{2} c\, f_{max}^2 = 2\, c\, f_{max}^2$$

Mit dem unter b) berechneten Wert für $E_{p\,max}$ und dem gegebenen Wert für die Federkonstante ergibt sich daraus

$$f_{max}^2 = \frac{E_{p\,max}}{2\,c} = \frac{486 \text{ kNcm}}{2 \cdot 32 \text{ kN/cm}} = 7{,}59 \text{ cm}^2 \qquad f_{max} = 2{,}75 \text{ cm}$$

Die maximal auftretende Federkraft ist dann

$$F_{max} = c\, f_{max} = 32 \frac{\text{kN}}{\text{cm}} \cdot 2{,}75 \text{ cm} = 88 \text{ kN}$$

d) Den Stoßvorgang kann man als einen Teil des Schwingungsvorganges auffassen, den zwei mit einer Feder verbundene Körper ausführen. Die Stoßdauer, d. h. die Zeit, während der sich die Wagen berühren, entspricht dann der halben Schwingungsdauer $T/2 = t_s$. Mit der Gesamtfederkonstante der vier Pufferfedern nach Gl. (7.19) und (7.20)

$$c_g = 2 \frac{c\, c}{c + c} = c = 32 \text{ kN/cm}$$

erhält man (s. Aufgabe 3, S. 244)

$$\omega_0^2 = \frac{m_1 + m_2}{m_1\, m_2} c_g = \frac{20+30}{20 \cdot 30} \cdot \frac{1}{10^3 \mathrm{kg}} \cdot 3{,}2 \cdot 10^6 \frac{\mathrm{N}}{\mathrm{m}} = 267 \frac{1}{\mathrm{s}^2}$$

$$\omega_0 = 16{,}3\ \mathrm{s}^{-1} \qquad t_s = \frac{T}{2} = \frac{\pi}{\omega_0} = 0{,}192\ \mathrm{s}$$

Beispiel 6.2: Welche Masse müsste der Wagen 1 in Beispiel 6.1 haben, damit er nach dem Zusammenstoß zum Stehen kommt, und wie groß ist dann die Geschwindigkeit des Wagens 2 nach dem Stoß? Gegeben sind die Geschwindigkeiten vor dem Stoß

$$v_{1\mathrm{A}} = 1{,}5 \frac{\mathrm{m}}{\mathrm{s}} \quad \text{und} \quad v_{2\mathrm{A}} = 0{,}6 \frac{\mathrm{m}}{\mathrm{s}} \quad \text{sowie} \quad v_{1\mathrm{E}} = 0 \quad \text{und} \quad m_2 = 30000\ \mathrm{kg}$$

Die Geschwindigkeit des gestoßenen Wagens kann aus Gl. (6.13) berechnet werden.

$$v_{2\mathrm{E}} = v_{1\mathrm{A}} - v_{2\mathrm{A}} + v_{1\mathrm{E}} = (1{,}5 - 0{,}6 + 0) \frac{\mathrm{m}}{\mathrm{s}} = 0{,}9 \frac{\mathrm{m}}{\mathrm{s}}$$

Mit den nun bekannten Geschwindigkeiten der Wagen vor und nach dem Stoß kann die gesuchte Masse des Wagens 1 aus dem Impulserhaltungssatz (6.9) ermittelt werden

$$m_1\, v_{1\mathrm{A}} + m_2\, v_{2\mathrm{A}} = m_1\, v_{1\mathrm{E}} + m_2\, v_{2\mathrm{E}}$$

Mit $v_{1\mathrm{E}} = 0$ und den gegebenen Werten folgt

$$m_1 = m_2 \frac{v_{2\mathrm{E}} - v_{2\mathrm{A}}}{v_{1\mathrm{A}}} = 30000\ \mathrm{kg} \frac{0{,}9 - 0{,}6}{1{,}5} = 6000\ \mathrm{kg}$$

6.2.2 Plastischer Stoß

Beim plastischen Stoß zweier Körper gilt wie beim elastischen Stoß der Impulserhaltungssatz, jedoch nicht der Energieerhaltungssatz. Die Formänderungen gehen beim plastischen Stoß nicht zurück, d. h., verglichen mit dem elastischen Stoß entfällt beim plastischen Stoß der zweite Stoßabschnitt. Nach dem plastischen Stoß bewegen sich die beiden Körper mit derselben Geschwindigkeit v_P. Diese kann nach der aus dem Impulserhaltungssatz folgenden Gleichung (6.6) berechnet werden.

$$\boldsymbol{v_\mathrm{P} = \frac{m_1\, v_{1\mathrm{A}} + m_2\, v_{2\mathrm{A}}}{m_1 + m_2}} \tag{6.15}$$

Der beim elastischen Stoß aufgespeicherten maximalen elastischen Energie nach Gl. (6.8) entspricht beim plastischen Stoß die verrichtete

Formänderungsarbeit $$\boldsymbol{W = \frac{1}{2} \frac{m_1\, m_2}{m_1 + m_2} (v_{1\mathrm{A}} - v_{2\mathrm{A}})^2} \tag{6.16}$$

Beispiel 6.3: Der Bär einer Fallramme hat die Masse m_1 = 1000 kg und fällt aus einer Höhe H = 1,8 m auf den einzurammenden Pfahl mit der Masse m_2 = 240 kg frei herab (**Bild 6.5**). Dabei dringt der Pfahl um h = 1,5 cm in das Erdreich ein. Unter der Annahme eines plastischen Stoßes berechne man a) die gemeinsame Geschwindigkeit v_P des Pfahles und des Bären unmittelbar nach dem Stoß, b) die Formänderungsarbeit W, c) die Nutzarbeit W_n und den Wirkungsgrad η der Fallramme, d) die am Pfahl während seiner Bewegung wirkende, als konstant anzunehmende Widerstandskraft F_W des Erdreichs, die aus den Reibungskräften und aus den Druckkräften an der Pfahlspitze resultiert.
a) Die Auftreffgeschwindigkeit des Bären ist

$$v_{1A} = \sqrt{2\,g\,H} = \sqrt{2 \cdot 9{,}81 \cdot 1{,}8}\ \text{m/s} = 5{,}94\ \text{m/s}$$

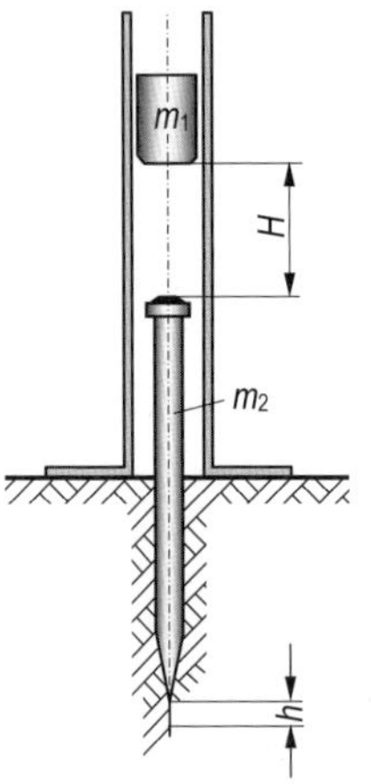

Bild 6.5: Fallramme

Vor dem Stoß hat der Pfahl die Geschwindigkeit v_{2A} = 0. Nach Gl. (6.15) erhält man die gemeinsame Geschwindigkeit des Pfahles und des Bären unmittelbar nach dem Stoß

$$v_P = \frac{1000 \cdot 5{,}94\ \text{m/s}}{1000 + 240} = 4{,}79\ \text{m/s}$$

b) Nach Gl. (6.16) berechnet man

$$W = \frac{1}{2}\frac{1000 \cdot 240}{(1000 + 240)}\text{kg} \cdot \left(5{,}94\frac{\text{m}}{\text{s}}\right)^2 = 3415\ \text{Nm}$$

c) Als Nutzarbeit ist die Arbeit zur Überwindung der Widerstandskraft F_W des Erdreichs anzusehen

$$W_n = F_W\,h \tag{6.17}$$

Die aufgewandte Arbeit ist die Hubarbeit

$$W_z = m_1\,g\,H \tag{6.18}$$

Verglichen mit der in **Bild 6.5** gezeichneten Ausgangslage, nimmt die potenzielle Energie der Lage des Bären und des Pfahles nach dem Stoß um den Betrag

$$m_1\,g\,(H + h) + m_2\,g\,h = m_1\,g\,H + (m_1 + m_2)\,g\,h$$

ab. Nach dem Energiesatz ist diese Abnahme der potenziellen Energie gleich der Formänderungsarbeit W und der Arbeit W_n zur Überwindung der Widerstandskraft des Erdreichs. Es gilt also

$$m_1\,g\,H + (m_1 + m_2)\,g\,h = W + W_n$$

Daraus folgt mit $W_z = m_1\,g\,H$ nach Gl. (6.18)

$$W_n = W_z - W + (m_1 + m_2)\,g\,h \tag{6.19}$$

$$W_n = (1000 \cdot 9{,}81 \cdot 1{,}8)\ \text{Nm} - 3415\ \text{Nm} + (1240 \cdot 9{,}81 \cdot 0{,}015)\ \text{Nm} = 14{,}42 \cdot 10^3\ \text{Nm}$$

Der Wirkungsgrad der Fallramme ist

$$\eta = \frac{W_n}{W_z} = \frac{14{,}42 \cdot 10^3\ \text{Nm}}{17{,}66 \cdot 10^3\ \text{Nm}} = 0{,}817 = 81{,}7\ \%$$

Wie man erkennt, darf man das letzte Glied auf der rechten Seite der Gl. (6.19) gegenüber den anderen Gliedern wegen $h \ll H$ im Allgemeinen vernachlässigen. (In unserem Zahlenbeispiel beträgt dann der Fehler ≈ 1 %.) Mit dieser Vernachlässigung ist der Wirkungsgrad der Fallramme näherungsweise gleich

$$\eta \approx \frac{W_z - W}{W_z} = 1 - \frac{W}{W_z}$$

Setzt man in diese Näherungsgleichung W nach Gl. (6.16) ein und berücksichtigt, dass $W_z = m_1\, g\, H = \frac{1}{2} m_1 v_{1A}^2$ ist, so folgt

$$\eta \approx 1 - \frac{1}{W_z} \cdot \frac{1}{2} m_1\, v_{1A}^2 \frac{m_2}{m_1 + m_2} = 1 - \frac{m_2}{m_1 + m_2} = \frac{m_1}{m_1 + m_2}$$

$$\eta \approx \frac{1}{1 + m_2 / m_1} \tag{6.20}$$

Der Wirkungsgrad einer Fallramme ist also um so größer, je kleiner das Verhältnis m_2/m_1, d. h., je kleiner die Masse des Pfahles im Vergleich zu der Masse des Bären ist. Für das vorliegende Zahlenbeispiel berechnet man nach Gl. (6.20)

$$\eta \approx \frac{1}{1 + 240/1000} = 80{,}6\,\% \tag{6.21}$$

d) Aus Gl. (6.17) erhält man

$$F_W = \frac{W_n}{h} = \frac{14{,}42 \cdot 10^3\ \text{Nm}}{0{,}015\ \text{m}} = 962\ \text{kN}$$

6.2.3 Wirklicher Stoß

Auch beim wirklichen Stoß gilt der Impulserhaltungssatz. Da jedoch die Formänderungen beim wirklichen Stoß nur zum Teil zurückgehen, ist die kinetische Energie E_{kW} des Körpersystems nach dem Stoß um den Betrag W_W der Formänderungsarbeit kleiner als die kinetische Energie E_{k0} des Körpersystems vor dem Stoß. Die Geschwindigkeitsänderung der Körper im zweiten Stoßabschnitt beträgt beim wirklichen Stoß nur einen Bruchteil ihrer Geschwindigkeitsänderung im ersten Stoßabschnitt. Man charakterisiert den wirklichen Stoß durch das Verhältnis der Geschwindigkeitsänderungen im ersten und zweiten Stoßabschnitt durch die so genannte

Stoßzahl $$\boldsymbol{k = \frac{v_{1W} - v_P}{v_P - v_{1A}} = \frac{v_{2W} - v_P}{v_P - v_{2A}}} \tag{6.22}$$

Aus Gl. (6.22) folgen die Beziehungen

$$v_{1W} = v_P\,(1 + k) - k\, v_{1A} \qquad v_{2W} = v_P\,(1 + k) - k\, v_{2A} \tag{6.23}$$

oder $$v_{1W} = v_P + k\,(v_P - v_{1A}) \qquad v_{2W} = v_P + k\,(v_P - v_{2A}) \tag{6.24}$$

Durch Subtrahieren der linken und der rechten Seiten dieser Gleichungen erhält man

$$v_{1W} - v_{2W} = -\,k\,(v_{1A} - v_{2A})$$

$$\boldsymbol{k = \frac{v_{1W} - v_{2W}}{v_{2A} - v_{1A}}} \tag{6.25}$$

Die Stoßzahl k ist gleich dem Verhältnis der Beträge der relativen Geschwindigkeiten der Körper gegeneinander nach und vor dem Stoß.

Beim elastischen Stoß ist

$$k = 1 \qquad (v_{2W} = v_{2E},\ v_{1W} = v_{1E})$$

und beim plastischen Stoß ist

$$k = 0 \qquad (v_{1W} = v_{2W} = v_P)$$

Die Stoßzahl k wird aus Versuchen bestimmt. Sie ist nicht nur vom Werkstoff, sondern auch von der Form der Körper und ihrer relativen Auftreffgeschwindigkeit, d. h. von der Beanspruchung der Körper beim Stoß abhängig. In Taschenbüchern findet man folgende Mittelwerte für die Stoßzahlen k, die aus Stoßversuchen mit Körpern aus gleichem Werkstoff bei Auftreffgeschwindigkeiten $v \approx 2{,}8$ m/s[1] ermittelt wurden:

Werkstoff	Stahl	Elfenbein	Holz	Glas	Kork
Stoßzahl k	0,56	0,89	0,50	0,94	0,56

Die Differenz aus der kinetischen Energie des Körpersystems vor und nach dem Stoß $\Delta E_k = E_{k0} - E_{kW}$ bezeichnet man als *Verlustenergie*. Sie ist im Wesentlichen betragsmäßig gleich der *Formänderungsarbeit W* und ist als Wärmeenergie wiederzufinden[2]. Es ist

$$2\,\Delta E_k = m_1\, v_{1A}^2 + m_2\, v_{2A}^2 - m_1\, v_{1W}^2 - m_2\, v_{2W}^2$$

Setzt man in diesen Ausdruck v_{1W} und v_{2W} nach Gl. (6.24) ein, so folgt

$$2\,\Delta E_k = (1-k^2)(m_1\, v_{1A}^2 + m_2\, v_{2A}^2) + 2\, v_P\, k\,(1+k)\,(m_1\, v_{1A} + m_2\, v_{2A}) - v_P^2 (1+k)^2 (m_1 + m_2)$$

Mit v_P nach Gl. (6.15) erhält man nach einigen Umformungen

$$\begin{aligned}
2\,\Delta E_k &= (1-k^2)(m_1\, v_{1A}^2 + m_2\, v_{2A}^2) + 2\,k\,(1+k)\,\frac{(m_1\, v_{1A} + m_2\, v_{2A})^2}{(m_1 + m_2)} \\
&\quad - \frac{(m_1\, v_{1A} + m_2\, v_{2A})^2}{(m_1 + m_2)^2}(1+k)^2\,(m_1 + m_2) \\
&= (1-k^2)\,(m_1\, v_{1A}^2 + m_2\, v_{2A}^2) + \frac{(m_1\, v_{1A} + m_2\, v_{2A})^2}{m_1 + m_2}(2\,k + 2\,k^2 - 1 - 2\,k - k^2) \\
&= \frac{1-k^2}{m_1 + m_2}(m_1^2\, v_{1A}^2 + m_1\, m_2\, v_{2A}^2 + m_1\, m_2\, v_{1A}^2 + m_2^2\, v_{2A}^2 - m_1^2 v_{1A}^2 \\
&\quad - 2\, m_1\, m_2\, v_{1A}\, v_{2A} - m_2^2\, v_{2A}^2) \\
&= (1-k^2)\,\frac{m_1\, m_2}{m_1 + m_2}(v_{1A}^2 - 2\, v_{1A} v_{2A} + v_{2A}^2)
\end{aligned}$$

---

[1] *Winkler, J.*; *Aurich, H.*: Taschenbuch der Technischen Mechanik, Leipzig 2006.

[2] Energieverluste treten z. B. auch dadurch auf, dass die Körper und das umgebende Medium (Luft) beim Stoß in Schwingungen versetzt werden.

Der letzte Klammerausdruck ist ein vollständiges Quadrat, so dass für die Verlustenergie gilt

$$\Delta E_k = W = \frac{1}{2}(1-k^2)\,\frac{m_1\, m_2}{m_1+m_2}\,(v_{1A}-v_{2A})^2 \qquad (6.26)$$

Beispiel 6.4: Beim Schmieden mit einem Fallhammer fällt der Bär auf die Schabotte aus der Höhe H frei herab (**Bild 6.6**). Gegeben ist: Bärmasse $m_B = m_1 = 500$ kg, Masse der Schabotte mit Schmiedestück $m_S = m_2 = 10000$ kg, freie Fallhöhe des Bären $H = 2$ m, Stoßzahl $k = 0{,}65$. Man bestimme: a) die Schlagenergie des Bären und seine Geschwindigkeit v_{1A} beim Aufschlag auf das Schmiedestück, b) die Nutzarbeit, c) den Schlagwirkungsgrad η_S, d) die Geschwindigkeit des Bären v_{1W} und die der Schabotte v_{2W} nach dem Stoß, e) die Rücksprunghöhe des Bären.

a) Als Schlagenergie bezeichnet man die kinetische Energie des Bären E_{k1A} beim Auftreffen auf das Schmiedestück. Es ist

$$E_{k1A} = m_B\frac{v_{1A}^2}{2} = m_B\, g\, H = (500\cdot 9{,}81\cdot 2)\ \text{Nm} = 9{,}81\ \text{kNm}$$

Die Aufschlaggeschwindigkeit des Bären v_{1A} erhält man aus

$$v_{1A} = \sqrt{2gH} = \sqrt{2\cdot 9{,}81\cdot 2}\ \text{m/s} = 6{,}26\ \text{m/s}$$

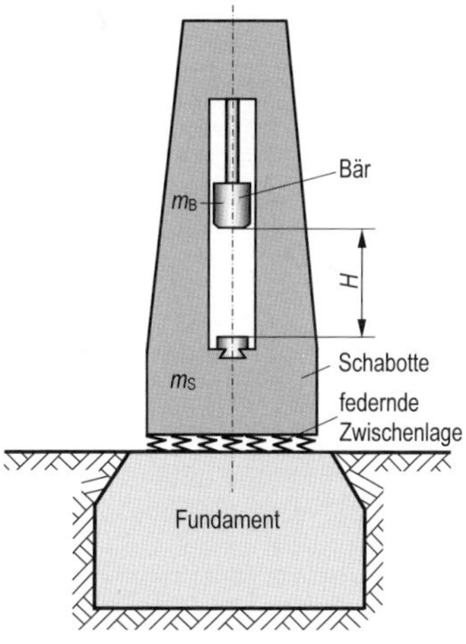

Bild 6.6: Schabotte-Schmiedehammer

b) Die Nutzarbeit ist die Formänderungsarbeit. Aus Gl. (6.26) ergibt sich mit der berechneten Geschwindigkeit des Bären beim Aufschlag $v_{1A} = 6{,}26$ m/s und der Geschwindigkeit der Schabotte $v_{2A} = 0$

$$W = \frac{1}{2}(1-k^2)\,\frac{m_B\, m_S}{m_B+m_S}\,v_{1A}^2 = \frac{1}{2}\,(1-0{,}65^2)\,\frac{0{,}5\cdot 10}{0{,}5+10}10^3\text{kg}\cdot(6{,}26\ \text{m/s})^2 = 5{,}39\ \text{kNm}$$

c) Allgemein erhält man für den Schlagwirkungsgrad mit der aufgewandten Arbeit $W_z = m_B\, g\, H = \frac{1}{2}\, m_B\, v_{1A}^2$ und der Nutzarbeit $W_n = W$ nach Gl. (6.26), in der $v_{2A} = 0$ zu setzen ist

$$\eta_S = \frac{W_n}{W_z} = \frac{\frac{1}{2}\,(1-k^2)\,\frac{m_B\, m_S}{m_B+m_S}\,v_{1A}^2}{\frac{1}{2}\,m_B\, v_{1A}^2} = (1-k^2)\frac{m_S}{m_B+m_S}$$

oder $$\eta_S = (1-k^2)\frac{1}{1+m_B/m_S} \qquad (6.27)$$

Aus Gl. (6.27) erkennt man, dass der Schlagwirkungsgrad um so größer ist, je größer die Masse der Schabotte gegenüber der des Bären ist. In diesem vorliegenden Beispiel ist das Massenverhältnis $m_S/m_B = 20$. Ferner sieht man, dass der Schlagwirkungsgrad unabhängig von der Fallhöhe des Bären bzw. seiner Auftreffgeschwindigkeit ist. Mit den gegebenen Werten erhält man aus Gl. (6.27)

$$\eta_S = (1 - 0{,}65^2)\frac{1}{1 + 0{,}5/10} = 0{,}55 = 55\,\%$$

d) Für die gemeinsame Geschwindigkeit des Bären und der Schabotte nach dem ersten Stoßabschnitt folgt aus Gl. (6.15) mit $v_{1A} = 6{,}26$ m/s und $v_{2A} = 0$

$$v_P = \frac{0{,}5 \cdot 6{,}26\ \text{m/s}}{10 + 0{,}5} = 0{,}298\ \text{m/s}$$

und aus Gl. (6.24) erhält man die Geschwindigkeit des Bären v_{1W} und die der Schabotte v_{2W} nach dem Stoß

$$v_{1W} = 0{,}298\ \text{m/s} + 0{,}65\ (0{,}298 - 6{,}26)\ \text{m/s} = -\,3{,}58\ \text{m/s}$$

$$v_{2W} = 0{,}298\ \text{m/s} + 0{,}65\ (0{,}298 - 0)\ \text{m/s} = 0{,}492\ \text{m/s}$$

Das negative Vorzeichen von v_{1W} bedeutet, dass der Bär zurückspringt.

e) Mit der berechneten Geschwindigkeit des Bären v_{1W} unmittelbar nach dem Stoß erhält man die Rücksprunghöhe des Bären H_1 aus dem Energiesatz

$$m_B\, g H_1 = \frac{1}{2} m_B\, v_{1W}^2 \qquad H_1 = \frac{1}{2\,g} v_{1W}^2 = \frac{1}{2 \cdot 9{,}81\ \text{m/s}^2}\,(3{,}58\ \text{m/s})^2 = 0{,}653\ \text{m}$$

Durch die ihr erteilte Geschwindigkeit v_{2W} wird die Schabotte in Schwingungen versetzt, die infolge der Dämpfung abklingen.

Beispiel 6.5: Eine Metallkugel fällt aus der Höhe $H_1 = 50$ cm auf eine Platte, deren Masse gegenüber der Masse der Kugel als unendlich groß angenommen wird. Sie springt auf die Höhe $H_2 = 14$ cm zurück. Man bestimme die Stoßzahl (**Bild 6.7**).

Aus Gl. (6.26) folgt mit der Geschwindigkeit der Platte $v_{2A} = 0$ und der Masse der Platte $m_2 \to \infty$ (man dividiert Zähler und Nenner in Gl. (6.26) durch m_2 und lässt $m_2 \to \infty$ streben)

$$\Delta E_k = W = \frac{1}{2}(1 - k^2)\, m_1\, v_{1A}^2$$

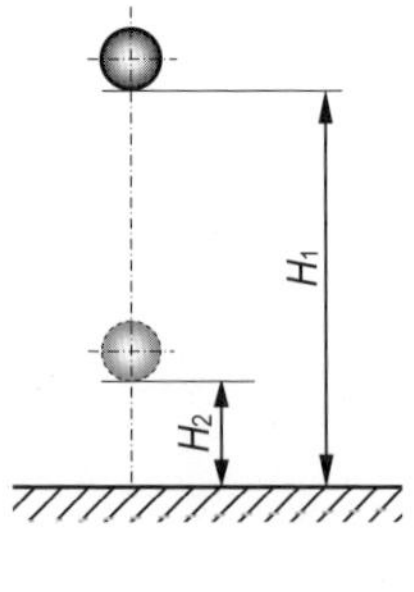

Bild 6.7:
Stoß einer fallenden Kugel gegen eine Platte

Die Aufschlaggeschwindigkeit der Kugel ist $v_{1A} = \sqrt{2\,g\,H_1}$ und ihre Masse m_1. Die Verlustenergie beim Stoß beträgt $\Delta E_k = W = m_1\, g\,(H_1 - H_2)$. Damit ergibt sich aus der vorstehenden Beziehung für die Verlustenergie

$$m_1\, g\,(H_1 - H_2) = \frac{1}{2}(1-k^2)\, m_1\, 2\, g\, H_1$$

woraus folgt

$$k^2 = \frac{H_2}{H_1} \qquad k = \sqrt{\frac{H_2}{H_1}} \tag{6.28}$$

Mit den gegebenen Werten berechnet man die Stoßzahl

$$k = \sqrt{\frac{14}{50}} = 0{,}53$$

Der hier beschriebene Versuch ist geeignet, Stoßzahlen in einfacher Weise zu bestimmen.

6.3 Gerader exzentrischer Stoß gegen einen drehbar gelagerten Körper, Stoßmittelpunkt

Ein prismatischer Stab 1 ist an seinem Ende im Punkt 0 drehbar gelagert und wird senkrecht zu seiner Achse an der Stelle C im Abstand l_C vom Drehpunkt von einem Körper 2 gestoßen (**Bild 6.8a**). Wir bezeichnen mit m_1 die Masse des Stabes, mit J_{01} sein Massenträgheitsmoment bezüglich des Drehpunktes 0, mit m_2 die Masse des Körpers 2. Unmittelbar vor dem Stoß hat der Stab die Winkelgeschwindigkeit ω_{1A}, der Punkt C des Stabes die Geschwindigkeit v_{CA} und der Körper 2 die Geschwindigkeit v_{2A}. Damit es zum Stoß kommt, muss bei den in **Bild 6.8a** eingezeichneten Geschwindigkeitsrichtungen gelten: $v_{2A} > v_{CA} = \omega_{1A}\, l_C$. Der Stoß ist *gerade* (die Geschwindigkeitsvektoren $\vec{v}_{1A}$ und $\vec{v}_{CA}$ haben die Richtung der Stoßnormale) und *exzentrisch* (die Stoßnormale geht nicht durch die Schwerpunkte der beiden Körper). Wir fragen nach der Winkelgeschwindigkeit des Stabes 1 und der Geschwindigkeit des Körpers 2 nach dem Stoß.

Nach dem Impulsmomenterhaltungssatz Gl. (5.165) bleibt während des Stoßvorganges das Impulsmoment des Gesamtsystems aus den beiden Körpern konstant. Ist ω_1 die Winkelgeschwindigkeit des Stabes 1 und v_2 die Geschwindigkeit des Körpers 2 in einem beliebigen Zeitpunkt, ferner $v_C = \omega_1\, l_C$ die Geschwindigkeit des Punktes C im gleichen Zeitpunkt, so gilt nach dem Impulsmomenterhaltungssatz mit dem Drehpunkt 0 als Bezugspunkt (s. auch Gl. (2.151))

$$J_{01}\omega_1 + v_2\, m_2\, l_C = L_0 = J_{01}\omega_{1A} + v_{2A}\, m_2\, l_C$$

oder $$J_{01}\frac{v_C}{l_C} + v_2\, m_2\, l_C = L_0 = \text{const}$$

Dividiert man diese Beziehung durch l_C und führt durch $J_{01}/l_C^2 = m_{1\,\text{red}}$ die auf den Punkt C reduzierte Masse des Stabes 1 ein, so gilt

$$m_{1\,\text{red}}\, v_C + m_2\, v_2 = \frac{L_0}{l_C} = \text{const} \tag{6.29}$$

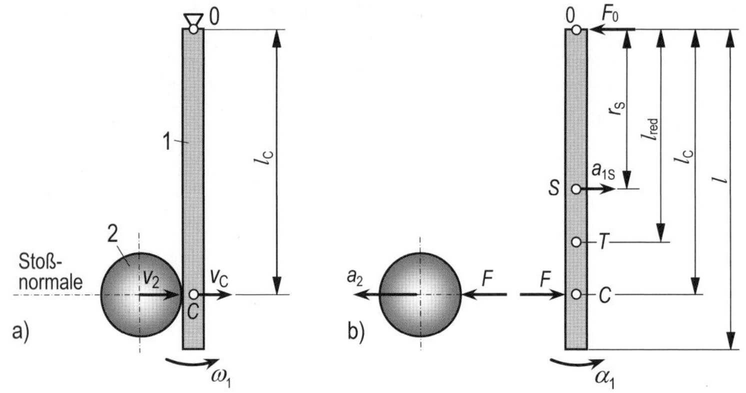

Bild 6.8: a) Gerader exzentrischer Stoß gegen einen drehbar gelagerten Stab
b) freigemachter Stab 1 und Körper 2 während des Stoßvorganges

Am Ende des ersten Stoßabschnittes sind die Geschwindigkeiten v_C und v_2 einander gleich, und aus Gl. (6.29) folgt mit $v_{CP} = v_{2P} = v_P$

$$v_P(m_{1\,red} + m_2) = \frac{L_0}{l_C} \tag{6.30}$$

Aus dieser Gleichung kann die Geschwindigkeit v_P berechnet werden. Beim *wirklichen* Stoß betragen die Geschwindigkeitsänderungen im zweiten Stoßabschnitt einen Bruchteil der Änderungen im ersten Stoßabschnitt. Für die Geschwindigkeiten v_{CW} und v_{2W} nach dem Stoß erhält man mit der Stoßzahl k $(0 \le k \le 1)$ entsprechend den Gleichungen (6.24)

$$v_{Cw} = v_P + k(v_P - v_{CA}) \qquad v_{2W} = v_P + k(v_P - v_{2A}) \tag{6.31}$$

Dividiert man die erste dieser Gleichungen durch l_C, so folgt die Beziehung für die Winkelgeschwindigkeiten

$$\omega_{1W} = \omega_P + k\,(\omega_P - \omega_{1A}) \tag{6.32}$$

In den Gl. (6.31) und (6.32) ist für den plastischen Stoß $k = 0$ und für den elastischen $k = 1$ zu setzen. Für den elastischen Stoß gilt der Energieerhaltungssatz. Mit den Bezeichnungen ω_{1E} für die Winkelgeschwindigkeit des Stabes 1 und v_{2E} für die Geschwindigkeit des Körpers 2 nach dem elastischen Stoß lautet er

$$\frac{1}{2} J_{01}\, \omega_{1A}^2 + \frac{1}{2} m_2\, v_{2A}^2 = \frac{1}{2} J_{01}\, \omega_{1E}^2 + \frac{1}{2} m_2\, v_{2E}^2 \tag{6.33}$$

Stoßmittelpunkt Infolge der Stoßkraft $\vec{F}$ tritt im Allgemeinen an der Lagerstelle des drehbar gelagerten Körpers eine Auflagerkraft $\vec{F}_0$ auf. In **Bild 6.8b** sind die beiden in **Bild 6.8a** am Stoß beteiligten Körper freigemacht. Dabei sind in **Bild 6.8b** nur Kräfte in Richtung der Stoßnormalen angegeben, die für den Stoßvorgang allein von Interesse sind. Wir betrachten den Stab. Mit α_1 bezeichnen wir seine Winkelbeschleunigung und mit $a_{1S} = \alpha_1\, r_S$ die Tangentialbeschleunigung seines Schwerpunktes. Nach dem Schwerpunktsatz Gl. (5.7) erhält man für die Kräfte in Richtung der Stoßnormalen die Gleichung

$$F - F_0 = m_1\, a_{1S} = m_1\, \alpha_1\, r_S \tag{6.34}$$

und nach dem dynamischen Grundgesetz für die Drehung Gl. (5.19) folgt mit Punkt 0 als Drehpunkt

$$F\, l_C = J_{01}\, \alpha_1 \tag{6.35}$$

Mit F aus Gl. (6.35) ergibt sich aus Gl. (6.34)

$$F_0 = \left(\frac{J_{01}}{l_C} - r_S\, m_1 \right) \alpha_1 \tag{6.36}$$

Die Auflagerkraft F_0 ist gleich Null, wenn der Klammerausdruck in Gl. (6.36) verschwindet. Das ist der Fall für

$$l_C = \frac{J_{01}}{r_S\, m_1} = l_{red} \tag{6.37}$$

l_{red} ist die *reduzierte Pendellänge*, die bereits durch die Gl. (5.54) eingeführt wurde. Der Punkt T, der auf der Geraden durch den Drehpunkt 0 und den Schwerpunkt S im Abstand l_{red} von 0 liegt, wird als *Stoßmittelpunkt*, *Trägheitsmittelpunkt* oder *Schwingungsmittelpunkt* bezüglich des Punktes 0 bezeichnet (s. Abschn. 5.2.1.9). Wird der Stab senkrecht zu seiner Achse an der Stelle T gestoßen, so tritt an der Lagerstelle kein Reaktionsstoß auf, d. h., wäre der Stab nicht an der Stelle 0 gelagert, so würde er sich dennoch um den Punkt 0 als *Momentanpol* (s. Abschn. 3.2.1) drehen.

Für den prismatischen Stab in **Bild 6.8** erhält man mit

$$J_{01} = \frac{1}{3} m_1\, l^2 \qquad \text{und} \qquad r_S = \frac{l}{2}$$

die reduzierte Pendellänge (s. auch Beispiel 5.11, S. 186)

$$l_{red} = \frac{2}{3} l$$

Die anhand des speziellen Beispiels eines drehbar gelagerten Stabes (**Bild 6.8**) hergeleiteten Beziehungen gelten auch für anders geformte Körper, wenn diese Körper eine Symmetrieebene besitzen, auf der die Drehachse senkrecht steht und die Stoßkraft in der Symmetrieebene senkrecht zur Geraden durch den Drehpunkt 0 und den Schwerpunkt S des Körpers wirkt.

Die Erkenntnisse über den Stoßmittelpunkt werden bei der Konstruktion von Maschinenteilen, die Stößen ausgesetzt sind, ausgewertet. Man konstruiert sie nach Möglichkeit so, dass die Drehachsen keine Reaktionsstöße erfahren. Ein Schlagwerkzeug (Hammer, Axt) fasst man im Abstand l_{red} von der Stoßstelle an, damit die Hand keinen Reaktionsstoß erfährt.

6.4 Aufgaben zu Abschnitt 6

1. Drei Eisenbahnwagen stehen in Abständen voneinander auf einer horizontalen Strecke. Ein vierter Wagen (Wagen 1) fährt auf sie mit der Geschwindigkeit $v_1 = 3\ \text{ms}^{-1}$ auf (**Bild 6.9**). Wievielmal kommt es zum Zusammenstoß von je zwei Wagen und wie groß sind nach jedem Zusammenstoß die Geschwindigkeiten der Wagen, wenn die Stöße als vollkommen elastisch angenommen werden? Reibung und Fahrwiderstand werden vernachlässigt. Massen der Wagen: $m_1 = 32000$ kg, $m_2 = 32000$ kg, $m_3 = 16000$ kg, $m_4 = 24000$ kg.

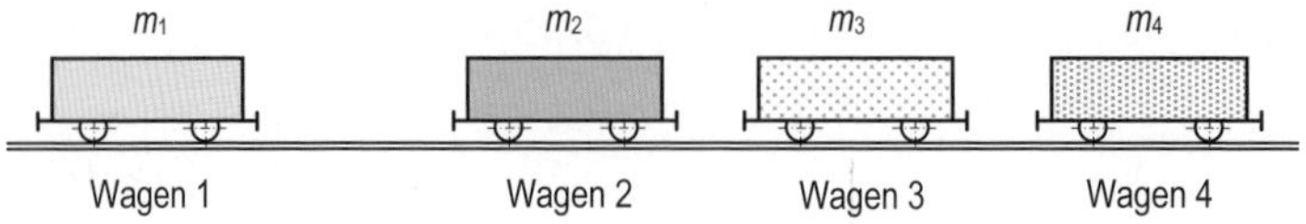

Bild 6.9: Zusammenstoß von Eisenbahnwagen

2. Man löse die Aufgabe 1 unter der Annahme vollkommen plastischer Stöße (Wagen werden nach jedem Stoß zusammengekuppelt).

3. Ein Keil (Keilmasse m_2 = 8 kg) dringt mit jedem Hammerschlag (Hammermasse m_1 = 2 kg) um s = 3 mm tiefer ein (**Bild 6.10**). Wie groß sind die am Keil wirkenden Normalkräfte F_n und Reibungskräfte F_r, wenn die Gleitreibungszahl μ = 0,5 beträgt und der Hammer auf den Keil mit der Geschwindigkeit v_{1A} = 9 m/s auftrifft? Keilwinkel 2α = 20°. Es wird angenommen, dass der Stoß plastisch ist und die Kräfte am Keil während seiner Bewegung konstant sind.

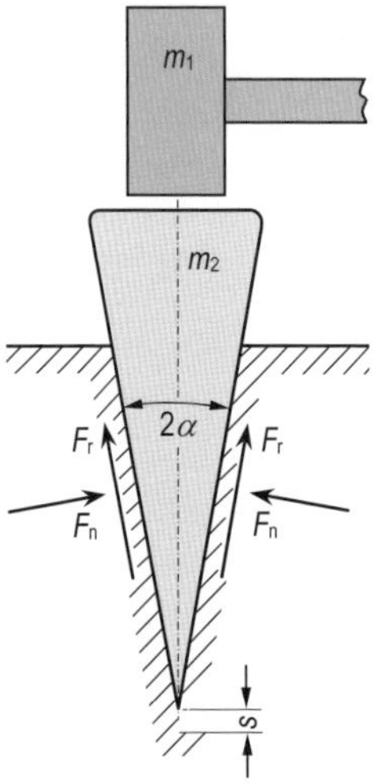

Bild 6.10: Eintreiben eines Keiles

4. Über einen Riemenfallhammer (s. **Bild 6.6**) sind folgende Angaben gemacht: Bärmasse m_B = 1800 kg, Schabottemasse m_S = 40000 kg, Fallhöhe H = 2,5 m, Stoßzahl k = 0,4. Die Schabotte ist gegen das Fundament durch eine Zwischenlage mit der Federkonstanten c = 180 kN/mm abgefedert. Der Energieverlust durch Reibung (Riemenreibung, Reibung in den Führungen), wenn der Bär die Höhe H durchfällt, beträgt 12 % der potenziellen Energie $m_B\, g\, H$. Man bestimme: a) die Schlagenergie E_{kBA} des Bären und seine Geschwindigkeit v_{BA} beim Aufschlag auf das Schmiedestück, b) die Geschwindigkeit des Bären v_{BW} und die Geschwindigkeit der Schabotte v_{SW} nach dem Stoß, c) den Schlagwirkungsgrad η_S, d) die Rücksprunghöhe H_1 des Bären, wenn die Reibungskraft in den Führungen beim Rücksprung 900 N beträgt, e) die maximale Auslenkung x_{max} der Schabotte aus der statischen Ruhelage nach dem Schlag, f) die maximale Kraft F_{max}, die von der Schabotte auf das Fundament übertragen wird, g) die Schwingungsdauer T der Schwingungen, in die die Schabotte durch den Schlag versetzt wird (Dämpfung wird nicht berücksichtigt).

5. Auf einem Klotz 1 (m_1 = 12 kg) liegt ein Körper 2 (m_2 = 200 kg), der eine Wand berührt (**Bild 6.11**). Unter der Annahme a) eines plastischen, b) eines wirklichen Stoßes (Stoßzahl k = 0,3) berechne man die Strecke s, um die sich der Klotz 1 bei einem Schlag mit dem Hammer verschiebt. Masse des Hammers m_H = 3 kg, seine Auftreffgeschwindigkeit v_{HA} = 6 m/s, Gleitreibungszahlen μ_1 = 0,3 und μ_2 = 0,4.

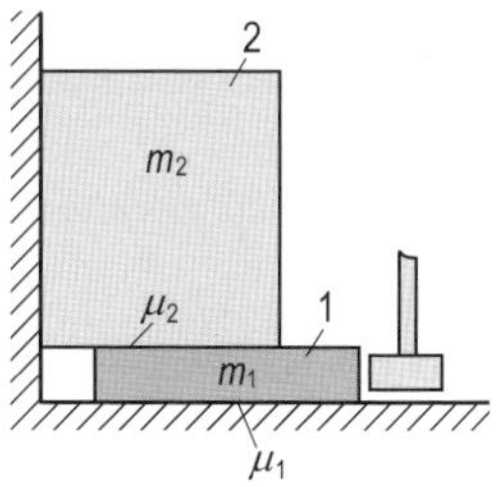

Bild 6.11: Klotz 1 wird unter Körper 2 geschlagen

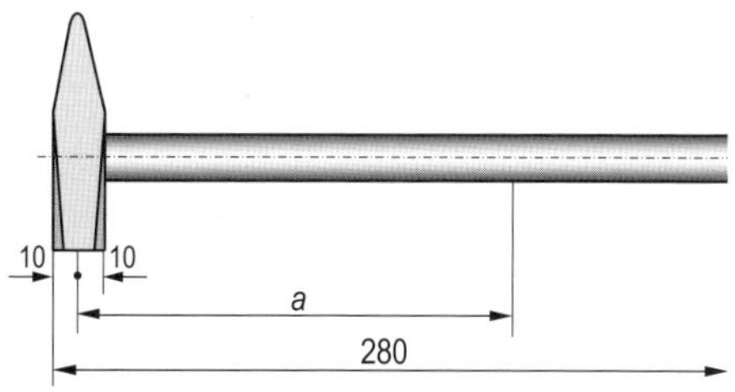

Bild 6.12: Stoßmittelpunkt eines Hammers

6. Ein Eisenbahnwagen (m_1 = 50000 kg) fährt auf einen zweiten Eisenbahnwagen (m_2 = 30000 kg), der auf einer horizontalen Strecke steht (v_{2A} = 0), mit der Geschwindigkeit v_{1A} = 2 m/s auf. Die Räder des zweiten Wagens sind durch angezogene Bremsen blockiert. Die Gleitreibungszahl zwischen Rädern und Schienen beträgt μ = 0,1, die Stoßzahl k = 0,8. Man verfolge die Bewegung der Wagen nach dem Zusammenstoß. Kommt es zu weiteren Stößen? Wenn das der Fall ist, so bestimme man die Zeiten und zurückgelegten Strecken bis zum 2. und 3. Stoß (gemessen vom ersten Stoß ab) und gebe die Geschwindigkeiten der Wagen vor und nach jedem Stoß an. Der Fahrwiderstand wird vernachlässigt.

7. Man löse die Aufgabe 6 mit den geänderten Werten $m_1 = 1{,}2 \cdot 10^5$ kg und k = 0,4.

8. Die Masse eines Hammers ohne Stiel (**Bild 6.12**) beträgt m_H = 200 g und die Masse des Stieles m_{st} = 70 g. Der Stiel hat einen konstanten Querschnitt. An welcher Stelle (a = ?) muss der Stiel angefasst werden, damit die Hand beim Schlag keinen Prellschlag erfährt?

9. Ein Stab 1 (m_1 = 3,6 kg) mit konstantem Querschnitt ist an seinem Ende als Pendel aufgehängt. Er wird um den Winkel α = 60° ausgelenkt und dann sich selbst überlassen (**Bild 6.13**). Beim Zurückschwingen trifft der Stab in seiner vertikalen Lage einen Klotz 2 (m_2 = 8 kg), der auf einer horizontalen Unterlage ruht, a) Um welchen Winkel β schwingt der Pendelstab zurück, und b) um welche Strecke s verschiebt sich der Klotz nach dem Stoß? Die Stoßzahl beträgt k = 0,6 und die Gleitreibungszahl zwischen Klotz und Unterlage μ = 0,1. Lagerreibung und Luftwiderstand werden vernachlässigt.

10. Ein dünner Stab mit konstantem Querschnitt (Masse m, Länge l) fällt in horizontaler Lage frei herab und trifft mit seinem Ende auf eine feste Kante (**Bild 6.14**). Die Auftreffgeschwindigkeit ist v_A. Man bestimme die Schwerpunktgeschwindigkeit v_S und die Winkelgeschwindigkeit ω des Stabes nach dem Stoß unter der Annahme eines a) wirklichen (Stoßzahl k), b) plastischen und c) elastischen Stoßes. Wie groß ist in den Fällen a) und b) die Verlustenergie (s. Aufgabe 13, S. 238)?

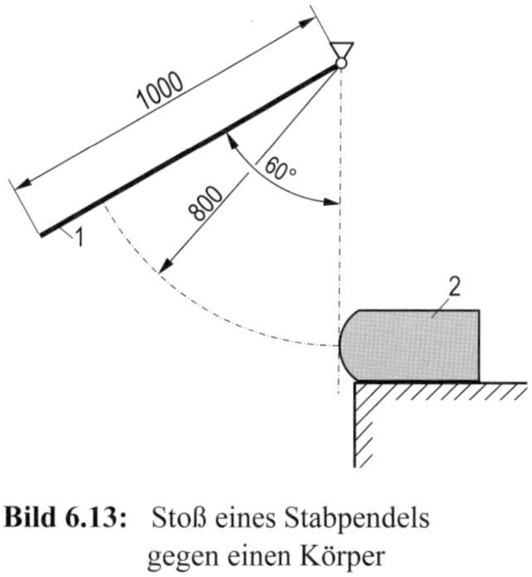

Bild 6.13: Stoß eines Stabpendels gegen einen Körper

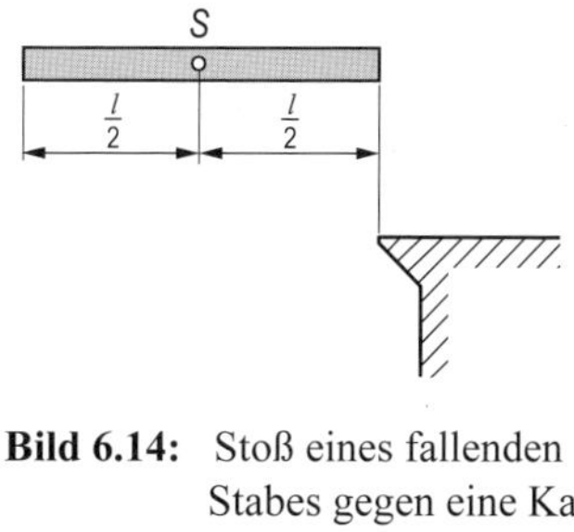

Bild 6.14: Stoß eines fallenden Stabes gegen eine Kante

11. Eine homogene Schleifscheibe (d = 0,3 m) löst sich bei der Drehzahl n_0 = 900 min^{-1} von der Welle und fällt aus der Höhe h = 0,8 m senkrecht auf den horizontalen Fußboden. Unter der Annahme eines plastischen Stoßes berechne man a) die horizontale Schwerpunktgeschwindigkeit v_{Sx1} und b) die Drehzahl n_1 der Scheibe unmittelbar nach dem Stoß (**Bild 6.15**). Die Reibungszahl zwischen Fußboden und Schleifscheibe beträgt μ = 0,3 (vgl. Beispiel 5.40, S. 235).

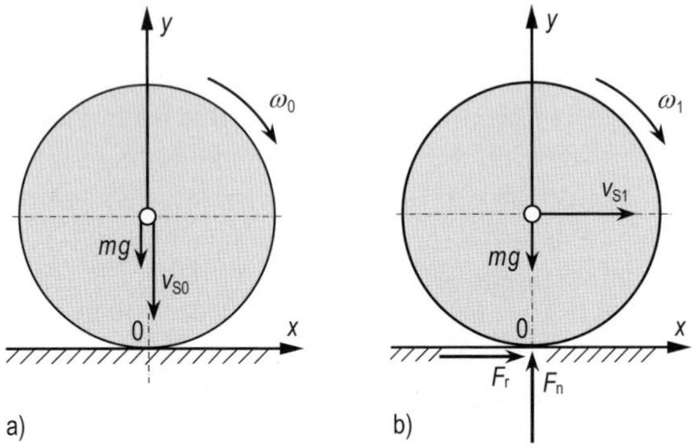

Bild 6.15: Schleifscheibe a) vor und b) nach dem Stoß

7 Mechanische Schwingungen

7.1 Grundbegriffe

Als *Schwingung* bezeichnet man einen Vorgang, bei dem sich eine physikalische Größe mit der Zeit so ändert, dass sich gewisse Merkmale wiederholen. Man denke an die Bewegung des Kolbens oder die Änderung des Gasdruckes in dem Zylinder einer Brennkraftmaschine, an die Spannungsänderung an den Klemmen eines Generators usw. Die physikalische Größe, deren Änderung man betrachtet (z. B. der durch eine Koordinate festgelegte Ort des Kolbens, seine Geschwindigkeit oder Beschleunigung, der Gasdruck, die Temperatur usw.) nennt man *Zustandsgröße* $y = y(t)$.

Im Folgenden betrachten wir mechanische Schwingungen, dann ist die Zustandsgröße eine Koordinate (Strecke, Winkel), durch die die Lage des mechanischen Systems festgelegt wird, oder eine Geschwindigkeit oder eine Beschleunigung. Eine wichtige Gruppe von Schwingungen bilden die *periodischen Schwingungen*. Das sind solche, bei denen die zu einem Zeitpunkt t betrachtete Zustandsgröße in konstanten Zeitabständen T, also zu den Zeiten $t+T$, $t+2T$, $t+3T$, ... denselben Wert annimmt. Mathematisch wird die periodische Schwingung durch die Bedingung charakterisiert

$$y(t) = y(t+T) \qquad \text{für jedes } t \tag{7.1}$$

In **Bild 7.1** ist ein periodischer Schwingungsvorgang in einem kartesischen Koordinatensystem dargestellt. Der kleinste feste Zeitabschnitt T, nach dem sich der Vorgang wiederholt, wird als *Schwingungsdauer*, *Periodendauer* oder kurz *Periode* bezeichnet. Den Kehrwert der Schwingungsdauer nennt man *Schwingungszahl* oder *Frequenz*

$$n = \frac{1}{T} \tag{7.2}$$

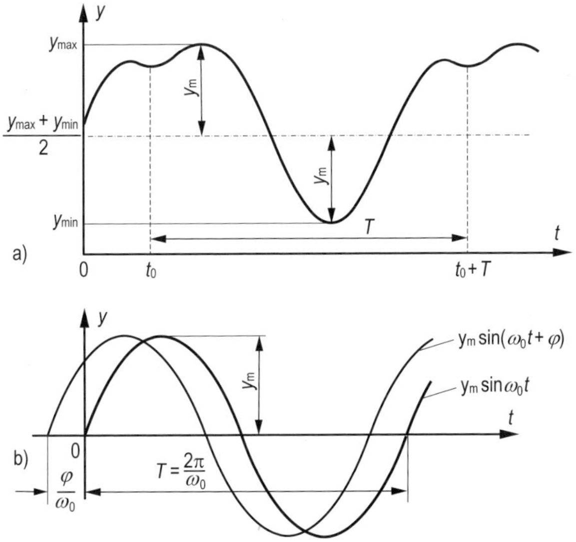

Bild 7.1: Periodischer Vorgang
a) allgemein
b) sinusförmig

Die Frequenz gibt die Zahl der Perioden in einer Zeiteinheit an. Im Allgemeinen werden die Zeit in Sekunden und die Frequenz in Hertz (Hz = 1/s) angegeben. Das 2π-fache der Frequenz, d. h. die Zahl der Perioden in 2 π Zeiteinheiten, heißt *Kreisfrequenz*

$$\omega_0 = 2\,\pi\, n = \frac{2\,\pi}{T} \tag{7.3}$$

Ist y_{max} der größte und y_{min} der kleinste Wert, den die Zustandsgröße beim Schwingungsvorgang annimmt, so nennt man

$$y_m = \frac{y_{max} - y_{min}}{2} \tag{7.4}$$

Amplitude oder *Schwingungsweite* der Schwingung. Während die Schwingungsdauer und die Frequenz „die Schnelligkeit" des Schwingungsvorganges charakterisieren, gibt die Amplitude „die Größe" der Schwingung an.

Harmonische Schwingungen Der einfachste Fall eines periodischen Vorganges, der in den technischen Anwendungen häufig auftritt, ist die sog. *Sinusschwingung* oder *harmonische Schwingung*. Bei dieser ändert sich die Zustandsgröße nach dem Gesetz

$$\mathbf{y = y_m \sin(\omega_0\, t + \varphi)} \tag{7.5}$$

In Gl. (7.5) ist y_m die Amplitude, ω_0 die Kreisfrequenz, $(\omega_0 t + \varphi)$ der *Phasenwinkel* und φ der *Nullphasenwinkel*. Der Nullphasenwinkel ist von der Wahl des Zeitpunktes abhängig, zu dem man mit der Zeitzählung beginnt. Er ist nur dann von Bedeutung, wenn man mehrere Schwingungsvorgänge miteinander vergleicht. In **Bild 7.1b** sind zwei harmonische Schwingungen dargestellt, deren Amplituden und Frequenzen übereinstimmen, deren Nullphasenwinkel (φ = 0 und $\varphi > 0$) jedoch voneinander verschieden sind. Die Schwingung mit $\varphi > 0$ eilt der mit φ = 0 um den Nullphasenwinkel φ voraus, d. h., die entsprechenden Werte der Zustandsgrößen werden von der Schwingung mit $\varphi > 0$ um die Zeitdifferenz $t_0 = \varphi/\omega_0$ früher als die der Schwingung mit $\varphi = 0$ angenommen.

Deutet man die Funktion $y(t)$ als Ort-Zeit-Funktion und differenziert Gl. (7.5) ein- bzw. zweimal nach der Zeit, so erhält man die Geschwindigkeit- bzw. die Beschleunigung-Zeit-Funktion

$$\dot{y} = y_m\omega_0 \cos(\omega_0 t + \varphi) = y_m\omega_0 \sin\left(\omega_0 t + \varphi + \frac{\pi}{2}\right) \tag{7.6}$$

$$\ddot{y} = -y_m\,\omega_0^2 \sin(\omega_0 t + \varphi) = y_m\,\omega_0^2 \sin\left(\omega_0 t + \varphi + \pi\right) \tag{7.7}$$

Geschwindigkeit und Beschleunigung ändern sich also wie $y(t)$ nach dem Sinusgesetz, d. h., sie haben die Form von harmonischen Schwingungen. Ihre Frequenz ist gleich der der y-Schwingung, jedoch sind die Nullphasenwinkel verschieden. Die Geschwindigkeit $\dot{y}$ eilt der y-Schwingung um π/2 und die Beschleunigung $\ddot{y}$ um π voraus. (s. **Bild 7.2b**, **d** und **g**; durch Wahl der Maßstabsfaktoren sind in diesem Bild alle drei Amplituden y_m, $y_m\omega_0$ und $y_m\omega_0^2$ durch gleich große Strecken dargestellt.)

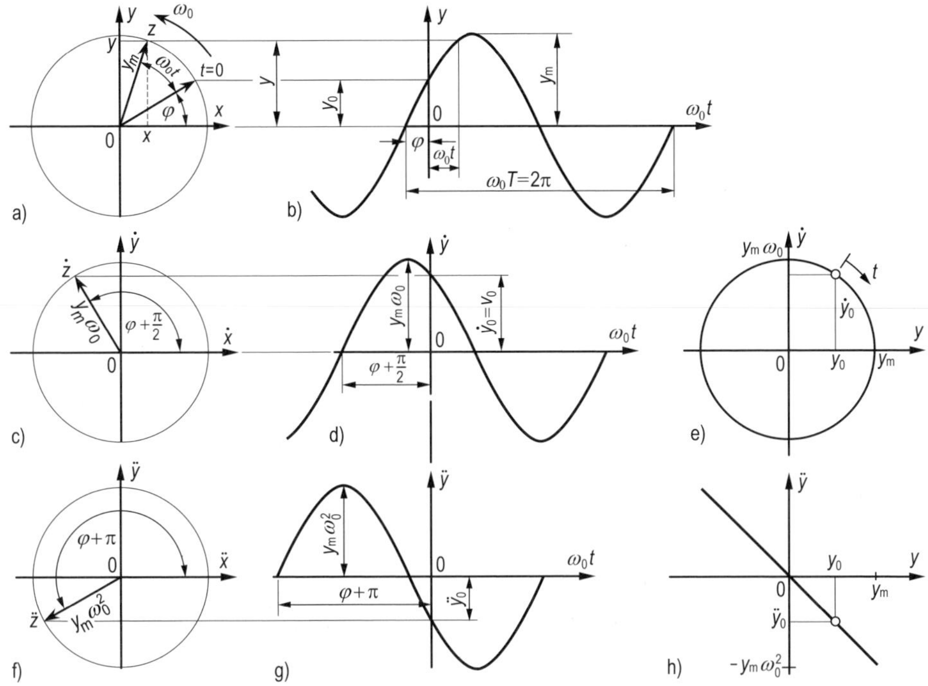

Bild 7.2: Darstellung einer allgemeinen harmonischen Bewegung
a) Ortszeiger, b) *s*, *t*-Diagramm, c) Geschwindigkeitszeiger, d) *v*, *t*-Diagramm, e) *v*, *s* Diagramm, f) Beschleunigungszeiger, g) *a*, *t*-Diagramm, h) *a*, *s*-Diagramm

Durch Quadrieren und Addieren erhält man aus Gl. (7.5) und (7.6) die Geschwindigkeit-Ort-Funktion

$$\frac{y^2}{y_\mathrm{m}^2} + \frac{\dot{y}^2}{\omega_0^2 y_\mathrm{m}^2} = 1 \tag{7.8}$$

Dies ist die Gleichung einer Ellipse mit den Halbachsen y_m und $\omega_0\, y_\mathrm{m}$ im y, $\dot{y}$ -Koordinatensystem, die bei entsprechender Maßstabswahl als Kreis gezeichnet werden kann (**Bild 7.2e**). Ersetzt man sin $(\omega_0\, t + \varphi)$ in Gl. (7.7) aus Gl. (7.5), so gewinnt man die Beschleunigung-Ort-Funktion

$$\ddot{y} = -\,\omega_0^2\, y \quad \text{oder} \quad \ddot{y} + \omega_0^2\, y = 0 \tag{7.9}$$

Ihr Bild im y, $\ddot{y}$ -Koordinatensystem ist eine Gerade mit einer zu $(-\omega_0^2)$ proportionalen Steigung (**Bild 7.2h**).

Unter Anwendung des Additionstheorems für die Sinusfunktion kann Gl. (7.5) auch in der Form geschrieben werden

$$y = (y_\mathrm{m} \sin \varphi) \cos \omega_0\, t + (y_\mathrm{m} \cos \varphi) \sin \omega_0\, t$$

$$\boldsymbol{y = A \cos \omega_0 t \qquad + B \sin \omega_0 t} \tag{7.10}$$

mit $A = y_m \sin \varphi$ und $B = y_m \cos \varphi$.

Dann ist

$$\tan \varphi = \frac{A}{B} \qquad y_m = \sqrt{A^2 + B^2} \tag{7.11}$$

und $$\dot{y} = - \omega_0 A \sin \omega_0 t + \omega_0 B \cos \omega_0 t \tag{7.12}$$

$$\ddot{y} = - \omega_0^2 (A \cos \omega_0 t + B \sin \omega_0 t) \tag{7.13}$$

Beginnt eine Bewegung zur Zeit $t = 0$ bei $y = y_0$ mit der Geschwindigkeit $\dot{y} = v_0$, so erhält man aus Gl. (7.10)

$$y = y_0 = A \cos 0 + B \sin 0 \qquad \text{d. h.} \qquad A = y_0$$

und aus Gl. (7.12)

$$\dot{y} = v_0 = - \omega_0 A \sin 0 + \omega_0 B \cos 0 \qquad \text{d. h.} \qquad B = v_0 / \omega_0$$

Damit wird aus Gl. (7.10)

$$y = y_0 \cos \omega_0 t + \frac{v_0}{\omega_0} \sin \omega_0 t \tag{7.14}$$

Die harmonische Bewegung kann als Projektion einer gleichförmigen Kreisbewegung gedeutet werden. Denkt man sich nämlich im Punkt 0 eines rechtwinkligen x, y-Koordinatensystems einen Zeiger der Länge y_m mit konstanter Winkelgeschwindigkeit ω_0 umlaufen (**Bild 7.2a**) und beginnt man die Zeitzählung $t = 0$ bei irgendeinem Winkel φ, so schließt der Zeiger zu einer späteren Zeit t mit der positiven x-Achse den Winkel $(\omega_0 t + \varphi)$ ein. Die Projektion des Zeigers auf die y-Achse ergibt den Augenblickswert der Funktion y in Gl. (7.5). Trägt man, wie in **Bild 7.2b** angedeutet, für verschiedene Zeiten t den Wert y über der Zeit auf, so gewinnt man die Sinuslinie. **Bild 7.2a** entnimmt man auch eine Deutung des Nullphasenwinkels φ; dieser wird von dem umlaufenden Zeiger und der positiven Abszisse zur Zeit $t = 0$ eingeschlossen.

Fasst man die x, y-Ebene, in der sich der Zeiger gleichförmig dreht, als *Gauß*sche (komplexe) Zahlenebene auf, so wird jeder Lage des Zeigers eine komplexe Zahl $z = x + \mathrm{j}\, y$ zugeordnet, deren Realteil $x = \mathrm{Re}\,(z)$ und deren Imaginärteil $y = \mathrm{Im}\,(z)$ als Projektion des Zeigers auf die x- und y-Achse gedeutet werden können. **Bild 7.2a** entnimmt man die Beziehungen

$$x = y_m \cos (\omega_0 t + \varphi) \qquad \tan (\omega_0 t + \varphi) = y/x \tag{7.15}$$

$$y = y_m \sin (\omega_0 t + \varphi) \qquad |z| = \sqrt{x^2 + y^2} = y_m$$

Mit Hilfe der *Euler*schen Formel

$$\mathrm{e}^{\mathrm{j}\varphi} = \cos \varphi + \mathrm{j} \sin \varphi \tag{7.16}$$

kann man den Zeiger in der Form schreiben

$$z = y_m \, \mathrm{e}^{\mathrm{j}\,(\omega_0 t + \varphi)} = y_m \cos (\omega_0 t + \varphi) + \mathrm{j}\, y_m \sin (\omega_0 t + \varphi) = x + \mathrm{j}\, y \tag{7.17}$$

Die betrachtete Schwingung wird dann durch den Imaginärteil des Zeigers dargestellt

$$y = \mathrm{Im}\,(z) = y_m \sin(\omega_0 t + \varphi)$$

Die Zeiger der komplexen Geschwindigkeit und Beschleunigung findet man durch ein- bzw. zweimaliges Differenzieren des Zeigers in Gl. (7.17)

$$\dot{z} = \mathrm{j}\,\omega_0\, y_m \mathrm{e}^{\mathrm{j}(\omega_0 t+\varphi)} = \mathrm{j}\,\omega_0\, z \qquad \ddot{z} = -\,\omega_0^2\, y_m\, \mathrm{e}^{\mathrm{j}(\omega_0 t+\varphi)} = -\,\omega_0^2\, z$$

Die Multiplikation einer komplexen Zahl mit j entspricht einer Drehung des Zeigers im mathematisch positiven Sinne um $\pi/2$, denn es ist

$$\mathrm{e}^{\mathrm{j}\pi/2} = (\cos \pi/2 + \mathrm{j} \sin \pi/2) = (0 + \mathrm{j} \cdot 1) = \mathrm{j}$$

und $\quad \mathrm{j}\,\mathrm{e}^{\mathrm{j}\varphi} = \mathrm{e}^{\mathrm{j}\pi/2} \cdot \mathrm{e}^{\mathrm{j}\varphi} = \mathrm{e}^{\mathrm{j}(\varphi + \pi/2)}$ (7.18)

Zusammenfassend erhält man

$$z = y_m\, \mathrm{e}^{\mathrm{j}(\omega_0 t+\varphi)} \qquad \dot{z} = \omega_0\, y_m\, \mathrm{e}^{\mathrm{j}[(\omega_0 t+\varphi)+\pi/2]} \qquad \ddot{z} = \omega_0^2\, y_m\, \mathrm{e}^{\mathrm{j}[(\omega_0 t+\varphi)+\pi]}$$

Im Zeigerdiagramm (in **Bild 7.2c** und **f** zur Zeit $t = 0$ dargestellt) eilt der Zeiger der komplexen Geschwindigkeit $\dot{z}$ dem Zeiger z um 90° und der Zeiger der komplexen Beschleunigung $\ddot{z}$ um 180° voraus. Die Projektionen der Zeiger auf die imaginäre Achse ergeben Gl. (7.5), (7.6) und (7.7).

Die additive Überlagerung y zweier Schwingungen

$$y_1 = y_{m1} \sin(\omega_1 t + \varphi_1) \qquad \text{und} \qquad y_2 = y_{m2} \sin(\omega_2 t + \varphi_2)$$

geschieht einfach durch geometrische Addition ihrer Zeiger in der komplexen Zahlenebene (**Bild 7.3**), denn mit

$$z_1 = x_1 + \mathrm{j}\, y_1 \qquad \text{und} \qquad z_2 = x_2 + \mathrm{j}\, y_2$$

erhält man den resultierenden Zeiger

$$z = z_1 + z_2 = (x_1 + x_2) + \mathrm{j}\,(y_1 + y_2)$$

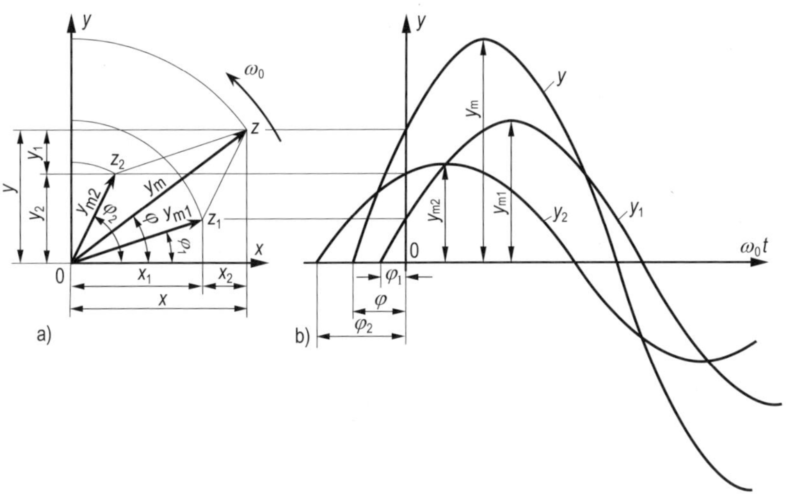

Bild 7.3: Überlagerung zweier Schwingungen
a) im Zeigerdiagramm b) Ort-Zeit-Kurve

Seine Projektion auf die imaginäre Achse gibt den Augenblickswert $y = y_1 + y_2$ der resultierenden Schwingung an. In **Bild 7.3a** ist die Lage der Zeiger zur Zeit $t = 0$ angegeben.

Ist speziell $\omega_1 = \omega_2 = \omega_0$, so laufen die Zeiger mit gleicher Winkelgeschwindigkeit um und ihre Lage zueinander ändert sich zeitlich nicht. Die überlagerte Schwingung hat die gleiche Kreisfrequenz ω_0 wie die Schwingungen y_1 und y_2. Ihr Nullphasenwinkel φ und die Amplitude y_m können entweder aus dem Zeigerdiagramm **Bild 7.3a** abgegriffen oder berechnet werden.

7.2 Freie ungedämpfte Schwingungen

Unter den *freien Schwingungen* eines Systems versteht man solche, die dieses nach einem einmaligen Anstoß oder einer Auslenkung aus der Gleichgewichtslage ausführt, wenn es danach sich selbst überlassen bleibt. Klingen diese Schwingungen mit der Zeit ab, so spricht man von *gedämpften Schwingungen*, im anderen Fall sind sie *ungedämpft*. Führt ein System unter der Wirkung periodischer Kräfte Schwingungen aus, so bezeichnet man diese als *erzwungene Schwingungen*. Schwingungen, bei denen die Lage eines Körpers oder eines Systems von Körpern durch eine einzige Koordinate festgelegt ist, werden *Schwingungen mit einem Freiheitsgrad* genannt. Beispiele zu freien ungedämpften Schwingungen mit einem Freiheitsgrad wurden mehrfach in den Abschnitten 2 und 5 behandelt. Sie genügen der Differenzialgleichung (7.9), deren allgemeine Lösung durch Gl. (7.5) oder (7.10) angegeben werden kann.

In **Tabelle 7.1** sind einige der früher behandelten Beispiele zusammengestellt. In der vorletzten Spalte stehen die linearisierten Bewegungsgleichungen, sie gelten für kleine Schwingungen der angegebenen Systeme. Die letzte Spalte enthält das Quadrat der Kreisfrequenz der kleinen Schwingungen.

Federschaltung Ein einfaches schwingungsfähiges mechanisches System besteht meistens aus einer Feder und einer Masse. Federn können sehr verschieden aussehen. Jeder elastische Körper kann die Funktion einer Feder ausüben. Für viele technische Fragestellungen kann man sich seine Wirkung durch die einer Schraubenfeder ersetzt denken, die einem linearen Kraft-Verschiebungsgesetz gehorcht. So ruft z. B. die Kraft F, die in der Mitte eines beiderseits gelenkig gelagerten Balkens (**Bild 7.4a**) angreift, an diesem nach Gl. (2.75) die Verschiebung $y = (l^3/48\,EI)\,F$ hervor. Verursacht die gleiche Kraft an der Schraubenfeder in **Bild 7.4b** die gleiche Verschiebung y, so ist die Schraubenfeder dem Balken in der Federungseigenschaft gleichwertig.

Bild 7.4:
Balken und Ersatzfeder

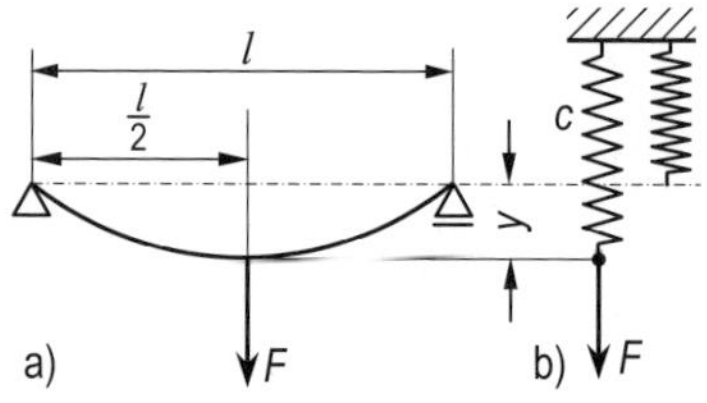

Tabelle 7.1

Nr.	Behandelt auf Seite	System		Linearisierte Bewegungsgleichung	ω_0^2
1	74	Einfaches Feder-Masse-System	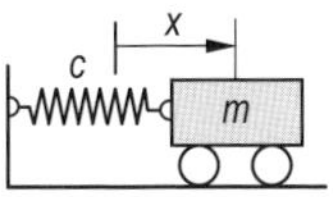	$\ddot{x}+\frac{c}{m}x=0$	c/m
2	78	Feder-Masse-System im Schwerefeld	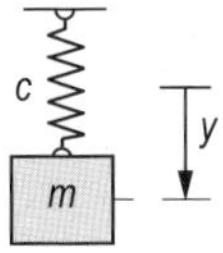	$\ddot{y}+\frac{c}{m}y=0$	c/m
3	79	Mathematisches Pendel	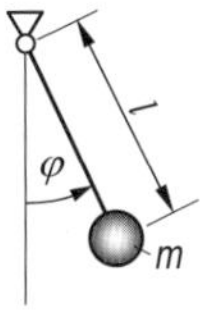	$\ddot{\varphi}+\frac{g}{l}\varphi=0$	g/l
4	184	Physikalisches Pendel	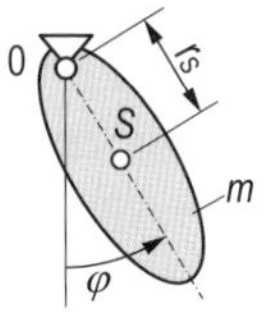	$\ddot{\varphi}+\frac{m\,g\,r_S}{J_0}\varphi=0$	$\frac{m\,g\,r_S}{J_0}=\frac{g}{l_{red}}$
5	188	Drehtisch	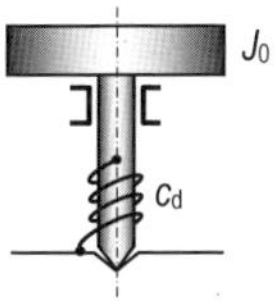	$\ddot{\varphi}+\frac{c_d}{J_0}\varphi=0$	$\frac{c_d}{J_0}$
6	213	Gewicht an einem über eine Rolle gespannten Seil	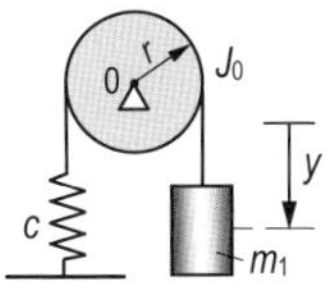	$\ddot{y}+\frac{1}{1+\frac{J_0}{m_1\,r^2}}\cdot\frac{c}{m_1}y=0$	$\frac{1}{1+\frac{J_0}{m_1 r^2}}\cdot\frac{c}{m_1}$
7	214	Metronom	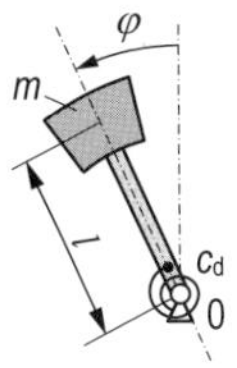	$\ddot{\varphi}+\frac{c_d-m\,g\,l}{J_0}\varphi=0$	$\frac{c_d-m\,g\,l}{J_0}$

Fortsetzung von **Tabelle 7.1**

Nr.	Behandelt auf Seite	System		Linearisierte Bewegungsgleichung	ω_0^2
8	237	Walze an einer Feder	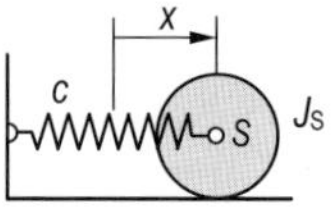	$\ddot{x}+\frac{1}{1+\frac{J_S}{m\,r^2}}\cdot\frac{c}{m}x=0$	$\frac{1}{1+\frac{J_S}{m\,r^2}}\cdot\frac{c}{m}$
9	238	Walze auf einer Kreisbahn	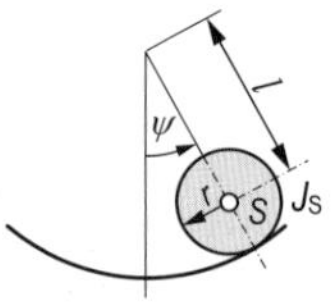	$\ddot{\psi}+\frac{1}{1+\frac{J_S}{m\,r^2}}\cdot\frac{g}{l}\psi=0$	$\frac{1}{1+\frac{J_S}{m\,r^2}}\cdot\frac{g}{l}$
10	245	Halbkreisscheibe auf einer Ebene	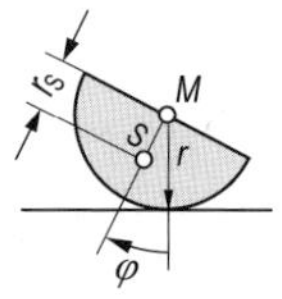	$\ddot{\varphi}+\frac{m\,g\,r_S}{J_S+m\,(r-r_S)^2}\varphi=0$	$\frac{m\,g\,r_S}{J_S+m\,(r-r_S)^2}$

Vielfach ist ein Körper durch mehrere Federn abgestützt, deren Wirkung durch eine einzige Schraubenfeder ersetzt werden kann. Dabei lassen sich folgende Federschaltungen unterscheiden:

Parallelschaltung Die Federn in **Bild 7.5a** sind parallel geschaltet. Bei einer Parallelverschiebung der Platte P erfahren beide Federn die gleiche Verlängerung y. Aus der Gleichgewichtsbedingung an der freigemachten Platte erhält man $F = F_1 + F_2$.

Die resultierende Federkraft F ist also gleich der Summe der einzelnen Federkräfte. Setzt man nach Gl. (2.31)

$$F = c_g\,y \qquad F_1 = c_1\,y \qquad \text{und} \qquad F_2 = c_2\,y$$

wobei c_g die *Ersatzfederkonstante* ist, so folgt

$$\boldsymbol{c_g = c_1 + c_2} \tag{7.19}$$

Bei der Parallelschaltung ist die resultierende Federkraft gleich der Summe der einzelnen Federkräfte, und die Ersatzfederkonstante c_g ist die Summe der Teilfederkonstanten.

Reihenschaltung Die Federn in **Bild 7.5c** sind in Reihe geschaltet. In beiden Federn wirkt die gleiche Längskraft F. Die Verschiebung der Kraftangriffsstelle ist hier die Summe der Verlängerungen der beiden Federn

$$y = y_1 + y_2$$

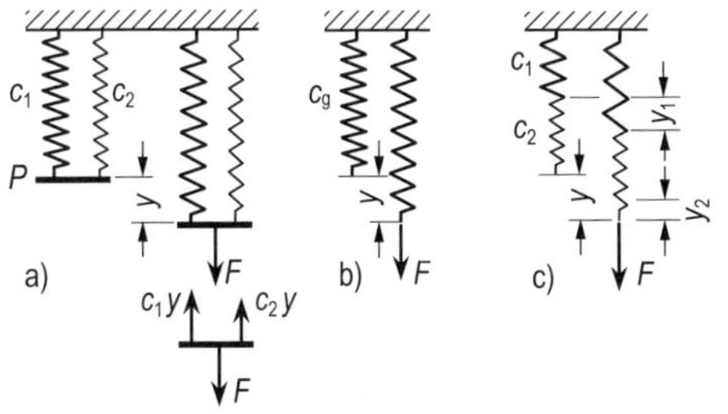

Bild 7.5: Federschaltungen
a) Parallelschaltung
b) Ersatzfeder
c) Reihenschaltung

und mit $y = F/c_g$, $y_1 = F/c_1$ und $y_2 = F/c_2$ erhält man

$$\frac{1}{c_g} = \frac{1}{c_1} + \frac{1}{c_2} \quad \text{oder} \quad c_g = \frac{c_1\, c_2}{c_1 + c_2} \tag{7.20}$$

Bei der Reihenschaltung addieren sich die Federwege der Teilfedern, und der Kehrwert der Ersatzfederkonstante c_g ist die Summe der Kehrwerte der einzelnen Federkonstanten.

Gemischte Schaltungen Hier lässt sich im Allgemeinen für je zwei parallel oder in Reihe geschaltete Federn eine Ersatzfeder angeben. Die Ersatzfedern fasst man weiter zusammen, bis nur noch eine Feder übrig bleibt.

Beispiel 7.1: Eine Maschine mit der Masse m = 2000 kg ruht nach **Bild 7.6a** auf zwei parallelen Trägern I 240 (DIN 1025, Elastizitätsmodul E = 210 kN/mm^2) und ist gegen diese durch 4 gleiche Schraubenfedern mit den Federkonstanten c_S symmetrisch abgestützt. Wie groß muss die Federkonstante c_S einer Feder sein, wenn die Frequenz der vertikalen Eigenschwingungen den Wert n = 2 Hz haben soll? Die Masse der Träger wird gegenüber der Masse der Maschine vernachlässigt.
Wird die Maschine vertikal verschoben, so erfahren alle 4 Schraubenfedern die gleiche Auslenkung, sie sind parallel geschaltet, ihre Ersatzfederkonstante ist $c_1 = 4\, c_S$. Die beiden Träger sind ebenfalls parallel geschaltet. Bezeichnet man die Federkonstante eines Trägers mit c_T, so ist ihre Ersatzfederkonstante $c_2 = 2\, c_T$. Die Träger und die Schraubenfedern sind ihrerseits in Reihe geschaltet (in ihnen wirkt die gleiche Kraft), damit ergibt sich für das ganze System das Ersatzschaltbild in **Bild 7.6b**. Die Ersatzfederkonstante c_g des ganzen Systems erhält man aus Gl. (7.20) zu

$$\frac{1}{c_g} = \frac{1}{4\, c_S} + \frac{1}{2\, c_T}$$

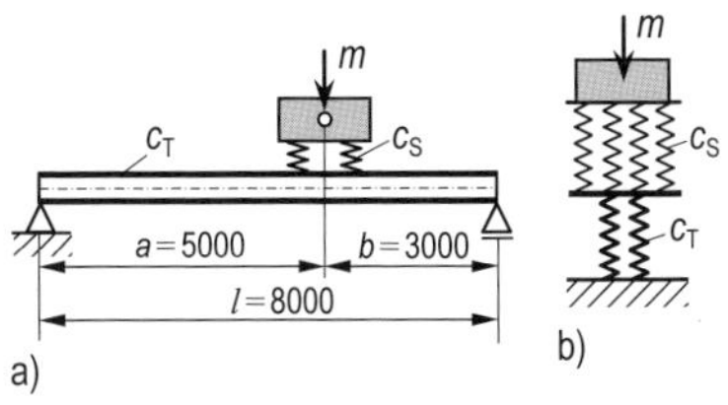

Bild 7.6:
Federnd abgestützte Maschine

Wird ein Träger durch eine Kraft F belastet, so biegt er sich um den Betrag

$$y = \left(\frac{a^2 b^2}{3EIl}\right) F = \frac{1}{c_T} F \tag{7.21}$$

durch (s. Band *Festigkeitslehre*, Abschn. 5.2). Dabei ist $a = 500$ cm, $b = 300$ cm, $l = 800$ cm (**Bild 7.6a**). Das Flächenmoment $I = 4250\ \text{cm}^4$ entnimmt man einer Profiltafel. Daraus erhält man die Federkonstante

$$c_T = \frac{F}{y} = \frac{3\,EI\,l}{a^2 b^2} = \frac{3 \cdot 21 \cdot 10^6\,\text{N/cm}^2 \cdot 4250\,\text{cm}^4 \cdot 800\,\text{cm}}{(500\,\text{cm})^2 \cdot (300\,\text{cm})^2} = 9{,}52\ \text{kN/cm}$$

Das Quadrat der Kreisfrequenz des Ersatzsystems ist nach **Tabelle 7.1**, Fall 2, $\omega_0^2 = c_g/m$, daraus folgt mit Gl. (7.3)

$$c_g = \omega_0^2\, m = (2\,\pi\, n)^2\, m = 4\,\pi^2 \cdot 4\,\text{s}^{-2} \cdot 2000\,\text{kg} = 316\,\text{kN/m} = 3{,}16 \cdot 10^3\,\text{N/cm}$$

Schließlich gewinnt man die gesuchte Federkonstante einer Schraubenfeder aus

$$\frac{1}{4\,c_S} = \frac{1}{c_g} - \frac{1}{2\,c_T} = \left(\frac{1}{3{,}16 \cdot 10^3} - \frac{1}{2 \cdot 9{,}52 \cdot 10^3}\right)\frac{\text{cm}}{\text{N}} \qquad c_S = 946\ \text{N/cm}$$

7.3 Freie Schwingungen mit geschwindigkeitsproportionaler Dämpfung

Die Erfahrung zeigt, dass die freien Schwingungen eines mechanischen Systems mit der Zeit abklingen, weil auf das System hemmende Kräfte – *Bewegungswiderstände* – einwirken, durch deren Arbeit dem schwingenden System Energie entzogen wird. Bei gleitender Reibung ist die Widerstandskraft durch das *Coulomb*sche Gesetz $F_W = F_r = \mu F_n$ gegeben (s. Band *Statik*, Abschn. 10.3). Bei Bewegung in einem Medium ist sie der Geschwindigkeit bzw. dem Quadrat der Geschwindigkeit proportional (s. Abschn. 2.3.1). Wir beschränken uns auf den Fall einer geschwindigkeitsproportionalen Widerstandskraft, der sog. *Dämpfungskraft*

$$\boldsymbol{F_W = k\, v} \qquad k = \text{Dämpfungskonstante} \qquad (7.22)$$

Dieser Fall lässt sich mathematisch am einfachsten darstellen und wird deshalb in der Praxis häufig angewandt. Mit seiner Hilfe können auch Systeme mit nicht streng geschwindigkeitsproportionaler Dämpfung näherungsweise erfasst werden.

In **Bild 7.7c** ist ein Feder-Masse-System dargestellt. Durch einen Dämpfungskolben wird symbolisch angedeutet, dass auf den bewegten Körper mit der Masse m die Dämpfungskraft F_W wirkt. Die Lage des schwingenden Körpers legen wir durch die Koordinate y fest, die von seiner statischen Ruhelage aus gezählt wird (**Bild 7.7b**). In **Bild 7.7d** ist der Körper für einen Zeitpunkt freigemacht, für den er eine Lage $y > 0$ einnimmt. Die Gewichtskraft F_G ist dem Betrage nach gleich der statischen Vorspannkraft $c\, f_{st}$ der Feder. Daher heben sich diese beiden Kräfte beim Ansatz der Bewegungsgleichung heraus. Die Federkraft $c\, y$ ist der Auslenkung y, die Dämpfungskraft $F_W = k\,\dot{y}$ der Geschwindigkeit $\dot{y}$ und die *d'Alembert*sche Trägheitskraft $m\,\ddot{y}$ der Beschleunigung $\ddot{y}$ entgegengesetzt gerichtet. Das Gleichgewicht der Kräfte am Körper verlangt

$$m\,\ddot{y} + k\,\dot{y} + c\,y = 0$$

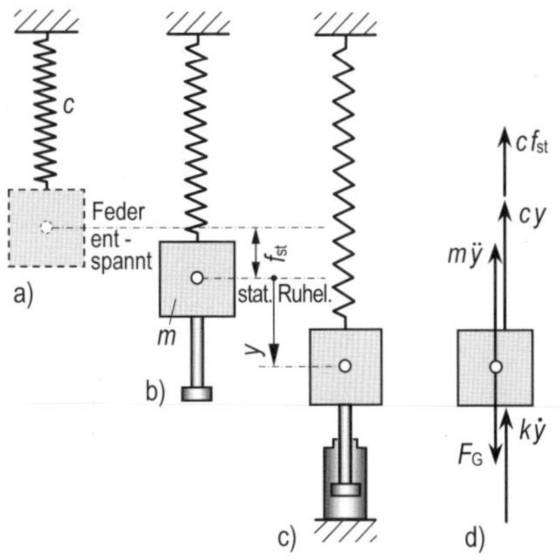

Bild 7.7: Feder-Masse-System mit Dämpfungskolben
a) Feder entspannt
b) statische Ruhelage
c) ausgelenkte Lage
d) Kräfte am freigemachten Massenpunkt

Teilt man diese Gleichung durch die Masse m und setzt [1])

$$\frac{c}{m} = \omega_0^2 \qquad \frac{k}{m} = 2\,\delta \tag{7.23}$$

so folgt

$$\ddot{y} + 2\,\delta\,\dot{y} + \omega_0^2\,y = 0 \tag{7.24}$$

Dabei ist ω_0 nach Gl. (2.33) die Kreisfrequenz der ungedämpften Schwingung, die sog. *Kennkreisfrequenz*. Die Größe δ wird als *Abklingkonstante* bezeichnet. Sie hat die Dimension einer Frequenz und wird meistens in der Einheit s^{-1} angegeben.

Lösungen der homogenen linearen Differenzialgleichung 2. Ordnung Gl. (7.24) können nur solche Funktionen $y(t)$ sein, die ihrer 1. und 2. Ableitung proportional sind. Diese Bedingung erfüllt die Exponentialfunktion. Mit dem Ansatz für die Lösungsfunktion $y = e^{pt}$ und den Ableitungen $\dot{y} = p\,e^{pt}$ und $\ddot{y} = p^2 e^{pt}$ folgt aus Gl. (7.24)

$$(p^2 + 2\,\delta\,p + \omega_0^2)\,e^{pt} = 0 \tag{7.25}$$

Da e^{pt} für alle Werte von t von Null verschieden ist, muss der Klammerausdruck verschwinden. Die Gleichung

$$p^2 + 2\,\delta p + \omega_0^2 = 0 \tag{7.26}$$

wird als *charakteristische Gleichung* bezeichnet. Sie hat die Lösungen

$$p_1 = -\delta + \sqrt{\delta^2 - \omega_0^2} \qquad p_2 = -\delta - \sqrt{\delta^2 - \omega_0^2} \tag{7.27}$$

Somit sind $e^{p_1 t}$ und $e^{p_2 t}$ und auch die Linearkombination

---

[1]) Diese Bezeichnungen haben sich wegen der Bedeutung der benannten Größen als zweckmäßig erwiesen. Das kann man aber erst einsehen, wenn man die Lösung kennt.

$$y = C_1\,e^{p_1 t} + C_2\,e^{p_2 t} \qquad (7.28)$$

Lösungen der Differenzialgleichung (7.24), wobei C_1 und C_2 willkürliche Integrationskonstanten sind. In der Mathematik wird bewiesen, dass Gl. (7.28) die *allgemeine Lösung* ist, d. h., in ihr sind alle möglichen Lösungen für verschiedene Werte der Integrationskonstanten enthalten.

Für die weitere Diskussion hat man 3 Fälle zu unterscheiden, je nachdem, ob die Wurzel $\sqrt{\delta^2 - \omega_0^2}$ in Gl. (7.27) reell, imaginär oder Null ist. Führt man den Begriff

Dämpfungsgrad $$\vartheta = \frac{\delta}{\omega_0} \qquad (7.29)$$

ein, so können diese drei Fälle mit Hilfe des Dämpfungsgrades übersichtlich charakterisiert werden.

7.3.1 Aperiodische Bewegung

Wir betrachten zuerst den Fall, dass die Wurzel in Gl. (7.27) reell ist. Dann ist $\delta > \omega_0$ und $\vartheta > 1$. Setzt man

$$\delta^2 - \omega_0^2 = \omega_0^2\,[(\delta/\omega_0)^2 - 1] = \omega_0^2(\vartheta^2 - 1) = \lambda^2 \qquad (7.30)$$

so lauten die Lösungen der charakteristischen Gleichung (7.27)

$$p_1 = -\,\delta + \lambda \quad \text{und} \quad p_2 = -\,\delta - \lambda \qquad (7.31)$$

Wegen Gl. (7.30) ist $\lambda < \delta$. Daher sind p_1 und p_2 negativ, und die beiden Exponentialfunktionen in der allgemeinen Lösung Gl. (7.28) streben mit wachsender Zeit gegen Null und damit auch die Auslenkung y (**Bild 7.8**). Ein Schwingungsvorgang tritt nicht ein, man spricht deshalb von einem *aperiodischen Vorgang* oder einem *Kriechvorgang*. Mit den eingeführten Bezeichnungen erhält man die Auslenkung y des Körpers als Funktion der Zeit

$$y = C_1\,e^{-(\delta-\lambda)\,t} + C_2\,e^{-(\delta+\lambda)\,t} \qquad (7.32)$$

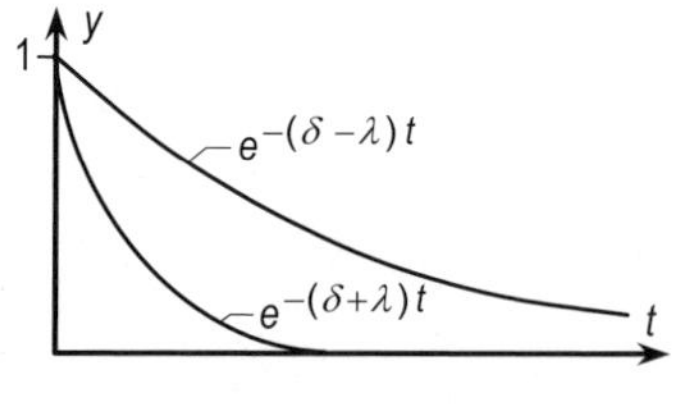

Bild 7.8:
Exponentialfunktionen zu Gl. (7.32)

Daraus ergibt sich durch Differenziation seine Geschwindigkeit

$$\dot{y} = -\,(\delta - \lambda)\,C_1\,e^{-(\delta-\lambda)t} - (\delta + \lambda)\,C_2\,e^{-(\delta+\lambda)t} \qquad (7.33)$$

Die Integrationskonstanten werden durch Anfangsbedingungen festgelegt. Wird der Körper z. B. aus der statischen Ruhelage um y_0 ausgelenkt und dann ohne Anstoß losgelassen, so lauten die Anfangsbedingungen

$$\text{zur Zeit } t=0 \text{ ist} \qquad y(0)=y_0 \qquad \dot{y}(0)=0 \tag{7.34}$$

Damit erhält man aus Gl. (7.32) und (7.33) die Bestimmungsgleichungen für die Integrationskonstanten

$$y_0 = C_1 + C_2 \qquad \text{und} \qquad 0 = -(\delta-\lambda)\,C_1 - (\delta+\lambda)\,C_2$$

Ihre Lösung ergibt

$$C_1 = \frac{\delta+\lambda}{2\,\lambda}\,y_0 \qquad C_2 = \frac{\delta-\lambda}{2\,\lambda}\,y_0$$

Mit diesen Werten gewinnt man aus Gl. (7.32)

$$y = y_0\left[\frac{\delta+\lambda}{2\,\lambda}\,\mathrm{e}^{-(\delta-\lambda)\,t} - \frac{\delta-\lambda}{2\,\lambda}\,\mathrm{e}^{-(\delta+\lambda)\,t}\right] \tag{7.35}$$

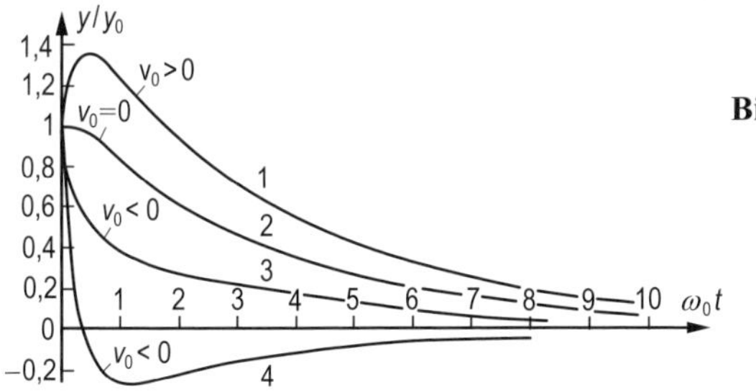

Bild 7.9: Aperiodische Bewegungen bei verschiedenen Anfangsbedingungen, Dämpfungsgrad $\vartheta = 2$

In **Bild 7.9** (Kurve 2) ist diese Funktion für den Dämpfungsgrad $\vartheta = 2$ in einheitenloser Form dargestellt. Man erkennt, dass der Körper, ohne zu schwingen, in die statische Ruhelage zurückkriecht.

Für $\vartheta = 2$ folgt aus Gl. (7.30) $\lambda = \omega_0\sqrt{3}$ und aus Gl. (7.29) $\delta = 2\,\omega_0$. Damit wird

$$\frac{\delta+\lambda}{2\,\lambda} = \frac{2+\sqrt{3}}{2\sqrt{3}} = 1{,}077 \qquad \text{und} \qquad \frac{\delta-\lambda}{2\,\lambda} = \frac{2-\sqrt{3}}{2\sqrt{3}} = 0{,}077$$

und aus Gl. (7.35) erhält man

$$\frac{y}{y_0} = 1{,}077\,\mathrm{e}^{-(2-\sqrt{3})\,\omega_0 t} - 0{,}077\,\mathrm{e}^{-(2+\sqrt{3})\,\omega_0 t} = 1{,}077\,\mathrm{e}^{-0{,}268\,\omega_0 t} - 0{,}077\,\mathrm{e}^{-3{,}732\,\omega_0 t}$$

Bereits für $\omega_0\,t = 1$ ist das zweite Glied dieser Gleichung gegenüber dem ersten vernachlässigbar klein, so dass für $\omega_0\,t > 1$ mit ausreichender Genauigkeit gilt

$$\frac{y}{y_0} = 1{,}077\,\mathrm{e}^{-(2-\sqrt{3})\,\omega_0\,t}$$

Wird dem Körper in der ausgelenkten Lage ($y = y_0$) durch einen Stoß die Anfangsgeschwindigkeit v_0 erteilt (Anfangsbedingungen: Zur Zeit $t = 0$ ist $y = y_0$ und $\dot{y} = v_0$), so geben die Kurven 1, 3 und 4 (**Bild 7.9**) den zeitlichen Verlauf seiner Bewegung an. Die Kurve 1 gilt, wenn der Körper in der ausgelenkten Lage von der Ruhelage weg ($v_0 > 0$), die Kurven 3 und 4, wenn er auf die Ruhelage hin gestoßen wird ($v_0 < 0$). Bei starkem Anstoß auf die Ruhelage hin (Kurve 4) kann der Körper einmal (aber auch nur einmal) über die Ruhelage „hinausschwingen".

7.3.2 Freie gedämpfte Schwingung

Ist $\delta < \omega_0$ und damit der Dämpfungsgrad $\vartheta < 1$, so wird die Wurzel in Gl. (7.27) imaginär. Mit

$$\omega_d^2 = \omega_0^2 - \delta^2 = \omega_0^2 (1 - \delta^2 / \omega_0^2) = \omega_0^2 (1 - \vartheta^2) \tag{7.36}$$

und $p_1 = -\delta + j\,\omega_d \qquad p_2 = -\delta - j\,\omega_d$ (7.37)

lautet die allgemeine Lösung von Gl. (7.24)

$$y = C_1\, e^{(-\delta + j\omega_d)t} + C_2\, e^{(-\delta - j\omega_d)t} = e^{-\delta t}(C_1\, e^{j\omega_d t} + C_2\, e^{-j\omega_d t})$$

die mit Hilfe der *Euler*schen Formel (7.16) umgeformt werden kann

$$\begin{aligned} y &= e^{-\delta t}[C_1(\cos\omega_d t + j\sin\omega_d t) + C_2(\cos\omega_d t - j\sin\omega_d t)] \\ &= e^{-\delta t}[(C_1 + C_2)\cos\omega_d t + j\,(C_1 - C_2)\sin\omega_d t] \end{aligned}$$

Führt man

$$C_1 + C_2 = A \qquad j\,(C_1 - C_2) = B$$

als neue Integrationskonstanten ein, so lässt sich die allgemeine Lösung der Differenzialgleichung (7.24) auch in reeller Form schreiben

$$\boldsymbol{y = e^{-\delta t}(A\cos\omega_d t + B\sin\omega_d t)} \tag{7.38}$$

Der Klammerausdruck in Gl. (7.38) stellt nach Gl. (7.10) eine Schwingung mit der Kreisfrequenz ω_d dar, ω_d wird als *Eigenkreisfrequenz* der gedämpften Schwingung bezeichnet. Der Faktor $e^{-\delta t}$ bewirkt, dass die Ausschläge mit wachsender Zeit t gegen Null gehen. Aus Gl. (7.36) folgt

$$(\omega_d / \omega_0)^2 + \vartheta^2 = 1 \tag{7.39}$$

Dies ist die Gleichung eines Kreises im ϑ, (ω_d / ω_0)-Koordinatensystem. Aus **Bild 7.10** bzw. aus Gl. (7.36) erkennt man, dass für kleine Werte des Dämpfungsgrades $\omega_d \approx \omega_0$ ist; für $\vartheta = 0{,}5$ ist z. B. $\omega_d = 0{,}866\ \omega_0$.

Bild 7.10: Änderung der Eigenkreisfrequenz ω_d mit dem Dämpfungsgrad ϑ

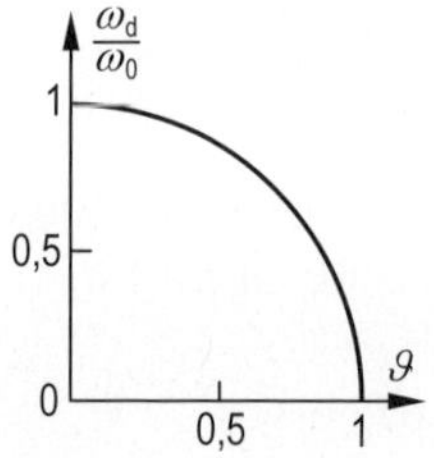

Die Integrationskonstanten in Gl. (7.38) werden aus den Anfangsbedingungen bestimmt. Wird der Körper aus seiner statischen Ruhelage um y_0 ausgelenkt und zur Zeit $t = 0$ losgelassen, so gelten die Anfangsbedingungen von Gl. (7.34). Die Geschwindigkeit $\dot{y}$ erhält man durch Differenzieren aus Gl. (7.38)

$$\dot{y} = -\,\mathrm{e}^{-\delta t}[(A\delta - B\omega_\mathrm{d})\cos\omega_\mathrm{d} t + (B\delta + A\omega_\mathrm{d})\sin\omega_\mathrm{d} t] \tag{7.40}$$

Setzt man die Anfangsbedingungen Gl. (7.34) in Gl. (7.38) und (7.40) ein, so erhält man zwei Bestimmungsgleichungen für die Integrationskonstanten, aus denen folgt

$$A = y_0 \qquad B = \frac{\delta}{\omega_\mathrm{d}} A = \frac{\delta}{\omega_\mathrm{d}} y_0$$

Mit diesen Integrationskonstanten lautet Gl. (7.38)

$$\boldsymbol{y = y_0\,\mathrm{e}^{-\delta t}\left(\cos\omega_\mathrm{d} t + \frac{\delta}{\omega_\mathrm{d}}\sin\omega_\mathrm{d} t\right)} \tag{7.41}$$

Für die Geschwindigkeit $\dot{y}$ erhält man aus Gl. (7.40)

$$\dot{y} = -y_0\,\mathrm{e}^{-\delta t}\left[\left(\delta - \frac{\delta\,\omega_\mathrm{d}}{\omega_\mathrm{d}}\right)\cos\omega_\mathrm{d} t + \left(\frac{\delta^2}{\omega_\mathrm{d}} + \omega_\mathrm{d}\right)\sin\omega_\mathrm{d} t\right]$$

$$= -y_0\,\mathrm{e}^{-\delta t}\left(\frac{\delta^2 + \omega_\mathrm{d}^2}{\omega_\mathrm{d}}\right)\sin\omega_\mathrm{d} t$$

oder, wenn man die Summe $\delta^2 + \omega_\mathrm{d}^2$ nach Gl. (7.36) durch ω_0^2 ersetzt,

$$\dot{y} = -y_0\frac{\omega_0^2}{\omega_\mathrm{d}}\mathrm{e}^{-\delta t}\sin\omega_\mathrm{d} t \tag{7.42}$$

Zur Diskussion der Lösungsfunktion $y(t)$ ist es zweckmäßig, die Summe der beiden Winkelfunktionen in Gl. (7.41) in eine phasenverschobene Sinusfunktion umzuformen. Mit den Überlegungen in Abschn. 7.1 kann man schreiben

$$y_0\cos\omega_\mathrm{d} t + y_0\frac{\delta}{\omega_\mathrm{d}}\sin\omega_\mathrm{d} t = A\cos\omega_\mathrm{d} t + B\sin\omega_\mathrm{d} t = y_\mathrm{m}\sin(\omega_\mathrm{d} t + \varphi)$$

wobei nach Gl. (7.11) unter Berücksichtigung von Gl. (7.36) gilt

$$\tan\varphi = \frac{A}{B} = \frac{\omega_\mathrm{d}}{\delta} \qquad y_\mathrm{m} = \sqrt{A^2 + B^2} = y_0\sqrt{1 + \frac{\delta^2}{\omega_\mathrm{d}^2}} = y_0\sqrt{\frac{\omega_\mathrm{d}^2 + \delta^2}{\omega_\mathrm{d}^2}} = y_0\frac{\omega_0}{\omega_\mathrm{d}}$$

Damit lässt sich Gl. (7.41) wie folgt schreiben

$$\boldsymbol{y = \frac{\omega_0}{\omega_\mathrm{d}}\,y_0\,\mathrm{e}^{-\delta t}\sin(\omega_\mathrm{d} t + \varphi)} \tag{7.43}$$

Die Lösungsfunktion ist das Produkt aus einer Sinusfunktion und einer Exponentialfunktion mit negativem Exponenten. In **Bild 7.11c** ist sie in einheitenloser Form dargestellt, indem das Ordinatenverhältnis y/y_0 über der Winkelgröße ($\omega_d\, t$) aufgetragen wurde. (Die oberen Zahlenwerte der Abszisse (**Bild 7.11c**) gelten für $\omega_0\, t$, s. S. 296). Die Exponentialfunktion ist stets von Null verschieden. Daher stimmen die Nullstellen der Lösungsfunktion mit denen der Sinusfunktion überein. Sie sind gegeben durch

$$\omega_d\, t_{0n} = n\,\pi - \varphi \qquad (n = 0, 1, 2, \dots) \tag{7.44}$$

da die Sinusfunktion verschwindet, wenn ihr Argument ein Vielfaches von π ist ($\omega_d\, t_{0n} + \varphi = n\,\pi$). Die Nullstelle für $n = 0$ liegt auf der negativen Abszissenachse, und ihr Abstand vom Koordinatenursprung ist durch den Nullphasenwinkel φ festgelegt. Da die Sinusfunktion nur Werte zwischen + 1 und – 1 annimmt, verläuft die Lösungskurve zwischen den gegen Null abfallenden Kurven

$$\eta = \frac{\omega_0}{\omega_d}\, y_0\, \mathrm{e}^{-\frac{\delta}{\omega_d}(\omega_d t)} \quad \text{und} \quad \eta = -\frac{\omega_0}{\omega_d}\, y_0\, \mathrm{e}^{-\frac{\delta}{\omega_d}(\omega_d t)} \tag{7.45}$$

Sie berührt diese, wenn die Sinusfunktion die Werte + 1 oder – 1 hat, d. h. für

$$\omega_d\, t_{Bn} + \varphi = \frac{2n+1}{2}\,\pi \qquad (n = 0, 1, 2, \dots)$$

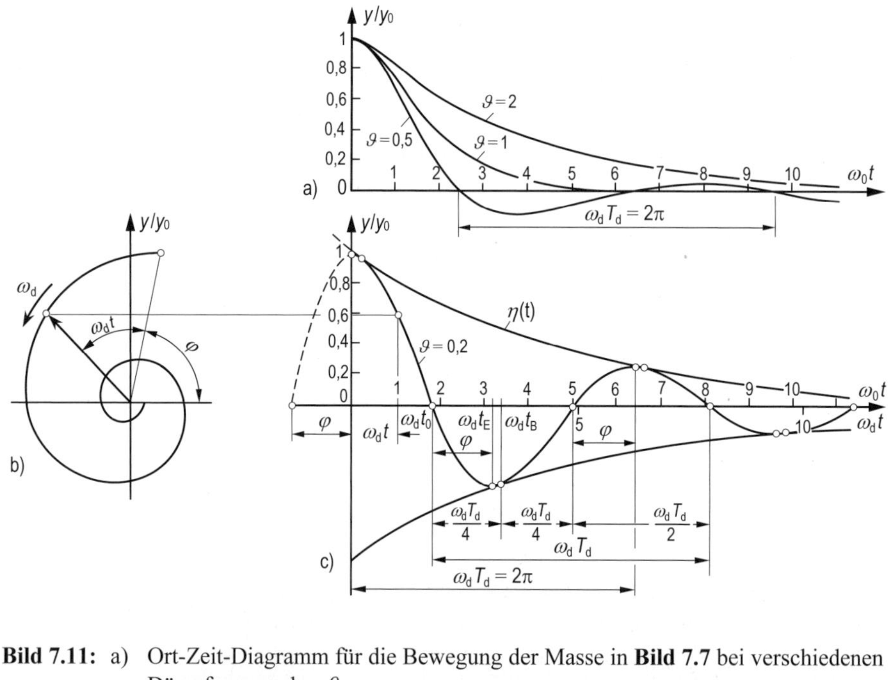

Bild 7.11: a) Ort-Zeit-Diagramm für die Bewegung der Masse in **Bild 7.7** bei verschiedenen Dämpfungsgraden ϑ
b) Zeigerdiagramm
c) Ort-Zeit-Diagramm einer gedämpften Schwingung für $\vartheta = 0{,}2$

Dann ist mit Gl. (7.44)

$$\omega_d\, t_{Bn} = \frac{2\,n+1}{2}\pi - \varphi = (n\,\pi - \varphi) + \frac{\pi}{2} = \omega_d\, t_{0n} + \frac{\pi}{2} \qquad (n = 0, 1, 2, \ldots) \qquad (7.46)$$

Die Abszissen der Berührungspunkte liegen also jeweils in der Mitte zwischen zwei aufeinanderfolgenden Nullstellen.

Die Lösungsfunktion hat Extremwerte, wenn ihre erste Ableitung verschwindet. Mit $\dot{y} = 0$ erhält man aus Gl. (7.42) die Extremwertstellen

$$\omega_d\, t_{En} = n\,\pi \qquad (n = 0, 1, 2, \ldots) \qquad (7.47)$$

Die zugehörigen Extremwerte berechnet man mit $\sin n\,\pi = 0$ und $t_{En} = \dfrac{n\,\pi}{\omega_d}$ aus Gl. (7.41)

$$y_{En} = y_0\, e^{-\frac{\delta\,\pi}{\omega_d} n} \cos n\,\pi \qquad (7.48)$$

Durch Vergleich von Gl. (7.44) mit Gl. (7.47) folgt, dass die Extremwertstellen gegenüber den Nullstellen jeweils um den Nullphasenwinkel φ in Richtung der positiven Abszissenachse verschoben sind (**Bild 7.11c**). Für $n = 0, 1, 2, \ldots$ nimmt $\cos \pi\, n$ abwechselnd die Werte + 1 und – 1 an, und die Lösungsfunktion hat abwechselnd Maxima und Minima.

Für den Quotienten zweier aufeinanderfolgender Maxima bzw. Minima ergibt sich mit Gl. (7.48)

$$\frac{y_{En}}{y_{E\,(n+2)}} = e^{\delta \frac{2\,\pi}{\omega_d}} = e^{\delta\, T_d} = \text{const} \qquad (7.49)$$

$$\text{wobei} \quad \boldsymbol{T_d = \frac{2\,\pi}{\omega_d}} \qquad (7.50)$$

die Schwingungsdauer der gedämpften Schwingung ist. Der Quotient in Gl. (7.49) ist also konstant. Seinen natürlichen Logarithmus bezeichnet man als *logarithmisches Dekrement*

$$\boldsymbol{\Lambda = \ln \frac{y_{En}}{y_{E(n+2)}} = \delta \frac{2\,\pi}{\omega_d} = \delta\, T_d} \qquad (7.51)$$

Betrachtet man z aufeinanderfolgende Maxima oder Minima, so folgt entsprechend

$$\Lambda = \frac{1}{z} \ln \frac{y_{En}}{y_{E\,(n+2\,z)}} = \delta\, T_d \qquad (7.52)$$

Neben dem Dämpfungsgrad ϑ und der Abklingkonstante δ verwendet man das logarithmische Dekrement Λ als Maß für die Dämpfung. Es kann durch Messen der Maximal- bzw. Minimalausschläge aus Gl. (7.51) berechnet werden. Teilt man das logarithmische Dekrement durch die Schwingungsdauer T_d, die ebenfalls experimentell bestimmt werden kann, so gewinnt man die Abklingkonstante δ. Nach Gl. (7.49) erhält man den nächstfolgenden Maximalausschlag aus dem vorhergehenden durch Multiplikation mit dem konstanten Faktor $e^{-\delta T_d}$. Die aufeinanderfolgenden Maximalausschläge (und ebenso die Minimalausschläge) bilden demnach eine geometrische Folge.

Die gedämpfte Schwingung in **Bild 7.11c** ist für $\vartheta = 0{,}2$ in einheitenloser Form über $\omega_d\, t$ und $\omega_0\, t$ aufgetragen. Mit $\vartheta = 0{,}2$ erhält man aus Gl. (7.36) und Gl. (7.29)

$$\frac{\omega_0}{\omega_d} = \frac{1}{\sqrt{1-\vartheta^2}} = \frac{1}{\sqrt{0{,}96}} = \frac{1}{0{,}98} = 1{,}02 \qquad \text{und} \qquad \frac{\delta}{\omega_d} = \frac{\vartheta}{\sqrt{1-\vartheta^2}} = \frac{0{,}2}{\sqrt{0{,}96}} = 0{,}204$$

Die Eigenkreisfrequenz ω_d liegt also nur um 2 % unterhalb der Kennkreisfrequenz ω_0. Mit vorstehenden Werten wird aus Gl. (7.41) bzw. Gl. (7.43)

$$\frac{y}{y_0} = \mathrm{e}^{-0{,}204\,\omega_d t}(\cos \omega_d t + 0{,}204 \sin \omega_d t) = 1{,}02\ \mathrm{e}^{-0{,}204\,\omega_d t} \sin(\omega_d t + \varphi)$$

mit $\quad \tan\varphi = \dfrac{\omega_d}{\delta} = 4{,}90, \quad$ d. h. $\quad \varphi = 78{,}47° = 1{,}370.$

Zum Vergleich mit anderen Dämpfungsgraden ϑ sind die Ort-Zeit-Kurven in **Bild 7.11a** und **c** für gleiche Kennkreisfrequenz $\omega_0 = \sqrt{c/m}$ gezeichnet. Der obere Maßstab gilt für $\omega_0\, t$, der untere für $\omega_d\, t$, wobei $\omega_d = 0{,}98\ \omega_0$ ist. Nach Gl. (7.50) ist die einheitenlose Schwingungsdauer

$$\omega_d T_d = 2\,\pi \qquad \text{oder} \qquad \omega_0 T_d = 2\,\pi/0{,}98 = 6{,}41$$

Aus Gl. (7.44) erhält man mit $n = 1$ die erste Nullstelle

$$\omega_d t_{01} = \pi - \varphi = 3{,}142 - 1{,}370 = 1{,}722 \qquad \text{oder} \qquad \omega_0 t_{01} = 1{,}808$$

Die nächstfolgenden Nullstellen sind jeweils um die halbe Schwingungsdauer verschoben. Die Kurve beginnt mit einem Maximum ($y_{E0} = y_0$, s. Anfangsbedingungen in Gl. (7.34)), das nächste Maximum folgt nach einer Schwingungsdauer. Der zugehörige Extremwert beträgt mit $\delta T_d = (\delta/\omega_0)(\omega_0 T_d) = \vartheta(\omega_0 T_d) = 0{,}2 \cdot 6{,}41 = 1{,}282$ nach Gl. (7.49)

$$y_{E2}/y_0 = \mathrm{e}^{-\delta T_d} = \mathrm{e}^{-1{,}282} = 0{,}277$$

Das dazwischenliegende Minimum hat den Wert

$$y_{E1}/y_0 = \mathrm{e}^{-\delta T_d/2} = -\sqrt{0{,}277} = -\,0{,}527$$

Jeden nächstfolgenden Extremwert erhält man aus dem vorhergehenden durch Multiplikation mit dem Faktor 0,527.

Durch den Ausdruck
$$y = \left(\frac{\omega_0}{\omega_d} \cdot y_0\ \mathrm{e}^{-\delta t}\right) \mathrm{e}^{\mathrm{j}(\omega_d t + \varphi)} \tag{7.53}$$

dessen Imaginärteil die Lösungsfunktion Gl. (7.43) ist, ist der Zeiger der gedämpften Schwingung gegeben. Seine Spitze beschreibt in der *Gauß*schen Zahlenebene eine logarithmische Spirale (**Bild 7.11b**). Der Zeiger läuft mit der konstanten Winkelgeschwindigkeit ω_d um. Der Klammerausdruck in Gl. (7.53) gibt seinen Betrag an, der mit wachsender Zeit wie $\mathrm{e}^{-\delta t}$ abnimmt. Die Projektion des Zeigers auf die imaginäre Achse gibt den Augenblickswert des Schwingungsausschlages an (**Bild 7.11c**).

Beispiel 7.2: Die Ort-Zeit-Kurve einer Schwingung wird gemessen. Die Schwingungsdauer beträgt $T_d = 2{,}2$ s, der Maximalausschlag $y_{E0} = 5$ cm und ein Maximalausschlag in gleicher Richtung nach $z = 5$ weiteren Schwingungen $y_{E\,(0+2\cdot 5)} = 2$ cm.

Wie groß sind a) das logarithmische Dekrement Λ, b) die Abklingkonstante δ, c) die Eigenkreisfrequenz der gedämpften Schwingung ω_d, d) die Kennkreisfrequenz der ungedämpften Schwingung ω_0 und e) der Dämpfungsgrad ϑ?

a) Man erhält aus Gl. (7.52) mit $z = 5$ das logarithmische Dekrement

$$\Lambda = \frac{1}{z} \ln \frac{y_{\mathrm{En}}}{y_{\mathrm{E\,(n+2z)}}} = \frac{1}{5} \ln \frac{5}{2} = 0{,}1833$$

b) aus Gl. (7.51) die Abklingkonstante

$$\delta = \frac{\Lambda}{T_d} = \frac{0{,}1833}{2{,}2\ \mathrm{s}} = 0{,}0833\ \mathrm{s}^{-1}$$

c) aus Gl. (7.50) die Eigenkreisfrequenz

$$\omega_d = \frac{2\,\pi}{T_d} = 2{,}86\ \mathrm{s}^{-1}$$

d) aus Gl. (7.36) die Kennkreisfrequenz der ungedämpften Schwingung

$$\omega_0^2 = \omega_d^2 + \delta^2 = (2{,}86^2 + 0{,}0833^2)\ \mathrm{s}^{-2} = 8{,}19\ \mathrm{s}^{-2} \qquad \omega_d \approx \omega_0 = 2{,}86\ \mathrm{s}^{-1}$$

e) aus Gl. (7.29) den Dämpfungsgrad

$$\vartheta = \frac{\delta}{\omega_0} = \frac{0{,}0833\ \mathrm{s}^{-1}}{2{,}86\ \mathrm{s}^{-1}} = 0{,}0291$$

In dem vorstehenden Beispiel wurde das logarithmische Dekrement aus nur zwei Messwerten bestimmt. Da Messungen stets mit Fehlern behaftet sind, ist es zweckmäßig, das logarithmische Dekrement und damit auch den Dämpfungsgrad als Mittelwert mehrerer Messwerte zu bestimmen. Dazu ist die im folgenden Beispiel beschriebene Methode geeignet.

Beispiel 7.3: Ein Körper führt freie gedämpfte Schwingungen aus. Für elf aufeinanderfolgende Maximalausschläge y_E in beiden Richtungen (d. h. $z = 5$ volle Schwingungen) sind die nachstehenden Werte gemessen (negative Ausschläge sind durch Minuszeichen gekennzeichnet):

$r = 2\,z$	0	1	2	3	4	5	6	7	8	9	10
y_{Er} /mm	12,0	− 10,0	7,6	− 6,2	5,3	− 4,2	3,5	− 2,7	2,1	− 1,8	1,4

Die Zeit zwischen der ersten und letzten Messung beträgt 3,0 s. Man bestimme a) das logarithmische Dekrement Λ und b) die Abklingkonstante δ.

a) Die Ausschläge einer geschwindigkeitsproportional gedämpften Schwingung bilden eine geometrische Folge.
Mit $n = 0$ und $z = r/2$ folgt aus Gl. (7.52)[1)]

$$\boldsymbol{|y_{Er}| = |y_{E0}|\, e^{-\frac{\Lambda}{2} r} \qquad (r = 0, 1, 2, 3, \ldots)} \qquad (7.54)$$

1) Da sich zwei aufeinanderfolgende Extremwerte im Vorzeichen unterscheiden, müssen hier Betragstriche gesetzt werden.

d. h. die Beträge der Ausschläge klingen nach dem Exponentialgesetz ab. In der Nomographie wird gezeigt, dass die Exponentialfunktion in einfach-logarithmischen Papier (dem Exponentialpapier) als Gerade dargestellt werden kann. Trägt man die Beträge der gemessenen Ausschläge im einfach-logarithmischen Papier auf (**Bild 7.12**), so liegen die Endpunkte der Ordinaten jedoch nicht genau auf einer Geraden. Dies ist durch Messfehler oder dadurch zu erklären, dass die Dämpfung nicht streng geschwindigkeitsproportional ist. Gleicht man die Messwerte durch eine Gerade aus (**Bild 7.12**), so lässt sich aus der Steigung ($\tan\alpha$) der Geraden unter Berücksichtigung der gewählten Maßstabsfaktoren (bzw. Einheitslängen) das logarithmische

Bild 7.12:
Amplituden einer geschwindigkeitsproportional gedämpften Schwingung in einfach-logarithmischem Papier

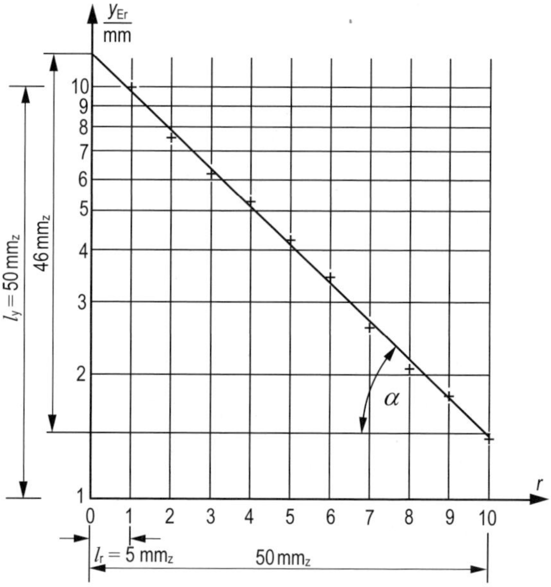

Dekrement bestimmen. Es gilt

$$\tan\alpha = -\frac{\Lambda}{2}\frac{l_y}{l_r}\lg e \tag{7.55}$$

$l_y = \dfrac{1}{m_y}$ Einheitslänge der logarithmischen Skala (sie ist auf dem handelsüblichen Logarithmenpapier angegeben, z. B. „Einheitslänge 100 mm_z“ oder „90 mm_z“ oder „62,5 mm_z“)

$l_r = \dfrac{1}{m_r}$ Einheitslänge für die Darstellung der Größe $r = \dfrac{t}{T/2}$

In **Bild 7.12** ist die Einheitslänge $l_y = 50\ mm_z$, für l_r wurde 5 mm_z gewählt. Für die Steigung der Ausgleichsgeraden liest man ab

$$\tan\alpha = -\frac{46\ mm_z}{50\ mm_z} = -0{,}92$$

Damit ergibt sich aus Gl. (7.55)

$$\Lambda = -2\frac{l_r}{l_y}\cdot\frac{\tan\alpha}{\lg e} = -2\frac{5\ mm_z}{50\ mm_z}\cdot\frac{-0{,}92}{0{,}4343} = 0{,}424$$

b) Mit der Schwingungsdauer T_d = 3,0 s/5 = 0,6 s erhält man nach Gl. (7.51)

$$\delta = \frac{\Lambda}{T_d} = \frac{0{,}424}{0{,}6\,\mathrm{s}} = 0{,}707\ \mathrm{s}^{-1}$$

Durch Auftragen im Logarithmenpapier lässt sich schnell prüfen, ob die Annahme einer geschwindigkeitsproportionalen Dämpfung berechtigt ist. Ferner erlaubt die vorstehende Methode, nicht streng geschwindigkeitsproportional gedämpfte Schwingungen näherungsweise durch geschwindigkeitsproportional gedämpfte zu beschreiben.

7.3.3 Aperiodischer Grenzfall

Ist $\delta = \omega_0$ und damit der Dämpfungsgrad $\vartheta = 1$, so hat die charakteristische Gleichung Gl. (7.26) zwei gleiche Wurzeln

$$p_1 = p_2 = -\delta$$

Nach der Theorie der linearen Differenzialgleichungen mit konstanten Koeffizienten lautet in diesem Fall die allgemeine Lösung der Differenzialgleichung (7.24)

$$y = C_1\,\mathrm{e}^{-\delta t} + C_2\,t\,\mathrm{e}^{-\delta t} = \mathrm{e}^{-\delta t}\,(C_1 + C_2\,t) \qquad (7.56)$$

d. h., neben $y_1 = C_1\,\mathrm{e}^{-\delta t}$ ist auch die Funktion $y_2 = C_2\,t\,\mathrm{e}^{-\delta t}$ eine Lösung der Differenzialgleichung. Man überzeugt sich davon, indem man diese Funktionen in Gl. (7.24) einsetzt. In **Bild 7.13** sind die Funktionen y_1 und y_2 und die durch ihre Überlagerung entstehende Lösungsfunktion Gl. (7.56) für positive Werte der Konstanten C_1 und C_2 dargestellt. Man sieht, dass die Lösungsfunktion den gleichen qualitativen Verlauf wie im Fall $\vartheta > 1$ zeigt.

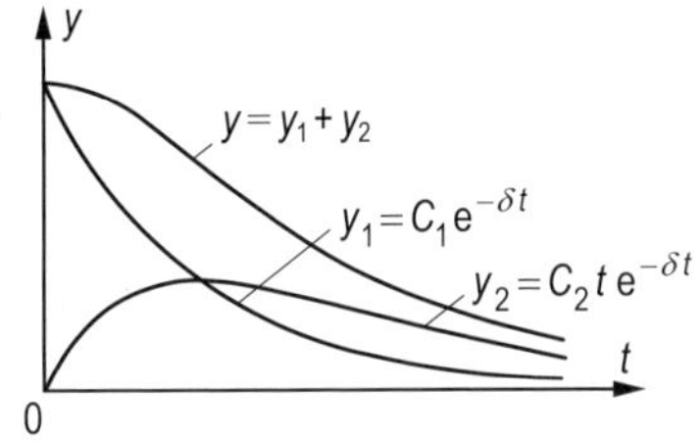

Bild 7.13: Lösungsfunktionen der Differenzialgleichung (7.24) für $\vartheta = 1$

Für die speziellen Anfangsbedingungen nach Gl. (7.34) (die Masse wird um y_0 ausgelenkt und dann losgelassen) erhält man mit

$$\dot{y} = -\delta\,\mathrm{e}^{-\delta t}\,(C_1 + C_2\,t) + C_2\,\mathrm{e}^{-\delta t}$$

die nachstehenden Bestimmungsgleichungen für die Integrationskonstanten C_1 und C_2

$$y_0 = C_1 \qquad 0 = -\delta C_1 + C_2$$

Aus ihnen folgt $C_1 = y_0$ und $C_2 = \delta y_0$. Damit gewinnt man aus Gl. (7.56) die spezielle Lösung

$$y = y_0\,\mathrm{e}^{-\delta t}\,(1 + \delta t) \qquad (7.57)$$

Sie ist in **Bild 7.11a** dargestellt (Kurve $\vartheta = 1$).

7.4 Erzwungene Schwingungen

Die Schwingungen eines sich selbst überlassenen schwingungsfähigen Systems hören infolge der Dämpfungskräfte nach einer gewissen Zeit auf. Durch periodisch auf das System wirkende Kräfte kann dieses jedoch zu dauernden Schwingungen angeregt werden. Man bezeichnet solche Schwingungen als *erzwungene Schwingungen*. Die Erregung des Systems zu dauernden Schwingungen kann auf verschiedene Weise erfolgen. In den folgenden beiden Abschnitten werden zwei technisch wichtige Fälle behandelt: Erregung über eine *Feder* und Erregung durch *Trägheitskräfte*. Dabei beschränken wir uns zunächst auf den Fall, dass sich die erregende Kraft harmonisch mit der Zeit ändert.

7.4.1 Erregung über eine Feder

Wir betrachten das Feder-Masse-System in **Bild 7.14c**. Das Federende A führt eine harmonische Zwangsbewegung aus, die durch die mit konstanter Winkelgeschwindigkeit ω angetriebene Kreuzschubkurbel erzeugt wird. Bezeichnet man die Verschiebung des Punktes A mit η, so ist die zeitliche Änderung dieser Verschiebung gegeben durch

$$\eta = r \sin \omega t \tag{7.58}$$

Diese Funktion bezeichnen wir als *Stör-* oder *Erregerfunktion*. Die Größe ω ist die *Stör-* oder *Erregerkreisfrequenz* und r die *Amplitude* der Störfunktion.

Bild 7.14: Feder-Masse-System mit Dämpfungskolben und Erregung über eine Feder

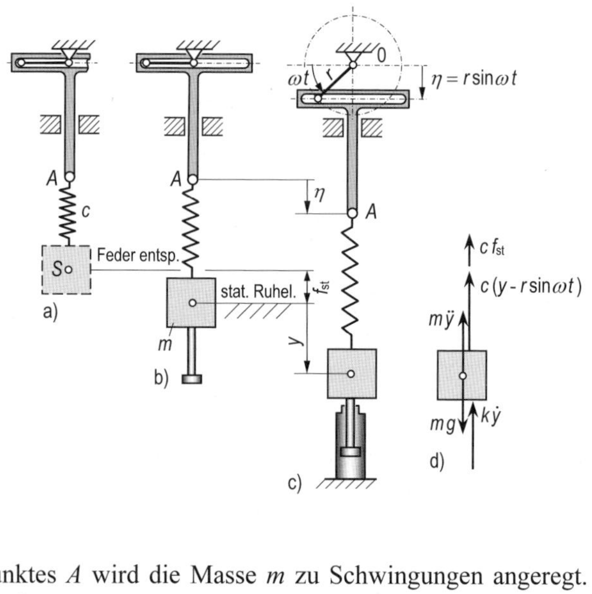

Durch die Bewegung des Federendpunktes A wird die Masse m zu Schwingungen angeregt. Wir stellen die Bewegungsgleichung auf.

In **Bild 7.14b** ist das System für die Kurbelstellung $\omega t = 0$ in der statischen Ruhelage gezeichnet, von der wir die Schwerpunktkoordinate y der Masse zählen. Die Feder ist um f_{st} vorgespannt. In **Bild 7.14c** ist die Masse um y ausgelenkt, gleichzeitig ist der Punkt A um η verschoben, damit ist die Feder um $(f_{st} + y - r \sin \omega t)$ verlängert. In **Bild 7.14d** sind die an der Masse angreifenden Kräfte angegeben. Die Gewichtskraft $m g$ wird in jedem Augenblick durch die Federvorspannkraft $c f_{st}$ kompensiert, hat also keinen Einfluss auf den Bewegungsablauf. Die Federkraft $c(y - r \sin\omega t)$ ist der Federauslenkung $(y - r \sin\omega t)$, die Dämpfungskraft $k\dot{y}$ der Geschwindigkeit $\dot{y}$ und die Trägheitskraft $m\ddot{y}$ der Beschleunigung $\ddot{y}$ proportional und entgegengerichtet. Aus dem Gleichgewicht der Kräfte an der Masse folgt

$$m\ddot{y} + k\dot{y} + c(y - r \sin \omega t) = 0$$

oder
$$\ddot{y} + \frac{k}{m}\dot{y} + \frac{c}{m}y = \frac{c}{m}r \sin \omega t \tag{7.59}$$

Mit den Abkürzungen in Gl. (7.23) erhält man die Bewegungsgleichung in der Form

$$\ddot{y} + 2\,\delta\,\dot{y} + \omega_0^2 y = \omega_0^2\, r \sin \omega t \tag{7.60}$$

Dies ist eine lineare inhomogene Differenzialgleichung 2. Ordnung. In der Theorie der linearen Differenzialgleichungen wird gezeigt, dass sich die allgemeine Lösung einer inhomogenen Differenzialgleichung aus der allgemeinen Lösung der zugehörigen homogenen Differenzialgleichung und einer partikulären Lösung der inhomogenen Gleichung additiv zusammensetzt: $y = y_h + y_p$. Die Lösung der zugehörigen homogenen Differenzialgleichung von Gl. (7.60) wurde in Abschn. 7.3 ausführlich diskutiert (s. Gl. (7.32), (7.38) und (7.56)). Da sie aufgrund des negativen Exponenten der Exponentialfunktion mit der Zeit abklingt, ist für die erzwungene Schwingung die partikuläre Lösung der inhomogenen Differenzialgleichung maßgebend, für die wir uns im Folgenden ausschließlich interessieren.

Eine Lösung der inhomogenen Differenzialgleichung (7.60) kann man aufgrund der physikalischen Zusammenhänge erraten. Es ist naheliegend zu vermuten, dass bei periodischer Erregung des Federendes A auch die Masse m erzwungene Schwingungen mit der Störkreisfrequenz ω ausführt. Dabei ist zu bedenken, dass die Amplitude y_m dieser Schwingungen und die Phase, die durch den Nullphasenwinkel φ angegeben werden kann, sich von denen der Störfunktion unterscheiden werden, da die Masse wegen ihrer Trägheit der Auslenkung des Federendes A nacheilt. Entsprechend diesen Überlegungen ist der Lösungsansatz

$$y = y_m \sin(\omega t - \varphi) \tag{7.61}$$

naheliegend. Man kommt bei der Bestimmung der Lösung rascher zum Ziel, wenn man statt der Differenzialgleichung (7.60) die Differenzialgleichung

$$\ddot{\overline{y}} + 2\,\delta\,\dot{\overline{y}} + \omega_0^2\,\overline{y} = \omega_0^2\, r\, e^{j\omega t} \tag{7.62}$$

betrachtet, d. h., statt der Störfunktion in Gl. (7.58) die komplexe Störfunktion (Zeiger)

$$\overline{\eta} = r\, e^{j\omega t} \tag{7.63}$$

einführt. Der Imaginärteil dieser Funktion ist die Störfunktion in Gl. (7.58), und der Imaginärteil der Lösung der Differenzialgleichung (7.62) ist eine Lösung der Differenzialgleichung (7.60)[1]. Zur Lösung der Differenzialgleichung (7.62) machen wir den Ansatz

$$\overline{y} = y_m\, e^{j(\omega t - \varphi)} \tag{7.64}$$

---

[1] S. Collatz, L.: Differentialgleichungen. 7. Aufl., Stuttgart 1990, S. 86 – Teubner Studienbücher, Leitfäden der angewandten Mathematik und Mechanik, Bd. 1.

Der Imaginärteil dieser Gleichung ist der Lösungsansatz Gl. (7.61).

Durch zweimaliges Differenzieren von Gl. (7.64) erhält man

$$\dot{\overline{y}} = \mathrm{j}\,\omega\, y_\mathrm{m}\, \mathrm{e}^{\mathrm{j}(\omega t-\varphi)} = \mathrm{j}\,\omega\, \overline{y} \qquad \ddot{\overline{y}} = -\,\omega^2\, y_\mathrm{m}\, \mathrm{e}^{\mathrm{j}(\omega t-\varphi)} = -\,\omega^2\, \overline{y} \qquad (7.65)\ (7.66)$$

Setzt man $\dot{\overline{y}}$ und $\ddot{\overline{y}}$ in Gl. (7.62) ein, so folgt

$$(-\,\omega^2 + 2\delta\,\mathrm{j}\,\omega + \omega_0^2)\, y_\mathrm{m}\, \mathrm{e}^{\mathrm{j}(\omega t-\varphi)} = \omega_0^2\, r\, \mathrm{e}^{\mathrm{j}\,\omega t} \qquad (7.67)$$

oder, wenn man beide Seiten der Gl. (7.67) mit $\mathrm{e}^{-\mathrm{j}(\omega t-\varphi)}$ multipliziert,

$$[(\omega_0^2 - \omega^2) + 2\,\delta\,\mathrm{j}\,\omega]\, y_\mathrm{m} = \omega_0^2\, r\, \mathrm{e}^{\mathrm{j}\varphi} = \omega_0^2\, r\,(\cos\varphi + \mathrm{j}\sin\varphi)$$

Diese Gleichung ist erfüllt, wenn Real- und Imaginärteile ihrer linken und rechten Seite je für sich einander gleich sind. Damit gewinnt man zwei Bestimmungsgleichungen für y_m und φ

$$2\,\delta\,\omega\, y_\mathrm{m} = \omega_0^2\, r\sin\varphi \qquad (\omega_0^2 - \omega^2)\, y_\mathrm{m} = \omega_0^2\, r\cos\varphi \qquad (7.68)$$

Durch Division jeweils der linken und der rechten Seiten dieser Gleichungen erhält man den Nullphasenwinkel φ, den man zweckmäßig durch das einheitenlose Frequenzverhältnis ω/ω_0 und den Dämpfungsgrad ϑ ausdrückt

$$\tan\varphi = \frac{2\,\delta\,\omega}{\omega_0^2 - \omega^2} = \frac{2\dfrac{\delta}{\omega_0}\dfrac{\omega}{\omega_0}}{1-\left(\dfrac{\omega}{\omega_0}\right)^2} = \frac{2\,\vartheta\dfrac{\omega}{\omega_0}}{1-\left(\dfrac{\omega}{\omega_0}\right)^2} \qquad (7.69)$$

oder

$$\boldsymbol{\varphi = \arctan\frac{2\,\vartheta\dfrac{\omega}{\omega_0}}{1-\left(\dfrac{\omega}{\omega_0}\right)^2}} \qquad (7.70)$$

Durch Quadrieren und anschließendes Addieren jeweils der linken und der rechten Seiten der Gleichungen in Gl. (7.68) gewinnt man die Amplitude y_m, die man zweckmäßig auf die Erregeramplitude r bezieht und ebenfalls in Abhängigkeit von ω/ω_0 und ϑ darstellt

$$[(\omega_0^2 - \omega^2)^2 + (2\,\delta\,\omega)^2]\, y_\mathrm{m}^2 = (\omega_0^2\, r)^2\,(\sin^2\varphi + \cos^2\varphi) = (\omega_0^2\, r)^2$$

$$y_\mathrm{m} = \frac{\omega_0^2\, r}{\sqrt{(\omega_0^2 - \omega^2)^2 + (2\,\delta\,\omega)^2}} \qquad (7.71)$$

$$\boldsymbol{\frac{y_\mathrm{m}}{r} = \frac{1}{\sqrt{\left[1-\left(\dfrac{\omega}{\omega_0}\right)^2\right]^2 + \left(2\,\vartheta\,\dfrac{\omega}{\omega_0}\right)^2}} = \frac{1}{\sqrt{N}}} \qquad (7.72)$$

Die beiden Gleichungen (7.70) und (7.72) werden als *Frequenzgang* bezeichnet. Gl. (7.70) gibt den *Frequenzgang* der *Phasenverschiebung* an (kurz Phasengang genannt). Dieser beginnt für $\omega = 0$ mit $\varphi = 0$, für $\omega = \omega_0$ wird $\varphi = 90°$ und wenn $\omega \gg \omega_0$ ist, nähert sich φ asymptotisch dem Wert $\varphi = 180°$. Der Kurvenverlauf ist in **Bild 7.15a** für verschiedene Dämpfungsgrade ϑ angegeben.

Der *Frequenzgang* der *Amplitude* (kurz: Amplitudengang) Gl. (7.72), der auch als *Resonanzkurve* bezeichnet wird, ist in **Bild 7.15b** dargestellt. Alle Kurven beginnen bei $\omega = 0$ mit $y_m/r = 1$. Für niedrige Erregerkreisfrequenzen ω schwingt die Masse ungefähr mit der gleichen Amplitude wie die der Erregerschwingung und ist mit dieser annähernd in Phase ($\varphi \approx 0$). Bei einer bestimmten Erregerkreisfrequenz, der *Resonanzkreisfrequenz* ω_r, hat das Amplitudenverhältnis y_m/r ein Maximum. Dieses tritt auf, wenn der Nenner in Gl. (7.72) zum Minimum wird. Man bestimmt die Resonanzkreisfrequenz einfach, indem man die Ableitung des Ausdruckes N in Gl. (7.72) nach (ω/ω_0) gleich Null setzt

$$\frac{\mathrm{d}N}{\mathrm{d}\left(\dfrac{\omega}{\omega_0}\right)} = -2\left[1-\left(\frac{\omega}{\omega_0}\right)^2\right] 2\frac{\omega}{\omega_0} + 4\,\vartheta^2\, 2\frac{\omega}{\omega_0}$$

$$= 4\frac{\omega}{\omega_0}\left\{-\left[1-\left(\frac{\omega}{\omega_0}\right)^2\right] + 2\,\vartheta^2\right\} = 0$$

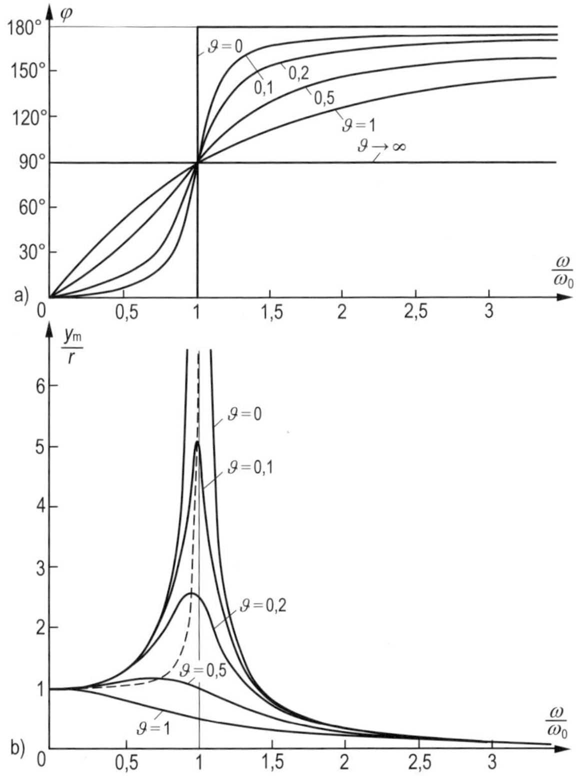

Bild 7.15: Frequenzgänge
a) der Phasenverschiebung
b) der Amplitude des Systems in **Bild 7.14**

Eine Lösung dieser Gleichung ist $\omega/\omega_0 = 0$. Dies bedeutet, dass alle Resonanzkurven mit horizontaler Tangente beginnen. Der Ausdruck in der geschweiften Klammer verschwindet für

$$\frac{\omega_r}{\omega_0} = \sqrt{1-2\,\vartheta^2} \tag{7.73}$$

ω_r ist die Resonanzkreisfrequenz. Für kleine Dämpfungsgrade ϑ ist die Resonanzkreisfrequenz ω_r näherungsweise gleich der Kennkreisfrequenz ω_0 der ungedämpften Schwingungen (für $\vartheta = 0$ ist $\omega_r = \omega_0$). Mit zunehmendem ϑ wird ω_r kleiner, das Maximum der Resonanzkurven verschiebt sich nach links (gestrichelte Kurve in **Bild 7.15b**) und liegt für $\vartheta = 1/\sqrt{2} = 0{,}707$ bei der Abszisse $\omega_r/\omega_0 = 0$. Die Resonanzamplitude y_{mr} gewinnt man durch Einsetzen von ω_r/ω_0 aus Gl. (7.73) in (7.72)

$$\frac{y_{mr}}{r} = \frac{1}{\sqrt{(2\,\vartheta^2)^2 + 4\,\vartheta^2(1-2\,\vartheta^2)}} = \frac{1}{2\,\vartheta\sqrt{1-\vartheta^2}} \tag{7.74}$$

Für $\vartheta \to 0$ wächst die Resonanzamplitude über alle Grenzen. Für kleine Dämpfungsgrade ist $\vartheta^2 \ll 1$, und man erhält aus Gl. (7.74) die Näherungsformel

$$\frac{y_{mr}}{r} \approx \frac{1}{2\,\vartheta} \tag{7.75}$$

Mit $\omega = \omega_0$ gewinnt man aus Gl. (7.72) ebenfalls $y_m/r = 1/(2\vartheta)$, d. h., für kleinen Dämpfungsgrad ϑ ist die Resonanzamplitude praktisch gleich der Amplitude bei $\omega = \omega_0$.

Wird die Erregerkreisfrequenz größer als die Resonanzkreisfrequenz, so nehmen die Amplituden wieder ab und nähern sich mit wachsendem ω asymptotisch dem Wert Null.

Zeigerdiagramm Stellt man die komplexen Funktionen $\bar{y}$, $\dot{\bar{y}}$ und $\ddot{\bar{y}}$ in Gl. (7.64), (7.65) und (7.66) als *Zeiger* in der *Gauß*schen Zahlenebene dar (**Bild 7.16a**), so geben die Projektionen dieser Zeiger auf die imaginäre Achse die Auslenkung y, Geschwindigkeit $\dot{y}$ und Beschleunigung $\ddot{y}$ der schwingenden Masse an. Stellt man auch die komplexe Störfunktion $\bar{\eta}$ in Gl. (7.63) als Zeiger dar, so ist seine Projektion auf die imaginäre Achse die gegebene Störfunktion in Gl. (7.58). Die Zeiger laufen mit der Winkelgeschwindigkeit ω um, wenn man ihre Lage in Abhängigkeit von der Zeit verfolgt. Dabei eilt der Zeiger der Auslenkung $\bar{y}$ dem der Störfunktion $\bar{\eta}$ um den Nullphasenwinkel φ nach. Der Zeiger der komplexen Geschwindigkeit $\dot{\bar{y}}$ Gl. (7.65) eilt dem Zeiger $\bar{y}$ um 90° und der Zeiger der komplexen Beschleunigung $\ddot{\bar{y}}$ Gl. (7.66) dem Zeiger $\bar{y}$ um 180° voraus. Gl. (7.67) stellt eine Beziehung dar, in der die vier Zeiger miteinander verknüpft sind. Teilt man diese Gleichung durch ω_0^2, so gilt

$$-\frac{\omega^2}{\omega_0^2}\,y_m e^{j(\omega t-\varphi)} + j\frac{2\,\delta\,\omega}{\omega_0^2}\,y_m\,e^{j(\omega t-\varphi)} + y_m \cdot e^{j(\omega t-\varphi)} = r\,e^{j\,\omega t} \tag{7.76}$$

In **Bild 7.16b** ist diese Beziehung grafisch für den Zeitpunkt $t = 0$ angegeben. Man bezeichnet diese Darstellung als *Zeigerdiagramm*. Dem gestrichelt angedeuteten rechtwinkligen Dreieck entnimmt man die Beziehungen von Gl. (7.69) und (7.72), wobei man die letztere nach dem Satz des *Pythagoras* findet.

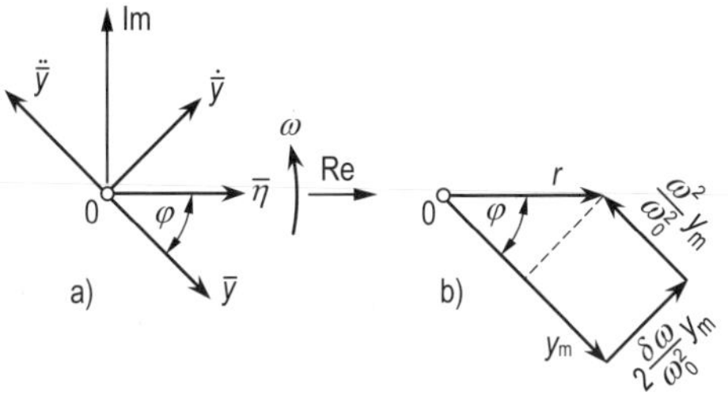

Bild 7.16:
a) Zeiger zu Gl. (7.63) sowie (7.64), (7.65) und (7.66) zur Zeit $t = 0$
b) Zeiger zu der Gl. (7.76) zur Zeit $t = 0$

Bisher wurde angenommen, dass die Erregerfunktion $\eta(t)$ harmonischen Verlauf hat. In praktischen Fällen ist $\eta(t)$ vielfach eine periodische, nichtharmonische Funktion (mit der Periodendauer T), die sich in eine *Fourierreihe* entwickeln lässt. Diese Reihe enthält nicht nur Glieder mit der Grundfrequenz $\omega = 2\pi/T$, sondern auch Sinus- und Kosinusglieder, deren Kreisfrequenz ein ganzzahliges Vielfaches der Grundfrequenz ist. Die Erregerfunktion wird dann durch folgende Reihenentwicklung dargestellt

$$\begin{aligned}\eta(t) &= r_0 + r_1 \sin \omega t + r_2 \sin 2\,\omega t + r_3 \sin 3\,\omega t + \ldots \\ &\quad + r'_1 \cos \omega t + r'_2 \cos 2\,\omega t + r'_3 \cos 3\,\omega t + \ldots\end{aligned} \qquad (7.77)$$

Jede harmonische Teilfunktion ruft erzwungene Schwingungen mit ihrer eigenen Frequenz hervor, und die Summe aller Teilschwingungen ergibt den Bewegungsablauf. Resonanz tritt auf, wenn die Kreisfrequenz einer harmonischen Teilfunktion mit der Resonanzkreisfrequenz ω_r übereinstimmt. Gewöhnlich sind die Amplituden r_1 bzw. r'_1 der Grundschwingung am größten, so dass bei $\omega = \omega_r$ die größten Schwingungsausschläge auftreten.

Resonanzerscheinungen wirken vielfach störend und können Maschinen und Bauteile in große Gefahr bringen, weil sie leicht Anlass zu Dauerbrüchen geben. Im Betrieb sind sie nach Möglichkeit zu vermeiden. Maschinendrehzahlen, die Resonanzerscheinungen hervorrufen, werden als *kritische Drehzahlen* bezeichnet.

Beispiel 7.4: Ein *Zungenfrequenzmesser* (**Bild 7.17**) wird auf einem Schwingtisch durch eine harmonische Bewegung in Resonanz erregt. Die Amplitude der Erregerschwingung beträgt $r = 0{,}2$ mm und die der Masse $y_{mr} = 10$ mm. Wie groß ist der Dämpfungsgrad ϑ?
Den Dämpfungsgrad findet man näherungsweise aus Gl. (7.75) zu

$$\vartheta \approx \frac{1}{2}\frac{r}{y_{mr}} = \frac{1}{2}\cdot\frac{0{,}2\ \text{mm}}{10\ \text{mm}} = 0{,}01$$

Anmerkung: Ein Zungenfrequenzmesser mit veränderlicher Einspannlänge ist bei bekanntem Dämpfungsgrad ein einfaches Messgerät, mit dem man die Frequenz und die Amplitude r eines schwingenden Objektes messen kann (vgl. auch Beispiel 7.6, S. 309).

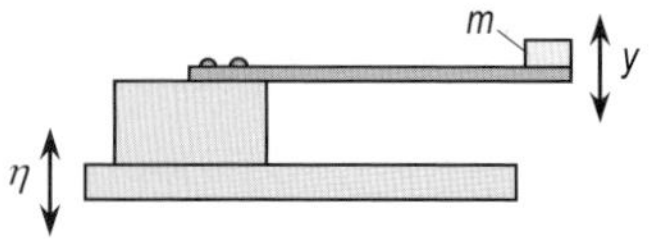

Bild 7.17: Zungenfrequenzmesser

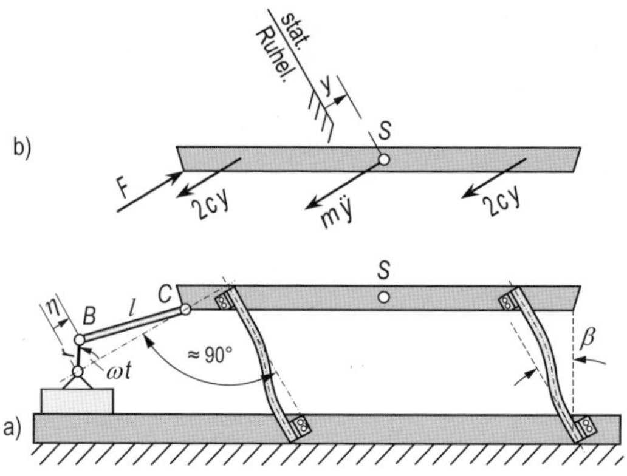

Bild 7.18: Schwingförderrinne mit Zwanglaufantrieb

Beispiel 7.5: Eine *Schwingförderrinne* (m = 90 kg) wird durch ein Schubkurbelgetriebe (r = 5 mm, l = 250 mm) mit der konstanten Drehzahl n = 480 min^{-1} zwangsläufig angetrieben (**Bild 7.18**). Wie ist die Gesamtfederkonstante $c_g = 4\,c$ der 4 parallelen Blattfedern zu wählen, damit die Kraft F in der Schubstange $\overline{BC}$ möglichst klein wird? Die Dämpfung sei vernachlässigt.

Bei dem kleinen Schubstangenverhältnis $\lambda = r/l = 5/250 = 0{,}02$ ist die Antriebsbewegung praktisch sinusförmig und genügt der Gleichung $\eta = r \cos \omega t$ (s. Beispiel 1.20, S. 46). Die Förderrinne wird näherungsweise geradlinig und senkrecht zu den Blattfedern bewegt. Bezeichnet man ihre Verschiebung mit y, so ist die Federkraft $c_g\,y = 4\,c\,y$ der Verschiebungsrichtung und die Trägheitskraft $m\,\ddot{y}$ der Beschleunigungsrichtung entgegengerichtet. Diesen Kräften hält die Schubstangenkraft F das Gleichgewicht

$$F = c_g\,y + m\,\ddot{y}$$

(Die Gewichtskraft ist in **Bild 7.18b** nicht gezeichnet, die Komponente $F_G \sin \beta$ ist mit der statischen Vorspannkraft der Federn $c_g\,f_{st}$ im Gleichgewicht.) Wegen des Zwangslaufes ist $y = \eta = r \cos \omega t$ und $\ddot{y} = \ddot{\eta} = -r\,\omega^2 \cos \omega t$. Damit erhält man aus vorstehender Gleichung

$$F = m\,r \left(\frac{c_g}{m} - \omega^2 \right) \cos \omega t$$

Wählt man die Federkonstante c_g so, dass die Antriebswinkelgeschwindigkeit ω gleich der Eigenkreisfrequenz $\omega_0 = \sqrt{c_g / m}$ der Förderrinne wird, so ist die Schubstangenkraft F = 0. Aus dieser Bedingung kann die Gesamtfederkonstante bestimmt werden

$$c_g = \omega^2\,m = (50{,}3\ \text{s}^{-1})^2 \cdot 90\ \text{kg} = 227{,}7\ \text{kN/m} = 2277\ \text{N/cm}$$

7.4.2 Erzwungene Schwingungen durch Fliehkrafterregung

Wir betrachten das System in **Bild 7.19a**. Die senkrechten Führungen lassen nur eine vertikale Bewegung der Masse m zu, die als reibungsfrei angenommen wird. Mit der Masse m ist durch eine Kurbel der Länge r eine Masse m_1 verbunden, die bezüglich der Masse m eine gleichförmige Kreisbewegung mit der Winkelgeschwindigkeit ω ausführt. Die Masse der Kurbel ist gegenüber den Massen m und m_1 vernachlässigbar klein. Infolge der auf die Masse m_1 wirkenden relativen Fliehkraft, die nach außen gerichtet ist und ihre Richtung mit dem Drehwinkel ωt ändert, wirkt auf die Masse m auch eine periodisch veränderliche Kraft, die das System in Schwingungen versetzt.

Zur Beschreibung der Bewegung des Systems legen wir den Schwerpunkt der Masse m in vertikaler Richtung durch die Koordinate y fest, die wir von der statischen Ruhelage des ganzen Systems aus zählen (**Bild 7.19b**). Die y-Koordinate der Masse m_1 bezeichnen wir mit y_1. Dabei gilt

$$y_1 = y + r \sin \omega t \tag{7.78}$$

In **Bild 7.19b** sind die an den freigemachten Massen m und m_1 in y-Richtung wirkenden Kräfte angegeben. Die Federkraft $c\,(y + f_{st})$ ist der Auslenkung y, die Dämpfungskraft $k\,\dot{y}$ der Geschwindigkeit $\dot{y}$ und die Trägheitskraft $m\,\ddot{y}$ der Beschleunigung $\ddot{y}$ entgegengerichtet. Entsprechend ist die Trägheitskraft $m_1\,\ddot{y}_1$ der Beschleunigung $\ddot{y}_1$ entgegengerichtet.

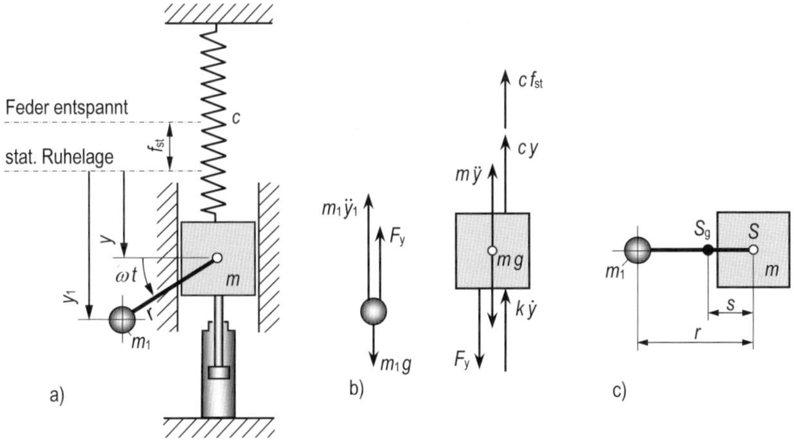

Bild 7.19: Feder-Masse-System mit Dämpfungskolben und Fliehkrafterregung

Die y-Komponente der Kräfte $\vec{F}$ und $-\vec{F}$, mit denen die beiden Massen aufeinander wirken, sind nach dem Reaktionsaxiom entgegengesetzt gleich. Ihre Vektoren haben an den Massen m und m_1 entgegengesetzte Richtung. Die Gleichgewichtsbedingungen für die Kräfte in y-Richtung an den Massen m und m_1 lauten:

$$\text{Masse } m \qquad m\,\ddot{y} + k\,\dot{y} + c\,(y + f_{st}) - m\,g - F_y = 0 \tag{7.79}$$

$$\text{Masse } m_1 \qquad m_1\,\ddot{y}_1 - m_1\,g + F_y = 0 \tag{7.80}$$

Durch Addieren jeweils der linken und der rechten Seiten dieser Gleichungen eliminiert man F_y und erhält

$$m\,\ddot{y} + m_1\,\ddot{y}_1 + k\,\dot{y} + c\,y + (c\,f_{st} - m\,g - m_1\,g) = 0 \tag{7.81}$$

Der Ausdruck in der Klammer dieser Gleichung ist gleich Null, da die gesamte Gewichtskraft $(m\,g + m_1\,g)$ mit der statischen Vorspannkraft $c\,f_{st}$ der Feder im Gleichgewicht ist. Durch zweimaliges Differenzieren erhält man aus Gl. (7.78)

$$\ddot{y}_1 = \ddot{y} - r\,\omega^2 \sin \omega t$$

Damit folgt aus Gl. (7.81) die Bewegungsgleichung für die Masse m

$$(m + m_1)\,\ddot{y} + k\,\dot{y} + c\,y = m_1\,r\,\omega^2 \sin \omega t \tag{7.82}$$

Teilt man diese Gleichung durch die Gesamtmasse $m + m_1$ des Systems und setzt zur Abkürzung

$$\frac{k}{m+m_1} = 2\,\delta \qquad \frac{c}{m+m_1} = \omega_0^2 \qquad \frac{m_1\,r}{m+m_1} = s \tag{7.83}$$

so erhält die Bewegungsgleichung (7.82) die Gestalt

$$\boldsymbol{\ddot{y} + 2\,\delta\,\dot{y} + \omega_0^2\,y = s\,\omega^2 \sin\omega t} \tag{7.84}$$

Die Größe δ ist die Abklingkonstante, ω_0 die Kreisfrequenz der ungedämpften Schwingung des Systems und s der Abstand des Gesamtschwerpunktes S_g von dem Schwerpunkt S der Masse m (**Bild 7.19c**). Die Differenzialgleichung (7.84) stimmt mit der Differenzialgleichung (7.60) bis auf den Faktor $s\omega^2$ auf der rechten Seite überein. Unter Berücksichtigung dieser Änderung in der Bezeichnung können wir die Ergebnisse des Abschn. 7.4.1 übernehmen (s. Gl. (7.61) bis (7.71)). Die Lösung der Differenzialgleichung (7.84) lautet daher

$$y = y_m \sin(\omega t - \varphi) \tag{7.85}$$

mit $$\varphi = \arctan\frac{2\,\delta\,\omega}{\omega_0^2 - \omega^2} \tag{7.86}$$

und $$y_m = \frac{s\,\omega^2}{\sqrt{(\omega_0^2 - \omega^2)^2 + (2\,\delta\,\omega)^2}} \tag{7.87}$$

Bezieht man die Amplitude y_m auf den Schwerpunktabstand s und die Erregerfrequenz ω auf ω_0, so erhalten die beiden letzten Gleichungen die Form

$$\boldsymbol{\varphi = \arctan\frac{2\,\vartheta\,(\omega/\omega_0)}{1-(\omega/\omega_0)^2}} \tag{7.88}$$

$$\boldsymbol{\frac{y_m}{s} = \frac{(\omega/\omega_0)^2}{\sqrt{\left[1-(\omega/\omega_0)^2\right]^2 + [2\,\vartheta\,(\omega/\omega_0)]^2}}} \tag{7.89}$$

Gl. (7.88) und (7.89) geben den *Frequenzgang der Phasenverschiebung* und den *Frequenzgang der Amplitude* als Funktion der Erregerfrequenz ω bzw. des Frequenzverhältnisses ω/ω_0 an. Während der Frequenzgang der Phase Gl. (7.88) mit dem bei Erregung über eine Feder übereinstimmt (s. Gl. (7.70) und **Bild 7.15a**), unterscheidet sich der Frequenzgang der Amplitude Gl. (7.89) von dem in Gl. (7.72) durch den Faktor $(\omega/\omega_0)^2$ im Zähler. In **Bild 7.20** ist der Frequenzgang der Amplitude nach Gl. (7.89) für verschiedene Dämpfungsgrade ϑ dargestellt. Alle Kurven beginnen im Koordinatenursprung mit horizontaler Tangente und nähern sich für $(\omega/\omega_0) \to \infty$ asymptotisch dem Wert $y_m/s = 1$. Für große Werte von $\omega\,(\omega \gg \omega_0)$ ist also $y_m \approx s$. Da die Erregerschwingung und die Schwingung der Masse m für $\omega \to \infty$ in Gegenphase sind (**Bild 7.15a**), bewegt sich das System dann so, dass sein Gesamtschwerpunkt S_g stets auf gleicher Höhe bleibt (y_{Sg} = const). Die *Resonanzfrequenzen* ω_r, d. h. die Frequenzen, für die die

Resonanzkurven in **Bild 7.20** Maxima haben, ergeben sich, wenn man die Ableitung der Resonanzfunktion in Gl. (7.89) nach ω/ω_0 gleich Null setzt. Man erhält

$$\frac{\omega_r}{\omega_0} = \frac{1}{\sqrt{1-2\,\vartheta^2}} \tag{7.90}$$

Die zugehörigen Resonanzamplituden gewinnt man durch Einsetzen der Resonanzkreisfrequenz in Gl. (7.89)

$$\frac{y_{\mathrm{mr}}}{s} = \frac{1}{2\,\vartheta\sqrt{1-\vartheta^2}} \tag{7.91}$$

Im Gegensatz zu **Bild 7.15b** verschieben sich die Maxima der Resonanzkurven mit zunehmendem ϑ nach rechts (gestrichelte Kurve in **Bild 7.20**). Für kleine Dämpfungsgrade ($\vartheta \ll 1$) ist $\omega_\mathrm{r} \approx \omega_0$.

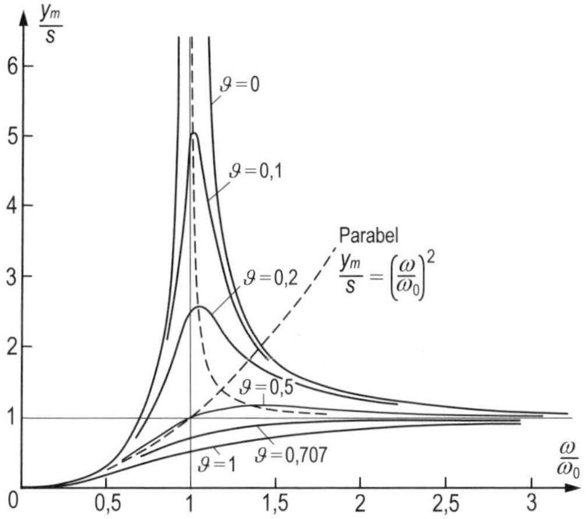

Bild 7.20: Frequenzgang der Amplitude des Systems in **Bild 7.19**

Aufgrund der Identität der Differenzialgleichungen (7.60) und (7.84) gilt das Zeigerdiagramm **Bild 7.16b** auch für die Differenzialgleichung (7.84), wenn man in diesem Bild den Zeiger r durch $s\,(\omega/\omega_0)^2$ ersetzt. Dabei ist zu beachten, dass die Länge des Zeigers $s\,(\omega/\omega_0)^2$ von der Erregerfrequenz ω abhängig ist.

Beispiel 7.6: *Absolute Wegmessung.* Die Schwingungen eines Fundamentes sollen gemessen werden. Für Messungen dieser Art steht im Allgemeinen kein erdfestes Bezugssystem zur Verfügung. Man wendet daher folgendes Messverfahren an: Eine Hilfsmasse m wird federnd in dem Gehäuse eines Schwingungsaufnehmers angebracht (**Bild 7.21a**). Setzt man das Gehäuse auf das Fundament, so macht es dessen Schwingungen $\eta\,(t)$ mit und regt dadurch die Hilfsmasse zu erzwungenen Schwingungen an. Die Schwerpunktkoordinate y_1 der Hilfsmasse m zählen wir in einem erdfesten Bezugssystem ($\eta = 0$) von ihrer statischen Ruhelage aus. Relativ zum Gehäuse ist der Schwerpunkt der Hilfsmasse durch die Koordinate y festgelegt, die von der relativen Ruhelage der Hilfsmasse im Gehäuse aus gezählt ist. Sind also Schwingungsaufnehmer und Fundament in der Lage $\eta = 0$ in Ruhe, so nimmt die Hilfsmasse m die Lage $y = y_1 = 0$ ein. Dabei ist die Feder um f_st gespannt, und es ist $c\,f_\mathrm{st} = m\,g$. Die Messanzeige y (**Bild 7.21a**) gibt nicht die Schwingung des Fundamentes an, die gemessen werden soll, sondern die Relativbewegung

$$y = y_1 - \eta \tag{7.92}$$

zwischen Gehäuse und Hilfsmasse. In **Bild 7.21a** ist das Fundament zu einer Zeit t um η verschoben und die Hilfsmasse in einer ausgelenkten Lage gezeichnet. (Die Bewegung des Fundamentes ist durch die Kreuzschubkurbel oberhalb des Gehäuses symbolisch angedeutet.) Die Feder ist um $(y + f_{st}) = (y_1 - \eta + f_{st})$ gespannt und übt auf m die Kraft $c\,(y_1 - \eta + f_{st})$ aus. Die Gewichtskraft $m\,g$ ist mit der Kraft $c\,f_{st}$ im Gleichgewicht. Die Dämpfungskraft $k\,(\dot{y}_1 - \dot{\eta})$ ist der Relativgeschwindigkeit $\dot{y}$ und die Trägheitskraft $m\,\ddot{y}_1$ der absoluten Beschleunigung $\ddot{y}_1$ proportional. Nach **Bild 7.21b** erhält man aus dem Gleichgewicht der Kräfte an der Hilfsmasse

$$m\,\ddot{y}_1 + k\,(\dot{y}_1 - \dot{\eta}) + c\,(y_1 - \eta) + (c\,f_{st} - m\,g) = 0 \qquad (7.93)$$

Der Ausdruck in der letzten Klammer verschwindet. Führt man in diese Gleichung die Koordinate der Relativbewegung ein, so folgt mit $\dot{y} = \dot{y}_1 - \dot{\eta}$ und $\ddot{y} = \ddot{y}_1 - \ddot{\eta}$

$$m\,\ddot{y} + k\,\dot{y} + c\,y = -\,m\,\ddot{\eta} \qquad (7.94)$$

Bei Annahme einer harmonischen Bewegung des Fundamentes ist

$$\eta = s\,\sin\,\omega\,t \qquad (7.95)$$

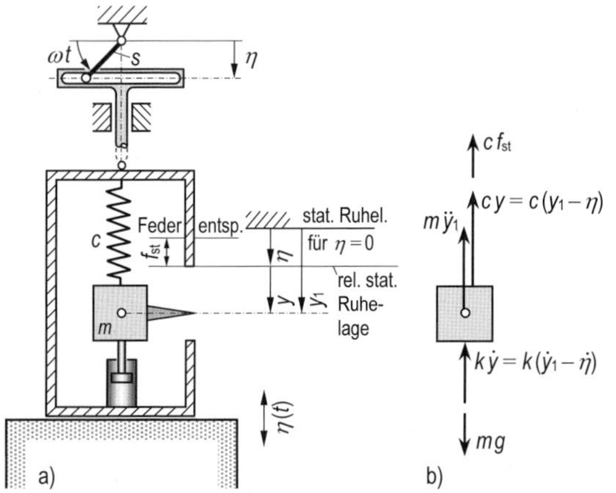

Bild 7.21: Prinzipskizze eines Messaufnehmers für absolute Weg- und Beschleunigungsmessungen

Darin sind s die Amplitude und ω die Kreisfrequenz der Fundamentschwingungen. Die Beschleunigung beträgt

$$\ddot{\eta} = -\,s\,\omega^2\,\sin\,\omega\,t \qquad (7.96)$$

Setzt man dies in Gl. (7.94) ein, so ergibt sich

$$m\,\ddot{y} + k\,\dot{y} + c\,y = m\,s\,\omega^2\,\sin\,\omega\,t \qquad (7.97)$$

Teilt man diese Gleichung durch die Masse m, so erhält man mit den Abkürzungen von Gl. (7.23) die Differenzialgleichung (7.84), deren Lösung vorstehend diskutiert wurde. Den Frequenzgang der Amplitude entnimmt man dem **Bild 7.20**, wobei zu beachten ist, dass y hier die relative Verschiebung zwischen Gehäuse und Hilfsmasse, also der angezeigte Messwert ist. Da die Amplitude s der Fundamentschwingungen gemessen werden soll, muss man verlangen, dass die angezeigte Amplitude y_m dieser gleich ist. Wie man aus **Bild 7.20** erkennt, ist das nur möglich, wenn die Erregerfrequenz ω genügend weit oberhalb der Kennkreisfrequenz ω_0 liegt (dann ist $y_m/s \approx 1$). Ein Schwingungsaufnehmer für Wegmessungen muss daher *tief* abgestimmt sein, d. h., seine Kennkreisfrequenz ω_0 muss genügend weit unterhalb der zu messenden Kreisfrequenz ω liegen. Dem Kurvenverlauf in **Bild 7.20** entnimmt man, dass der Messfehler klein wird, wenn für den Schwingungsaufnehmer Dämpfungsgrade ϑ zwischen 0,5 und $1/\sqrt{2} = 0{,}707$ gewählt werden. Für $\omega \gg \omega_0$ sind Anzeige y und Fundamentschwingung η nach **Bild 7.15a** in Gegenphase.

Beispiel 7.7: *Beschleunigungsmesser*. Der vorstehend besprochene Schwingungsaufnehmer ist auch geeignet, Beschleunigungen zu messen. Nach Gl. (7.96) ist $s\,\omega^2$ die Amplitude der Beschleunigung des Messobjektes. Die Amplitude der Messanzeige y_m ist nach Gl. (7.89) für genügend kleines ω/ω_0 der Größe $s\,\omega^2$ direkt proportional (die Glieder mit $(\omega/\omega_0)^2$ im Nenner dieser Gleichung sind für $\omega \ll \omega_0$ vernachlässigbar gegenüber 1). Aber auch bei geeigneter Wahl von ϑ zeigt die Parabel

$$\frac{y_m}{s} = \left(\frac{\omega}{\omega_0}\right)^2 \tag{7.98}$$

(in **Bild 7.20** gestrichelt) nur geringe Abweichungen gegenüber den Resonanzkurven. Wie man aus **Bild 7.20** erkennt, sind Dämpfungsgrade $\vartheta = 0{,}5$ bis $0{,}707 = 1/\sqrt{2}$ besonders geeignet. Wählt man z. B. $\vartheta = 0{,}6$, so bleibt der Messfehler kleiner als ± 4 % bis zum Frequenzverhältnis $\omega/\omega_0 = 0{,}8$, für $\vartheta = 0{,}64$ ist der Fehler sogar kleiner als ± 2 % bis $\omega/\omega_0 = 0{,}65$. Für Beschleunigungsmessungen muss der Schwingungsaufnehmer also hoch abgestimmt sein, d. h., die zu messende Frequenz ω muss genügend weit unterhalb der Kennkreisfrequenz ω_0 liegen.

Beispiel 7.8: Die Schwingförderrinne (m = 90 kg) in Beispiel 7.5 (S. 306) wird durch zwei um 180° versetzte, gleich große und gegenläufig mit der Drehzahl $n = 960\ \text{min}^{-1}$ angetriebene Unwuchtmassen zu Schwingungen angeregt (**Bild 7.22**). Der Schwerpunktabstand der Unwuchtmassen von ihren Drehachsen ist konstruktiv durch r = 30 mm gegeben. Die Amplitude der Schwingungen soll y_m = 2 mm betragen, a) Wie ist die Gesamtfederkonstante c_g der vier parallelen Blattfedern zweckmäßig zu wählen, b) welche Gesamtunwuchtmasse $m_1 = 2\,\Delta m$ ist erforderlich, damit die vorgeschriebene Amplitude erreicht wird?

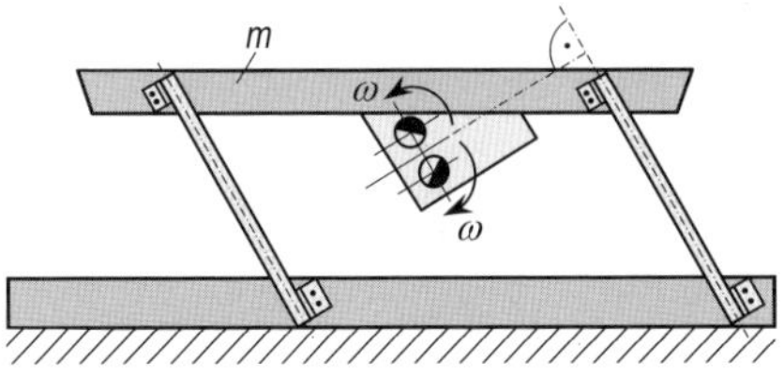

Bild 7.22: Schwingförderrinne mit Fliehkraftantrieb

a) Der Bewegungsablauf genügt prinzipiell dem in Abschn. 7.4.2 behandelten. Der Frequenzgang der Amplitude entspricht also dem des **Bildes 7.20**. Daraus erkennt man, dass die Schwingung nur im überkritischen Bereich praktisch unabhängig von der Dämpfung mit konstanter Amplitude erfolgt. Die Kreisfrequenz ω_0 der Eigenschwingungen der Förderrinne wird man also zweckmäßig genügend weit unterhalb der Betriebswinkelgeschwindigkeit ω wählen (z. B. $\omega_0 \approx \omega/2{,}5$). Vernachlässigt man die Unwuchtmasse m_1 gegenüber der Masse m der Förderrinne, so kann die Gesamtfederkonstante mit Hilfe der zweiten Gleichung (7.83) festgelegt werden

$$c_g \approx \omega_0^2\, m = \left(\frac{\omega}{2{,}5}\right)^2 m = \left(\frac{100{,}5\ \text{s}^{-1}}{2{,}5}\right)^2 \cdot 90\ \text{kg} = 145{,}5\,\frac{\text{kN}}{\text{m}} = 1455\,\frac{\text{N}}{\text{cm}}$$

b) Da nach **Bild 7.20** im überkritischen Bereich $y_m/s \approx 1$ ist, kann mit Hilfe der dritten Gl. (7.83) die erforderliche Unwuchtmasse bestimmt werden. Löst man diese Gleichung nach m_1 auf, so folgt mit $s = y_m$

$$m_1 = \frac{m\,y_m}{r - y_m} = \frac{90\ \text{kg} \cdot 2\ \text{mm}}{(30-2)\ \text{mm}} = 6{,}43\ \text{kg}$$

Je Unwucht ist also die Masse $\Delta m = m_1/2 = 3{,}22$ kg erforderlich.

7.4.3 Koppelschwingung. Schwingungstilger

Im vorigen Abschnitt wurde gezeigt, dass sich bei schwingungsfähigen Körpern gefährliche Resonanzschwingungen ergeben können, wenn z. B. das Fundament oder der Aufhängepunkt periodisch bewegt wird. Koppelt man nun an den schwingenden Körper einen zweiten Schwinger (**Bild 7.23**), so beeinflussen sich die Schwinger gegenseitig. Die Untersuchung zeigt, dass man durch geschickte Wahl der Masse und der Feder des zweiten Schwingers die Schwingungsamplitude des ersten Schwingers zu Null machen, das heißt, seine Schwingung tilgen, kann.

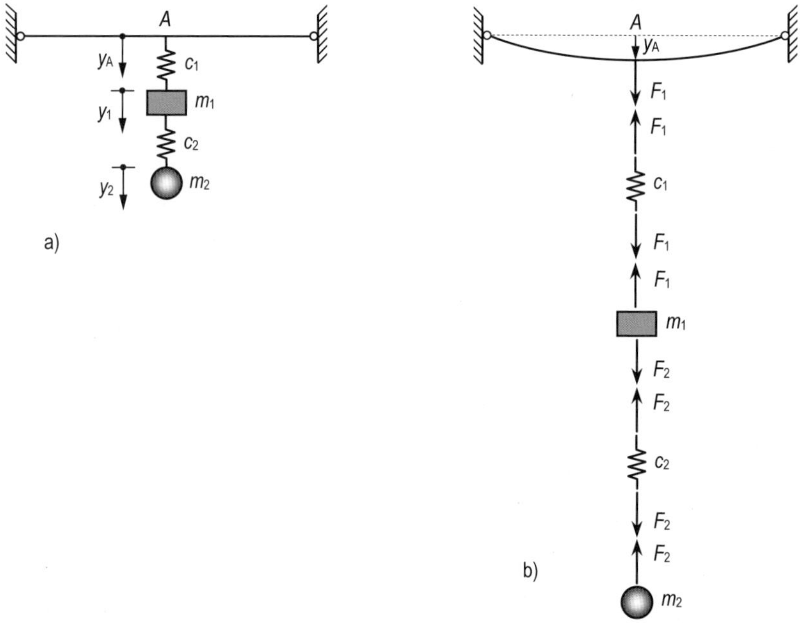

Bild 7.23: Gekoppelte Schwingung

Bild 7.23a zeigt ein System von zwei Schwingern mit den Massen m_1 und m_2, das durch eine Feder mit der Federkonstante c_2 gekoppelt ist und durch eine Feder mit der Federkonstante c_1 am Aufhängepunkt A befestigt ist. Der Aufhängepunkt wird periodisch mit der Funktion

$$y_A = A \sin \omega t \tag{7.99}$$

bewegt. Dabei bedeuten y_A die positiv nach unten gezählte Koordinate des Aufhängepunktes, y_1 und y_2 die Auslenkungen der Massen m_1 und m_2 aus ihrer Ruhelage. Die Gewichtskräfte und die statischen Vorspannkräfte der Federn heben sich gegenseitig auf (s. **Bild 7.7**)

Die Federkräfte sind als Zugkräfte angesetzt.

Gesucht wird das Schwingungsverhalten der gekoppelten Massen.

Zur Untersuchung zerlegen wir das System nach **Bild 7.23b** in seine Teile und setzen für die Massen m_1 und m_2 jeweils die Bewegungsgleichungen an. Dabei werden die Kräfte und die Beschleunigungen positiv in positiver Koordinatenrichtung angesetzt.

$$\begin{array}{ll} \text{Masse 1} & F_2 - F_1 = m_1 \ddot{y}_1 \\ \text{Masse 2} & -F_2 = m_2 \ddot{y}_2 \end{array} \tag{7.100}$$

Man führt die Federkräfte

$$F_1 = c_1\,(y_1 - y_A)$$

und

$$F_2 = c_2\,(y_2 - y_1)$$

in die Gleichung (7.100) ein und erhält die Bewegungsdifferenzialgleichungen

$$\begin{aligned} &m_1\,\ddot{y}_1 + (c_1 + c_2)\,y_1 - c_2\,y_2 - c_1\,y_A = 0 \\ &m_2\,\ddot{y}_2 + c_2\,y_2 - c_2\,y_1 = 0 \end{aligned} \tag{7.101}$$

Teilt man nun die erste dieser Gleichungen durch m_1 und die zweite durch m_2 und benutzt nach Gl. (7.23) und **Tabelle 7.1** die Abkürzungen

$$\frac{c_1}{m_1} = \omega_1^2 \qquad \frac{c_2}{m_2} = \omega_2^2 \qquad \frac{c_1 + c_2}{m_1} = \omega_{12}^2 \tag{7.102}$$

(gelesen Omega eins zwei), so erhält das System von zwei Differenzialgleichungen die aus den vorigen Kapiteln bekannte Form

$$\begin{aligned} &\ddot{y}_1 + \omega_{12}^2\,y_1 - \omega_2^2\,\frac{m_2}{m_1}\,y_2 - \omega_1^2\,y_A = 0 \\ &\ddot{y}_2 + \omega_2^2\,y_2 - \omega_2^2\,y_1 = 0 \end{aligned} \tag{7.103}$$

In Anlehnung an Abschn. 2.1.6 macht man einen Lösungsansatz mit periodischen Funktionen, welche die Frequenz ω der Anregung haben.

$$\begin{aligned} &y_1 = A_1 \sin \omega t + A_2 \cos \omega t = A_1\,S + A_2\,C \\ &y_2 = B_1 \sin \omega t + B_2 \cos \omega t = B_1\,S + B_2\,C \end{aligned} \tag{7.104}$$

Hierin sind S und C für die folgende Rechnung Abkürzungen für die Winkelfunktionen sin ωt und cos ωt

Setzt man nun den Ansatz (7.104) und dessen zweite Ableitung

$$\ddot{y}_1 = -\,\omega^2\,(A_1\,S + A_2\,C) \qquad \ddot{y}_2 = -\,\omega^2\,(B_1\,S + B_2\,C)$$

in die Differenzialgleichung (7.103) ein, so erhält man

$$\begin{aligned} &-A_1\,\omega^2\,S - A_2\,\omega^2\,C + \omega_{12}^2\,(A_1\,S + A_2\,C) - \omega_2^2\,\frac{m_2}{m_1}\,(B_1\,S + B_2\,C) - \omega_1^2\,A\,S = 0 \\ &-B_1\,\omega^2\,S - B_2\,\omega^2\,C + \omega_2^2\,(B_1\,S + B_2\,C) - \omega_2^2\,(A_1\,S + A_2\,C) = 0 \end{aligned} \tag{7.105}$$

Diese Gleichungen müssen für *jedes* Argument ωt erfüllt sein, wenn der Ansatz eine Lösung der Differenzialgleichungen ist.

Zur Bestimmung der vier Koeffizienten A_1, A_2, B_1 und B_2 setzt man deshalb zwei spezielle Werte $\omega t = 0$ ($S = 0$, $C = 1$) und $\omega t = \pi/2$ ($S = 1$, $C = 0$) ein.

(1) $(\omega_{12}^2 - \omega^2)\, A_2 - \dfrac{m_2}{m_1}\, \omega_2^2\, B_2 = 0$

(2) $(\omega_2^2 - \omega^2)\, B_2 - \omega_2^2\, A_2 = 0$

(3) $(\omega_{12}^2 - \omega^2)\, A_1 - \dfrac{m_2}{m_1}\, \omega_2^2\, B_1 = \omega_1^2\, A$

(4) $(\omega_2^2 - \omega^2)\, B_1 - \omega_2^2\, A_1 = 0$

Die Gleichungen (1) und (2) bilden ein homogenes Gleichungssystem für die Koeffizienten A_2 und B_2, das die Lösung $A_2 = 0$ und $B_2 = 0$ hat, wenn nicht die Koeffizientendeterminante gleich Null ist. Diesen Fall wollen wir später betrachten.

Das Gleichungssystem (3) und (4) für die Koeffizienten A_1 und B_1 hat die Lösung

$$A_1 = \frac{\omega_1^2 (\omega_2^2 - \omega^2)\, A}{(\omega_{12}^2 - \omega^2)(\omega_2^2 - \omega^2) - \dfrac{m_2}{m_1}\, \omega_2^4} \tag{7.106}$$

$$B_1 = \frac{\omega_1^2\, \omega_2^2\, A}{(\omega_{12}^2 - \omega^2)(\omega_2^2 - \omega^2) - \dfrac{m_2}{m_1}\, \omega_2^4} \tag{7.107}$$

Man erkennt, dass die Amplitude A_1 des Schwingers 1 gleich Null ist, wenn die Frequenz des zweiten Schwingers gleich der Anregungsfrequenz des ersten Schwingers ist.

$$\boldsymbol{A_1 = 0} \qquad \text{wenn} \qquad \boldsymbol{\omega_2^2 = \omega^2 = c_2 / m_2} \tag{7.108}$$

In diesem Fall wird die Amplitude des zugefügten Schwingers m_2

$$B_1 = \frac{\omega_1^2\, \omega_2^2\, A}{-\dfrac{m_2}{m_1}\, \omega_2^4} = -\frac{\omega_1^2\, m_1}{\omega_2^2\, m_2} \cdot A = -\frac{c_1}{c_2}\, A \tag{7.109}$$

weil in Gl. (7.107) der erste Summand im Nenner gleich Null ist.

Das Minuszeichen zeigt, dass der Schwinger 2 gegenphasig zur Anregung schwingt. Die Masse m_2 bewegt sich also nach oben, wenn sich der Aufhängepunkt A nach unten bewegt und umgekehrt.

Die am Schwinger mit der Masse m_1 angreifenden Federkräfte sind dann im Gleichgewicht.

Grundsätzlich kann zur Tilgung der Schwingung von m_1 jede Kombination von c_2 und m_2 gewählt werden, bei der c_2 / m_2 gleich dem Quadrat der Anregungsfrequenz ist. Man darf allerdings die Federkonstante c_2 nicht zu klein machen, weil dann nach Gl. (7.109) die Amplitude B_1 zu groß wird.

Das kann zu technischen Störungen führen.

Außerdem darf die Tilgungsfrequenz nicht in der Nähe der Eigenfrequenzen (Resonanzfrequenzen) des Systems liegen, bei denen durch kleine Störungen große Ausschläge zu erwarten sind.

Die Resonanzfrequenzen ergeben sich aus den Nullstellen des Nenners der Gl. (7.107).

$$\omega^4 - (\omega_{12}^2 + \omega_2^2)\omega^2 + \omega_{12}^2\,\omega_2^2 - \frac{m_2}{m_1}\omega_2^4 = 0 \qquad (7.110)$$

mit den Lösungen

$$\omega_r^2 = \frac{\omega_{12}^2 + \omega_2^2}{2} \pm \sqrt{\left(\frac{\omega_{12}^2 + \omega_2^2}{2}\right)^2 - \omega_{12}^2\,\omega_2^2 + \frac{m_2}{m_1}\omega_2^4}$$

$$\omega_r^2 = \frac{\omega_{12}^2 + \omega_2^2}{2} \pm \sqrt{\left(\frac{\omega_{12}^2 - \omega_2^2}{2}\right)^2 + \frac{m_2}{m_1}\omega_2^4} \qquad (7.111)$$

Zeichnet man die Amplituden A_1 und B_1 über der Frequenz ω auf (Amplitudengang), so kann man erkennen, dass die Tilgungsfrequenz ω_2 zwischen den beiden Eigenfrequenzen des Systems liegt.

Der Nenner in Gl. (7.106) ist aber auch die Determinante des homogenen Gleichungssystems für A_2 und B_2. Im Falle der Schwingungstilgung mit ω_2 zwischen den Resonanzstellen kann die Determinante nicht gleich Null werden, also ist $A_2 = B_2 = 0$ die Lösung des Gleichungssystems.

Es sei betont, dass die Tilgung dieser Art nur bei *konstanter Anregungsfrequenz* erfolgt. Bei schwankender Anregungsfrequenz müssen Dämpfer in das System eingebaut werden.

Über die technische Ausführung von Schwingungstilgern muss auf die Spezialliteratur verwiesen werden.

Beispiel 7.9: In der **Tabelle 7.2** sind vier Schwingungstilger zusammengefasst, bei denen aus gegebenen Werten m_1 und c_1 des Schwingers, der Anregungsfrequenz ω und der Masse m_2 des Tilgers die Federkonstante c_2 für die Schwingungstilgung und dann nach Gl. (7.111) die Resonanzfrequenzen berechnet werden. Im oberen Teil der Tabelle ist ω, im unteren m_2 veränderlich. Die Frequenz der Anregung liegt zwischen den Eigenfrequenzen, bei kleiner Zusatzmasse m_2 nahe an ω_{r1}.

Tabelle 7.2

m_1	100	100	100	100	kg
c_1	500	500	500	500	N/cm
m_2	40	40	40	40	kg
ω	**50**	**40**	**30**	**20**	**s⁻¹**
ω_2^2	2500	1600	900	400	s^{-2}
c_2	1000	640	360	160	N/cm
ω_{r1}	**60,5**	**49,1**	**38,1**	**29,6**	**s^{-1}**
ω_{r2}	**18,5**	**18,2**	**17,6**	**13,4**	**s^{-2}**
m_2	**40**	**30**	**20**	**10**	**kg**
ω	50	50	50	50	s^{-1}
ω_2^2	2500	2500	2500	2500	s^{-2}
c_2	1000	750	500	250	N/cm
ω_{r1}	**60,5**	**58,1**	**55,6**	**53,0**	**s^{-1}**
ω_{r2}	**18,5**	**19,2**	**20,1**	**21,1**	**s^{-2}**

7.5 Schwingungen von Wellen

7.5.1 Torsion einer einfach besetzten Welle

Schwingungen, bei denen die elastischen Rückstellkräfte durch die Torsion von Wellen hervorgerufen werden, nennt man *Torsionsschwingungen*. Solche Schwingungen treten z. B. in Getriebewellen, Kurbelwellen usw. auf.

Um Einblick in die Probleme der Torsionsschwingungen zu gewinnen, betrachten wir die einfach besetzte Welle. In **Bild 7.24** ist eine einseitig eingespannte Welle mit der Länge l und dem Durchmesser d dargestellt, die an ihrem Ende eine Scheibe mit dem Massenträgheitsmoment J_0 trägt. Das Massenträgheitsmoment der Welle wird gegenüber dem der Scheibe vernachlässigt. Das ist in praktischen Fällen fast immer zulässig, da die Massenträgheitsmomente der 4. Potenz des Durchmessers proportional sind.

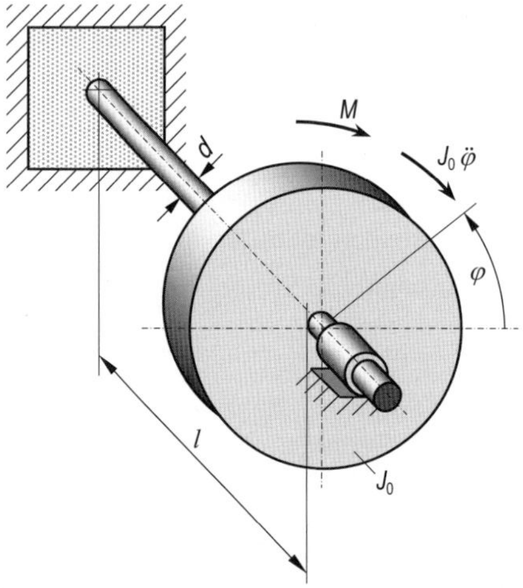

Bild 7.24: Torsionsschwingung einer Welle mit einer Scheibe

Wir denken uns die Scheibe in der um einen Winkel φ ausgelenkten Lage freigemacht. Dann wirken auf die Scheibe das Moment der Trägheitskräfte $J_0\ddot{\varphi}$ (das der Winkelbeschleunigung $\ddot{\varphi}$, also der Koordinate φ entgegengesetzt anzunehmen ist) und das Rückstellmoment M der Welle. Dies ist dem Torsionswinkel φ und der Torsionssteifigkeit GI_p (G = Gleit- oder Schubmodul und I_p = polares Flächenmoment 2. Grades) direkt und der Länge l umgekehrt proportional (s. Band *Festigkeitslehre*, Abschn. 7.1)

$$M = \frac{G\,I_p}{l}\,\varphi \tag{7.112}$$

Die Gleichgewichtsbedingung für die Momente an der Scheibe ergibt die Bewegungsgleichung

$$J_0\,\ddot{\varphi} + \frac{G\,I_p}{l}\varphi = 0 \tag{7.113}$$

oder

$$\ddot{\varphi} + \frac{G\,I_p}{J_0\,l}\varphi = 0 \tag{7.114}$$

Diese Gleichung stimmt mit der Differenzialgleichung für die freien ungedämpften Schwingungen (2.34) überein. Eine spezielle Lösung dieser Gleichung ist durch Gl. (2.39) gegeben

$$\varphi(t) = \hat{\varphi} \cos \omega_0 t \qquad \hat{\varphi} \text{ Amplitude der Schwingung} \tag{7.115}$$

Der Faktor von φ in Gl. (7.114) ist das Quadrat der Kreisfrequenz der Torsionsschwingungen

$$\omega_0^2 = \frac{G\, I_p}{J_0\, l} \qquad \omega_0 = \sqrt{\frac{G\, I_p}{J_0\, l}} \tag{7.116}$$

Wirkt auf die Scheibe von außen ein periodisches Moment, so führt das System erzwungene Schwingungen aus. Der Resonanzfall tritt ein, wenn die Kreisfrequenz des äußeren Momentes (die Erregerkreisfrequenz ω) mit der Eigenkreisfrequenz ω_0 in Gl. (7.116) übereinstimmt. Eine Dämpfung wurde in vorstehender Ableitung nicht berücksichtigt. Sie ist bei Torsionsschwingungen meist verschwindend klein ($\vartheta \ll 1$).

7.5.2 Biegekritische Drehzahl der mit einer Scheibe besetzten Welle

Die Erfahrung zeigt, dass an umlaufenden Wellen bei bestimmten Drehzahlen unzulässig hohe Auslenkungen auftreten, die zur Zerstörung der Welle führen können. Solche Drehzahlen werden als *kritisch* bezeichnet, sie sind im Betrieb zu vermeiden.

Der Grund für das Auftreten solcher kritischer Zustände ist das Auftreten von Fliehkräften. Diese entstehen dadurch, dass der Schwerpunkt S der Scheibe auch bei sorgfältiger Herstellung im Allgemeinen nicht mit dem Durchstoßpunkt W der Welle durch die Scheibe zusammenfällt (**Bild 7.25**). Der Angriffspunkt der Trägheitskräfte liegt also außerhalb der Drehachse der Welle, so dass diese Kräfte eine Durchbiegung der Welle verursachen.

Die strenge Berechnung der kritischen Zustände ist ein verwickeltes Problem. Wir wollen deshalb einige vereinfachende Annahmen treffen, die aber die wesentlichen Zusammenhänge erkennen lassen, und zunächst eine zweifach gelagerte Welle mit kreisförmigem Querschnitt untersuchen, die in ihrer Mitte eine Kreisscheibe trägt (**Bild 7.25**). Wir nehmen an, dass das Antriebsmoment und das Lastmoment miteinander im Gleichwicht sind, so dass die Welle mit konstanter Winkelgeschwindigkeit ω umläuft. Die Masse der Welle wird gegenüber der Masse der Scheibe vernachlässigt, ebenso der Einfluss des Gewichtes auf die Durchbiegung (die Welle kann z. B. senkrecht stehen).

Zur Beschreibung des Problems verwenden wir ein raumfestes ξ, η, ζ-System und ein mit der Winkelgeschwindigkeit der Scheibe umlaufendes x, y, z-System. In **Bild 7.25** ist der Zustand der Scheibe in einer ausgelenkten Lage dargestellt. Die ξ-Achse, die mit der x-Achse zusammenfällt, ist die Verbindungslinie der Lagermitten. Sie ist die Drehachse des Systems, die die Scheibe augenblicklich im Punkt O durchstößt. Der Punkt W ist der Durchstoßpunkt der gebogenen Wellenachse mit der Scheibe. Er liegt auf der z-Achse des mitgeführten Koordinatensystems, sein Abstand von O ist $w = \overline{OW}$. Trotz sorgfältiger Herstellung fällt der Schwerpunkt S der Scheibe im Allgemeinen nicht mit dem Durchstoßpunkt W zusammen, sondern liegt um ein Maß $s = \overline{WS}$ außermittig. Der Schwerpunkt hat von der Drehachse den Abstand $r = \overline{OS}$.

Die Lage der Scheibe ist in jedem Augenblick durch die beiden scheibenfesten Punkte W und S festgelegt. Ihre Verbindungslinie $\overline{WS}$ schließt mit der raumfesten ζ-Achse den Drehwinkel ωt ein. Den Winkel, den die Strecke $s = \overline{WS}$ mit der positiven z-Achse bildet, bezeichnen wir mit φ.

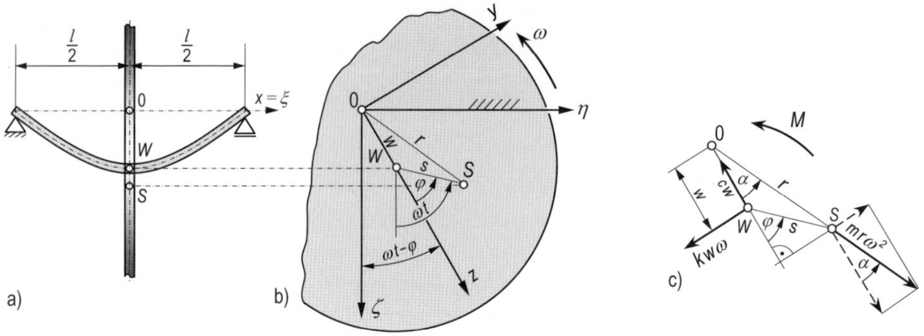

Bild 7.25: Beziehungen und Kräfte an der einfach besetzten Welle, wenn diese mit der Winkelgeschwindigkeit $\omega = \text{const}$ umläuft

Läuft die Welle mit der Winkelgeschwindigkeit ω um, so greift im Schwerpunkt der Scheibe die Fliehkraft $m\,r\,\omega^2$ an, die die Welle verbiegt (**Bild 7.25c**). Die Welle übt ihrerseits auf die Scheibe eine elastische Rückstellkraft F aus, die im Wellendurchstoßpunkt W angreift und von W nach O gerichtet ist. Die Rückstellkraft ist nach Gl. (2.76) der Auslenkung w der Welle proportional, $F = c\,w$. Die Proportionalitätskonstante ist die Federkonstante c, sie ist durch Gl. (2.77) gegeben.

Infolge der Luftreibung wirkt auf die Scheibe ein Bremsmoment, das im Lastmoment berücksichtigt wird, und dem das Antriebsmoment M_A das Gleichgewicht hält. Der Wellendurchstoßpunkt W läuft in der Entfernung $\overline{OW} = w$ von der Drehachse um. In ihm greift infolge des Luftwiderstandes zusätzlich eine resultierende Widerstandskraft an, die seiner Geschwindigkeit $v = w\,\omega$ entgegengerichtet ist (**Bild 7.25**). Da die Geschwindigkeit des Punktes W im Allgemeinen klein ist (z. B. ist für $w = 2$ mm und $n = 3\,000$ min^{-1} $v = w\,\omega = 0{,}628$ m/s), wollen wir die Widerstandskraft (Dämpfungskraft) nach Gl. (2.128) der Geschwindigkeit proportional annehmen. Da die Scheibe gleichförmig umläuft (stationäre Betriebszustand mit $\omega = \text{const}$), ist das Moment der Trägheitskräfte $J_S\,\dot{\omega} = 0$. Aus dem Gleichgewicht der Kräfte an der Scheibe in Richtung der z- und y-Achse des mitgeführten Koordinatensystems folgt

$$\sum F_{iz} = 0 = -\,c\,w + m\,r\,\omega^2\cos\alpha$$
$$\sum F_{iy} = 0 = -\,k\,w\,\omega + m\,r\,\omega^2\sin\alpha \qquad (7.117)$$

Aus **Bild 7.25c** liest man die geometrischen Beziehungen ab

$$r\cos\alpha = w + s\cos\varphi \qquad r\sin\alpha = s\sin\varphi \qquad (7.118)$$

Mit ihnen erhält man aus Gl. (7.117)

$$-\,c\,w + m\,\omega^2(w + s\cos\varphi) = 0 \qquad -\,k\,w\,\omega + m\,\omega^2\,s\sin\varphi = 0$$

Teilt man diese Gleichungen durch die Masse m und führt nach Gl. (7.23) die Abkürzungen

$$\omega_0^2 = c/m \qquad 2\,\delta = k/m$$

ein, so folgt

$$(\omega_0^2 - \omega^2)\,w = s\,\omega^2\cos\varphi \qquad 2\,\delta\,\omega\,w = s\,\omega^2\sin\varphi \qquad (7.119)$$

Der Quotient der linken und rechten Seiten dieser Gleichungen ergibt mit $\vartheta = \delta/\omega_0$ nach Gl. (7.29)

$$\tan\varphi = \frac{2\,\delta\,\omega}{\omega_0^2 - \omega^2} = \frac{2\,\vartheta\,(\omega/\omega_0)}{1-(\omega/\omega_0)^2} \tag{7.120}$$

und durch Quadrieren und Addieren beider Seiten der Beziehungen in Gl. (7.119) erhält man

$$w = \frac{s\,\omega^2}{\sqrt{(\omega_0^2-\omega^2)^2+(2\,\delta\,\omega)^2}} \qquad \frac{w}{s} = \frac{\omega^2/\omega_0^2}{\sqrt{\left[1-\left(\dfrac{\omega}{\omega_0}\right)^2\right]^2+\left(2\,\vartheta\dfrac{\omega}{\omega_0}\right)^2}} \tag{7.121}$$

Gl. (7.120) und (7.121) stimmen mit den Frequenzgängen von Gl. (7.69) und (7.89) überein, die in den **Bildern 7.15a** und **7.20** dargestellt sind. Damit ergibt sich folgendes Verhalten der Welle bei verschiedenen Drehzahlen:

Bei niedriger Drehzahl ist die Durchbiegung w der Welle klein und der Winkel φ angenähert Null. Die Punkte O, W und S liegen in der genannten Reihenfolge nahezu auf einer Geraden (**Bild 7.25a**). Mit steigender Drehzahl wandert der Schwerpunkt in Drehrichtung voraus, wobei sich die Welle allmählich stärker durchbiegt. (Man beachte, dass die Welle nicht schwingt, sondern nur stationär ausgelenkt wird. Die Welle ist also nur statisch, nicht wechselnd beansprucht.) Ist $\omega = \omega_0$, so schließt die Strecke $s = \overline{SW}$ mit dem Fahrstrahl $w = \overline{OW}$ einen rechten Winkel ein. Wäre die Dämpfung Null, so würde die Auslenkung w jetzt zum Bruch der Welle führen. Auch bei zu geringer Dämpfung kann die Auslenkung unzulässig groß werden. Die größten Auslenkungen w treten bei vorhandener Dämpfung nicht genau bei $\omega = \omega_0$ auf, sondern bei einer etwas höheren, der *kritischen Winkelgeschwindigkeit* $\omega_k = \omega_r$, die man aus Gl. (7.90) erhält. Ist nun $\omega > \omega_k$, so nehmen die Auslenkungen wieder ab, der Schwerpunkt S eilt weiter in Drehrichtung voraus, und der Winkel φ nähert sich asymptotisch dem Wert 180°. Für $\omega \to \infty$ wandert der Schwerpunkt in die Drehachse, der Punkt S fällt also mit O zusammen, und der Punkt W bewegt sich im Abstand $w = s$ auf einem Kreis um O. Man spricht von der *Selbstzentrierung* der Scheibe.

Die Kurven in **Bild 7.15a** bzw. **7.20** gelten natürlich nur für den *stationären Betriebszustand*, wenn also $\omega =$ const ist. Wird die Drehzahl der Scheibe auf einen neuen Wert gebracht, so dauert es eine gewisse (wenn auch sehr kurze) Zeit, bis sich ein neuer stationärer Betriebszustand ausbildet und sich die zugehörigen Werte w und φ einstellen. Es ist daher möglich, mit genügend hohem Antriebsmoment die kritische Drehzahl zu durchfahren, ohne dass die Welle in Gefahr gerät. Da der Schwerpunkt der Scheibe oberhalb ω_k in die Drehachse wandert, läuft die Welle im überkritischen Bereich vielfach ruhiger als im unterkritischen.

An umlaufenden Wellen ist die Dämpfung meistens verschwindend klein, dann ist die kritische Winkelgeschwindigkeit $\omega_k = \omega_0$. Dieser Wert der Winkelgeschwindigkeit stimmt überein mit der Kreisfrequenz der ungedämpften Biegeschwingungen der Welle. Wird die Welle nämlich im Ruhezustand ($\omega = 0$) ausgelenkt und dann losgelassen, so kann das **Bild 2.16** als Ersatzsystem für die schwingende Welle betrachtet werden (die Federkonstante ist nach Gl. (2.77) $c = 48\,EI/l^3$), und Gl. (2.52) gibt die Bewegungsgleichung an. Darin ist $\omega_0 = \sqrt{c/m} = \sqrt{48\,EI/(l^3 m)}$ die Kreisfrequenz der Biegeschwingungen. Diese ist nach Abschn. 7.4 für verschwindende Dämpfung auch gleich der Resonanzkreisfrequenz ω_r.

Vorstehende Überlegung kann man sich zunutze machen, um experimentell an der nicht-umlaufenden Welle die kritische Winkelgeschwindigkeit ω_k zu bestimmen. Lässt man auf die Scheibe (z. B. mit Hilfe eines Schwingungsgenerators) eine periodische Kraft mit der einstellbaren Kreisfrequenz ω einwirken, so ist diejenige Kreisfrequenz ω_r, bei der die größten Ausschläge der Scheibe beobachtet werden, mit der kritischen Winkelgeschwindigkeit ω_k identisch. Die Welle ist bei diesen Schwingungen wechselnd beansprucht.

Die wichtigsten Erkenntnisse dieses Abschnittes kann man wie folgt zusammenfassen [1]:

1. Die Winkelgeschwindigkeit $\omega_k = \omega_0 = \sqrt{c/m}$ ist kritisch. Sie liegt um so höher, je steifer die Welle und je kleiner die Scheibenmasse ist.
2. Oberhalb von ω_k nähert sich der Scheibenschwerpunkt auch bei vorhandener Exzentrizität der Drehachse.
3. Wie man aus **Bild 7.20** erkennt, treten auch unter- und oberhalb ω_k unzulässig hohe Auslenkungen w auf. Daher ist nicht nur der Wert ω_k, sondern ein ganzer Bereich um ω_k kritisch.
4. Der gefährliche Bereich muss genügend rasch durchfahren werden, damit sich keine unzulässig hohen Auslenkungen ausbilden können. Beim Durchfahren dieses Bereiches muss also das Antriebsmoment genügend gesteigert werden [2].

Begnügt man sich mit dem wichtigsten dieser Ergebnisse, nämlich, dass $\omega = \omega_0$ die kritische Winkelgeschwindigkeit ist, so kann man ihre Herleitung wesentlich kürzer fassen. Man erhält nämlich denselben Wert von ω, wenn man die Exzentrizität $s = 0$ setzt. Nimmt man an, dass die Welle überhaupt einer stationären Auslenkung mit $w \neq 0$ fähig ist, so hat man nur noch auszudrücken, dass die Fliehkraft $m\, w\, \omega^2$ im ausgelenkten Zustand in jedem Augenblick der elastischen Rückstellkraft $c\, w$ das Gleichgewicht hält (**Bild 7.26**)

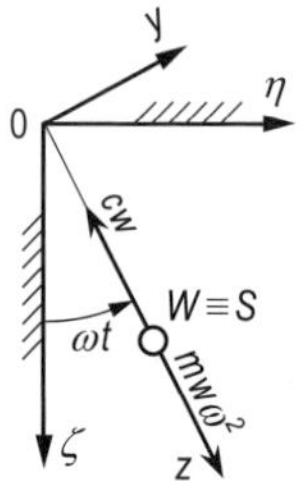

$$m\, w\, \omega^2 = c\, w$$

oder

$$\left(\frac{c}{m} - \omega^2\right) w = 0$$

Bild 7.26: Kräfte an der umlaufenden Scheibe bei fehlender Exzentrizität

Das Produkt in dieser Gleichung verschwindet, wenn einer der Faktoren Null wird. Die Gleichung ist also erfüllt für $w = 0$, dann ist aber keine stationäre Auslenkung vorhanden. Werte $w \neq 0$ sind nur möglich, wenn der Klammerausdruck verschwindet, wenn also

$$\omega^2 = \frac{c}{m} = \omega_0^2 \tag{7.123}$$

---

1) Vgl. [1], S.159.

2) Im Folgenden wollen wir den Index k fortlassen und unter $\omega = \omega_k = \omega_0$ immer die kritische Winkelgeschwindigkeit oder die Kreisfrequenz der Biegeschwingungen verstehen.

wird. Aus dieser Herleitung ist jedoch nicht mehr zu erkennen, dass ω kritisch ist. Diesen Sachverhalt kann man in dem von *Biezeno* und *Grammel* formulierten Äquivalenzprinzip zusammenfassen:[1)]

Die kritische Winkelgeschwindigkeit ω einer Welle stimmt mit derjenigen überein, für die die Welle auch bei fehlender Exzentrizität einer stationären Auslenkung fähig wäre.

Dieses Prinzip ist von großem Nutzen für die Bestimmung der kritischen Drehzahl einer zwei- oder mehrfach besetzten Welle.

7.5.3 Die mit mehreren Scheiben besetzte Welle

In **Bild 7.27a** ist eine zweifach gelagerte Welle dargestellt. Sie trägt an den Stellen x_i und x_k zwei Scheiben mit den Massen m_i und m_k. Die Masse der Welle wird gegenüber den Scheibenmassen vernachlässigt.

Jede Scheibe hat im Allgemeinen eine andere Exzentrizität, so dass das dynamische Problem der zweifach besetzten Welle bereits recht kompliziert sein kann. Nach dem Äquivalenzprinzip ist die Welle aber auch bei fehlender Exzentrizität einer stationären Auslenkung fähig, wenn diese mit der kritischen Winkelgeschwindigkeit ω umläuft. Damit kann nun das dynamische Problem auf ein statisches zurückgeführt werden. In **Bild 7.27b** ist die Welle in einer ausgelenkten Lage dargestellt, wenn sie mit der kritischen Winkelgeschwindigkeit ω umläuft. Die Auslenkungen der Massen m_i und m_k sind mit w_i und w_k bezeichnet. Diese werden durch die Fliehkräfte

$$F_i = m_i\, w_i\, \omega^2 \qquad F_k = m_k\, w_k\, \omega^2 \tag{7.124}$$

hervorgerufen. Wir berechnen die Auslenkungen w_i und w_k infolge der Kräfte F_i und F_k nach der Superpositionsmethode (s. Band *Festigkeitslehre*, Abschn. 5.2).

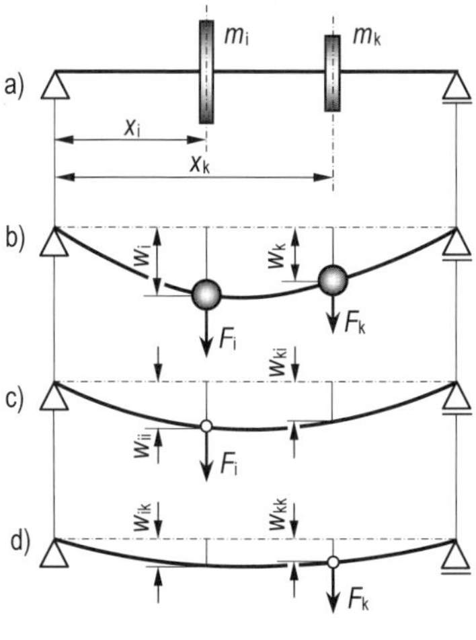

Bild 7.27: a) Zweifach besetzte Welle und ihre Auslenkungen
b) infolge F_i und F_k
c) nur infolge von F_i
d) nur infolge F_k

1) Vgl. [1], S. 162.

Belastet man die Welle zunächst nur mit der Kraft F_i, so ruft diese an der Stelle *i* die Verschiebung w_{ii} hervor. Zugleich verschiebt sich die Welle an der Stelle *k* um w_{ki} (**Bild 7.27c**). Wird nur die Kraft F_k aufgebracht, so biegt sich die Welle an der Kraftangriffsstelle um w_{kk} durch, wobei gleichzeitig die Angriffsstelle der Kraft F_i die Verschiebung w_{ik} erfährt (**Bild 7.27d**). Nach der Superpositionsmethode erhält man die Gesamtauslenkungen (**Bild 7.27b**) infolge der Kräfte F_i und F_k als Summe der beiden Teilauslenkungen (**Bild 7.27c** und **d**).

$$w_i = w_{ii} + w_{ik} \qquad w_k = w_{ki} + w_{kk} \tag{7.125}$$

Darin ist w_{ik} also die Auslenkung an der Stelle *i* infolge der Kraft F_k am Orte *k*. Der erste Index bezeichnet den Ort der Auslenkung, der zweite den der Kraft.

Da die Auslenkungen den Kräften proportional sind, können diese mit Hilfe der Federkonstante ausgedrückt werden. Die folgenden Gleichungen werden aber übersichtlicher, wenn man statt der Federkonstante *c* ihren Reziprokwert, die *Einflusszahl*

$$\alpha = 1/c \tag{7.126}$$

verwendet. Dann ist

$$w_{ik} = \frac{1}{c_{ik}} F_k = \alpha_{ik} F_k = \alpha_{ik}\, m_k\, w_k\, \omega^2 \tag{7.127}$$

Die Einflusszahlen α_{ik} können nach in der Festigkeitslehre hergeleiteten Formeln bestimmt werden (vgl. auch Beispiel 7.10, S. 324). Mit dieser Schreibweise erhält man aus Gl. (7.125)

$$\begin{aligned} w_i &= \alpha_{ii} F_i + \alpha_{ik} F_k = \alpha_{ii}\, m_i\, w_i\, \omega^2 + \alpha_{ik}\, m_k\, w_k\, \omega^2 \\ w_k &= \alpha_{ki} F_i + \alpha_{kk} F_k = \alpha_{ki}\, m_i\, w_i\, \omega^2 + \alpha_{kk}\, m_k\, w_k\, \omega^2 \end{aligned} \tag{7.128}$$

Ordnet man nach den Unbekannten w_i und w_k und teilt die Gleichungen durch ω^2, so erhält man das homogene Gleichungssystem

$$\begin{aligned} &\left(\alpha_{ii}\, m_i - \frac{1}{\omega^2}\right) w_i + \alpha_{ik}\, m_k\, w_k = 0 \\ &\alpha_{ki}\, m_i\, w_i + \left(\alpha_{kk}\, m_k - \frac{1}{\omega^2}\right) w_k = 0 \end{aligned} \tag{7.129}$$

Das Gleichungssystem (7.129) hat stets die *triviale Lösung* $w_i = w_k = 0$, d. h., die Massen sind nicht ausgelenkt. Das System hat nur dann nichttriviale Lösungen, wenn seine Koeffizientendeterminante

$$D = \begin{vmatrix} \left(\alpha_{ii}\, m_i - \frac{1}{\omega^2}\right) & \alpha_{ik}\, m_k \\ \alpha_{ki}\, m_i & \left(\alpha_{kk}\, m_k - \frac{1}{\omega^2}\right) \end{vmatrix} = 0 \tag{7.130}$$

ist. Winkelgeschwindigkeiten, die dieser Bedingung genügen, sind nach dem Äquivalenzprinzip kritisch. Aus Gl. (7.130) folgt

$$\left(\frac{1}{\omega^2}\right)^2 - (\alpha_{ii}\, m_i + \alpha_{kk}\, m_k)\frac{1}{\omega^2} + (\alpha_{ii}\, \alpha_{kk} - \alpha_{ik}\, \alpha_{ki})\, m_i\, m_k = 0 \tag{7.131}$$

Diese quadratische Gleichung hat zwei Lösungen für ω^2, das Zweimassensystem hat also zwei *kritische Winkelgeschwindigkeiten* ω_1 und ω_2. (Die zwei weiteren Lösungen der Gl. (7.131) unterscheiden sich von ω_1 und ω_2 nur durch ein Vorzeichen, was besagt, dass die kritischen Erscheinungen unabhängig von der Drehrichtung der Welle sind.)

Bevor wir ein Zahlenbeispiel durchrechnen, seien noch einige Bemerkungen über Einflusszahlen eingeschoben. Die praktische Berechnung wird nämlich erleichtert, wenn man berücksichtigt, dass Einflusszahlen symmetrisch sind, also

$$\alpha_{ik} = \alpha_{ki} \tag{7.132}$$

Der Beweis kann mit Hilfe der Formänderungsarbeit erbracht werden. Wegen der linearen Abhängigkeit der Durchbiegung von der Last ist die Formänderungsarbeit unabhängig von der Reihenfolge der Belastung. Wirkt nach **Bild 7.27c** zunächst nur die Kraft F_i auf die Welle, so biegt sie sich um w_{ii} durch, dabei ändert sich die Verformung linear mit der Kraft, und die von F_i verrichtete Arbeit W_{ii} ist der Fläche unter der Kraft-Verschiebungs-Kurve proportional (**Bild 7.28**), sie beträgt

$$W_{ii} = \frac{1}{2} w_{ii}\, F_i \tag{7.133}$$

Wird zusätzlich die Kraft F_k aufgebracht, so verschiebt sich die Last F_i, die bereits ihren vollen Betrag erreicht hat, um w_{ik} und verrichtet dabei die Arbeit

$$W_{ik} = w_{ik}\, F_i \tag{7.134}$$

gleichzeitig verrichtet F_k entsprechend Gl. (7.133) die Arbeit

$$W_{kk} = \frac{1}{2} w_{kk}\, F_k \tag{7.135}$$

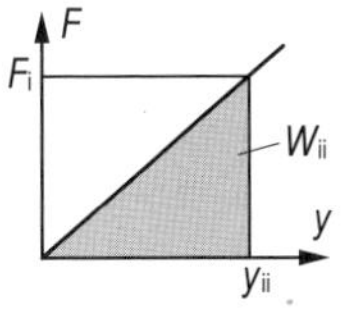

Bild 7.28: Kraft-Verschiebungs-Kurve und Formänderungsarbeit, wenn eine Welle mit F_i belastet wird

Die Summe dieser drei Ausdrücke ist die gesamte Formänderungsarbeit

$$W = \frac{1}{2} w_{ii} F_i + w_{ik} F_i + \frac{1}{2} w_{kk} F_k \tag{7.136}$$

Kehrt man die Reihenfolge der Belastung um, indem man zunächst F_k und dann F_i aufbringt, so bleiben die Ausdrücke in Gl. (7.133) und (7.135) erhalten, lediglich F_k verrichtet beim Aufbringen von F_i die Arbeit

$$W_{ki} = w_{ki}\, F_k \tag{7.137}$$

und die gesamte Formänderungsarbeit beträgt

$$W = \frac{1}{2} w_{kk} F_k + w_{ki} F_k + \frac{1}{2} w_{ii} F_i \tag{7.138}$$

Aus der Gleichheit der beiden Formänderungsarbeiten in Gl. (7.136) und (7.138) folgt der Satz von *Betti*

$$W_{ik} = w_{ik}\, F_i = w_{ki}\, F_k = W_{ki} \tag{7.139}$$

Ersetzt man nun die Verschiebungen w_{ik} bzw. w_{ki} nach Gl. (7.127), so folgt

$$\alpha_{ik} F_k F_i = \alpha_{ki} F_i F_k \qquad \text{oder} \qquad \alpha_{ik} = \alpha_{ki}$$

was zu beweisen war. Diese Beziehung ist die Aussage des *Maxwell*schen Satzes.

Beispiel 7.10: Für die in **Bild 7.29a** dargestellte zweifach besetzte Welle bestimme man die kritischen Winkelgeschwindigkeiten ω_1 und ω_2 sowie die zugehörigen Auslenkungsformen (Biegelinien) der Welle. Der Wellendurchmesser beträgt $d = 40$ mm, der Elastizitätsmodul $E = 200$ kN/mm^2. In der Masse der Scheiben $m_1 = 20$ kg und $m_2 = 10$ kg ist die Masse eines zur Scheibenmitte symmetrischen Wellenabschnittes von je 300 mm Länge berücksichtigt. Die Masse der Wellenabschnitte in der Nähe der Lager wird vernachlässigt.

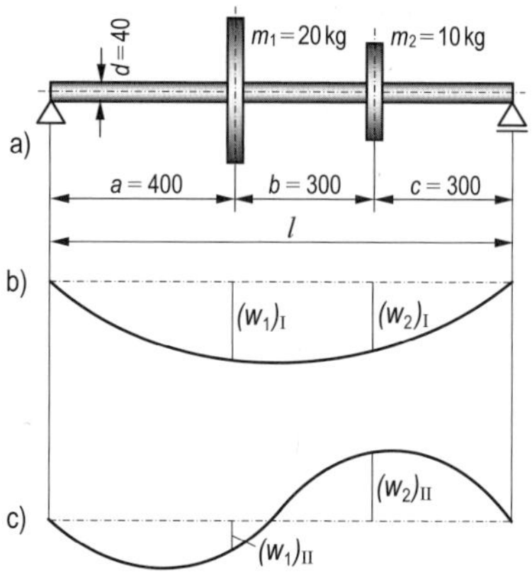

Bild 7.29: a) Welle zum Beispiel 7.10
b) niedrigste Eigenschwingungsform
c) höchste Eigenschwingungsform

Die kritischen Winkelgeschwindigkeiten erhält man aus Gl. (7.131). Zuvor werden die drei Einflusszahlen bestimmt. Mit $i = 1$, $k = 2$ und den Bezeichnungen des **Bildes 7.29** gewinnt man die Einflusszahlen nach Formeln der Festigkeitslehre

$$\alpha_{11} = \frac{w_{11}}{F_1} = \frac{l^3}{3EI}\left(\frac{a}{l}\right)^2\left(\frac{b+c}{l}\right)^2 = 7{,}637 \cdot 10^{-7}\,\frac{\text{m}}{\text{N}}$$

$$\alpha_{22} = \frac{w_{22}}{F_2} = \frac{l^3}{3EI}\left(\frac{c}{l}\right)^2\left(\frac{a+b}{l}\right)^2 = 5{,}847 \cdot 10^{-7}\,\frac{\text{m}}{\text{N}}$$

$$\alpha_{12} = \alpha_{21} = \frac{l^3}{6EI}\left(\frac{a+b}{l}\right)\left(\frac{c}{l}\right)^2\left(\frac{a}{l}\right)\left[1 + \frac{l}{c} - \frac{a^2}{(a+b)c}\right] = 5{,}967 \cdot 10^{-7}\,\frac{\text{m}}{\text{N}}$$

Darin ist das axiale Flächenmoment 2. Grades $I = \pi\, d^4/64 = 12{,}57$ cm^4.
Mit diesen Werten erhält man aus Gl. (7.131)

$$\left(\frac{1}{\omega^2}\right)^2 - (7{,}637 \cdot 20 + 5{,}847 \cdot 10) \cdot 10^{-7}\,\text{s}^2\left(\frac{1}{\omega^2}\right) + (7{,}637 \cdot 5{,}847 - 5{,}967^2) \cdot 10^{-14} \cdot 20 \cdot 10\,\text{s}^4 = 0$$

Multipliziert man mit 10^{10} und fasst zusammen, so folgt

$$\left(\frac{10^5}{\omega^2}\right)^2 - 2{,}112\,\text{s}^2\left(\frac{10^5}{\omega^2}\right) + 0{,}1810\,\text{s}^4 = 0$$

Diese quadratische Gleichung hat die Lösungen

$$\omega_1^2 = 4{,}944 \cdot 10^4 \,\mathrm{s}^{-2} \qquad \omega_2^2 = 1{,}117 \cdot 10^6 \,\mathrm{s}^{-2}$$

$$\omega_1 = 222\,\mathrm{s}^{-1} \qquad \omega_2 = 1057\,\mathrm{s}^{-1}$$

Die kritischen Drehzahlen betragen

$$n_1 = 2120\,\mathrm{min}^{-1} \qquad n_2 = 10094\,\mathrm{min}^{-1}$$

Da die Exzentrizität der Scheiben Null gesetzt wurde, kann nur das Verhältnis der Auslenkungen w_1/w_2 bestimmt werden, nicht deren Größe. Aus der ersten oder zweiten der Gleichung (7.129) gewinnt man

$$\frac{w_1}{w_2} = -\frac{\alpha_{12}\, m_2}{\alpha_{11}\, m_1 - 1/\omega^2}$$

Setzt man hierin ω_1^2 bzw. ω_2^2 ein, so erhält man das Auslenkungsverhältnis für die beiden kritischen Drehzahlen

$$\left(\frac{w_1}{w_2}\right)_{\mathrm{I}} = -\frac{5{,}967 \cdot 10^{-7} \cdot 10\,\mathrm{s}^2}{7{,}637 \cdot 10^{-7} \cdot 20\,\mathrm{s}^2 - \left(1/4{,}944 \cdot 10^4\right)\mathrm{s}^2} = 1{,}205$$

$$\left(\frac{w_1}{w_2}\right)_{\mathrm{II}} = -\,0{,}4150$$

Die beiden Biegelinien sind in **Bild 7.29b** und **c** dargestellt, dabei ist z. B. w_2 beliebig angenommen, dann kann w_1 aus den vorstehenden Gleichungen berechnet werden.

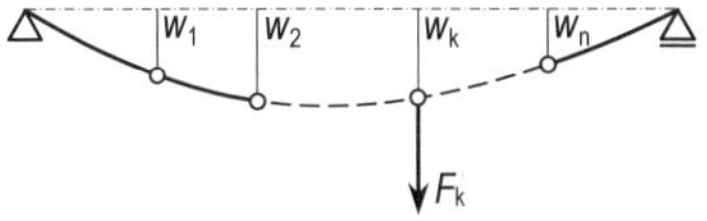

Bild 7.30: Zur kritischen Drehzahl der n-fach besetzten Welle

Wir betrachten die mit n-Scheiben besetzte Welle in **Bild 7.30.** Sie möge mit der kritischen Winkelgeschwindigkeit ω umlaufen. Dann ist sie nach dem Äquivalenzprinzip einer stationären Auslenkung fähig. Bezeichnet man die Auslenkung der k-ten Masse mit w_k, so ist die an ihr angreifende Fliehkraft F_k nach Gl. (7.124) gegeben. Die Gesamtdurchbiegung w_i der i-ten Masse ergibt sich nach der Superpositionsmethode als Summe aller Teildurchbiegungen infolge der Kräfte $F_1, F_2, \ldots, F_n$

$$w_i = w_{i1} + w_{i2} + w_{i3} + \ldots + w_{ik} + \ldots + w_{in}$$

und in Verbindung mit Gl. (7.127) kann man schreiben

$$w_i = \alpha_{i1}\, m_1\, w_1\, \omega^2 + \alpha_{i2}\, m_2\, w_2\, \omega^2 + \ldots + \alpha_{ik}\, m_k\, w_k\, \omega^2 + \ldots + \alpha_{in}\, m_n\, w_n\, \omega^2$$

oder

$$\boldsymbol{w_i = \omega^2 \sum_{k=1}^{n} \alpha_{ik} m_k w_k \quad (i = 1, 2, \ldots, n)} \qquad (7.140)$$

Speziell für eine dreifach besetzte Welle erhält man das Gleichungssystem

$$w_1 = \alpha_{11}\, m_1\, w_1\, \omega^2 + \alpha_{12}\, m_2\, w_2\, \omega^2 + \alpha_{13}\, m_3\, w_3\, \omega^2$$

$$w_2 = \alpha_{21}\, m_1\, w_1\, \omega^2 + \alpha_{22}\, m_2\, w_2\, \omega^2 + \alpha_{23}\, m_3\, w_3\, \omega^2$$

$$w_3 = \alpha_{31}\, m_1\, w_1\, \omega^2 + \alpha_{32}\, m_2\, w_2\, \omega^2 + \alpha_{33}\, m_3\, w_3\, \omega^2$$

Dieses Gleichungssystem hat die 3 Unbekannten w_1, w_2 und w_3. Ordnet man nach diesen, so erhält man wieder ein lineares homogenes Gleichungssystem, das nur dann von Null verschiedene Lösungen hat, wenn seine Koeffizientendeterminante

$$\begin{vmatrix} \left(\alpha_{11}\, m_1 - \frac{1}{\omega^2}\right) & \alpha_{12}\, m_2 & \alpha_{13}\, m_3 \\ \alpha_{21}\, m_1 & \left(\alpha_{22}\, m_2 - \frac{1}{\omega^2}\right) & \alpha_{23}\, m_3 \\ \alpha_{31}\, m_1 & \alpha_{32}\, m_2 & \left(\alpha_{33}\, m_3 - \frac{1}{\omega^2}\right) \end{vmatrix} = 0 \qquad (7.141)$$

ist. Diese Bedingung führt auf eine Gleichung dritten Grades in ω^2, aus der man die drei kritischen Winkelgeschwindigkeiten ω_1, ω_2 und ω_3 bekommt. Für ein n-Massensystem würde man eine Gleichung n-ten Grades für die n kritischen Winkelgeschwindigkeiten erhalten.

Bemerkung Bei einer n-fach besetzten Welle kann der Satz der Einflusszahlen α_{ik} ($i = 1, 2, 3, \ldots, n$) als Durchbiegung der Welle an den Stellen i infolge einer Einskraft $F_{\mathrm{k}} = 1$ an der Stelle k gedeutet werden (s. Gl. (7.127)). Damit können die für die Durchführung des oben beschriebenen Verfahrens benötigten Einflusszahlen α_{ki} relativ einfach durch Benutzung von Programmen für die Berechnung der Biegelinien von Balken ermittelt werden.

7.5.4 Schwingungen kontinuierlicher Systeme

In den vorigen Abschnitten wurden Balken oder Wellen als Träger von schwingenden Lasten und somit als „Feder“ der Schwingung behandelt. Wir wollen nun die „Eigenschwingung“ der Welle oder des Balkens als schwingende Masse und zugleich als Feder behandeln und fragen nach deren Frequenz als Funktion der Abmessungen und des Materials.

Der Schwingungsausschlag ist dabei vom Ort x auf dem Balken als auch von der Zeit t abhängig (**Bild 7.31**).

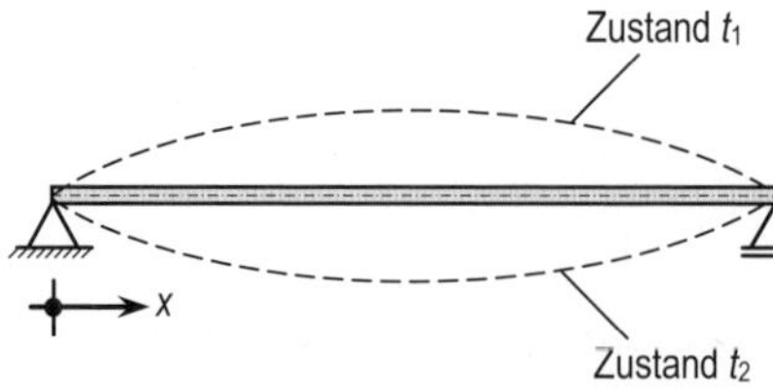

Bild 7.31:
Eigenschwingungsform eines Balken

Wir denken uns nun ein kleines Teilstück der Länge Δx aus dem Balken herausgeschnitten und setzen für dieses Teilstück die Bewegungsgleichung an. Die Masse des Teilstücks ist $\Delta m = \Delta x\, A\, \rho$. Hierin ist A die als konstant angenommene Querschnittsfläche und ρ die Dichte des Materials. Am Balkenstück greifen Querkraft und Biegemoment an (**Bild 7.32**).

Bezeichnet man die nach unten positiv angenommene Durchbiegung des Balkens mit w, so ist $\dot{w}$ die Geschwindigkeit und $\ddot{w}$ die Beschleunigung des Stückes, wenn mit dem Punkt 0 die Ableitung nach der Zeit gemeint ist. Die Bewegungsgleichung lautet dann

$$F_q(x+\Delta x) - F_q(x) = \Delta m\, \ddot{w} = \Delta x\, A\, \rho\, \ddot{w} \tag{7.142}$$

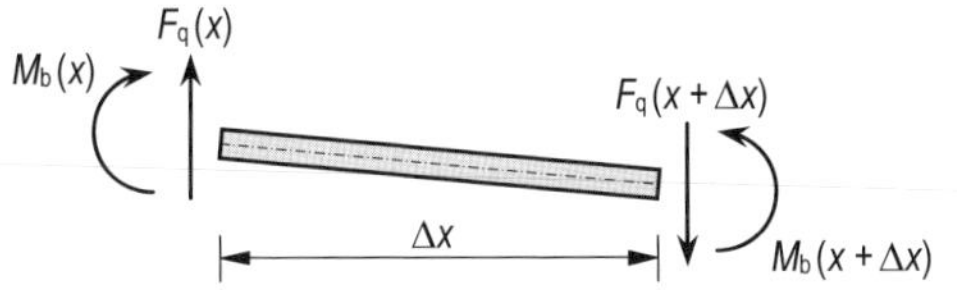

Bild 7.32:
Schnittgrößen am Balkenelement

Wir dividieren die Gleichung durch Δx und bilden den Grenzwert $\Delta x \to 0$. Dann ist mit dem Strich ′ als Ableitung nach der Ortskoordinate x

$$F_q' = A\, \rho\, \ddot{w} \tag{7.143}$$

Da die Querkraft die Ableitung des Biegemomentes ist (s. Band *Statik*, Abschn. 9.2), gilt auch

$$M_b'' = A\, \rho\, \ddot{w} \tag{7.144}$$

Da das Balkenstück auch eine Drehung macht, müsste man auch dafür eine Bewegungsgleichung aufstellen. Diese wird aber wegen der als klein angenommenen Neigung des Balkens gegen die Vertikalschwingung vernachlässigt.

Das Biegemoment hängt mit der Durchbiegung über die Differenzialgleichung der Biegelinie zusammen (s. Band *Festigkeitslehre*, Abschn. 5.2)

$$M_b = -\,E I_y\, w''$$

Dabei ist E der Elastizitätsmodul des Materials und I_y das axiale Flächenmoment 2. Grades des Balkenquerschnitts senkrecht zur Durchbiegung. Wir setzen diesen Ausdruck in Gl. (7.144) ein und erhalten mit

$$(-E I_y\, w'')'' = A\, \rho\, \ddot{w} \tag{7.145}$$

eine partielle Differenzialgleichung für die Durchbiegung w.

Von einer partiellen Differenzialgleichung spricht man, wenn Ableitungen der gesuchten Funktion nach mehreren Veränderlichen vorkommen.

Wir wollen der Einfachheit halber voraussetzen, dass der Balken konstanten Querschnitt besitzt. Dann ist $-(E I_y\, w'')'' = -E I_y\, w''''$, und aus Gl. (7.145) wird

$$-\,E I_y\, w'''' = A\, \rho\, \ddot{w} \tag{7.146}$$

Für die Lösung dieser Differenzialgleichung hat es sich als zweckmäßig erwiesen, die Lösungsfunktion $w(x,t)$ als Produkt zweier Funktionen anzusetzen, von denen eine nur von der Zeit und die andere analog nur vom Ort abhängt.

$$w(x,t) = w_1(x)\, w_2(t) \tag{7.147}$$

Dann ist für die Ableitung nach der Ortskoordinate x die Funktion $w_2(t)$ als Konstante anzusehen, und bei der Ableitung nach der Zeit t ist $w_1(x)$ konstant, also

$$w'''' = w_1'''' \, w_2 \qquad \ddot{w} = w_1 \, \ddot{w}_2 \tag{7.148}$$

Wir setzen die Ausdrücke in Gleichung (7.146) ein und erhalten

$$-E I_y \, w_1'''' w_2 = A \rho \, w_1 \, \ddot{w}_2 \tag{7.149}$$

und nach Dividieren durch $-w_1 w_2 A \rho$

$$\frac{E I_y}{A \rho} \frac{w_1''''}{w_1} = -\frac{\ddot{w}_2}{w_2} \tag{7.150}$$

Gleichung (7.150) soll für jedes x und t gelten. Das kann nur dann richtig sein, wenn jede Seite konstant ist.

$$\frac{E I_y}{A \rho} \frac{w_1''''}{w_1} = K = -\frac{\ddot{w}_2}{w_2} \tag{7.151}$$

Damit zerfällt die partielle Differenzialgleichung in zwei gewöhnliche Differenzialgleichungen

$$\frac{E I_y}{A \rho} \frac{w_1''''}{w_1} = K \qquad -\frac{\ddot{w}_2}{w_2} = K = \omega^2 \tag{7.152}$$

Die Gleichung für w_2 ist die bekannte Schwingungsdifferenzialgleichung, in der ω die hier noch unbekannte Kreisfrequenz ist. Ihre Lösung lautet:

$$w_2(t) = A_2 \sin \omega t + B_2 \cos \omega t$$

Die beiden Integrationskonstanten sind durch die zeitlichen Anfangsbedingungen zu bestimmen. Die Kreisfrequenz ergibt sich aus der Lösung der Differenzialgleichung für w_1, die man nach Umformung aus Gleichung (7.152) in der Form

$$w_1'''' = \omega^2 \frac{A \rho}{E I_y} w_1 \tag{7.153}$$

erhält. Die Lösung muss aus Funktionen bestehen, die ihrer vierten Ableitung proportional sind. Das sind die Kreisfunktionen und die Hyperbelfunktionen. In der Mathematik wird bewiesen, dass

$$w_1(x) = A_1 \sin px + B_1 \cos px + C_1 \sinh px + D_1 \cosh px \tag{7.154}$$

die vollständige Lösung der Differenzialgleichung (7.153) ist.

Die Größe

$$\boldsymbol{p = \sqrt[4]{\frac{\omega^2 A \rho}{E I_y}}} \tag{7.155}$$

ergibt sich durch Eliminieren der Integrationskonstanten mit Hilfe der geometrischen und mechanischen Randbedingungen. Das wird im Folgenden an zwei Beispielen gezeigt.

Beispiel 7.11: Für den an beiden Enden drehbar gelagerten Balken (**Bild 7.31**) ermittle man die Eigenkreisfrequenz.
Randbedingungen: Die Durchbiegungen und Biegemomente sind an beiden Enden, also für $x = 0$ und $x = l$, gleich Null: $w(0) = 0$, $w''(0) = 0$, $w(l) = 0$, $w''(l) = 0$.
Zur Funktion w_1 brauchen wir auch deren Ableitungen

$$w_1' = p\left[A_1 \cos px - B_1 \sin px + C_1 \cosh px + D_1 \sinh px\right] \tag{7.156}$$

$$w_1'' = p^2\left[-A_1 \sin px - B_1 \cos px + C_1 \sinh px + D_1 \cosh px\right] \tag{7.157}$$

$$w_1''' = p^3\left[-A_1 \cos px + B_1 \sin px + C_1 \cosh px + D_1 \sinh px\right] \tag{7.158}$$

Randbedingungen:

$w_1(0) = 0$ $\qquad B_1 + D_1 = 0$

$w_1''(0) = 0$ $\qquad -B_1 + D_1 = 0$

$w_1(l) = 0$ $\qquad A_1 \sin pl + B_1 \cos pl + C_1 \sinh pl + D_1 \cosh pl = 0$

$w_1''(l) = 0$ $\qquad -A_1 \sin pl - B_1 \cos pl + C_1 \sinh pl + D_1 \cosh pl = 0$

Aus der Addition der beiden ersten Gleichungen folgt $D_1 = 0$, aus deren Subtraktion ebenso $B_1 = 0$. Für die dritte und vierte Gleichung bleibt dann

$$A_1 \sin pl + C_1 \sinh pl = 0$$

$$-A_1 \sin pl + C_1 \sinh pl = 0$$

Deren Addition liefert $\qquad 2\,C_1 \sinh pl = 0$

und die Subtraktion $\qquad 2\,A_1 \sin pl = 0$

Wenn auch A_1 und $C_1 = 0$ sind, findet keine Schwingung statt. Ebenso hat $\sinh pl = 0$ nur die Lösung $p = 0$. Das bedeutet die Ruhelage. Als Bedingung für eine Schwingung bleibt nur

$\sin pl = 0$ $\quad$ mit den Lösungen $\quad pl = n\pi$

Die kleinste Frequenz ergibt sich für $n = 1$ mit dem anschaulichen Bild einer Sinushalbwelle, d.h. $pl = \pi$. Aus Gleichung (7.155) kann dann die Schwingungsfrequenz berechnet werden.

$$\boldsymbol{\omega = p^2\sqrt{\frac{E\,I_y}{\rho A}} = \frac{\pi^2}{l^2}\sqrt{\frac{E\,I_y}{\rho A}}} \tag{7.159}$$

Aus dieser Gleichung geht hervor, dass die Eigenfrequenz umso höher liegt, je größer die Biegesteifigkeit des Balkens oder der Welle ist.
Nehmen wir als Zahlenbeispiel eine Stahlwelle von $l = 2$ m Länge und $d = 20$ mm $= 20 \cdot 10^{-3}$ m Durchmesser mit $I_y / A = d^2/16$. Mit $E = 210$ kN/mm^2 $= 2{,}1 \cdot 10^{11}$ kg/ms^2 und $\rho = 7{,}9 \cdot 10^3$ kg/m^3 ergibt sich aus Gleichung (7.159)

$\omega = 63{,}6$ s^{-1} und $f = \omega / 2\pi = 10{,}1$ s^{-1}

Beispiel 7.12: Die Eigenkreisfrequenz eines an einem Ende eingespannten und am anderen Ende freien Balkens mit den Abmessungen aus Beispiel 7.11 ist zu bestimmen (**Bild 7.33**).

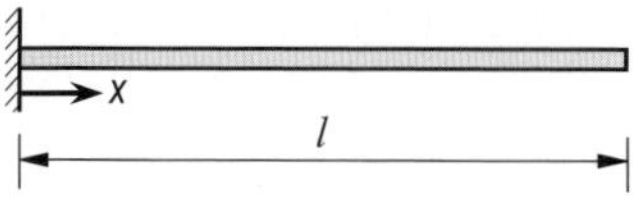

Bild 7.33:
Einseitig eingespannter Balken

Die Randbedingungen lauten: An der Einspannstelle $x = 0$ sind Durchbiegung w und Neigung w' gleich Null. Am freien Ende $x = l$ sind Biegemoment (w'') und Querkraft (w''') gleich Null. Aus den Gleichungen (7.154), (7.156), (7.157) und (7.158) folgt

$$w_1(0) = 0 \qquad B_1 + D_1 = 0$$

$$w_1'(0) = 0 \qquad A_1 + C_1 = 0$$

$$w_1''(l) = 0 \qquad -A_1 \sin pl - B_1 \cos pl + C_1 \sinh pl + D_1 \cosh pl = 0$$

$$w_1'''(l) = 0 \qquad -A_1 \cos pl + B_1 \sin pl + C_1 \cosh pl + D_1 \sinh pl = 0$$

Man setzt $D_1 = -B_1$ und $C_1 = -A_1$ aus den beiden ersten Gleichungen in die dritte und vierte Gleichung ein und erhält ein homogenes Gleichungssystem für die beiden übrigen Konstanten A_1 und B_1.

$$-A_1 (\sin pl + \sinh pl) - B_1 (\cos pl + \cosh pl) = 0$$

$$-A_1 (\cos pl + \cosh pl) - B_1 (-\sin pl + \sinh pl) = 0$$

Dieses Gleichungssystem hat nur dann eine von Null verschiedene Lösung, wenn seine Determinante gleich Null ist, also

$$(\sin pl + \sinh pl)(-\sin pl + \sinh pl) - (\cos pl + \cosh pl)^2 = 0$$

$$-\sin^2 pl + \sinh^2 pl - \cos^2 pl - 2 \cos pl \cosh pl - \cosh^2 pl = 0$$

Beachtet man noch, dass $\sin^2 pl + \cos^2 pl = 1$ und $\cosh^2 pl - \sinh^2 pl = 1$ ist, so bleibt als Bedingung für die Existenz einer Schwingung die Gleichung

$$\mathbf{\cos pl \cosh pl = -1} \qquad (7.160)$$

Diese Gleichung ist numerisch zu lösen. Schreibt man sie in der Form

$$\cos pl = -\frac{1}{\cosh pl}$$

so sieht man, dass die kleinste Lösung zwischen $pl = \pi/2$ und π liegt, weil der Hyperbelcosinus größer als 1 ist.
Man findet den Näherungswert $pl = 1{,}875$ und mit den gegebenen Zahlenwerten aus Gleichung (7.159)

$$\omega = 22{,}7\ \mathrm{s}^{-1} \quad \text{und} \quad f = 3{,}61\ \mathrm{s}^{-1}$$

7.6 Aufgaben zu Abschnitt 7

1. Man stelle die Zeiger von Gl. (7.10) zur Zeit $t = 0$ in der *Gaußschen* Zahlenebene dar und erläutere dann Gl. (7.11).

2. Man bestimme die Amplitude y_m, den Nullphasenwinkel φ und die Schwingungsdauer der Schwingung $y = A \cos \omega_0 t + B \sin \omega_0 t$ für $A = 3$ cm, $B = 4$ cm und $\omega_0 = 10\ \text{s}^{-1}$.

3. Man überlagere die Schwingungen $y_1 = \cos \omega_0 t$ und $y_2 = (1/3) \cos 2\, \omega_0 t$ additiv (vgl. Beispiel 1.20, S. 46, Gl. (1.126)).

4. Man bestimme die Ersatzfederkonstante und die minütliche Eigenschwingungszahl des Systems in **Bild 7.34** ($E = 210$ kN/mm², $c_1 = 20$ N/cm, $c_2 = 40$ N/cm, $m = 4$ kg).

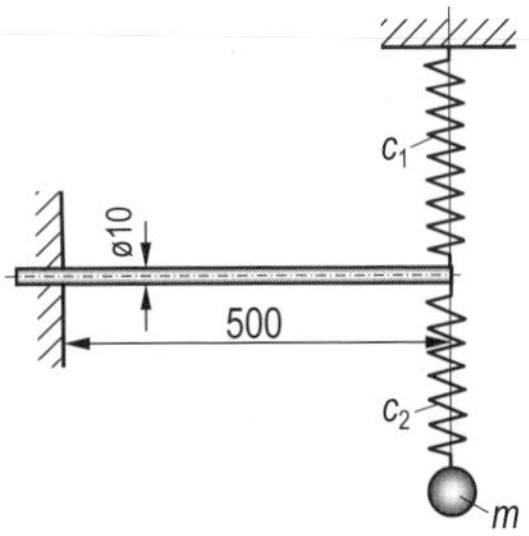

Bild 7.34: System zur Aufgabe 4

5. Der Schwingungsaufnehmer ($m = 2$ g) in **Bild 7.21** soll für Wegmessungen verwandt werden. Wie groß muss die Federkonstante c sein, wenn Schwingungen mit einer Frequenz von $n = 15$ Hz noch amplitudengetreu wiedergegeben werden sollen? (*Hinweis*: Man wähle die Kennkreisfrequenz ω_0 um 50 % kleiner als die kleinste zu messende Frequenz.)

6. Wie groß sind in Aufgabe 5 a) die Resonanzkreisfrequenz ω_r und b) der Amplitudenmessfehler bei der Frequenz $n = 15$ Hz, wenn der Dämpfungsgrad $\vartheta = 0{,}64$ gewählt wird? c) Welchen Betrag hat dann die Eigenkreisfrequenz ω_d?

7. Welche Federkonstante c muss der Schwingungsaufnehmer in Aufgabe 5 haben, wenn er für Beschleunigungsmessungen bis zu einer Frequenz von $n = 1000$ Hz verwandt werden soll? (*Hinweis*: Man wähle die Kennkreisfrequenz ω_0 um 50 % größer als die höchste zu messende Frequenz.)

8. a) Man stelle die Bewegungsgleichung des Systems (**Bild 5.90**) unter Berücksichtigung der Reibung zwischen Stab und Muffe auf ($\mu = 0{,}1$). Dabei sei vereinfachend angenommen, dass die Reibungskraft infolge der Gewichtskraft der Muffe vernachlässigbar klein ist. (Das trifft zu, wenn die Gleitreibungszahl zwischen Muffe und Stab an den vertikalen Berührungsflächen klein ist gegenüber der Gleitreibungszahl an den horizontalen Berührungsflächen.) b) Wie groß ist für die gegebenen Werte der Dämpfungsgrad ϑ?

9. Für einen an beiden Enden eingespannten Balken mit den Abmessungen aus den Beispielen in Abschnitt 7.5.4 bestimme man die Eigenfrequenz (**Bild 7.35**).

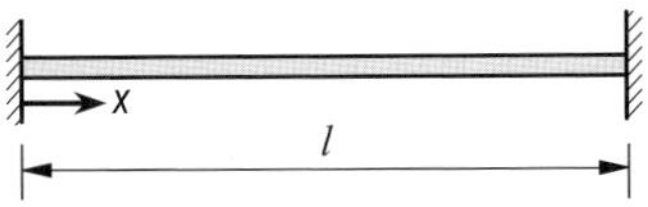

Bild 7.35:
Beidseitig eingespannter Balken

Hinweis: An beiden Enden sind Durchbiegung und Neigung gleich Null.

10. Für den dargestellten Balken (**Bild 7.36**) wurde das Ort-Zeit-Diagramm der Biegeeigenschwingungen aufgezeichnet. Dazu wurde zur Zeit $t = 0$ der Balken in Feldmitte um $w(t = 0) = 5$ cm ausgelenkt und losgelassen. Nach Ablauf von vier Perioden betrug der Maximalausschlag $w(t = 4 \cdot T_d) = 2$ cm in die gleiche Richtung. Die Periodendauer der gedämpften Eigenschwingung wurde zu $T_d = 0{,}4$ s gemessen.

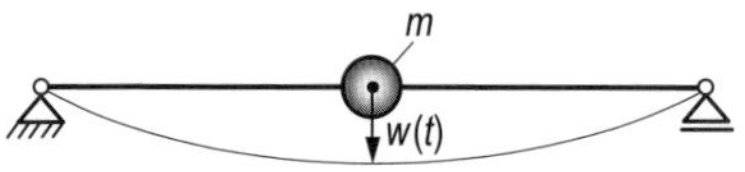

Bild 7.36: Balken mit punktförmiger Einzelmasse

a) Wie groß sind das logarithmische Dekrement Λ, die Abklingkonstante δ, die Eigenkreisfrequenz ω_d des gedämpften Systems, die Kennkreisfrequenz ω_0 und der Dämpfungsgrad ϑ? b) Geben Sie das Ort-Zeit-Gesetz $w(t)$ der gedämpften Biegeschwingung an.

11. Ein Schwingtisch mit der Masse $m_t = 50$ kg ist auf vier Federn und einem mittig angeordneten Dämpfer gelagert **(Bild 7.37)**. Die Gesamtsteifigkeit der Federn beträgt $c_{ges} = 4 \cdot c = 4 \cdot 20$ kN/m = 80 kN/m. Die Dämpferkonstante besitzt einen Wert von $k = 200$ kg · s^{-1}. Das System wird durch zwei in der Mitte des Schwingtisches angebrachte Schwungscheiben, die im Abstand $r_u = 30$ mm von der Drehachse die Unwuchtmassen $m_u/2 = 2$ kg tragen und die mit der Drehzahl n rotieren, erregt.

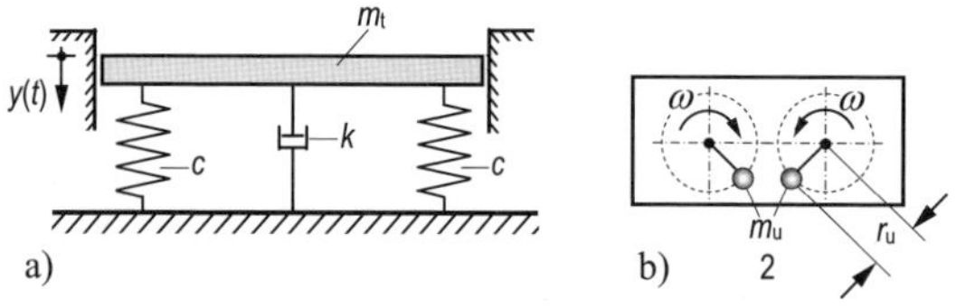

Bild 7.37: a) Schwingtisch b) rotierende Unwuchtmassen

a) Man bestimme für das dargestellte Schwingungssystem die Kennkreisfrequenz ω_0 sowie den Dämpfungsgrad ϑ. b) Ermitteln Sie die maximale Schwingungsamplitude y_m des Schwingtisches, wenn die Schwungscheiben mit einer Drehzahl von $n = 320$ min^{-1} rotieren. Geben Sie das Ort-Zeit-Gesetz $y(t)$ der vertikalen Schwingung des Schwingtisches an. c) Bei welcher Drehzahl n gerät das Schwingungssystem in Resonanz?

12. Die dargestellte Welle aus Stahl ($E = 2{,}1 \cdot 10^5$ N/mm^2) soll mit einer Betriebsdrehzahl $n = 1500$ min^{-1} laufen. Wie groß muss die Masse m der Schwungscheibe gewählt werden, damit die Drehzahl n mindestens 10 % kleiner als die kritische Drehzahl der Welle bleibt? Die Masse der Welle sowie Dämpfungseinflüsse können vernachlässigt werden.

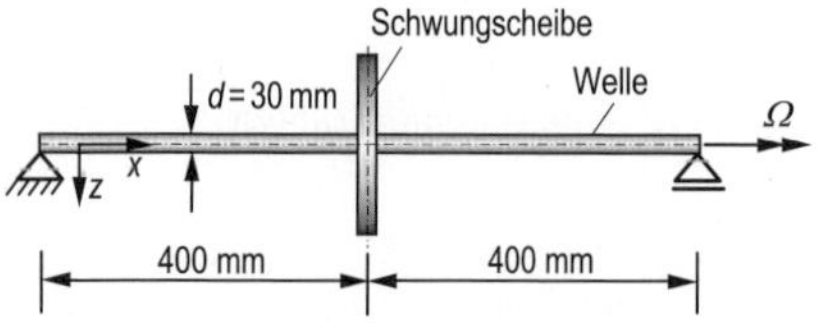

Bild 7.38: Welle mit Schwungscheibe

Anhang

Lösungen zu den Aufgaben

Abschnitt 1.1

1. Der zweite Wagen muss 35 min später abfahren (**Bild A.1**)

2. a) 1 ½ h b) 90 km von A entfernt

3. $t = \dfrac{s_2 - s_1}{v_2 - v_1} = 18\ \text{s}$ $s_1 = 540\ \text{m}$ $s_2 = 630\ \text{m}$

s, t -Diagramm s. **Bild A.3**

4. a) Bei $v = 50$ km/h erreicht ein Fahrzeug nach $t_1 = s_1/v = 18$ s die 2. Ampel, nach weiteren 36 bzw. 54 s die 3. bzw. 4. Ampel. Dadurch ergeben sich die Schaltzeiten.

b) s, t-Diagramm, s. **Bild A.2**

c) Kurzzeitig ja (Linie 2, **Bild A.2**)

d) Ja (Linie 3, **Bild A.2**)

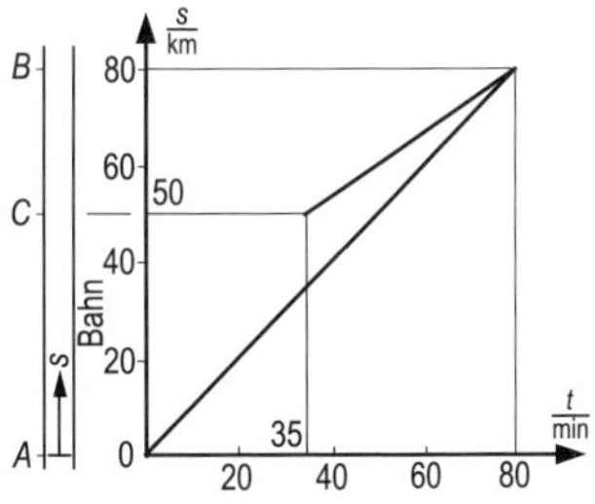

Bild A.1 s, t -Diagramm zu Aufgabe 1, S. 20

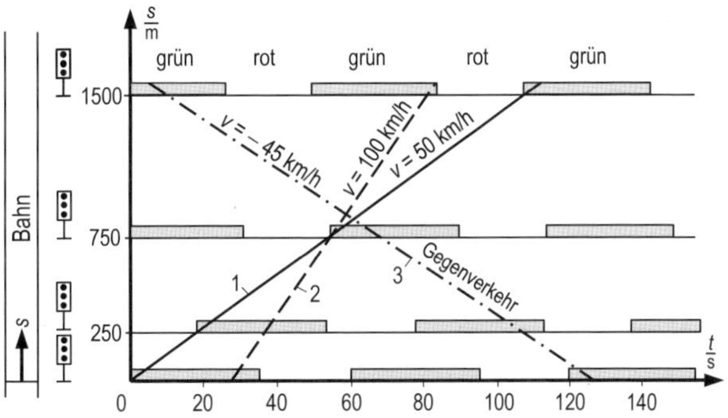

Bild A.2 s, t -Diagramm

5. $s_B = v_0^2/2\,a_0$ $t_B = v_0/a_0$

a_0 in m/s²	2			5		
v_0 in km/h	50	100	200	50	100	200
s_B in m	48,2	193	772	19,2	77,2	309
t_B in s	6,94	13,9	27,8	2,78	5,56	11,1

6.

	a) Verzögerung linear $s_B = \frac{4\,v_0^2}{3\,a_1}$ $t_B = \frac{2\,v_0}{a_1}$			b) Verzögerung sinusförmig $s_B = \frac{v_0^2}{a_1}$ $t_B = \frac{\pi}{2}\frac{v_0}{a_1}$		
v_0 in km/h	50	100	200	50	100	200
s_B in m	51,4	206	823	38,6	154,3	617
t_B in s	5,56	11,1	22,2	4,36	8,73	17,5

7. a) $s_1 - s_0 = v_1^2/2\,a_1 = 78{,}1$ m $\qquad s_1 = s_2 = 178{,}1$ m
$t_1 = v_1/a_1 = 6{,}25$ s $\qquad t_2 = v_2/a_2 = 8{,}9$ s
b) $a_2 = v_2^2/2\,s_2 = 4{,}49$ m/s^2 $\qquad$ c) s. **Bild A.4**

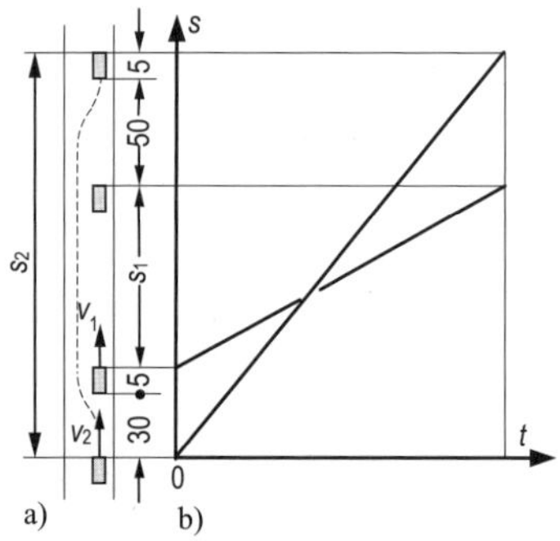

Bild A.3 *s*, *t*-Diagramm zu Aufgabe 3, S. 20

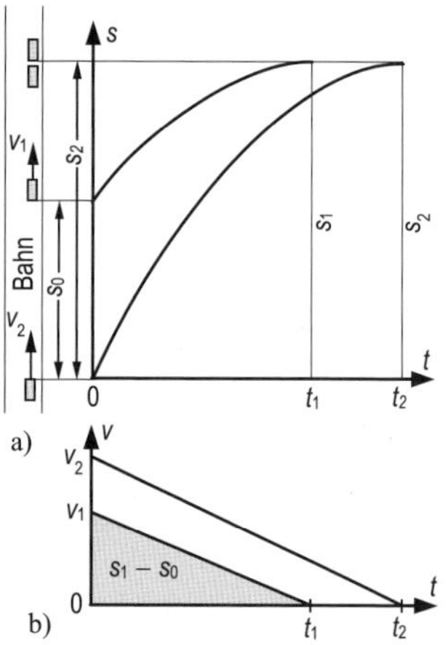

Bild A.4: a) *s*, *t*-
b) *v*, *t*-Diagramme zu Aufgabe 7, S. 21

8. $a_2 = \frac{v_2 - v_1}{t_2} = 3{,}125$ m/s^2 $\qquad t_2 = \frac{2\,s_0}{v_2 - v_1} = 8$ s $\qquad s_2 = \frac{v_2 + v_1}{t_2}\,t_2 = 140$ m

Diagramme s. **Bild A.5**

9. a) s. **Bild A.3a** $\qquad$ b) $t_2 = \sqrt{\frac{2\,(s_2 - s_1)}{a_2}} = 19{,}0$ s $\qquad$ c) $s_1 = v_1\,t_2 = 475$ m
$s_2 = s_1 + 90$ m $= 565$ m
d) $v_{2e} = v_{20} + a_2\,t_2 = 124$ km/h
e) s. **Bild A.6**

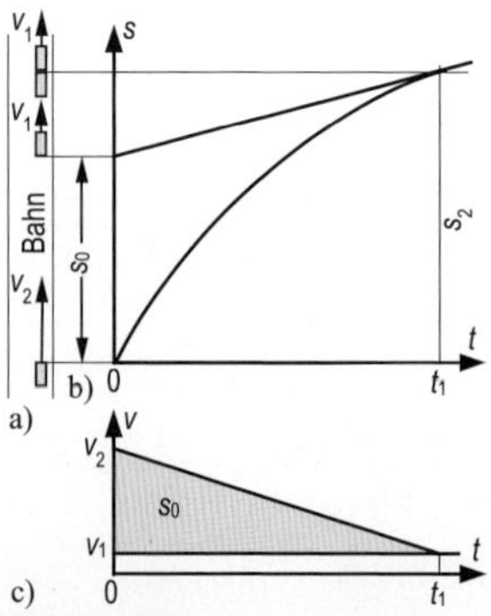

Bild A.5 a) *s*, *t* -
b) *v*, *t*-Diagramm zu Aufgabe 8, S. 21

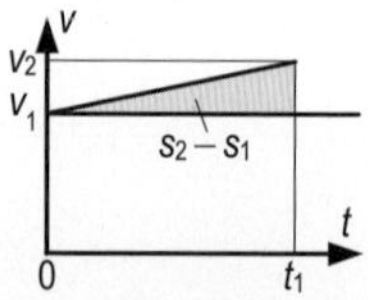

Bild A.6: *v*, *t*-Diagramm zu Aufgabe 9, S. 21

10. a) $a_m = 1{,}634\ \text{m/s}^2$ b) $s = 236\ \text{m}$

11. a) $a_0 = \dfrac{12}{5}\dfrac{s_1}{t_1^2} = 3\ \text{m/s}^2$ b) $v_1 = \dfrac{2}{3} a_0\, t_1 = 72\ \text{km/h}$

12. a) $a_1 = 1{,}25\ \text{m/s}^2$ b) $s_1 = 62{,}5\ \text{m}$ c) $(s_2 - s_1) = 37{,}5\ \text{m}$

d) $a_2 = -\,2{,}08\ \text{m/s}^2$ e) $(t_2 - t_1) = 6\ \text{s}$ f) $t_2 = 16\ \text{s}$

Die Diagramme $a\,(t)$, $v\,(t)$ und $s\,(t)$ stimmen mit denen in **Bild 1.11** überein, wenn man den zweiten Bewegungsabschnitt fortlässt, d. h. dort $(t_2 - t_1) = 0$ setzt.

13.
$$\begin{aligned}
t_1 = 2\,s_1/v_2 &= s_1/v_2 + v_2/2\,a_1\\
t_2 - t_1 = (s_2 - s_1)/v_2 &= (s_2 - s_1)/v_2\\
t_3 - t_2 = 2\,(s_3 - s_2)/v_2 &= (s_3 - s_2)/v_2 + v_2/2\,a_3\\
\hline
t_3 &= \frac{s_3}{v_2} + \frac{v_2}{2}\left(\frac{1}{a_1} + \frac{1}{a_3}\right)
\end{aligned}$$

14. $\Delta y = g\,t_0\,(t + t_0/2)$

15. a) $s(t) = \dfrac{1}{2}\left(\sqrt{h^2 + (u\,t)^2} - h\right)$ $v(t) = \dfrac{u^2\,t}{2\sqrt{h^2 + (u\,t)^2}}$ b) $t_1 = 48\ \text{s}$ c) $v_1 = 0{,}231\ \text{m/s}$

16. a) Mit $x = u\,t$ folgt

$$s(t) = \frac{h}{2}\left(1 - \cos\left(2\pi\frac{u\,t}{l}\right)\right) \quad v(t) = h\frac{\pi\,u}{l}\sin\left(2\pi\frac{u\,t}{l}\right) \quad a(t) = 2h\left(\frac{\pi\,u}{l}\right)^2\cos\left(2\pi\frac{u\,t}{l}\right)$$

b) $v_{max} = h\dfrac{\pi\,u}{l} = 12{,}57\ \text{cm/s}$ für $x_v = u\,t_v = l/4$

c) $|a_{max}| = 2\,h\left(\dfrac{\pi\,u}{l}\right)^2 = 158\ \text{cm/s}^2$ für $x_a = 0$; $l/2$ oder l

Abschnitt 1.2

1. a) $\alpha = 18°$ b) $v_{abs} = 170\ \text{km/h}$ c) $t_{AB} = 1{,}21\ \text{h}$

2. a) Nach Gl. (1.59) ist $x_w = (v_0^2/g)\sin 2\alpha$, da ferner $\sin 2\alpha = \sin(\pi - 2\alpha)$, folgt $\alpha_1 = 23{,}7°$ und $\alpha_2 = 90° - \alpha_1 = 66{,}3°$.

b) $t_1 = 1{,}64\ \text{s}$ $t_2 = 3{,}73\ \text{s}$

3. a) Nach Gl. (1.61): $\alpha_1 = 41{,}2°$; $\alpha_2 = 82{,}5°$ b) $\alpha_{B1} = 24{,}6°$; $\alpha_{B2} = -\,81{,}0°$

c) $v_1 = v_2 = 20{,}7\ \text{m/s}$ d) nach Gl. (1.55): $t_1 = 0{,}796\ \text{s}$; $t_2 = 4{,}62\ \text{s}$ e) s. **Bild 1.28**

4. $v_0 = \sqrt{g\,x_{w\,max}} = 28\ \text{m/s}$, s. Gl. (1.60)

5. a) $t_B = 4{,}712\ \text{s}$ b) $x_B = 102\ \text{m}$ c) $v_B = 40{,}1\ \text{m/s}$ d) $\alpha_B = -\,57{,}3°$

6. a) $\tan\gamma = \dfrac{1}{v_0}\sqrt{\dfrac{h\,g}{2}} = 0{,}420$ $\gamma = 22{,}8°$ b) $v_B = \sqrt{v_0^2 + 2\,g\,h} = 43{,}5\ \text{m/s}$

Abschnitt 1.3

1. a) Das ω, t-Diagramm entspricht dem in **Bild 1.11c**, wenn man darin s durch φ, v durch ω und a durch α ersetzt.

b) $\alpha_1 = 188{,}5\ \text{s}^{-2}$ $t_1 = 1\ \text{s}$ $(t_3 - t_2) = 3\ \text{s}$ $t_3 = 14\ \text{s}$

c) $N_{\text{ges}} = 360$ Umdrehungen

2. $\alpha_0 = \dfrac{\pi}{2}\dfrac{\omega_1}{t_1} = 162\ \text{s}^{-2}$ $\varphi_1 = \omega_1 \dfrac{2\,t_1}{\pi} = 590$

$N_1 = 94$ Umdrehungen (vgl. Beispiel 1.9, S. 17)

3. $v = r\,\omega = 13{,}7\ \text{m/s}$ $a_{\text{n}} = r\,\omega^2 = 2075\ \text{m/s}^2 = 212\ g$

4. $n_{\text{II}} = 143{,}2\ \text{min}^{-1}$ $i_{\text{ges}} = 10{,}12$

5. $v = 29{,}9\ \text{km/s}$

6. $\omega_{\text{E}} = \dfrac{2\,\pi}{24 \cdot 60 \cdot 60\ \text{s}} = 0{,}727 \cdot 10^{-4}\text{s}^{-1}$ $v_{\text{Äqu}} = 463\ \text{m/s}$ $v_{52°} = 285\ \text{m/s}$

7. a) $v_{\text{B}} = r\,\omega = 15{,}71\ \text{m/s}$ b) $T = 0{,}012\ \text{s}$

c) $v_{\text{m}} = \dfrac{2\,r}{T/2} = 10{,}0\ \text{m/s}$ d) $v_{\max} \approx r\,\omega\,\sqrt{1+\lambda^2} = 16{,}3\ \text{m/s}$

e) für $\omega\,t = 0$ folgt aus Gl. (1.126) $a_{\max} = r\,\omega^2\,(1 + \lambda) = 10\,574\ \text{m/s}^2$

8. und **9.** Die Ersatzgetriebe ABC in **Bild 1.36a** und **b** sind Schubkurbelgetriebe. Das Schubstangenverhältnis ist $\lambda = e/r$ bzw. $\lambda = e/(r + \rho)$. Mit wachsendem Rollenradius ρ wächst die Länge der Ersatzschubstange $(r + \rho)$ und damit λ. Die s-, t-Funktion genügt Gl. (1.123).

10. Der Bewegungsvorgang entspricht dem der Kreuzschubkurbel in Aufgabe 13, S. 54, $s = e\,(1 - \cos\varphi)$, $v = e\,\omega \sin\varphi$ und $a = e\,\omega^2 \cos\varphi$ mit $\varphi = \omega\,t$.

11. Nach Gl. (1.122) ist $\sin\varphi = \sin\beta$ (d. h. $\varphi = \beta$), falls $r = l$. Aus Gl. (1.121) folgt $s = 2\,r\,(1 - \cos\varphi) = 2\,r\,(1 - \cos\omega\,t)$, die Bewegung ist also harmonisch.

12. a) Mit $\varphi = \omega\,t$ ist $v_{\text{C}} = h\,\omega \sin 2\varphi$ b) $a_{\text{C}} = 2\,h\,\omega^2 \cos 2\varphi$ c) $v_{\text{Cmax}} = h\,\omega = 3{,}14\ \text{m/s}$

d) $a_{\text{C}\max} = 2\,h\,\omega^2 = 1974\ \text{m/s}^2 = 201\ \text{g}$

13. $s\,(t) = r\,(1 - \cos\omega\,t)$ $v\,(t) = r\,\omega \sin\omega\,t$ $a\,(t) = r\,\omega^2 \cos\omega t$ $v(s) = r\,\omega\sqrt{1-(1-s/r)^2}$

$a\,(s) = r\,\omega^2\,(1 - s/r)$ $a\,(v) = r\,\omega^2\,\sqrt{1-(v/r\omega)^2}$

Die Diagramme der 6 Funktionen zeigt **Bild A.7**, der Punkt C vollführt eine harmonische Bewegung. Der Bewegungsablauf ist gleich dem eines Schubkurbelgetriebes mit unendlich langer Schubstange ($\lambda = r/l = 0$) (s. Beispiel 1.20, S. 46).

14. Nach **Bild 1.39** ist (s. auch Gl. (1.141))

a) $\vec{r}_{\text{C}} = \vec{r} + \vec{q} = r\,\vec{e}_{\text{r}} - q\,\vec{e}_{\varphi} = r\,\vec{e}_{\text{r}} - r\,\varphi\,\vec{e}_{\varphi}$ mit $q = r\,\varphi$

$$\vec{v}_{\text{C}} = r\,\dot{\vec{e}}_{\text{r}} - r\,\dot{\varphi}\,\vec{e}_{\varphi} - r\,\varphi\,\dot{\vec{e}}_{\varphi} = r\,\omega\,\vec{e}_{\varphi} - r\,\omega\,\vec{e}_{\varphi} + r\,\varphi\,\omega\,\vec{e}_{\text{r}}$$

$$\vec{v}_{\text{C}} = r\,\varphi\,\omega\vec{e}_{\text{r}}$$

$$\vec{a}_{\text{C}} = r\,\dot{\varphi}\,\omega\,\vec{e}_{\text{r}} + r\,\varphi\,\omega\,\dot{\vec{e}}_{\text{r}} = r\,\omega^2\,\vec{e}_{\text{r}} + r\,\omega^2\,\varphi\,\vec{e}_{\varphi}$$

Der Geschwindigkeitsvektor als Tangentenvektor der Bahnkurve hat nur eine radiale Komponente ($\vec{v} \parallel \vec{r}$), daher ist die radiale Komponente des Beschleunigungsvektors zugleich Tangential-, die Umfangskomponente Normalbeschleunigung $a_t = r\,\omega^2$, $a_n = r\,\omega\,\varphi$

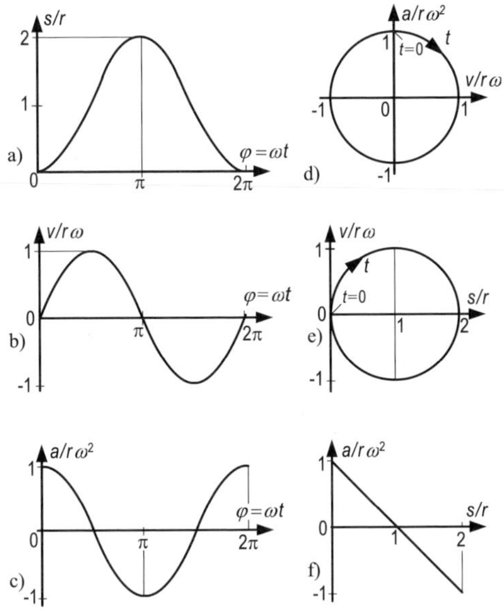

Bild A.7 :
a) s, t- b) v, t- c) a, t- d) a, v-
e) v, s- f) a, s-Diagramm der Kreuzschubkurbel (s. **Bild 1.38**)

b) $\rho = \dfrac{v^2}{a_n} = r\,\varphi = q$

15. Mit $r \sin\varphi = l \sin\beta$ (**Bild 1.40**) und $\lambda = r/l$ ist

a) $$\vec{r}_S = \begin{Bmatrix} r\cos\varphi + b_S\cos\beta \\ r\sin\varphi - b_S\sin\beta \end{Bmatrix} = \begin{Bmatrix} r\cos\varphi + b_S\sqrt{1-\lambda^2\sin^2\varphi} \\ r\sin\varphi\cdot(1-b_S/l) \end{Bmatrix}$$

b) Für $r = l$ ist $$\vec{r}_S = \begin{Bmatrix} x \\ y \end{Bmatrix} = \begin{Bmatrix} (r+b_S)\cos\varphi \\ (r-b_S)\sin\varphi \end{Bmatrix}$$

Durch Quadrieren der beiden letzten Beziehungen erhält man

$$\frac{x^2}{(r+b_S)^2} = \cos^2\varphi \quad \text{und} \quad \frac{y^2}{(r-b_S)^2} = \sin^2\varphi$$

und mit $(\sin^2\varphi + \cos^2\varphi) = 1$ folgt $$\frac{x^2}{(r+b_S)^2} + \frac{y^2}{(r-b_S)^2} = 1$$

d. h.: Die Bahnkurve ist eine Ellipse mit den Halbachsen $(r + b_S)$ und $(r - b_S)$.

c) $$\vec{v}_S = \dot{\vec{r}}_S = \omega \begin{Bmatrix} -(r+b_S)\sin\varphi \\ (r-b_S)\cos\varphi \end{Bmatrix} \qquad \vec{a}_S = \dot{\vec{v}}_S = \omega^2 \begin{Bmatrix} -(r+b_S)\cos\varphi \\ -(r-b_S)\sin\varphi \end{Bmatrix} = -\omega^2\,\vec{r}_S$$

d) $v_{Smax} = \omega\,(r + b_S)$ für $\varphi = \pi/2$ $\qquad a_{Smax} = \omega^2\,(r + b_S)$ für $\varphi = 0$

16. a) $x_B = c \tan\varphi$ $\quad v_B = \dot{x}_B = c\,\omega\,(1 + \tan^2\varphi)$ $\quad$ Für $\varphi_1 = 30°$ ist $v_1 = 2{,}18$ m/s

b) $a = 2c\,\omega^2(1 + \tan^2\varphi)\tan\varphi$ $\quad a_1 = 15{,}8$ m/s^2

Abschnitt 2.1

1. $F = 69{,}6$ kN

2. a) $F = 141{,}5$ kN $\quad$ b) $\mu_0 \geq 0{,}12$

3. $F_{s1} = m\,(g - a_1) = 41{,}55$ kN $\quad F_{s2} = m\,g = 49{,}05$ kN

$F_{s3} = m\,(g - a_3) = 54{,}05$ kN $\quad (a_3 = -1$ m/s^2!)

4. $a_1 = \dfrac{m_1 - m_2/2}{m_1 + m_2/4}\,g = 0{,}613$ m/s^2 $\quad F_s = m_1\,(g - a_1) = 2023$ N

5. $a = 0{,}35\,g = 3{,}43$ m/s^2

6. $m_2 = 530$ kg

7. In *OT* ist $F_{max} = m\,r\,\omega^2\,(1 + \lambda) = 2644$ N; in *UT* ist $F = m\,r\,\omega^2\,(1 - \lambda) = 1469$ N

8. $\tan\alpha = v^2/(\rho\,g)$ $\quad \alpha = 29{,}5°$

9. $\omega^2 = (g/l\cos\alpha)\,(m_Q/2\,m + 1)$ $\quad n = 176$ min^{-1}

10. $v^2 = \rho\,g$ $\quad v = 113$ km/h

11. $a_m = \mu_0\,g = 2{,}45$ m/s^2

12. a) $\omega^2 = g\,/\,(l\cos\alpha)$ $\quad n = 58{,}7$ min^{-1} $\quad$ b) Aus $\sin\alpha\,(l\,\omega^2\cos\alpha - g) = 0$

folgt für $\alpha = 0$ $(\sin\alpha = 0,\ \cos\alpha = 1)$ $\quad \omega_0^2 \geq g/l$; vgl. Beispiel 2.11, S. 79.

13. $l = g\,(T/2\pi)^2 = 99{,}4$ cm

14. Mit $\omega_0 = \sqrt{2\,c/m} = 18{,}26$ s^{-1} ist

a) $t_S = T/2 = \pi/\omega_0 = 0{,}1720$ s $\quad$ b) nein $\quad$ c) $x_m = v_0/\omega_0 = 5{,}48$ cm, $\quad F_m = c\,x_m = 109{,}5$ kN

d) $a_m = v_0\,\omega_0 = 18{,}26$ m/s^2

15. a) $\omega_0 = \sqrt{c/m}$ $\quad$ b) $\omega_0 = 0{,}5\sqrt{c/m}$ $\quad$ c) $\omega_0 = 2\sqrt{c/m}$ $\quad$ d) $\omega_0 = \sqrt{c/m}$

16. $F_B = m\,r\,\omega^2\cos\omega t$ $\quad$ mit $\quad F_{B\,max} = m\,r\,\omega^2 = 9096$ N

17. $f_k = \dfrac{m\,r\,\omega^2\,l\cos\alpha}{c\,a} = 5{,}18$ mm

18. $v = \sqrt{g_0 R^2/r} = 7{,}45$ km/s

19. $h = \sqrt[3]{g_0 R^2/\omega_E^2} - R = 35{,}85 \cdot 10^3$ km

Abschnitt 2.2

1. $W = 4\,r\,F_r = 1{,}2$ Nm

2. a) $v_1 = 5{,}88$ m/s $\quad$ b) $s_2 = 352$ m

3. a) $f_f = v_0\sqrt{m/c} = 6{,}64$ cm $\quad$ b) $t_0 = (\pi/2)\,(\sqrt{m/c}\,) = 0{,}0351$ s

4. a) $v_0 = \sqrt{v_1^2 + 2\,g\,(h - \mu\,l)} = 3{,}29$ m/s $\quad$ b) $t_1 = 2\,s/(v_0 + v_1) = 4{,}69$ s

5. a) $F_m = 4075$ N $\quad$ b) $f_m = 16{,}02$ cm $\quad$ c) $c = 254{,}3$ N/cm $\quad$ d) $v_1 = 2{,}46$ m/s

6. a) $v_1 = \sqrt{2\,g\,h} = 3{,}84$ m/s $\quad$ b) $f_m = \sqrt{2\,m\,g\,h/c} = 2{,}21$ cm

c) $F_m = c\,f_m = 664{,}4$ N $\quad$ d) $F_n = m\,g\,(1 + 2\,h/l) = 39{,}24$ N

7. a) $a_1 = v_1/t_1 = 1\ \text{m/s}^2$ $\quad s_1 = v_1\, t_1/2 = 12{,}5\ \text{m}$

$F_{s1} = m\, g\,(\sin\alpha + \mu\cos\alpha + a_1/g) = 13{,}17\ \text{kN}$ $\quad P_1 = F_{s1}\, v_1 = 65{,}8\ \text{kW}$

b) Die Diagramme $v(t)$, $F_s(t)$ und $P(t)$ stimmen mit denen in **Bild 2.50** in den beiden ersten Bewegungsabschnitten überein, wobei $F_{s2} = 11{,}17\ \text{kN}$ und $P_2 = 55{,}8\ \text{kW}$ ist.

c) $P_{1M} = 82{,}3\ \text{kW}$

8. $P = 2123\ \text{kW}$

9. Mit $T = 1/n = 0{,}0417\ \text{s}$ ist $P_v = W/T = 28{,}8\ \text{Nm/s} = 0{,}0288\ \text{kW}$

10. a) $\dot m_Q = \rho\, b\, c\, v = 80{,}6\ \text{kg/s} = 290 \cdot 10^3\ \text{kg/h}$ b) $F_s = g\,(\rho\, b\, c\, l)\,(\sin\alpha + 0{,}05) = 4928\ \text{N}$

c) $P = F_s\, v/(\eta_A\, \eta_G) = 7{,}22\ \text{kW}$

11. a) $h_{min} = r/2$ $\quad$ b) $F_{nB} = 7\, m\, g$ $\quad F_{nC} = 4\, m\, g$ $\quad F_{nD} = m\, g$

Abschnitt 2.3

1. Reibleistung $P_r = \mu_r\, m\, g\, v$. Mit den Bezeichnungen von Beispiel 2.33, S. 116, ist $P_i = (P_W + P_r)\,/\,(\eta_s\, \eta_m)$. Arbeitsverbrauch $W_i = P_i\, t$, Kraftstoffverbrauch $B_i = W_i/(\eta_{th}\, H)$.

v km/h	P_W kW	P_r kW	P_{ges} kW	P_i kW	B_i l/h	B_i l/100 km
100	7,50	6,89	14,40	18,82	6,42	6,42
120	12,96	8,27	21,23	27,76	9,46	7,89
150	25,32	10,34	35,66	46,61	15,89	10,58

2. $$P_m = \left(m\, g\, \mu_r\, v + c_W \frac{\rho}{2} A\, v^3\right)\frac{1}{\eta} = 63{,}83\ \text{kW}$$

3. $$v_S = \sqrt{\frac{4\,\rho_K\, g\, d}{3\,\rho_L\, c_W}}$$

d	in mm	1	10	100	1000
v_S	in m/s	14,3	45,3	143	453

4. $k = F_W / v = (F_G - F_A)\,/\,v = (\rho_K - \rho_F)\, g\, V/v = 1{,}825 \cdot 10^{-3}\ \text{N}\,/\,(\text{cm/s})$

5. a) Bewegungsgleichung

$m\, a = (F_G - F_A) - k\, v$ $\quad$ für $a = 0$ $\quad$ ist $v = v_S = (F_G - F_A)/k$

Mit der Abkürzung $\alpha = (F_G - F_A)/F_G$ und $T = v_S\,/\,(\alpha\, g)$ ist, falls die Bewegung mit der Anfangsgeschwindigkeit v_0 beginnt,

$$\frac{1}{\alpha}\left(\frac{a}{g}\right) = 1 - \frac{v}{v_S} \qquad \frac{v}{v_S} = 1 - \left(1 - \frac{v_0}{v_S}\right) e^{-t/T} \qquad \frac{1}{\alpha}\left(\frac{a}{g}\right) = \left(1 - \frac{v_0}{v_S}\right) e^{-t/T}$$

$$\frac{s}{v_S T} = \left[\frac{t}{T} - \left(1 - \frac{v_0}{v_s}\right)\cdot(1 - e^{-t/T})\right]$$

b) Mit $v_0 = 0$ und $v/v_S = 0{,}865$ folgt aus vorstehenden Gleichungen

$$\frac{v}{v_S} = 0{,}865 = 1 - e^{-t_1/T} \qquad \text{oder} \qquad t_1 = 2\,T \qquad s_1 = v_S\, T \cdot 1{,}135$$

6. a) $v = 12{,}86$ m/s $= 46{,}3$ km/h

b) $v = 22{,}86$ m/s $= 82{,}3$ km/h

c) $v = 38{,}24$ m/s $= 137{,}6$ km/h

d) $v = 48{,}24$ m/s $= 173{,}6$ km/h

e) $P_{max} = F\, v/\eta = 72{,}6$ kW

Abschnitt 2.4

1. $m\, v_1 = (F_A - \mu_r\, m\, g)\, t_1$

$$F_A = \frac{m\, v_1}{t_1} + \mu_r\, m\, g = 4164\,\text{N}$$

2. $m\, v_0 = m\, g\,(\sin\alpha + \mu\cos\alpha)\, t_1$

$$t_1 = \frac{v_0}{g\,(\sin\alpha + \mu\cos\alpha)} = 1{,}51\,\text{s}$$

3. $v_1 = \sqrt{2gh} = 7{,}67\,\text{m/s}$

$$mv_1 = \int_0^{t_s} F(t)\,\mathrm{d}t = \frac{2F_0 t_s}{\pi} \qquad F_0 = \frac{mv_1\pi}{2t_s} = 2410\,\text{N}$$

4. a) Der Winkel zwischen den Vektoren $\vec{r}$ und $\vec{v}$ beträgt $\alpha = 90°$. Damit wird

$L_0 = r\, m\, v \sin\alpha = r\, m\, v$

$$\frac{\mathrm{d}L_0}{\mathrm{d}t} = rm\dot{v} = r^2 m\ddot{\varphi} = r^2 m\,\alpha = M_0 = M_A - \mu rmg$$

Mit $\dot{\varphi} = \text{const}$ wird $\ddot{\varphi} = \alpha = 0$. Damit gilt:

$M_0 = M_A - \mu\, r\, m\, g = 0$

$M_A = \mu\, r\, m\, g = 19{,}62$ Nm

b) $L_0 = m\, r^2 \omega = 100$ Nms

c) $L_0 = 2m\dot{A} \qquad \dot{A} = \dfrac{L_0}{2m} = 5\,\text{m}^2/\text{s}$

Abschnitt 3.1

1. **Bild A.8** zeigt die Rast- und Gangpolbahn.

2. Für $r = l$ ist das Getriebe OMC (**Bild 3.7**) die zentrische Schubkurbel ($\overline{OM} = r$, $\overline{MC} = l$). Rast- und Gangpolbahn sind Kreise (Kardankreispaar) (**Bild 3.7**).

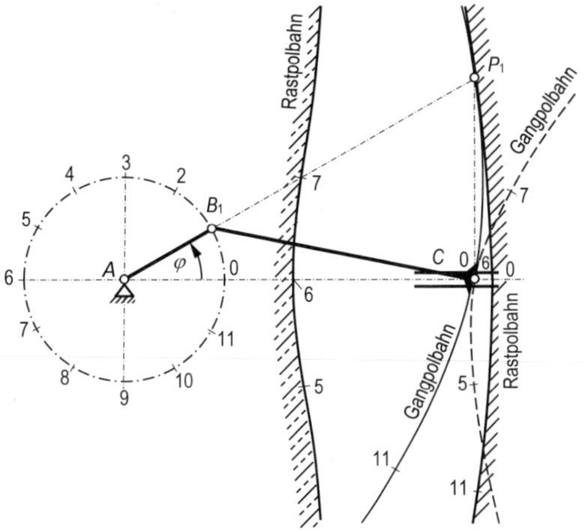

Bild A.8:
Rast- und Gangpolbahn einer zentrischen Schubkurbel

3. Nach **Bild 3.9** ist $x = a \cos \varphi$ und $y = b \sin \varphi$. Werden jeweils die linken und die rechten Seiten dieser Gleichungen quadriert und addiert, so erhält man die Normalform der Ellipsengleichung

$$\frac{x^2}{a^2} + \frac{y^2}{b^2} = (\cos^2 \varphi + \sin^2 \varphi) = 1$$ *a* und *b* sind die Halbachsen der Ellipse.

4. Man legt $\overline{BC}$ beliebig hin und bringt die Schubrichtungen in *O* unter 60° zum Schnitt (**Bild A.9**). Der Mittelpunkt *M* für den kleinen Kreis des Kardankreispaares ist der Schnittpunkt der Mittelsenkrechten auf $\overline{BO}$ und $\overline{CO}$. Der Symmetriestellung (ΔBOC ist dann gleichseitig) kann man entnehmen $r = \overline{BC}/(2 \cdot \cos 30°) = 28{,}9$ mm. Lässt man das Kreissegment mit dem Radius *r* in einem Kreis mit doppeltem Radius abrollen, so beschreiben die Punkte *B* und *C* exakt Geraden.

5. Die zentrische Schubkurbel *OMB* (**Bild A.9a** und **b**) ist Ersatzgetriebe für das Kardankreispaar. Die Punkte *B* und *C* bewegen sich auf Geraden. Es ist $\overline{OM} = r$ und $\overline{MB} = l = r$ (**Bild A.9b**).

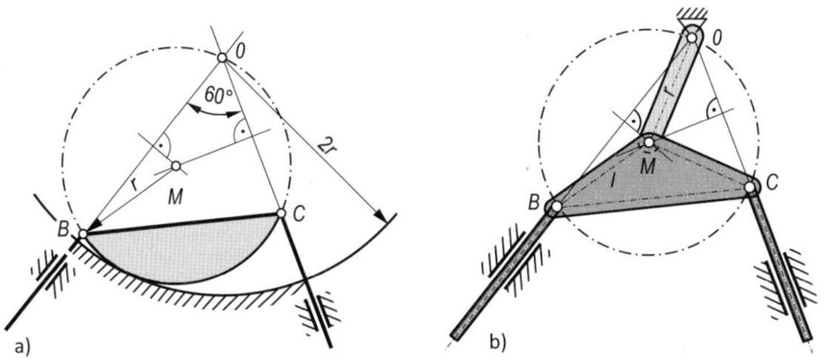

Bild A.9: Geradführung der Punkte *B* und *C* $m_L = 2 \frac{\text{cm}}{\text{cm}_z}$

a) mittels Kardankreispaar b) mittels durchschlagender Schubkurbel ($r = l$)

6. a) Drehpol P_{12} ist der Schnittpunkt der Mittelsenkrechten auf $\overline{B_1B_2}$ und $\overline{C_1C_2}$ (**Bild A.10a**).

b) Als Anlenkpunkte A und D für die Lenker eines Gelenkvierecks können beliebige Punkte auf den Mittelsenkrechten gewählt werden. Für andere Koppelpunkte B und C erhält man andere Mittelsenkrechte (aber den gleichen Drehpol) und damit weitere mögliche Gelenkvierecke. Die Lagen 1 und 2 sind durch geeignete Arretierungen zu sichern.

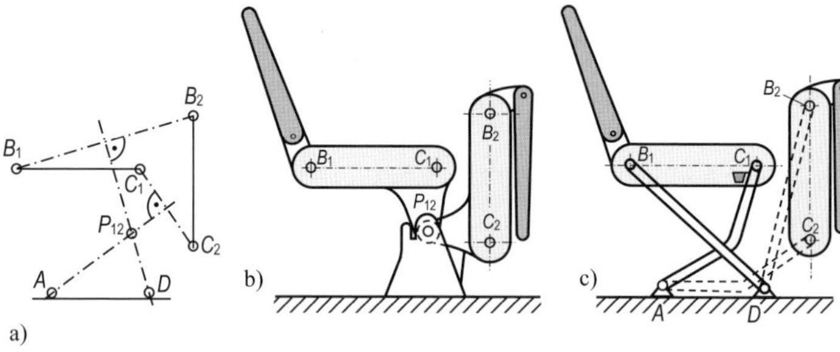

Bild A.10: a) Konstruktion des Drehpoles b) Drehpol c) Gelenkviereck für Klappsitz

Abschnitt 3.2

1. Mit $v_a = r_a\,\omega_a$ und $v_i = r_i\,\omega_i$ ist die Drehgeschwindigkeit des Punktes C gegenüber B (**Bild A.11**)

$$v_a - v_i = 2\,r\,\omega = (r_a - r_i)\,\omega \qquad \text{oder} \qquad \omega = \frac{v_a - v_i}{2\,r} = \frac{r_a\,\omega_a - r_i\,\omega_i}{r_a - r_i}$$

a) für $\omega_i = 0$ ist $\omega = r_a\,\omega_a/(r_a - r_i)$ b) für $\omega_a = 0$ ist $\omega = -\,r_i\,\omega_i/(r_a - r_i)$

c) Für $v_i = v_a$ ist $\omega = 0$, d. h., die Rolle vollführt eine translatorische Bewegung.

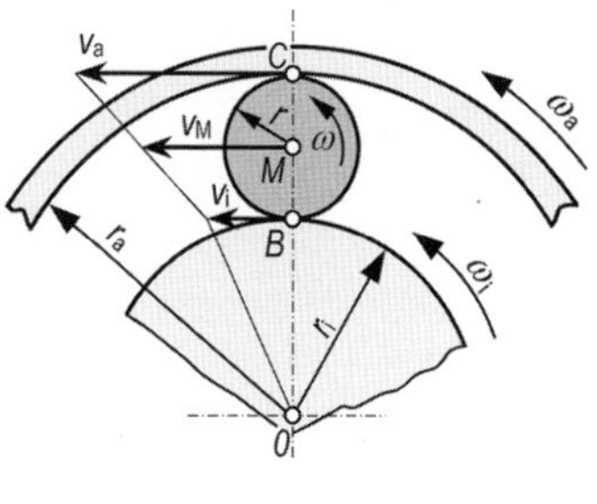

Bild A.11: Geschwindigkeiten am Zylinderrollenlager

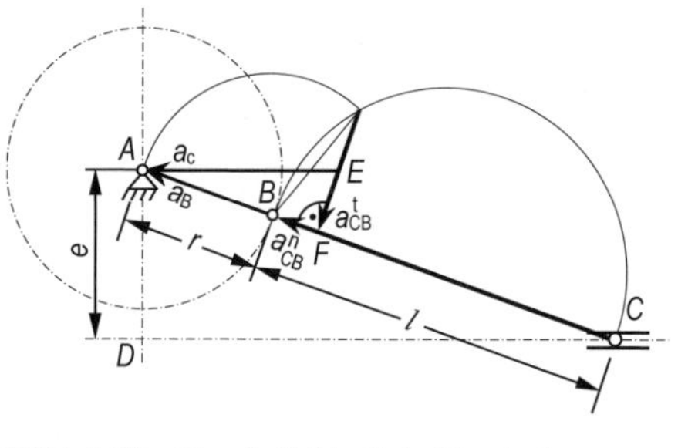

Bild A.12: Geschränkte Schubkurbel in Umkehrlage

2. Die Beschleunigung $\vec{a}_C$ ist in **Bild A.12** im äußeren Totpunkt konstruiert (s. **Bild 3.17**). Das Beschleunigungseck ΔAFE ist ähnlich dem Dreieck ADC. Daraus entnimmt man die Beziehung

$$\frac{a_C}{a_B + a_{CB}^n} = \frac{l+r}{\overline{DC}} = \frac{l+r}{\sqrt{(l+r)^2 - e^2}}$$

Für die Totpunktlage ist $v_C = 0$, d. h. $v_{CB} = v_B = r\,\omega_A$, und mit Gl. (3.8) folgt

$$a_{CB}^{n} = \frac{v_{CB}^2}{l} = \frac{(r\,\omega_A)^2}{l} = \frac{r}{l}\,r\,\omega_A^2 = \frac{r}{l}\,a_B$$

Dies in die obere Gleichung eingesetzt ergibt mit $r/l = \lambda$

$$a_C = (a_B + a_{CB}^{n})\frac{l+r}{\sqrt{(l+r)^2 - e^2}} = a_B\frac{(l+r)\,(1+r/l)}{\sqrt{(l+r)^2 - e^2}} = a_B\frac{(1+\lambda)^2}{\sqrt{(1+\lambda)^2 - (e/l)^2}}$$

Im inneren Totpunkt ist in dieser Gleichung λ durch $(-\lambda)$ zu ersetzen.

3. In der Umkehrlage ist $v_C = 0$ und damit auch $a_C^{n} = v_C^2/c = 0$, ferner ist $|\vec{v}_{CB}| = v_B = r\,\omega_A$.

Dem Beschleunigungsplan (**Bild A.13**) entnimmt man $a_C^{t} = a_C = \dfrac{a_B + a_{CB}^{n}}{\sin\gamma}$, darin ist wie in der Lösung der vorhergehenden Aufgabe 2: $a_{CB}^{n} = (r/l)\,a_B$. Nach dem Cosinussatz ist (**Bild A.13**)

$$\cos\gamma = \frac{(l+r)^2 + c^2 - d^2}{2\,(l+r)\,c}$$

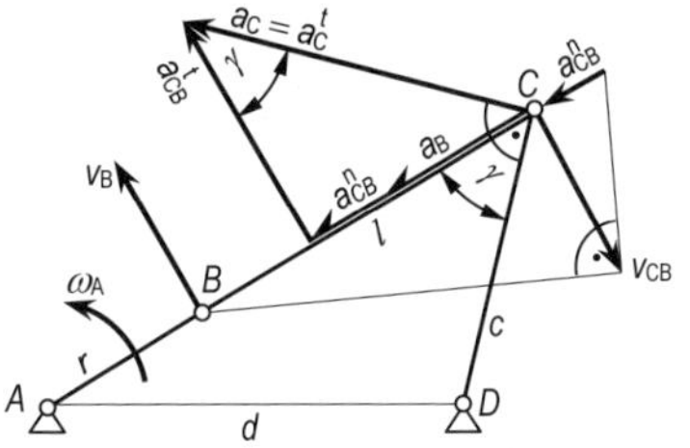

Bild A.13:
Kurbelschwinge in Umkehrlage des Punktes C

Setzt man $\sin\gamma = \sqrt{1-\cos^2\gamma}$, so folgt nach kurzer Zwischenrechnung

$$a_C = a_B\frac{2(1+r/l)\,(l+r)\,c}{\sqrt{4(l+r)^2c^2 - [(l+r)^2 + c^2 - d^2]^2}}$$

$$= a_B\frac{2(1+r/l)^2\cdot c/l}{\sqrt{4\left(1+\dfrac{r}{l}\right)^2\cdot c^2/l^2 - [(1+r/l)^2 + (c/l)^2 - (d/l)^2]^2}}$$

In der anderen Umkehrlage (Decklage von Kurbel und Koppel) ist in der vorstehenden Gleichung r/l durch $(-r/l)$ zu ersetzen. Die Gleichung gilt nicht, wenn in einer Umkehrlage $\gamma = 0$ bzw. 180° wird (durchschlagendes Getriebe!).

Abschnitt 3.3

1. Für den Beobachter $\otimes_1$ auf dem Schubgelenk in *C* ist die Relativbewegung der Punkte *B* und *D* geradlinig (**Bild A.14a**). Für den Punkt *B* ist $\underline{\underline{\vec{v}_B}} = \underline{\vec{v}_F} + \underline{\vec{v}_{rel}}$ und

$\underline{\underline{\vec{a}_B}} = \underline{\underline{\vec{a}_{Cor}}} + \underline{\underline{\vec{a}_F^n}} + \underline{\vec{a}_F^t} + \underline{\vec{a}_{rel}}$ (**Bild A.14b**).

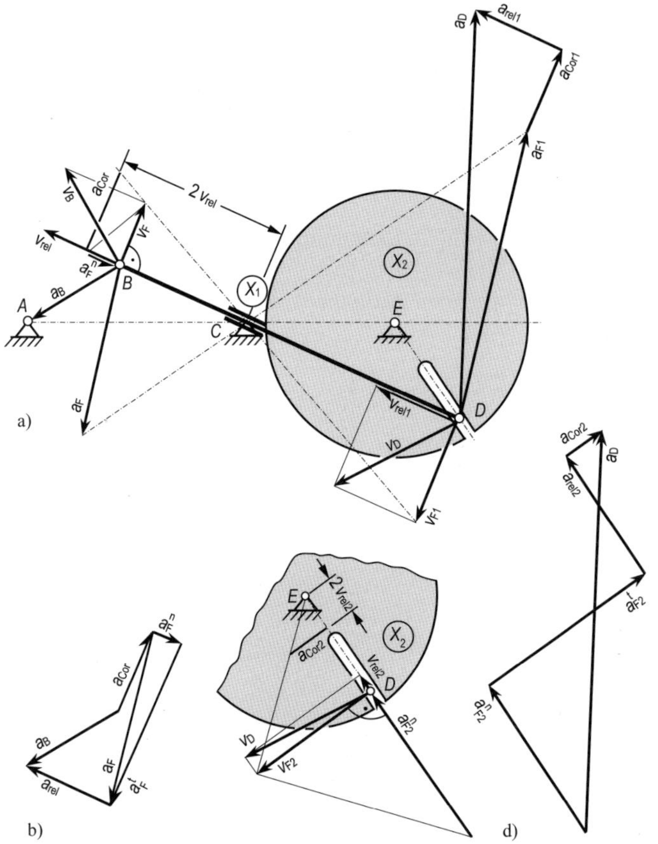

Bild A.14: a) Getriebe zur Aufgabe 1 b) Beschleunigungsplan für Punkt *B*
c) Geschwindigkeiten v_{F2} und $v_{rel\,2}$ sowie Beschleunigungen a_{F2}^n und $a_{Cor\,2}$ für Beobachter $\otimes_2$
d) Beschleunigungsplan des Punktes *D* für $\otimes_2$ $m_L = 2\frac{\text{cm}}{\text{cm}_z}$ $m_v = 21{,}0\frac{\text{cm/s}}{\text{cm}_z}$ $m_a = 219\frac{\text{cm/s}^2}{\text{cm}_z}$

Mit Hilfe des Strahlensatzes erhält man $\vec{v}_{F1}$ und $\vec{a}_{F1}$ in *D*. Dann ist $\vec{v}_D = \underline{\underline{\vec{v}_{F1}}} + \underline{\underline{\vec{v}_{rel\,1}}}$ und

$\vec{a}_D = \underline{\underline{\vec{a}_{F1}}} + \underline{\underline{\vec{a}_{rel\,1}}} + \underline{\underline{\vec{a}_{Cor\,1}}}$ (**Bild A.14a**), wobei $\vec{v}_{rel1} = \vec{v}_{rel}$, $\vec{a}_{rel1} = \vec{a}_{rel}$ und $\vec{a}_{Cor1} = \vec{a}_{Cor}$ ist.

Für den Beobachter $\otimes_2$ auf der Kreisscheibe ist die Relativbewegung von *D* geradlinig. Für diesen werden $\vec{v}_D$ und $\vec{a}_D$ neu aufgeteilt.

$\underline{\underline{\vec{v}_D}} = \underline{\vec{v}_{F2}} + \underline{\vec{v}_{rel\,2}}$ (**Bild A.14c**) $\underline{\underline{\vec{a}_D}} = \underline{\underline{\vec{a}_{F2}^n}} + \underline{\underline{\vec{a}_{F2}^t}} + \underline{\vec{a}_{rel\,2}} + \underline{\underline{\vec{a}_{Cor\,2}}}$ (**Bild A.14d**)

Entsprechend Beispiel 3.11, S. 152, erhält man mit

$S_{ED} = 1{,}5\ \text{cm}_z$ $\quad S_{vF2} = 1{,}9\ \text{cm}_z$ $\quad S_{aF2t} = 2{,}6\ \text{cm}_z$ und $\omega_A = 10{,}47\ \text{s}^{-1}$

$$\omega_E = \omega_{F2} = \frac{S_{vF2}}{S_{ED}}\omega_A = 13{,}3\ \text{s}^{-1} \qquad \alpha_E = \alpha_{F2} = \frac{S_{aF2t}}{S_{ED}}\omega_A^2 = 190{,}1\ \text{s}^{-2}$$

2. Für $\varphi = 0$ ist $\omega_{E\,max} = \frac{7}{3}\omega_A$

Für $\varphi = 180°$ ist $\omega_{E\,min} = \frac{1}{9}\omega_A$

$\Big\}\ \omega_{E\,max}/\omega_{E\,min} = 21$

Abschnitt 4

1. $v_P = m_1\, v/(m_1 + m_2) = 3{,}85$ km/h

2. a) Springt der 1. Mann, so ist $\Delta v_1 = m_2\, u/(m_1 + n m_2)$, beim zweiten wird $\Delta v_2 = m_2\, u/(m_1 + (n-1)\, m_2)$ usw., es gilt also

$$v = \sum_{k=1}^{n} \frac{m_2}{m_1 + k\, m_2} u = u \sum_{k=1}^{n} \frac{1}{\frac{m_1}{m_2} + k} = u \sum_{k=1}^{10} \frac{1}{4+k} = 5{,}841\ \text{m/s}$$

b) $v = n\, m_2\, u/(m_1 + n\, m_2) = 3{,}57$ m/s

Abschnitt 5.2.1

1. a) $J_z = 35{,}48\ \text{kgm}^2$ $(m = 350\ \text{kg})$ b) $J_z = 22{,}46\ \text{kgm}^2$ $(m = 271\ \text{kg})$

c) $J_z = \rho \frac{\pi r^4}{10} l = \frac{3}{10} m r^2$ d) $J_z = \rho \frac{\pi}{6} r^4\, l = \frac{m r^2}{3}$

2. a) $J_0 = \frac{mh^2}{3}\left[1 + \left(\frac{b}{2\,h}\right)^2\right]$ b) $J_0 = \frac{3}{2} m r^2$

c) $J_0 = 2\, m\, r^2$ d) $J_0 = \frac{m r^2}{2}$ e) $J_0 = \frac{m}{2}\left[h^2 + \frac{b^2}{12}\right]$

3. $J_0 = 1{,}54\ \text{kgm}^2$ **4.** $J_x = m\, a^2/12$

5. Mit $I_x = \frac{bh^3}{36}$, $I_y = \frac{b^3 h}{48}$, $I_z = I_p = I_x + I_y = \frac{bh}{12}\left[\frac{h^2}{3} + \frac{b^2}{4}\right]$ und $A = b\,h/2$ ist

$$J_x = \frac{m}{A} I_x = \frac{m\,h^2}{18} \qquad J_y = \frac{m}{A} I_y = \frac{m\,b^2}{24} \qquad J_S = J_z = \frac{m}{A} I_p = \frac{m}{6}\left[\frac{h^2}{3} + \frac{b^2}{4}\right]$$

6. a) $i_z = 0{,}319$ m b) $i_z = 0{,}288$ m

7. a) $a = \frac{m_1(\sin\alpha - \mu\cos\alpha)}{J/r^2 + m_1} g = 0{,}849\ \text{m/s}^2$ b) $F_s = \frac{J}{r^2} a = 4714$ N

8. a) $\alpha = \frac{m_1 r_1 - m_2 r_2}{J + m_1 r_1^2 + m_2 r_2^2} g = 5{,}163\ \text{s}^{-2}$ b) $\omega_1 = \alpha\ t_1 = 25{,}82\ \text{s}^{-1}$ $\quad n_1 = 247\ \text{min}^{-1}$

9. a) $a_1 = \dfrac{m_Q - \mu\, m\, l / b}{m_Q + J / r^2} g = 1{,}67\ \text{m/s}^2$ b) $l = \dfrac{m_Q b}{\mu\, m} = 1{,}25\ \text{m}$

c) $a_2 = \dfrac{m_Q}{m_Q + J / r^2} g = 8{,}33\ \text{m/s}^2$ $v_2 = \sqrt{2\, a_2\, s_2} = 9{,}13\ \text{m/s}$

10. $a = \dfrac{1-\mu}{3} g = 2{,}29\ \text{m/s}^2$

11. a) $a_0 = \dfrac{m_1 - m_2}{m_1 + m_2 + J / r^2} g = 0{,}631\ \text{m/s}^2$

b) $F_{s1} = m_1(g - a_0) = 1836\ \text{N}$ man beachte $F_{s1} \neq F_{s2}$

$F_{s2} = m_2(g + a_0) = 1827\ \text{N}$ c) $F_A = F_{s1} + F_{s2} = 3663\ \text{N}$ d) $t_1 = \sqrt{2\, s_1 / a_0} = 5{,}63\ \text{s}$

12. $M = J\,\alpha = \dfrac{J\,\omega_0^2}{4\,\pi\, N} = 140{,}7\ \text{Nm}$

13. a) $\omega_0^2 = \dfrac{3\,g}{2\,h} \dfrac{1}{\left[1 + \left(\dfrac{b}{2\,h}\right)^2\right]}$ $l_{red} = \dfrac{2}{3} h \left[1 + \left(\dfrac{b}{2\,h}\right)^2\right]$

b) $\omega_0^2 = \dfrac{2\,g}{3\,r}$ $l_{red} = \dfrac{3}{2} r$ c) $\omega_0^2 = \dfrac{g}{2\,r} = \dfrac{g}{d}$ $l_{red} = 2\,r = d$

d) $\omega_0^2 = \dfrac{8\sqrt{2}}{3\,\pi} \dfrac{g}{r} = 1{,}2004 \dfrac{g}{r}$ $l_{red} = \dfrac{3\,\pi}{8\sqrt{2}} r = 0{,}833\, r$

e) $\omega_0^2 = \dfrac{4\,g}{3\,h} \dfrac{1}{\left[1 + \dfrac{1}{3}\left(\dfrac{b}{2\,h}\right)^2\right]}$ $l_{red} = \dfrac{3}{4} h \left[1 + \dfrac{1}{3}\left(\dfrac{b}{2\,h}\right)^2\right]$

Man beachte, dass der dünne Kreisring c) für $l = d$ wie ein mathematisches Pendel schwingt.

14. a) $\omega_0^2 = \dfrac{18}{17} \dfrac{g}{l}$ $T = 2\pi \sqrt{\dfrac{17\, l}{18\, g}}$ b) $l_{red} = \dfrac{17}{18} l$ c) nein

15. a) $f_{st} = m_1\, g / c = 2{,}45\ \text{cm}$

b) Zählt man die Koordinate y von der statischen Ruhelage aus, so ist

$$\left(\frac{J}{r^2} + m_1\right) \ddot{y} + c\, y + (c\, f_{st} - m_1\, g) = 0 \qquad \text{mit} \qquad c\, f_{st} = m_1\, g$$

c) $m_{red} = \left(\dfrac{J}{r^2} + m_1\right) = 6{,}25\ \text{kg}$

d) $\omega_0^2 = \dfrac{c}{J / r^2 + m_1} = \dfrac{c}{m_{red}} = 320\ \text{s}^{-2}$ $\omega_0 = 17{,}9\ \text{s}^{-1}$ $T = 2\,\pi / \omega_0 = 0{,}351\ \text{s}$

16. $\omega_0^2 = \dfrac{c\,b^2}{J_0} = 700\ \text{s}^{-2}$ $\quad \omega_0 = 26{,}5\ \text{s}^{-1}$ $\quad T = 0{,}237\ \text{s}$

17. a) $\ddot{\varphi} + \left(\dfrac{m\,g\,r_\text{s}}{J_0}\sin\alpha\right)\sin\varphi = 0$

b) $\omega_0^2 = (m\,g\,r_\text{s}\sin\alpha)/J_0$ $\quad T = 2\pi\sqrt{J_0/(m\,g\,r_\text{s}\sin\alpha)}$

18. Setzt man die Gesamtmasse des gebogenen Drahtes gleich $2m = \rho\dfrac{\pi\,d^2}{4}2\,l$, so ist für einen beliebigen Winkel β

$$J_\text{z} = \frac{m\,l^2}{12}(4 + 3\cos\beta + \cos^2\beta) \qquad J_\text{zy} = \frac{m\,l^2}{24}(\sin 2\beta + 3\sin\beta)$$

Speziell ist für $\beta = \pi/2$ bzw. $\beta = \pi/4$

a) $J_\text{z} = \dfrac{m\,l^2}{3} = 37{,}0\ \text{kgcm}^2$ $\qquad J_\text{z} = \dfrac{m\,l^2}{8}(3+\sqrt{2}) = 61{,}2\ \text{kgcm}^2$

b) $J_\text{zy} = \dfrac{m\,l^2}{8} = 13{,}9\ \text{kgcm}^2$ $\qquad J_\text{zy} = \dfrac{m\,l^2}{24}\left(1+\dfrac{3}{2}\sqrt{2}\right) = 14{,}4\ \text{kgcm}^2$

c) $M_\text{x} = -J_\text{zy}\,\omega^2 = -6{,}04\ \text{Nm}$ $\qquad M_\text{x} = -J_\text{zy}\,\omega^2 = -6{,}28\ \text{Nm}$

d) $F_\text{Ay} = -F_\text{By} = \dfrac{-M_\text{x}}{l} = 30{,}2\ \text{N}$ $\qquad F_\text{Ay} = -F_\text{By} = \dfrac{-M_\text{x}}{l} = 31{,}4\ \text{N}$

19. a) $F_\text{C} = \dfrac{m\,g\,l}{2\,l_1}\sin\beta\left(\dfrac{2}{3}\dfrac{l\,\omega^2}{g} - \dfrac{1}{\cos\beta}\right)$, für $l_1 = l$ ist $F_\text{C} = 52{,}8\ \text{N}$

b) $F_\text{Ax} = 0$, wenn die Fliehkraft $F = m\,r_\text{S}\,\omega^2 = \text{m}\left(\dfrac{l}{2}\sin\beta\right)\omega^2 = F_\text{C}$ wird, daraus folgt

$$l_1 = \frac{2}{3}l\left(1 - \frac{3\,g}{2\,l\,\omega^2}\frac{1}{\cos\beta}\right) = 24{,}08\ \text{cm}$$

c) $F_\text{C} = 0$, falls $\quad \omega_1^2 = \dfrac{3\,g}{2\,l}\dfrac{1}{\cos\beta} = 42{,}5\ \text{s}^{-2}$ $\qquad n_1 = 62{,}2\ \text{min}^{-1}$

20. a) $F_\text{C} = \dfrac{m\,g\,l}{2\,l_1}\left(\dfrac{r\,\omega^2}{g} + \dfrac{2}{3}\dfrac{l\,\omega^2}{g}\sin\beta - \tan\beta\right)$, für $l_1 = l$ ist $F_\text{C} = 96{,}7\ \text{N}$

b) $F_\text{Ax} = 0$, wenn die Fliehkraft $F = m\left(r + \dfrac{l}{2}\sin\beta\right)\omega^2 = F_\text{C}$ wird, daraus folgt

$$l_1 = \frac{l}{2}\,\frac{r + \frac{2}{3}l\sin\beta - (g/\omega^2)\tan\beta}{r + \frac{l}{2}\sin\beta} = 22{,}04\ \text{cm}$$

c) $F_C = 0$, falls $\omega_1^2 = \dfrac{g \tan\beta}{r + \frac{2}{3} l \sin\beta} = 24{,}3\ \text{s}^{-2}$ $\quad n_1 = 47{,}1\ \text{min}^{-1}$

21. a) $J_0\, \ddot{\varphi} + c_d\, \varphi - m\, g\, l \sin\varphi = 0$

b) $\omega_0 = \sqrt{\dfrac{c_d - m\, g\, l}{m\, l^2}}\, g = 9{,}80\, \text{s}^{-1}$ $\quad T = 0{,}641$ s $\quad$ c) $l_1 = 10{,}1$ cm

22. Mit $m_Q = 0$ folgt aus Gl. (5.101) $\quad \sin\beta\left(\dfrac{\omega^2}{g}\dfrac{l\cos\beta}{3} - \dfrac{1}{2}\right) = 0$

Die Gleichung ist erfüllt: 1. für $\sin\beta = 0$, d. h., $\beta = 0$, und das Pendel bleibt in der vertikalen Lage, 2. für $\cos\beta = \dfrac{3\, g}{2\, l\, \omega^2}$ $\quad (\beta \neq 0)$

Da $\cos\beta \leqq 1$ ist, hat diese Gleichung nur dann eine reelle Lösung, wenn $(3\, g/(2\, l\, \omega^2)) \leqq 1$ ist; d. h. Auslenkungen sind nur möglich, falls $\omega > \sqrt{3\, g/(2\, l)} = \omega_0$ ist, dann ist $\beta = \arccos\,[3\, g/(2\, l\, \omega^2)]$. Für $\omega < \omega_0$ bleibt das Pendel in der vertikalen Lage.

23. a) $J_{zy} = (m\, r^2/8) \sin 2\gamma = 87{,}2\ \text{kgcm}^2$
b) $F_{Ay} = -F_{By} = M_S/b = \omega^2\, J_{zy}/b = 402$ N

24. $J_z(\omega_1 - \omega_0) = \int_0^{t_1} M\, dt = M\, t_1,$ $\quad$ mit $\omega_1 = 0$ ist $\quad M = -\dfrac{J_z\, \omega_0}{t_1} = -88{,}1$ Nm

25. Mit Gl. (5.109) wird $2\, J_2\, \omega_0 = [J_1 + 2\,(J_2 + m_2\, r^2)]\, \omega_1$ und

$\omega_1 = \dfrac{2\,\omega_0}{J_1 / J_2 + 2\,(1 + m_2\, r^2 / J_2)} = 3{,}78\ \text{s}^{-1}$ $\quad n_1 = 36{,}1\ \text{min}^{-1}$

Abschnitt 5.2.2

1. a) $N = \dfrac{J_z\, \omega_0^2}{2\,\pi\, m\, g\, \mu_z\, d} = 2895$ Umdrehungen $\quad$ b) $t_1 = \dfrac{2\,\varphi_1}{\omega_0} = \dfrac{4\,\pi\, N}{\omega_0} = 386$ s

2. a) $v_1^2 = \dfrac{2\, m_1\, s_1}{J_0 / r^2 + m_1}\, g = 4{,}67 \dfrac{\text{m}^2}{\text{s}^2}$ $\quad v_1 = 2{,}16 \dfrac{\text{m}}{\text{s}}$

b) $v_1^2 = \dfrac{2\, m_1\, s_1 (\sin\alpha - \mu\cos\alpha)}{J / r^2 + m_1}\, g = 8{,}49 \dfrac{\text{m}^2}{\text{s}^2}$ $\quad v_1 = 2{,}91 \dfrac{\text{m}}{\text{s}}$

c) $v_1^2 = \dfrac{2\, s_1 [m_1 - m_2 (d_2 / d_1)]}{J / r_1^2 + m_1 + m_2 (d_2 / d_1)^2}\, g = 15{,}5 \dfrac{\text{m}^2}{\text{s}^2}$ $\quad v_1 = 3{,}94 \dfrac{\text{m}}{\text{s}}$

d) $v_1^2 = \dfrac{2\, s_1 [m_1 (\sin\alpha - \mu\cos\alpha) - m_2 (r_2 / r_1)]}{J / r_1^2 + m_1 + m_2 (r_2 / r_1)^2}\, g = 3{,}84 \dfrac{\text{m}^2}{\text{s}^2}$ $\quad v_1 = 1{,}96 \dfrac{\text{m}}{\text{s}}$

3. a) $J_0 = \dfrac{m\,l^2}{12} + m\left(\dfrac{l}{6}\right)^2 = \dfrac{m\,l^2}{9} = 0{,}9 \text{ kgm}^2$

b) $\omega_1^2 = \dfrac{m\,g\,l}{3\,J_0} = 32{,}7 \text{ s}^{-2}$ $\qquad \omega_1 = 5{,}72 \text{ s}^{-1}$

c) $f_2 = \dfrac{m\,g}{4\,c}\left(1 + \sqrt{1 + \dfrac{16\,l\,c}{3\,m\,g}}\right) = 8{,}18 \text{ cm}$ $\qquad$ d) $F_2 = c\,f_2 = 408{,}9 \text{ N}$

e) Da die Federkraft im Trägheitsmittelpunkt angreift, wird das Lager nur durch F_G belastet.

$F_0 = \dfrac{3}{4}\,m\,g = 73{,}6 \text{ N}$

4. a) $J_{0\,\text{red}} = J_1 + J_2\left(\dfrac{\omega_2}{\omega_1}\right)^2 = J_1 + J_2\left(\dfrac{r_1}{r_2}\right)^2 = 1{,}6 \text{ kgm}^2$

b) $J_{0\,\text{red}}\,\ddot{\varphi} + m_1\,g\,r_S \sin\varphi = 0$

Für kleine Winkel ist $\sin\varphi \approx \varphi$. $\qquad \ddot{\varphi} + \dfrac{m_1\,g\,r_S}{J_{0\,\text{red}}}\,\varphi = 0 \qquad r_S = \dfrac{4}{3}\dfrac{\sqrt{2}}{\pi}\,r_1$

c) $\omega_0^2 = \dfrac{m_1\,g\,r_S}{J_{0\,\text{red}}} = 14{,}7 \text{ s}^{-2}$ $\qquad \omega_0 = 3{,}84 \text{ s}^{-1}$ $\qquad T = 1{,}64 \text{ s}$

5. $f_m = \dfrac{J_0\,\omega^2}{2\,\sigma_F A} = 2{,}58 \text{ mm}$

6. $P_e = M\,\omega = 35{,}2 \text{ kW}$

7. a) $M_r = J\,\alpha = J\,\omega_1/t_1 = 29{,}06 \text{ Nm}$ $\qquad$ b) $P_M = M_r\,\omega_1 = 4{,}50 \text{ kW}$

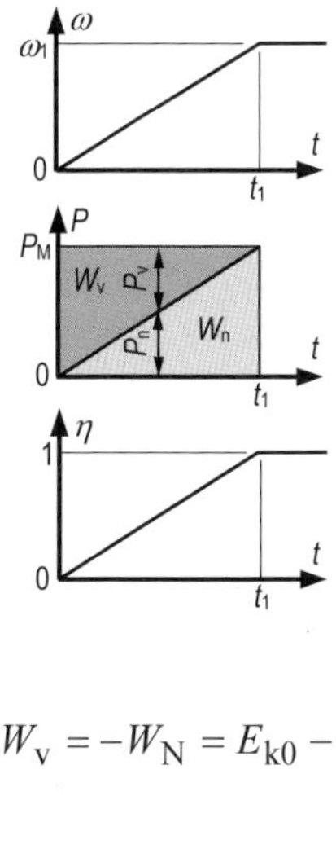

c) Die Funktionen $\omega(t)$, $P_n(t)$, $P_v(t)$ und $\eta(t)$ zeigt **Bild A.15**. Die Verlustarbeit $W_v = P_v\,t_1/2 = J\,\omega_1^2/2$ ist gleich der Nutzarbeit W_n. Beide sind unabhängig von der Kupplungszeit t_1.

Bild A.15: ω, t-, P, t- und η, t-Diagramm zur Aufgabe 7

8. $W_v = -W_N = E_{k0} - E_{k1} = \dfrac{J_1\omega_{10}^2}{2} - (J_1 + J_2)\dfrac{\omega_{11}^2}{2} = 17{,}26 \cdot 10^3 \text{ Nm}$

Abschnitt 5.3

1. $F_{n1} = m\,g\,\frac{b}{l}\left[\cos\alpha + \left(\sin\alpha - \frac{a_0}{g}\right)\frac{h}{b}\right] = 7334\text{ N}$ $\qquad F_{n2} = m\,g\cos\alpha - F_{n1} = 5867\text{ N}$

2. a) $a_G = \frac{l-b}{(l/\mu_0)-h}\,g = 4{,}99\text{ m/s}^2$ $\qquad$ b) $a_G = \frac{b}{(l/\mu_0)+h}\,g = 3{,}14\text{ m/s}^2$

3. a) $a_S = \frac{m_Q(1+d_1/d_2)}{J_S/r_2^2 + m + m_Q(1+d_1/d_2)^2}\,g = 3{,}15\text{ m/s}^2$

b) Die Haftkraft F_h wirkt in Bewegungsrichtung (**Bild 5.79**)

$F_h = [m_Q\,(1 + d_1/d_2) + m]\,a_S - m_Q\,g = 21{,}02\text{ N}$

4. $\frac{d_1}{d_2} = \frac{J_S}{m\,r_2^2} = 0{,}444$ $\qquad d_1 = 0{,}267\text{ m}$

5. a) $\frac{a_S}{g} = \frac{\cos\beta - d_1/d_2}{J_S/m\,r_2^2 + 1}\cdot\frac{F}{m\,g} = 0{,}02814$ $\qquad a_S = 0{,}276\,\frac{\text{m}}{\text{s}^2}$

b) $F_h = F\cos\beta - m\,a_S = 72{,}80\text{ N}$

c) $F_{sg} = \mu_0\,m\,g \Big/ \left(\frac{(J_S/m\,r_2^2)\cos\beta + d_1/d_2}{J_S/m\,r_2^2 + 1} + \mu_0\sin\beta\right) = 211{,}4\text{ N}$

d) Für $F_{s1} > F_{sg}$ gleitet die Radachse. Das System hat damit zwei Freiheitsgrade. Es ist
$F_{r1} = \mu\,F_{n1} = \mu\,(m\,g - F_{s1}\sin\beta) = 116{,}2\text{ N}$ $\qquad a_S = (F_{s1}\cos\beta - F_{r1})/m = 4{,}60\text{ m/s}^2$
$\alpha = (F_{r1}\,r_2 - F_{s1}\,r_1)/J_S = -22{,}57\text{ s}^{-2}$, d. h., das Seil wird abgewickelt.

6. a) $a_s = \frac{1}{J_s/mr_1^2 + 1}\,g = \frac{g}{2} = 4{,}91\text{ m/s}^2$ $\qquad$ b) $F_s = m\,(g - a_s) = m\,g/2 = 245\text{ N}$

7. a) $a_s = \frac{\sin\beta - \mu(1 + d_2/d_1)\cos\beta}{J_s/mr_1^2 + 1}\,g$ $\qquad$ b) $a_s = 0{,}246\,g = 2{,}41\text{ m/s}^2$

c) $F_s = m\,[(\sin\beta - \mu\cos\beta)\,g - a_s] = 230{,}8\text{ N}$

d) $\tan\beta_1 \leqq (1 + d_2/d_1)\,\mu = 0{,}75$ $\qquad \beta_1 \leqq 36{,}9°$

8. a) $a_s = \frac{2\sin\beta}{(J_1/mr^2 + 1) + (J_2/mr^2 + 1)}\,g = \frac{4}{7}\,g\sin\beta = 1{,}45\text{ m/s}^2$

b) $2F_s = m\,g\left[\sin\beta - \left(\frac{J_1}{mr^2} + 1\right)\frac{a_s}{g}\right] = \frac{m\,g}{7}\sin\beta = 181{,}3\text{ N}$ $\qquad F_s = 90{,}7\text{ N}$

Der Stab ist auf Zug beansprucht.

9. a) $v_1 = \frac{r\omega_0}{1 + mr^2/J_S} = \frac{1}{3}\,r\omega_0 = 4{,}71\text{ m/s}$ $\qquad$ b) $t_1 = \frac{v_1}{\mu\,g} = 0{,}961\text{ s}$ $\qquad s_1 = \frac{v_1\,t_1}{2} = 2{,}26\text{ m}$

10. a) $\omega_0^2 = \dfrac{1}{1+J_S/mr^2}\cdot\dfrac{c}{m} = \dfrac{2}{3}\dfrac{c}{m} = 66{,}7\ \text{s}^{-2}$ $\quad\omega_0 = 8{,}16\ \text{s}^{-1}$ $\quad T = 2\pi/\omega_0 = 0{,}769$ s

b) $x_m = \mu_0\dfrac{mg}{c}\left(1+\dfrac{mr^2}{J_S}\right) = \mu_0\dfrac{mg}{c}3 = 11{,}8$ cm

11. a) $\ddot\psi + \left(\dfrac{1}{(J_S/mr^2)+1}\cdot\dfrac{g}{l}\right)\sin\psi = 0$ $\qquad$ b) $\omega_0 = \sqrt{\dfrac{1}{(J_S/mr^2)+1}\cdot\dfrac{g}{l}} = \sqrt{\dfrac{2g}{3l}}$

12. a) $\ddot\psi + \left(\dfrac{1}{(J_S/mr_1^2)+1}\cdot\dfrac{g}{r_1-r_2}\right)\sin\psi = 0$ $\qquad$ b) $\omega_0 = \sqrt{\dfrac{1}{(J_S/mr_1^2)+1}\cdot\dfrac{g}{r_1-r_2}} = \sqrt{\dfrac{1}{2}\cdot\dfrac{g}{r_1-r_2}}$

13. Aus $L_{z0} = m\,r_S\,v = L_{z1} = J_0\,\omega_1$ folgt $\omega_1 = \dfrac{m r_S}{J_0}v = \dfrac{v}{l_{red}} = \dfrac{3v}{2l}$

Abschnitt 5.4

1. $M_B = (m\,r\,\omega_F^2)\,r_1\sin\psi = m\,r_1\,\omega_F^2\,r_s\sin\varphi$

2. a) In **Bild A.16** sind die am System angreifenden Kräfte eingetragen. Die Führungsbeschleunigung des Punktes S_1 ist $a_F = \ddot x$. Aus dem Gleichgewicht der Kräfte in x-Richtung folgt $(m_1+m_2)\,\ddot x - m_2\,r\omega^2\sin\varphi = 0$

oder $\ddot x = \dfrac{m_2\,r}{m_1+m_2}\,\omega^2\sin\varphi = r_S\,\omega^2\sin\omega t$

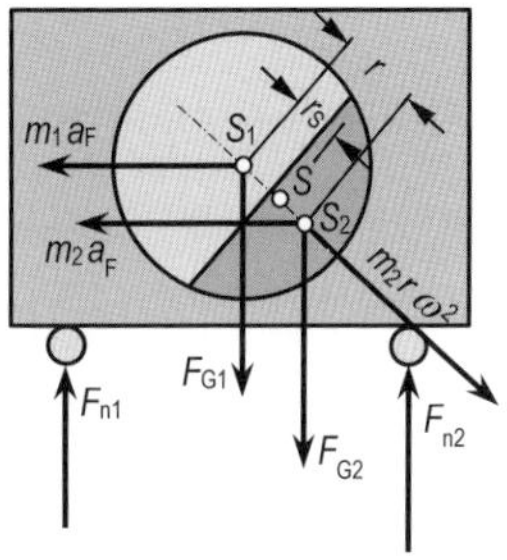

Bild A.16: Kräfte am System

Dabei ist r_S der Abstand des Gesamtschwerpunktes S von S_1. Nach zweimaliger Integration mit $\dot x(0) = 0$ und $x(0) = 0$ wird $x = -\,r_S\sin\omega t$.

Der Wagen beschreibt also eine harmonische Bewegung mit der Amplitude r_S. (Der Gesamtschwerpunkt S bleibt in horizontaler Richtung in Ruhe.)

b) Aus dem Gleichgewicht der Momente um S_1 folgt

$$M = m_2\,g\,r\sin\varphi + m_2\,\ddot x\,r\cos\varphi = m_2\,g\,r\sin\varphi\left(1+\frac{r_S\,\omega^2}{g}\cos\varphi\right)$$

c) Der Wagen beginnt abzuheben, wenn die resultierende Normalkraft F_n verschwindet

$$F_n = (m_1+m_2)\,g + m_2\,r\,\omega_1^2\cos\varphi = 0$$

Für $\varphi = \pi$, d. h. $\cos\varphi = -1$, wird $F_n = 0$, falls $\omega_1^2 = \dfrac{m_1+m_2}{m_2\,r}g = \dfrac{g}{r_s}$.

3. Legt man den Schwerpunkt des Wagens 1 durch die Koordinate x und den des Wagens 2 durch $(x + l + \xi)$ fest (ξ = Verlängerung der Feder, l = Abstand der Schwerpunkte S_1 und S_2 für $\xi = 0$), so ist $\ddot x$ die Beschleunigung des Wagens 1 und $\ddot x + \ddot\xi$ die des Wagens 2. Das Gleichgewicht der Kräfte in x-Richtung an den beiden freigemachten Wagen verlangt **(Bild A.17)**

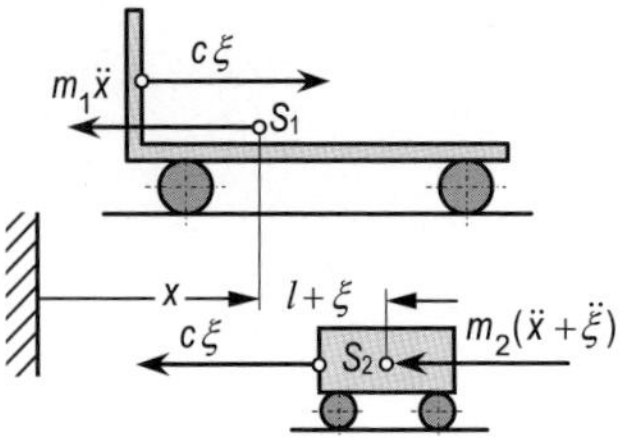

Bild A.17: Kräfte in Bewegungsrichtung an den freigemachten Wagen

Wagen 1: $m_1\,\ddot{x} - c\,\xi = 0$ Wagen 2: $m_2\,(\ddot{x} + \ddot{\xi}) + c\,\xi = 0$

Mit $\ddot{x} = (c/m_1)\,\xi$ aus der 1. Gleichung folgt aus der 2. Gleichung

$$\ddot{\xi} + \frac{c\,(m_1 + m_2)}{m_1\,m_2}\,\xi = 0 \qquad \omega_0^2 = \frac{c\,(m_1 + m_2)}{m_1\,m_2}$$

Für $m_1 \to \infty$ ist $\omega_0^2 = \dfrac{c}{m_2}$, für $m_2 \to \infty$ ist $\omega_0^2 = \dfrac{c}{m_1}$.

4. Entsprechend der Lösung in Aufgabe 3 erhält man die Gleichungen

Wagen: $m_1\,\ddot{x} - c\,\xi - F_h = 0$ Walze: $m_2\,(\ddot{x} + \ddot{\xi}) + c\,\xi + F_h = 0$

Mit der Haftkraft $F_h = (J_S/r^2)\,\ddot{\xi} = (m_2/2)\,\ddot{\xi}$ folgt

$$\ddot{\xi} + \frac{2c}{m_2}\cdot\frac{m_1 + m_2}{3m_1 + m_2}\,\xi = 0 \qquad \omega_0^2 = \frac{2c}{m_2}\cdot\frac{m_1 + m_2}{3m_1 + m_2}$$

Für $m_1 \to \infty$ ist $\omega_0^2 = \dfrac{2c}{3m_2}$, für $m_2 \to \infty$ ist $\omega_0^2 = 0$.

5. a) $\ddot{\xi} = \omega_F^2\,\xi$

b) $\xi = \xi_0 \cosh \omega_F\,t = \xi_0 \cosh \varphi$

c) Die Kugel verlässt das Rohr für $\xi = l$, d. h. für $\cosh \varphi_1 = \dfrac{l}{\xi_0} = 10$, $\varphi_1 = 171{,}5°$

$v_{\xi 1} = \dot{\xi}_1 = \xi_0\,\omega_F \sinh \omega_F\,t_1 = \xi_0\,\omega_F \sinh \varphi_1$

Da $l/\xi_0 = \cosh \varphi_1 \approx \sinh \varphi_1$ ist, folgt

$$v_{\xi 1} \approx \xi_0\,\omega_F\,\frac{l}{\xi_0} = l\,\omega_F \qquad v_{\eta 1} = l\,\omega_F \qquad v_1 \approx \sqrt{2}\,l\,\omega_F = 22{,}2\text{ m/s}$$

d) $\tan \alpha_1 = v_{\eta 1} / v_{\xi 1} \approx 1$ $\qquad \alpha_1 \approx 45°$

e) $M = \xi\,m\,a_{Cor} = 2\,m\,\xi\,\omega_F\,\dot{\xi} = m\,\xi_0^2\omega_F^2\,2 \sinh \varphi \cosh \varphi = m\,\xi_0^2\omega_F^2 \sinh 2\varphi$

f) $M_{max} = m\,\xi_0^2\omega_F^2 \sinh 2\varphi_1 = 196{,}4$ Nm

6. a) Wegen der translatorischen Führungsbewegung ist

$$a_{Cor} = 0 \quad \text{und} \quad \vec{a}_s = \vec{a}_F + \vec{a}^{\,t}_{rel} + \vec{a}^{\,n}_{rel} \quad \text{mit}$$

$$a_F = \ddot{x} = r\,\ddot{\varphi} \;\; a^t_{rel} = r_S\,\ddot{\varphi} \quad \text{und} \quad a^n_{rel} = r_S\,\dot{\varphi}^{\,2}$$

b) In **Bild A.18** sind die Komponenten der *d'Alembert*schen Trägheitskräfte angegeben. Aus dem Momentegleichgewicht um den Momentanpol P erhält man die Bewegungsgleichung

$$[J_S + m\,(r^2 + r_S^2 - 2\,r\,r_S \cos\varphi)]\,\ddot{\varphi} + m\,r\,r_S\,\dot{\varphi}^{\,2} \sin\varphi + m\,g\,r_S \sin\varphi = 0$$

Für kleine Auslenkungen φ ist

$$[J_S + m(r - r_S)^2]\,\ddot{\varphi} + m\,g\,r_S\,\varphi = 0$$

c) $$\omega_0^2 = \frac{m\,g\,r_S}{J_S + m(r - r_S)^2} = \frac{m\,g\,r_S}{J_P}$$

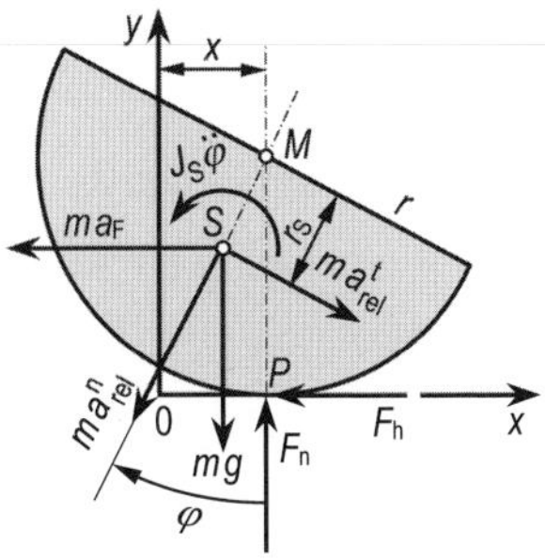

Bild A.18: Freigemachte Halbkreisscheibe

7. a) $M_z = m\,l \sin\varphi\,(g - l\,\omega_F^2 \cos\varphi)$

b) $M_y = m\,l^2 \omega_F\,\omega_{rel} \sin 2\varphi$

c) $M_x = 2\,m\,\omega_F\,\omega_{rel}\,l^2 \cos^2\varphi = 2\,m\,\omega_F\,\omega_{rel}\,y^2$

8. a) $$M_z = m\,g\,\frac{l}{2} \sin\varphi \left(1 - \frac{2}{3}\frac{l\omega_F^2}{g}\cos\varphi\right)$$

$$M_y = \frac{1}{3} m\,l^2\,\omega_F\,\omega_{rel} \sin 2\varphi \qquad M_x = \frac{2}{3} m\,l^2\,\omega_F\,\omega_{rel} \cos^2\varphi$$

b) $$M_z = 0 \quad M_y = 0 \qquad M_x = \omega_F\,\omega_{rel}\,J_z = \omega_F\,\omega_{rel}\,\frac{m\,r^2}{2}$$

9. a) $v_1 = r\sqrt{g/r_s} = 4{,}43\ \text{m/s} = 16\ \text{km/h}$

b) $$F = m\,g \sin\varphi\,(r_s\,\omega^2/g + r_S/r) = m\,g \sin\varphi \left[\left(\frac{v}{v_1}\right)^2 + \frac{r_s}{r}\right]$$

c) $F_{max} = 1292\ \text{N}$ für $\varphi = 90°$

10. Mit den Werten aus Aufgabe 1 in Abschn. 3.3.3, S. 154, erhält man

$$F_{nD} = J_E\,\alpha_E/r_{ED} = 0{,}570\ \text{N}$$

Abschnitt 5.5

1. $$v_S = \sqrt{2\,g\,h}\sqrt{\frac{m_Q}{J/r_2^2 + m + m_Q(1 + d_1/d_2)^2}} = 3{,}37\ \text{m/s}$$

2. a) $$v_S = \sqrt{\frac{2\,g\,s}{J_s/m\,r_1^2 + 1}} = 5{,}42\ \text{m/s}$$

b) $$v_S = \sqrt{2\,g\,s}\sqrt{\frac{\sin\beta - \mu(1 + d_2/d_1)\cos\beta}{J_s/m\,r_1^2 + 1}} = 3{,}80\ \text{m/s}$$

3. a) $h = \frac{v_S^2}{2g}\left(1 + \frac{J_S}{m r^2}\right) = \frac{3}{4}\frac{v_S^2}{g} = 0{,}306$ m b) $F_{nA} = m\,g\left(1 + \frac{v_S^2}{g\,\rho_s}\right) = 2162$ N

c) $f_{max} = \left(\sqrt{\frac{m}{c}}\sqrt{1 + \frac{J_S}{m r^2}}\right) v_S = 10{,}95$ cm d) $F_{max} = c\,f = 10954$ N

4. $\sin\varphi = \frac{2}{3 + J_S / m r^2}\left(\frac{h}{r+\rho} + \cos\beta\right) = 0{,}636$ $\varphi = 39{,}5°$

Abschnitt 5.6

1. a) In dem Koordinatensystem (**Bild 5.105**) ist $\vec{\omega} = (0,\ \omega_F,\ -\ \omega_{rel})$, $\vec{L}_S = (0,\ \omega_F J_y, -\omega_{rel} J_z)$, wobei $r\ \omega_{rel} = l\ \omega_F$ ist. Mit $(\mathrm{d}\vec{L}_S/\mathrm{d}t)_{rel} = \vec{0}$, $\vec{\omega}_F = (0,\ \omega_F,\ 0)$ und $\vec{M}_K = -\vec{M}_S$ folgt aus Gl. (5.225)

$\vec{M}_K = \vec{L}_S \times \vec{\omega}_F = (\omega_{rel}\ \omega_F\ J_z, 0, 0)$ oder $M_{Kx} = \omega_F^2\ J_z (l / r) = 444$ Nm

b) $F_n = m\,g + M_{Kx}/l = 1379$ N

2. $\vec{\omega} = (0,\ \omega \sin\gamma,\ \omega\cos\gamma)$, $\vec{L}_S = (0,\ \omega J_\eta \sin\gamma,\ \omega J_\zeta \cos\gamma)$.

Aus Gl. (5.224) folgt mit $(\mathrm{d}\vec{L}_S/\mathrm{d}t)_{rel} = \vec{0}$

$$\vec{M}_S = \vec{\omega} \times \vec{L}_S = [\omega^2 (J_\zeta - J_\eta) \sin\gamma \cos\gamma,\ 0,\ 0]$$

Da $J_\zeta = m\,r^2/2$, $J_\eta = m\,r^2/4$ und $\sin\gamma\cos\gamma = (\sin 2\gamma)\ /2$ ist, folgt wie in Aufgabe 23, S. 214

$$M_S = M_\xi = M_x = \omega^2 (m\,r^2/8) \sin 2\gamma$$

3. In dem körperfesten ξ, η, ζ-System ist

$\vec{\omega} = (\omega_F \sin\varphi,\ \omega_F \cos\varphi,\ \omega_e)$, $\vec{L}_S = (\omega_F J_\xi \sin\varphi,\ \omega_F J_\eta \cos\varphi,\ \omega_e J_\zeta)$.

Mit $\dot{\varphi} = \omega_e$ folgt aus Gl. (5.224)

$$\left(\frac{\mathrm{d}\vec{L}_S}{\mathrm{d}t}\right)_{rel} = \begin{Bmatrix} \omega_F\ \omega_e\ J_\xi \cos\varphi \\ -\omega_F\ \omega_e\ J_\eta \sin\varphi \\ 0 \end{Bmatrix}; \qquad \vec{\omega} \times \vec{L}_S = \begin{Bmatrix} \omega_F \omega_e (J_\zeta - J_\eta) \cos\varphi \\ \omega_F \omega_e (J_\xi - J_\zeta) \sin\varphi \\ \omega_F^2 (J_\eta - J_\xi) \sin\varphi \cos\varphi \end{Bmatrix}$$

Da $J_\xi = J_\eta$ erhält man mit Gl. (5.224)

$$\vec{M}_S = \begin{Bmatrix} \omega_F\ \omega_e\ J_\zeta \cos\varphi \\ -\omega_F\ \omega_e\ J_\zeta \sin\varphi \\ 0 \end{Bmatrix} = \begin{Bmatrix} M_\xi \\ M_\eta \\ M_\zeta \end{Bmatrix} = \begin{Bmatrix} M_x \cos\varphi \\ -M_x \sin\varphi \\ 0 \end{Bmatrix}$$

Für das rahmenfeste x, y, z-System (**Bild 5.104**) ist also wie in Gl. (5.230) $M_x = \omega_F\ \omega_e\ J_\zeta$.

4. a) Nach Gl. (5.230) ist $M_x = \omega_F\ \omega_e\ J_\zeta = \omega_F\ \omega_e\ m\,r^2/2 = 2{,}74$ Nm

b) Am freigemachten Kreisel greifen die dynamischen Auflagerkräfte an

$F_{By} = -F_{Ay} = M_x/l = 27{,}4$ N

c) In dem x, y, z-System (**Bild 5.104**) ist $\vec{\omega} = (0, \omega_F, \omega_e)$ und $\vec{M}_S = (M_x, 0, 0)$.
Damit ist nach Gl. (5.227) $P = \vec{M}_S \cdot \vec{\omega} = 0$ und nach Gl. (5.228) E_K = const. Bei der Bewegung bleibt die kinetische Energie konstant, es ist keine Leistung zuzuführen.

5. Mit einem Koordinatensystem entsprechend **Bild 5.105** ist $\vec{\omega} = (0, \omega_F, -\omega_e)$ und $\vec{L}_S = (0, \omega_F J_y, -\omega_e J_z)$, dabei ist $v = \rho\,\omega_F = r\,\omega_e$. Mit $(\mathrm{d}\vec{L}_S/\mathrm{d}t)_{rel} = \vec{0}$, $\vec{\omega}_F = (0, \omega_F, 0)$ und $\vec{M}_K = -\vec{M}_S$ erhält man aus Gl. (5.225)

$$\vec{M}_K = \vec{L}_S \times \vec{\omega}_F = (\omega_e\,\omega_F\,J_z, 0, 0) \quad \text{oder} \quad M_{Kx} = v^2 J_z/(r\,\rho) = 14{,}1 \text{ Nm}$$

Abschnitt 6

1. Es finden 5 Stöße statt.

Stoß \ Geschw. nach dem Stoß	$\frac{v_1}{\text{m/s}}$	$\frac{v_2}{\text{m/s}}$	$\frac{v_3}{\text{m/s}}$	$\frac{v_4}{\text{m/s}}$
1	0	3	0	0
2	0	1	4	0
3	0	1	– 0,8	3,2
4	0	– 0,2	1,6	3,2
5	– 0,2	0	1,6	3,2

2. Es finden 3 Stöße statt.

Stoß \ Geschw. nach dem Stoß	$\frac{v_1}{\text{m/s}}$	$\frac{v_2}{\text{m/s}}$	$\frac{v_3}{\text{m/s}}$	$\frac{v_4}{\text{m/s}}$
1	1,5	1,5	0	0
2	1,2	1,2	1,2	0
3	0,923	0,923	0,923	0,923

3. $F_n = 4127$ N $\quad F_r = 2064$ N

4. a) $E_{kBA} = 38{,}8$ kNm $\quad v_{BA} = 6{,}57\ \text{ms}^{-1}$

b) $v_{BW} = -2{,}23\ \text{ms}^{-2}$ $\quad v_{SW} = 0{,}396\ \text{ms}^{-1}$

c) $\eta_S = 80{,}4\ \%$ $\quad$ d) $H_1 = 0{,}241$ m $\quad$ e) $x_{max} = 5{,}90$ mm

f) $F_{max} = F_{stat} + F_{dyn} = 1455$ kN $\quad$ g) $T = 0{,}0937$ s

5. a) $s = 0{,}767$ cm $\quad$ b) $s = 1{,}037$ cm

6.

	$\frac{t}{\text{s}}$	$\frac{s}{\text{m}}$	$\frac{v_{1A}}{\text{m/s}}$	$\frac{v_{2A}}{\text{m/s}}$	$\frac{v_{1W}}{\text{m/s}}$	$\frac{v_{2W}}{\text{m/s}}$
1. Stoß	0	0	2	0	0,65	2,25
2. Stoß	3,97	2,58	0,65	0	0,211	0,731
3. Stoß	5,26	2,85	0,211	0	0,069	0,237

7.

	$\frac{t}{\text{s}}$	$\frac{s}{\text{m}}$	$\frac{v_{1A}}{\text{m/s}}$	$\frac{v_{2A}}{\text{m/s}}$	$\frac{v_{1W}}{\text{m/s}}$	$\frac{v_{2W}}{\text{m/s}}$
1. Stoß	0	0	2	0	1,44	2,24
2. Stoß	1,631	2,35	1,44	0,640	1,216	1,536
3. Stoß	2,28	3,14	1,216	0,896	1,149	1,254

8. $a = 18{,}0$ cm **9.** a) $\beta = 17{,}0°$ b) $s = 0{,}444$ m

10. a) $v_S = \frac{1}{4} v_A (3-k)$ $\omega = \frac{3}{2\,l}(1+k)\, v_A$ $\Delta E_k = \frac{1}{2}\, m\, v_A^2 \left[1 - \frac{1}{4}(3+k^2)\right]$

b) $v_S = \frac{3}{4} v_A$ $\omega = \frac{3}{2\,l}\, v_A$ $\Delta E_k = \frac{1}{8}\, m\, v_A^2$ c) $v_S = \frac{1}{2} v_A$ $\omega = \frac{3}{l}\, v_A$

11. Die Änderung der Impulskomponenten in der Zeit von Stoßbeginn ($t = t_0$) bis Stoßende ($t = t_1$) erhält man aus Gl. (2.144) mit $\vec{p}_0 = (0, -m\, v_{Sy0})$ und $\vec{p}_1 = (m\, v_{Sx1}, 0)$

$$p_{y1} - p_{y0} = m\, v_{Sy0} = \int_{t_0}^{t_1} F_n \, dt \tag{A.1}$$

$$p_{x1} - p_{x0} = m\, v_{Sx1} = \int_{t_0}^{t_1} F_r \, dt = \mu \int_{t_0}^{t_1} F_n \, dt \tag{A.2}$$

Dabei wurde in Gl. (A.2) das Reibungsgesetz $F_r = \mu F_n$ (Gl. (2.19)) berücksichtigt. Die Auftreffgeschwindigkeit beträgt nach Gl. (1.24) $v_{Sy0} = \sqrt{2\,g\,h} = 3{,}96$ m/s. Das Impulsmoment bezüglich 0 bleibt konstant, da die Wirkungslinien aller äußeren Kräfte durch 0 gehen. Es gilt

$$L_1 - L_0 = (J_S\, \omega_1 - r\, m\, v_{Sx1}) - (-J_S\, \omega_0) = 0 \tag{A.3}$$

a) Aus Gl. (A.1) und Gl. (A.2) folgt $v_{Sx1} = \mu\, v_{Sy0} = 1{,}19$ m/s, und b) aus Gl. (A.3) erhält man mit $J_S = m\, r^2/2$

$$\omega_1 = \omega_0 - 2\mu\, v_{Sy0}/r = 78{,}4\ \text{s}^{-1}, \quad n_1 = \omega_1 / 2\,\pi = 749\ \text{min}^{-1}$$

Abschnitt 7

1. Die Zeiger sind in **Bild A.19** dargestellt. Es ist
$A = y_m \sin\varphi$ $B = y_m \cos\varphi$ $\tan\varphi = A/B$
und $y_m = \sqrt{A^2 + B^2}$

2. Dem **Bild A.19** entnimmt man $y_m = \sqrt{A^2 + B^2} = 5$ cm
$\tan\varphi = A/B = 3/4$ $\varphi = 36{,}9°$ $T = 2\,\pi/\omega_0 = 0{,}628$ s

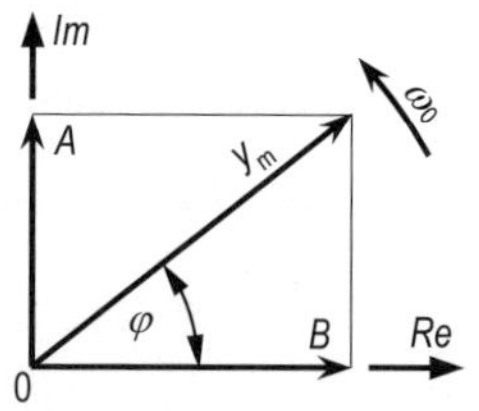

Bild A.19:
Zeiger zweier Schwingungen

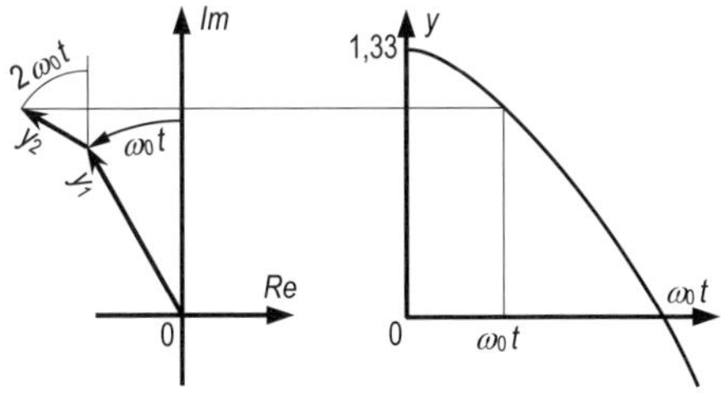

Bild A. 20:
Überlagerung zweier Schwingungen

3. Die Überlagerung kann mit Hilfe zweier Zeiger durchgeführt werden (**Bild A.20**). Den zeitlichen Verlauf zeigt **Bild 1.33d**.

4. Mit $c_3 = 3\,EI/l^3 = 24{,}74$ N/cm erhält man

$$c_g = \frac{(c_1 + c_3)c_2}{c_1 + c_2 + c_3} = 21{,}12 \text{ N/cm} \qquad n = 219 \text{ min}^{-1}$$

5. Mit $n_0 = 10$ Hz und $\omega_0 = 2\,\pi\, n_0 = 62{,}8$ s^{-1} erhält man $c = \omega_0^2\; m = 7{,}90$ N/m $= 0{,}0790$ N/cm.

6. a) Nach Gl. (7.90) ist $\omega_r = \omega_0/\sqrt{1-2\vartheta^2} = 2{,}35\;\omega_0 = 148$ s^{-1} $\qquad n_r = 23{,}5$ s^{-1}.

b) Mit $\omega/\omega_0 = n/n_0 = 1{,}5$ folgt aus Gl. (7.89) $y_m/s = 0{,}982$. Der Amplitudenfehler beträgt also – 1,8 %.

c) Nach Gl. (7.36) ist $\omega_d = \omega_0\;\sqrt{1-\vartheta^2} = \omega_0 \cdot 0{,}768 = 48{,}3$ s^{-1} $\qquad n_d = 7{,}68$ s^{-1}.

7. Mit $n_0 = 1500$ Hz ist $\omega_0 = 2\pi\, n_0 = 9425$ s^{-1} und $c = \omega_0^2\; m = 1776{,}5$ N/cm

8. a) Mit $F_r = \mu\, F_n$ folgt aus Gl. (5.178) $F_r = 2\;\mu\, m\;\omega_F\,\dot{\eta}$ (die Reibungskraft infolge der Gewichtskraft $m\;g$ ist hier nicht berücksichtigt). Die Reibungskraft F_r ist der Geschwindigkeitsrichtung entgegengerichtet, und aus dem Gleichgewicht der Kräfte an der Muffe (**Bild 5.90b**) erhält man $m\,\ddot{\eta} + 2\;\mu\, m\;\omega_F\,\dot{\eta} + c\;\eta = m\;(l + \eta)\;\omega_F^2$.

Mit Gl. (5.180) und Gl. (5.181) gewinnt man $\ddot{u} + 2\;\mu\;\omega_F\;\dot{u}\; + (\omega_0^2\; - \omega_F^2)\, u = 0$.

Nach einer Auslenkung aus der relativen Gleichgewichtslage vollführt die Muffe also die Bewegung einer gedämpften Schwingung.

b) Durch Koeffizientenvergleich mit Gl. (7.24) folgt

$$\delta = \mu\;\omega_F = 3{,}14 \text{ s}^{-1} \qquad \omega_1 = \sqrt{\omega_0^2 - \omega_F^2} = 54{,}9 \text{ s}^{-1}$$

Dann ist der Dämpfungsgrad $\vartheta = \delta/\omega_1 = 0{,}057$.

9. $w(0) = 0$, $w'(0) = 0$, $w(l) = 0$, $w'(l) = 0$ führen auf die Bestimmungsgleichung $\cos pl \cosh pl = 1$ mit der kleinsten Lösung $pl = 4{,}73$.

$\omega = 1{,}44{,}2$ s^{-1}, $\;f = 22{,}9$ s^{-1}

10. a) $\Lambda = \frac{1}{z}\ln\frac{w(t=0)}{w(t=zT_d)} = \frac{1}{4}\ln\frac{5\,\text{cm}}{2\,\text{cm}} = 0{,}2291$ $\qquad \delta = \frac{\Lambda}{T_d} = \frac{0{,}2291}{0{,}4\text{s}} = 0{,}5728$

$$\omega_d = \frac{2\pi}{T_d} = 15{,}708\ \text{s}^{-1} \qquad \omega_0 = \sqrt{\omega_d^2 + \delta^2} = 15{,}718\ \text{s}^{-1} \qquad \vartheta = \frac{\delta}{\omega_0} = 0{,}0364$$

$$w(t) = w(0)\,\text{e}^{-\delta t}\left(\cos\omega_d t + \frac{\delta}{\omega_d}\sin\omega_d t\right)$$

$$w(t) = 5\,\text{cm}\,\text{e}^{-0{,}5728\frac{1}{\text{s}}t}\left(\cos 15{,}708\frac{1}{\text{s}}t + 0{,}0365\sin 15{,}708\frac{1}{\text{s}}t\right)$$

11. a) $m = m_t + m_u = 50\,\text{kg} + 4\,\text{kg} = 54\,\text{kg}$

$$\omega_0 = \sqrt{\frac{c_{ges}}{m}} = \sqrt{\frac{80000\ \text{N/m}}{54\,\text{kg}}} = 38{,}49\frac{1}{\text{s}} \qquad \vartheta = \frac{k}{2\,m\,\omega_0} = 0{,}048$$

b) $\omega = \frac{2\pi n}{60\,\text{s/min}} = 33{,}51\frac{1}{\text{s}} \qquad \frac{\omega}{\omega_0} = \frac{33{,}51\,\text{s}^{-1}}{38{,}49\,\text{s}^{-1}} = 0{,}871$

$$y_m = \frac{(\omega/\omega_0)^2}{\sqrt{\left[1-(\omega/\omega_0)^2\right]^2 + \left[2\vartheta\,(\omega/\omega_0)\right]^2}}\,\frac{m_u\,r_u}{m} = 0{,}006\,\text{m} = 6{,}6\,\text{mm}$$

$$\varphi = \arctan\frac{2\vartheta(\omega/\omega_0)}{1-(\omega/\omega_0)^2} = 0{,}333 \qquad y(t) = 6{,}6\,\text{mm}\sin\left(33{,}51\frac{1}{\text{s}}t - 0{,}333\right)$$

c) Die Resonanz tritt auf, wenn die Erregerfrequenz gleich der Eigenfrequenz ist.

$$\omega = \frac{2\pi n}{60\,\text{s/min}} = \omega_0 \qquad n = \frac{\omega_0\,60\,\text{s/min}}{2\pi} = \frac{38{,}49\,\text{s}^{-1}\,60\,\text{s/min}}{2\pi} = 368\,\text{min}^{-1}$$

12. $I_y = I_z = \frac{\pi d^4}{64} = 39761\ \text{mm}^4 \qquad n_{kr} \geq \frac{n}{0{,}9} = \frac{1500\,\text{min}^{-1}}{0{,}9} = 1667\ \text{min}^{-1}$

$$c = \frac{48EI}{l^3} = 782{,}795\ \text{N/mm} = 782795\ \text{N/m}$$

$$n_{kr} = \omega_{kr}\frac{60\text{s/min}}{2\pi} = \frac{30\,\text{s/min}}{\pi}\sqrt{\frac{c}{m}} \geq 1667\,\text{min}^{-1}$$

$$m \leq 782795\ \text{N/m}\left(\frac{30\,\text{s/min}}{1667\,\text{min}^{-1}\,\pi}\right)^2 = 25{,}69\,\text{kg}$$

Weiterführende Literatur

[1] Biezeno, C. B.; Grammel, R.: *Technische Dynamik.* Bd. 2. Berlin-Heidelberg: Springer, 3. Aufl. 1995

[2] Bishop, R.E.D.: *Schwingungen in Natur und Technik.* Stuttgart: Teubner, 1985

[3] Gasch, R.; Knothe, K.; Liebich, R.: *Strukturdynamik.* Berlin-Heidelberg: Springer, 2012

[4] Hagedorn, P.: *Non-linear oscillations.* Oxford: Clarendon Press, 2nd ed. 1988

[5] Klotter, K.: *Technische Schwingungslehre.* Bd. 1: *Einfache Schwinger.* Bd. 2: *Schwinger von mehreren Freiheitsgraden.* Berlin-Heidelberg: Springer, 1988

[6] Kraemer, O.: *Getriebelehre.* Karlsruhe: Braun, 9. Aufl. 1991

[7] Magnus, K.; Popp, K.; Sextro, W.: *Schwingungen.* Wiesbaden: Springer Vieweg, 9. Aufl. 2013

[8] Magnus, K.: *Kreisel. Theorie und Anwendungen.* Berlin-Heidelberg: Springer, 1971

[9] Pfeiffer, F.; Schindler, T.: *Einführung in die Dynamik.* Wiesbaden: Springer Vieweg, 3. Aufl. 2014

[10] Schiehlen, W.; Eberhard, P.: *Technische Dynamik.* Wiesbaden: Springer Vieweg, 4. Aufl. 2014

[11] Schneider, H.: *Auswuchttechnik.* Wiesbaden: Springer Vieweg, 8. Aufl. 2013

[12] Szabó, I.: *Einführung in die Technische Mechanik.* Berlin-Heidelberg: Springer, Nachdr. 8. Aufl. 2003

[13] Szabó, I.: *Höhere Technische Mechanik.* Berlin-Heidelberg: Springer, 6. Aufl. 2001

[14] Wittenburg, J.: *Schwingungslehre.* Berlin-Heidelberg: Springer, 1996

[15] Ziegler, F.: *Mechanik der festen und flüssigen Körper.* Berlin-Heidelberg: Springer, 3. Aufl. 1998

[16] Gross, D.; Hauger, W.; Schnell, W.; Wriggers, P.: *Technische Mechanik 4.* Wiesbaden: Springer Vieweg, 9. Aufl. 2014

Stichwortverzeichnis